图谱分析技术在农产品质量和安全评估中的应用

Applications of Imaging and Spectral Analysis Techniques in the Quality and Safety Assessment of Agricultural Products

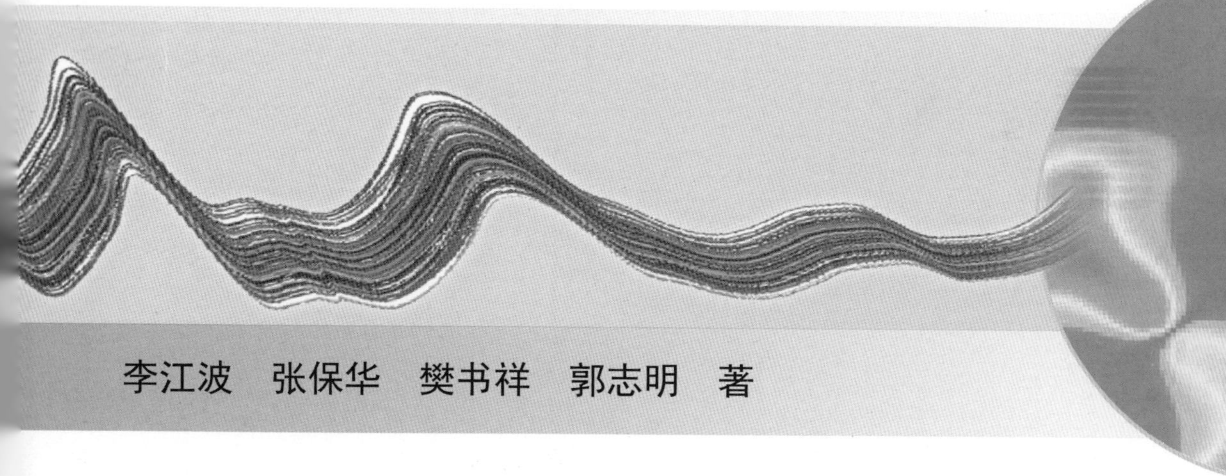

李江波 张保华 樊书祥 郭志明 著

WUHAN UNIVERSITY PRESS
武汉大学出版社

图书在版编目(CIP)数据

图谱分析技术在农产品质量和安全评估中的应用/李江波等著 .—武汉:武汉大学出版社,2021.3(2022.4 重印)
ISBN 978-7-307-21780-5

Ⅰ.图…　Ⅱ.李…　Ⅲ. 光谱分析—应用—农产品—食品检验—质量检验—无损检验　Ⅳ.TS207.3

中国版本图书馆 CIP 数据核字(2020)第 171870 号

责任编辑:胡　艳　　　责任校对:李孟潇　　　版式设计:马　佳

出版发行:**武汉大学出版社**　(430072　武昌　珞珈山)
(电子邮箱:cbs22@ whu.edu.cn 网址:www.wdp.com.cn)
印刷:武汉邮科印务有限公司
开本:787×1092　1/16　印张:29.25　字数:691 千字　插页:2
版次:2021 年 3 月第 1 版　　2022 年 4 月第 2 次印刷
ISBN 978-7-307-21780-5　　定价:70.00 元

李江波，浙江大学博士，绿洲学者，北京市农林科学院国家农业智能装备工程技术研究中心研究员，中国农业工程学会青年科技奖获得者，入选北京市科技新星、北京市委组织部青年拔尖人才，主要从事水果质量智能检测分级研究。先后承担国家重点研发计划课题、国家自然科学基金等项目10余项，发表SCI/EI论文近80篇，获得国家发明专利24项，主编出版中/英文著作3部。作为主要完成人获省部级奖励1项。

张保华，上海交通大学博士，南京农业大学人工智能学院副教授。主要从事人工智能、机器学习、数据挖掘技术及其在农业机器人、智能农业装备、农产品品质与安全无损检测技术及装备方面的应用研究。主持国家自然科学基金、国家重点研发计划课题等5项，以第一或通讯作者发表SCI论文近30篇；担任*Artificial Intelligence in Agriculture*期刊执行主编、中国农业机械学会编辑委员会委员、中国农业工程学会青年委员会委员。

作者简介

樊书祥，博士，北京市农林科学院国家农业智能装备工程技术研究中心助理研究员，高级工程师，入选中国科协青年托举人才工程计划，北京市优秀人才青年骨干个人计划，主要从事农产品品质与安全快速无损检测技术与设备研发。主持国家自然科学基金等课题4项，发表SCI论文20余篇。

郭志明博士现为江苏大学食品与生物工程学院副教授、博士生导师，主要从事分子光谱及成像技术的农产品品质安全快速无损检测研究。主持了国家自然科学基金、国家重点研发计划、江苏省重点研发计划、江苏省产学研合作等多类项目。已授权发明专利27项，发表学术论文60余篇，其中SCI检索45篇，EI检索12篇，获教育部自然科学二等奖和江苏省科学技术一等奖等。

前　言

农产品质量和安全是关系国民生计的重大问题，直接关系着每个人的日常生活，关乎人民群众身体健康和生命安全。先进传感检测技术的研发，有助于提升农产品质量，保障农产品安全。农产品质量和安全快速无损检测与评价，是提升农产品附加值和保障食品安全供给的重要技术支撑，同时也是助推国家“乡村振兴”战略的重要举措。2020 年中央一号文件把“加快健全农产品质量和食品安全体系，开发拥有自主知识产权的农产品加工技术装备”作为农业科技发展关键思路之一。进入 21 世纪以来，计算机技术、无损检测技术、光电子技术以及自动化控制技术的快速发展，为农产品检测分级提供了强有力的支撑。光学传感技术作为一种最重要和最典型的检测手段，已被广泛地应用于农产品质量与安全无损评估领域，依托该技术，大量先进的农产品快速自动化智能分级设备研发成功。

本书作者长期从事农产品质量和安全无损检测技术和智能装备研究，结合作者及其研究团队近年来的科研成果，本书系统性地从图像、光谱和图谱融合三方面介绍了机器视觉、可见-近红外光谱、高/多光谱成像、拉曼光谱及成像等光学传感技术、常用算法、典型软件、分级设备，以及这些技术在农产品尤其是果蔬产品质量品质和安全评估中的应用。全书共包括 9 章内容，第 1 章概述了典型光学传感技术(图像、光谱、光谱成像)在农产品质量和安全评估中的应用；第 2 章详细介绍了农产品质量和安全图谱无损检测技术；第 3 章针对性地介绍了农产品检测中常用的图谱分析方法；第 4 章对农产品图谱信息处理典型软件与工具，以及简单操作和一些算法的实现进行了介绍；第 5~7 章以果蔬为例，介绍了果蔬内外部质量品质、难检缺陷和污染等图谱无损检测技术、方法和应用；第 8 章对图谱分析技术在其它农产品如谷物、烟草、禽蛋、茶叶、食用菌、水产品等中的应用进行了介绍；第 9 章介绍了基于图谱传感技术开发的便携式仪器、在线检测设备的研究应用情况。

本书以农产品质量和安全检测图谱分析为主线，书中阐述的技术方法、理论分析、设备研发应用与该主线紧密相连，突出理论和实际结合。书中内容主要来自著者及其团队多年的研究成果，成果研究受到国家自然科学基金(31401283、31972152)，国家重点研发计划(2018YFD0101004)，北京市科技新星计划(Z171100001117035)，以及北京市委组织部青年拔尖人才项目(2018000021223ZK06)等课题的支持。书中所介绍的技术、方法、仪器、设备为农产品和食品质量安全无损检测研究以及系统开发提供了有用的参考。

本书作者均为多年从事本领域研究的科研人员，其中，李江波负责光谱成像和图谱融合相关内容的撰写，张保华负责机器视觉和图像处理相关内容的撰写，樊书祥负责可见-近红外光谱相关内容的撰写，郭志明负责拉曼及拉曼光谱成像相关内容的撰写。本书由李江波负责总体策划、组稿、统稿、修订和审定工作。衷心感谢为本书的出版提供帮助和做出贡献的团队成员以及作者所在单位的支持。本书中所提到的彩图可参考相关文献。

光学传感技术是农产品质量和安全无损检测分级领域最重要且发展最快的技术之一，其技术手段、分析方法、仪器设备多样，本书仅聚焦当前应用较普遍的机器视觉、可见-近红外光谱以及光谱成像技术进行介绍，起到抛砖引玉的作用。在书稿撰写过程中，作者虽力求完美，但鉴于所掌握的知识有限，书中难免存在疏漏、不足，甚至错误之处，敬请专家和读者批评指正。

著　者

于国家农业智能装备工程技术研究中心

2020 年 8 月

目 录

第1章 概 述

农产品的质量和安全事关人民群众身体健康和生命安全，事关农民增收和农业发展，责任重、意义大。先进传感检测技术的研发，有助于提升农产品质量品质，保障农产品安全。进入21世纪以来，计算机技术、无损检测技术、光电子技术以及自动化控制技术的快速发展为农产品质量品质和安全评估提供了强有力的支撑。光学传感技术是农产品质量和安全无损检测分级领域最重要且发展最快的技术之一，在农产品质量安全评估中有着广泛的应用。依托该技术，大量先进的农产品快速智能化检测仪器和设备研发成功。本章重点介绍最常用的机器视觉技术、光谱技术和光谱成像技术在农产品质量和安全评估中的应用情况。

1.1 机器视觉技术在农产品质量和安全评估中的应用

20世纪60年代，美国学者Roberts关于理解多面体组成的积木世界研究标志着机器视觉研究的开始(贾云德，2000)。机器视觉技术利用光机电一体化的手段使机器具有视觉的功能，它是一门涉及计算机科学、电子学、信息技术、人工智能、神经生物学、心理物理学、图像处理、模式识别等诸多领域的交叉学科(冀瑜，2006；章炜，2006)。机器视觉技术具有客观性强、精确性高、重复性好、成本低、方便、安全等优势，该技术广泛应用于工业、农业、军事、航空航天、医学、食品检测等多个领域(苏晓兰，2014)。

20世纪70年代，较为完整的视觉理论初步形成，并且出现了一些机器视觉应用系统。20世纪80年代以后，机器视觉得到了蓬勃发展，机器视觉相关的新概念、新方法和新理论不断涌现，机器视觉在机器人、检测和测量领域得到深入的发展和应用。在中国，机器视觉技术的应用开始于20世纪90年代末。伴随着中国工业化进程的发展，中国机器视觉技术经历了启蒙阶段、发展阶段、快速发展阶段、逐步走向成熟阶段。目前，机器视觉理论的研究及机器视觉相关企业、产品和应用在中国逐渐兴起，机器视觉技术已经成为工业自动化领域的核心技术之一。

随着计算机、图像处理与信息技术的发展，机器视觉技术的研究和应用已经扩展到农业机器人、智能化农机装备、农产品品质无损检测与分级、动植物表型等领域(刁智华等，2014)。机器视觉技术在农业领域的广泛应用大大提高了农业自动化与信息化程度，为智慧农业的发展提供了强大的技术支持。农产品质量品质与安全无损检测和商品化处理是提高农产品附加值的重要手段，机器视觉技术能为农产品的质量安全提供客观、快速、准确的评价，目前，该技术在农产品质量安全检测领域有非常广泛的应用(李江波，2012)。

1.1.1 机器视觉技术在水果质量和安全检测中的应用

水果含有丰富的维生素、人体必需的多种微量元素和多种氨基酸，深受大众喜爱。我国是水果种植、生产和消费大国，水果产业是我国种植业中排名第三的产业，其地位仅次于粮食和蔬菜产业，水果产业对我国农村地区的经济发展和农民收入的贡献起着举足轻重的作用(饶秀勤，2007)。

水果的物理外观品质主要是指水果本身所固有的物理品质特征，这些物理特征主要包括水果的颜色特征、形状特征、尺寸特征、纹理特征等。这些物理特征可以通过机器视觉系统采集水果图像，进行图像处理和分析进行量化，进而判断出水果的品质等级。颜色是水果质量最直接的反映，消费者也往往通过颜色判断水果的品质，因此，颜色是决定水果市场价格最为重要的物理外观品质特征之一。RGB、HIS、$L^*a^*b^*$颜色空间常被用于量化水果颜色特征(Leemans 等，2002；Mendoza 等，2006；饶秀勤等，2009)。水果的尺寸也是水果特别重要的外部物理品质特征之一，水果的价格很大程度上取决于水果的尺寸，将机器视觉技术用于水果尺寸的检测，是一种基于相对的、间接的测量方法，通过倍率标定、3D 重建、回归建模等来估计水果的实际大小(马本学，2009；陈艳军等，2012；Kondo，2009)。特定的水果一般具有特定的形状，不规则形状的水果售价一般很低，甚至不能进入市场流通。机器视觉技术可为水果形状的自动化检测提供可行的解决方案(应义斌等，2007；Yimyam 等，2012；Riyadi 等，2007)。纹理特征不仅可以衡量水果的外观品质，而且也是水果成熟度和内部糖度的重要指示特征。图像处理技术可以提取水果图像的统计型纹理特征、模型型纹理特征、结构型纹理特征和信号处理型纹理特征，通过特定的计算方法实现水果纹理的定量测量或定性描述(Jackman 等，2013；Zheng 等，2006；Kim 等，2009)。

水果表面的缺陷会严重影响水果的质量和价格，有些严重的缺陷甚至能够传染给其它品质优良的水果，造成严重的经济损失。基于图像分类算法的模式识别技术是检测水果表面常见缺陷的常用手段。通过提取缺陷的图像特征，可以利用有监督和无监督的分类算法实现水果表面缺陷的识别(Blasco 等，2007；Du 和 Sun，2004)。全表面检测是实现水果质量全面、准确评价的前提和基础，同时全表面检测也是视觉检测的难点。多相机、多角度、图像拼接、融合、3D 重建是实现全表面检测常用的重要技术手段(Zou 等，2010；赵娟等，2013；朱蓓，2013)。水果属于类球型生物体，水果图像表面亮度分布不均匀是造成其表面缺陷，尤其是水果边缘缺陷难以准确检测的重要原因。为了克服亮度不均的影响，国内外学者做了大量的努力，解决方法如图像腐蚀、亮度校正、亮度变换等(Unay 和 Gosselin，2007；Tao 等，1996；李江波等，2014；黄文倩等，2012)。这些技术方法在本书后续章节中有详细的介绍。

1.1.2 机器视觉技术在蔬菜质量和安全检测中的应用

蔬菜是人们日常饮食中必不可少的食物之一，蔬菜可提供人体所必需的多种维生素和矿物质等营养物质。目前，我国已经成为全球最大的蔬菜消费国，蔬菜已经成为我国仅次于粮食的第二大作物。蔬菜的外观物理特征主要包括颜色特征、形状特征、尺寸特征、纹理特征等。科学研究表明，蔬菜的营养价值和其外观颜色密切相关。蔬菜的颜色越深，表明其营养成分越丰富、营养价值越高；蔬菜的颜色越浅，则表明其营养成分越少、营养价值越低。同时，蔬菜颜色也是蔬菜新鲜度的重要评价指标之一。各种各样的颜色模型用来量化蔬菜的颜色，包括 RGB、HIS 和 CIE $L^*a^*b^*$ 颜色模型(Lino 等，2008)。相对于水果来讲，蔬菜的形状比较多样，既有水果状蔬菜，例如番茄、甜椒、土豆等，也有叶状蔬菜，例如生菜、菠菜等，还有其它形状蔬菜，例如胡萝卜、豆角等。尽管人眼可以轻易判断蔬菜的形状，但对于机器视觉系统来讲，形状的描述和量化并没有那么简单(Alfatni 等，2011)。机器视觉技术在蔬菜形状检测方面的应用主要集中在畸形检测，常用的形状特征包括各种形状参数、傅里叶描述子、不变矩等(Alfatni 等，2011；ElMasry 等，2012)。球状或椭圆状蔬菜的尺寸相对比较容易测量，但对于不规则形状的蔬菜，尺寸测量则比较复杂(Cubero 等，2014)。蔬菜尺寸检测常用的特征值包括投影面积、周长、外接矩形、直径等(Zhang 等，2014)。

蔬菜表面的缺陷是影响蔬菜外观和品质等级的重要因素之一。蔬菜颜色丰富且变化范围较大，因此，蔬菜表面的缺陷检测是品质检测中的一大难题(王树文等，2005)。番茄表面霉斑缺陷是造成番茄酱霉菌丝体含量超标的重要原因，丁竹青等(2015)基于 LabVIEW Vision 提出了番茄表面霉斑缺陷检测系统与方法，实现了腐烂番茄的分选。马铃薯外部缺陷包括干腐、表皮变绿、虫眼、机械损伤、裂沟、二次生长、畸形、发芽等。为了实现马铃薯表面缺陷的识别，周竹等(2012)提出了基于视觉自动分级系统的马铃薯质量检测方法。Vizhányó 等(2000)通过对蘑菇颜色的分析检测褐变蘑菇，这种方法可以有效地从自然衰老引起褐变的蘑菇中分离出因患病引起的褐变蘑菇。Chen(2004)设计了用于香菇品质检测的视觉分级系统，该系统可以实现香菇大小分级，同时也可以识别和剔除异色香菇和破损香菇。

1.1.3 机器视觉技术在其它农产品质量和安全检测中的应用

机器视觉技术还广泛应用于水果和蔬菜之外的其它农产品如谷物、烟草、禽蛋、茶叶等的无损检测领域。由于缺少光谱信息，视觉技术一般用于农产品外观质量(颜色、形状、尺寸、裂纹、缺陷等)的检测。

利用机器视觉技术检测谷物的外观质量品质，对于提高我国粮食的市场竞争力具有重要的意义。凌云(2004)开发了谷物外观品质分析的视觉检测装置，研究了静态和动态两种情况下谷物的外观品质检测方法，并以稻米为研究对象，实现了垩白度、垩白粒率、黄粒米、粒型和异型米参数的检测。此外，机器视觉技术还被用于大米、玉米、小麦、大豆等谷物品质的无损检测(赵敏，2012)。

生鲜肉品质安全无损检测技术是肉类品质检测的关键技术，日益受到肉制品生产加工企业的重视(彭彦昆等，2010)。大理石花纹、色泽、生理成熟度及脂肪色是评价牛肉品质等级的重要指标。陈坤杰(2005)利用机器视觉技术测定牛肉的大理石花纹的分形特征，并基于分形维数建立牛肉大理石花纹等级关系的数学模型，实现了牛肉大理石花纹等级的客观判别。此外，机器视觉技术还被广泛应用于猪肉、鸡肉的品质检测。

机器视觉技术在禽蛋品质无损检测中的应用已经在国内外广泛开展，并且正逐渐成为最重要的检测技术之一。岑益科(2006)利用机器视觉技术检测了鸡蛋的尺寸大小、蛋形指数，以及以重量为主的外部品质指标和以内容物、新鲜度为主的内部品质指标。裂纹、散黄及新鲜度是禽蛋视觉无损检测的研究热点。周平等(2010)尝试了机器视觉技术检测禽蛋裂纹和新鲜度，通过搭建机器视觉检测平台，采集鸡蛋的透射图像，运用图像处理方法提取裂纹特征。从透射图像中提取颜色信息、蛋黄面积、鸡蛋密度等相关特征变量判别鸡蛋的新鲜度。这些研究可为禽蛋快速在线检测提供理论支持。

茶叶是世界三大饮料中最具有生命力、最受消费者欢迎的饮品原材料。李晓丽(2009)利用机器视觉技术对茶叶的外观品质进行定量评估。该研究提取了茶叶的形状特征、纹理特征，并建立茶叶类别区分模型和等级区分模型。董春旺等(2017)则以针芽形绿茶为研究对象，在线采集茶叶制品的机制工艺参数和成品茶图像，提取颜色特征和纹理特征，构建了绿茶外形品质的智能视觉感官评价方法，该研究可为拓展茶叶感官品质评价方法和专家工艺决策支持系统提供理论和数据支持。

此外，机器视觉技术还广泛应用于枸杞、香榧等特色农产品质量品质的检测。

1.1.4 存在问题及应用展望

1.1.4.1 存在问题

随着计算机、图像处理与信息技术的发展，机器视觉技术凭借其高度自动化、高准确性、方便、安全等特点，已经被广泛应用于农产品质量品质和安全无损检测领域，实现了农产品品质和安全性的快速、无损评估。但在实际应用中仍存在诸多问题和挑战。

(1)朗伯现象与农产品表面亮度不均难以校正。一般来讲，辐射面源射向各个方向的辐射亮度是不同的，具有方向性。若辐射亮度不随方向θ(θ为辐射亮度方向与平面法线之间的交角)变化，这类辐射体就称为朗伯体(或朗伯面)。发光强度和亮度的概念不仅适用于自己发光的物体，而且也适用于反射体。光线射到光滑的表面上，定向地发射出去；射到粗糙的表面上时，它将朝向所有方向漫射。一个理想的漫射面，应遵循朗伯定律，即不管入射光来自何方，沿各个方向漫射光的发光强度总与$\cos\theta$成正比，从而亮度相同。然而，大部分类球形的农产品，如苹果、番茄等，可以近似看作朗伯体，对工业相机来讲，其采集到的农产品图像中农产品表面的亮度分布不均匀，这是由于农产品表面粗糙，不同区域的反射率不同所致。亮度分布不均匀影响农产品颜色、纹理等品质的评估准确性。对类球形果蔬来讲，依据朗伯反射定律，球形果蔬图像中间亮度较高，周围亮度较低，这种现象非常不利于农产品表面缺陷准确评估。

(2)农产品全表面图像信息获取与品质全方位检测尚不成熟。农产品具有立体生物属性，在利用机器视觉技术检测时，视觉系统往往一次只能采集到农产品正对着相机的一面，背对着相机的一面则采集不到，仅仅采集农产品的单面图像信息不足以对农产品的质量品质进行全面的评价。全表面检测是农产品质量全方位评估的重要途径，但对于全表面检测，目前还没有成熟的解决方案。在农产品质量在线检测应用上，较为常见的方法是布置多个相机，从各个角度采集农产品图像信息，或采用单个相机，连续采集旋转通过检测视场的农产品的多幅图像信息，然后综合几幅图像信息进行品质的综合评判。然而，这种方法存在以下问题：①农产品尺寸不一，旋转角度难以精确控制，多幅图像往往存在重叠，或者信息遗漏，不能保证全表面信息的完整采集；②单幅图像存在检测误差，利用多幅图像综合检测时，误差会累加，整体检测精度将会降低；③图像拼接难度较大，不利于快速在线检测。

(3)外观形态多样性对检测算法稳定性会产生影响。农产品具有丰富的颜色、形状、尺寸特征，外观形态的多样性增加了视觉检测难度。此外，农产品自身的一些固有生物特征，如水果的果梗、花萼，在农产品质量评估中其在图像上呈现的特征与缺陷类似，这将会大大降低对带有缺陷的农产品和正常农产品的检测分类精度和稳定性。

1.1.4.2　应用展望

纵观机器视觉技术在农产品质量和安全无损检测领域的科学研究与应用实践，未来的机器视觉技术将在具体检测应用的驱动下朝着拓展理论深度和应用广度两方面发展。发展方向诸如：

(1)视觉检测系统模块化。针对常见农产品开发简单可靠的可移植硬件和软件模块，降低检测分选系统的开发周期。

(2)图谱深度融合的视觉检测系统和算法开发。针对特定的检测应用，开发稳定可靠、简单实用的多光谱视觉成像检测系统和图谱信息深度融合检测算法。

(3)拓展和深化现代成像技术在农产品质量和安全无损检测方面的应用。随着光学成像技术的迅猛发展，荧光成像、热成像、3D 成像、结构光成像等现代成像技术在农产品质量和安全无损检测领域的应用也将得到进一步的拓展和深化。

1.2　光谱技术在农产品质量和安全评估中的应用

分子光谱是分子振动能级间或转动能级间跃迁产生的光谱，反映了分子内部的结构信息，可确定分子的转动惯量、分子键长键强及离解能，用于样本中化学组分及性质的检测。农产品在激发光的激励作用下能级跃变产生的光通过光路系统被光电探测器接收，光谱强度与被测物浓度在一定范围内符合 Lambert-Beer 定律，可实现农产品品质的快速、定量、定性检测。相比传统检测方法费时费力、成本高、大量使用化学试剂等问题，光谱分析技术具有快速、无损、绿色的显著技术优势。在农产品品质检测方面，多种分子光谱技术展现了巨大的应用潜力。通过光谱解析和特征分析可进行农产品品质快速无损检测。光谱分析技术已受到越来越多的学者、政府和行业的关注，基于光谱分析技术的农产品品质检测研究已成为农产品质量与安全检测领域的研究热点。

近年来，农产品品质光谱检测技术成效显著，其具有特有的客观、重现性好、一般不需要预处理且易实现现场快速检测等优势，正朝着高灵敏、高通量、多功能等方向发展，已逐渐成为农产品品质安全检测不可或缺的重要技术手段，与大型精密的理化分析仪器的检测形成互补。光谱分析技术，特别是可见-近红外光谱、拉曼光谱等分子光谱，在农产品品质检测相关领域展现了巨大的潜力和优势。

可见-近红外光谱是分子振动光谱的合频和各级倍频的吸收光谱，是非谐振性分子振动从基态向高能级跃迁产生的，主要是有机分子中含氢基团(C—H、O—H、N—H等)的振动。当光照射样本时，频率相同的光与样本中基团发生共振现象，光能通过分子偶极矩的变化传递给分子，否则不会被吸收，样品中不同基团对可见-近红外光的选择性吸收，可反映样品有机化合物的组成和分子结构的特征信息。现代可见-近红外光谱分析是从农业领域开始的，美国农业部Karl Norris研究小组是这一过程的先驱者(傅霞萍，2008)，其利用近红外光谱分析谷物水分的技术逐步扩展到其它农产品品质的研究，进而发展成为今天所使用的可见-近红外分析方法。

拉曼光谱由印度科学家C. V. 拉曼(Raman)于1928年实验所发现，拉曼光谱是激发光与样品中分子运动相互作用发生散射效应且引起频率变化的振动光谱，这一现象也被称为拉曼散射效应。拉曼散射光的频率和瑞利散射光频率之差不随入射光频率的变化而变化，与样品分子的振动和转动能级有关。此频率差称为拉曼频移，是特征性的，与入射光波长无关。对与激发光频率不同的散射光谱进行分析可得到分子振动、转动能级特性等信息，适用于分子结构表征、成键效果、内部应力分布等分析。

1.2.1 光谱技术在水果质量和安全检测中的应用

可见-近红外光谱分析法是水果内部质量品质检测评估中最主要的方法(Nicolaï 等，2007)，常被用于水果中糖度、酸度和硬度的定量检测。水果的糖度(可溶性固形物含量)、硬度和酸度是衡量水果内部品质最重要的指标，决定了水果的可食用品质以及消费者的购买意愿。可见-近红外光谱在上述内部品质的检测，尤其是在糖度的快速分析中得到了广泛应用(Nicolaï 等，2007；傅霞萍，应义斌，2013；Xie 等，2016)。检测对象以苹果(Fan 等，2019)、梨(Wang 等，2017)、桃(Li 等，2018)、柑橘(Wang 等，2014)、香蕉(Tarkosova 等，2000)、猕猴桃(McGlone 等，2002)较为常见。随着研究的不断扩展，对大型水果如西瓜(Jie 等，2014)、哈密瓜(Zhang 等，2018)，以及较小型水果如草莓(李江波等，2015)、葡萄(Daniels 等，2019)、荔枝(代芬等，2012)等也均有涉及。在近几年的研究中，科研人员在提高模型稳定性等方面开展了一系列研究，探讨了包括温度(Peirs，2003)、地域差异(樊书祥等，2016)、品种(Bobelyn 等，2010)、果皮颜色(Guo 等，2016)、检测部位(Fan 等，2016)、果实大小(Xia 等，2020)对光谱获取及模型稳定性影响，并提出了对应的模型补偿算法，减小了上述因素对品质预测的影响(Zhang 等，2018)。

相对于酸度和硬度的检测结果，可见-近红外光谱对于糖度的预测结果更好。除上述3个主要指标外，研究人员利用可见-近红外光谱技术在苹果（McGlone 和 Martinsen，2004）、梨的干物质含量（Travers 等，2014）、香蕉中的胡萝卜素（Davey 等，2009）、蓝莓中的花青素（Sinelli 等，2008）等方面也开展了相关研究，证明了该技术同样可以用于上述不同指标的快速检测。

水果内部病变，如霉心病、内部褐变等，是水果重要病害之一，严重影响水果的质量和价格，有些严重的缺陷甚至威胁到消费者的饮食安全（张海辉等，2016）。更为重要的是，内部病变发于水果内部，逐步向外腐烂，早中期水果表面无明显发病症状，因此，常规技术手段无法从外部观察到内部病变。可见-近红外光谱技术，特别是透射模式，在诸如苹果霉心病（苏东等，2016）、鸭梨内部褐变（Han 等，2006）等水果内部缺陷检测方面发挥了积极作用，可以有效识别内部缺陷果。近期相关学者甚至采用该技术用于评估内部缺陷程度，也取得了积极效果（Guo 等，2020）。

对于水果的外部品质，该技术也被用于水果表面损伤的检测，如苹果（Xing 等，2005，2006）、梨（曹芳等，2013）、猕猴桃（郭文川等，2013）、枣（薛建新等，2015）等。但由于可见-近红外光谱只能针对果蔬表面一小部分区域进行分析，不足以覆盖整个果蔬表面，因此，该技术不适用于中、大型果蔬的表面损伤检测，随着光谱成像技术的发展，该技术逐渐取代可见-近红外光谱技术用于果蔬外部品质的快速分析（张保华等，2014）。

除上述应用以外，可见-近红外光谱技术也用于水果成熟度检测，其依据主要是对评估对象内部品质指标以及果皮颜色等的定量检测。可见-近红外光谱技术在水果货架期判别上也得到了一些应用，例如用于区分不同冷藏时间的李子（Pérez-Marín 等，2010），不同货架期的苹果（刘辉军等，2011）、水蜜桃（潘磊庆等，2013）、沙果（薛建新等，2013），等等。另外，光谱分析技术在水果的溯源、分类等方面也有相关报道。例如，该技术曾用于区分不同产地（李敏，2014）、品种的富士苹果（何勇等，2005），不同品种的梨（李江波等，2013）、桃（庞艳苹等，2010）、草莓（闫润等，2013）等。

随着研究的不断深入和仪器的更新换代，光谱技术逐步被用于水果在线分级设备中，主要用来实现水果糖、酸度以及内部病变的快速检测（Huang 等，2008）。当前研究人员开发的在线检测装置，主要以漫透射或透射检测方式为主，仍然以大宗水果的糖、酸、硬度及内部缺陷为主要研究和检测对象（Tian 等，2019；Xu 等，2012；刘燕德等，2017）。商业化产品涵盖水果种类繁多，且多为多通道同步检测，速度最快可达 12 个果/秒（Xie 等，2016）。另外，以便携式设备为代表的分析设备可用于水果品质的现场快速检测和果园的科学管理。国内外科研工作者根据自身应用情况，开发了诸多便携式检测产品，主要用于水果糖、酸等指标的快速检测（Guo 等，2019；赵娟等，2019；Liu 等，2012），在果园中直接对树上水果检测也有相关报道（Fan 等，2020；Zude 等，2006；Cavaco 等，2018），但检测精度还有待提高。研究人员还开发了适用于苹果霉心病（张海辉等，2016）、猕猴桃膨大果（Guo 等，2020）以及水果成熟度（Das 等，2016）等专业检测设备用于特定指标的检测。另外，国内外成熟的商业化产品也日益增多，为后续指导果农对果园进行精细化管理提供了基础（Xie 等，2016）。

1.2.2 光谱技术在蔬菜质量和安全检测中的应用

水果大多呈类球形，而蔬菜多为不规则形状，因此光谱技术在蔬菜中的应用不如在水果中普遍。光谱技术在西红柿、马铃薯、黄瓜等形状较为规则的蔬菜中应用相对较为丰富，在西红柿的糖度(郭志明等，2017；Clément 等，2008)、硬度(Huang 等，2018)、酸度(Shao 等，2007)、成熟度(Sirisomboon 等，2012)、干物质(Khuriyati 等，2004)、颜色指数以及番茄红素(王凡等，2018)检测方面已开展了相关研究；在马铃薯水分、淀粉、蛋白质以及干物质和含糖量(Lopez 等，2013；王凡等，2018；孙旭东等，2013)检测方面也有报道。同时，光谱分析技术也成功应用于马铃薯内部黑心病的有效判别(周竹等，2012)。而在其他蔬菜品种中应用的研究较少，且检测指标较为特殊，如橄榄中的油酸、亚油酸含量(Caliani，2009；覃方丽等，2003)，甘蓝菜中的总氮含量(Szigedi 等，2012)，青椒的维生素 C 含量(Ignat 等，2012)，辣椒中的可溶性固形物和维生素 C 含量(刘燕德等，2014)、胡萝卜中的胡萝卜素(Schulz 等，1998)，洋葱的干物质含量(Birth 等，1985)，大白菜的还原糖、维生素 C、中性洗涤纤维、粗蛋白、干物质等有机成分(张德双等，2000)。

可见-近红外光谱技术在果蔬表面农药残留的检测中也有相关应用。周向阳等(2004)以农药甲胺磷为主要研究对象，分析了各种蔬菜样品近红外光谱的差异，采用差谱技术、导数预处理等进行指认，与气质联用仪法比对，取得满意的鉴别效果。吴静珠等(2010)将基于统计学理论的支持向量机和近红外光谱技术相结合，用于蔬菜上有机磷农药(毒死蜱)残留的快速检测分析。建立基于样品近红外光谱的支持向量机定性识别模型，通过对惩罚参数的调整取得了满意的鉴别效果。但该技术在农残检测上的应用不十分广泛，主要是由于可见-近红外光谱只能实现小部分空间区域的检测，不具有农产品对象整体空间信息的分析能力。

1.2.3 光谱技术在其它农产品质量和安全检测中的应用

除果蔬外，光谱技术在谷物(Agelet 等，2014)、烟草(Zhang 等，2011)、茶叶(陈全胜等，2008)、禽蛋(Coronel-Reyes 等，2018)、肉(Prieto 等，2009)、水产品(Liu 等，2013)等农产品检测中也得到了广泛研究和应用，但仍然以内部组分预测以及相关指标的定性判别为主要研究内容。对于谷物检测，主要涉及谷物的水分(Armstrong 等，2006)、蛋白质(魏良明等，2004)、脂肪(王秀荣等，2005)、淀粉(朱苏文等，2007)、含油量(方彦，王汉宁，2007)、硬度(陈锋等，2004)等指标的定量检测，以及用于谷物的品种(杨杭等，2013)、成熟度(高彤等，2019)、活力(白京等，2016)、损伤(Esteve 等，2012)和霉变(沈飞等，2019)等的判别。粮食安全是重大的民生问题，关系人民群众身体健康和生命安全。粮食安全问题中，真菌毒素污染最为严重，据联合国粮农组织统计，全球平均25%的粮食受到真菌毒素的污染。在可见-近红外光谱检测粮食中真菌毒素方面，国内外学者均开展了实验研究，分别建立了粮食中脱氧雪腐镰刀菌烯醇、黄曲霉毒素、呕吐毒素、赭曲霉毒素等分析模型(Dowell 等，1999；Pearson 等，2001；Miedaner 等，2015；Girolamo 等，2019)。拉曼散射光谱可以获取分子振动能级与转动能级结构的特征信息，具有强大的分子识别能力，同时具有非标记、非接触的特点，是分子信息快速获取的理想手段，拉曼光谱在粮食中黄曲霉毒素、脱氧雪腐镰刀菌烯醇、伏马毒素、玉米赤霉烯酮(Li 等，2016；Lee 等，2016；Liu 等，2009；郭志明等，2019)等真菌毒素高灵敏检测方面展现出巨大技术优势。分子光谱技术为粮食及其粮食制品在流通、贮藏及加工过程质量与安全控制方面提供了新的途径。通过进一步研究可提供一种全新的方法，在粮食的原料筛选、过程控制和安全保障方面具有广阔的应用前景。

可见-近红外光谱在烟草的检测方面，主要用于烟草中总糖、总氮、烟碱、钾和氯含量的快速检测(段焰青等，2007；陈达等，2004)，以及绿原酸、芸香苷、莨菪亭及总多酚的快速检测(冷红琼等，2013)。对于禽蛋，可见-近红外光谱技术目前主要用于禽蛋新鲜度(Coronel-Reyes 等，2018)、受精蛋(Islam 等，2017)的判别等。对于茶叶品质检测，可见-近红外光谱技术已用于茶多酚含量(单瑞峰等，2018)、含水量(李晓丽等，2019)、咖啡因和粗纤维(赵峰等，2014)的预测，在茶叶种类(李晓丽等，2007)、发酵程度(宁井铭等，2016)判别等方面也有报道。在食用菌的检测方面，可见-近红外光谱技术在含水量(Roy 等，1993)、多糖含量(郭伟良等，2011；常静等，2010)、硬度(王娟等，2012)等检测中均有所应用。在水产品检测方面，可见-近红外光谱技术可以用于水产品中粗蛋白、粗脂肪、水分的快速检测(徐文杰等，20113；王小燕等，2012)，以及产品的新鲜度(张晓敏，2013；黄星奕等，2015)、种类的识别(徐文杰等，2014)等。

1.2.4 存在问题及应用展望

1.2.4.1 存在问题

光谱技术在农产品质量品质与安全方面虽然得到了广泛应用，但仍然存在一些问题亟待解决。

(1)光谱技术仍然属于应用推动其发展的技术，但对于最根本的果蔬光学特性和光在其内部的传输规律的研究上仍然不足(Hu 等，2015)。虽然相关学者利用积分球结合反向倍增算法或空间分辨高光谱散射等技术获取了诸如苹果(Qin 等，2007；Do Trong 等，2016；Cen 等，2013)、梨(He 等，2016；Xia 等，2019)、洋葱(Wang 等，2014)、蓝莓(Zhang 等，2019)等水果的光学特性参数(包括吸收系数和简约散射系数等)，并结合蒙特卡洛算法、光传输方程等手段模拟光在果蔬内部的传输规律(Ding 等，2015；潘磊庆等，2018)，但光在果蔬内部的传输机理仍不明确。

(2)可见-近红外光谱分析受多种因素，包括样品自身的生理差异以及外界环境、硬件老化等因素的影响，造成了模型在长期使用过程中稳定性和预测性能的下降(Feudale 等，2002)。在当前研究中，可见-近红外光谱技术在果蔬应用中的报道多是在实验室或条件可控的状态下进行的研究，在室外复杂条件或实际应用生产上的相关报道较少。虽然相关技术产品，比如水果便携式检测设备和在线分级设备相继推向市场，但诸多设备的检测精度和检测效率未见相关科学报道。

(3)前期关于农产品品质检测的相关报道中，大多使用同批次数据进行分析，即使研究人员尝试将数据集分类为校正集和预测集，但严格意义上仍属于同批次数据。多批次独立验证集验证稳定性和预测精度的报道仍然较少。在为数不多的报道中可以发现，当模型用于独立验证集时，模型的预测精度均有不同程度下降(Cavaco 等，2018)，这与上文中可见-近红外光谱分析受诸多因素影响有关。因此，使用同批次数据获取的检测结果不能完全客观反映光谱技术的检测效果。

(4)光谱分析技术属于统计学分析方法，其模型构建过程需要大批量、多数据样本来支撑。如何使用现有稳定模型，使其传递到不同设备甚至不同环境条件下，需要相关算法支撑。虽然目前模型传递算法较为丰富(褚小立，2011)，但当前研究仍然存在上文中描述的问题，传递效果大多局限于单批次样本，缺少可持续验证。

(5)特征波长筛选是当前研究的热点问题。在近几年的化学计量学研究中，针对光谱分析技术，研究人员提出了大量的用于特征波长筛选的智能搜索算法(Yun 等，2019)，如蚁群算法(郭志明等，2014)、遗传算法(Durand 等，2007)等，但这些算法在筛选特征波长的过程中，由于算法提出的原理不同，结果往往不一致，不仅不同算法的挑选结果存在差异，就是同一算法在多次运行过程中也往往不同。特征波长的筛选对于简化模型的复杂程度、构建后续的基于特征波长的检测装置具有十分重要的作用，但对特征波长的有效性还有待进一步验证。

1.2.4.2 应用展望

纵观光谱分析技术在农产品质量品质与安全检测领域的发展过程及目前现状推测其发展趋势：

(1)随着光谱仪的生产工艺逐渐提高，小型化、智能化的产品会不断涌现，且信噪比、稳定性和抗干扰的能力会不断提高。因此，借助这些新型产品，光谱分析技术的应用范围会进一步扩大，尤其是向着现场使用及复杂条件下的使用会越来越多，模型稳定的问题有望得到一定程度上解决。

(2)光谱分析技术是一种间接分析技术，需利用标准的化学方法测定校正样品集中每个样品待测成分的化学值。目前由于在相关分析中，化学值的获取，特别是微量化学值的获取存在困难或误差较大，造成后续模型的预测能力不足。因此，随着分析化学方法的进步，该问题有望得到解决，可以覆盖目前光谱分析无法准确预测的指标。

(3)当前化学计量学在光谱分析的应用上主要集中在预处理、特征波长选择以及模型构建和传递。以新一代人工智能算法和大数据分析为代表的新技术，非常适合于大批量光谱数据的智能分析，必将为农产品品质的光谱分析注入新的动力。

1.3 光谱成像技术在农产品质量和安全评估中的应用

光谱成像技术是指采用多个光谱通道，利用目标对象的分光反射(吸收)率在不同波段域内敏感度不同这一特性，对其进行图像采集、显示、处理和分析的技术(赵杰文等，2007)。使用特定光源或者滤波设备来选择光源的波长范围，特别是可见光以外的波长，以增强目标对象不同部位的图像特征，从而有利于目标对象的质量品质检测。光谱成像技术是20世纪70年代末、80年代初发展起来的技术，汇集了光学、电子学、光电子学、信息处理、计算机科学、图像学等领域的先进技术。传统的光学传感技术，如单色或彩色成像和近红外光谱技术，在获取足够的光谱和空间信息用于农产品的无损评价方面存在局限性。一般来说，传统成像技术无法获取光谱信息，而传统光谱测量又无法获取较大区域的空间信息，光谱成像把传统的二维成像技术和光谱分析技术完美地结合在一起。光谱成像技术按照光谱波段数量和光谱分辨率可以分为多光谱成像技术、高光谱成像技术和超光谱成像技术(何勇等，2015)。通常，光谱分辨率在$10^{-1}\lambda$数量级的图像称为多光谱图像，光谱分辨率在$10^{-2}\lambda$数量级的图像称为高光谱图像，光谱分辨率在$10^{-3}\lambda$数量级的图像称为超光谱图像(赵杰文等，2007)。实际中，可以根据检测精度和要求不同，选择合适的光谱成像技术。通常，在农产品质量和安全检测中，高光谱成像技术最为常用，因此，本书所述光谱成像技术如果没有特别说明，均指高光谱成像技术。

学者 George Smith 和 Willard Boyle 在 1969 年发明了第一个 CCD(Charge Coupled Device，电荷耦合器件)，这是推动高光谱技术向前发展的关键因素(Gomez，2002)。“高光谱成像”一词起源于遥感领域的研究工作(即通过没有物理接触的设备对目标进行观测)，最初由 Goetz 等(1985)提出，当时美国国家航空航天局(NASA)喷气推进实验室(JPL)的 Goetz 和他的同事开发出了新的成像仪器，并开始了一场遥感革命。1983 年，喷气推进实验室提出并且研制出了第一代 128 波段、光谱覆盖范围在 1.2~2.4μm 的机载成像光谱仪(AIS)，1987 年该实验室又研制成功了机载可见光/红外成像光谱仪(AVIRIS)，成为第二代高光谱成像光谱仪的代表(Goetz，2009)。AVIRIS 于 1987 年首次测量光谱图像，是第一个测量太阳反射光谱的成像光谱仪，测量范围为 400~2500nm，间隔为 10nm(Goetz，1995)。该仪器研制成功后，研究者对传感器、校准和数据系统等方面进行了大量改进，并以地面和机载系统的形式引入了其它多光谱和高光谱成像仪器(Elmasry 等，2012；Liu 等，2015)。尽管高光谱成像系统首次出现并应用在遥感领域，但是随着电子、硬件、计算和软件的快速发展和进步，除了在遥感方面的应用外，高光谱成像技术还涉及诸多领域，包括农业(Zhang 等，2019)、环境(Whitehead 和 Hugenholtz，2014)、林业(Adao 等，2017)、地质(van der Meer 等，2012)、医疗(Shapey 等，2019)、食品以及农产品质量安全(Gowen 等，2007；马本学等，2009；Sun，2010；李江波等，2011；Lorente 等，2012；Qin 等，2013；Wu 和 Sun，2013；张保华等，2014；Liu 等，2015；Pu 等，2019)。

高光谱成像结合了传统成像、光谱学和辐射测量学，高光谱成像与这些技术的关系示意图如图 1-1 所示。高光谱图像数据包含空间和光谱信息，这些信息被排列成三维图像立方体，包含两个空间维和一个光谱维(见第 2 章 2.3 节图 2-11)。通过适当的校准，高光谱数据可以转换成辐射量(如反射率、吸收率等)，由于成像和光谱的结合特征，这些辐射量可以与农产品的物理特性或化学成分相关，高光谱成像不仅可以通过图像特征提取获得农产品的重要外部特征(如尺寸、几何、外观、颜色等)，而且还可以通过光谱分析识别农产品的属性或化学成分。高光谱成像仪器可以在很窄的光谱波段内连续采集图像，有很高的光谱分辨率，通常精度可达到2～3nm，能得到上百条波段的连续图像，可以充分反映样本光谱信息的细微变化。在农产品质量和安全分析中，应用较多的光谱波段是可见光(400～780nm)和近红外光(780～2500nm)。高光谱成像技术结合了光谱技术和图像处理技术的双重优势，既有光谱技术的优点：快速、高效、测量简单方便、非破坏性分析、多组分同时测定、样品不需预处理或预处理简单、可实现实时分析，又融合了图像技术的优点：可视化、直观形象、再现性好、处理精度高、适用面宽、灵活性高。光谱技术和图像处理技术的融合与交叉，使得光谱信息和图像信息取得双赢效果，都发挥出远大于自身的功用。例如，在农产品质量品质分析中，可以先通过光谱分析方法选择具有代表性的特征波长，再提取特征波长图像的纹理等图像信息进行更深入的分析；也可以应用光谱分析方法定量测定样本图像每个像素点的化学成分含量和品质参数，再在图像上进行空间维的显示(朱逢乐等，2014)。

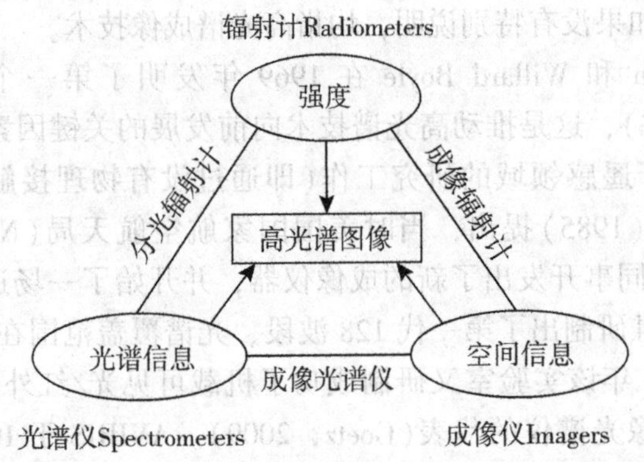

图1-1 高光谱图像与各种光学测量信息之间的关系(Lu和Chen，1999)

光谱成像是近年来发展较快的一项先进技术，由于其能够同步获得检测目标的空间和光谱信息，在很多领域表现出独特的优势。这项技术已在食品、农产品质量和安全评估领域得到非常迅速的发展(Gowen等，2007；Sun，2010；Lorente等，2012；Qin等，2013；Wu和Sun，2013；Zhang等，2018；Pu等，2019)。本书将侧重介绍该技术在农产品质量和安全评估中的应用。

光谱成像技术应用于农产品质量和安全检测的相关研究始于国外20世纪90年代末，我国于2005年左右逐步开始将高光谱成像技术应用于农产品质量的无损检测研究(刘木华等，2004，2005)，目前光谱成像技术在农产品质量和安全评估中表现出了强大的检测能力和应用潜力，检测对象包括水果、蔬菜、谷物、肉类、蛋类、茶叶等各类农产品。

1.3.1 光谱成像技术在水果质量和安全检测中的应用

水果采后质量检测分级是保障水果品质和提升水果价值及市场竞争力的重要手段，随着我国经济的快速发展，很多水果加工厂、贸易商、果园等对水果采后质量分级有着强烈的需求。目前，一些先进的自动化无损检测分级设备也逐步应用于水果产业。水果质量主要包括外部质量和内部质量，外部质量包括尺寸大小、颜色、形状、纹理、果皮缺陷等，这些外观特征通过肉眼可直接观察获知，因此，通过 1.1 节中提及的机器视觉技术可以进行检测；内部质量包括水果内部可溶性固形物含量、总酸、硬度、糖酸比等，这些组分信息无法通过肉眼直接观察获取，通常采用 1.2 节提及的可见-近红外光谱技术进行无损分析。由于光谱成像技术具备"图谱合一"的特点，因此，通过传统机器视觉和可见-近红外光谱技术可以实现的水果外部和内部质量品质评估，光谱成像均可以实现，同时，光谱成像技术还具有对水果内外部质量品质同步评估的独特优点，从而使该技术有着更广的应用范围。目前，国内外采用光谱成像(尤其是高光谱成像)技术检测的水果对象较多，包括苹果(张保华等，2014)、橙子(李江波等，2010)、梨(Li 等，2016)、橘子(Zhang 等，2020)、桃(Li 等，2017)、枣(Wang 等，2011)、甜瓜(孙静涛等，2017)、杏(薛建新等，2015)、柚子(Qin 等，2009)、樱桃(Li 等，2018)、西瓜(何洪巨等，2016)、香蕉(Xie 等，2018)、柿子(魏萱等，2017)、杧果(Xu 等，2018)、草莓(蒋浩等，2016)等，所检测的质量包括表皮缺陷、损伤、腐烂、污染、冻伤、农药残留、内部理化组分信息(如糖度、酸度等)、软绵性(Huang 等，2012)、成熟度等。在所有的检测中，针对水果内部可溶性固形物含量(俗称糖度)、外部隐形损伤、轻微腐烂或者特定缺陷(如柑橘溃疡和真菌侵染)的检测研究相对较多，一方面可能是因为光谱成像技术可以很好地克服水果作为自然生物体其内部组分含量分布不均的特性，另一方面可能是因为某些难检缺陷由于对不同区域光谱有着独特的吸收和反射特征，这有助于充分发挥光谱成像技术的优点进而实现对水果中特定缺陷的有效识别。而针对这类型缺陷，采用传统成像或光谱技术很难对其进行有效检测。

1.3.2 光谱成像技术在蔬菜质量和安全检测中的应用

蔬菜是我国种植业中位列粮食之后的第二大产业，是我国农村经济发展的支柱产业，蔬菜质量检测分级技术的研发也是近年来一个重要的研究方向，光谱成像技术是其中的一个研究热点。然而，与水果相比，蔬菜物料本身比较复杂，很多蔬菜(如叶菜类)其外部结构不规则且极易损伤，它们不太适合进行快速自动化作业，因此，光谱成像技术在蔬菜质量评估中的应用研究相对比较少。目前，关于光谱成像技术对蔬菜质量品质无损检测的研究，其研究对象大多是有着相对规则形状且易于自动化作业的蔬菜类型，如马铃薯(高海龙等，2013；吴晨，2014；黄涛等，2015；黄涛等，2015)、番茄(张若宇等，2013)、洋葱(Wang 等，2012)、黄瓜(Liu 等，2016)、灯笼椒(Babellahi 等，2020)、白萝卜(Song 等，2016)、香菇(Gowen 等，2008)等，检测指标包括表皮缺陷、损伤、空心、绿皮缺陷、黑心、淀粉含量、可溶性固形物含量等。也有一些学者基于光谱成像技术开展了针对叶菜类质量检测的研究，如卷心菜分类(Kang 等，2018)、油麦菜叶片水分含量(孙俊等，2017)、油菜叶氮含量(Yu 等，2018)、菠菜硝酸盐含量(薛利红等，2009)、油菜中农药残留检测(陈菁菁等，2010)等。

1.3.3 光谱成像技术在其它农产品质量和安全检测中的应用

光谱成像作为一门相对较新的传感技术，在农产品质量评估中有着广泛的研究，除最常见的果蔬外，研究对象还包括谷物，如玉米、小麦、水稻(贾仕强等，2013；李美凌等，2015；杨小玲等，2016；田喜等，2016；刘欢等，2019)；肉类，如牛肉、猪肉、鸡肉、鱼肉(Park 等，2006；Qiao 等，2007a 和 b；Peng 等，2008 和 2009；刘善梅等，2013；Zhu 等，2014；章海亮等，2019)；以及茶叶(郑建鸿等，2016；孙俊等，2018；戴春霞等，2018；芦兵等，2019)、蛋类(祝志慧等，2015；王巧华等，2016)、棉花(郭俊先，2011)、烟草(赵文等，2014；孙阳等，2018)、大豆(王海龙等，2016；柴玉华等，2016)等农产品。谷物检测指标主要涉及水分含量、活力、成熟度、不完善粒、种子纯度鉴定等，肉类检测指标主要涉及嫩度、微生物腐败、大理石纹、pH 值、颜色、细菌数、表面粪斑污染、脂肪含量、水分含量等，茶叶检测指标包括茶叶品种鉴别、病害检测、含水率、农药残留等，蛋类检测指标主要涉及新鲜度检测、受精蛋和未受精蛋分类等，烟草检测指标主要包括成熟度、烟碱含量检测等，棉花检测指标主要涉及杂质检测，大豆检测内容包括转基因大豆鉴别、大豆品种鉴别等。

1.3.4 存在问题及应用展望

1.3.4.1 存在问题

在过去 20 年大量的国内外研究表明，光谱成像尤其是高光谱成像技术在农产品质量安全无损评估中有着广阔的应用前景。它融合了传统成像技术和光谱技术的优点，可以同时实现不同质量属性的无损检测和可视化评估。随着深入地研究和广泛地应用，光谱成像中存在的一些问题和技术难点有待进一步突破：

(1)高光谱图像数据的高维性问题是一个具有挑战性的课题，其会限制高光谱成像技术在在线农产品质量检测系统中的应用。为了解决高光谱数据处理的困难和满足工业应用的要求，需要开发出经济高效的算法(Xiong 等，2014)。

(2)目前研究的许多农产品其外形不规则，甚至表面具有较大的曲率变化和反光特性(如苹果、西红柿等)，这导致具有相同理化特征的目标区域由于在待测样本中所处空间位置不同而使光谱强度差异较大，因此，需要研究先进的图谱校正算法以消除这种差异对农产品质量品质检测精度和稳定性的影响。

(3)线扫描方式是高光谱成像最常用的光谱图像获取方式，然而，在质量评估中，通常需要获取农产品全表面信息，如在水果外部缺陷检测中，水果通常会在视场区域翻转以尽可能地让相机拍摄到全表面图像，但是目前的高光谱成像系统无法适应这种图像采集方式，因此，从高光谱图像中寻找与农产品待测属性最敏感的波段并提取最重要的目标特征，开发基于特征的多光谱成像系统将具有实际的产业应用价值(Wu 和 Sun，2013)。

(4)多技术融合一直是农产品无损检测领域的研究方向，已经有关于光谱成像技术与荧光(李江波等，2012)、拉曼光谱(Chen 等，2018)、结构光(Lu 等，2016)等技术的融合应用，并获得比单一技术更好的检测性能。然而，技术融合也必然会出现的一系列新问题，如系统校正、结构光解调等，这些新问题需要新的方法手段予以解决。

(5)光谱成像技术的最大优势是实现了空间和光谱信息的完美融合，因此，与之相配合的图谱深度融合分析方法需要进一步开发，多特征融合分析是实现农产品质量品质综合分析的关键。

1.3.4.2 应用展望

从整体发展应用前景看，光学无损检测技术正从农产品的单一参数检测向多参数同时检测、从外部品质检测向内外部品质安全参数同时检测、从静态检测向动态检测方向发展(彭彦昆，张雷蕾，2013)。随着光学、计算机科学、数据处理技术、信息传输技术等一系列关键技术的进一步发展，光谱成像系统能够更准确、更快速地获取光谱和空间信息，同时，计算机能以更高效的方式传输和处理光谱图像数据，最终光谱成像(尤其是高光谱成像)技术将能够从实验室转移到产业应用实现对农产品质量和安全的实时、在线评估。

参 考 文 献

[1]白京，彭彦昆，王文秀．基于可见近红外光谱玉米种子活力的无损检测方法[J]．食品安全质量检测学报，2016，7(11)：4472-4477.

[2]曹芳，吴迪，郑金土，鲍一丹，王遵义，何勇．基于可见-近红外光谱和多光谱成像技术的梨损伤检测研究[J]．光谱学与光谱分析，2011，4：920-923.

[3]岑益科．基于机器视觉的鸡蛋品质检测方法研究[D]．浙江大学，2006.

[4]柴玉华，毕文佳，谭克竹，张春雷，刘春涛．基于高光谱图像技术的大豆品种无损鉴别[J]．东北农业大学学报，2016，3：86-93.

[5]常静，唐延林，刘子恒，楼佳．灵芝多糖含量的红外光谱预测模型研究[J]．光谱实验室，2010，27(2)：677-680.

[6]陈锋，何中虎，崔党群．利用近红外透射光谱技术测定小麦籽粒硬度的研究[J]．作物学报，2004，30(5)：455-459.

[7]陈菁菁，彭彦昆，李永玉，王伟，吴建虎，单佳佳．基于高光谱荧光技术的叶菜农药残留快速检测[J]．农业工程学报，2010，26(14)：1-5.

[8]陈坤杰，姬长英．牛肉大理石花纹计盒维和信息维的测定[C]．中国农业工程学会学术年会，2005.

[9]陈全胜，赵杰文，蔡健荣．基于近红外光谱和机器视觉的多信息融合技术评判茶叶品质[J]．农业工程学报，2008，24(3)：5-10.

[10]陈艳军，张俊雄，李伟，任永新，谭豫之．基于机器视觉的苹果最大横切面直径分级方法[J]．农业工程学报，2012，28(2)：284-288.

[11]褚小立，袁洪福，陆婉珍．近年来我国近红外光谱分析技术的研究与应用进展[J]．分析仪器，2006，2：1-10.

[12]褚小立．化学计量学方法与分子光谱分析技术[M]. 北京：化学工业出版社，2011.
[13]代芬，蔡博昆，洪添胜，黄冠勇，林冬霞，刘传艺．漫透射法无损检测荔枝可溶性固形物[J]. 农业工程学报，2012，(15)：293-298.
[14]戴春霞，刘芳，葛晓峰．基于高光谱技术的茶鲜叶含水率检测与分析[J]. 茶叶科学，2018，3：281-286.
[15]单瑞峰，甄书仙，陈瑶，王萧，刘丽媛，华承彬，张淑琪．基于近红外光谱技术的日照绿茶茶鲜叶模型的优化[J]. 分析科学学报，2018，34(1)：80-84.
[16]刁智华，王会丹，魏伟．机器视觉在农业生产中的应用研究[J]. 农机化研究，2014(3)：206-211.
[17]丁竹青，李晓良，张若宇，坎杂，李硕．基于 LabVIEW Vision 的加工番茄表面霉斑缺陷检测[J]. 江苏农业科学，2015，43(5)：302-306.
[18]董春旺，朱宏凯，周小芬，袁海波，赵杰文，陈全胜．基于机器视觉和工艺参数的针芽形绿茶外形品质评价[J]. 农业机械学报，2017，48(9)：43-50.
[19]段焰青，王家俊，杨涛，孔祥勇，李青青．FT-NIR 光谱法定量分析烟草薄片中 5 种化学成分[J]. 激光与红外，2007，37(10)：1058-1061.
[20]樊书祥，黄文倩，郭志明，张保华，赵春江，钱曼．苹果产地差异对可溶性固形物近红外光谱检测模型影响的研究[J]. 分析化学，2015，43(2)：239-244.
[21]方彦，王汉宁．利用近红外光谱法测定玉米籽粒含油量的研究[J]. 西北农业学报，2007，1：117-119.
[22]傅霞萍，应义斌．基于 NIR 和 Raman 光谱的果蔬质量检测研究进展与展望[J]. 农业机械学报，2013，44(8)：148-164.
[23]傅霞萍．水果内部品质可见近红外光谱无损检测方法的实验研究[D]. 浙江大学，2008.
[24]高海龙，李小昱，徐森森，陶海龙，李晓金，孙金风．透射和反射高光谱成像的马铃薯损伤检测比较研究[J]. 光谱学与光谱分析，2013，12：3366-3371.
[25]高彤，吴静珠，毛文华，刘翠玲，孙晓荣，余乐．单粒玉米种子成熟度快速判别方法[J]. 农业机械学报，2019，S1.
[26]郭俊先．基于高光谱成像技术的棉花杂质检测方法的研究[D]. 浙江大学，2011.
[27]郭伟良，王丹，宋佳，逯家辉，杜林娜，滕利荣．近红外光谱法同时快速定量分析蛹虫草菌丝体中 4 种有效成分[J]. 光学学报，2011，31(2)：274-281.
[28]郭文川，王铭海，岳绒．基于近红外漫反射光谱的损伤猕猴桃早期识别[J]. 农业机械学报，2013，44(2)：142-146.
[29]郭志明，陈全胜，张彬，王庆艳，欧阳琴，赵杰文．果蔬品质手持式近红外光谱检测系统设计与试验[J]. 农业工程学报，2017，(8)：253-258.
[30]郭志明，黄文倩，彭彦昆，王秀，汤修映．自适应蚁群优化算法的近红外光谱特征波长选择方法[J]. 分析化学，2014，42(4)：513-518.
[31]何洪巨，胡丽萍，李武，陈兴海，黄宇，刘业林．基于可见-近红外高光谱成像技术的西甜瓜糖度检测[J]. 中国食物与营养，2016，22(10)：53-57.

[32]何勇，李晓丽，邵咏妮．基于主成分分析和神经网络的近红外光谱苹果品种鉴别方法研究[J]．光谱学与光谱分析，2006(5)：68-71.
[33]何勇，刘飞，李晓丽，邵咏妮．光谱成像技术在农业中的应用[M]．北京：科学出版社，2015.
[34]黄涛，李小昱，金瑞，库静，徐森淼，徐梦玲，武振中，孔德国．半透射高光谱结合流形学习算法同时识别马铃薯内外部缺陷多项指标[J]．光谱学与光谱分析，2015，(04)：130-134.
[35]黄文倩，李江波，张驰，李斌，陈立平，张百海．基于类球形亮度变换的水果表面缺陷提取[J]．农业机械学报，2012，43(12)：187-91.
[36]黄星奕，管超，丁然，吕日琴．基于嗅觉可视化和近红外光谱融合技术的海鲈鱼新鲜度评价[J]．农业工程学报，2015，8：277-282.
[37]冀瑜．基于机器视觉的高精度尺寸检测技术及应用研究[D]．中国计量科学研究院，2006.
[38]贾仕强，刘哲，李绍明，李林，马钦，张晓东，朱德海，严衍禄，安冬．基于高光谱图像技术的玉米杂交种纯度鉴定方法探索[J]．光谱学与光谱分析，2013，33(10)：2847-2852.
[39]贾云德．机器视觉[M]．北京：科技出版社，2015.
[40]蒋浩，张初，刘飞，朱红艳，何勇．基于高光谱图像多光谱参数的草莓成熟度识别[J]．光谱学与光谱分析，2016，36(5)：1423-1427.
[41]冷红琼，郭亚东，刘巍，张涛，邓亮，沈志强．FT-NIR 光谱法测定烟草中绿原酸、芸香苷、莨菪亭及总多酚含量[J]．光谱学与光谱分析，2013，33(7)：1801-1804.
[42]李江波，郭志明，黄文倩，张保华，赵春江．应用 CARS 和 SPA 算法对草莓 SSC 含量 NIR 光谱预测模型中变量及样本筛选[J]．光谱学与光谱分析，2015，2：372-378.
[43]李江波，黄文倩，张保华，彭彦昆，赵春江．类球形水果表皮颜色变化校正方法研究[J]．农业机械学报，2014，45(4)：226-230.
[44]李江波，饶秀勤，应义斌，王东亭．基于高光谱成像技术检测脐橙溃疡[J]．农业工程学报，2010，26(8)：222-228.
[45]李江波，饶秀勤，应义斌．农产品外部品质无损检测中高光谱成像技术的应用研究进展[J]．光谱学与光谱分析，2011，31(8)：2021-2026.
[46]李江波，王福杰，应义斌，饶秀勤．高光谱荧光成像技术在识别早期腐烂脐橙中的应用研究[J]．光谱学与光谱分析，2012，33(1)：142-146.
[47]李江波，赵春江，陈立平，黄文倩．基于可见-近红外光谱谱区有效波长的梨品种鉴别[J]．农业机械学报，2013，44(3)：153-157，179.
[48]李江波．脐橙表面缺陷的快速检测方法研究[D]．浙江大学，2012.
[49]李美凌，邓飞，刘颖，祁亨年，张晓．基于高光谱图像的水稻种子活力检测技术研究[J]．浙江农业学报，2015，27(1)：1-6.
[50]李敏．不同产地苹果的近红外光谱分类识别法[J]．红外，2014(12)：43-46.
[51]李晓丽，程术希，何勇．基于漫反射光谱的初制绿茶含水率无损检测方法[J]．农业工

程学报, 2010, 26(5): 205-211.
[52]李晓丽, 何勇, 裘正军. 一种基于可见-近红外光谱快速鉴别茶叶品种的新方法[J]. 光谱学与光谱分析, 2007, 27(2): 73-76.
[53]李晓丽. 基于机器视觉及光谱技术的茶叶品质无损检测方法研究[D]. 浙江大学, 2009.
[54]凌云. 基于机器视觉的谷物外观品质检测技术研究[D]. 中国农业大学, 2004.
[55]刘欢, 王雅倩, 王晓明, 安冬, 位耀光, 罗来鑫, 陈星, 严衍禄. 基于近红外高光谱成像技术的小麦不完善粒检测方法研究[J]. 光谱学与光谱分析, 2019, 39(1): 223-229.
[56]刘辉军, 孙斌, 陈华才. 基于近红外光谱的不同产地苹果货架期鉴别方法[J]. 光电工程, 2011, 38(5): 86-91.
[57]刘木华, 赵杰文, 江水泉. 高光谱图像在农畜产品品质与安全性检测中的研究现状与展望[J]. 粮食与食品工业, 2004, 12(2): 47-49.
[58]刘木华, 赵杰文, 郑建鸿, 吴瑞梅. 农畜产品品质无损检测中高光谱图像技术的应用进展[J]. 农业机械学报, 2005, 36(9): 139-143.
[59]刘善梅, 李小昱, 钟雄斌, 文东东, 赵政. 基于高光谱成像技术的生鲜猪肉含水率无损检测[J]. 农业机械学报, 2013, 44(S1): 165-170.
[60]刘燕德, 吴明明, 李轶凡, 孙旭东, 郝勇. 苹果可溶性固形物和糖酸比可见/近红外漫反射与漫透射在线检测对比研究[J]. 光谱学与光谱分析, 2017, 37(8): 2424-2429.
[61]刘燕德, 周延睿, 潘圆媛. 基于最小二乘支持向量机的辣椒可溶性固形物和维生素C含量近红外光谱检测[J]. 光学精密工程, 2014, 22(2): 281-288.
[62]芦兵, 孙俊, 杨宁, 武小红, 周鑫. 基于荧光透射谱和高光谱图像纹理的茶叶病害预测研究[J]. 光谱学与光谱分析, 2019, 8: 2515-2521.
[63]马本学, 应义斌, 饶秀勤, 桂江生. 高光谱成像在水果内部品质无损检测中的研究进展[J]. 谱学与光谱分析, 2009, 29(6): 1611-1615.
[64]马本学. 基于图像处理和光谱分析技术的水果品质快速无损检测方法研究[D], 浙江大学, 2009.
[65]宁井铭, 孙京京, 朱小元, 李姝寰, 张正竹, 黄财旺. 基于图像和光谱信息融合的红茶萎凋程度量化判别[J]. 农业工程学报, 2016, 32(24): 303-308.
[66]潘磊庆, 刘明, 韩东海, 陈卓, 屠康. 水蜜桃货架期内糖度的近红外光谱检测[J]. 南京农业大学学报, 2013, (4): 120-124.
[67]潘磊庆, 魏康丽, 曹念念, 孙柯, 刘强, 屠康, 朱启兵. 果蔬光学参数测量及其在品质检测方面的研究进展[J]. 南京农业大学学报, 2018, 41(1): 26-37.
[68]庞艳苹, 夏立娅, 左永强, 张晓瑜, 闫军颖. 近红外光谱法快速鉴别真伪平谷大久保桃[J]. 安徽农业科学, 2010, (03): 1122-1123.
[69]彭彦昆, 张雷蕾. 光谱技术在生鲜肉品质安全快速检测的研究进展[C]. 国际农业工程大会提升装备技术水平, 促进农产品、食品和包装加工业发展分会, 2010.
[70]彭彦昆, 张雷蕾. 农畜产品品质安全高光谱无损检测技术进展和趋势[J]. 农业机械学报, 2013, 44(4): 137-145.

[71]饶秀勤，应义斌．水果按表面颜色分级的方法[J]．浙江大学学报，2009，43(5)：869-71.
[72]饶秀勤．基于机器视觉的水果品质实时检测与分级生产线的关键技术研究[D]．浙江大学，2007.
[73]沈飞，黄怡，周曰春，刘琴，裴斐，李彭，方勇，刘兴泉．基于光谱和图像信息融合的玉米霉变程度在线检测[J]．食品科学，2019，40(16)：274-280.
[74]苏东，张海辉，陈克涛，胡瑾，张佐经，雷雨．基于透射光谱的苹果霉心病多因子无损检测[J]．食品科学，2016，37(8)：207-211.
[75]苏晓兰．选煤厂煤样图像采集系统设计与实现[D]．中国矿业大学，2014.
[76]孙静涛，马本学，董娟，杨杰，徐洁，蒋伟，高振江．高光谱技术结合特征波长筛选和支持向量机的哈密瓜成熟度判别研究[J]．光谱学与光谱分析，2017，37(7)：2184-2191.
[77]孙俊，丛孙丽，毛罕平，武小红，张晓东，汪沛．基于高光谱的油麦菜叶片水分CARS-ABC-SVR预测模型[J]．农业工程学报，2017(5)：186-192.
[78]孙俊，靳海涛，武小红，陆虎，沈继锋，戴春霞．基于低秩自动编码器及高光谱图像的茶叶品种鉴别[J]．农业机械学报，2018，8：316-323.
[79]孙旭东，董小玲．近红外光谱快速检测马铃薯全粉还原糖快速检测研究[J]．农业工程学报，2013，(14)：270-276.
[80]孙阳，李青山，谭效磊，任杰，马兴华，王传义，刘雅娴，徐秀红．鲜烟叶高光谱特征与颜色分析及其关系研究[J]．中国烟草学报，2018，4：55-64.
[81]覃方丽，闵顺耕，石正强．鲜辣椒中糖分和维生素C含量的近红外光谱非破坏性测定[J]．分析试验室，2003，22(4)：59-61.
[82]田喜，黄文倩，李江波，樊书祥，张保华．高光谱图像信息检测玉米籽粒胚水分含量[J]．光谱学与光谱分析，2016，36(10)：3237-3242.
[83]王凡，李永玉，彭彦昆，孙宏伟，李龙．基于可见/近红外透射光谱的番茄红素含量无损检测方法研究[J]．分析化学，2018，9：1424-1431.
[84]王凡，李永玉，彭彦昆，杨炳南，李龙，刘亚超．便携式马铃薯多品质参数局部透射光谱无损检测装置[J]．农业机械学报，2018，7：348-354.
[85]王海龙，杨向东，张初，郭东全，鲍一丹，何勇，刘飞．近红外高光谱成像技术用于转基因大豆快速无损鉴别研究[J]．光谱学与光谱分析，2016，6：1843-1847.
[86]王娟，张荣芳，王相友．双孢蘑菇硬度的近红外漫反射光谱无损检测[J]．农业机械学报，2012，43(11)：163-168.
[87]王巧华，周凯，吴兰兰，王彩云．基于高光谱的鸡蛋新鲜度检测[J]．光谱学与光谱分析，2016，8：2596-2600.
[88]王树文，张长利，房俊龙．基于计算机视觉的番茄损伤自动检测与分类研究[J]．农业工程学报，2005，21(8)：98-101.
[89]王小燕，王锡昌，刘源，董若琰．基于SVM算法的近红外光谱技术在鱼糜水分和蛋白质检测中的应用[J]．光谱学与光谱分析，2012，9：116-119.

[90]王秀荣，廖红，严小龙．应用近红外光谱分析法测定大豆种子蛋白质和脂肪含量的研究[J]．大豆科学，2005，3：43-45.

[91]魏良明，严衍禄，戴景瑞．近红外反射光谱测定玉米完整籽粒蛋白质和淀粉含量的研究[J]．中国农业科学，2004，37(5)：630-633.

[92]魏萱，何金成，叶大鹏．介邓飞．基于近红外高光谱成像技术的涩柿 SSC 含量无损检测[J]．食品与机械，2017，33(10)：52-55.

[93]吴晨，何建国，贺晓光，刘贵珊，王松磊．基于近红外高光谱成像技术的马铃薯淀粉含量无损检测[J]．河南工业大学学报，2014，35(5)：11-16.

[94]吴静珠，李慧，刘翠玲．基于近红外的蔬菜农残快速定性检测技术研究[J]．食品工业科技，2010，31(10)：377-379.

[95]徐文杰，李俊杰，贾丹，熊善柏．近红外光谱技术分析草鱼营养成分[J]．食品科学，2013，34(20)：161-164.

[96]徐文杰，刘茹，洪响声，熊善柏．基于近红外光谱技术的淡水鱼品种快速鉴别[J]．农业工程学报，2014，1：253-261.

[97]薛建新，张淑娟，孙海霞，周靖博．可见/近红外光谱结合软化指标快速判定沙果货架期[J]．农业机械学报，2013，44(8)：169-173.

[98]薛建新，张淑娟，张晶晶．基于高光谱成像技术的沙金杏成熟度判别[J]．农业工程学报，2015，31(11)：300-307.

[99]薛建新，张淑娟，赵聪慧．基于梨枣轻微损伤的可见-近红外光谱判别研究[J]．农机化研究，2015，5：212-215.

[100]薛利红，杨林章．基于可见近红外高光谱的菠菜硝酸盐快速无损测定研究[J]．光谱学与光谱分析，2009，4：64-68.

[101]闫润，王新忠，邱白晶，史德林，孔鹏飞．基于特征光谱的草莓品种快速鉴别[J]．农业机械学报，2013，(9)：182-186.

[102]杨杭，张立福，童庆禧．采用可见/近红外成像光谱技术的玉米籽粒品种识别[J]．红外与激光工程，2013，9：144-148.

[103]杨小玲，由昭红，成芳．高光谱成像技术检测玉米种子成熟度[J]．光谱学与光谱分析，2016，36(12)：4028-4033.

[104]杨一，张淑娟，薛建新，王斌，满尊，张学豪．郎枣轻微损伤可见/近红外光谱分波段动态判别研究[J]．现代食品科技，2015，8：323-328.

[105]应义斌，桂江生，饶秀勤．基于 Zernike 矩的水果形状分类[J]．江苏大学学报，2007，28(1)：1-3.

[106]张保华，黄文倩，李江波，赵春江，刘成良，黄丹枫，贡亮．基于高光谱成像技术和 MNF 检测苹果的轻微损伤[J]．光谱学与光谱分析，2014，34(5)：1367-1372.

[107]张保华，李江波，樊书祥，黄文倩，张驰，王庆艳，肖广东．高光谱成像技术在果蔬品质与安全无损检测中的原理及应用[J]．光谱学与光谱分析，2014，34(10)：2743-2751.

[108]张德双，金同铭，徐家炳．几种主要营养成分在大白菜不同叶片及部位中的分布规

律[J]. 华北农学报, 2000, 15(1): 108-111.

[109]张海辉, 陈克涛, 苏东, 胡瑾, 张佐经. 基于特征光谱的苹果霉心病无损检测设备设计[J]. 农业工程学报, 2016, 32(18): 255-262.

[110]张若宇, 饶秀勤, 高迎旺, 胡栋, 应义斌. 基于高光谱漫透射成像整体检测番茄可溶性固形物含量[J]. 农业工程学报, 2013, 29(23): 247-252.

[111]张晓敏. 近红外光谱技术快速评估鲈鱼新鲜度的方法研究[D]. 浙江工商大学, 2013.

[112]章海亮, 代启, 叶青, 刘雪梅, 罗微. 基于高光谱成像技术的三文鱼肉脂肪含量可视化研究[J]. 江苏农业科学, 2019, 47(18): 220-223.

[113]章炜. 机器视觉技术发展及其工业应用[J]. 红外, 2006, 27(2): 11-17.

[114]赵峰, 林河通, 杨江帆, 叶乃兴, 俞金朋. 基于近红外光谱的武夷岩茶品质成分在线检测[J]. 农业工程学报, 2014, 30(2): 269-277.

[115]赵杰文, 陈全胜, 林灏. 现代成像技术及其在食品、农产品检测中的应用[M]. 北京: 机械工业出版社, 2007.

[116]赵娟, 彭彦昆, Sagar Dhakal, 张雷蕾. 基于机器视觉的苹果外观缺陷在线检测[J]. 农业机械学报, 2013, 44(z1): 260-263.

[117]赵娟, 全朋坤, 张猛胜, 田世杰, 张海辉, 任小林. 基于特征 LED 光源的苹果多品质参数无损检测装置研究[J]. 农业机械学报, 2019, 5(4): 326-332.

[118]赵敏. 基于机器视觉的玉米品质检测[D]. 吉林大学, 2012.

[119]赵文, 刘国顺, 贾方方, 丁松爽, 高静静, 邢雪霞. 烤烟烟碱含量的高光谱预测模型[J]. 江苏农业科学, 2014, 3: 275-279.

[120]郑建鸿, 吴瑞梅, 熊俊飞, 王鹏伟, 肖怀国, 范苑, 艾施荣. 基于光谱角算法的鲜茶叶表面农药残留荧光高光谱图像无损检测研究[J]. 激光杂志, 2016, 37(6): 57-60.

[121]周平, 蔡健荣, 林颢. 基于声学特性的鸡蛋蛋壳强度检测的研究[J]. 食品科技, 2010(2): 237-240.

[122]周向阳, 林纯忠, 胡祥娜. 近红外光谱法(NIR)快速诊断蔬菜中有机磷农药残留[J]. 食品科学, 2004, 25(5): 151-154.

[123]周竹, 李小昱, 高海龙, 陶海龙, 李鹏. 漫反射和透射光谱检测马铃薯黑心病的比较[J]. 农业工程学报, 2012, 28(11): 237-242.

[124]周竹, 李小昱, 陶海龙, 高海龙. 基于高光谱成像技术的马铃薯外部缺陷检测[J]. 农业工程学报, 2012, 28(21): 221-228.

[125]朱蓓. 苹果全表面图像信息获取方法的研究[D]. 浙江大学, 2013.

[126]朱逢乐. 基于高光谱成像技术的多宝鱼肉冷藏时间的可视化研究[D]. 浙江大学, 2014.

[127]朱苏文, 何瑰, 李展. 玉米籽粒直链淀粉含量的近红外透射光谱无损检测[J]. 中国粮油学报, 2007, 22(3): 144-148.

[128]祝志慧, 刘婷, 马美湖. 基于高光谱信息融合和相关向量机的种蛋无损检测[J]. 农

业工程学报，2015，15：285-292.

[129] Adao T.，Hruska J.，Padua L.，Bessa J.，Peres E.，Morais R.，Sousa J. J. Hyperspectral imaging：a review on UAV-based sensors，data processing and applications for agriculture and forestry[J]. Remote Sensing，2017，9(11)：1110.

[130] Agelet L. E.，Hurburgh C. R. Limitations and current applications ofnear infrared spectroscopy for single seed analysis[J]. Talanta，2014，121：288-299.

[131] Alfatni M. S.，Shariff A. R. M.，Abdullah M. Z.，Saeed B.，Ceesay O. M. Recent methods and techniques of external grading systems for agricultural crops quality inspection-review [J]. International Journal of Food Engineering，2011，7(3)：291-297.

[132] Armstrong P. R. Rapidsingle-kernel NIR measurement of grain and oil-seed attributes[J]. Applied Engineering in Agriculture，2006，22(5)：767-772.

[133] Esteve A. L.，Ellis D. D.，Duvick S.，Goggi A. S.，Hurburgh C. R.，Gardner C. A. Feasibility of near infrared spectroscopy for analyzing corn kernel damage and viability of soybean and corn kernels[J]. Journal of Cereal Science，2012，55(2)：160-165.

[134] Babellahi F.，Paliwal J.，Erkinbaev C.，Amodio M. L.，Chaudhry M. M. A.，Colelli G. Early detection of chilling injury in green bell peppers by hyperspectral imaging and chemometrics[J]. Postharvest Biology and Technology，2020，162：111100.

[135] Birth G. S.，Dull G. G.，Renfroe W. T.，Kays S. J. Nondestructive spectrophotometric determination of dry matter in onions[J]. J Am. Soc Hortic Sci，1985，110：297-303.

[136] Blasco J.，Aleixos N.，Molto E. Computer vision detection of peel defects in citrus by means of a region oriented segmentation algorithm[J]. Journal of Food Engineering，2007，81(3)：535-43.

[137] Bobelyn E.，Lammertyn J.，Nicolai B. M.，Saeys W.，Serban A. S.，Nicu M. Postharvest quality of apple predicted by NIR-spectroscopy：Study of the effect of biological variability on spectra and model performance[J]. Postharvest Biology and Technology，2010，55 (3)：133-143.

[138] Caliani N. NIR prediction of fruit moisture，free acidity and oil content in intact olives[J]. Grasas Y Aceites，2009，60(2)：194-202.

[139] Cavaco A. M.，Pires R.，Antunes M. D.，Panagopoulos T.，Brázio A.，Afonso A. M.，Silva L.，Lucas M. R.，Cadeiras B.，Cruz S. P.，Guerra R. Validation of short wave near infrared calibration models for the quality and ripening of 'Newhall' orange on tree across years and orchards[J]. Postharvest Biology and Technology，2018，141：86-97.

[140] Cen H.，Lu R.，Mendoza F.，Beaudry R. M. Relationship of the optical absorption and scattering properties with mechanical and structural properties of apple tissue [J]. Postharvest Biologyand Technology，2013，85(11)：30-38.

[141] Chen H. H.，Ting C. H. The development of a machine vision system for shiitake grading [J]. Journal of Food Quality，2004，27(5)：352-365.

[142] Chen J.，Dong D.，Ye S. Detection of pesticide residue distribution on fruit surfaces using

surface-enhanced raman spectroscopy imaging [J]. Rsc Advances, 2018, 8 (9): 4726-4730.

[143] Clément A., Dorais M., Vernon M. Multivariate approach to the measurement of tomato maturity and gustatory attributes and their rapid assessment by Vis-NIR Spectroscopy[J]. Journal of Agricultural and Food Chemistry, 2008, 56(5): 1538-1544.

[144] Cluff K., Naganathan G. K., Subbiah J., Lu R., Calkins C. R., Samal A. Optical scattering in beef steak to predict tenderness using hyperspectral imaging in the VIS-NIR region[J]. Sensing and Instrumentation for Food Quality and Safety, 2008, 2: 189-196.

[145] Coronel-Reyes J., Ramirez-Morales I., Fernandez-Blanco E., Rivero D., Pazos A. Determination of egg storage time at room temperature using a low-cost NIR spectrometer and machine learning techniques[J]. Computers & Electronics in Agriculture, 2018, 145: 1-10.

[146] Cubero S., María Paz Diago, José Blasco, Javier Tardáguila, Aleixos N. A new method for pedicel/peduncle detection and size assessment of grapevine berries and other fruits by image analysis[J]. Biosystems Engineering, 2014, 117: 62-72.

[147] Daniels A. J., Poblete-Echeverría C., Opara U. L., Nieuwoudt H. H. Measuring internal maturity parameters contactless on intact table grape bunches using NIR spectroscopy[J]. Frontiers in Plant Science, 2019, 10, 1517.

[148] Das A. J., Wahi A., Kothari I., Raskar R. Ultra-portable, wireless smartphone spectrometer for rapid, non-destructive testing of fruit ripeness[J]. Scientific Reports, 2016, 6: 32504.

[149] Davey M. W., Saeys W., Hof E., Ramon H., Swennen R. L., Keulemans J. Application of visible and near-infrared reflectance spectroscopy (Vis/NIRS) to determine carotenoid contents in banana (Musa spp.) fruit pulp [J]. Journal of Agricultural and Food Chemistry, 2009, 57(5): 1742-1751.

[150] De Girolamo A., von Holst C., Cortese M., Cervellieri S., Pascale M., Longobardi F., Catucci L., Porricelli A. C. R., Lippolis V. Rapid screening of ochratoxin A in wheat by infrared spectroscopy[J]. Food Chemistry. 2019, 99(4): 95-100.

[151] Ding C., Shi S., Chen J., Wei W., Tan Z. Analysis of light transport features in stone fruits using Monte Carlo simulation[J]. PLoS ONE, 2015, 10(10): e0140582.

[152] Do Trong N. N., Erkinbaev C., Tsuta M., De Baerdemaeker J., Nicolaï B., Saeys W. Spatially resolved diffuse reflectance in the visible and near-infrared wavelength range for non-destructive quality assessment of 'Braeburn' apples [J]. Postharvest Biology and Technology, 2014, 91: 39-48.

[153] Dowell F. E., Ram M. S., Seitz L. M. Predicting scab, vomitoxin, and ergosterol in single wheat kernels using near-infrared spectroscopy [J]. Cereal Chemistry, 1999, 76(4): 573-576.

[154] Du C. J., Sun D. W. Recent developments in the applications of image processing

techniques for food quality evaluation[J]. Trends in Food Science & Technology, 2004, 15(5): 230-49.

[155] Durand A., Devos O., Ruckebusch C., Huvenne J. Genetic algorithm optimisation combined with partial least squares regression and mutual information variable selection procedures in near-infrared quantitative analysis of cotton-viscose textiles[J]. Analytica Chimica Acta, 2007, 595(1): 72-79.

[156] ElMasry G., Cubero S., Molto E., Blasco J. In-line sorting of irregular potatoes by using automated computer-based machine vision system[J]. Journal of Food Engineering, 2012, 112(1-2): 60-68.

[157] Elmasry G., Kamruzzaman M., Sun D. W., Allen P. Principles and applications of hyperspectral imaging in quality evaluation of agro-food products: a review[J]. Critical Reviews in Food Science and Nutrition, 2012, 52(11): 999-1023.

[158] Fan S., Li J., Xia Y., Tian X., Guo Z., Huang W. Long-term evaluation of soluble solids content of apples with biological variability by using near-infrared spectroscopy and calibration transfer method[J]. Postharvest Biology and Technology, 2019, 151: 79-87.

[159] Fan S., Wang Q., Tian X., Yang G., Xia Y., Li J., Huang W. Non-destructive evaluation of soluble solids content of apples using a developed portable Vis/NIR device[J]. Biosystems Engineering, 2020, 193: 138-148.

[160] Fan S., Zhang B., Li J., Huang W., Wang C. Effect of spectrum measurement position variation on the robustness of NIR spectroscopy models for soluble solids content of apple[J]. Biosystems Engineering, 2016, 143(45): 9-19.

[161] Feudale R. N., Woody N. A., Tan H., Myles A. J., Brown S. D., Ferré J. Transfer of multivariate calibration models: a review[J]. Chemometrics and Intelligent Laboratory Systems, 2002, 64(2): 181-192.

[162] Goetz A. F. H. Imaging spectrometry for remote sensing, Vision of reality in 15 years[J]. Proceedings of SPIE, 1995, 2480: 2-13.

[163] Goetz A. F. H. Three decades of hyperspectral remote sensing of the Earth: A personal view[J]. Remote Sensing of Environment, 2009, 113(1): S5-S16.

[164] Goetz A. F. H., Vane G., Solomon J. E., Rock B. N. Imaging spectroscopy for earth remote sensing[J]. Science, 1985, 228: 1147-1153.

[165] Gomez R. B. Hyperspectral imaging, a useful technology for transportation analysis[J]. Optical Engineering, 2002, 41(9): 2137-2143.

[166] Gowen A. A., O'Donnell C. P., Taghizadeh M., Cullen P. J., Frias J. M., Downey G. Hyperspectral imaging combined with principal component analysis for bruise damage detection on white mushrooms (Agaricus bisporus)[J]. Journal of Chemometrics, 2008, 22(3-4): 259-267.

[167] Gowen A. A., O'Donnell C. P., Cullen P. J., Downey G., Frias J. M. Hyperspectral imaging-an emerging process analytical tool for food quality and safety control[J]. Trends

in Food Science & Technology, 2007, 18(12): 590-598.

[168] Guo Z. M., Wang M. M., Wu J. Z., Tao F. F., Chen Q. S., Wang Q. Y., Ouyang Q., Shi J. Y., Zou X. B. Quantitative assessment of zearalenone in maize using multivariate algorithms coupled to Raman spectroscopy[J]. Food Chemistry, 2019, 286: 282-288.

[169] Guo W., Li W., Yang B., Zhu Z., Liu D., Zhu X. A novel noninvasive and cost-effective handheld detector on soluble solids content of fruits[J]. Journal of Food Engineering, 2019, 257: 1-9.

[170] Guo W., Wang K., Liu Z., Zhang Y., Xie D., Zhu Z. Sensor-based in-situ detector for distinguishing between forchlorfenuron treated and untreated kiwifruit at multi-wavelengths [J]. Biosystems Engineering, 2020, 190: 97-106.

[171] Guo Z., Huang W., Peng Y., Chen Q., Ouyang Q., Zhao J. Color compensation and comparison of shortwave near infrared and long wave near infrared spectroscopy for determination of soluble solids content of 'Fuji' apple [J]. Postharvest Biology and Technology, 2016, 115: 81-90.

[172] Guo Z., Wang M., Agyekum A. A., Wu J., Chen Q., Zuo M., El-Seedi H. R., Tao F., Shi J., Ouyang Q., Zou X. Quantitative detection of apple watercore and soluble solids content by near infrared transmittance spectroscopy [J]. Journal of Food Engineering, 2020, 279: 109955.

[173] Han D., Tu R., Lu C., Liu X., Wen Z. Nondestructive detection of brown core in the Chinese pear 'Yali' by transmission visible-NIR spectroscopy[J]. Food Control, 2006, 17 (8): 604-608.

[174] He X., Fu X., Rao X., Fang Z. Assessing firmness and SSC of pears based on absorption and scattering properties using an automatic integrating sphere system from 400 to 1150nm [J]. Postharvest Biology and Technology, 2016, 121: 62-70.

[175] Hu D., Fu X., Wang A., Ying Y. Measurement methods for optical absorption and scattering properties of fruits and vegetables[J]. Transactions of the ASABE, 2015, 58 (5): 1387-1401.

[176] Huang H., Yu H., Xu H., Ying Y. Near infrared spectroscopy for on/in-line monitoring of quality in foods and beverages: a review[J]. Journal of Food Engineering, 2008, 87(3): 303-313.

[177] Huang M., Zhu Q., Wang B., Lu R. Analysis of hyperspectral scattering images using locally linear embedding algorithm for apple mealiness classification[J]. Computers and Electronics in Agriculture, 2012, 89: 175-181.

[178] Huang Y., Lu R., Chen K. Prediction of firmness parameters of tomatoes by portable visible and near-infrared spectroscopy [J]. Journal of Food Engineering, 2018, 222: 185-198.

[179] Ignat T., Schmilovitch Z., Fefoldi J., Steiner B., Alkalai-Tuvia S. Non-destructive measurement of ascorbic acid content in bell peppers by VIS-NIR and SWIR spectrometry

[J]. Postharvest Biology and Technology, 2012, 74: 91-99.

[180] Islam M. H., Kondo N., Ogawa Y., Fujiura T., Suzuki T., Fujitani S. Detection of infertile eggs using visible transmission spectroscopy combined with multivariate analysis [J]. Engineering in Agriculture, Environment and Food, 2017, 10(2): 115-120.

[181] Jackman P., Sun D. W. Recent advances in image processing using image texture features for food quality assessment[J]. Trends in Food Science & Technology, 2013, 29(1): 35-43.

[182] Jie D., Xie L., Rao X., Ying Y. Using visible and near infrared diffuse transmittance technique to predict soluble solids content of watermelon in an on-line detection system[J]. Postharvest Biology and Technology, 2014, 90: 1-6.

[183] Kang Y. S., Ryu C. S., Jun S. R., Jang S. H., Park J. W., Song H. Y., Sarkar T. K. Classification of Chinese cabbage and radish based on the reflectance of hyperspectral imagery[J]. Proceedings of SPIE, 2018, 10780: UNSP 107801H.

[184] Khuriyati N., Matsuoka T., Kawano S. Precise near infrared spectral acquisition of intact tomatoes in interactance mode[J]. Journal of Near Infrared Spectroscopy, 2004, 12(1): 391.

[185] Kim D. G., Burks T. F., Qin J., Bulanon D. M. Classification of grapefruit peel diseases using color texture feature analysis[J]. International Journal of Agricultural and Biological Engineering, 2009, 2(3): 41-50.

[186] Kondo N. Robotization in fruit grading system[J]. Sensing and Instrumentation for Food Quality and Safety, 2009, 3(1): 81-7.

[187] Lee K. M., Herrman T. J. Determination and prediction of fumonisin contamination in maize by surface-enhanced Raman spectroscopy (SERS) [J]. Food and bioprocess technology, 2016, 9(4): 588-603.

[188] Leemans V., Magein H., Destain M. F. On-line fruit grading according to their external quality using machine vision[J]. Biosystems Engineering, 2002, 83(4): 397-404.

[189] Li A. K., Tang L. J., Song D., Song S. S., Ma W., Xu L. G., Kuang H., Wu X. L., Liu L. Q., Chen X., Xu C. L. A SERS-active sensor based on heterogeneous gold nanostar core-silver nanoparticle satellite assemblies for ultrasensitive detection of aflatoxin B1[J]. Nanoscale, 2016, 8(4): 1873-1878.

[190] Li J., Fan S., Huang W. Assessment of multiregion local models for detection of SSC of whole peach (Amygdalus persica L.) by combining both hyperspectral imaging and wavelength optimization methods[J]. Journal of Food Process Engineering, 2018, 41(8): e12914.

[191] Li J. B., Chen L. P. Comparative analysis of models for robust and accurate evaluation of soluble solids content in 'Pinggu' peaches by hyperspectral imaging[J]. Computers and Electronics in Agriculture, 2017, 142: 524-535.

[192] Li J. B., Tian X., Huang W. Q., Zhang B. H., Fan S. X. Application of long-wave near

infrared hyperspectral imaging for measurement of soluble solid content (SSC) in pear[J]. Food Anal. Methods, 2016, 9: 3087-3098.

[193] Li X. L., Wei Y. Z., Xu J., Feng X. P., Wu F. Y., Zhou R. Q., Jin J. J., Xu K. W., Yu X. J., He Y. SSC and pH for sweet assessment and maturity classification of harvested cherry fruit based on NIR hyperspectral imaging technology[J]. Postharvest Biology and Technology, 143: 112-118.

[194] Lino A. C. L., Sanches J., Dal Fabbro I. M. Image processing techniques for lemons and tomatoes classification[J]. Bragantia, 2008, 67(3): 785-9.

[195] Liu Y., Delwiche S. R., Dong Y. Feasibility of FT-Raman spectroscopy for rapid screening for DON toxin in ground wheat and barley[J]. Food Additives and Contaminants, 2009, 26(10): 1396-1401.

[196] Liu D., Zeng X. A., Sun D. W. NIR Spectroscopy andimaging techniques for evaluation of fish quality-a review[J]. Applied Spectroscopy Reviews, 2013, 48(8): 609-628.

[197] Liu D., Zeng X. A., Sun D. W. Recent developments and applications of hyperspectral imaging for quality evaluation of agricultural products: a review[J]. Critical Reviews in Food Science and Nutrition, 2015, 55(12): 1744-1757.

[198] Liu Y., Chen Y. R., Wang C. Y., Chan D. E., Kim M. S. Development of hyperspectral imaging technique for the detection of chilling injury in cucumbers: Spectral and image analysis[J]. Applied Engineering in Agriculture, 2006, 22(1): 101-111.

[199] Liu Y., Gao R., Hao Y., Sun X., Ouyang, A. Improvement ofnear-infrared spectral calibration models for brix prediction in 'Gannan' Navel oranges by a portable near-infrared device[J]. Food and Bioprocess Technology, 2012, 5(3): 1106-1112.

[200] Lopez A., Arazuri S., Lautre I., Mangado J., Jaren C. A review of the application of near-infrared spectroscopy for the analysis of potatoes[J]. Journal of Agricultural and Food Chemistry, 2013, 61(23): 5413-5424.

[201] Lorente D., Aleixos N., Gómez-Sanchis J., Cubero S., García-Navarrete O. L., Blasco J. Recent advances and applications of hyperspectral imaging for fruit and vegetable quality assessment[J]. Food and Bioprocess Technology, 2012, 5(4): 1121-1142.

[202] Lu R., Chen Y. R. Hyperspectral imaging for safety inspection of food and agricultural products[J]. Pathogen Detection & Remediation for Safe Eating International Society for Optics and Photonics, 1999.

[203] Lu Y. Li R., Lu R. Structured-illumination reflectance imaging (SIRI) for enhanced detection of fresh bruises in apples[J]. Postharvest Biology and Technology, 2016, 117: 89-93.

[204] McGlone V. A., Martinsen P. J. Transmission measurements on intact apples moving at high speed[J]. Journal of Near Infrared Spectroscopy, 2004, 12(1): 37-43.

[205] McGlone V. A., Jordan R. B., Seelye R., Martinsen P. J. Comparing density and NIR methods for measurement of Kiwifruit dry matter and soluble solids content[J]. Postharvest

Biol Technol, 2002, 26: 191-198.

[206] Mendoza F., Dejmek P., Aguilera J. M. Calibrated color measurements of agricultural foods using image analysis[J]. Postharvest Biology and Technology, 2006, 41(3): 285-95.

[207] Miedaner T., Han S., Kessel B., Ouzunova M., Schrag T., Utz F. H., Melchinger A. E. Prediction of deoxynivalenol and zearalenone concentrations in Fusarium graminearum inoculated backcross populations of maize by symptom rating and near-infrared spectroscopy [J]. Plant Breeding, 2015, 134(5): 529-534.

[208] Nicolaï B. M., Beullens K., Bobelyn E., Peirs A., Saeys W., Theron K. I., Lammertyn J. Nondestructive measurement of fruit and vegetable quality by means of NIR spectroscopy: a review[J]. Postharvest Biology and Technology, 2007, 46(2): 99-118.

[209] Park B., Lawrence K. C., Windham W. R., Smith D. P. Performance of hyperspectral imaging system for poultry surface fecal contaminant detection[J]. Journal of Food Engineering, 2006, 75(3): 340-348.

[210] Pasquini C. Near infrared spectroscopy: A mature analytical technique with new perspectives: a review[J]. Analytica Chimica Acta, 2018, 1026: 8-36.

[211] Pearson T. C., Wicklow D. T., Maghirang E. B. Detecting aflatoxin in single corn kernels by transmittance and reflectance spectroscopy[J]. Transactions of the ASAE, 2001, 44(5): 1247-1254.

[212] Peirs A., Scheerlinck N., Nicolai B. M. Temperature compensation for near infrared reflectance measurement of apple fruit soluble solids contents[J]. Postharvest Biology and Technology, 2003, 30(3): 233-248.

[213] Peng Y., Zhang J., Wu J., Hang, H. Hyperspectral scattering profiles for prediction of the microbial spoilage of beef[J]. Proceedings of SPIE-The International Society for Optical Engineering, 2009.

[214] Peng Y., Wang W. Prediction of porkmeat total viable bacteria count using hyperspectral imaging system and support vector machines[J]. In: Food Processing Automation Conference Proceedings, Providence, RI. American Society of Agricultural and Biological Engineers, St. Joseph, Michigan, Paper No. 701P0508cd, 2008.

[215] Pérez-Marín D., Paz P., Guerrero J. E., Garrido-Varo A., Sánchez M. T. Miniature handheld NIR sensor for the on-site non-destructive assessment of post-harvest quality and refrigerated storage behavior in plums[J]. Journal of Food Engineering, 2010, 99(3): 294-302.

[216] Prieto N., Roehe R., Lavin P., Batten G., Andres S. Application of near infrared reflectance spectroscopy to predict meat and meat products quality: a review[J]. Meat Science, 2009, 83(2): 175-186.

[217] Pu H. B., Lin L., Sun D. W. Principles of hyperspectral microscope imaging techniques and their applications in food quality and safety detection: a review[J]. Comprehensive

Reviews in Food Science and Food Safety, 2019, 18(4): 853-866.

[218] Qiao J., Wang N., Ngadi M., Gunenc A., Monroy M., Gariepy C., Prasher S. Prediction of drip-loss, pH, and color for pork using a hyperspectral imaging technique[J]. Meat Science, 2007b, 76(1): 1-8.

[219] Qiao J., Ngadi M. O., Wang N., Gariepy C., Prasher S. O. Pork quality and marbling level assessment using a hyperspectral imaging system[J]. Journal of Food Engineering, 2007a, 83(1): 10-16.

[220] Qin J., Chao K., Kim M. S., Lu R., Burks T. F. Hyperspectral and multispectral imaging for evaluating food safety and quality[J]. Journal of Food Engineering, 2013, 118: 157-171.

[221] Qin J., Lu R. Measurement of the absorption and scattering properties of turbid liquid foods using hyperspectral imaging[J]. Applied Spectroscopy, 2007, 61(4): 388-396.

[222] Qin J., Lu R. Measurement of the optical properties of fruits and vegetables using spatially resolved hyperspectral diffuse reflectance imaging technique[J]. Postharvest Biology and Technology, 2008, 49(3): 355-365.

[223] Qin J. W., Burks T. F., Ritenour M. A., Bonn W. G. Detection of citrus canker using hyperspectral reflectance imaging with spectral information divergence[J]. Journal of Food Engineering, 2009, 93: 183-191.

[224] Riyadi S., Rahni A. A. A., Mustafa M. M., Hussain A. Shape characteristics analysis for papaya size classification[J]. Research and Development, 2007. SCOReD 2007. 5th Student Conference on. IEEE.

[225] Roy S., Anantheswaran R. C., Shenk J. S., Westerhaus M. O., Beelman R. B. Determination of moisture content of mushrooms by Vis-NIR spectroscopy[J]. Journal of the Science of Food and Agriculture, 1993, 63(3): 355-360.

[226] Schulz H., Drews H. H., Quilitzsch R., Krüger H. Application of near infrared spectroscopy for the quantification of quality parameters in selected vegetables and essential oil plants[J]. J Near Infrared Spectrosc. 1998, 6: A125-A130.

[227] Shao Y., He Y., Gómez A. H., Pereir A. G., Qiu Z., Zhang Y. Visible/near infrared spectrometric technique for nondestructive assessment of tomato 'Heatwave' (Lycopersicum esculentum) quality characteristics[J]. Journal of Food Engineering, 2007, 81(4): 672-678.

[228] Shapey J., Xie Y. J., Nabavi E., Bradford R., Saeed S. R., Ourselin S., Vercauteren T. Intraoperative multispectral and hyperspectral label-free imaging: a systematic review of in vivo clinical studies[J]. Journal of Biophotonics, 2019, 12(9): e201800455.

[229] Sinelli N., Spinardi A., Di Egidio V., Mignani I., Casiraghi E. Evaluation of quality and nutraceutical content of blueberries (Vaccinium corymbosum L.) by near and mid-infrared spectroscopy[J]. Postharvest Biology and Technology, 2008, 50(1): 31-36.

[230] Sirisomboon P., Tanaka M., Kojima T., Williams P. Nondestructive estimation of maturity

and textural properties on tomato 'Momotaro' by near infrared spectroscopy[J]. Journal of Food Engineering, 2012, 112(3): 218-226.

[231] Song D. J., Song L. J., Sun Y., Hu P. C., Tu K., Pan L. Q., Yang H. W., Huang M. Black heart detection in white radish by hyperspectral transmittance imaging combinedwith chemometric analysis and a successive projections algorithm[J]. Applied Sciences-Basel, 2016, 6(9): 249.

[232] Sun D. W. Hyperspectral Imaging for Food Quality Analysis and Control[M]. Elsevier Publishers, Inc., 2010.

[233] Szigedi T., Lénárt J., Dernovics M., Turza S., Fodor M. Protein content determination in Brassica oleracea species using FT-NIR technique and PLS regression[J]. International Journal of Food Science & Technology, 2012, 47(2): 436-440.

[234] Tao Y. Spherical transform of fruit images for on-line defect extraction of mass objects[J]. Optical Engineering, 1996, 35(2): 344-50.

[235] Tarkosova J., Copikova J. Determination of carbohydrate content in bananas during ripening and storage by near infrared spectroscopy[J]. J Near Infrared Spectrosc, 2000, 8: 21-26.

[236] Tian X., Fan S., Li J., Xia Y., Huang W., Zhao C. Comparison and optimization of models for SSC on-line determination of intact apple using efficient spectrum optimization and variable selection algorithm[J]. Infrared Physics & Technology, 2019, 102: 102979.

[237] Travers S., Bertelsen M. G., Petersen K. K., Kucheryavskiy S. V. Predicting pear (cv. Clara Frijs) dry matter and soluble solids content with near infrared spectroscopy[J]. LWT-Food Science and Technology, 2014, 59(2): 1107-1113.

[238] Unay D., Gosselin B. Stem and calyx recognition on 'Jonagold' apples by pattern recognition[J]. Journal of Food Engineering, 2007, 78(2): 597-605.

[239] van der Meer F. D., van der Werff H. M. A., van Ruitenbeek F. J. A., Hecker C. A., Bakker W. H., Noomen M. F., van der Meijde M., Carranza E. J. M., de Smeth J. B., Woldai T. Multi-and hyperspectral geologic remote sensing: a review[J]. International Journal of Applied Earth Observation and Geoinformation, 2012, 14(1): 112-128.

[240] Vízhányó T., Felföldi J. Enhancing colour differences in images of diseased mushrooms [J]. Computers and Electronics in Agriculture, 2000, 26(2): 187-198.

[241] Wang A., Hu D., Xie L. Comparison of detection modes in terms of the necessity of visible region (VIS) and influence of the peel on soluble solids content (SSC) determination of navel orange using VIS-SWNIR spectroscopy[J]. Journal of Food Engineering, 2014, 126(4): 126-132.

[242] Wang J., Nakano K., Ohashi S., Kubota Y., Takizawa K., Sasaki Y. Detection of external insect infestations in jujube fruit using hyperspectral reflectance imaging[J]. Biosystems Engineering, 2011, 108(4): 345-351.

[243] Wang J., Wang J., Chen Z., Han D. Development of multi-cultivar models for predicting

the soluble solid contentand firmness of European pear (Pyrus communis L.) using portable vis-NIR spectroscopy [J]. Postharvest Biology and Technology, 2017, 129: 143-151.

[244] Wang W., Li C., Gitaitis R. D. Optical properties of healthy and diseased onion tissues in the visible and near-infrared spectral region [J]. Transactions of the ASABE, 2014, 57 (6): 1771-1782.

[245] Wang W., Li C., Tollner E. W., Gitaitis R. D., Rains G. C. Shortwave infrared hyperspectral imaging for detecting sour skin (burkholderia cepacia)-infected onions [J]. Journal of Food Engineering, 2012, 109(1): 36-48.

[246] Whitehead K., Hugenholtz C. H. Remote sensing of the environment with small unmanned aircraft systems (UASs) [J]. Journal of Unmanned Vehicle Systems, 2014, 2(3): 69-85.

[247] Wu D., Sun D. W. Advanced applications of hyperspectral imaging technology for food quality and safety analysis and assessment: a review [J]. Innovative Food Science and Emerging Technologies, 2013, 19: 15-28.

[248] Xia Y., Fan S., Li J., Tian X., Huang W., Chen L. Optimization and comparison of models for prediction of soluble solids content in apple by online Vis/NIR transmission coupled with diameter correction method [J]. Chemometrics and Intelligent Laboratory Systems, 2020, 201: 104017.

[249] Xia Y., Tian X., Li J., Fan S., Huang W. Prediction andcomparison of models for soluble solids content determination in 'Ya' pears using optical properties and diffuse reflectance in 900-1700nm spectral region [J]. IEEE Access, 2019, 7: 179199-179211.

[250] Xie C. Q., Chu B. Q., He Y. Prediction of banana color and firmness using a novel wavelengths selection method of hyperspectral imaging [J]. Food Chemistry, 2018, 245: 132-140.

[251] Xie L., Wang A., Xu H., Fu X., Ying Y. Applications ofnear-infrared systems for quality evaluation of fruits: a review [J]. Transactions of the ASABE, 2016, 59(2): 399-419.

[252] Xing J., Bravo C., Moshou D., Ramon H., Baerdemaeker J. D. Bruise detection on 'Golden Delicious' apples by vis/NIR spectroscopy [J]. Computersand Electronics in Agriculture, 2006, 52(1): 11-20.

[253] Xing J., van Linden V., Vanzeebroeck M., De Baerdemaeker J. Bruise detection on Jonagold apples by visible and near-infrared spectroscopy [J]. Food Control, 2005, 16 (4): 357-361.

[254] Xiong Z. J., Sun D. W., Zeng X. A., Xie A. G. Recent developments of hyperspectral imaging systems and their applications in detecting quality attributes of red meats: A review [J]. Journal of Food Engineering, 2014, 132: 1-13.

[255] Xu D. H., Wang H. W., Ji H. W., Zhang X. C., Wang Y. A., Zhang Z., Zheng H. F. Hyperspectral imaging for evaluating impact damage to mango according to changes in quality attributes [J]. Sensors, 2018, 18(11): 3920.

[256] Xu H., Qi B., Sun T., Fu X., Ying Y. Variable selection in visible and near-infrared spectra: Application to on-line determination of sugar content in pears[J]. Journal of Food Engineering, 2012, 109(1): 142-147.

[257] Yimyam P., Clark A. F. Agricultural produce grading by computer vision using Genetic Programming; proceedings of the Robotics and Biomimetics (ROBIO) [C]. 2012 IEEE International Conference.

[258] Yu X. J., Lu H. D., Liu Q. Y. Deep-learning-based regression model and hyperspectral imaging for rapid detection of nitrogen concentration in oil seed rape (Brassica napus L.) leaf[J]. Chemometrics and Intelligent Laboratory Systems, 2018, 172: 188-193.

[259] Yun Y. H., Li H. D., Deng B. C., Cao D. S. An overview of variable selection methods in multivariate analysis of near-infrared spectra[J]. TRAC Trends in Analytical Chemistry, 2019, 113: 102-115.

[260] Zhang B., Gu B., Tian G., Zhou J., Huang J., Xiong Y. Challenges and solutions of optical-based nondestructive quality inspection for robotic fruit and vegetable grading systems: a technical review[J]. Trends in Food Science & Technology, 2018, 81: 213-231.

[261] Zhang B. H., Huang W. Q., Li J. B., Zhao C. J., Fan S. X., Wu J. T., Liu C. L. Principles, developments and applications of computer vision for external quality inspection of fruits and vegetables: a review[J]. Food Research International, 2014, 62: 326-43.

[262] Zhang B. H., Dai D. J., Huang J. C., Zhou J., Gui Q. F., Dai F. Influence of physical and biological variability and solution methods in fruit and vegetable quality nondestructive inspection by using imaging and near-infrared spectroscopy techniques: a review[J]. Critical Reviews in Food Science and Nutrition, 2018, 58(12): 2099-2118.

[263] Zhang D., Xu L., Wang Q., Tian X., Li J. Theoptimal local model selection for robust and fast evaluation of soluble solid content in melon with thick peel and large size by Vis-NIR spectroscopy[J]. Food Analytical Methods, 2018, 12: 1-12.

[264] Zhang F., Zhang X. Classification and quality evaluation of tobacco leaves based on image processing and fuzzy comprehensive evaluation[J]. Sensors, 2011, 11(3): 2369.

[265] Zhang H. L., Zhang S., Dong W. T., Luo W., Huang Y. F., Zhan B. S., Liu S. M. Detection of common defects on mandarins by using visible and near infrared hyperspectral imaging[J]. Infrared Physics & Technology, 2020, 108: 103341.

[266] Zhang J. C., Huang Y. B., Pu R. L., Gonzalez-Moreno P., Yuan L., Wu K. H., Huang W. J. Monitoring plant diseases and pests through remote sensing technology: a review[J]. Computers and Electronics in Agriculture, 2019, 165: 104943.

[267] Zhang M., Li C., Yang F. Optical properties of blueberry flesh and skin and Monte Carlo multi-layered simulation of light interaction with fruit tissues[J]. Postharvest Biology and Technology, 2019, 150: 28-41.

[268] Zheng C. X., Sun D. W., Zheng L. Y. Recent applications of image texture for evaluation

of food qualities: a review[J]. Trends in Food Science & Technology, 2006, 17(3): 113-28.

[269]Zhu F., Zhang H., Shao Y., He Y., Ngadi M. Mapping of fat and moisture distribution in Atlantic salmon using near-infrared hyperspectral imaging[J]. Food and Bioprocess Technology, 2014, 7(4): 1208-1214.

[270]Zou X. B., Zhao J. W., Li Y. X., et al. In-line detection of apple defects using three color cameras system[J]. Computers and Electronics in Agriculture, 2010, 70(1): 129-34.

[271]Zude M., Herold B., Roger J. M., Bellon-Maurel V., Landahl S. Non-destructive tests on the prediction of apple fruit flesh firmness and soluble solids content on tree and in shelf life[J]. Journal of Food Engineering, 2006, 77(2): 254-260.

第 2 章　农产品质量和安全图谱无损检测技术

农产品质量品质和安全的有效评估离不开先进的检测技术，图谱检测分析技术是目前在农产品质量安全评估研究和应用中广泛使用的典型技术。本章详细介绍了机器视觉技术、可见-近红外光谱技术、可见-近红外光谱成像技术和拉曼光谱及成像技术的实现原理、数据获取方式、系统构成、系统类型、相关应用等几个方面。

2.1　机器视觉技术

机器视觉(machine vision)，又称计算机视觉(computer vision)或机器人视觉(robot vision)，机器视觉主要是用计算机来模拟人的视觉功能，从客观事物的图像中提取信息，进行处理、分析、理解和识别，最终用于实际检测、测量和控制(雄卡，2011)。相对于人工检测来讲，机器视觉技术具有检测精度高、可重复性强、检测速度快、检测结果客观可靠、检测成本低等优点。伴随着信息技术、通信技术的发展，机器视觉技术日臻成熟，已成为自动化检测领域不可或缺的重要工具。在农产品质量品质与安全检测方面，机器视觉技术目前已广泛应用于农产品形状、颜色、尺寸及部分外部缺陷检测。机器视觉检测技术所具有的客观、快速、无损的优点，对于提高农产品商品化自动分级处理具有重要意义(Zhang 等，2014)。同时，现代成像技术的蓬勃发展，也将必然拓展和深化机器视觉技术在农产品品质与安全无损检测的应用领域。

2.1.1　机器视觉检测系统构成

典型的机器视觉系统通常包括图像采集、图像处理和运动控制三个主要的部分。依据运行环境的差异，机器视觉系统又可以分为嵌入式机器视觉系统和基于计算机的机器视觉系统。因为开放性较强、编程灵活度高、窗口交互界面良好、总体成本低等优点，基于计算机的机器视觉系统应用更加广泛(余文勇等，2013)。考虑到检测成本、人机交互及不同农产品检测算法的可拓展性等问题，基于计算机的机器视觉系统被广泛应用于农产品质量品质与安全无损检测分级生产线中。基于计算机的机器视觉检测系统基本构成如图 2-1 所示，具体包括工业相机、光学镜头、光源、图像采集卡和计算机软件以及硬件系统等。

为了便于农产品品质与安全无损检测研究学者和视觉检测工程师了解机器视觉系统的主要构成部分的功能、种类、特性参数，以及如何选择合适型号的相机、镜头、光源等部件以快速搭建视觉检测系统，下面简要介绍视觉系统组成部分的相关知识。

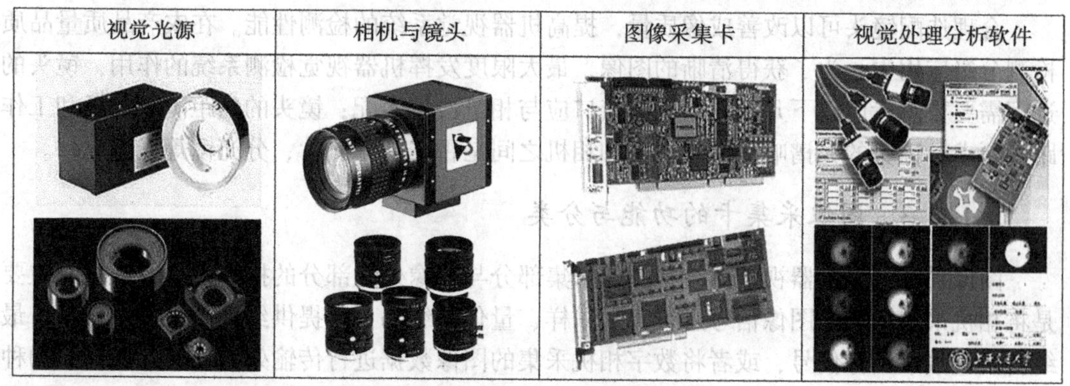

视觉光源
相机与镜头
图像采集卡
视觉处理分析软件

图 2-1　机器视觉系统的基本构成

2.1.1.1　相机种类及特性参数

作为机器视觉系统的核心组成部件，相机把光信号转变为有序的电信号，然后利用镜头把投影到传感器的图像传送到能够储存、分析或者显示的机器设备上。通常视觉检测系统由一路或多路相机系统构成。根据不同的分类方法，相机可以分为不同的种类。按照相机的芯片类型分类，相机可以分为 CCD 相机和 CMOS 相机；按照输出信号格式分类，相机可以分为模拟相机和数字相机；按照传感器架构和像元排列方式分类，相机可以分为线阵相机和面阵相机；按照分辨率大小分类，相机可以分为普通分辨率相机和高分辨率相机等。

相机的选择是设计机器视觉系统极为关键的一步，相机不仅直接决定了所获取到的图像分辨率、图像质量等，而且也与整个机器视觉系统的运行模式直接相关。相机的选择一般根据检测任务需求和硬件类型确定。检测任务需求包括检测精度要求、相机视野要求、被测物体状态(静态、动态)、被测物体运动速度等，譬如在农产品质量品质无损检测分级中，就需要根据检测视场、检测精度、物料运行速度等检测要求选择合适的相机。硬件类型主要包括相机的特性参数、相机接口类型、触发方式等。其中，相机的特性参数是相机性能的重要衡量指标，直接影响成像质量和视觉检测系统的效果。因此，主要特性参数是选择合适相机搭建机器视觉系统的重要依据，这些参数包括分辨率、像素深度、最大帧率、像元尺寸、曝光方式和快门速度、光谱响应特性等。

2.1.1.2　镜头的工作原理与选配

光学镜头(简称镜头)属于机器视觉系统重要的组成部件，其基本功能是实现光束调制。镜头的主要作用是将成像目标聚焦在图像传感器的光敏面上。镜头的质量直接影响视觉检测系统的整体性能。因此，合理地选择和安装镜头是机器视觉系统设计、搭建的重要环节。按照不同的分类方法，镜头可以分为不同的种类。按照外形功能分类，镜头可以分为球面镜头、非球面镜头、针孔镜头、鱼眼镜头等；按照变焦类型分类，镜头可以分为定焦距镜头和变焦距镜头；按照尺寸大小分类，镜头可以分为 1 英寸、1/2 英寸、1/3 英寸、1/4 英寸镜头等；按照镜头与相机之间的接口分类，镜头可以分为 C 接口、CS 接口、F 接口镜头等。

合理选配镜头可以改善成像质量，提高机器视觉系统的检测性能。在农产品质量品质检测分级应用中，为了获得清晰的图像，最大限度发挥机器视觉检测系统的作用，镜头的选配需要重点考虑以下几点：镜头的接口应与相机接口匹配；镜头的焦距满足视场和工作距离要求；镜头的光谱响应以及镜头和相机之间是否安装滤光片、分光镜等光学元件。

2.1.1.3　图像采集卡的功能与分类

图像采集卡是机器视觉系统中图像采集部分与图像处理部分的接口。图像采集卡主要是将相机采集的模拟图像信号进行实时采样、量化与编码，并提供给计算机数据接口，最终转换成数字图像信号，或者将数字相机采集的图像数据进行传输处理。图像采集卡的种类较多，其特性、尺寸、类型各不相同，根据输入信号的类型，可分为模拟图像采集卡和数字图像采集卡；根据系统中采集信号的类型，可分为彩色图像采集卡和黑白图像采集卡；根据相机曝光方式，可分为线阵图像采集卡和面阵图像采集卡等。

在视觉检测系统中，尤其是农产品品质与安全多通道快速无损在线检测分选生产线上，农产品随传送带或果托高速传送，视觉系统对图像获取、传输与分析处理时效性和稳定性要求较高。图像采集卡要完成高速、大数据量的图像数据采集与处理，则必须与工业相机协调工作。图像采集卡的选择主要根据视觉检测系统的功能需要、与相机输出的匹配和图像的采集精度等。

2.1.1.4　视觉光源分类与选型

机器视觉系统的核心任务是图像的采集和处理，图像本身的成像质量对视觉系统非常关键(余文勇等，2013)。视觉光源和打光方式是影响机器视觉系统成像质量的重要因素。光源的主要作用包括：照亮目标，提高目标物体的亮度；形成有利于图像处理分析的效果，突出图像测量特征；克服环境光干扰，保证图像的稳定性等。针对不同的视觉检测需求，视觉光源的种类和打光方式越来越丰富。在农产品品质与安全无损检测应用中，常见的视觉光源包括可见光光源、卤素灯、LED 光源、红外光源、紫外线光源、激光光源、结构光源等。

选择合理的视觉光源和打光方式，可以获得高品质、高对比度的图像，进而大幅降低图像处理分析难度，提高特征提取精度和系统检测性能。视觉检测的具体应用直接决定了光源的选择和设计，如在进行农产品的外观轮廓形状和尺寸检测时，通过采用高密度的 LED 阵列设计，将 LED 自身的点光源转化成均匀发光的背部面光源，有利于突出被测对象的轮廓和外形特征；再如，为了检测农产品表面的凸凹、畸形或果梗花萼，可选择具有特定结构的光源，光源的特性可以预先获得，光源在目标上形成的特征具有特定的结构。结构光的合理使用可以简化图像处理过程中的特征提取，大幅度提高图像处理速度，具有非常好的实时性。同时，光源的亮度、均匀性、对比度、光谱特性、可维护性、寿命和发热量等也是选择视觉光源需要重点考虑的因素。

2.1.2 视觉检测光学成像技术

随着光电子技术、计算机技术和电子技术的进步，光学成像技术得到了迅猛的发展。现代光学成像技术拓展了传统机器视觉技术的广度和深度。在农产品质量与安全无损检测应用领域，针对不同的检测需求，为了提高检测效率和检测精度，除了基于 RGB 彩色成像技术的传统机器视觉系统外，荧光成像、热成像、磁共振成像、X 射线成像、3D 成像等技术也被广泛应用。

2.1.2.1 彩色成像技术

正如人眼对红、绿、蓝三基色敏感一样，彩色成像系统通过彩色相机内部的分光棱镜和 3 个 CCD 感光芯片采集红光(Red，700.0nm)、绿光(Green，546.1nm)和蓝光(Blue，435.8nm)处的单色图像作为 R、G、B 三通道分量图像来模拟人类视觉效果(Zhang 等，2014)。随着工业相机、光源照明和视觉检测软件的不断进步，彩色视觉成像技术变得更加简单可靠、经济实惠，并且彩色视觉成像系统更容易安装到农产品检测分选生产线上。相对于单色灰度成像而言，颜色提供的关键信息可有效提高机器视觉检测应用的准确性和可靠性，彩色视觉检测系统可以检测并显示单色灰度成像无法实现的细微差别，通过增强被测物体的颜色响应，可以大幅度提高农产品表面缺陷检测的灵敏度和可靠性。目前，基于彩色成像技术的机器视觉检测系统最为常见，已广泛应用于农产品外部质量品质快速无损检测领域。

彩色图像与人类的颜色视觉具有较好的一致性。因此，在农产品品质无损检测中那些与色泽相关，以及根据颜色进行图像分割提取的农产品品质特征，可以通过彩色成像视觉检测系统获取。目前，农产品的颜色、尺寸、纹理、形状等物理品质和大多数明显的可见缺陷都是利用基于彩色成像技术的机器视觉系统进行检测并实施分级的。常见的用于农产品外观品质检测的视觉系统和图像处理算法以及典型应用案例在本书中会详细介绍。

2.1.2.2 热成像技术

热成像技术是利用红外探测器的光敏元件接收被测目标物体各部分的红外辐射，并根据不可见红外辐射能量差异形成可视热图像的技术(周建民等，2010)。实际上，自然界中一切高于绝对零度(-273℃)的物体都可以发射红外线，这是物体内部分子进行热运动的结果。热成像技术也可以理解为是一种利用物体的红外辐射特性产生热图像反映物体各部分辐射能量高低，并通过不同灰度级或不同伪彩色量化显示物体热分布场的一种技术(Gowen 等，2010)。红外热成像技术最早应用于军事和工业领域。近年来，随着热成像技术的成熟以及低成本红外热像仪的问世，热成像技术已逐渐应用于农产品和食品质量和安全检测领域。

在农产品品质检测中，根据是否需要提供额外热源，热成像技术可以分为被动式热成像技术和主动式热成像技术。其中，被动式热成像技术不需要提供额外热源，所成的像完全反映被检测物体本身的热场分布，这种热成像方式一般用于农产品或食品加工过程中的非接触式温度测量(Gowen 等，2010)；主动式热成像技术则需要提供附加热源，通过快速加热或冷却被测物体进行成像，一般农产品或食品的缺陷区域和正常区域的热衰减速率不同，基于这个特点，主动式热成像技术适用于农产品的缺陷检测(Maldague 等，2002)。基于正常和损伤区域的热衰减差异，主动式热成像技术被用于检测损伤的番茄(Linden 等，2002)和早期损伤的苹果(Baranowski 等，2012；Varith 等，2003)；基于不同成熟度水果的热衰减差异，主动式热成像技术还被用于检测杧果的成熟度(Hahn 等，2005)。此外，热成像技术还被用于检测贮藏小麦的真菌感染(Vadivambal 等，2010)、麦子中的虫害(Manickavasagan 等，2008)等。

2.1.2.3　荧光成像技术

荧光成像技术的理论基础是荧光物质受到外界能量激发，引起其电子从基态跃迁到不稳定状态的激发态，并最终释放能量回归基态的过程中会发射可被检测的荧光信号。被激发产生的荧光信号的强度在一定的范围内与荧光素的量呈线性关系。为了实现荧光信号的激发、捕获和放大，荧光成像系统一般包括荧光信号激发系统(激发光源、光路传输组件)、荧光信号收集组件、信号检测以及放大系统。荧光成像技术以其灵敏度高、稳定性好、重复性强、所获得信息丰富等特点(朱新建等，2008)，成为近年来发展较快的成像技术之一。

在水果、蔬菜、谷物等农产品质量品质与安全检测领域，荧光成像技术基于农产品的荧光特性进行成像，进而实现农产品特定质量品质指标的无损检测。例如，利用荧光成像技术检测苹果的苦陷病(Lötze 等，2006)；利用叶绿素荧光检测苹果的品质和存储时间(Huybrechts 等，2002)以及柠檬的热损伤(Obenland 等，2005)；利用激光诱导荧光成像快速检测苹果表面的粪便(Kim 等，2004)；结合高光谱荧光成像，还可以用于建立水果糖度(吴彦红等，2010)、水果腐烂(李江波等，2012)、农药残留(陈菁菁等，2010)等多种果蔬品质参数检测模型。

2.1.2.4　磁共振成像技术

磁共振成像(MRI)也称为核磁共振成像或自旋成像，是一种在受控的磁环境中通过氢原子共振现象构造磁共振信号图像的技术(Kotwaliwale 等，2012)。基于样本中细胞核的化学和电子环境，核磁共振成像提供了一个宏观的空间分布信息(Kim 等，2008)。事实上，核磁共振可以简单地理解为研究物质对射频磁场能量的吸收情况。根据物质在不同结构环境中释放的能量衰减的不同，通过检测外梯度磁场发射的电磁波，可以得到物体核的位置和类型，进而绘制出物体的结构图像。由于其非侵入性和非破坏性特征，磁共振成像技术起初被用于医学诊断，用于提供组织中的质子密度和高分辨率空间信息(Sequi 等，2007)。近年来，快变梯度磁场的应用大大加快了磁场的速度。磁共振成像技术已成为物理学、医学、石油化工、农业等领域研究的强有力的检测分析技术。

在农产品质量检测中，根据获得各种组织图像的途径的物理依据不同，分为纵向弛豫时间 T1 或横向弛豫时间 T2 两种，不同组织之间弛豫时间 T1 或者 T2 参数的差异，是磁共振成像技术用于检测分析最主要的物理基础。这种自旋弛豫过程受分子(主要是水)运动和分子间相互作用(自旋-自旋相互作用)的控制，前者决定T1，而前者和后者共同决定T2。其中T1可以帮助反映质子密度，从而分别反映成像样品中水和脂肪的浓度(Thybo等，2004)；而T2弛豫时间则对细胞分裂敏感，根据这一特点，T2弛豫分析可用于研究高压、冷冻、干燥或成熟状态下对农产品细胞水平生理变化的影响(Zhang等，2012)。基于水在细胞外和细胞内分布的不同，利用质子核磁共振弛豫仪研究农产品水分的T2弛豫分布，可用于检测石榴黑心病和农产品内部冷冻损伤(Zhang等，2012；Kotwaliwale等，2012)；基于不同程度损伤农产品表面质子密度的不同，T1可被用于检测番茄果皮的机械损伤(Milczarek等，2009)。此外，核磁共振技术还用于农产品产地溯源(Sequi等，2007)和石榴采后品质(Zhang等，2013)等的无损检测。

2.1.2.5 X射线成像技术

X射线成像技术是利用X射线波长短、穿透性强的特征，在穿透密度、厚度差异的物体的过程中被不同程度吸收，使剩余X射线经过显像过程在荧屏或X线片上形成具有明暗或黑白对比不同的影像技术。早期传统X射线成像信息为模拟量，在成像完成后难以进一步改善成像的质量，且图像的存储也受到一定限制。随着信息技术的发展，数字化的X射线成像技术逐渐兴起，将X射线成像与图像处理相结合，不仅可以改善成像质量，而且成像结果数字化，便于存储、传输和进一步分析处理(Kotwaliwale等，2011)。X射线成像技术具有直观性、高效性和非接触性等优点，其在医学诊断、安检、工业组件检查等方面得到广泛应用。

作为非接触性无损检测技术，X射线成像技术近年来也越来越多地应用于农产品品质检测领域，检测应用涉及农产品病害检测、虫害检测、内部缺陷检测、密度检测等。在实际应用中，X射线成像技术可细分为X射线平面成像和X射线计算机断层成像(CT)。X射线平面成像把具有三维结构物体拍摄成二维的平面图像(荀量等，2012)。基于胶片的X射线平面成像可用于小麦籽粒的害虫侵扰检测(Haff等，2008)；结合X射线技术的检疫扫描仪系统可自动进行害虫引起的果实内外缺陷检测(Chuang等，2011)。由于X射线平面成像将三维物体投影到二维图像，不同结构间相互重叠成像限制了它在检测方面的应用。CT是X射线平面成像的拓展和延伸，该技术从物体的多个投影数据中生成二维和三维图像，重建物体的内部结构(Kotwaliwale等，2011)，因此，CT技术可用于农产品密度的测定(Kelkar等，2015)。X射线成像技术可以在三维微观水平上探索果实的结构，例如，可以利用X射线成像技术研究猕猴桃薄壁组织的结构(Cantre等，2014)；通过对苹果组织内的单个细胞、内部空气网络和孔隙的三维分布扫描，进行苹果褐变症状检测(Herremans等，2013)；此外，X射线成像技术还可用于苹果水心病检测(Herremans等，2014)。

2.1.2.6 三维成像技术

三维(three dimension，3D)成像技术是一种利用各种三维成像设备获取被测对象三维图像的技术(Manuel等，2016)，主要包括飞行时间法(TOF)3D成像技术、结构光3D成像技术和激光雷达3D成像技术。3D成像技术的基本原理是通过成像设备获取设备与物体之间的距离来得到三维数据，从而产生一定的立体感效应。例如，通过 TOF 相机和 RGB-D 相机获取物体的三维信息，再通过一定的算法即可恢复物体的三维特征，进而实现物体 3D 成像。3D 成像技术最早应用于军事和工业领域。近年来，随着三维成像技术的成熟以及低成本 3D 相机的问世，该技术的应用范围也被逐渐拓展到医疗、消防、交通、安防、农业、食品检测等领域。

在农产品质量品质检测领域中，广泛使用的 3D 成像设备包括双目立体相机、RGB-D 相机和激光雷达等。在水果品质检测分选方面，通过放置多个不同角度的双目相机，可以同时快速地测量水果的多种品质属性(Joe 等，2017)。例如，可以利用基于 TOF 技术的 RGB-D 相机从不同角度获取番茄品质信息(如基本色调、颜色均匀度和缺陷情况等)，以此对番茄进行品质分级(LayKin 等，2002)，同时，也可以利用 RGB-D 相机对农产品尺寸进行检测(Wang 等，2014；Wang 等，2017；Jiang 等，2018)；此外，3D 成像技术还可用于检测水果的成熟度(Chandy 等，2019)。

2.1.2.7　结构光成像技术

结构光成像技术利用 3D 结构光投射至被测物体表面，并通过记录和分析被测物体高度调制后的结构光信息，最终解调重建出被测物体的三维数字图像(苏显渝等，2014)。结构光可采用激光或者白炽灯光作为光源。激光具有良好的方向性、准直性、单色性及高亮度等物理特性，因此许多基于结构光技术的视觉检测系统常采用激光作为结构光的光源(贺俊吉等，2003)。目前，光栅投影技术(条纹投影技术)是较为成熟且应用广泛的结构光成像技术。光栅投影将载频条纹投影到被成像的物体表面，并利用 CCD 相机从另一个角度记录条纹受物体调制的弯曲程度，再从变形条纹中解调得出物体三维信息。由于结构光成像法扫描速度快、精度高、实用性强，结构光成像技术也被广泛应用于现实增强、3D 打印、人脸识别以及农产品质量无损检测等领域。图 2-2 所示为基于线阵结构光的机器视觉系统。

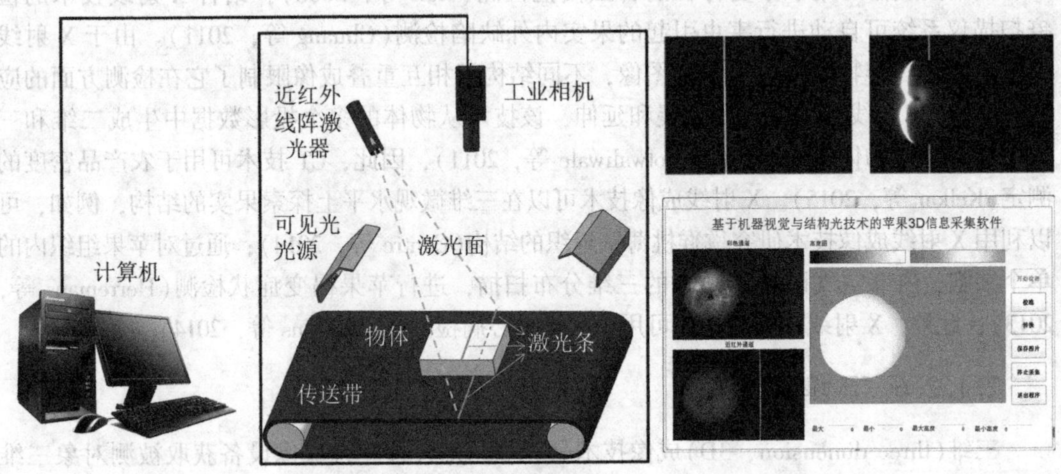

图 2-2　基于线阵结构光的机器视觉系统

在农产品质量检测分级中，结构光成像技术常被用来识别农产品表面的凹陷或果梗/花萼的位置。根据结构光几何形状的不同，常见的结构光光源可分为点阵结构光、线阵结构光和多线结构光等。以结构光投射在物体和参考平面上的光斑位置变化作为编码基元，构建基于特定编码的阵列(如点、线、面)结构光成像系统是较为主流的无损检测方法(张驰等，2015)。以苹果果梗/花萼和缺陷识别为例，在相机获得的图像中，由于苹果缺陷和果梗/花萼具有相似的灰度特征，在苹果无损检测的过程中往往难以区分果梗/花萼与缺陷。针对此问题，基于多线阵结构光(Yang 等，1993)和点阵结构光(Zhang 等，2017)的视觉检测分选系统能够较为有效地识别果梗/花萼(Zhang 等，2012；Zhang 等，2015)。

2.2　可见-近红外光谱技术

当一束光照到物体上时，部分入射光被表面反射，其余的光进入到物体中，进入物体中的光一部分被物体吸收，一部分被反射回表面，少部分光透过物料，如图 2-3 所示。反射、吸收、透射等构成了农产品物料的光学特性，这些射线能量的大小与物体的特性及入射光能量大小有关。因此，测定物体的这些光学特性即可了解物体的其它特性(傅霞萍，应义斌，2013)。近红外光是指波长介于可见光和中红外光之间的电磁波(Nicolaï 等，2007)，波长范围为 780~2500nm。当物质分子吸收不相同的能量并造成不相邻能级之间产生跃迁时，不同谐振子之间会发生相互作用形成近红外光谱。因此，近红外光谱分析法是一种吸收光谱分析法，反映了 C—H、N—H 和 O—H 等含氢基团振动的倍频和合频吸收，且具有丰富的结构和组成信息(陆婉珍，2007)。由于大多数的化学和生物化学样品在 NIR 区域均有相应的吸收带，通过这些吸收信息即可对样品进行定性或定量分析。同时，由于在采集光谱的过程中，可见光部分的光谱也常常被用于分析，因而当检测范围涵盖可见光波段时，可称之为可见-近红外光谱分析(徐广通等，2000)。可见-近红外光谱

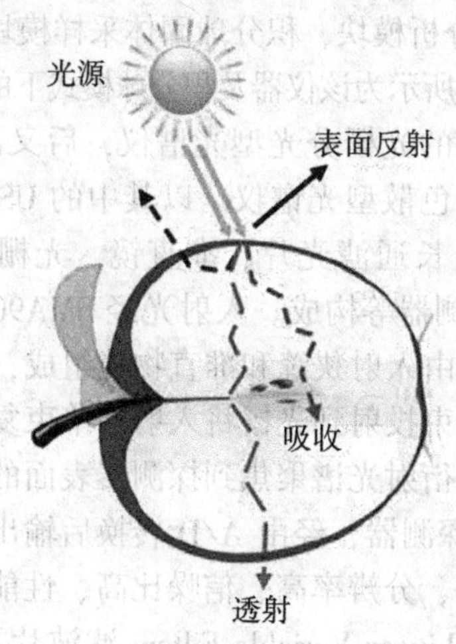

图 2-3　光与水果的作用示意图

分析综合运用了光学、化学计量学、计算机科学等学科，该技术具有分析速度快、效率高、无污染、样品不需预处理、操作简单、分析成本低、可以同时测定多种成分和指标等优势，在农产品质量无损检测领域，特别在内部品质分析方面，得到了广泛应用(褚小立等，2006；Pasquini，2018)。

2.2.1 可见-近红外光谱仪

可见-近红外光谱分析方法的核心是光谱仪。光谱仪主要由分光系统、测样附件和检测器等组件构成。部分光谱仪自带光源，且最常用的为卤素灯，性能稳定。分光系统主要就是将复合光转化为单色光。检测器用于检测携带样品信息的光信号，然后将光信号转变为电信号，并通过模数转换器以数字信号形式输出。探测器可以分为单点探测器和阵列探测器两种。在可见-短波近红外区域多采用硅(Si)检测器，在长波近红外区域多采用铟镓砷(InGaAs)探测器(Xie 等，2016)。测样附件多是根据待测样本和测量方式进行选择或设计。常见的可见-近红外光谱仪依据光路结构不同，可分为滤光片型、光栅型、傅里叶变换型、声光可调滤光器型(acousto-optic tunable filter，AOTF)和基于微机电(micro-electro-mechanical system，MEMS)技术的光谱仪(褚小立，2011)。

滤光片型仪器是最早出现的近红外光谱仪。固定转盘滤光片型光谱仪当前使用较少，而线性渐变滤光片(linear variable filters，LVF)型光谱仪则因其体积小、重量轻、稳定性好等优点得到了较多应用。其本质是带通滤光片，使用光学镀膜技术，按一定方向制成楔形镀层。波长随着滤光片移动方向发生线性改变进而达到分光效果。该技术在小型光谱仪，如 JDSU 的 NIR 系列光谱仪(冯帮等，2014)以及光谱检测设备上都得到了应用(Yu 等，2016)。

傅里叶变换型可见-近红外光谱仪器的关键核心部件是迈克耳逊干涉仪(褚小立等，2007)。该仪器与其它类型仪器相比，具有信噪比高、分辨率高、波长准确且重复性好、稳定性好等优点，因此往往作为研究型仪器的首选。常用的傅里叶变换型近红外光谱仪有 Thermo Fisher Scientific 的 AntarisⅡ光谱仪。AntarisⅡ提供了 4 种采样模块可为各种类型和各种状态的样品提供适当的采样方式，分别是透射分析模块、积分球固体采样模块、片剂分析模块和光纤分析模块，应用场景十分广泛。图 2-4 所示为该仪器及积分球模式下的光谱采集示意图。

光栅扫描型光谱仪是最早的光栅分光型光谱仪，后又出现色散型。海洋光学生产的 USB 系列光谱仪可归类为光栅色散型光谱仪。以其中的 USB2000+为例(图 2-5)，其主要包括 SMA905 连接器、狭缝、长通滤光片、准直镜、光栅、聚焦镜、探测器聚光透镜、2048 像素线性硅 CCD 阵列探测器等构成。入射光经 SMA905 连接器进入狭缝，经滤光片后进入准直器。准直系统一般由入射狭缝和准直物镜组成，入射狭缝位于准直物镜的焦平面上。经准直物镜变成平行光束投射到光栅将入射的单束复合光分解为多束单色光。光栅分光作用后，经聚焦镜将一级衍射光谱聚焦到探测器表面的聚光镜头，进一步减小杂散光的影响。最后进入 CCD 线阵探测器，经由 A/D 转换后输出数字信号。该类仪器由于内部无移动固件，具有检测速度快、分辨率高、信噪比高、性能稳定以及便于携带等优点。另外，该系统可以选配 Optional Linear Variable Filters 滤波片及 UV4 探测器来增加光谱仪对荧光、紫外光的探测能力。

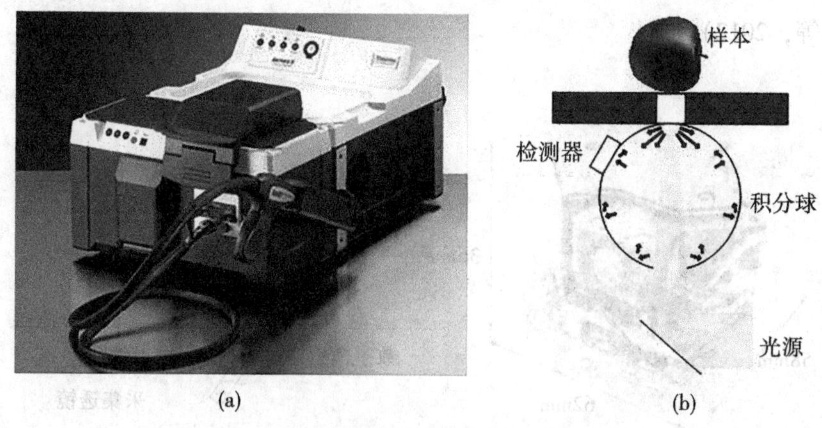

图 2-4 傅里叶变换型光谱仪及积分球采集模块

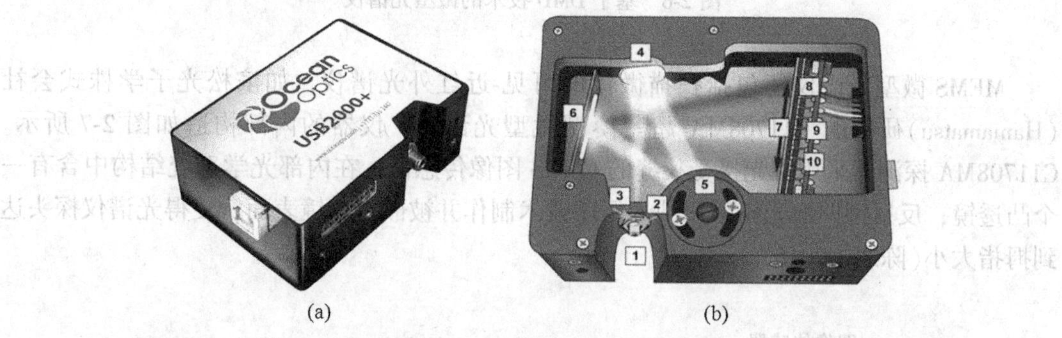

1—SMA905 连接器；2—入射狭缝；3—准直物镜；4—准直物镜；5—光栅；6—聚焦镜；7—聚光镜头；8—CCD 线阵探测器；9—滤玻片；10—UV4 探测器

图 2-5 USB2000+光谱仪及其内部结构

声光可调滤波器应用了声光效应，在超声波作用下晶体的折射率发生周期性变化，产生与透射光栅相似的效果(赵慧洁等，2013)。由于施加在晶体上的超声波频率与所检测的一级衍射光的波长一一对应，所以通过改变超声波频率可以精确地控制所选择的波长。但 AOTF 晶体价格非常昂贵，导致这类仪器的应用受到一定的限制(于新洋等，2013)。

近年来，现代电子技术发展迅速，尤其是微机电系统技术的兴起，极大地提高了光学器件的微型化和探测器的集成度，推动了仪器微型化的发展。使用半导体的微细加工技术，使得光学器件得以小型化、微型化生产，各微型元器件通过集成实现光谱仪的微型化(刘建学等，2019)。由于 MEMS 器件具有体积小、功耗低、重复性好、易于批量生产等优势，使得基于 MEMS 技术的微型光谱仪成为光谱仪器微型化发展的主流方向之一(Yan 等，2019)。基于 MEMS 技术的微型光谱仪主要有基于数字微镜阵列(digital micro-mirror device，DMD)光谱仪。利用 DMD 和单点探测器取代了传统光栅和线性阵列探测器。此类仪器如德州仪器开发的 DLP NIR scan Nano EVM(图 2-6)。DMD 由几十万或数百万个微型数字可编程镜片组成，通过精确控制 DMD 中的每一个微镜，在每一瞬间仅有特定波长的光传输到单点探测器并被捕获。通过扫描 DMD 上的一组镜列，便可得到不同波长下的光谱(胡方强等，2012)。

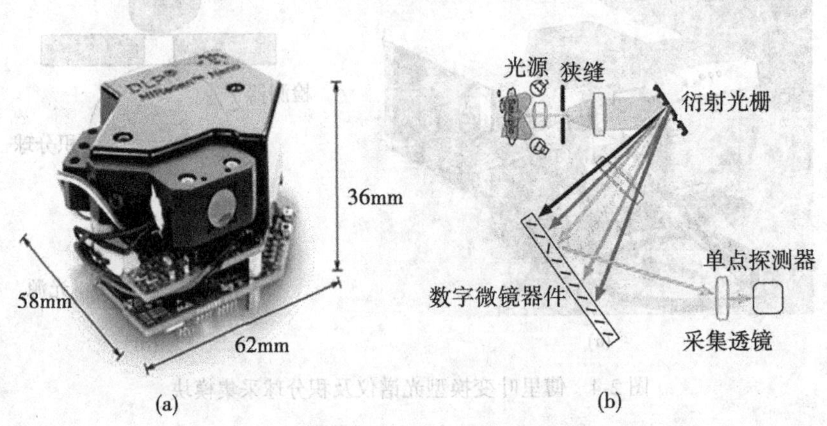

图 2-6　基于 DMD 技术的微型光谱仪

MEMS 微型光谱仪还包括扫描微镜的可见-近红外光谱仪，如滨松光子学株式会社(Hamamatsu)研制的 C11708MA 超紧凑型微型光谱仪，仪器的内部构造如图 2-7 所示。C11708MA 探测器采用带光接受狭缝的 CMOS 图像传感器，在内部光学系统结构中含有一个凸透镜，反射型凹面光栅采用纳米压印技术制作并被嵌在透镜表面，使得光谱仪探头达到拇指大小(陈通，2016)。

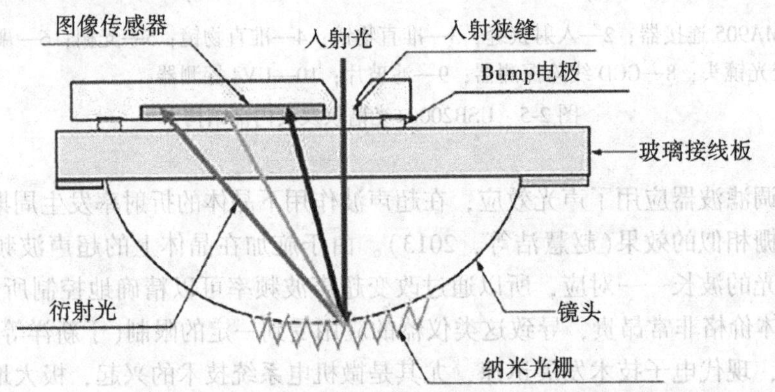

图 2-7　基于 MEMS 技术的微型光谱仪(陈通，2016)

随着光电技术及微电子技术的发展，光谱仪的研究和应用日趋活跃，仪器的稳定性、精度及设计理念和制作技术不断进步，广泛应用于各个领域(褚小立，2007，2008)。操作简便、方便采样、受环境干扰影响小、高信噪比、高精度仍将是仪器研发的关键，小型化、专业化也是下一步研发的重点方向(傅霞萍，应义斌，2013)。

衡量光谱仪的主要指标有分辨率、灵敏度、波长的范围、准确性和重复性以及扫描速度、探测器的量子效率等(田高友等，2005)。因此，在选择光谱仪时，应该充分考虑上述不同指标，根据检测对象和检测目的，选择合适的光谱仪。举例来说，光谱仪的光学分辨率是由光栅刻线密度和狭缝共同决定的。光分辨率随着光栅刻线密度的增大而增大，但是增加光栅刻线密度的同时，光谱范围会随之降低。光分辨率同样随着狭缝宽度或光纤直径的减少而增大，但减少狭缝宽度或者光纤芯径的同时，信号强度会降低。

2.2.2 可见-近红外光谱检测系统

可见-近红外光谱检测系统除光谱仪外，一般还包括光源、探头等。光源与前面介绍基本一致，主要以卤素灯为主。但随着研究深入，特征波段的 LED 灯也逐渐应用到果蔬品质的无损检测中，相对于卤素灯来说，特征波段的 LED 可以提高检测效率(赵娟等，2019)。根据光源与探测器的分布，可见-近红外光谱检测系统采集光谱数据的方式主要分为反射、透射和漫透射三种(Nicolaï 等，2007)。在实际应用中，需要依据检测对象、应用场景合理选取检测方式，以构建稳定的光谱采集系统。以水果糖度检测为例，对于苹果、梨、桃等薄皮水果糖度的便携式检测，常使用局部分析的漫透射光纤探头，如图 2-8(a)所示(Fan 等，2020)，对于漫透射采集方式，光与水果作用后进入探测器，而不是经水果表面的反射直接进入探测器。在水果糖度在线检测中，虽然反射光谱采集系统容易搭建和实现，如图 2-8(b)所示(Xia 等，2019)，但该检测方式易受水果表面的镜面反射而造成更多的杂散光进入探测器，因此，当前主要以漫透射检测或透射检测为主，如图 2-8(c)所示(Tian 等，2019)。但对于大型水果，如西瓜、哈密瓜等，透射光很难直接穿透水果，因此则以漫透射检测方式为主，如图 2-8(d)所示(Jie 等，2014)。

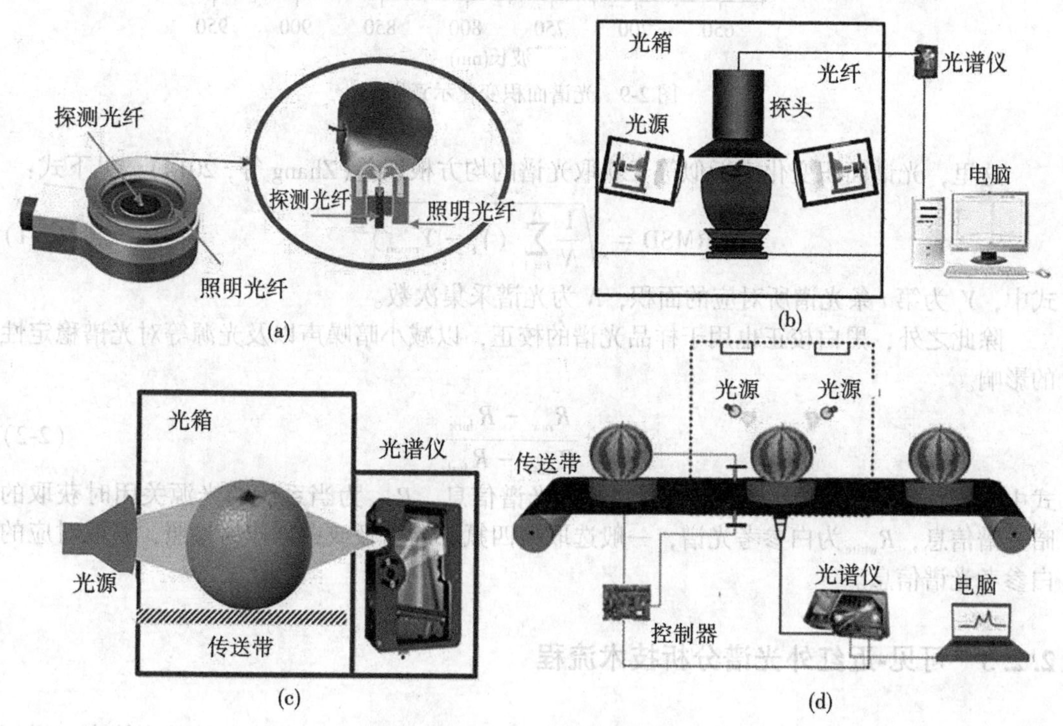

图 2-8 可见-近红外光谱采集方式

在光谱采集过程中，必须保证光谱检测系统的稳定。光谱采集系统稳定性可以通过信噪比和光谱面积变化率来衡量。对于信噪比，可以使用如下方法进行评估：在接近光谱仪饱和状态条件下，获取样本的多条光谱，进而得到多条光谱的平均光谱和标准差光谱，求取平均光谱与标准差光谱的比值，即可得到每个波段下的信噪比(Walsh 等，2000)。光谱面积代表了两个特定波段内光谱曲线下的面积，如图 2-9 所示，即阴影部分。不难理解，对于稳定的光谱采集系统，在相同的采集方式和采集条件下，对于同一个样本，其获取的光谱曲线应该近似重合，对应的光谱面积也应该近似相等。因此，光谱面积的变化越小，获取的光谱信息也就越稳定(Zhang 等，2014)，因此，可通过光谱面积变化率(area change rate，ACR)这一指标来衡量获取光谱信息的稳定性(Fan 等，2016)。

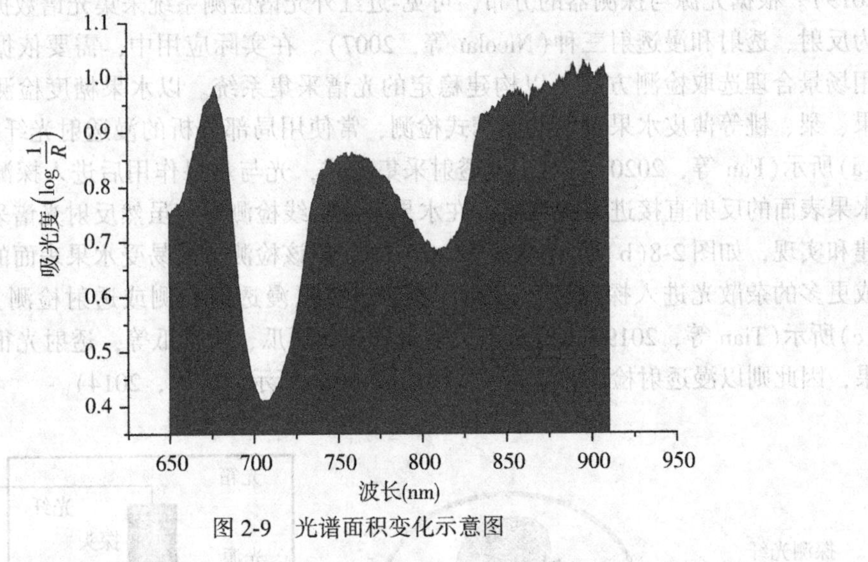

图 2-9　光谱面积变化示意图

这里，光谱面积变化率近似等于获取光谱的均方根误差(Zhang 等，2014)，见下式：

$$\mathrm{RMSD} = \sqrt{\frac{1}{N}\sum_{i=1}^{N}(Y_i - Y_{\mathrm{mean}})^2} \tag{2-1}$$

式中，Y_i 为第 i 条光谱所对应的面积，N 为光谱采集次数。

除此之外，黑白校正也用于样品光谱的校正，以减小暗噪声以及光源等对光谱稳定性的影响。

$$R = \frac{R_{\mathrm{raw}} - R_{\mathrm{dark}}}{R_{\mathrm{white}} - R_{\mathrm{dark}}} \tag{2-2}$$

式中，R 为反射率，R_{raw} 为系统采集的原始光谱信息，R_{dark} 为当系统的光源关闭时获取的暗光谱信息，R_{white} 为白参考光谱，一般选取聚四氟乙烯白板或白球作为参照，获取对应的白参考光谱信息。

2.2.3　可见-近红外光谱分析技术流程

可见-近红外光谱分析法是一种间接分析技术，由于可见-近红外光谱谱峰较宽、谱区重叠的问题，往往需要结合化学计量学方法在样品待测属性值与可见-近红外光谱数据之间建立一个关联模型，然后对未知样品进行定量预测或定性判别(Pasquini，2018)。化学计量学是综合使用数学、统计学和计算机科学等方法从化学测量数据中提取信息的一门交叉学科。相关知识会在本书第 3 章 3.2 节中详细介绍。

简单地说，光谱检测分析方法是根据待测样品的光谱及其测量指标，利用化学计量学建立对应的关系，即建立模型。然后通过新的样品对模型进行验证、调整以及传递(傅霞萍，2008)。以苹果糖度可见-近红外光谱检测为例，简述整个分析过程，如图 2-10 所示。具体技术流程：

(1)选择一定数量苹果样品作为校正集用于建模分析；

(2)获取校正集苹果样本的可见-近红外光谱；

(3)用破坏性检测方法，对光谱检测区域甚至是整个果实部分，应用阿贝折光仪等设备获取对应的糖度实际测量值；

(4)对原始光谱数据进行预处理及特征波长筛选，并应用化学计量学方法建立苹果近红外光谱和糖度之间的数学模型，进一步，可以借助特征波长或波段筛选方法，选择更适合苹果糖度检测的有效波长，提高建模效率；

(5)利用建立的模型对未知苹果样品(预测集样品集)预测并分析模型精度。当模型建立后，后续需对模型进行维护、更新等。如需模型在其它相似设备进行使用，就需要模型传递算法，将模型从主机传递到从机，进而减少重复建模工作量(Feudale 等，2002)。

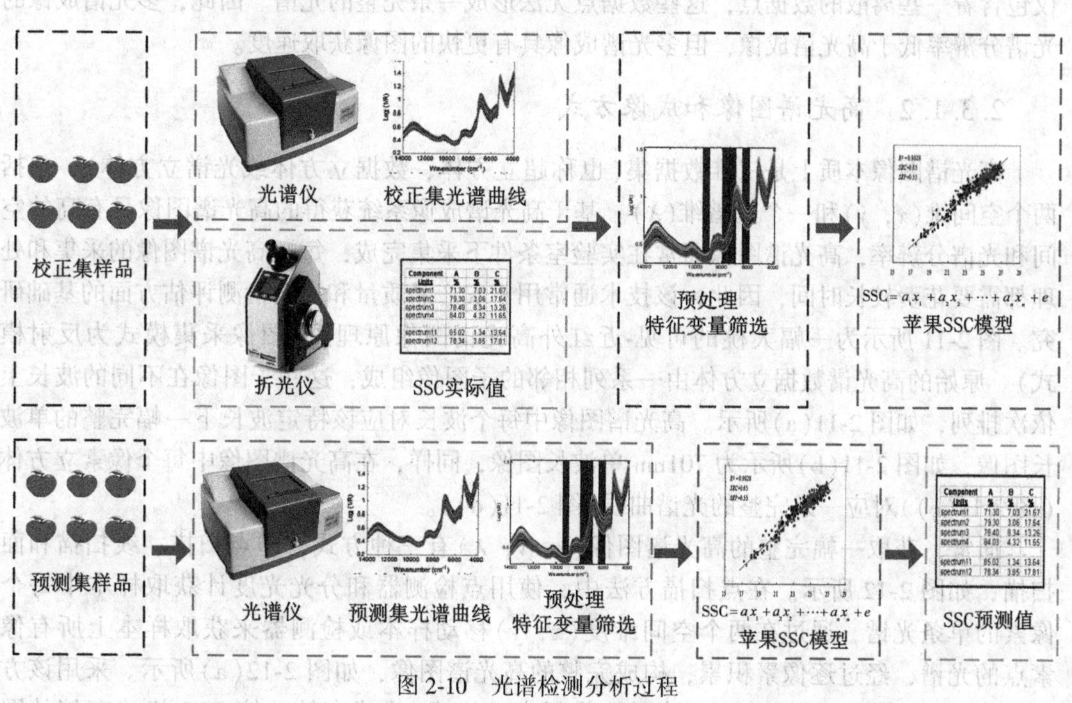

图 2-10 光谱检测分析过程

2.3　可见-近红外光谱成像技术

光谱成像(尤其是高光谱成像)技术将成像和光谱两种经典的光学传感技术集成在一起，可以同时提供所测对象的空间和光谱信息。因此，光谱成像技术能够快速、无损地检测农产品的外部特征、内部化学组分以及病害、污染等信息，达到质量品质和安全评估的目的。

2.3.1　光谱成像原理

2.3.1.1　光谱成像分类

光谱成像系统可以基于不同的波段范围产生同一被测物体的一组图像。基于存储在波长域中数据的连续性，光谱成像主要包括高光谱成像和多光谱成像两种。高光谱成像技术可以获取数十或数百，甚至上千个连续波段的图像(光谱间隔通常小于10nm)，而多光谱技术通常仅能够获取少量(少于10个)离散波段的图像(光谱间隔通常大于10nm)。在高光谱图像中，每个像素都可以提取出一条完整连续的光谱，而在多光谱图像中，每个像素仅包含着一些离散的数据点，这些数据点无法形成一条完整的光谱。因此，多光谱成像的光谱分辨率低于高光谱成像，但多光谱成像具有更快的图像获取速度。

2.3.1.2　高光谱图像和成像方式

高光谱图像本质上是三维数据集(也称超立方体、数据立方体或光谱立方体)，包括两个空间维(x, y)和一个光谱维(λ)。基于高光谱成像系统获得的高光谱图像具有高的空间和光谱分辨率，高光谱图像通常在实验室条件下采集完成，每幅高光谱图像的采集和处理都需要花费较长时间，因此，该技术通常用于农产品质量和安全检测评估方面的基础研究。图2-11所示为一幅大桃的可见-近红外高光谱图像原理图(图像采集模式为反射模式)。原始的高光谱数据立方体由一系列相邻的子图像组成，这些子图像在不同的波长上依次排列，如图2-11(a)所示。高光谱图像中每个波长对应该特定波长下一幅完整的单波长图像，如图2-11(b)所示为701nm单波长图像，同样，在高光谱图像中每个像素立方体(图2-11(c))对应一条完整的光谱曲线(图2-11(d))。

通常，获取一幅完整的高光谱图像(x, y, λ)有三种方式，即点扫描、线扫描和面扫描，如图2-12所示。在点扫描方法中，使用点检测器和分光光度计获取样本中每个像素的单条光谱，通过在两个空间维度(x, y)移动样本或检测器来获取样本上所有像素点的光谱，经过逐像素积累，构成完整的高光谱图像，如图2-12(a)所示。采用该方法得到的高光谱立方体以BIP(波段按像元交叉格式)格式存储。按BIP格式存储的图像按顺序存储第一个像素所有的波段，接着是第二个像素的所有波段，然后是第三个像素的所有波段，等等，交叉存取直到像素总数为止。这种格式对于获取每个像素的光谱信息是最优的。

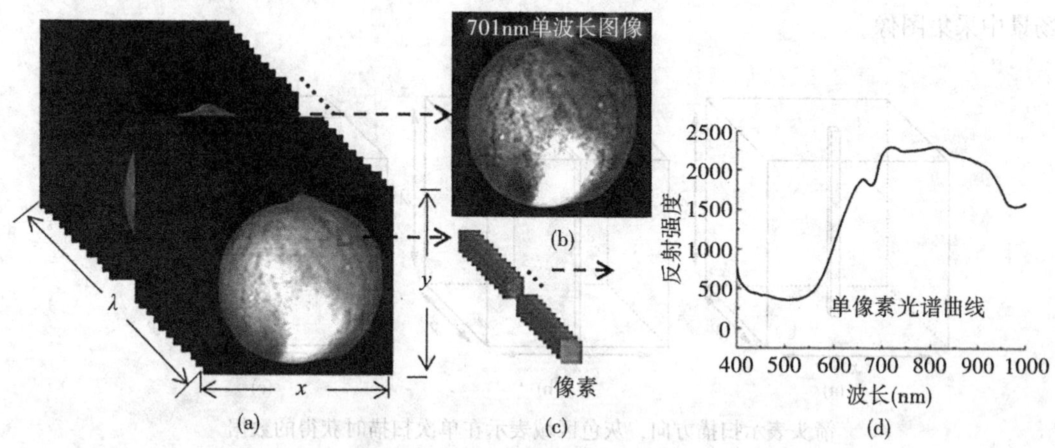

图 2-11　大桃高光谱图像(数据立方体)原理图

线扫描，也称推扫法，是点扫描方法的扩展。该方法不需要每次仅扫描一个点，而是同时获取图像的整条线以及对应于线中的每个空间像素的光谱信息。一次获取一幅具有一维空间维度(y)和一维光谱维度(λ)的独特的二维图像(y, λ)，沿 x 维方向扫描得到一个完整的高光谱立方体，如图 2-12(b)所示，所得立方体以 BIL(波段按行交叉格式)格式存储。按 BIL 格式存储的图像先存储第一个波段的第一行，接着是第二个波段的第一行，然后是第三个波段的第一行，交叉存取，直到波段总数为止。每个波段随后的行按照类似的方式交叉存取。线扫描具有单向连续扫描的特点，特别适用于农产品质量检测中常用的输送带或者链式传送系统。因此，线扫描是获取农产品质量安全检测高光谱图像的最常用方法。基于成像光谱仪的高光谱成像系统，其扫描方式为线扫描。线扫描技术的缺点是，对于所有波长，曝光时间只能设置为一个值。该曝光时间必须足够短，以避免在任何波长的光谱饱和，从而导致其它光谱波段的曝光不足和它们的光谱测量精度低。

点扫描和线扫描法都属于空间扫描法。而区域或平面扫描(也称为波段顺序法或波长扫描法)是如图 2-12(c)所示的光谱扫描方法。这种扫描方法在图像获取时需保持图像视场固定(即这种方法不需要样品和检测器之间的相对运动)，一次获得具有完整空间信息的二维单波段灰度图像(x, y)。这种扫描方式在整个波长范围内重复进行，最终产生一组以 BSQ 格式(波段顺序格式)存储的多幅单波段图像组成的超立方体。作为一种非常简单的格式，它能够理解为一个波段保存后接着保存第二个波段。该格式最适于对单个波谱段中任何部分的空间(x, y)存取。区域扫描适用于物体静止一段时间的应用，如荧光成像。面扫描方式不适合于移动农产品的实时快速检测。使用滤波器(例如滤波器轮和电子可调谐滤波器)的成像系统均是基于面扫描方法工作。

点扫描法是一种基本的光谱图像获取方法，使用的光源不能覆盖样品表面的大面积区域，例如点激光。因为在二维空间中扫描多个点非常耗时，所以这种扫描方式不能用于快速图像的采集，并且在点扫描方式下，样品需要先进的重新定位硬件来保证重复性，这都会增加图像的获取时间。线扫描方法可以从运动样本中获取图像，因此，线扫描法非常适合在线农产品质量检测。当样本不需要移动或可以短暂静止时，通常采用面扫描法从固定场景中采集图像。

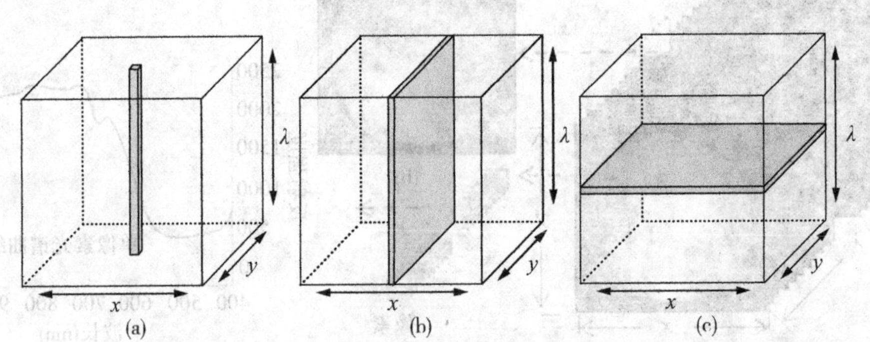

箭头表示扫描方向，灰色区域表示在单次扫描时获得的数据

图 2-12　具有二维空间(x，y)和一维光谱(λ)信息的三维高光谱图像立方体获取方式(Qin 等，2013)

2.3.1.3　多光谱成像方式

多光谱成像旨在获取可以直接应用于农产品质量安全快速实时检测所需的空间和光谱信息，例如水果外部质量的快速评估。实现该任务通常包括快速图像采集和简单图像处理以及决策评估算法。减少参与多光谱成像的单波长图像数是建立有效多光谱成像系统的关键。通常，高光谱图像用作基本数据集，基于高光谱图像进行关键特征波长图像选择，从而确定采用多光谱成像检测特定任务的最佳波段。

在实际应用中，点扫描方法由于其在二维空间上的扫描时间较长，不适合图像快速获取。线扫描和面扫描可以通过调整其图像采集方式来满足快速多光谱图像采集的要求，如图 2-13 所示。线扫描和面扫描方式都可以实现对较少波长图像的采集。对于线扫描法，如图 2-13(a)所示，它可以通过指定仅仅获取 CCD(charge coupled device)探测器光谱维度上感兴趣的波长数据，从而减少了每一行扫描图像(y，λ)的数据量，进而可以极大地缩短采集时间。

与线扫描方法相比，用于多光谱成像的面扫描方法可以同时采集多个选定波长的单波段图像，如图 2-13(b)所示。来自空间场景的光通常被光学分离装置(如分光镜)分成几部分，并分别通过预设的带通滤波器，然后在多个相机或多 CCD 相机或带有单个大尺寸 CCD 传感器的相机上形成窄带图像，这样有效地避免了全光谱区域单波长图像的扫描，这种面扫描法的实施可显著减少多光谱成像应用所需的图像采集时间(Qin 等，2013)。

2.3.1.4　光谱图像采集模式

高光谱成像有三种常见的成像方式，即反射(reflectance)、透射(transmittance)和交互(interactance)模式，如图 2-14 所示。每种模式下其光源和光学探测器(包括 CCD 相机、成像光谱仪和镜头)的位置有所不同。在反射模式下，探测器和光源位于同一侧且光源通

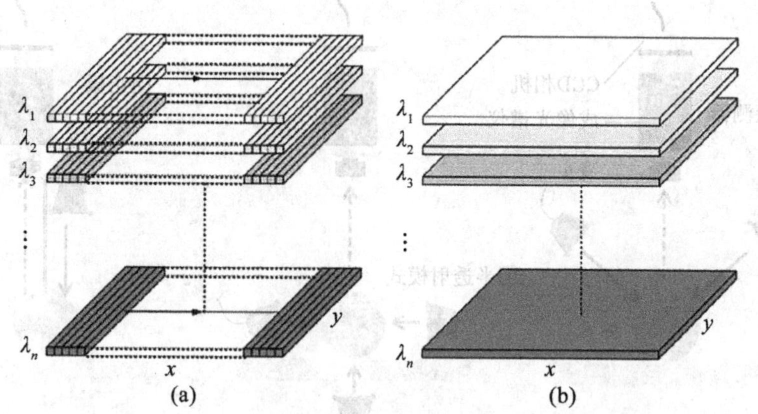

λ_1，λ_1，λ_3，…，λ_n 代表感兴趣的特征波长，波长数 n 通常小于 10

图 2-13　多光谱图像获取方法(Qin 等，2013)

常位于样本上方左右两侧(图 2-14(a))，该种成像模式更多地被用于农产品外部质量检测，如大小、颜色、形状、果皮缺陷等(Liu 等，2015；Lu 等，2017)。对于透射模式，其可以进一步分为半透射和全透射两种成像模式，在半透射模式下，如图 2-14(b)中的①，光学探测器在样本正上方，光源位于样本水平左右两侧或者位于样本下部的左右两侧；在全透射模式下，光学探测器和光源分别位于样本上部和下部，且探测器、样本和光源在一条垂直线上，如图 2-14(b)中的②。透射模式通常用于农产品内部组分含量检测，如水果糖度(Zhang 等，2020)和内部缺陷检测，以及萝卜空心(Pan 等，2017)、土豆霉心病(高海龙等，2013；周竹等，2012)、柑橘早期腐烂(Tian 等，2020)等。在实际应用中，具体选择半透射还是全透射模式，与所检测农产品对象的大小、厚度和透光性有关。但是无论是半透射还是全透射成像模式，都很难保证有足够多的光子透过检测对象，进而在 CCD 相机中形成清晰的图像，因此，透射模式下获得的高光谱图像，无论是光谱还是图像信息，其信号较弱，信噪比低(Wu 和 Sun 等，2013)。在交互模式下，光源和检测器都位于样品的同一侧并彼此平行，如图 2-14(c)所示。在此设置的基础上，交互模式可以检测到样品中更深层次的信息，与反射模式相比，具有更小的表面效应，如镜面反射、漫反射，同时，交互模式降低了样本厚度的影响。尽管如此，但在农产品质量快速检测中，交互模式很难实现对光的有效屏蔽(Moghimi 等，2010)，因此，在自动化快速农产品质量品质分级系统中，反射和透射模式比交互模式更常见。

2.3.2　光谱成像系统

一个典型的光谱成像系统主要包括相机、光谱色散器件、镜头、光源及控制器、样本移动平台和计算机。如图 2-15 所示为国家农业智能装备工程技术研究中心构建的可见-近红外高光谱成像系统，其光谱色散装置为成像光谱仪，成像方式为线扫描，波长范围为 325~1100nm。

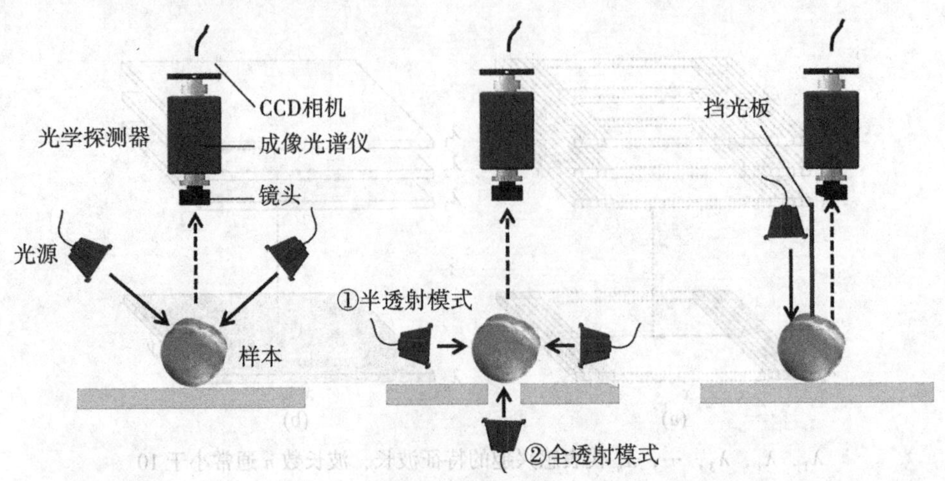

图 2-14　高光谱成像三种常见的成像模式

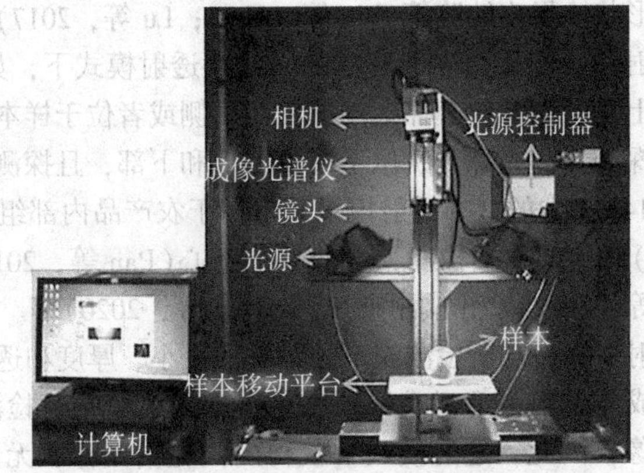

图 2-15　典型的高光谱成像系统

2.3.2.1　光源

光谱成像中采用的光源一般可分为两类：照明光源和激发光源。在反射模式和透射模式成像中，一般采用宽谱带光源。光与样品相互作用后，入射光的光谱组成没有改变，光学探测器获得的光谱图像的谱带范围与入射光相同。窄谱带光源常用于激发光源，如激光和紫外线光源。在高强度单色光的激发下，一些生物材料会发出比激发光源具有更长谱带的宽波长范围的光，它携带感兴趣目标的信息，可用于各种检测，如采用紫外线诱导荧光成像技术检测柑橘早期真菌侵染引起的腐烂(Blasco 等，2007；Momin 等，2013)。

在高光谱或多光谱成像中，卤素灯在可见-近红外光谱区域可以产生平滑的光谱，是最常用的一种宽谱带光源。卤素灯可用于直接照明检测目标，或放置在专用灯杯中，通过光纤将光传送到专用探头，用于目标检测。目前，卤素灯作为照明光源已经广泛用于农产品内外部品质检测(Liu 等，2015；Lu 等，2017)，在透射模式下，高强度卤素灯也被用于检测农产品的内部缺陷。卤素灯的缺点是寿命相对较短、热输出量大、温度变化引起谱峰偏移、工作电压波动引起输出不稳定以及对振动敏感等。除了卤素灯光源外，宽带照明发光二极管(light emitting diode，LED)由于其体积小、成本低、响应快、寿命长、发热量小、能耗低、对振动不敏感等优点，已经开始在农产品质量和安全检测中得到应用(Li等，2019；芦兵等，2019)，并逐渐成为主流光源。

不同于常用的可见-近红外宽波段光源，在农产品质量安全检测中，很多时候需要用到激发光源，以诱导产生荧光，从而实现对特定目标的检测。激光由于其能量高度集中、方向性好、发射的单色性，是荧光和拉曼测量的理想激发源。当食物被高能单色光束激发时，食物中某些化合物分子中的电子将被激发，在宽波长范围内发出较低能量的光，从而产生荧光发射或拉曼散射。近年来，激光作为激发源在基于高光谱荧光成像(丁佳兴，2018)和拉曼成像(Joshi等，2020)的农产品质量检测中的应用越来越广泛。除了激光，其它光源，如紫外线，也可以用作激发光源(Li等，2019)。

2.3.2.2　光谱色散器件

波长色散器件是宽带照明高光谱成像系统的核心部件，具有将宽带光分散到不同波长的功能。较为常用的波长色散器件有滤波片、可调谐滤波器和成像光谱仪。

1. 滤波片和可调谐滤波器

带有一组离散带通滤波片的滤光轮是最基本、最简单的波长色散器件。带通滤波片仅仅允许将设定带宽的光谱通过滤波片。从紫外线、可见光到近红外波段的滤光片种类繁多，可满足不同的需求。滤光片轮式波长色散装置的不同滤波片切换速度通常较慢，且容易受机械振动等影响。

2. 可调谐滤光片

可调谐滤光片是指在一定光谱范围内允许很窄波段的光波透过，并且透射光中心波长可以调谐。光谱成像中常用的可调谐滤波器有声光可调谐滤波器AOTF(acousto-optic tunable filter)和液晶可调谐滤波器LCTF(liquid crystal tunable filter)两种。声光可调谐滤波器是根据声光衍射原理制成的分光器件，它由晶体和键合在其上的换能器构成，换能器将高频的RF驱动电信号转换为在晶体内的超声波振动，超声波产生了空间周期性的调制，其作用像衍射光栅。当入射光照射到此光栅后，将产生布拉格衍射，其衍射光的波长与高频驱动电信号的频率有着一一对应的关系。因此，只要改变RF驱动信号的频率，即可改变衍射光的波长，进而达到分光的目的。液晶可调谐滤波器由一系列光学堆栈构成，每个光学堆栈由两个偏振片之间的缓速器和液晶元件组成，以传输特定波长的光，同时抑制带通外的光。与带通滤波器类似，可调谐滤波器一次只能在一个特定波长上对光分散。与固定式转轮滤波器不同，电子可调谐滤波器可以通过使用计算机改变射频的频率来灵活地控制不同的时间长度。此外，由于可调谐滤波器没有运动部件，因此不存在转速限制、机械振动和图像配准错误等问题。

3. 成像光谱仪

成像光谱仪是一种将宽带光从目标的不同空间区域分散到不同波长的光学装置。它不同于传统的光谱仪，它还可以携带空间信息。图 2-16 所示为一种最常见的成像光谱仪原理图。其工作原理是：目标物的辐射能通过镜头收集并通过狭缝增强准直照射到分棱镜 PGP (Prism-Grating-Prism) 光学元件上，经 PGP 元件在垂直方向按光谱色散，散射光通过后透镜投射到面阵检测器上，形成一个带有一维空间信息和一维光谱信息的特殊的二维图像。成像光谱仪前端可以连接镜头，后端可以连接相机，从而形成一个线扫描光谱成像系统。近十年来，成像光谱仪被广泛应用于农产品质量和安全检测领域（Li 等，2011；Li 和 Chen，2017）。图 2-15 所示为使用芬兰光谱成像有限公司 ImSpectorV10E 成像光谱仪构建的线扫描高光谱反射成像系统。当移动台水平方向移动样本通过扫描线时，将会建立一个超立方体。

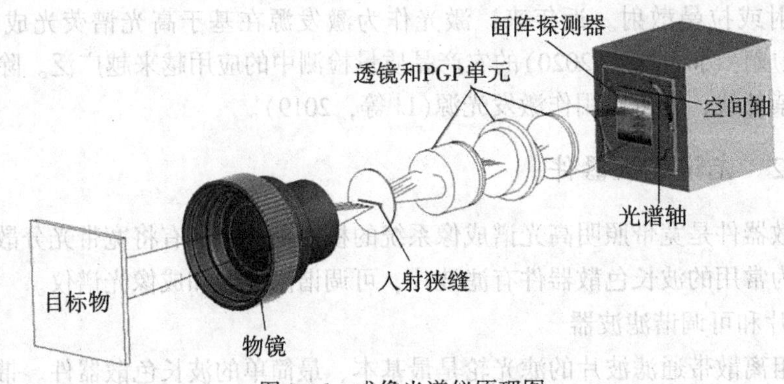

图 2-16　成像光谱仪原理图

2.3.2.3　检测器

检测器主要用来收集携带样品信息的光。目前，CCD 相机是光谱成像系统的主流器件。CCD 传感器由许多小的光电二极管（称为像素）组成，这些二极管是由硅（Si）或铟镓砷（InGaAs）等光敏材料制成。每个光电二极管将入射光子转换成电子，产生与总曝光量成比例的电信号。CCD 传感器的光谱响应用其量子效率（QE）来量化。量子效率主要由用于制作光电二极管的衬底材料决定。硅对可见光非常敏感，所以被广泛用作传感器材料。硅传感器的光谱响应通常为钟形曲线，量子效率值朝着紫外和近红外区域下降。低光成像和快速光谱图像获取通常需要高性能相机，如电子倍增 CCD（EMCCD）相机，如图 2-17(a) 所示为 Andor Luca EMCCD DL-604M 相机面阵探测器量子效率曲线。硅 CCD 相机已经广泛地被应用于可见光和短波近红外波段的光谱成像系统（Qin 等，2013）。铟镓砷（InGaAs），一种砷化铟（InAs）和砷化镓（GaAs）的合金，是近红外图像传感器常用的衬底材料。InGaAs 探测器在近红外区域具有相当平坦和高的量子效率。标准 InGaAs 传感器覆盖 900~1700nm 的光谱区域，如图 2-17(b) 所示为 PSEL 公司的制冷型短波红外 InGaAs 相机面阵探测器量子效率曲线。通过改变用于制作传感器的 InAs 和 GaAs 的百分比，可以实现更大的波长范围，例如 1100~2600nm。铟镓砷 CCD 相机配合成像光谱仪器也已经用于农产品质量和安全检测（Li 等，2016）。

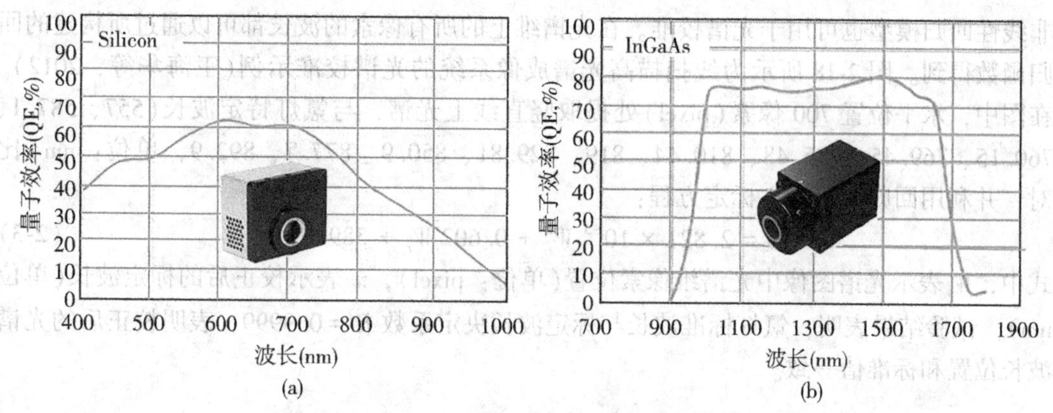

图 2-17 硅 Si 和铟镓砷 InGaAs 探测器量子效率曲线

2.3.3 光谱成像系统校准

对高光谱成像系统进行适当的校准(标定)是保证获取的高光谱图像数据可靠性和系统稳定性的关键。即使严格控制数据测量的环境，针对同一个样本，系统也可能获得不一致的光谱。因此，有必要通过标准、客观的校准手段来消除这种潜在的影响。高光谱成像系统校准主要包括波长校准和空间校准。

2.3.3.1 波长校准

高光谱成像系统光谱校准目的是为了确定光谱图像数据沿光谱维度的像素所对应的波长。使用固定或可调谐滤波器的多/高光谱成像系统，因为每个滤波器的波长都是确定的，所以不需要波长校准。带有成像光谱仪的高光谱成像系统将光色散成不同的波长，然后沿着探测器的光谱维在不同的像素处将光信号转换成电信号。每个像素对应的波长是未知的。在不同的工作条件下，分散在像素上的光的波长也可能发生变化，从而影响图像采集的准确性和再现性。因此，需要进行波长校准，以确定每个像素沿光谱维所对应的特定波长。高光谱图像数据的形式是像素强度与像素索引(位置)的关系，经过波长校正后，将是强度与波长的关系。波长校准通常使用波长校准灯来识别每个波长作为其像素索引(位置)的函数。波长校准灯通过各种稀有气体和金属蒸汽的激发会产生强度高的窄线，波长范围从紫外线(UV)到红外线(IR)，用于校准不同的系统。典型的波长校准灯有汞/氩(Hg/Ar)、氖(Ne)、氙(Xe)、氩(Ar)等。汞灯有很强的从紫外到可见光范围的光谱线。氖灯有许多谱线位于 800~3400nm，并有高亮度，这个特性使它们在近红外范围进行分辨率测试很有效。氙灯管的光谱线组成是一些中等强度的，波长范围在 800~3500nm 的谱线，应用于红外光的校准。氩谱线灯的光谱集中在 700~1000nm，强度高，是这一光谱区域极好的校准谱线。氩灯的分散谱线，间隔小于 1nm，可用于分辨率测试。在波长校准过程中，首先利用高光谱成像系统对校准光源进行扫描，并沿直线扫描图像的纵轴提取光谱剖面，然后确定像素索引(位置)和对应的波长，利用线性回归函数建立它们之间的关系。

非线性回归模型也可用于光谱校准。在光谱维上的所有像素的波长都可以通过所构建的回归函数得到。图 2-18 所示为线扫描高光谱成像系统的光谱校准示例(王海华等，2012)。在图中，水平位置 700 像素(pixel)处提取竖直线上光谱，与氪灯特定波长(557、587.1、760.15、769.45、785.48、810.44、819、829.81、850.9、877.7、892.9，单位：nm)比对，并利用回归分析建立标定方程：

$$w = 2.821 \times 10^{-5} W_r^2 + 0.602 W_r + 389.094 \tag{2-3}$$

式中，W_r表示光谱图像中光谱维像素位置(单位：pixel)，w 表示校正后的标定波长(单位 nm)。试验结果表明，氪灯标准波长与标定波长决定系数 $R^2 = 0.9999$，表明校正后的光谱波长位置和标准值一致。

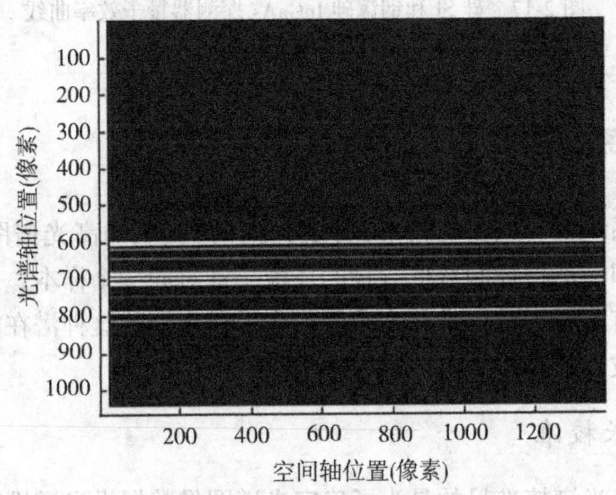

图 2-18　笔型氪气校正灯光谱图像(王海华等，2012)

2.3.3.2　空间校准

高光谱成像系统的空间校准具有确定视场尺寸和空间分辨率的功能。校准结果对视场的调整和空间检测极限的估计有参考价值。对于不同图像采集方式(如点扫描、线扫描和面扫描)的高光谱成像系统，空间校准方法不同。点扫描系统的空间分辨率由两个扫描方向的步长决定，而空间范围则由步长和扫描的次数共同决定。对于线扫描系统，两个空间维度上可能具有不同的分辨率，扫描方向(x 轴方向)的空间分辨率取决于样本移动的步长，平行于成像光谱仪狭缝方向(y 轴方向)的空间分辨率由工作距离、透镜、成像光谱仪、照相机等因素确定。x 轴方向的分辨率是每像素移动的步长，x 方向的范围取决于移动的距离。y 轴方向可通过扫描打印有细平行线的目标进行校准。y 轴方向的分辨率通过将目标上一定范围的距离除以扫描图像中该范围的像素数来确定，换句话说，y 方向的范围是通过将分辨率乘以检测器空间维度上的像素数来计算获得的。面扫描系统的空间校准可以在选定的波长下使用打印的带有正方形网格或标准测试图(如 ISO 12233 测试图、NBS 1952 分辨力测试图、USAF 分辨力测试图等)来进行。

图 2-19 所示为三种高光谱成像系统的空间校准示例。图 2-19(a)表示由点扫描拉曼成

像系统获取的标准测试图的图像(Qin 等，2010)。图中最小点的直径为 0.25mm，相邻点之间的距离为 0.5mm。最外面的大点位于 $50mm^2$ 内。使用 0.1mm 的步长扫描标准测试图的 x 轴和 y 轴方向。由于步长较小，在标准测试图中，0.25mm 的点可以清晰地识别。图 2-19(b)所示是一张白纸的 256×256 线扫描图像，图像中有间隔为 2mm 的平行线，该图像是用于光散射测量的高光谱成像系统获得(Qin 等，2013)。步长为 1mm，因此，x 轴方向(见图 2-12(b))的空间分辨率为 1mm/像素，y 方向的分辨率可以通过将距离除以该范围内的像素数来确定，空间分辨率可计算为 30mm/150 像素 = 0.2mm/像素。图 2-19(c)表示由 LCTF 高光谱成像系统采集的打印有 10mm 正方形网格的白纸的面扫描图像。类似地，空间分辨率可以计算为 90mm/225 像素 = 0.4mm/像素。

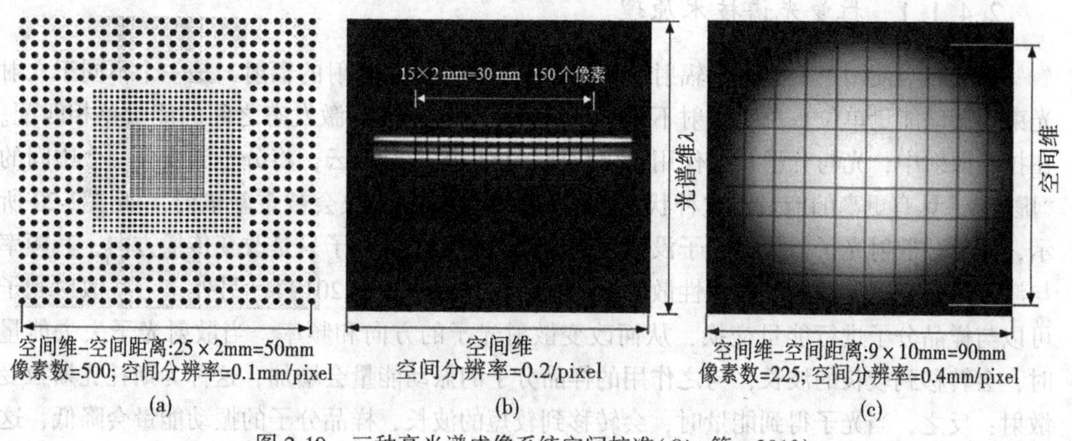

图 2-19　三种高光谱成像系统空间校准(Qin 等，2010)

2.4　拉曼光谱及成像技术

拉曼光谱是基于光和物质分子结构的相互作用而产生的，反映的是分子的转动以及振动信息，能够提供物质的“指纹信息”。拉曼光谱具有高分辨、高信噪比、灵活稳定等特点，在食品、生物、医药、材料等研究领域都有广泛的应用。显微拉曼成像光谱可快速准确显示分子结构、化学组分及样品形貌等信息，为农产品品质安全检测机理研究和成分表征提供技术手段。拉曼光谱及成像可用于农产品中的碳水化合物、蛋白质、脂质等功能营养成分的结构表征，在农产品中农药残留、真菌毒素重金属、抗生素等危害因子检测方面极具潜力。

2.4.1　拉曼光谱技术原理及系统组成

拉曼光谱是激发光与样品中分子运动相互作用发生散射效应且引起频率变化的振动光谱，这一现象也被称为拉曼散射效应(Fleischmann 等，1974)，拉曼光谱由印度科学家

C. V. 拉曼(Raman)于 1928 年实验所发现。拉曼散射效应能够有效分析与入射光频率不同的散射光谱，得到相应分子振动、转动方面的信息，基于分子振动或转动信息获得结构、对称性、化学键等相应分子信息(Yaseen 等，2018)。拉曼散射光的频率和瑞利散射光频率之差不随入射光频率的变化而变化，与样品分子的振动和转动能级有关。此频率差称为拉曼频移，是特征性的(Kazlagić等，2020)，与入射光波长无关。对与激发光频率不同的散射光谱进行分析可得到分子振动、转动能级特性等信息，适用于分子结构表征、成键效果、内部应力分布等分析，可通过分析其拉曼峰位、峰强、线型、线宽及谱线数目，达到从分子水平对样品进行定性和定量分析。拉曼光谱具有强大的分子识别能力，同时具有非标记、非接触的特点，在农产品质量和安全检测与评价方面应用潜力巨大。

2.4.1.1　拉曼光谱技术原理

拉曼光谱使用单一频率的辐射照射样品，它是从分子散射的辐射，是一个不同于入射光束的振动能量单位。拉曼散射不需要将入射辐射与基态和激发态之间的能量差相匹配。在拉曼散射中，光与分子相互作用，极化原子核周围的电子云，将分子激发到一个中间的“虚态”，具有更高的能量，这种状态是不稳定的，光子很快会被重新辐射。如图 2-20 所示，大部分散射光子与样品分子没有能量交换，这些散射光子只是改变传播方向，其频率与激发光子相同，因此这种弹性散射称为瑞利散射(Qin 等，2019)。另外，一些散射光子可以与样品分子进行能量交换，从而改变散射光子的方向和频率，当散射光子失去能量时，会转移到较长的波长，与之作用的样品分子的振动能量会增加，这称为斯托克斯拉曼散射；反之，当光子得到能量时，会转移到较短的波长，样品分子的振动能量会降低，这

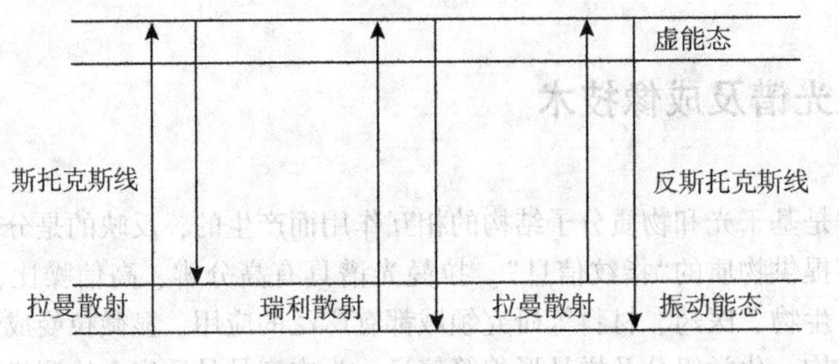

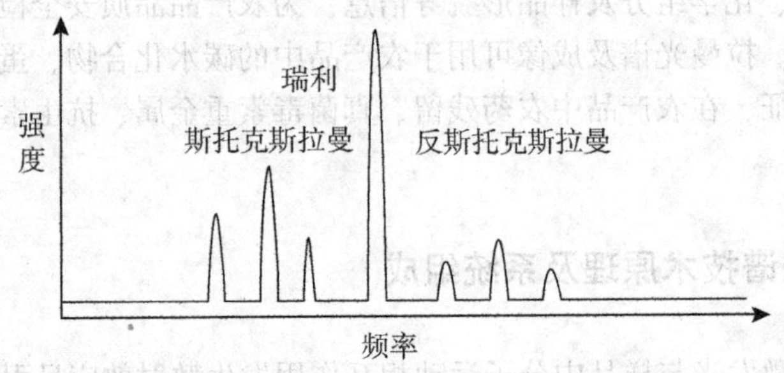

图 2-20　瑞利、斯托克斯和反斯托克斯拉曼散射过程能级示意图(He 等，2019)

称为反斯托克斯拉曼散射。一般来说，拉曼散射本质上是一个弱过程，因为每 $10^6 \sim 10^8$ 个光子中只有一个散射为拉曼散射，而斯托克斯拉曼散射比分析物的反斯托克斯拉曼散射更为强烈，具有更高的潜在应用价值。因此，一般讨论的拉曼散射指斯托克斯拉曼散射(Huang 等，2020)。

拉曼效应是光子与光学支声子相互作用的结果，拉曼散射光谱可以获取分子振动能级与转动能级结构的特征信息。样品分子中存在不同形式的振动，但只有极少数的振动形式能产生拉曼信号。由于分子振动过程中分子的极化率发生变化，因此可以观测到拉曼信号。由于这些分子的强极化率变化，光谱中可能出现较强的官能团拉曼信号，例如 C—X (X ═F、Cl、Br 或 I)、C—NO_2、C—S、S—S、C ═C 和 C ═N。散射光的频移在拉曼光谱中表现为谱带。不同的光谱带代表不同的化学键或样品的官能团。一方面，拉曼光谱可以确定样品中特定分子的指纹图谱，从而实现结构分析和定性分析；另一方面，拉曼光谱由于能带强度与被测分子浓度呈线性关系，可以成功地应用于定量测定。拉曼检测不受样品状态的约束，样品可以在一系列物理状态下进行检验，例如固体、液体或蒸汽、热态或冷态、散装、微观颗粒或表面层。这些技术涉及面非常广泛，为许多具有挑战性的分析问题提供了解决方案。拉曼散射的应用不如红外吸收广泛，主要是由于样品降解和荧光的问题。然而，近年来仪器技术的进步大大简化了设备，减少了这些问题。拉曼光谱具有检测水溶液、玻璃容器内样品，只需要很少或者不需要任何样品处理步骤的能力，促进了该技术应用的快速增长。

拉曼光谱技术检测样品用量少，且无需处理，可用于痕量物质的检测；同时，具有测定方法简单、检测速度快、仪器操作简单、灵敏度高等优点。检测样品状态可以是气体、固体或液体，可避免产生偏差，能满足快速无损检测的需求(Huang 等，2020)。水的拉曼散射很微弱，拉曼光谱技术更适用于水溶液测定；检测过程无需化学试剂辅助，绿色环保，不会对样品和环境造成污染。虽然拉曼光谱拥有上述诸多优点，但仍然存在不足(Shi 等，2018)，拉曼光谱仪器价值昂贵，大多适用于科研，而难以作为常规分析仪器使用；测定具有荧光性的物质，会产生荧光干扰；拉曼散射效应只有弱信号，仅适用于具有强拉曼振动信号分子的检测，限制了拉曼光谱的应用。随着拉曼效应相关增强技术的出现和发展，衍生出一些新的拉曼光谱技术，可有效克服存在缺点。

2.4.1.2　表面增强拉曼光谱信号增强机理

为了克服传统拉曼光谱信号弱的缺点，增强分析试样的拉曼效应，提高拉曼光谱的质量，人们设计了多种拉曼光谱技术，主要包括表面增强拉曼光谱(SERS)、傅里叶变换拉曼光谱(FT)、显微拉曼光谱、近红外拉曼光谱和空间偏移拉曼光谱(SORS)等，其中表面增强拉曼光谱技术最受关注。

在金属胶体或粗糙金属表面的作用下，试样的拉曼信号可能增大几个数量级。信号增大需要试样分子吸附在金属表面上，或至少离金属表面非常近(通常最大约为 10nm)，这种效应称为表面增强拉曼散射 SERS(Lu 等，2019)。SERS 中信号的放大(主要)是通过光与金属的电磁相互作用产生的，这种作用通常被称为等离子体共振，如图 2-21 所示。

SERS 效应可以用电磁和化学两种增强机制来解释。前者依赖于局域表面等离子体共振(LSPR)激发在金属纳米粒子表面产生的高局域电磁场，当传导电子与入射光的频率发生共振时，会产生高局域电磁场。这反过来又促进了被吸附分子拉曼散射的大幅度增强(许多数量级)。由于聚集体中不同粒子的 LSPR 之间的耦合，纳米颗粒聚集体可以提供明显更大的增强，从而在相互作用的纳米结构内的粒子间隙处产生更高的电磁场，这被称为“热点”(Langer 等，2020)。强局域场可以与金属表面接触或靠近金属表面的分子相互作用，通常作用距离小于 10nm，因此可以测量 SERS。化学机制是基于金属纳米粒子和分子之间发生的电荷转移过程，但这一机制的贡献远远低于电磁增强(Xia 等，2014)。此外，当激发激光的频率与分子的电子跃迁(称为表面增强共振拉曼散射 SERRS)共振时，拉曼散射信号的强度可以进一步增加几个数量级(Wu 等，2018)。

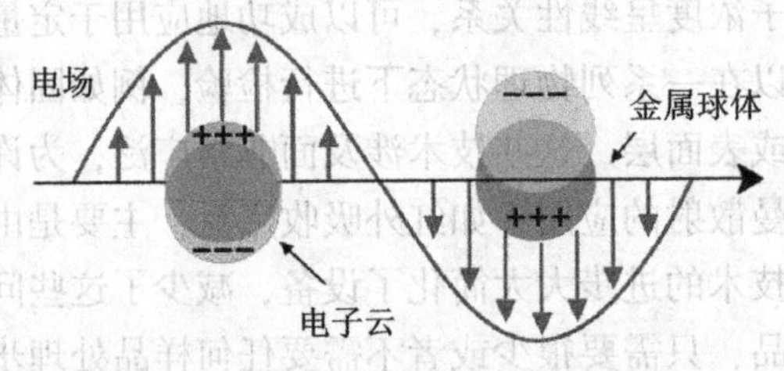

图 2-21　表面等离子体共振示意图

2. 4. 1. 3　拉曼光谱检测系统

近年来，SERS 技术在各个应用领域的迅速发展，主要依赖于拉曼光谱检测系统的发展，其中包括高性能(表现在光束质量、谱线宽度和纯度、频率和功率稳定性等方面的改善)和廉价的紧凑型固态激光源、高效滤光片和光栅(如全息光栅和陷波器)的开发，可以有效地减少或消除杂散光，有助于大大提高信噪比的高灵敏度电荷耦合器件(CCD)以及用于快速记录和处理光谱数据的高速计算机和复杂软件。一般来说，拉曼系统包括三个主要的仪器组件：激发源、波长分离装置和探测器。

1. 激发源

强单色激光通常用作拉曼激发源。由于拉曼散射强度与激光强度成正比，与激光波长 4 次方的倒数成正比，因此可以通过增加激发强度或降低激光波长来增强拉曼信号。然而，高强度和短波长往往导致强烈的荧光和样品降解或燃烧。当被可见激光(如 488nm、532nm 和 633nm)激发时，大多数农产品由于植物中的色素(如叶绿素、类胡萝卜素和花青素)而产生强烈的荧光信号。在 785nm 和 830nm 波长下工作的半导体激光器可以降低荧光强度。在傅里叶变换拉曼系统中，通常使用 1064nm 的 Nd：YAG(掺钕钇铝石榴石)激光器来减小荧光干扰，同时降低拉曼信号强度。最近，1064nm 激光器也被用于开发色散拉曼系统。在实际应用中，选择拉曼激光器通常是一个折中的过程，包括最大化拉曼信号强度，最小化样品降解风险，减小荧光干扰和优化探测器灵敏度。

大多数拉曼激光器需要小于 $1cm^{-1}$(785nm 时为 0.06nm)的半高宽(半高宽)的全宽才能产生窄拉曼峰光谱。为降低光源对拉曼信号的影响，通常用干涉带通滤波器通过阻塞离线波长来清除激光输出。

2. 波长分离装置

拉曼信号在到达探测器之前，被波长分离装置分散到不同的波长。波长分离设备一般分为三类：色散光谱仪、傅里叶变换光谱仪和电子调谐滤波器。色散拉曼光谱仪利用衍射光栅将入射光空间分离成不同的波长。透射光栅和反射光栅通常用于制作色散光谱仪。拉曼光谱仪的波长范围比可见光和近红外光谱仪的波长范围要窄得多(例如 770~980nm)。在相同的探测器像素数下，拉曼光谱仪的光谱分辨率比可见光和近红外光谱仪要高得多。考虑到拉曼光谱通常具有尖峰的特点，因此需要有如此高的分辨率来进行测量。色散光谱仪已用于开发点扫描和线扫描拉曼成像系统。

傅里叶变换光谱仪以带光谱信息的干涉图的形式获取光，通过干涉图，傅里叶逆变换可以确定光的波长。迈克尔逊干涉仪和萨格纳克 Sagnac 干涉仪可以用来获得干涉图。迈克尔逊干涉仪使用一个移动的反射镜在由分束器产生的两束光之间引入光程差(OPD)，用于宽带光的自干涉测量。在 Sagnac 干涉仪中，两光束之间的 OPD 是分束器角度位置的函数。可以通过在很小的角度上调整分束器来生成干涉图。通常使用 1064nm 激光的 FT-Raman 光谱仪的光谱分辨率高于色散光谱仪。

电子可调谐滤波器，如声光可调谐滤波器(AOTFs)和液晶可调谐滤波器(LCTFs)，也可用于分离波长，具体介绍见前文相关描述。电子调谐滤光片的光谱分辨率低于色散和傅里叶变换光谱仪。AOTFs 和 LCTFs 通常用于区域扫描拉曼成像系统。

3. 探测器

电荷耦合器件(CCD)在 20 世纪 80 年代中期首次应用于拉曼测量系统中，自那时起，CCD 已经取代了几乎所有其它的探测器，如单通道探测器(如光电倍增管(PMT))和早期的多通道探测器(如增强型光电二极管阵列(IPDAs))。在色散拉曼系统中，CCD 探测器的位置是一维平行于波长色散方向，另一个平行于入射狭缝以获取空间信息。CCD 可以用于不同的读出模式，如全垂直组合、单轨、多轨和成像。在使用电子可调谐滤波器的区域扫描拉曼成像系统中，CCD 用于在选定的通过波数处收集一系列二维空间图像。考虑到拉曼散射信号的弱点，拉曼系统中使用的 CCD 通常需要高量子效率 QE 和低暗噪声，以最大限度地提高拉曼信号的质量。

硅 CCD 在可见光和短波近红外区域(例如 400~1000nm)具有良好的量子效率(QE 值)，通常用于可见光激光器(如 488nm、532nm 和 633nm)。深耗尽 CCD，即采用轻掺杂、高电阻率衬底，可用于波长较长的激光器(如 785nm 和 830nm)，它利用可控硅掺杂增强对光谱红端的光谱响应。在近红外波段，砷化铟镓(InGaAs)CCD 通常用于收集近红外激光(如 1064nm)激发的拉曼信号。高性能 CCD，如 EMCCD，可以进一步提高硅和 InGaAs 相机的拉曼散射信号检测能力。

除了高 QE 外，还需要最小化 CCD 的暗噪声，以确保拉曼信号的最佳信噪比。降低 CCD 的温度可以降低光电二极管的暗噪声。通过空气冷却的 CCD 的典型温度在-70℃到-20℃范围内。使用水或冷却剂的液体冷却可以进一步将温度降低到-100℃。通过改变

CCD 的读出模式，也可以增强拉曼信号的信噪比。

2.4.2　拉曼光谱成像技术原理及结构组成

拉曼光谱测量通常是在样品表面的某一点上进行的，该点不能覆盖很大的面积，因此无法获得空间信息。拉曼光谱成像是一种结合拉曼光谱和数字成像以获得拉曼光谱和空间信息的技术。典型的高光谱拉曼图像包含了数十或数百个连续的波段。在每个像素处可以提取全光谱，从而确定每个像素的物理、化学、生物信息。在拉曼光谱图像中，可以显示像素级感兴趣目标的样品组成、空间分布和形态特征。

2.4.2.1　拉曼光谱成像的技术原理

类似前文所介绍的高光谱成像方式，拉曼光谱图像的获取方式也主要包括点扫描法、线扫描法和面扫描法，在此分别简单介绍其技术原理。

1. 点扫描成像

点扫描法使用点激光激发样品表面上的单个点，使用带有检测器的光谱仪在每个像素处获取单个拉曼光谱，扫描沿二维空间进行，拉曼图像数据逐像素积累，该方法可以通过将傅里叶变换或色散拉曼光谱仪与 XY 定位台相结合来实现。在逐点扫描显微拉曼成像中调整激光束聚焦在样品上，利用色散光谱仪或干涉仪收集样品上每个点的拉曼光谱。通常情况下，使用拉曼显微镜的共焦模式进行操作，通过一个针孔把拉曼散射光聚焦到光谱仪的狭缝上。这样可以降低来自荧光背景及周围杂散光的影响。在显微镜标准或者共聚焦模式下激光束通过样品可以直接记录光谱，然后进行图像重构形成拉曼图像。虽然点扫描成像是在拉曼光谱的基础上产生的图像，但是实验所持续时间与图像的像素点成正比，所以实验时间过长。

2. 线扫描成像

线扫描法在线激光激发的线性视场中，在每个点上获得具有全拉曼光谱信息的空间信息。每次扫描采集一条线转换得到的二维光谱信息。当扫描在运动方向进行时，得到了拉曼超立方体。点扫描技术可以通过使用柱状光学扫描机制成为线扫描成像，即使用柱状光学的扫描机制在一维空间分布激光束而在其他维数空间中保持了原有的激光光斑的大小，激光方向定位在平行于光谱仪狭缝相一致的方向，这样，当使用检测器检测时，在沿狭缝高度上每个空间点都可以收集到一组光谱，从而保证成像像素点不变的情况下大大减少实验持续的时间，空间分辨率是像素大小与显微镜的放大倍率的卷积。与光谱仪狭缝垂直方向图像的空间分辨率仍然是由仪器的扫描精度和样品上激光光斑的大小决定的。虽然线扫描成像并没有像点扫描成像一样被广泛地探究，但是已经在很多方面得到了很好的应用，并且目前线扫描拉曼成像系统已经实现了商业化应用。

3. 区域扫描成像

区域扫描法是一种光谱扫描法，利用离焦光斑激发样品表面较大的区域。在一次扫描中，获得二维单波段空间图像。在光谱区域进行扫描时，建立了拉曼超立方体。大多数拉曼显微镜利用电子可调谐滤波器(如液晶可调谐滤波器)来实现区域扫描方法。

拉曼成像在检测过程中很少或根本无需样品制备，所构建的拉曼图像在拉曼光谱基础上可以揭示材料独特的空间分布情况，并且继承了拉曼光谱探测材料的优点。通常基于拉曼光谱“指纹”鉴定图像可以揭示材料的大分子成分分布信息。并且通过拉曼光谱中的细微变化还可以揭示一些分子结构上的信息，包括多型体的分辨、有序度晶体与非晶体及材料的应变等。拉曼成像的主要缺点是空间分辨率低，具有低拉曼信号的样品成分，以及荧光、亚采样、球差/折射以及信号聚焦的问题。空间分辨率受到衍射的限制，衍射取决于光斑大小，通常在微米范围内。拉曼信号或荧光的缺乏取决于样品的类型，前者是分子极化率的结果，而后者发生在激光有足够的能量将电子提升到激发电子轨道时(在理论基础部分中有更详细的描述)。

2.4.2.2　拉曼光谱成像检测系统

拉曼光谱成像检测系统由拉曼成像光谱仪、CCD 相机、激光器、成像镜头、二向色镜及滤光片、样品升降台、移动轨道、步进电机、电源以及计算机组成，如图 2-22 所示。光谱仪被认为是光学系统的关键，将光分散成不同的波长，为图像的每个像素生成光谱；CCD 相机用于光谱和空间探测；激光器是用于发射单波长的激光，在样品上产生均匀的光焦点；样品升降台、移动轨道以及步进电机用于调整样品的位置和控制样本移动速度。计算机及处理软件用于获取和存储采集的光谱和图像信息，将测量得到的原始数据转换成波段图像数据。

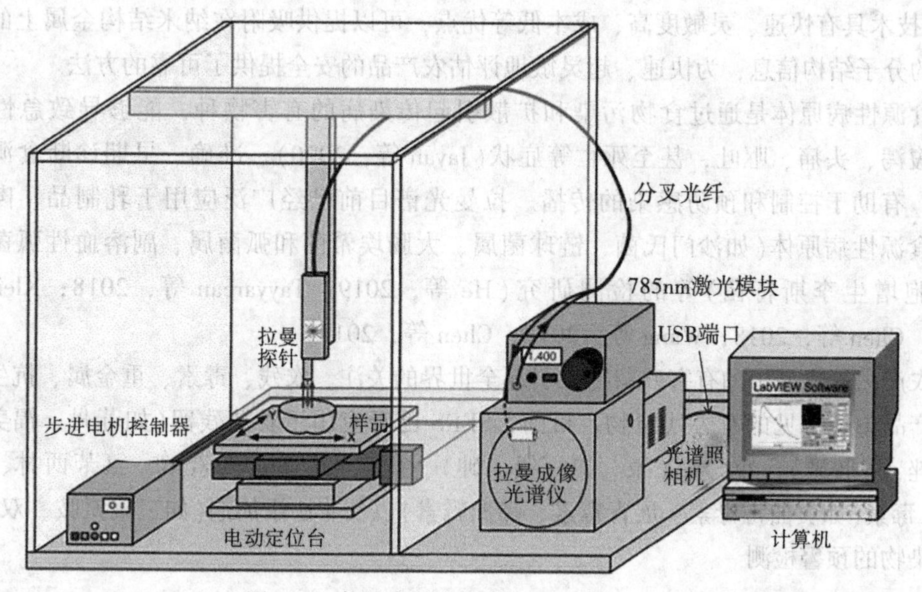

图 2-22　拉曼光谱成像系统(Qin 等，2011)

2.4.3　拉曼光谱与拉曼光谱成像的农产品评价

拉曼光谱技术作为一种分析方法，具有无损伤、灵敏度高、特异性强、对水不敏感、样品制备少、与红外光谱技术互补等优点。近年来的研究表明，拉曼光谱和成像技术在农产品质量和安全检测方面发挥着重要作用。

2.4.3.1　质量检测

农产品的质量主要包括外观、营养成分以及成熟度等，其好坏不仅关乎消费者的购买选择，同时也决定了加工产品的品质和采取的加工工艺。目前，拉曼光谱技术已经用于评价农产品的质量品质(Pathmanaban 等，2019；Tahir 等，2019；Sanchez 等，2020；Lee 等，2017)。譬如，采用拉曼光谱可以定量测定柑橘表皮类胡萝卜素的含量，进而对柑橘的新鲜度做出准确判断(Nekvapil 等，2018)；采用便携式拉曼光谱仪可以对番茄的主要功能性成分(类胡萝卜素和番茄红素)进行定量检测(Hara 等，2018；Sharma 等，2019)；采用拉曼成像技术可视化枇杷的木质化程度，可以判断枇杷的品质下降情况(Huang 等，2019；Patel 等，2018)；通过检测苹果果实细胞壁中多糖的分布变化，可以反映苹果发育和衰老的过程(Szymanska-Chargot，2016)。

2.4.3.2　安全评估

近年来，食品安全事件频发，引起了公众对食品质量安全的广泛关注。因此，食品工业不仅需要采用加工技术保持食品质量和安全属性，也需要评估和控制这些属性的方法。SERS 技术具有快速、灵敏度高、成本低等优点，可以提供吸附在纳米结构金属上的目标分子的分子结构信息，为快速、超灵敏地评估农产品的安全提供了可靠的方法。

食源性病原体是通过食物污染和扩散引起传染病的有害物种，能够导致急性胃肠炎、腹泻、头痛、呕吐，甚至死亡等症状(Jayan 等，2020)。准确、早期诊断食源性致病菌，有助于控制和预防感染的传播。拉曼光谱目前已经广泛应用于乳制品、肉制品等的食源性病原体(如沙门氏菌、链球菌属、大肠埃希菌和弧菌属、副溶血性弧菌、单核细胞增生李斯特菌)等的检测研究(He 等，2019；Tayyarcan 等，2018；Klein 等，2019；Chen 等，2018；Wang 等，2017；Chen 等，2019)。

农产品、食品中的有害残留物正引起全世界的关注。农残、毒素、重金属、抗生素等是农产品中最常见的有害残留物。目前，SERS 已经应用于农药残留(如苏丹、福美、噻苯达唑，甲胺磷)、重金属(汞、镉、铅、砷)、抗生素(如青霉素 G、氨苄西林、四环素)、毒素(如黄曲霉毒素、展青霉素、赭曲霉素)以及非法添加剂(如三聚氰胺、双氰胺)等污染物的预警检测。

参考文献

[1]陈菁菁，彭彦昆，李永玉，王 伟，吴建虎，单佳佳．基于高光谱荧光技术的叶菜农药残留快速检测[J]．农业工程学报，2010，26(14)：1-5.

[2]陈通．Android系统的微型近红外光谱仪开发及在食品质量检测中的应用[D]．江苏大学，2016.

[3]褚小立，王艳斌，陆婉珍．近红外光谱仪国内外现状与展望[J]．分析仪器，2007，4：1-4.

[4]褚小立．化学计量学方法与分子光谱分析技术[M]．北京：化学工业出版社，2011.

[5]丁佳兴．基于高光谱和激光诱导荧光高光谱技术的贮藏期灵武长枣主要可溶性糖检测研究[D]．宁夏大学，2018.

[6]冯帮，陈斌，颜辉．便携式近红外光谱检测系统的开发[J]．现代仪器与医疗，2014，20(2)：12-16.

[7]傅霞萍，应义斌．基于NIR和Raman光谱的果蔬质量检测研究进展与展望[J]．农业机械学报，2013，44(8)：148-164.

[8]傅霞萍．水果内部品质可见近红外光谱无损检测方法的实验研究[D]．浙江大学，2008.

[9]高海龙，李小昱，徐森淼，黄涛，陶海龙，李晓金．马铃薯黑心病和单薯质量的透射高光谱检测方法[J]．农业工程学报，2013，29(15)：279-285.

[10]苟量，王绪本，曹辉．X射线成像技术的发展现状和趋势[J]．成都理工学院学报，2002(2)：112-116.

[11]贺俊吉，张广军．结构光三维视觉检测中光条图像处理方法研究[J]．北京航空航天大学学报，2003(7)：593-597.

[12]胡方强，李晟．基于MEMS技术的便携式近红外光谱仪的研制[J]．仪表技术，2012，12：21-23.

[13]李江波，王福杰，应义斌，饶秀勤．高光谱荧光成像技术在识别早期腐烂脐橙中的应用研究[J]．光谱学与光谱分析，2012，1：144-148.

[14]刘建学，尹晓慧，韩四海，李璇，徐宝成，李佩艳，罗登林．便携式近红外光谱仪研究进展[J]．河南农业大学学报，2019，4：662-670.

[15]芦兵，孙俊，杨宁，武小红，周鑫．基于荧光透射谱和高光谱图像纹理的茶叶病害预测研究[J]．光谱学与光谱分析，2019，39(8)：2515-2521.

[16]陆婉珍．现代近红外光谱分析技术[M]．第2版．北京：中国石化出版社，2007.

[17]苏显渝，张启灿，陈文静．结构光三维成像技术[J]．中国激光，2014，2：9-18.

[18]田高友，褚小立，袁洪福，陆婉珍．近红外光谱仪器主要技术指标与评价方法概述[J]．现代科学仪器，2005，4：18-21.

[19]王海华，李长缨，梅树立，李民赞．农产品线扫描高光谱成像系统的集成标定方法[J]．农业工程学报，2012，28(14)：244-249.

[20]吴彦红，严霖元，吴瑞梅，杨勇．利用荧光高光谱图像技术无损检测猕猴桃糖度[J]．

江西农业大学学报，2010，6：1297-1300.
[21] 雄卡．图像处理、分析与机器视觉[M]．北京：清华大学出版社，2011.
[22] 徐广通，袁洪福，陆婉珍．现代近红外光谱技术及应用进展[J]．光谱学与光谱分析，2000，20(2)：134-142.
[23] 于新洋，卢启鹏，高洪智，彭忠琦．便携式近红外光谱仪器现状及展望[J]．光谱学与光谱分析，2013，33(11)：2983-2988.
[24] 余文勇，石绘．机器视觉自动检测技术[M]．北京：化学工业出版社，2013.
[25] 张驰，陈立平，黄文倩，郭志明，王庆艳．基于编码点阵结构光的苹果果梗/花萼在线识别[J]．农业机械学报，2015，7：1-9.
[26] 赵慧洁，刘小康，张颖．声光可调谐滤波成像光谱仪的 CCD 成像电子学系统[J]．光学精密工程，2013，21(5)：1291-1296.
[27] 赵娟，全朋坤，张猛胜，田世杰，张海辉，任小林．基于特征 LED 光源的苹果多品质参数无损检测装置研究[J]．农业机械学报，2019，5(4)：326-332.
[28] 周竹，李小昱，高海龙，陶海龙，李鹏．漫反射和透射光谱检测马铃薯黑心病的比较[J]．农业工程学报，2012，28(11)：237-242.
[29] 朱新建，宋小磊，汪待发，白净．荧光分子成像技术概述及研究进展[J]．中国医疗器械杂志，2008，32(1)：1-5.
[30] Baranowski P., Mazurek W., Wozniak J., Majewska U. Detection of early bruises in apples using hyperspectral data and thermal imaging[J]. Journal of Food Engineering, 2012, 110 (3): 345-355.
[31] Blasco J., Aleixos N., Gómez J., Molto E. Citrus Sorting by identification of the most common defects using multispectral computer vision [J]. Journal of Food Engineering, 2007, 83: 384-393.
[32] Cantre D., East A., Verboven P., Araya X. T., Herremans E., Nicolaï B. M., Heyes J. Microstructural characterisation of commercial kiwifruit cultivars using X-ray micro computed tomography[J]. Postharvest biology and technology, 2014, 92: 79-86.
[33] Chandy A. RGBDanalysis for finding the different stages of maturity of fruits in farming[J]. Journal of Innovative Image Processing, 2019, 1(2): 111-121.
[34] Chen J., Park B. Label-free screening of foodborne Salmonella using surface plasmon resonance imaging [J]. Analytical and Bioanalytical Chemistry, 2018, 410 (22): 5455-5464.
[35] Chen X. P., Tang M. Q., Liu Y., Huang J. Q., Liu Z. Y., Tian H. Y., Zheng Y. T., de la Chapelle M. L., Zhang Y., Fu W. L. Surface-enhanced Raman scattering method for the identification of methicillin-resistant Staphylococcus aureus using positively charged silver nanoparticles[J]. Mikrochim Acta, 2019, 186(2): 102.
[36] Chuang C. L., Ouyang C. S., Lin T. T., Yang M. M., Yang E. C., Huang T. W., Jiang J. A. Automatic X-ray quarantine scanner and pest infestation detector for agricultural products[J]. Computers and Electronics in Agriculture, 2011, 77(1): 41-59.

[37] Fan S., Guo Z., Zhang B., Huang W., Zhao C. Using Vis/NIRdiffuse transmittance spectroscopy and multivariate analysis to predicate soluble solids content of apple[J]. Food Analytical Methods, 2016, 9(5): 1333-1343.

[38] Fan S., Wang Q., Tian X., Yang G., Xia Y., Li J., Huang W. Non-destructive evaluation of soluble solids content of apples using a developed portable Vis/NIR device [J]. Biosystems Engineering, 2020, 193: 138-148.

[39] Feudale R. N., Woody N. A., Tan H., Myles A. J., Brown S. D., Ferré J. Transfer of multivariate calibration models: a review [J]. Chemometrics and Intelligent Laboratory Systems, 2002, 64(2): 181-192.

[40] Fleischmann M., Hendra P. J., McQuillan A. J. Raman spectra of pyridine adsorbed at a silver electrode[J]. Chemical Physics Letters, 1974, 26(2): 163-166.

[41] Gowen A. A., Tiwari B. K., Cullen P. J., McDonnell K., O'Donnell C. P. Applications of thermal imaging in food quality and safety assessment [J]. Trends in Food Science & Technology, 2010, 21(4): 190-200.

[42] Haff R. P. Real-time correction of distortion in X-ray images of cylindrical or spherical objects and its application to agricultural commodities [J]. Transactions of the ASABE, 2007, 51(1): 341-349.

[43] Haff R. P., Toyofuku N. X-ray detection of defects and contaminants in the food industry [J]. Sensing and Instrumentation for Food Quality and Safety, 2008, 2(4): 262-273.

[44] Hara R., Ishigaki M., Kitahama Y., Ozaki Y., Genkawa T. Excitation wavelength selection for quantitative analysis of carotenoids in tomatoes using Raman spectroscopy [J]. Food Chemistry, 2018, 258: 308-313.

[45] He H. R., Sun D. W., Pu H. B., Chen L. J., Lin L. Applications of raman spectroscopic techniques for quality and safety evaluation of milk: a review of recent developments [J]. Critical Reviews in Food Science and Nutrition, 2019, 59(5): 770-793.

[46] Herremans E., Melado-Herreros A., Defraeye T., Verlinden B., Hertog M., Verboven P., Wevers M. Comparison of X-ray CT and MRI of watercore disorder of different apple cultivars[J]. Postharvest Biology and Technology, 2014, 87: 42-50.

[47] Herremans E., Verboven P., Bongaers E., Estrade P., Verlinden B. E., Wevers M., Nicolai B. M. Characterisation of 'Braeburn' browning disorder by means of X-ray micro-CT. Postharvest Biology and Technology, 2013, 75: 114-124.

[48] Huang, W., Zhu, N., Zhu, C., Wu, D., Chen, K. Morphology and cell wall composition changes in lignified cells from loquat fruit during postharvest storage[J]. Postharvest Biology and Technology, 2019, 157: 110975.

[49] Huang Y. Q., Wang X. H., Lai K. Q., Fan Y. X., Rasco B. A. Trace analysis of organic compounds in foods with surface-enhanced Raman spectroscopy: Methodology, progress, and challenges [J]. Comprehensive Reviews in Food Science and Food Safety, 2020, 19 (2): 622-642.

[50] Jayan H, Pu H., Sun D. W. Recent development in rapid detection techniques for microorganism activities in food matrices using bio-recognition: a review[J]. Trends in Food Science & Technology, 2020, 95: 233-246.

[51] Jiang Y., Li C., Paterson A. H., Sun S., Xu R., Robertson J. Quantitative analysis of cotton canopy size in field conditions using a consumer-grade RGB-D camera[J]. Frontiers in plant science, 2018, 8: 2233.

[52] Jie D., Xie L., Rao X., Ying Y. Using visible and near infrared diffuse transmittance technique to predict soluble solids content of watermelon in an on-line detection system[J]. Postharvest Biology and Technology, 2014, 90: 1-6.

[53] Joshi R., Lohumi S., Joshi R., Kim M. S., Qin J. W., Baek I., Cho B. K. Raman spectral analysis for non-invasive detection of external and internal parameters of fake eggs[J]. Sensors and Actuators B: Chemical, 2020, 303: 127243.

[54] Kelkar S., Boushey C. J., Okos M. A method to determine the density of foods using X-ray imaging[J]. Journal of Food Engineering, 2015, 159: 36-41.

[55] Kim M. S., Lefcourt A. M., Chen Y. R. Ns-scale time-resolved laser induced fluorescence imaging for detection of fecal contamination on apples. In Nondestructive Sensing for Food Safety, Quality, and Natural Resources[J]. International Society for Optics and Photonics. 2004, 5587: 190-197.

[56] Kim S. M., Milczarek R., Mccarthy M. Fast detection of seeds and freeze damage of mandarines using magnetic resonance imaging[J]. Modern Physics Letters B, 2008, 22(11): 941-946.

[57] Klein D., Breuch R., von der Mark S., Wickleder C., Kaul P. Detection of spoilage associated bacteria using Raman-microspectroscopy combined with multivariate statistical analysis[J]. Talanta, 2019, 196: 325-328.

[58] Kotwaliwale N., Curtis E., Othman S., Naganathan G. K., Subbiah J. Magnetic resonance imaging and relaxometry to visualize internal freeze damage to pickling cucumber[J]. Postharvest biology and technology, 2012, 68: 22-31.

[59] Kotwaliwale N., Singh K., Kalne A., Jha S. N., Seth N., Kar A. X-ray imaging methods for internal quality evaluation of agricultural produce[J]. Journal of Food Science and Technology, 2014, 51(1): 1-15.

[60] Langer J, Jimenez de Aberasturi D., Aizpurua J., et al. Present and future of surface-enhanced Raman scattering[J]. ACS Nano, 2020, 14(1): 28-117.

[61] Laykin S, Alchanatis V, Fallik E, Edan Y. Image-processing algorithms for tomato classification[J]. Transactions of the ASAE, 2002, 45(3): 851.

[62] Lee H., Kim M. S., Qin J. W., Park E., Song Y. R., Oh C. S., Cho B. K. Raman hyperspectral imaging for detection of watermelon seeds infected with acidovorax citrulli[J]. Sensors (Basel), 2017, 17(10): 2188.

[63] Li J. B., Chen L. P. Comparative analysis of models for robust and accurate evaluation of

soluble solids content in 'Pinggu' peaches by hyperspectral imaging[J]. Computers and Electronics in Agriculture, 2017, 142: 524-535.

[64] Li J. B., Rao X. Q., Ying Y. B. Detection of common defects on oranges using hyperspectral reflectance imaging[J]. Computers and Electronics in Agriculture, 2011, 78: 8-48.

[65] Li J. B., Tian X., Huang W. Q., Zhang B. H., Fan S. X. Application of long-wave near infrared hyperspectral imaging for measurement of soluble solid content (SSC) in pear[J]. Food Analytical Methods, 2016, 9: 3087-3098.

[66] Li Y. T., Sun J., Wu X. H., Lu B., Wu M. M., Dai C. X. Grade identification of tieguanyin tea using fluorescence hyperspectra and different statistical algorithms[J]. Journal of Food Science, 2019, 84(8): 2234-2241.

[67] Liu D., Zeng X. A., Sun D. W. Recent developments and applications of hyperspectral imaging for quality evaluation of agricultural products: a review[J]. Critical Reviews in Food Science and Nutrition, 2015, 55(12): 1744-175.

[68] Lötze E., Huybrechts C., Sadie A., Theron K. I., Valcke R. M. Fluorescence imaging as a non-destructive method for pre-harvest detection of bitter pit in apple fruit (Malus domestica Borkh.)[J]. Postharvest biology and technology, 2006, 40(3): 287-294.

[69] Lu H., Zhu L., Lu Y., Su J., Zhang R., Cui Y. Manipulating "Hot Spots" from nanometer to angstrom: toward understanding integrated contributions of molecule number and gap size for ultrasensitive surface-enhanced Raman scattering detection[J]. ACS Applied Materials & Interfaces, 2019, 11(42): 39359-39368.

[70] Lu Y. Z., Huang Y. P., Lu R. F. Innovative hyperspectral imaging-based techniques for quality evaluation of fruits and vegetables: a review[J]. Applied Sciences-Basel, 2017, 7(2): 189.

[71] Maldague X, Galmiche F, Ziadi A. Advances in pulsed phase thermography[J]. Infrared Physics & Technology, 2002, 43(3-5): 175-181.

[72] Manickavasagan A., Jayas D. S., White N. D. G. Thermal imaging to detect infestation by Cryptolestes ferrugineus inside wheat kernels[J]. Journal of Stored Products Research, 2008, 44(2): 186-192.

[73] Vazquez-Arellano M., Griepentrog H. W., Reiser D., Paraforos D. S. 3-D imaging systems for agricultural applications: a review[J]. Sensors, 2016, 16(7): 1039.

[74] Milczarek R. R., Saltveit M. E., Garvey T. C., McCarthy M. J. Assessment of tomato pericarp mechanical damage using multivariate analysis of magnetic resonance images[J]. Postharvest Biology and Technology, 2009, 52(2): 189-195.

[75] Moghimi A., Aghkhani M. H., Sazgarnia A., Sarmad M. Vis/NIR spectroscopy and chemometrics for the prediction of soluble solids content and acidity (pH) of kiwifruit[J]. Biosystems Engineering, 2010, 106(3): 295-302.

[76] Momin M. A., Kuramoto M., Kondo N., Ido K., Ogawa Y., Shiigi T., Ahmad U. Identification of UV-fluorescence components for detecting peel defects of lemon and yuzu

using machine vision[J]. Engineering in Agriculture, Environment and Food, 2013, 6(4): 165-171.

[77] Nekvapil F., Brezestean I., Barchewitz D., Glamuzina B., Chis V., Pinzaru S. C. Citrus fruits freshness assessment using Raman spectroscopy[J]. Food Chemistry, 2018, 242: 560-567.

[78] Nicolaï B. M., Beullens K., Bobelyn E., Peirs A., Saeys W., Theron K. I., Lammertyn J. Nondestructive measurement of fruit and vegetable quality by means of NIR spectroscopy: a review[J]. Postharvest Biology and Technology, 2007, 46(2): 99-118.

[79] Obenland D., Neipp P. Chlorophyll fluorescence imaging allows early detection and localization of lemon rind injury following hot water treatment[J]. Hortscience, 2005, 40(6): 1821-1823.

[80] Pan L. Q., Sun Y., Xiao H., Gu XZ., Hu P. C., Wei Y. Y., Tu K. Hyperspectral imaging with different illumination patterns for the hollowness classification of white radish[J]. Postharvest Biology and Technology, 2017, 126: 40-49.

[81] Pasquini C. Near infrared spectroscopy: a mature analytical technique with new perspectives-A review[J]. Analytica Chimica Acta, 2018, 1026: 8-36.

[82] Patel A. S., Juneja S., Kanaujia P. K., Maurya V., Prakash G. V., Chakraborti A., Bhattacharya J. Gold nanoflowers as efficient hosts for SERS based sensing and bio-imaging[J]. Nano-Structures & Nano-Objects, 2018, 16: 329-336.

[83] Pathmanaban P., Gnanavel B. K., Anandan S. S. Recent application of imaging techniques for fruit quality assessment[J]. Trends in Food Science & Technology, 2019, 94: 32-42.

[84] Qin J., Chao K., Kim M. S. Investigation of Raman chemical imaging for detection of lycopene changes in tomatoes during postharvest ripening[J]. Journal of Food Engineering, 2011, 107(3-4): 277-288.

[85] Qin J., Kim M. S., Chao K., Dhakal S., Cho B. K., Lohumi S., Mo C., Peng Y., Huang M. Advances in Raman spectroscopy and imaging techniques for quality and safety inspection of horticultural products[J]. Postharvest Biology and Technology, 2019, 149: 101-117.

[86] Qin J., Chao K., Kim M. S. Raman chemical imaging system for food safety and quality inspection[J]. Transactions of the ASABE, 2010, 53(6): 1873-1882.

[87] Qin J., Chao K., Kim M. S., Lu R., Burks T. F. Hyperspectral and multispectral imaging for evaluating food safety and quality[J]. Journal of Food Engineering, 2013, 118: 157-171.

[88] Sanchez L., Ermolenkov A., Tang X. T., Tamborindeguy C., Kurouski D. Non-invasive diagnostics of Liberibacter disease on tomatoes using a hand-held Raman spectrometer[J]. Planta, 2020, 251(3): 64.

[89] Sanchez L., Pant S., Xing Z. L., Mandadi K., Kurouski D. Rapid and noninvasive diagnostics of Huanglongbing and nutrient deficits on citrus trees with a handheld Raman

spectrometer[J]. Analytical and Bioanalytical Chemistry, 2019, 411(14): 3125-3133.

[90] Sequi P., Dell'Abate M. T., Valentini M. Identification of cherry tomatoes growth origin by means of magnetic resonance imaging[J]. Journal of the Science of Food and Agriculture, 2007, 87(1): 127-132.

[91] Sharma S., Uttam R., Bharti A. S., Shukla N., Uttam, K. N. Label-free mapping of the biochemicals in tomato fruit by confocal Raman microspectroscopy[J]. National Academy Science Letters, 2019, 42(4): 365-368.

[92] Shi R., Liu X., Ying Y. Facing challenges in real-life application of surface-enhanced Raman scattering: design and nanofabrication of surface-enhanced Raman scattering substrates for rapid field test of food contaminants[J]. Journal of Agricultural and Food Chemistry, 2018, 66(26): 6525-6543.

[93] Szymanska-Chargot M., Chylinska M., Pieczywek P. M., Rosch P., Schmitt M., Popp J., Zdunek A. Raman imaging of changes in the polysaccharides distribution in the cell wall during apple fruit development and senescence[J]. Planta, 2016, 243(4): 935-945.

[94] Tahir H. E., Zou X. B., Xiao J. B., Mahunu G. K., Shi J. Y., Xu J. L., Sun D. W. Recent progress in rapid analyses of vitamins, phenolic, and volatile compounds in foods using vibrational spectroscopy combined with chemometrics: a review[J]. Food Analytical Methods, 2019, 12(10): 2361-2382.

[95] Tayyarcan E. K., Acar Soykut E., Boyaci I. H. A Raman-spectroscopy-based approach for detection and discrimination of Streptococcus thermophilus and Lactobacillus bulgaricus phages at low titer in raw milk[J]. Folia Microbiol (Praha), 2018, 63(5): 627-636.

[96] Thybo A. K., Jespersen S. N., Lærke P. E., Stødkilde-Jørgensen H. J. Nondestructive detection of internal bruise and spraing disease symptoms in potatoes using magnetic resonance imaging[J]. Magnetic resonance imaging, 2004, 22(9): 1311-1317.

[97] Tian X., Fan S., Li J., Xia Y., Huang W., Zhao C. Comparison and optimization of models for SSC on-line determination of intact apple using efficient spectrum optimization and variable selection algorithm[J]. Infrared Physics & Technology, 2019, 102: 102979.

[98] Tian X., Fan S. X., Huang W. Q., Wang Z. L., Li J. B. Detection of early decay on citrus using hyperspectral transmittance imaging technology coupled with principal component analysis and improved watershed segmentation algorithms[J]. Postharvest Biology and Technology, 2020, 161: 111071.

[99] Vadivambal R., Chelladurai V., Jayas D. S., White N. D. Detection of sprout-damaged wheat using thermal imaging[J]. Applied Engineering in Agriculture, 2010, 26(6): 999-1004.

[100] Varith J., Hyde G. M., Baritelle A. L., Fellman, J. K., Sattabongkot, T. Non-contact bruise detection in apples by thermal imaging. Innovative Food Science & Emerging Technologies, 2003, 4(2): 211-218.

[101] Walsh, K. B., Guthrie, J. A., Burney, J. W. Application of commercially available, low-

cost, miniaturised NIR spectrometers to the assessment of the sugar content of intact fruit [J]. Functional Plant Biology, 2000, 27(12): 1175-1186.

[102] Wang B., Park B., Xu B., Kwon Y. Label-free biosensing of Salmonella enterica serovars at single-cell level[J]. Journal of Nanobiotechnology, 2017, 15(1): 40.

[103] Wang W., Li C. Size estimation of sweet onions using consumer-grade RGB-depth sensor [J]. Journal of Food Engineering, 2014, 142: 153-162.

[104] Wang Z., Walsh K. B., Verma, B. On-tree mango fruit size estimation using RGB-D images[J]. Sensors, 2017, 17(12): 2738.

[105] Wu D., Sun D. W. Advanced applications of hyperspectral imaging technology for food quality and safety analysis and assessment: a review-part I fundamentals[J]. Innovative Food Science and Emerging Technologies, 2013, 19: 1-14.

[106] Wu Y., Jiang T., Wu Z., Yu R. Novel ratiometric surface-enhanced Raman spectroscopy aptasensor for sensitive and reproducible sensing of Hg(2)[J]. Biosens Bioelectron, 2018, 99: 646-652.

[107] Xia L., Chen M., Zhao X., Zhang Z., Xia J., Xu H., Sun M. Visualized method of chemical enhancement mechanism on SERS and TERS [J]. Journal of Raman Spectroscopy, 2014, 45(7): 533-540.

[108] Xia Y., Huang W., Fan S., Li J., Chen L. Effect of spectral measurement orientation on online prediction of soluble solids content of apple using Vis/NIR diffuse reflectance[J]. Infrared Physics & Technology, 2019, 97: 467-477.

[109] Xie L., Wang A., Xu H., Fu X., Ying Y. Applications ofnear-infrared systems for quality evaluation of fruits: a review[J]. Transactions of the ASABE, 2016, 59(2): 399-419.

[110] Yan H., Xu Y. C., Siesler H. W., Han B. X., Zhang G. Z. Hand-held near-infrared spectroscopy for authentication of fengdous and quantitative analysis of mulberry fruits[J]. Frontiers in Plant Science, 2019, 10: 1548.

[111] Yang Q. Finding stalk and calyx of apples using structured lighting[J]. Computers and Electronics in Agriculture, 1993, 8(1): 31-42.

[112] Yaseen T., Pu H., Sun D. W. Functionalization techniques for improving SERS substrates and their applications in food safety evaluation: a review of recent research trends[J]. Trends in Food Science & Technology, 2018, 72: 162-174.

[113] Yu X., Lu Q., Gao H., Ding H. Development of ahandheld spectrometer based on a linear variable filter and a complementary metal-oxide-semiconductor detector for measuring the internal quality of fruit[J]. Journal of Near Infrared Spectroscopy, 2016, 24(1): 69-76.

[114] Zhang B. H., Huang W. Q., Li J. B., Zhao C. J., Fan S. X., Wu J. T., Liu C. L. Principles, developments and applications of computer vision for external quality inspection of fruits and vegetables: a review[J]. Food Research International, 2014, 62: 326-343.

[115] Zhang B., Huang W., Wang C., Gong L., Zhao C., Liu C., Huang D. Computer vision recognition of stem and calyx in apples using near-infrared linear-array structured light and

3D reconstruction[J]. Biosystems Engineering, 2015, 139: 25-34.

[116] Zhang C., Zhao C., Huang W., Wang Q., Liu S., Li J., Guo Z. Automatic detection of defective apples using NIR coded structured light and fast lightness correction[J]. Journal of Food Engineering, 2017, 203: 69-82.

[117] Zhang H. L., Zhan B. S., Pan F., Luo W. Determination of soluble solids content in oranges using visible and near infrared full transmittance hyperspectral imaging with comparative analysis of models [J]. Postharvest Biology and Technology, 2010, 163: 111148.

[118] Zhang L., McCarthy M. J. Assessment of pomegranate postharvest quality using nuclear magnetic resonance[J]. Postharvest biology and technology, 2013, 77: 59-66.

[119] Zhang L., McCarthy M. J. Black heart characterization and detection in pomegranate using NMR relaxometry and MR imaging[J]. Postharvest biology and technology, 2012, 67: 96-101.

[120] Zhang L., Xu H., Gu M. Use of signal to noise ratio and area change rate of spectra to evaluate the visible/NIR spectral system for fruit internal quality detection[J]. Journal of Food Engineering, 2014, 139: 19-23.

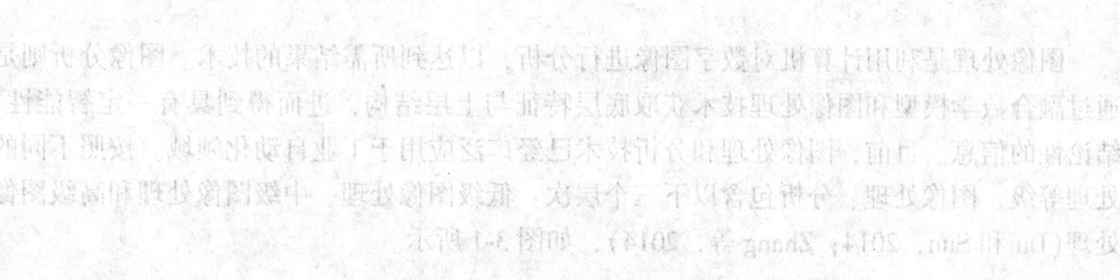

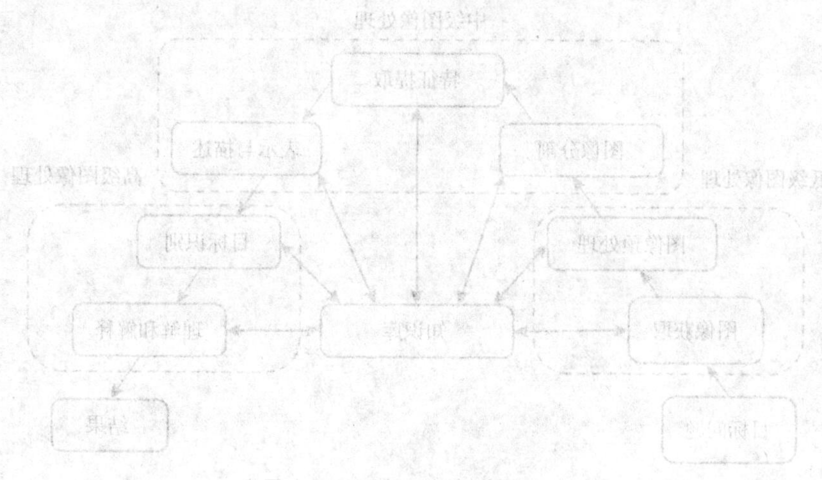

第3章 农产品质量和安全图谱分析方法

借助图谱传感技术获得用于农产品质量品质分析的原始光谱、图像或者谱图合一的数据后，需要采用合适的处理和分析方法对数据信息进行挖掘，以实现对特定质量和安全指标的测定和评估。本章主要介绍了用于农产品质量和安全评估中常用的图像处理和分析方法、光谱处理和分析方法，以及光谱图像融合处理分析方法，这些方法适用于常规的机器视觉技术、近红外光谱分析技术、高光谱成像技术以及拉曼成像技术获得的图谱数据。

3.1 图像处理和分析方法

图像处理是利用计算机对数字图像进行分析，以达到所需结果的技术。图像分析则是通过融合数学模型和图像处理技术获取底层特征与上层结构，进而得到具有一定智能性、结论性的信息。目前，图像处理和分析技术已经广泛应用于工业自动化领域。按照不同的处理等级，图像处理、分析包含以下三个层次：低级图像处理、中级图像处理和高级图像处理(Du 和 Sun，2014；Zhang 等，2014)，如图 3-1 所示。

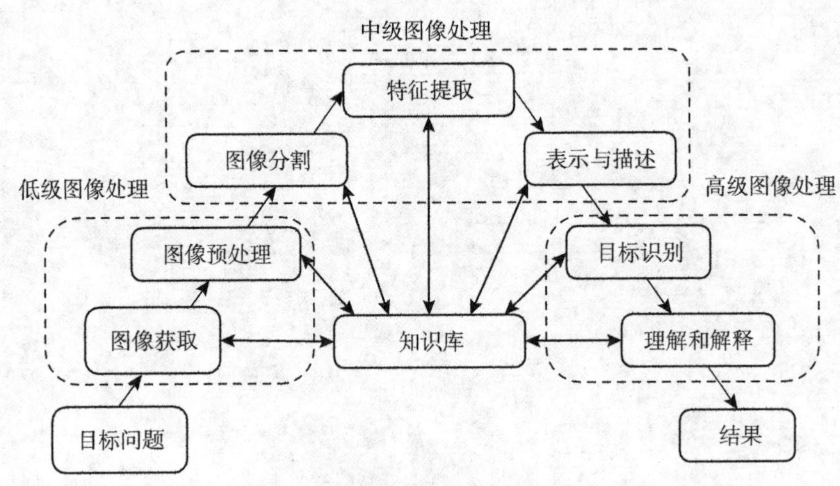

图 3-1 图像处理、分析的三个层次

低级图像处理主要是指图像获取和各种图像预处理以改善图像的质量或者突出有用的信息，为后续的检测、识别打下基础。低级图像处理是图像之间的转换，输入的是图像数据，输出的也是图像数据。图像的预处理技术包括平滑、中值滤波、边缘检测等。中级图像处理主要是指对图像中感兴趣目标进行分割、检测或测量，以提取它们的客观信息，进而建立对图像的描述的过程。中级图像处理输入的是图像，输出的则是特征数据。中级图像处理技术包括图像分割、特征提取、表示与描述等。高级图像处理是指通过研究图像中目标的属性及各目标之间的相互关系，并得到对图像内容的理解或解释，进而指导和规划设备动作(阮秋琦，2007)。高级图像处理输入的是数据，输出的则是结果。高级图像处理技术包括模式识别、回归分析等。模式识别和回归分析这两种方法在本书中均有涉及。

本节主要以农产品质量品质和安全检测为例，介绍一些常见的图像处理分析方法(包括图像预处理、亮度校正、特征提取、图像识别分类等)以及这些方法在农产品质量评估中的典型应用案例。

3.1.1　图像预处理

在图像处理分析时，图像的质量直接影响特征提取、识别分类的效果和精度。农产品质量品质检测分选过程中，视场光照条件、分级线机械振动、农产品的形状、色泽等都会影响成像质量。为了确保农产品品质特征的准确提取，在进行图像处理分析之前，通常需要先对图像进行预处理(Zhang 等，2014)。本节简要介绍农产品品质检测中常用的几种图像预处理方法，包括图像平滑、边缘提取、掩模处理等。

3.1.1.1　图像平滑

图像平滑，又称图像滤波，是指通过压制、弱化和消除原始图像中的细节、突变、边缘或噪声的技术方法。图像平滑是图像处理和机器视觉中最基本、最常用的图像预处理操作。常见的图像平滑法有均值滤波、中值滤波、高斯滤波等。均值滤波是指任意一个像素的灰度值，都是周围模板内像素灰度值的均值。图像平滑采用的是模板计算的思想，模板在图像上移动，模板的中心为需要求取的目标像素点，在模板范围内对目标像素点进行卷积运算，然后相加，除以模板大小，得到均值，这个均值就是目标像素点处理后的值。在实际应用过程中，模板的尺寸可以根据需要进行选择。需要注意的是，均值滤波在抑制噪声的同时会造成图像模糊，模板尺寸越大，噪声处理效果越显著，但同时造成的模糊程度也越严重。图 3-2 显示了一幅带有缺陷的桃子图像在被不同大小均值滤波模板进行图像平滑后的结果。可以看出，随着模板增大，噪声处理效果越好，但同时图像也越模糊。

中值滤波一般采用滤波器滑动窗口包含区域的像素灰度值排序后的中值代替窗口中心点的像素灰度值，中值滤波是一种非常典型的非线性滤波技术(阮秋琦，2007)。滤波器滑动窗口可以根据实际需要选择线状、方形、圆形、十字形或圆环形等。其中，方形窗口较为常用。图 3-3 显示的是一幅带有椒盐噪声的缺陷桃子图像和利用中值滤波 3×3 模板进行图像平滑处理后的结果。从图中可以看出，经过中值滤波后，椒盐噪声被有效清除。

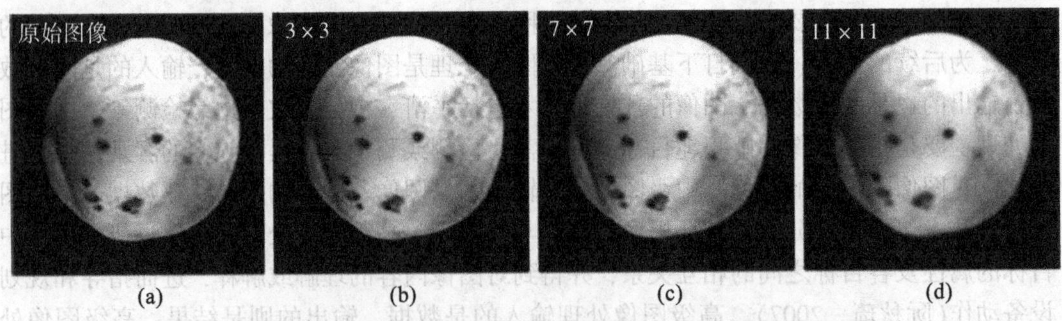

图 3-2　利用不同模板对带有缺陷的桃子图像进行均值滤波平滑处理结果

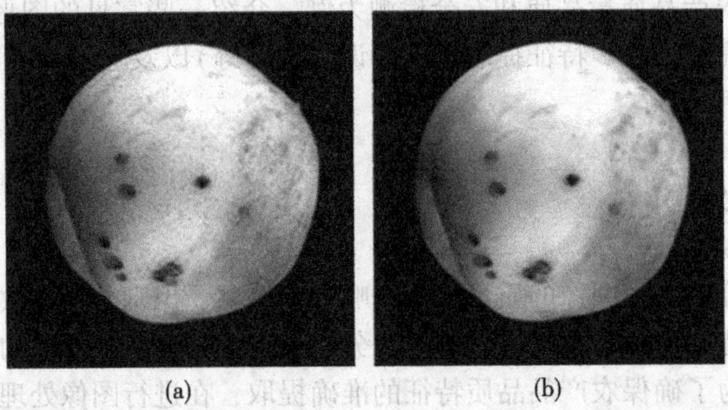

图 3-3　带有椒盐噪声的缺陷桃子图像(a)和利用中值滤波进行图像平滑的处理结果(b)

高斯滤波平滑也是基于邻域平均思想对图像进行平滑的一种方法，与均值滤波不同的是，高斯平滑处理过程中，不同像素灰度值被赋予了不同的权重。距离目标像素点越近的像素具有越大的权重，这种权重分配可以在一定程度上克服局部平均法带来的图像模糊。如核大小为 3×3 的高斯滤波模板为 $\frac{1}{16}\times\begin{bmatrix}1 & 2 & 1\\2 & 4 & 2\\1 & 2 & 1\end{bmatrix}$。图 3-4 显示的是一幅带有缺陷的桃子图像和利用高斯滤波 3×3、7×7、11×11 模板进行图像平滑的处理结果。与均值滤波相比，随着核函数尺寸增加，高斯滤波在一定程度上克服了局部平均带来的图像模糊现象。

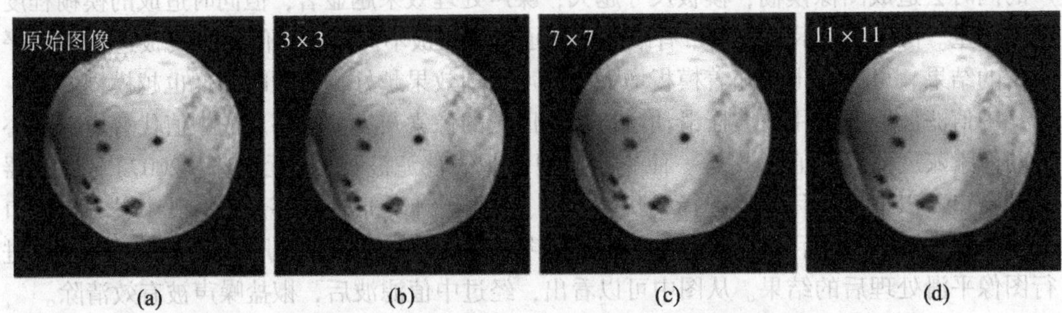

图 3-4　带有缺陷的桃子图像和利用高斯滤波进行图像平滑的处理结果

3.1.1.2　边缘提取

边缘检测是机器视觉和图像处理中特征提取方面的一项研究内容，其目的是检测数字图像中亮度变化明显的像素，并默认其为物体的边缘。为了实现农产品形状和尺寸的视觉检测和测量，可以利用边缘提取算法提取图像中农产品的边缘，通过图像分析识别畸形农产品，或测量估算农产品的尺寸。图像中的边缘信息通常通过灰度值的突变体现，图像边缘提取一般通过捕捉图像局部灰度值突变来实现。边缘提取实际上就是检测图像中灰度值变化显著的高频成分，这种高频成分可以通过求微分实现，各方向的导数越大，说明灰度值变化越强烈、边缘信号越强烈。Sobel 算子属于图像处理中常用的一阶微分算子，Sobel 算子利用像素邻近区域的梯度来计算单个像素的梯度，并设定阈值进行判断是否属于边缘。下面以提取苹果边界为例，利用 Sobel 算子进行边缘提取。

为了获取苹果的边界，分别采用水平和垂直方向的 Sobel 算子，基于如图 3-5(a)所示的近红外图像对苹果图像进行边缘检测(张保华，2016)，计算公式为：

$$E_x(i, j) = OP_x \otimes I(x, y) \tag{3-1}$$

$$E_y(i, j) = OP_y \otimes I(x, y) \tag{3-2}$$

式中，$I(x, y)$ 为近红外通道的原始苹果图像，OP_x 和 OP_y 分别为水平和垂直方向的 Sobel 算子，$E_x(i, j)$ 和 $E_y(i, j)$ 为输出图像。边缘检测的结果图像是 $E_x(i, j)$ 和 $E_y(i, j)$ 两个输出图像的组合，计算公式为：

$$E(i, j) = \max\{E_x(i, j), E_y(i, j)\} \tag{3-3}$$

式中，$E(i, j)$ 为最后的输出图像，如图 3-5(b)所示。然后对 $E(i, j)$ 进行阈值分割，得到边缘检测结果的二值图像，如图 3-5(c)所示。为了获取苹果图像的外部轮廓，可使用 OpenCV 的库函数 cvFindContours( )进行外部轮廓的提取，结果如图 3-5(d)所示。

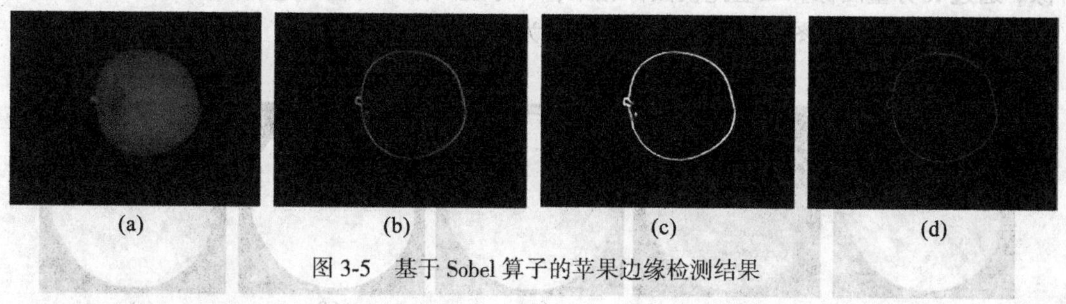

图 3-5　基于 Sobel 算子的苹果边缘检测结果

图像处理中的边缘提取方法有很多，在农产品检测中常用到的边缘提取算子还有拉普拉斯检测算子、Canny 算子等，这些算子的使用大同小异，但各有特点，需要根据具体检测对象和应用进行合理选择。

3.1.1.3　掩模处理

掩模处理是图像处理、分析过程中常用的预处理方法，通过选定的图像、图形或具体物体，对需要处理的图像局部或全部进行遮挡，进而控制图像处理的区域。用于遮挡覆盖的选定图像、图形或物体称为掩模。一般来讲，掩模是一个由0和1组成的二进制图像。在进行掩模处理时，二进制掩模图像中1值区域将被处理，而掩模图像中0值区域将被屏蔽，不参与图像处理。

为了提高计算机图像处理速度，并避免来自背景的各种干扰，在农产品检测过程中，我们往往只希望处理图像中农产品所在的感兴趣区域，这时就可以利用二值掩模图像屏蔽掉图像中的背景区域，避免背景干扰。背景去除可以加快图像处理速度的同时，也利于提升农产品质量检测精度。那么，如何构造掩模图像呢？一般来讲，可以选择和背景差异较大的图像(如RGB图像中的R、G或B分量图像或高光谱图像中的单波长图像)，借助简单的阈值分割即可获得二值掩模图像。下面以桃子背景分割为例，对掩模去背景过程进行解释说明。

在进行桃子表面缺陷分水岭分割前，对桃子图像进行了掩模处理以去除桃子样本图像的背景(李江波等，2014)。桃子样本的图像是通过一台可见-近红外双CCD数字相机(AD-080GE，JAI，Japan)获取，该相机可以同时获得桃子样本的RGB图像和NIR图像。图3-6(a)(b)分别为一幅带疤痕桃子的RGB图像和NIR图像。从图3-6(b)中可看出，NIR图像对水果表面的颜色不敏感，且桃子对象和背景亮度差异较大，非常有利于背景的去除。另一方面，实验中也发现，不同类型的表面缺陷在R分量图像中其缺陷区域与正常果皮区域对比较为明显，因此，R分量作为桃子缺陷分割的目标图像，如图3-6(c)所示。为了去除R分量图像的背景，基于NIR图像执行全局阈值分割获得桃子样本二值掩模图像，如图3-6(d)所示，然后通过公式(3-4)获得去背景后的R分量图像，如图3-6(e)所示：

$$\mathrm{Img}_{R\_bgr} = \mathrm{Img}_{R} \times \mathrm{Img}_{mask} \tag{3-4}$$

式中，Img_{R_bgr}为去背景后的R分量图像；Img_{R}为桃子R分量图像；Img_{mask}为二值掩模图像。通过R分量图像和二值掩模图像相乘，R分量图像中对应二进制掩模图像中1值区域将保留，而对应掩模图像中0值区域将被作为背景去除。

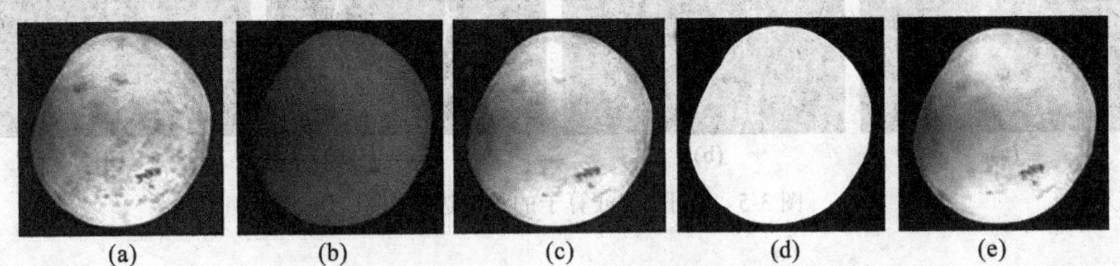

图3-6　桃子缺陷图像掩模处理去背景

3.1.2　图像亮度校正

通常类球形果蔬等农产品的表面存在较大的曲率变化，这种变化会引起所拍摄图像中农产品的表面存在亮度分布不均的现象，这不仅影响农产品检测时的成像质量，而且还会降低某些指标的检测评估精度，如亮度不均现象会增大果蔬颜色、尺寸检测误差，同时也会增加果蔬表面缺陷的检测难度。为了降低类球形果蔬表面亮度不均对质量检测所造成的不利影响，提高视觉检测的客观性和准确性，本节着重介绍两种典型的亮度不均变换方法：基于照度-反射模型的亮度不均变换(李江波等，2011；Li 等，2013)和基于朗伯反射模型的亮度不均变换(黄文倩等，2012；Zhang 等，2015)。

3.1.2.1 基于照度-反射模型的亮度不均变换

根据照度-反射模型，在光照下采集到目标二维图像$f(x, y)$，可以用它的入射分量$i(x, y)$与反射分量$r(x, y)$的乘积来表示。图像入射分量通常以空间域的缓慢变化为特征，这个特征导致图像傅里叶变换的低频成分与照度相联系。反射分量以突变为主，表现在不同物体或者不同区域的连接部分，这个特性导致图像傅里叶变换的高频成分与目标细节特征相联系。其数学模型为：

$$f(x, y) = i(x, y) \cdot r(x, y) \tag{3-5}$$

因此，如果把一幅图像的低频成分从原始图像中分离出来，则此低频成分即为图像表面不均匀的亮度信息，再经傅里叶反变换后，即可以得到亮度图像，获得的亮度图像可以对原始亮度不均的灰度图像进行亮度校正。以水果为例，水果表面亮度图像$i'(x, y)$获取步骤如下：

①中心变换：用$(-1)^{x+y}$乘以输入图像$f(x, y)$来进行中心变换，将$F(u, v)$原点变换到频域坐标下的$(M/2, N/2)$。

②傅氏变换：对$F(u, v)$进行离散傅里叶变换。

$$F(u, v) = \frac{1}{MN}\sum_{x=0}^{M-1}\sum_{y=0}^{N-1} f(x, y)\mathrm{e}^{-\mathrm{j}2\pi\left(\frac{ux}{M}+\frac{vy}{N}\right)} \tag{3-6}$$

式中，u和v为频率变量，其中$u=0, 1, 2, \cdots, M-1$；$v=0, 1, 2, \cdots, N-1$；M和N为图像的长和宽。

③低通滤波：将$F(u, v)$作为低通滤波器$H(u, v)$的输入，输出得到低频分量$G(u, v)$，即：

$$G(u, v) = H(u, v)F(u, v) \tag{3-7}$$

低通滤波器主要作用是获取水果图像表面的低频分量。与理想低通滤波器和高斯低通滤波器相比，一阶 Butterworth 低通滤波器具有较强的适应性且不会出现振铃现象，因此，选用一阶 Butterworth 低通滤波器，其传递函数定义如下：

$$H(u, v) = \frac{1}{1 + \left[\frac{D(u, v)}{D_0}\right]^2} \tag{3-8}$$

$$D(u, v) = \left(\frac{u-M}{2}\right)^2 + \left(\frac{v-N}{2}\right)^2 \tag{3-9}$$

式中，D_0为截止频率；$D(u, v)$为任意一点(u, v)到傅里叶变换中心的距离。

④傅氏反变换：通过式(3-10)可以从$G(u, v)$的傅里叶反变换中得到被滤波的图像g

(x, y)，然后取其实部并乘以$(-1)^{x+y}$以取消输入图像的乘数，即可以获得最终水果表面的亮度图像 $i'(x, y)$。

$$g(x, y)=\frac{1}{MN}\sum_{x=0}^{M-1}\sum_{y=0}^{N-1}G(u, v)\mathrm{e}^{-\mathrm{j}2\pi\left(\frac{ux}{M}+\frac{vy}{N}\right)} \tag{3-10}$$

⑤亮度均一化：将图像$f(x, y)$ 与亮度图像 $i'(x, y)$ 相比后的图像即为亮度校正后的图像$f'(x, y)$，即：

$$f'(x, y)=\frac{f(x, y)}{i'(x, y)} \tag{3-11}$$

基于上述照度-反射模型，李江波等(2011)对脐橙图像进行亮度不均变换并实现了脐橙表面缺陷的准确分割。在图像亮度变换中，首先利用低通滤波器提取原始图像(图3-7(a))中的低频分量，然后通过傅里叶反变换获得脐橙表面的亮度图像(图3-7(b))，最后利用原始图像除以亮度图像得到亮度校正后的图像(图3-7(c))。值得注意的是，在提取亮度图像的时候，低通滤波器的截止频率 D_0 的选择也非常关键。如果 D_0 太小，低频成分获取不够充分；如果 D_0 太大，则亮度变化显著的高频成分也会被提取。图3-8显示了在不同截止频率 D_0 下的亮度校正结果，结果表明，当 D_0 为7时，亮度校正效果最好。

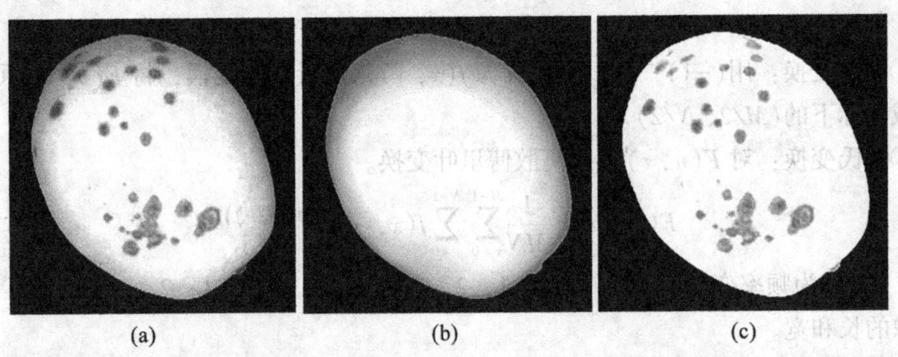

图3-7 基于照度-反射模型对图像表面亮度不均进行变换(李江波等，2011)

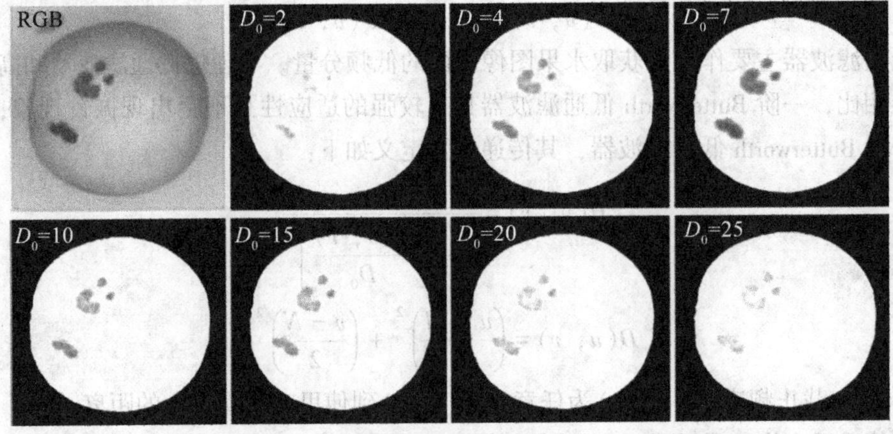

图3-8 不同截止频率下脐橙的亮度校正结果(Li等，2013)

3.1.2.2 基于朗伯反射模型的亮度不均变换

一般来讲，辐射面源射向各个方向的辐射亮度是不同的，具有方向性。若任一点辐射亮度不随方向角 θ（θ 为该点法向量和该点与光源连线之间的交角）变化，这类辐射体就称为朗伯体（或朗伯面）。发光强度和亮度的概念不仅适用于自己发光的物体，而且也适用于反射体。光线射到光滑的表面上，定向地发射出去；射到粗糙的表面上时，它将朝向所有方向漫射。一个理想的漫射面，应遵循朗伯定律，即不管入射光来自何方，沿各个方向漫射光的发光强度总与 $\cos\theta$ 成正比，从而亮度相同。

类球形果蔬可以近似看作朗伯体，对相机来讲，采集到的类球形果蔬图像中果蔬表面的亮度分布并不均匀，一般呈中间亮边缘暗，这是由于果蔬表面存在弯曲，不同区域的反射率不同所致。以苹果为例，根据朗伯反射定律，苹果表面上任意一点的亮度 l_D 等于入射光的强度 l_L 与该点法向量与光源之间连线的夹角 θ 的余弦值的乘积，即：

$$l_D = l_L \times \cos\theta \tag{3-12}$$

对于机器视觉系统来讲，由于相机到水果的物距远大于水果的尺寸，因此，苹果表面任意点的入射光强度 l_L 可以近似认为是相等的，因此引起苹果表面亮度不均的主要原因是夹角 θ 的值。朗伯反射模型如图 3-9(a)所示，苹果表面不同区域的点的 θ 值不同，苹果边缘区域的点的 θ 值大，而中部区域的 θ 的值小。因此，朗伯体边缘的亮度较低，而中部较高，这和图像中苹果中间亮度高，边缘亮度低的现象一致。

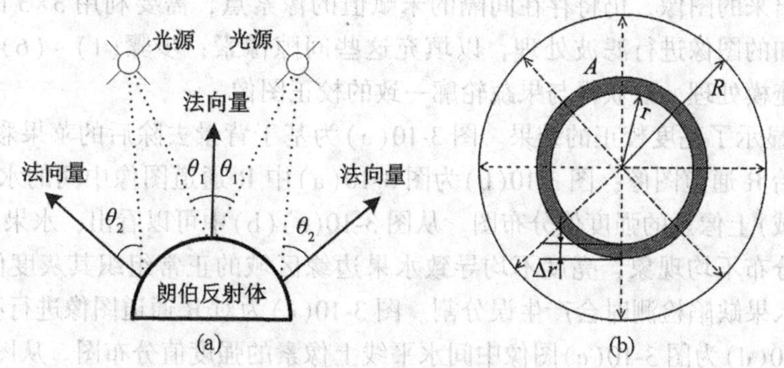

图 3-9 朗伯反射模型和亮度变换方法

对于以朗伯体顶端中心为圆心，半径为 r，宽度为 Δr 的圆环 A 内所有像素点的亮度可以近似看作一致的，如图 3-9(b)所示。因此，圆环 A 内所有像素点的平均亮度可以按照下式计算（黄文倩等，2012）：

$$l_M = \frac{1}{N}\sum_{i \in A} l_i \quad (i = 0,\ 1,\ \cdots,\ N) \tag{3-13}$$

式中，l_M 是指圆环 A 内所有像素点的平均亮度；l_i 是指圆环 A 内第 i 个像素的亮度值；N 代表圆环 A 内像素的总数。

对于圆环 A 内所有像素点的亮度变换，可以通过下式计算：

$$l_{R_i} = 255 \times \frac{l_i}{l_M} \quad (i = 0, 1, \cdots, N) \tag{3-14}$$

式中，l_{R_i} 代表第 i 个像素被校正过后的亮度值。由式(3-14)可知，当 $l_i > l_M$ 时，l_{R_i} 被强制赋值 255(考虑到计算机中图像存储方式)；当 $l_i < l_M$ 时，$l_{R_i} < 255$。对于显性缺陷来讲，$l_i < l_M$，校正后缺陷区域将保持较低亮度，而对于正常区域来讲，校正后的像素灰度值接近高亮。

为了提高亮度校正的精度，圆环 A 的宽度 Δr 可以设定为一个像素。亮度校正的整个过程为：

(1)获取苹果的 RGB 通道和 NIR 通道图像；

(2)阈值处理苹果的 NIR 图像以求得掩模图像，同时求取苹果的最小外接圆的像素半径 R 和中心坐标(x, y)；

(3)对 RGB 彩色图像进行背景分割，同时提取出 R 通道图像进行亮度校正；

(4)以中心坐标(x, y)为中心构造圆圈掩模，圆圈掩模的起始半径为 $r=0$，然后利用该圆圈掩模获取 R 通道图像的一圈，并利用式(3-13)、式(3-14)进行该圈像素的亮度校正；

(5)记录被校正的那一圈图像，然后圆圈掩模的半径 r 增加 1 个像素步长，按照步骤(4)进行亮度校正，同时把校正过的圆圈叠加到一起；

(6)判断 r 的大小，如果 $r \leqslant R$，则重复步骤(4)(5)，否则终止亮度校正过程。

值得注意的是，由于数字图像中像素的排列方式，圆环并非理想圆环，对每一环进行叠加后拼接出来的图像，仍将存在间隔的未赋值的像素点，需要利用 3×3 的中值滤波器对校正后叠加的图像进行滤波处理，以填充这些间隙像素；步骤(1)～(6)过程完成后，还需要进行掩模处理，以获得与果蔬轮廓一致的校正图像。

图 3-10 显示了亮度校正的结果。图 3-10(a)为基于背景去除后的苹果彩色 RGB 图像中提取的原始 R 通道图像；图 3-10(b)为图 3-10(a)中 R 通道图像中间的水平线(经过缺陷和花萼区域)上像素的强度值分布图。从图 3-10(a)(b)中可以看出，水果原始图像存在严重的亮度分布不均现象，亮度不均导致水果边缘区域的正常组织其灰度值低于缺陷区域，因此在水果缺陷检测时会产生误分割。图 3-10(c)为对 R 通道图像进行亮度变换后的图像，图 3-10(d)为图 3-10(c)图像中间水平线上像素的强度值分布图。从图中可以看出，亮度变换后，水果缺陷、花萼等区域仍保持较低亮度，而所有正常区域其亮度都被提升。相对于原始 R 通道图像，变换后的图像更有利于缺陷分割。

3.1.3　图像特征提取

“特征提取”是机器视觉和图像处理中一个非常重要的概念，是指计算机获取图像特征信息的操作。图像特征提取可以看作图像分析的起点，特征提取的准确与否，直接决定了图像分析算法的成败。对于农产品外观品质来讲，可以通过机器视觉系统获取农产品图像，并通过图像处理技术提取其颜色、形状、尺寸等特征，然后对相关特征进行分析和量化，进而实现外观品质的检测与分级。

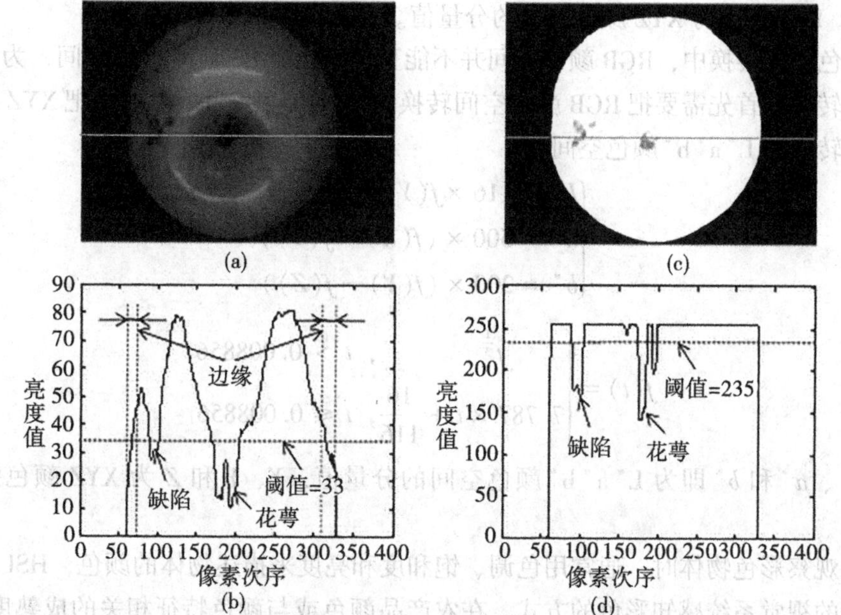

图 3-10　亮度校正结果

3.1.3.1　颜色特征

颜色是农产品质量品质的直接的反映，消费者也往往根据颜色来判断水果、蔬菜等农产品的品质(Zhang 等，2014)，进而决定是否购买。一般来讲，物体的颜色可以用不同的颜色空间(又称彩色模型或彩色系统)来描述，人们开发了不同名称的颜色空间以满足不同用途的需要(Wu 和 Sun，2013)。然而，现有的颜色空间中，还没有哪个颜色空间完全符合人类的视觉感知特性、颜色本身的物理特性或发光物体或反光物体的特性。为了实现农产品颜色特征的高效视觉检测，农产品的颜色特征可以简单地通过不同颜色空间的分量值来表示。在农产品颜色特征提取中，常用的颜色空间包括 RGB、XYZ、HSI 和 $L^*a^*b^*$ 颜色空间。颜色空间之间的相互转换关系可通过下式获得(Zhao 等，2016)：

$$\begin{cases} r = \dfrac{R}{R+G+B} \\ g = \dfrac{G}{R+G+B} \\ b = \dfrac{B}{R+G+B} \end{cases} \tag{3-15}$$

式中，r、g 和 b 是 RGB 颜色空间 R、G 和 B 三个颜色分量归一化后的值。XYZ 颜色空间则可以通过下式转换获得：

$$\begin{bmatrix} X \\ Y \\ Z \end{bmatrix} = \begin{bmatrix} 0.433953 & 0.376219 & 0.189828 \\ 0.212671 & 0.715160 & 0.072169 \\ 0.017758 & 0.109477 & 0.872765 \end{bmatrix} \times \begin{bmatrix} r \\ g \\ b \end{bmatrix} \tag{3-16}$$

式中，X、Y 和 Z 即为 XYZ 颜色空间的分量值。

在颜色空间转换中，RGB 颜色空间并不能直接转换成 L*a*b* 颜色空间，为了实现两个空间的转换，首先需要把 RGB 颜色空间转换到 XYZ 颜色空间，然后再把 XYZ 颜色空间按照下式转换到 L*a*b* 颜色空间：

$$\begin{cases} L^* = 116 \times f(Y) - 16 \\ a^* = 500 \times (f(X) - f(Y)) \\ b^* = 200 \times (f(Y) - f(Z)) \end{cases} \tag{3-17}$$

$$f(t) = \begin{cases} t^{\frac{1}{3}}, & t > 0.008856 \\ 7.787 \times t + \dfrac{16}{116}, & t \leqslant 0.008856 \end{cases} \tag{3-18}$$

式中，L^*、a^* 和 b^* 即为 L*a*b* 颜色空间的分量值，X、Y 和 Z 为 XYZ 颜色空间的分量值。

人在观察彩色物体时，通常用色调、饱和度和亮度来描述物体的颜色，HSI 颜色模型反映了人的视觉系统感知彩色的方式。在农产品颜色或与颜色特征相关的成熟度检测时，利用 HSI 模型的色调、饱和度和亮度三个分量值作为颜色特征，可实现较为客观准确的颜色评估。HSI 颜色空间则可以通过下式转换获得：

$$\begin{cases} \theta = \arccos\left\{\dfrac{[(R-G)+(R-B)]/2}{\sqrt{(R-G)^2+(R-B)(G-B)}}\right\} \\ H = \begin{cases} \theta, & B \leqslant G \\ 360-\theta, & B > G \end{cases} \\ S = 1 - \dfrac{3 \cdot \min(R, G, B)}{R+G+B} \\ I = \dfrac{R+G+B}{3} \end{cases} \tag{3-19}$$

此外，在农产品颜色、成熟度、缺陷检测中，基于 CMY、HSV、YIQ 等颜色空间的特征提取也有涉及。

3.1.3.2　形状特征

形状是农产品非常重要的外观品质特征之一，特定种类的农产品一般具有特定的形状。不规则或畸形的农产品往往影响售价，甚至不能进入市场流通。对于人类来说，农产品的形状的识别和定义较为容易，但对于机器来讲，自动、准确地识别、量化及描述农产品的形状还较困难(Zhang 等，2014)。机器视觉技术为农产品形状的自动检测提供了可行的解决方案(应义斌，2001)。对机器视觉系统来讲，农产品的形状往往通过提取所采集的农产品图像中重要的形状特征或通过计算描述农产品形状的算子来量化和分析(Zou 等，2013)。几何参数法、边界特征法、不变矩法、傅里叶形状描述子法是农产品图像分析、处理中几种常见的形状特征描述方法(应义斌等，2007)。

1. 几何参数法

几何参数法是形状表达方法中最为简单、常用的区域特征形状描述方法，该方法通过提取图像中有关形状的定量测度进行形状检测。常用的定量测度有长轴尺寸、短轴尺寸、长宽尺寸、面积、周长、圆形度、紧凑度等。其中，长轴尺寸、短轴尺寸、长宽尺寸、面积、周长等参数的求取比较简单，可以通过简单图像处理直接求得。

圆形度是一个用来刻画物体边界复杂程度的量。圆形度的计算公式定义下：

$$e = \frac{4\pi A_O}{L^2} \tag{3-20}$$

式中，A_O 表示图像中所测农产品占有的像素面积，L 表示农产品边界二值图像的周长，单位为像素，其中，4 连通中相邻像素距离记为 1，8 连通中斜对角相邻像素距离记为 $\sqrt{2}$。接近圆形的农产品其外形比较简单，圆形度较大，接近 1；不规则或者畸形农产品外形复杂，圆形度较小。因此，圆形度在一定程度上反映了所测农产品外形特征的复杂程度。

紧凑度在一定程度上反映了边界的粗糙程度，是一个对平移、旋转、缩放不敏感的形状特征。紧凑度的定义如下：

$$C = 1 - \frac{4\pi A_O}{L^2} \tag{3-21}$$

式中，A_O 表示图像中所测农产品占有的像素面积，L 表示农产品边界二值图像的周长。

2. 不变矩法

在农产品的检测过程中，尤其是快速在线检测时，农产品的位姿不确定，为了客观准确地描述农产品形状，可以利用不变矩进行形状的定量描述(孔彦龙，2013)。图像中的不变矩不受图像旋转、平移、尺度变换等几何变化的影响。

矩的定义：设 $f(x, y)$ 为二维连续函数，则 $j+k$ 阶矩可定义为：

$$m_{jk} = \int_{-\infty}^{+\infty}\int_{-\infty}^{+\infty} x^j y^k f(x, y)\,\mathrm{d}x\mathrm{d}y \tag{3-22}$$

式中，$j, k = 0, 1, 2, \cdots$。由于 j 和 k 可以为所有非负整数，故矩是一个无限集。且这个集合可以确定函数 $f(x, y)$ 本身，即 $\{m_{jk}\}$ 对于函数 $f(x, y)$ 是唯一的。

为了描述物体的形状，设 $f(x, y)$ 的目标物体取值为 1，背景取值为 0，即函数只反映物体的轮廓形状而忽略内部的灰度细节。

$j+k$ 为矩的阶数。零阶矩表示为：

$$m_{00} = \int_{-\infty}^{+\infty}\int_{-\infty}^{+\infty} f(x, y)\,\mathrm{d}x\mathrm{d}y \tag{3-23}$$

显而易见，零阶矩表示物体的面积。

当 $j=1$，$k=0$ 时，m_{10} 对二值图像来讲就是物体上所有像素点横坐标的总和，m_{01} 就是物体上所有像素点的纵坐标的总和。令：

$$\bar{x} = \frac{m_{10}}{m_{00}},\ \bar{y} = \frac{m_{01}}{m_{00}} \tag{3-24}$$

则 $(\bar{x}, \bar{y})$ 就表示二值图像中一个物体的质心的坐标。

中心矩可定义为：

$$\mu_{jk} = \int_{-\infty}^{+\infty}\int_{-\infty}^{+\infty} (x-\bar{x})^j\,(y-\bar{y})^k f(x,\ y)\,\mathrm{d}x\mathrm{d}y \tag{3-25}$$

对于数字图像 $f(x,\ y)$ 而言，中心矩变为：

$$\mu_{jk} = \sum_x \sum_y (x-\bar{x})^j (y-\bar{y})^k f(x,\ y) \tag{3-26}$$

定义归一化的中心矩：

$$\mu_{jk} = \frac{\mu_{jk}}{(\mu_{00})^{\gamma}},\ \gamma = \frac{j+k}{2} + 1 \tag{3-27}$$

根据归一化的中心矩，可以求得对平移、旋转、缩放和镜像等几何变换都不敏感的 4 个不变矩，定义如下：

$$\varphi_1 = \eta_{20} + \eta_{02} \tag{3-28}$$

$$\varphi_2 = (\eta_{20} + \eta_{02})^2 + 4\eta_{11}^2 \tag{3-29}$$

$$\varphi_3 = (\eta_{30} + 3\eta_{12})^2 + (3\eta_{21} - \eta_{03})^2 \tag{3-30}$$

$$\varphi_4 = (\eta_{30} + \eta_{12})^2 + (\eta_{21} + \eta_{03})^2 \tag{3-31}$$

3. 傅里叶描述子法

在图像中，物体的边界是一个难以定量描述的二维离散曲线段，对边界曲线段作离散傅里叶变换，是定量描述边界形状的一种常用方式(应义斌，2001)。傅里叶变换可以将 $x-y$ 平面中的二维曲线段转换成复平面上的一个序列，对该序列进行一维的离散傅里叶变换，可得到一系列的傅里叶系数，这个系数便是边界的傅里叶描述子。在现实中，直接把空间平面和复平面重合，空间平面上的点和其在复平面上的点一一对应，这样就完成了从空域到频域的坐标转化。坐标转换关系如图 3-11 所示，其中横坐标表示空间 x 轴或复平面 u 轴，纵坐标表示空间 y 轴或复平面 v 轴，$(x_k,\ y_k)$ 代表边界上任一点，$u_k + j\,v_k$ 表示复平面中与其对应点。

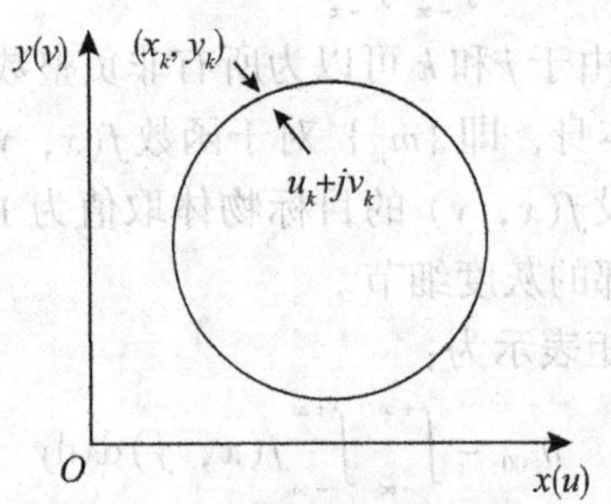

图 3-11　空间域和频域坐标转换关系

设一个封闭的边界曲线段由 N 点组成，则边界曲线段的傅里叶描述子可以通过如下的方法求取：

① 将 $x-y$ 平面和复平面 $u-v$ 坐标系重合，则构成边界点的坐标在空域和频域一一对应，从任一点绕边界一周，得到边界的复数序列：

$$s(k) = u(k) + jv(k) \tag{3-32}$$

式中，$k=0, 1, \cdots, N-1$。

② 对序列 $s(k)$ 作离散傅里叶变换，则可得到边界的傅里叶描述：

$$s(\omega)=\frac{1}{N}\sum_{k=0}^{N-1}s(k)\exp\left(-\mathrm{j}\frac{2\pi\omega k}{N}\right) \tag{3-33}$$

式中，$\omega=0, 1, \cdots, N-1$。

③ 对边界的傅里叶描述进行逆变换可得：

$$s(k)=\frac{1}{N}\sum_{k=0}^{N-1}s(\omega)\exp\left(-\mathrm{j}\frac{2\pi\omega k}{N}\right) \tag{3-34}$$

式中，$k=0, 1, \cdots, N-1$。

④ 傅里叶变换的低频成分是对封闭边界形状的描述，因此取前 M 个傅里叶系数即可以得到 $s(k)$ 的一个近似表示：

$$\bar{s}(k)=\frac{1}{N}\sum_{k=0}^{M-1}s(\omega)\exp\left(-\mathrm{j}\frac{2\pi\omega k}{N}\right) \tag{3-35}$$

式中，$k=0, 1, \cdots, N-1$。

傅里叶变换系数的模具有平移和旋转不变的特性，故可用傅里叶变换的系数向量作为物体形状的定量描述。在实际运用中，为了得到与尺度无关的形状特征，通常将傅里叶变换的系数向量的幅值归一化，如除以其平均幅值或最大幅值。

3.1.4 图像识别与分类

图像的识别分类是数据挖掘的重要方法和途径。机器视觉技术领域的识别与分类是指在已有特征数据的基础上，通过构造分类函数或模型实现数据归属的预测，其中分类函数或模型即为分类器。例如，为了获得草莓的颜色特征以及对应的成熟度标签，可以利用训练集样本训练草莓成熟度的图像分类模型；又如，通过图像处理和边缘检测获得了鸭梨个体的边界轮廓形状特征，即上文提到的圆形度、不变矩或傅里叶描述子等特征参数，就可以训练图像分类模型判断鸭梨是否畸形；再如，通过提取点阵结构光图像特征，根据点阵光斑分布情况利用分类模型识别并定位苹果的果梗与花萼位置。图像识别和分类属于高层次的图像处理范畴，输入是图像特征，输出则是分类标签或识别结果。图 3-12 所示为农产品质量图像识别分类算法的一般流程，主要包括图像预处理、分割与特征提取、图像分类算法训练与模型构建等。

分类器是数据挖掘、机器学习、人工智能中依据特征对样本数据进行分类的方法的总称。目前，分类器在农产品质量品质检测分选方面的应用比较广泛。例如，Zou 等(2008)基于苹果形状的傅里叶描述子特征，训练遗传算法(GA)进行苹果形状分级；张保华等(2014)基于马铃薯的偏心度、矩形度、圆形度和马铃薯边界图像的 10 个傅里叶描述子，训练支持向量机(SVM)分类模型实现了畸形马铃薯的识别和分选；Costa 等(2020)通过特征提取和参数微调训练的深度残差神经网络分类模型，实现了番茄外部缺陷的准确识别，且能够削弱果梗/花萼对缺陷识别的干扰。分类算法在本书后续章节中会提及，感兴趣的读者也可以在 Github 网站(https://github.com/)下载图像识别分类的开源算法。基于深度学习的图像分类模型是农产品质量品质检测评估以及自动化分级的重要智能工具，随着机器学习、大数据分析和人工智能技术的飞速发展，基于智能分类模型的图像识别分类算法将会更多地被应用于农产品和食品质量品质和安全评估领域。

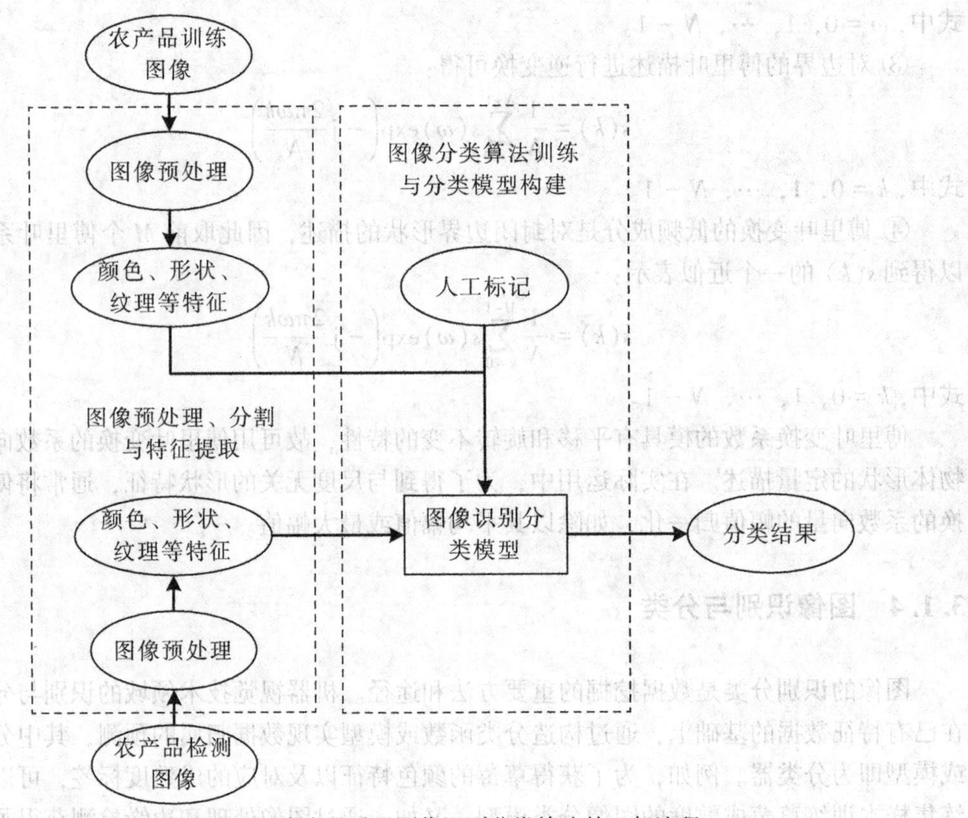

图 3-12　农产品质量图像识别分类算法的一般流程

3.2　光谱处理和分析方法

可见-近红外光谱检测、拉曼光谱分析以及高光谱信息分析都离不开化学计量学对光谱数据的处理。化学计量学在光谱分析处理中主要应用于光谱数据预处理、特征波长或波段选取、定量预测模型或定性判别模型构建等几个方面(褚小立等，2004)。

3.2.1　光谱预处理

采集到的原始光谱往往含有仪器的随机噪音，另外，基线漂移、光的杂散射等信息的引入，也会影响光谱信息与待测指标间的对应关系，进而影响模型的稳定性。因此，光谱数据的预处理是建模分析前的关键一步(Cen 和 He，2007)。下面简单介绍几种在光谱分析中经常用到的预处理算法。

3.2.1.1 平滑

移动平均平滑和 Savitzky-Golay 卷积平滑(S-G 平滑)是较为常用的平滑处理方法。移动平均平滑法首先选择具有一定宽度含奇数个波长点的窗口($2w+1$),根据式(3-36),对窗口中心波长 k 及前后 w 个点共 $2w+1$ 值求平均,代替 k 波长点下的原有值。通过移动窗口完成所有点的平滑处理。其中平滑窗口宽度是一个重要参数。

$$X_{k,\ \text{smooth}} = \frac{1}{2w+1}\sum_{i=-w}^{+w} X_{k+i} \tag{3-36}$$

S-G 平滑(Savitzky and Golay,1964)与窗口移动平均平滑法的基本原理很相似,对窗口宽度内的数据点采用最小二乘拟合系数建立滤波函数。在使用平滑处理时,若窗口宽度太小,平滑去噪效果不佳;若窗口宽度太大,进行简单求均值运算,则会平滑掉一些有用信息,导致光谱信号的失真。因此,在使用时需合理选择窗口宽度这一参数,以获得去噪效果好且不失真的光谱曲线(孙通,2011)。

3.2.1.2 均值中心化

令校正集光谱为矩阵 $X(n\times m)$。按照式(3-37)对 n 个样品按列求平均得到平均光谱 $\overline{X}(1\times m)$。

$$\bar{x}_k = \frac{\sum_{i=1}^{n} x_{i,\ k}}{n},\quad k=1,\ 2,\ \cdots,\ m \tag{3-37}$$

然后,对矩阵 X 中的每一行 x_i,$i=1,\ 2,\ \cdots,\ n$,减去平均光谱,即可得到均值中心化处理后的光谱 $x_{i,\ MC}$(张婷婷等,2019)。

$$x_{i,\ MC} = x_i - \overline{X} \tag{3-38}$$

3.2.1.3 标准化

由于不同评价指标往往具有不同的量纲单位,这样的情况会影响到数据分析的结果,为了消除指标之间的量纲影响,需要进行数据标准化处理(autoscaling),以解决数据指标之间的可比性。标准化又称为均值方差化,是将均值中心化的光谱再除以校正集光谱矩阵的标准偏差光谱(赵政,2013)。每一列的标准偏差光谱按照式(3-39)进行计算。原始数据经过标准化处理后,其列均值为零,方差为 1。

$$S_k = \sqrt{\frac{\sum_{i=1}^{n}(x_{i,\ k} - \bar{x}_k)^2}{n-1}} \tag{3-39}$$

式中,$k=1,\ 2,\ \cdots,\ m$。

3.2.1.4 基线校正

对单条光谱 $X(1\times m)$ 第 i 个波长点基线校正后的光谱为:

$$x_{i,\ \text{baseline}} = x_i - \min\left(\sum_{j=1}^{m} x_j\right) \tag{3-40}$$

即将该条光谱中的最小值作为基线以消除仪器噪声、采集背景的影响(介邓飞，2014)。基线校正的结果就是样本光谱曲线的最低点为零，且光谱曲线都处于光谱值为零的基线之上。

3.2.1.5　归一化处理

归一化处理(normalization)是一种无量纲处理手段，使数值的绝对值变成某种相对值关系，是简化计算、缩小量值的有效办法。常用的归一化处理有最大值归一化(式(3-41))和最大最小值归一化(式(3-42))等。

$$x_{i,\ \text{max-normalized}} = \frac{x_i}{\max(x_i)} \tag{3-41}$$

$$x_{i,\ \text{max-min-normalized}} = \frac{x_i - \min(x_i)}{\max(x_i) - \min(x_i)} \tag{3-42}$$

3.2.1.6　微分求导算法

常用的微分求导既可以消除基线漂移、强化谱带特征、克服谱带重叠，也可以提供比原光谱更高的分辨率和更清晰的光谱轮廓交换，是常用的光谱预处理方法。一阶微分可以去除同波长无关的漂移，二阶微分可以去除同波长线性相关的漂移。微分处理不仅成为解析光谱构造的强有力的工具，而且在相当程度上改善了多重共线性，使标定方程的性能有了显著改善。卷积求导法由于通过最小二乘拟合导数系数，因此可以有效避免光谱求导结果失真的问题。但求导算法的缺点是容易受到噪声的干扰，当光谱信号的信噪比较低的时候，容易进一步放大噪声信号。在微分处理时，根据微分的级数，需合理选择微分窗口数据点的大小(高荣强等，2004)。

3.2.1.7　标准正态变量变换

标准正态变量变换(standard normal variate，SNV)是一种旨在消除固体颗粒大小、光程变化对光谱影响的算法(Barnes 等，1989)。对单条光谱 $\boldsymbol{X}(1\times m)$ 按式(3-43)得到 SNV 处理后的光谱：SNV 与标准化算法的计算公式相同，不同之处在于标准化算法对一组光谱进行处理(基于光谱阵的列)，而 SNV 算法是对一条光谱进行处理(基于光谱阵的行)(褚小立等，2004)。

$$x_{\text{SNV}} = \frac{x - \bar{x}}{\sqrt{\dfrac{\sum_{k=1}^{m}(x_k - \bar{x})^2}{m-1}}} \tag{3-43}$$

3.2.1.8　多元散射校正

多元散射校正(multiplicative scatter correction，MSC)的目的与 SNV 基本相同，主要是

消除颗粒分布不均匀及颗粒大小产生的散射影响。多元散射校正最早由 Isaksson 和 Næs 提出。多元散射校正是采用数学算法将光谱数据中的散射光信号与化学吸收信息进行分离，该算法是假设散射系数在光谱所有波长处都相同(Isaksson and Næs, 1988)。算法的属性与标准化相同，是基于一组样品的光谱阵进行运算。多元散射校正与 SNV 作用类似。具体步骤如下：

① 计算校正集平均光谱 $\bar{x}$；

② 将样品光谱 x_i 与 $\bar{x}$ 线性回归，即 $x_i = a_i\bar{x} + b_i$，用最小二乘法求取 a_i 和 b_i；

③ 第 i 条光谱经 MSC 校正后为 $x_{i,\ \mathrm{MSC}} = \dfrac{x_i - b_i}{a_i}$。

有文献证明 MSC 与 SNV 是线性相关的，因此两种方法的处理结果也相似。

3.2.1.9 净分析物预处理

净分析物预处理法(NAP)由 Goicoechea 等人于 2001 年首先提出，是一种基于净分析物信号(net analyte signal，NAS)理论的光谱预处理方法，主要用于混合物体系中某一纯组分的光谱计量分析，其基本思想是利用数学上空间正交的原理，将原始光谱矩阵中待测组分的净分析物信号提取出来，除去光谱中与待测组分无关的信息。

对光谱的净分析物预处理实质上是一个提取光谱中某一组分的净分析物信号的过程。所谓净分析物信号，是利用数学空间正交的方法，将原始光谱中去除待测组分之外的其它干扰信息所张成的空间正交部分滤除，是光谱中唯一对应于待测组分的有用信号。净分析物信号最早被用于计算多变量校正的分析性能系数(灵敏度、选择性以及检测极限等)，后又被拓展用于检测奇异点以及选择波长等。图 3-13 抽象地定性表示了样本的光谱、待测组分 k 的净分析物信号以及其它干扰信号之间的关系。

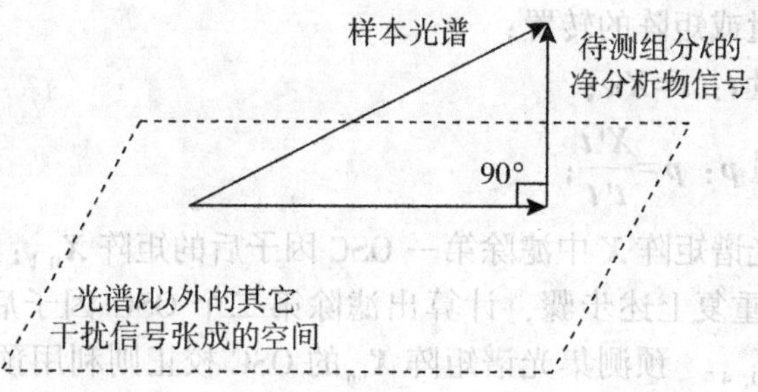

图 3-13 净分析物信号向量的几何示意图

光谱的净分析物预处理算法如下：设校正集的原始光谱矩阵为 $\boldsymbol{X}(I \times J)$，待检指标的实测值向量为 $\boldsymbol{y}(I \times 1)$。在运用净分析物预处理法时需将近红外原始光谱矩阵分为两部分，其中一部分是与待检指标含量相关的信息，而另一部分是与待检指标不相关的所有干扰信息的综合，即

$$\boldsymbol{X} = \boldsymbol{X}_{sc} + \boldsymbol{X}_{-sc} \tag{3-44}$$

式中，X_{SC} 表示光谱中与待检指标含量相关的信息，X_{-SC} 则表示光谱中待检指标之外的其它所有干扰信息的综合。

寻求一个与 X_{-SC} 正交的 $J\times J$ 阶矩阵 F_{NAP}（即 $X_{-SC}F_{NAP}=0$），使式(3-44)两边同乘以 F_{NAP} 后有 $XF_{NAP}=X_{SC}F_{NAP}$ 成立，这一步是该算法的关键步骤。矩阵 F_{NAP} 的求解过程为：

① 将原始光谱矩阵 X 向待检指标的实测值向量 y 作正交投影得到 $X_{-SC}=[I-y(y^{T}y)^{-1}y^{T}]X$，式中，$I$ 为 $I\times I$ 阶单位矩阵；

② 求出平方矩阵 $[(X_{-SC})^{T}X_{-SC}]$ 的特征向量矩阵 U（U 为 $J\times A$ 阶矩阵，U 中的每一列为一个净分析物预处理因子）；

③ 构造矩阵 $F_{NAP}=I-UU^{T}$（式中，I 为 $J\times J$ 阶单位矩阵）。

然后即可求出经 A 个净分析物预处理因子处理后的光谱 $X_{SC}^{*}=XF_{NAP}=X(I-UU^{T})$，式中 X_{SC}^{*} 为经净分析物预处理法处理后得到的光谱矩阵，即待检指标的净分析物信号矩阵。预测集光谱 X_{UN} 的净分析物预处理按公式 $X_{UN,\ SC}^{*}=X_{UN}[I-UU^{T}]$ 进行求解，$X_{UN,\ SC}^{*}$ 为预测集光谱中待检指标含量的净分析物信号矩阵。

3.2.1.10　正交信号校正

正交信号校正法(orthogonal signal correction，OSC)主要用于光谱矩阵的预处理，由著名的瑞典计量化学家 Svante Wold 于 1998 年提出，该法主要用于滤除矩阵中的系统噪声(如基线漂移、光的散射等)。其基本思想是利用数学上正交的方法将原始光谱矩阵 X 中与待测品质 Y 不相关的部分信息滤除。换句话说就是光谱矩阵 X 中被滤除的信息与待测品质 Y 在数学上是正交的。因此，正交信号校正法能确保被滤除掉的信息与待测品质无关。在 Wold 提出这种算法后，随后 Feudale 等先后对这种预处理方法做了改进与发展。受到 Wold 的启发，Fearn 给出了一种改进的 OSC 算法，其算法原理如下：

① 计算第一权重向量 w：该问题可描述为 $\max(w'X'Xw)$，且$w'w=1$，$w'X'Y=0$，其中上标符号“'”表示向量或矩阵的转置；

② 计算得分向量 t：$t=Xw$；

③ 计算载荷向量 p：$p=\dfrac{X't}{t't}$；

④ 计算从原始光谱矩阵 X 中滤除第一 OSC 因子后的矩阵 $X_{0,1}$：$X_{0,1}=X-tp'$；

以 $X_{0,1}$代替 X，重复上述步骤，计算出滤除第二个 OSC 因子后的矩阵 $X_{0,2}$，如此循环，可求出 $X_{0,\ 3}$、$X_{0,\ 4}$。预测集光谱矩阵 X_{un}的 OSC 校正则利用预测集 OSC 因子的权重及载荷向量进行：

⑤ $t_{um}=X_{un}w_{i}$，w_{i} 为预测集第 i 个 OSC 因子的权重向量；

⑥ $X_{un,0}=X_{un}-t_{un}p_{i}$，$p_{i}$ 为预测集第 i 个 OSC 因子的载荷向量，$X_{un,0}$为经正交信号校正法预处理后的预测集光谱。

Fearn 的 OSC 算法是根据 Wold 的建议提出，可以看作对 Wold 的 OSC 算法的改进。这两种 OSC 算法最主要的区别在于，Wold 是先利用主成分分析计算出原始光谱矩阵 X 的得分向量 t，然后再将 t 向检测指标向量 y 进行正交，这是一种间接的计算方法。而 Fearn 则先定义一个与检测指标向量 y 正交的矩阵 Z，然后利用它计算出 OSC 因子的权重向量 t 和

载荷向量 $\boldsymbol{p}$。

3.2.2 特征波长筛选

通过光谱仪采集的全波段光谱数据，经光谱预处理提升了光谱质量，但通常原始光谱中含有过多的波长变量。大量波长用于建模分析，不仅延长了模型运行时间，增加设备的运算成本，而且更重要的是，大量波长点存在诸多共线性以及与被检测对象无关的波长变量，进而影响模型的预测精度。通过合适的特征波长筛选算法，剔除那些存在共线性或者冗余的信息变量尤为重要(Mehmood 等，2012)，同时，也可为后续便携式设备的开发以及在线检测装置的研制提供帮助。特征波长筛选算法不仅用于可见-近红外光谱分析，在拉曼光谱以及高光谱检测分析中也得到了普遍应用。通过筛选与待测对象品质相关的特征波长，对提高模型检测精度、减小光谱信息采集量、构建快速多光谱成像系统等发挥着重要作用(Liu 等，2014)。当前，特征波长选择方法众多(Yun 等，2019)，下面仅介绍几种在光谱分析中常用的特征波长挑选算法。

3.2.2.1 遗传算法

遗传偏最小二乘方法(genetic algorithm-partial least squares，GA-PLS)是利用了遗传算法全局快速搜索的优点(Leardi，2000；Arakawa 等，2011)，将遗传算法和 PLS 方法有机地结合起来，发挥各自的长处，建立更加稳定、预测能力更强的模型。其基本思想是，将 PLS 交互验证中模型评价参数作为遗传算法的适应度函数，用遗传算法进行近红外光谱快速分析中的波长筛选，再用 PLS 方法对筛选后的波长变量建立分析校正模型。应用表明，这不仅优化了模型，而且增强了模型的预测能力。近十多年来，遗传算法被越来越多地应用到计量化学领域，特别是在波长筛选方面取得了较好的效果。其具体步骤如下：

① 确定控制参数：群体大小、交叉概率 p_c 和变异概率 p_m。

② 编码：对所有波长或波长区域进行编码，即把每一个波长或波长区域作为一个基因，然后对每一个基因(波长或波长区域)进行 0/1 二进制编码。若基因(波长)编码为 1，表示此波长被选中；若编码为 0，则表示未被选中。把所有基因的二进制编码排列在一起就构成了一条染色体，N 为染色体长度，即波长或波长区域的总数。

③ 适应度函数的确定：遗传算法根据适应度函数来评价个体的优劣，并作为以后进行遗传操作的依据(见第⑤步)，因此适应度函数的确定至关重要。在波长筛选中，常对模型的预测能力采用交互验证法来评价，即采用交互验证中的均方根误差(RMSECV)、PRESS 值或待测组分品质的预测值与实际值之间的相关系数(R^2)作为适应度函数。例如，采用交互验证的均方根误差 RMSECV 作为评价指标时，若 RMSECV 值越小，则校正模型的预测能力越好，即目标函数为：

$$\min f(X) = \text{RMSECV} \tag{3-45}$$

这是一个求最小值的问题，它与遗传操作的依据相矛盾，因此需要对其进行变换，即适应度函数为：

$$F(X_k) = \frac{1}{1 + f(X_k)} \tag{3-46}$$

式中，X_k 为种群中第 k 个染色体；$f(X_k)$ 为第 k 个染色体产生的 RMSECV 值；$F(X_k)$ 为第 k 个染色体的适应度值。

④ 产生初始群体：随机或根据一定的限制条件产生一个给定大小的初始群体。初始群体为遗传算法的开始点，群体的大小即个体(染色体)的数目可根据波长或波长区域(基因)的多少选定。群体越大，其代表性也越广泛，最终进化到最优解的可能性也越大，但计算效率也越低。

⑤ 选择：选择算子又称为复制算子，通过选择可把适应度高的个体直接遗传到下一代。选择操作是建立在对每一个个体的适应度评估基础之上的，即某一代中的每一个体按照适应度的大小决定其被选择到下一代的概率。选择的目的是为了体现“优胜劣汰”的自然法则，提高全局收敛性和计算效率。最常用的选择方法为“轮盘赌”法，即每个个体被选择的概率与其适应度值成比例。

⑥ 交叉：选择虽然可以使个体向着最优解方向移动，但却只是在现有的群体内寻优，不能产生与父代不同的个体。而交叉运算则可使两个相互配对的个体(染色体)按一定的杂交概率交换其部分基因，产生新的基因组合，从而形成两个新的个体。基因座(locus)指将染色体编码串中的位置，标识特定位置上的基因值用于基因替换或交换。交叉算子有随机单点交叉、两点与多点交叉、均匀交叉和算术交叉等。在波长筛选中常采用随机单点交叉算子，其步骤如下：

a. 按交叉概率 p_c 确定种群中参加交叉操作的个体，并对它们进行两两随机配对，若参加交叉操作的染色体个数为 M，则共有[$M/2$]对相互配对的个体组。此处[$M/2$]表示对 $M/2$ 取整数；

b. 对每一对相互配对的个体，随机选取某一基因座之后的位置为交叉点，若染色体的长度为 N，则共有 $N-1$ 个可能的交叉点位置；

c. 对每一对相互配对个体，在其交叉点处相互交换两个个体的部分染色体。

⑦ 变异：即让每个个体的每一位基因按一定的概率发生新的变化，这样就可维持群体的多样性，防止出现过早收敛现象，从而有利于保证算法的全局最优性。最简单的变异算子为基本位变异算子，对个体的每一个基因座，依变异概率确定其是否为变异点；对每一个指定的变异点，对其基因值做“取反”运算(即将 0 变为 1，1 变为 0)，从而产生一个新的个体。

⑧ 收敛判据：在波长筛选中，常用遗传迭代次数作为收敛终止条件，其取值范围一般为 100~1000。

3.2.2.2　连续投影算法

连续投影算法(successive projection algorithm，SPA)从一个波长开始，每次循环过程都计算它在未选波长上的投影，并将最大投影值对应波长作为待选波长，直到满足设定波长数为止。通过减小变量间的共线性，获取最小冗余信息量的波长，大大减少了建模所用变量数，提高了建模的预测精度和速度(Araújo 等，2001)。算法步骤如下，假设初始波

长 $k(0)$ 和需要提取的变量数 N 已给定。

① 第一次迭代前，即 $p=1$，从校正集光谱 $\boldsymbol{X}_{cal}(n\times m)$ 中任选一列赋值给 x_j，并标记为 $x_{k(0)}$。

② 把未被选中的波长集合记为：$S=\{j,\ 1\leqslant j\leqslant m,\ j\notin\{k(0),\ \cdots,\ k(p-1)\}\}$；

③ 分别计算所选列向量 $\boldsymbol{x}_j$ 对剩余子空间 $x_{k(p-1)}$ 的投影：

$$\boldsymbol{P}\boldsymbol{x}_j=\boldsymbol{x}_j-(\boldsymbol{x}_j^{\mathrm{T}}\boldsymbol{x}_{k(p-1)})\boldsymbol{x}_{k(p-1)}(\boldsymbol{x}_{k(p-1)}^{\mathrm{T}}\boldsymbol{x}_{k(p-1)})^{-1},\ j\in S \tag{3-47}$$

④ 将具有最大列向量投影的位置记为 $k(p)=\arg(\max(Px_j,\ j\in S))$。

⑤ 令 $\boldsymbol{x}_j=\boldsymbol{P}\boldsymbol{x}_j,\ j\in S$。

⑥ 令 $p=p+1$，若 $p<N$，则返回步骤②。

最后得到的波长是 $\{k(n),\ n=0,\ \cdots,\ N-1\}$。由于 SPA 筛选的变量数较少且减少了变量之前的非线性，该算法在特征波长筛选方面得到了广泛应用(Cheng 和 Sun，2015)。但有时直接使用该算法挑选的波长建模效果往往不是很好，因此，SPA 算法经常和其它特征波长算法联合使用。该算法的 MATLAB 工具包可参看 http://www.ele.ita.br/~kawakami/spa/。

3.2.2.3 无信息变量消除

无信息变量消除法(uninformative variable elimination，UVE)是根据 PLS 模型的回归系数 b 提出的波长选择算法(Centner 等，1996)。主要实现步骤如下：

① 将校正集光谱阵 $\boldsymbol{X}(n\times m)$ 和其对应的浓度值 $\boldsymbol{Y}(n\times 1)$ 进行 PLS 分析，并通过交叉验证选取最佳主因子数 f；

② 产生随机噪声矩阵 $\boldsymbol{N}(n\times m)$，将 $\boldsymbol{X}$ 与 $\boldsymbol{N}$ 按前后顺序形成矩阵 $\boldsymbol{XN}(n\times 2m)$；

③ 对矩阵 $\boldsymbol{XN}$ 和 $\boldsymbol{Y}$ 进行 PLS 分析，通过留一交互验证，得到 n 个回归系数组成的矩阵 $\boldsymbol{B}(n\times 2m)$；

④ 根据式(3-48)，计算第 j 个变量的稳定性 S_j。即对应的系数向量 $\boldsymbol{b}_j$(矩阵 $\boldsymbol{B}$ 的第 j 列)的平均值和标准偏差的商。最终得到所有变量对应的稳定性矩阵 $\boldsymbol{S}(1\times 2m)$；

$$\boldsymbol{S}_j=\left|\frac{\mathrm{mean}(\boldsymbol{b}_j)}{\mathrm{std}(\boldsymbol{b}_j)}\right| \tag{3-48}$$

⑤ 在$[m+1,\ 2m]$区间取 S 的最大绝对值 $S_{\max}$；

⑥ 在$[1,\ m]$区间选取 $S_j<S_{\max}$ 的变量，并在光谱矩阵 $\boldsymbol{X}$ 中去除，剩余变量为由 UVE 方法选取的特征波长变量。

在 UVE 的基础上，提出了蒙特卡洛-无信息变量消除法(Monte Carlo UVE，MC-UVE。Cai 等，2008)。其改进主要是通过蒙特卡洛交互验证，即对校正集样本进行 PLS 分析时，从校正集样本中按一定比例(例如 80%)选取样本进行建模，用剩余样本进行验证。重复该过程 M 次，然后计算对应的交互验证均方根误差以及后续的变量稳定性。然而，通常 MC-UVE、UVE 算法选取的波长数量对于建模分析仍然过多，因此，在变量选择中，该算法更多是与其它变量选择算法联合使用，如 SPA、CARS 等算法。

3.2.2.4 竞争性自适应重加权采样

竞争性自适应重加权采样(competitive adaptive reweighted sampling，CARS)(Li 等，

2009)是模拟达尔文进化论中的“适者生存”的法则进行特征波长筛选的方法。该算法的主要实现步骤如下：

① 采用蒙特卡罗采样(monte carlo sampling，MCS)从校正样品集中随机抽取一定量的样品(例如80%)建立 PLS 模型。设光谱矩阵为 $\boldsymbol{X}(n\times p)$，浓度矩阵为 $\boldsymbol{Y}(m\times 1)$，则 PLS 回归模型可表示为：

$$\boldsymbol{Y} = \boldsymbol{X}\boldsymbol{b} + \boldsymbol{E} \tag{3-49}$$

式中，$\boldsymbol{b}$ 表示 PLS 的回归系数向量$[b_1, b_2, \cdots, b_m]$。归一化的权重系数：

$$\boldsymbol{w}_i = \frac{|\boldsymbol{b}_i|}{\sum_{i=1}^{m} |\boldsymbol{b}_i|} \tag{3-50}$$

$\boldsymbol{w}_i$ 越大，说明回归系数所对应的波长点在 PLS 分析中占的比重越大，也就越重要。

② 根据指数衰减函数计算变量保留率。令 MCS 的采样次数为 N。该方法可以实现先快后慢即粗选和精选相结合的变量筛选。在第 i 次 MCS 采样运算后，波长变量的选择比率为：

$$r_i = a\mathrm{e}^{-ki} \tag{3-51}$$

式中，a 和 k 为常数：

$$\boldsymbol{a} = \left(\frac{p}{2}\right)^{\frac{1}{N-1}} \tag{3-52}$$

$$\boldsymbol{k} = \frac{\ln \frac{p}{2}}{N-1} \tag{3-53}$$

③ 基于自适应重加权采样方法进行变量筛选。评价每个变量点的权重 $\boldsymbol{w}_i$。最终强行去除 $\boldsymbol{w}_i$ 值相对较小的波长点，根据指数衰减函数获得的保留波长数为 $p\times r_i$。

④ 重复上述过程 N 次。

⑤ 通过计算并比较每次采样产生的特征变量集合所对应的 RMSECV 值，并根据其最小值选取最佳特征波长子集。

Zheng 等(2012)对上述 CARS 算法进行了改进，提出了稳定竞争自适应重加权采样(SCARS)算法。主要是对变量重要性的评价标准做了改变。具体是对每次选取的数据集，进行蒙特卡洛交互验证，然后参考式(3-48)对变量的重要性进行评价，进而筛选变量。

3.2.2.5　随机蛙跳

随机蛙跳(random frog)算法是一种基于可逆跳跃马尔科夫链蒙特卡洛方法的变量选择方法(Li 等，2012)。它是一种基于迭代的变量选择方法。算法实现步骤如下：

① 初始化随机选择一个变量子集 V_0，其中包括 Q 个变量。

② 基于子集 V_0 产生一个新的变量子集 V^*，包含有 Q^* 个变量，通过比较 PLS 模型的效果，以一定的概率将 V_0 替换为 V^*。这个过程循环 N 次。

③ 在 N 次循环中，得到了 N 个不同的变量子集，计算每个变量在 N 次循环中每一个变量出现的频率，计算其选择可能性。

④ 基于选择可能性最高的变量，建立 PLS 模型，选择 RMSECV 最小的 PLS 模型对应的变量为最优的变量。

在随机蛙跳算法中，迭代次数 N 对结果有较大的影响，效果初始子集变量个数 Q 仅对初始选择有效果，但是对最终结果影响不大，其它参数的选择也对最终结果无显著性影响。

关于上述竞争性自适应重加权算法和随机蛙跳算法，读者可参阅 libpls 工具包(http://www.libpls.net/)。

前面所述方法均为特征波长的挑选方法，也有一些算法是对波段区间进行筛选，下面做简单介绍。

3.2.2.6 区间偏最小二乘法

常规区间偏最小二乘波长筛选法(iPLS)是由 Lars Nørgaard 提出的一种波长筛选法，后面介绍的向后区间偏最小二乘法也是由该课题组提出。该法主要用于筛选偏最小二乘建模的波长区间，算法步骤如下：

① 对原始光谱进行预处理。

② 在全光谱范围内建立待测品质的偏最小二乘模型(这里称为全局偏最小二乘模型)。

③ 将整个光谱区域划分为多个等宽的子区间，假设为 n 个。

④ 在每个子区间上进行偏最小二乘回归，建立待测品质的“局部回归模型”，也就是可以得到 n 个局部回归模型。

⑤ 以交互验证时的均方根误差 RMSECV 值为各模型的精度衡量标准，分别比较全光谱模型和各局部模型的精度，取精度最高的局部模型所在的子区间为入选区间。

⑥ 对入选的区间进行优化，即以上一步骤中选定的区间为中心，单向或双向扩充波长区域，最终得到一个最佳的波长区间。

3.2.2.7 联合区间偏最小二乘法

联合区间偏最小二乘法(synergy interval PLS，siPLS)是建立在常规区间偏最小二乘法基础上的一种方法，它将同一次区间划分中精度较高的几个局部模型所在的子区间联合起来，共同预测待测对象的品质指标(称其为联合子区间法)。实际应用表明，将精度较高的几个局部模型所在的子区间联合起来建立的预测模型是可行的，但目前尚不能从理论上确定参加联合建模的子区间数目。

3.2.2.8 向后区间偏最小二乘法

向后区间偏最小二乘筛选法(backward interval PLS，biPLST)是基于 Lars Nørgaard 的 iPLS 理论思想的改进算法，是一种“只出不进”的波长选择方法，其算法步骤如下：

① 对原始光谱进行预处理。

② 在全光谱范围内建立待测品质的偏最小二乘模型(这里称为全局偏最小二乘模型)。

③ 将整个光谱区域划分为多个等宽的子区间，假设为 n 个。

④ 每次去掉 1 个子区间，在余下 $n-1$ 个联合区间进行偏最小二乘回归，得到 n 个联合区间的回归模型。

⑤ 以交互验证时的均方根误差 RMSECV 值为各模型的精度衡量标准，分别比较各联合模型的精度，取精度最高的联合模型时所去掉的子区间为第一去掉子区间。

⑥ 将余下的 $n-1$ 个子区间逐一去除子区间，产生 $n-1$ 组联合区间，并在每一联合区间上进行偏最小二乘回归，得到 $n-1$ 个联合模型，选择其中 RMSECV 值最低的模型所对应去除的子区间为第二去除的区间。这样运行下去，直至剩下 1 个子区间模型；

⑦ 考察上一步骤中每次联合模型的 RMSECV 值，找出在所有模型中性能最佳者(RMSECV 最小)，其所对应的区间组合即为最佳组合。

可以看出，向后区间偏最小二乘筛选法(biPLS)采用的仍然是几个子区间联合建模的方法，但其区间的搜寻方法继承了向后选择变量法“只出不进”的特点，因此可以很方便地确定联合模型的建模区间数。同时，向后区间偏最小二乘筛选法能在不同的区间划分中搜索到最佳的联合区间。从现有的农产品质量品质无损评估的应用实例来看，通过各种区间偏最小二乘法选取合适的光谱区间进行建模，可以减小建模运算时间，剔除噪声过大的变量区域，使最终建立的农产品品质指标预测模型的预测能力和精度更高。

3.2.3　模型分析方法

很多的化学计量学方法可同时用于回归分析与判别分析，其实现思想与过程基本一致。因此本书对其进行统一介绍，不做特别区分。

3.2.3.1　多元线性回归

多元线性回归(multiple linear regression，MLR)是光谱定量分析中常用的校正方法(孙旭东等，2011)，只要知道样品中某些组分的浓度，就可以建立其定量分析模型，计算简单，公式含义清晰。因此，MLR 适用于线性关系特别好的简单体系。但 MLR 也存在一定局限，即参与建模的样本数要多于波长变量数。在实际应用中，光谱仪获取的光谱变量往往数量众多，因此，在构建 MLR 模型之前，通常需要先借助特征波长筛选方法降低变量数使参与建模的波长数小于建模样本数(傅霞萍，2008)。

3.2.3.2　主成分分析

主成分分析(principal components analysis，PCA)方法的中心目的是将数据降维，将原变量进行转换，使少数几个新变量是原变量的线性组合，同时这些变量要尽可能多地表征原变量的数据特征，而不丢失信息(何勇等，2006)。对于原始光谱矩阵，经 PCA 处理后得到得分矩阵。经转换得到的各得分向量之间相互正交，即互不相关，以消除众多信息共存中相互重叠的部分。得分矩阵可以作为特征变量用于定量分析，如果作为 MLR 的输入变量，即为主成分回归(PCR)。在主成分回归中，确定参与回归的最佳主成分数尤为重要，即确定利用前多少个得分向量进行回归分析。如果选取的主成分太少，将会丢失原始光谱较多的有用信息，拟合不充分。如果选取的主成分太多，则较多噪声信息也可能包含在建模数据中，出现过拟合现象，所建立的模型预测误差会显著增大。因此，合理确定参加建模的主成分数是充分利用光谱信息和滤除噪音的有效方法之一。有多种选取主因子数的方法，绝大多数采用交叉验证，依据预测残差平方和或交互验证均方根误差最小为判断依据确定最佳的主成分数(褚小立，2011)。

主成分分析也常用于聚类判别分析，如图 3-14 所示。在这类分析中，通常选取前 2 个或前 3 个主成分，因为在多数光谱分析中，前几个主成分的累计贡献率可达 90%以上(张初等，2013；李江波等，2013)。另外，提取的主成分也可以作为 ANN、SVM 或其它算法的输入，进而构建 PCA-ANN、PCA-SVM 等复合分类模型(杨燕等，2010)。

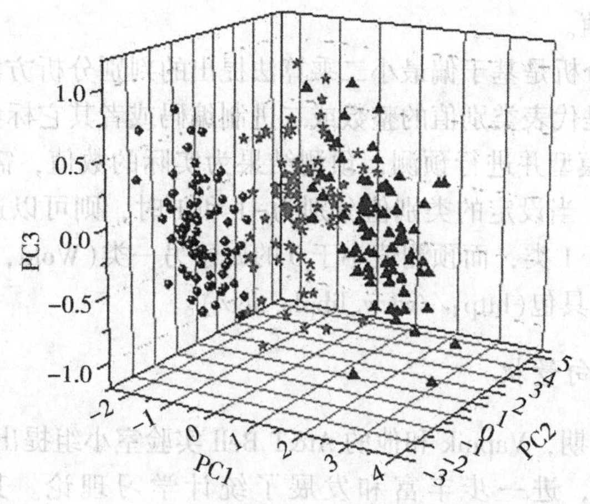

图 3-14　前 3 个主成分得分聚类图(李江波等，2013)

3.2.3.3　偏最小二乘法

偏最小二乘法(partial least squares，PLS)最早由 Wold 和 Krishnaiah 提出，现已成为光谱建模分析中最为常用的经典多元线性分析方法(Haaland 等，1988)。它同时对光谱矩阵 $\boldsymbol{X}$ 和浓度矩阵 $\boldsymbol{Y}$ 进行分解。获得对应的得分矩阵 $\boldsymbol{T}$ 和 $\boldsymbol{U}$，即：

$$\boldsymbol{X} = \boldsymbol{TP} + \boldsymbol{E} \tag{3-54}$$

$$\boldsymbol{Y} = \boldsymbol{UQ} + \boldsymbol{F} \tag{3-55}$$

将两者的得分矩阵进行多元线性回归：

$$\boldsymbol{U} = \boldsymbol{TB} \tag{3-56}$$

$$\boldsymbol{B} = (\boldsymbol{T}^{\mathrm{T}}\boldsymbol{T})^{-1}\boldsymbol{T}^{\mathrm{T}}\boldsymbol{Y} \tag{3-57}$$

式中，$\boldsymbol{B}$ 为 PLS 的回归系数矩阵。在进行线性回归时，需要考虑 $\boldsymbol{T}$ 矩阵前多少列数据参与建模分析，即确定最佳建模主因子数(factors)或称为潜变量数(latent variables，LV)。通常，采用交互验证的方法来确定所需主因子数的个数。常用的交互验证方法有留一交互验证、留十交互验证、蒙特卡洛交互验证等。这里以留一交互验证为例，简单说明交互验证的过程。首先，从校正集中光谱集 $\boldsymbol{X}(m \times p)$ 中挑出第一个样品所对应的光谱，用剩余的

m-1 个样品根据上述方法建立回归模型，假设考虑最大所用主因子数为 N(一般设置为 20)，则分别用前 n 个主因子数($1 \leqslant n \leqslant N$)建立 N 个模型，并用挑出的第 1 个样品作为预测集对 N 个模型进行验证，得到对第一个样品的预测值 $\boldsymbol{Y}_{p1}(1 \times N)$。接着，将第 2 个样品挑出，用剩余 m-1 个样品建模后对该样品进行检测，得到 $Y_{p2}(1 \times N)$。重复上述过程，直到最后一个样本被挑出并进行预测，得到预测值矩阵 $\boldsymbol{Y}_{pm}(1 \times N)$。最后，将得到的预测值联合形成 $\boldsymbol{Y}_p(m \times N)$，根据式(3-58)得到对应前 n 个主因子数下的留一交互验证均方根误差。

$$\text{RMSECV} = \sqrt{\frac{1}{m} \sum_{i=1}^{m} (y_{pi} - y_{mi})^2} \tag{3-58}$$

式中，y_{pi}为利用前 n 个主因子数建立的模型对第 i 个样本的预测值，即 $\boldsymbol{Y}_p$ 矩阵第 n 列列向量，y_{mi}为对应实测值。

偏最小二乘判别分析是基于偏最小二乘算法提出的判别分析方法。此时，Y 值并不是测量的理化指标，而是代表类别值的整数或二进制编码或者其它标签。基于光谱矩阵和类别标签建立 PLS 回归模型并进行预测，预测结果为实际的数值，需要设定阈值来判断样本的类别归属。例如，当设定的类别值分别为-1 和 1 时，则可以选择 0 作为阈值，即预测值大于 0 的样本属于 1 类，而预测值小于 0 的属于另一类(Wold，2001)。PLS 回归和分类算法可参考 libpls 工具包(http://www. libpls. net/)。

3.2.3.4　支持向量机

20 世纪 90 年代中期，Vapnik 和他的 At&T Bell 实验室小组提出了支持向量机(support vector machine，SVM)，进一步丰富和发展了统计学习理论。其基础是 VC(Vapnik-Chervonenkis)理论和结构风险最小原理。与传统统计学相比，SVM 算法采用结构风险最小化准则来代替传统的经验风险最小化原则(孙德山，2004)。它能很好地解决有限数量样本的高维模型的构造问题，而且所构造的模型具有很好的预测性能。支持向量机是针对二值分类问题提出的，并且成功地应用到回归及多分类问题。为了求得最优分类线，不但要考虑分类误差最小，还要同时考虑分类线的结构。支持向量机还通过引入核函数的方法，巧妙地解决了非线性分类问题，并且使计算的复杂度不再取决于空间维数，而是取决于样本数量，尤其是样本中的支持向量数。核函数在支持向量机中起着非常重要的作用，它是解决非线性问题以及克服维数灾难问题的关键。核函数作为一种由线性到非线性之间的桥梁，它的作用就是代替高维特征空间中的内积运算。常见的核函数有多项式、径向基函数(radial basis function，RBF)和 Sigmoid 函数三种类型。在 SVM 中，回归和分类具有相同的本质，只是在分类问题中，输出值只允许类别值或者是概率值；而在回归问题中，输出值可取任意实数(张初，2016)。算法工具包可以参考 libsvm(https://www.csie.ntu.edu.tw/~cjlin/libsvm/)。

3.2.3.5　最小二乘支持向量机

最小二乘支持向量机(least squares-support vector machine，LS-SVM)是 Suykens 等在 1999 年提出的一种改进的支持向量机方法(Suykens and Vandewalle，1999)。与普通支持

向量机一样，最小二乘支持向量机同样在进行函数拟合时将输入数据从常规空间里映射到高维空间里，但同时将不等式约束用等式约束代替，在高维空间中对最小化损失函数进行求解以获得一个线性拟合函数。

由于最小二乘向量机是一种可以同时处理线性和非线性信息的建模方法(Li 等，2013)，因此在光谱回归分析或定量分析中都得到了广泛应用。LS-SVM 用下式描述：

$$y(x) = \sum_{k=1}^{N} \alpha_k K(x, x_k) + b \tag{3-59}$$

式中，α_k 为拉格朗日乘子，$K(x, x_k)$为核函数，b 为偏差。

径向基函数 RBF 是 LS-SVM 中最常用的核函数，定义如下：

$$K(x_k, x_l) = \exp(-\| x_k - x \|^2 / (2\sigma^2)) \tag{3-60}$$

式中，$\| x_k - x \|$ 表示输入向量和阈值向量间的距离，σ 为宽度向量(width vector)。LS-SVM 算法在 MATLAB 软件中的实现可以参考工具包 https://www.esat.kuleuven.be/sista/lssvmlab/。

3.2.3.6 线性判别分析

线性判别分析(linear discriminant analysis，LDA)以样本的可分性为目标，选择 Fisher 准则函数达到极值的向量作为较优的投影方向，使得在该方向投影后，训练样本的类内离散度最小，同时类间离散度达到最大。这样就能够使得两类之间尽可能分开，各类的内部又能尽可能聚集。与主成分分析不同的是，线性判别分析为有监督的学习方法。因此，从理论上来说，较 PCA 更适合于模式识别问题。LDA 是降维和模式分类领域应用最为广泛而且极为有效的方法之一。由于 LDA 是基于 Fisher 准则来最优化其目标函数，所以 LDA 也被称为 Fisher 判别分析(张成元，2009)。

3.2.3.7 簇类独立软模式法

簇类独立软模式法(soft independent modeling of class analogies，SIMCA)是一种基于主成分分析的有监督模式识别方法(Wold，1977)。它首先是将校正集中的各类样本都单独采用 PCA 方法来建模，这样每一类的数据都能得到一个相对应的数学模型，在此模型基础上用 F 检验计算出每类模型的残差临界值。然后计算待测样本在每一类模型下的残差值，并与相对应模型的残差临界值比较来确定该样本属于其中哪一类。该方法解决了主成分分析在建模时不包含分类信息而不能直接用于模式识别的问题(吴妍娴，2017)。

3.2.3.8 K 最近邻法

K 最近邻法(K-nearest neighbors，KNN)是以同类样本在模式空间相互靠近为依据的分类方法。该方法计算在最近邻域中 k 个已知样本到未知待判样本的距离，即使所研究的体系线性不可分，此方法仍可适用。K 最近邻法从算法上讲极为直观，在这种方法中，实际上是要将训练集的全体样本数据存储在计算机内，对每个待判别的未知样本，逐一计算与各训练样本之间的距离，找出其中最近的 k 个进行判别。其基本原理的示意图如图 3-15 所示。图中有三类不同样本，分别以实心点、空心点和方框点表示，其中一个以“+”表示的样本，需要判别它属于哪一类。图中以此样本为圆心，画出了两个圆，如果以小圆为界，在此圆内，只有 2 个实心点，如按照 K 最近邻法的原理，显然应划为实心点那一类。如以大圆为界，在此圆内，共有 10 个点(包括边界点)，其中实心点类是 8 个，方框点类是 3 个，按照 K 最近邻法的原理，也应该划为实心点这一类。很显然 k 值的大小对判别的结果有一定的影响。

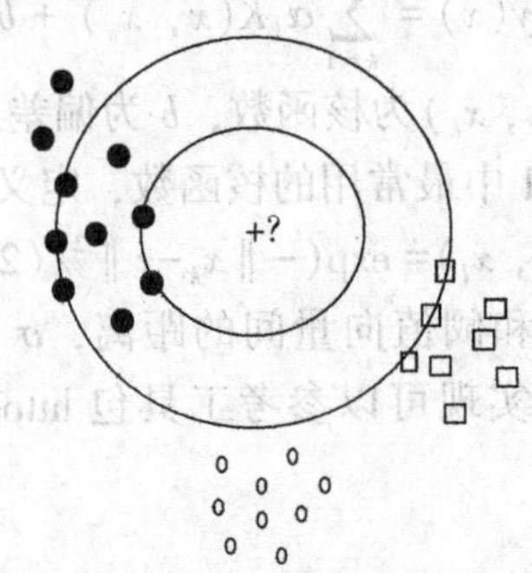

图 3-15　K 最近邻法原理示意图

如 $k=1$，很自然，这一个最近邻样本属于何类，未知样本就属于该类。如 $k>1$，则这 k 个最近邻样本不一定都属于这一类。采用"表决"的方法，对这 k 个最近邻样本的归属情况，按照少数服从多数进行判决。一个近邻相当于一票，但应考虑各票进行加权，因距离最近的近邻的类属，应予以最重的权，可以按照如下公式计算：

$$V_{\text{sample}} = \sum \frac{V_i}{D_i} \tag{3-61}$$

其中，如果 $x_i \in \omega^1$，则取 $V_i=1$；反之，如果 $x_i \in \omega^2$，则 $V_i=-1$；D_i 是待判别样本与近邻的距离。这样，如果求得的 V_{sample} 为正，则可认为 x_i 属于 ω^1；反之，x_i 属于 ω^2，即当 $V_{\text{sample}}>0$，则 $x_{\text{sample}} \in \omega^1$；$V_{\text{sample}}<0$，则 $x_{\text{sample}} \in \omega^2$。$D_i$ 的作用相当于一个权因子，即如果近邻 j 与样本 x_i 的距离很小时，它的权值就大，而那些距离大的近邻就权值较小。KNN 算法按照以下步骤实现：

①取一个未知样本，记为 x_{unknown}，并计算该样本到训练集各样本的距离 $D_i(i=1, 2, \cdots, n)$，在此 n 为所有训练集样本的总数。

②取出 k 个距离最短的训练集样本，计算它们的权值和 $V_{\text{unknown}}=\sum \frac{V_i}{D_i}(i=1, 2, \cdots, k)$，如果 $x_i \in \omega^1$，则取 $V_i=1$；反之，如果 $x_i \in \omega^2$，则 $V_i=-1$；D_i 是待判别样本与近邻的距离。

③建立判别标准，即当 $V_{\text{unknown}}>0$，则 x_{unknown} 判为第一类 ω^1；反之，当 $V_{\text{unknown}}<0$，则 x_{unknown} 判为第二类 ω^2。

KNN 方法中 k 值的大小对判别的结果有一定的影响，一般情况下还是靠经验来确定，当然也可以通过交互验证的方法来优化 k 值。

3.2.4　模型评价指标

对回归预测模型，通常以校正集和预测集的相关系数(r_c和 r_p)和均方根误差(RMSEC 和 RMSEP)作为模型的评价指标。r_c和 r_p 越接近 1，RMSEC 和 RMSEP 越小且越接近，则模型的稳定性越好，精度越高(刘飞，2011)。计算公式如下：

$$r_c = \frac{\sum_{i=1}^{n_c}(y_{mi} - \bar{y}_m)(y_{pi} - \bar{y}_p)}{\sqrt{\sum_{i=1}^{n_c}(y_{mi} - \bar{y}_m)^2}\sqrt{\sum_{i=1}^{n_c}(y_{pi} - \bar{y}_p)^2}} \tag{3-62}$$

$$r_p = \frac{\sum_{i=1}^{n_c}(y_{mi} - \bar{y}_m)(y_{pi} - \bar{y}_p)}{\sqrt{\sum_{i=1}^{n_p}(y_{mi} - \bar{y}_m)^2}\sqrt{\sum_{i=1}^{n_p}(y_{pi} - \bar{y}_p)^2}} \tag{3-63}$$

$$\text{RMSEC} = \sqrt{\frac{1}{n_c}\sum_{i=1}^{n_c}(y_{pi} - y_{mi})^2} \tag{3-64}$$

$$\text{RMSEP} = \sqrt{\frac{1}{n_p}\sum_{i=1}^{n_p}(y_{pi} - y_{mi})^2} \tag{3-65}$$

式中，y_{pi}和 y_{mi}分别为第 i 个样本的预测值和实际测量值，$\bar{y}_m$和$\bar{y}_p$分别为校正集(或预测集)中样本实际测量值和预测值的平均值。另外一个常用的定量模型性能评估参数是 RPD (residual prediction deviation)值，RPD 值为预测集标准偏差(standard deviation，SD)与 RMSEP 的比值(Ferreira 等，2013)，计算公式如下：

$$\text{RPD} = \frac{\text{SD}}{\text{RMSEP}} \tag{3-66}$$

在果蔬质量评估分析中，RPD 值大于 2.5，说明模型取得了很好的预测效果；RPD 介于 2 和 2.5 之间，说明模型可以实现定量预测；而 RPD 值介于 1.5 和 2 之间时，则说明模型可以大致将高低含量的样本分开(Nicolaï 等，2007)。

在定性判别分析中，最常用的评价指标为正确率，但在某些时候，需要对分类做出更为全面的评估。混淆矩阵(confusion matrix)可以更为清晰地描述分类器的效果(Fawcett，2006)，如图 3-16 所示。以二分类为主，图中 P 和 N 分别代表正类和反类，通常，以关注的类为正类，另一类为反类。对于二分类，共 4 种情况，分别记为：TP 代表将正类预测为正类数；FN 代表将正类预测为反类数；FP 代表将反类预测为正类数；TN 代表将反类预测为反类数。根据上述不同类别数，可以得到精确率(precision)，表示为 TP/(TP+FP)，即预测为正类的结果中，正确个数所占的比例。召回率(recall 或 sensitivity)，表示为 TP/(TP+FN)，即在所有的正样本中，预测对的比例。错检率(false alarm rate)，表示 FP/(FP+TN)，即反类中被误检为正类所占比例。总的正确率(accuracy)可以表示为(TP+TN)/(TP+TN+FN+FP)。

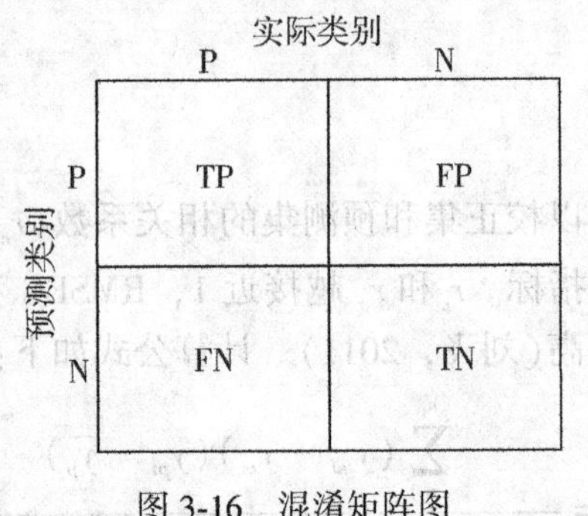

图 3-16　混淆矩阵图

3.3　图谱融合处理和分析方法

图谱融合是光谱成像技术最大的优势之一。目前，各种图谱融合分析方法已经在农产品质量和安全领域得到了广泛的应用。本节主要以高光谱成像技术为例，介绍一些基本的图谱融合分析方法(包括图像预处理、特征波长选择、多变量校正分析、样本信息可视化)以及应用案例。

3.3.1　高光谱图像预处理

3.3.1.1　图像校正

光谱成像系统中的 CCD 器件采集的是探测器的信号强度，而不是实际的反射光谱。在图像采集时，一方面，由于光谱成像系统中所采用的卤素灯具有高度的方向性，其光照会在视场平面上产生空间强度变化；另一方面，由于相机 CCD 芯片在没有光线照射的情况下，信号不为零。因此，相机 CCD 信号强度不仅反映了被测样品的质量属性信息，而且还反映了 CCD 探测器和系统光源本身的信息变化，这种变化需通过对图像预处理进行校正。因此，基于光谱成像系统所获得的原始光谱图像，在进一步处理之前，首选需要校正为高光谱反射图像，以降低光照和相机暗电流的影响。具体而言，使用具有 99%反射效率的白色漫反射板(如美国蓝菲光学 Spectralon SRT-99-100 白板)获得典型的白参考图像，① 带有 0%反射率的暗参考图像可以通过关闭光源并盖上镜头盖(黑色)来采集。图像校正如下式：

$$R'_{xy}(\lambda)=\rho_{\mathrm{ref}}(\lambda)\frac{R_{xy}(\lambda)-R_{\mathrm{dark}}(\lambda)}{R_{\mathrm{white}}(\lambda)-R_{\mathrm{dark}}(\lambda)} \tag{3-67}$$

式中，$\rho_{\mathrm{ref}}(\lambda)$ 是白参考的反射率，$R_{xy}(\lambda)$ 是原始未校正的高光谱图像，$R_{\mathrm{white}}(\lambda)$ 和 $R_{\mathrm{dark}}(\lambda)$ 分别是由高光谱成像系统获得的白参考图像和暗参考图像，$R'_{xy}(\lambda)$ 是校正后的高

① 在获取白参考图像之前，需要调整好白板的位置，以避免校正后的光谱图像出现饱和。

光谱图像。

在如上的校正处理中，所使用的白参考为一平面，因此，黑白校正仅仅能够校正平面场景中光的空间强度变化和CCD探测器的暗电流效应，校正中没有考虑物体几何形状。然而，实际中大多数农产品物料有曲面外形，甚至呈类球体，如大部分的水果，以及西红柿、土豆、洋葱等。对于这类型农产品而言，图像采集的时候，由于物料表面中心至边缘上的点到相机和光源的距离不一，使得图像目标对象从中心到边缘的灰度由亮变暗，呈现强度不均匀分布。图3-17表示标准球在相机中的成像原理，由于球表面是二次曲面，光源发射出来的光线照射到球表面产生反射，球表面的反射光只有部分进入到相机镜头中，使得其灰度值与光照强度和离光源的距离呈非线性关系。因此，除了采用黑白参考对原始高光谱图像进行校正之外，对于类球体的农产品，仍然需要做进一步校正，以适当减少球面效应带来的不利影响。

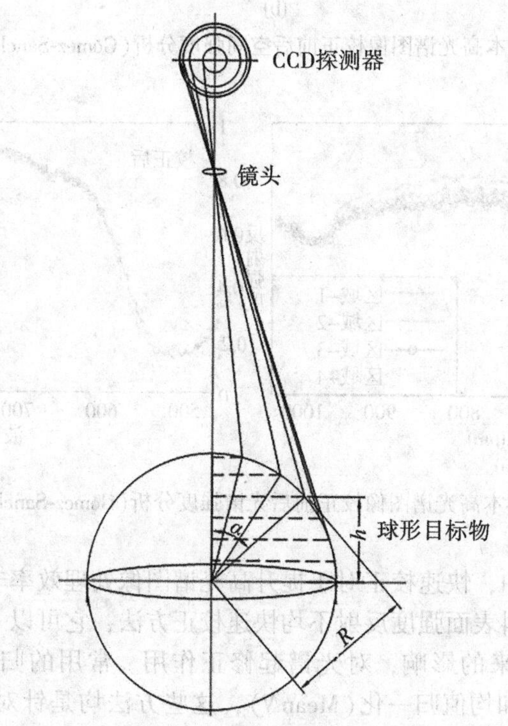

图3-17　标准球在相机中的成像原理(陈思等，2013)

Gómez-Sanchis 等(2008)提出了一种针对类球形水果高光谱图像校正的方法。主要校正公式如下：

$$\rho(\lambda)=\frac{\rho_{xy}(\lambda)}{\alpha_D\cos\phi+(1-\alpha_D)} \tag{3-68}$$

式中，$\rho(\lambda)$ 是高光谱图像中波长 λ 处点(x, y)的反射率，α_D 是一个与到达果实的光和漫射光的百分比相关的因子，$\cos\phi$ 调节在每个点上反射的直接光的量。图3-18和图3-19分别表示采用该方法对橘子样本高光谱图像进行校正后从空间维度和光谱维度分析对比图。

图 3-18 中所示图像为 640nm 下的单波长图像，图 3-18(c)表示图 3-18(a)(b)中样本中间区域剖面线上像素的反射强度，图 3-19 所示光谱为正常橘子样本表面不同位置 4 个5×5像素区域的光谱曲线。

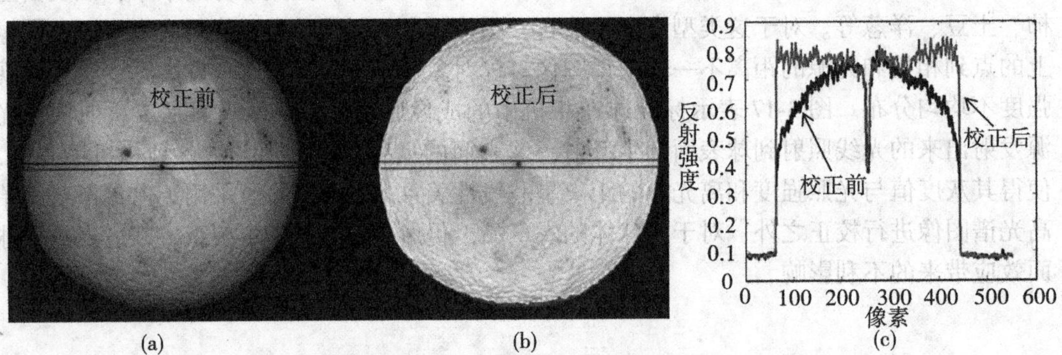

图 3-18　橘子样本高光谱图像校正前后空间强度分析(Gómez-Sanchis 等，2008)

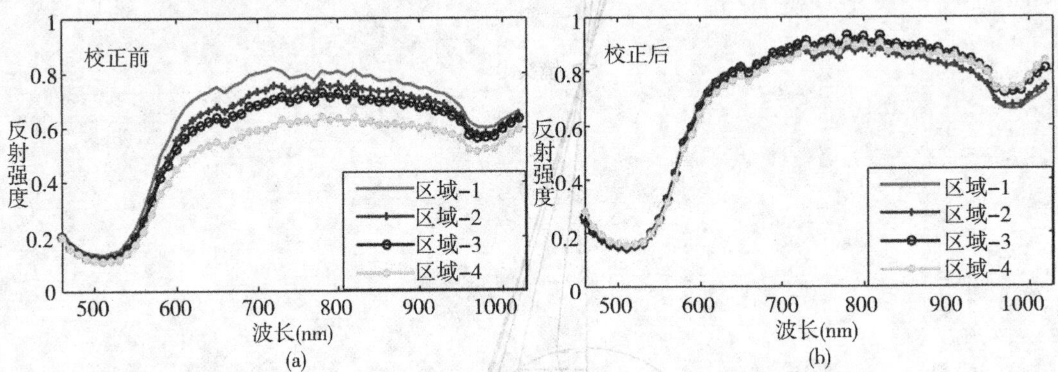

图 3-19　橘子样本高光谱图像校正前后光谱强度分析(Gómez-Sanchis 等，2008)

在高光谱图像校正中，快速校正对于提升高光谱图像处理效率非常重要，归一化是一种较为有效的类球形物料表面强度反射不均快速校正方法，它可以一定程度上减少由球面效应造成的光谱差异带来的影响，对光谱起修正作用。常用的归一化方法包括最大值(Max$N$)、中值(Med$N$)和均值归一化(Mean$N$)，这些方法均是针对光谱维数据进行处理计算，公式分别如下：

$$A_{i(\mathrm{MaxN})} = \frac{A_i}{\max(A_i)} \tag{3-69}$$

$$A_{i(\mathrm{MedN})} = \frac{A_i}{\mathrm{median}(A_i)} \tag{3-70}$$

$$A_{i(\mathrm{MeanN})} = \frac{A_i}{\mathrm{mean}(A_i)} \tag{3-71}$$

式中，A_i 为高光谱图像中的单像素光谱矢量；$A_{i(\mathrm{Max}N)}$、$A_{i(\mathrm{Med}N)}$、$A_{i(\mathrm{Mean}N)}$ 分别为经过最大值、中值和均值归一化处理后的目标样本光谱；$\max(A_i)$、$\mathrm{median}(A_i)$、$\mathrm{mean}(A_i)$ 分别表示对

样本光谱 A_i 中的元素取最大值、中值和均值。Li 等(2016)采用均值归一化方法实现了对脐橙高光谱图像亮度不均的校正，如图 3-20 和图 3-21 所示。图 3-20(a)(b)分别表示原始高光谱图像(图 3-20(c))中橙子样本表面半径方向上 218 个像素校正前后的光谱曲线。校正后，由于样本表面像素空间位置变化引起的原始光谱曲线变异系数 CV 值从 0.2559 下降为 0.0202。图 3-21(a)(b)分别表示采用均值归一化方法对光谱图像校正前和校正后的图像，每幅图的右侧和下侧对应着图像中垂直和水平剖面线上像素的强度分布，从校正前后图像强度分布图中可以看出，通过均值归一化校正，原始高光谱图像中脐橙由水果类球形表面引起的光谱能量分布不均匀得到了较大的改善。

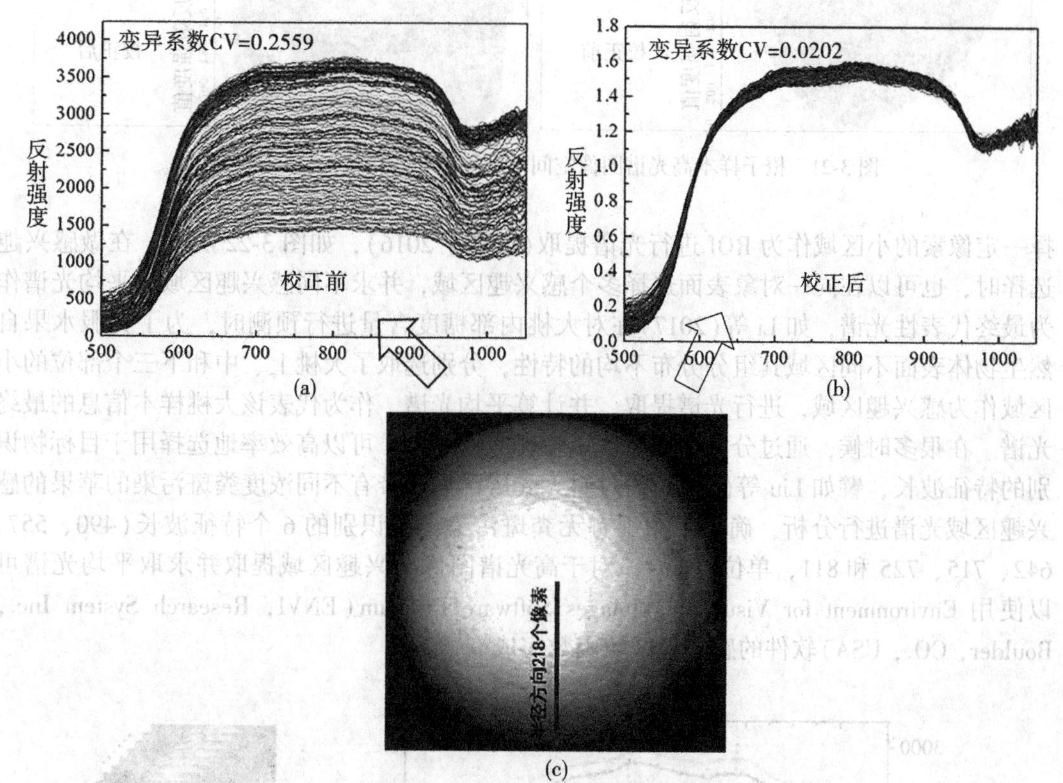

图 3-20 橙子样本高光谱图像像素光谱均值归一化校正(Li 等，2016)

3.3.1.2 感兴趣区域选择和光谱提取

感兴趣区域(region of interest，ROI)选择和光谱提取，无论是基于高光谱图像的定量分析还是不同目标物的分类判别，都是高光谱图像分析处理中最常见的操作手段。通常，一幅全波段高光谱图像数据量非常大，如果整幅图像中目标(以苹果为例)作为一个 ROI 进行光谱提取，则需要花费较长的时间。因此，通常选择样本表面能够表征所研究对象信息的局部的小的感兴趣区域进行特征光谱提取，局部小区域的像素可以是 100～1000 之间。譬如在做苹果损伤识别时，可以在损伤区域中选择一定像素的小区域作为 ROI 进行光谱提取(Huang 等，2015)；在做柑橘早期腐烂检测时，可以在腐烂区域或正常区域中选

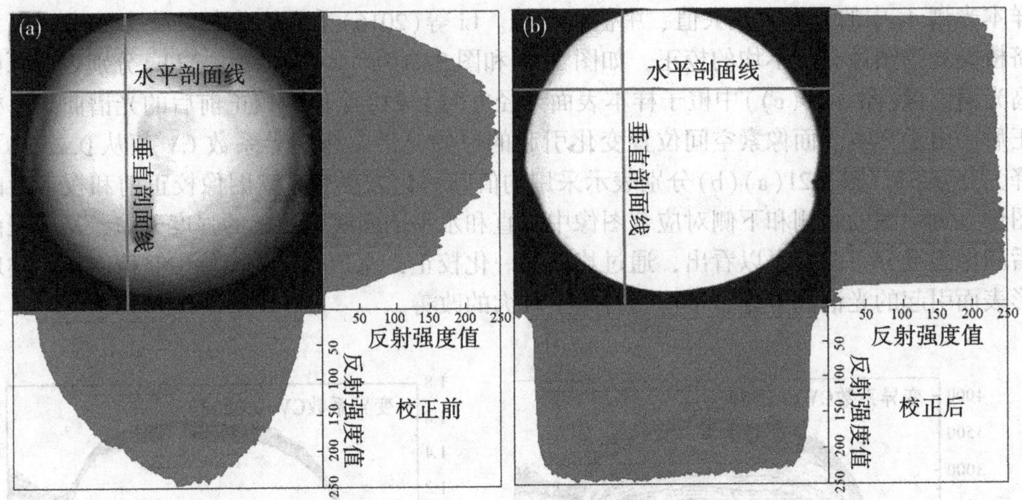

图 3-21　橙子样本高光谱图像空间维度均值归一化校正(Li 等，2016)

择一定像素的小区域作为 ROI 进行光谱提取(Li 等，2016)，如图 3-22 所示。在做感兴趣选择时，也可以在同一对象表面选择多个感兴趣区域，并求不同感兴趣区域的平均光谱作为最终代表性光谱，如 Li 等(2017)在对大桃内部糖度含量进行预测时，为了克服水果自然生物体表面不同区域其组分分布不均的特性，分别选取了大桃上、中和下三个部位的小区域作为感兴趣区域，进行光谱提取，并计算平均光谱，作为代表该大桃样本信息的最终光谱。在很多时候，通过分析感兴趣区域特征光谱信息，可以高效率地选择用于目标物识别的特征波长，譬如 Liu 等(2007)通过对无粪斑污染和带有不同浓度粪斑污染的苹果的感兴趣区域光谱进行分析，确定了用于有无粪斑污染苹果识别的 6 个特征波长(490、557、642、715、725 和 811，单位：nm)。对于高光谱图像感兴趣区域提取并求取平均光谱可以使用 Environment for Visualizing Images Software Program (ENVI, Research System Inc., Boulder, CO., USA)软件的感兴趣区域函数完成。

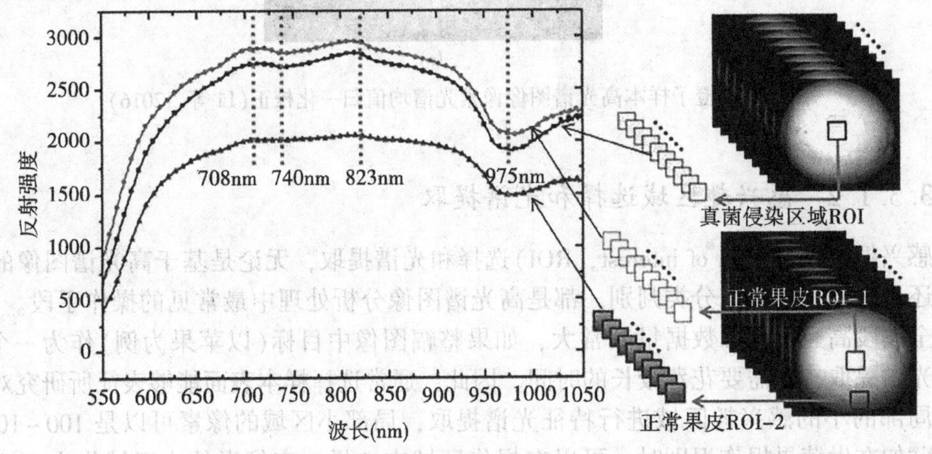

图 3-22　柑橘高光谱图像不同位置 ROI 提取(Li 等，2016)

3.3.1.3　图像背景分割

光谱图像背景分割的目的是将图像中的目标物分割成孤立的对象或区域，以便进一步处理，如光谱提取、纹理特征提取、图像主成分分析等。最常用的背景分割算法有阈值分割法(如全局阈值和自适应阈值)、形态学分割算法(如分水岭算法)等。对于光谱图像，掩模法是最常用的背景分割方法之一。在使用掩模法进行背景分割之前，首先需要构建一幅仅仅包含目标对象的二值化掩模模板(Mask)，为了构建该模板，需要从高光谱图像中选择一幅合适的子图像(也称单波长图像)，在该子图像中，目标区域与背景区域有着最大的对比度，然后基于该子图像进行全局阈值分割，以获取仅包含目标对象的二值化Mask，最后将高光谱图像所有子图像与该Mask做乘积运算，从而获得移除背景后的高光谱图像，实现针对高光谱图像的背景分割，图3-23所示为高光谱图像掩模法背景分割示例。

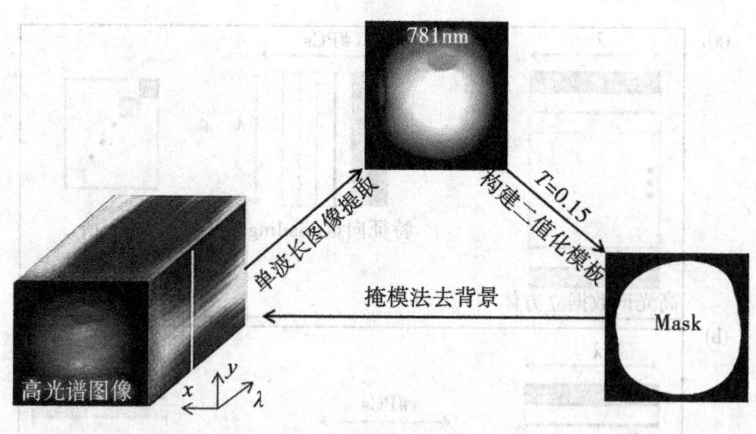

图3-23　高光谱图像掩模法背景分割示例

3.3.2　特征波长图像选择

高光谱图像数据量大且相邻波段间相关性强，因此，直接采用高光谱图像执行农产品快速检测任务是非常困难的。数据降维是高光谱图像处理中最常用的方法，目前，针对高光谱图像的数据降维方法很多，在此，仅介绍主成分分析和最佳指数法。

3.3.2.1　主成分分析

主成分分析(principal component analysis，PCA)是沿着协方差最大的方向由高维数据空间向低维数据空间投影。主成分分析得到的各个主成分向量之间互相独立，既可以实现降维，又能消除原始数据中的冗余信息。为了将传统的PCA应用于高光谱数据立方体以实现高光谱数据的降维，需要将数据立方体“展开”成一个二维矩阵。利用PCA将展开的数据立方体分解为特征向量（或称得分）和特征值（图 3-24（a）），将原始数据转换为特征向量所定义的方向，可以得到一个得分矩阵（图 3-24（b）），然后将得分矩阵重新折叠成得分立方体，使立方体的每个平面都表示一个主成分，称为主成分得分图像，如图 3-24（c）所示（Gowen 等，2008）。基于图像主成分分析得到的主成分得分图像是原始波段图像的线性组合，各个主成分图像之间互不相关，第一主成分图像包含最大的数据方差百分比，第二主成分图像包含第二大的方差，依此类推，波段越靠后的主成分图像所包含的方差越小，噪声逐渐增大，图像质量下降，最后一些波段的主成分图像包含很小的方差，显示为噪声（杨燕，2012）。主成分分析常用于高光谱图像特征波长的选择，根据方差贡献率的大小，提取前面几个主成分图像，从中找到最能表征原始信息的少量主成分图像。由于每个主成分图像是原始单波长图像与相应权重系数的乘积之和，所以通过分析所选择的少量主成分图像的权重系数可以获得最佳的特征波长图像。通常，权重系数曲线中局部最小值和最大值所对应的单波长图像被认为是特征波长图像（Vargas 等，2005）。主成分分析在高光谱数据降维和特征波长选择方面有着广泛的应用。譬如，Li 等（2018）为了获取少量

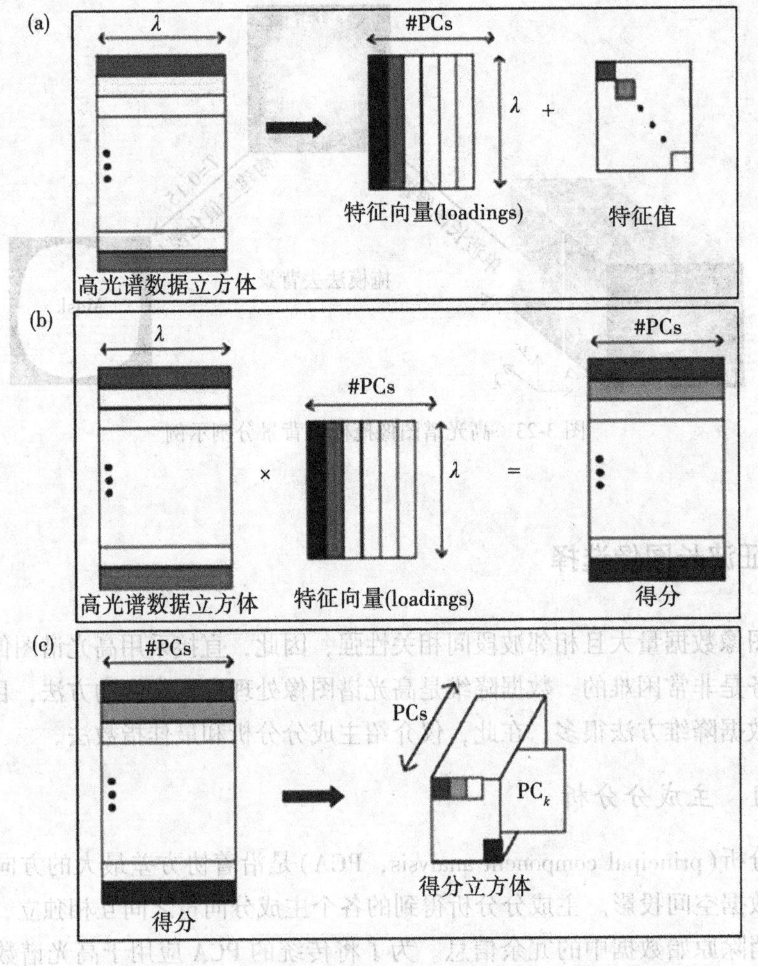

图 3-24　高光谱数据立方体主成分分析（Gowen 等，2008）

特征波长图像以用于大桃轻微损伤检测，采用主成分分析对可见-近红外高光谱图像进行降维，获得了可以用于特征波长选择的最优主成分图像(第四主成分得分图像 PC4)，如图 3-25 所示。然后，基于对组成 PC4 图像的所有单波长图像权重系数分析，提取了最优的 5 个单波长图像(781、816、840、945 和 1000，单位：nm)，如图 3-26 所示，并基于这些特征波长图像进行二次主成分分析，获得了与原始全光谱 PCA 类似的最优主成分得分图像 PC4，如图 3-27 所示，实现了高维数据的降维和特征波长图像的提取，这对研发基于快速多光谱成像的早期损伤大桃检测提供了参考。除此之外，主成分分析降维在水果、蔬菜、肉类、茶叶等农产品品质检测中都有着广泛的应用。

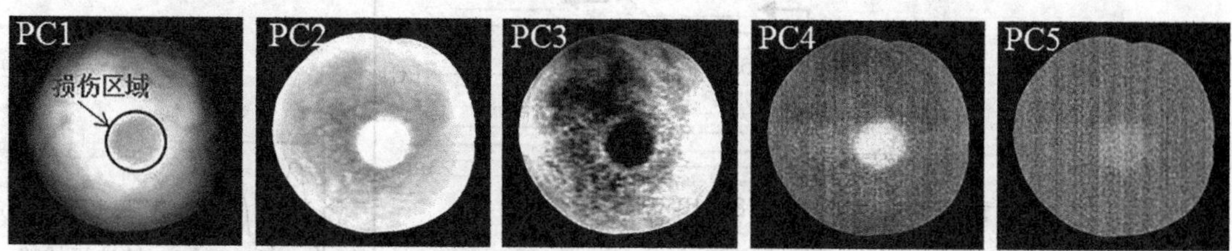

图 3-25　可见-近红外全波段高光谱图像主成分分析(前 5 个 PC 图像)(Li 等，2018)

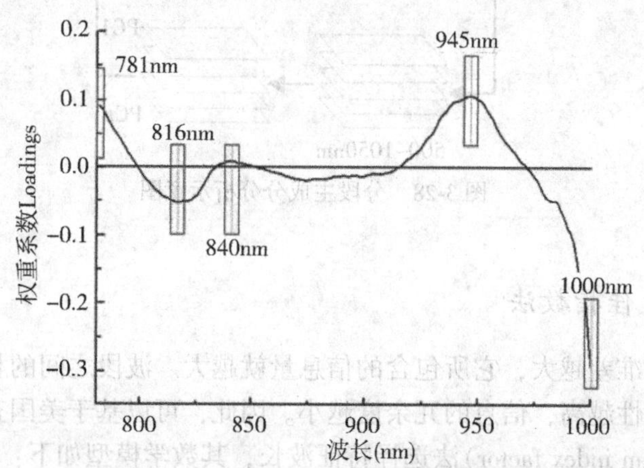

图 3-26　基于 PC4 各单波长图像权重系数曲线选择特征波长(Li 等，2018)

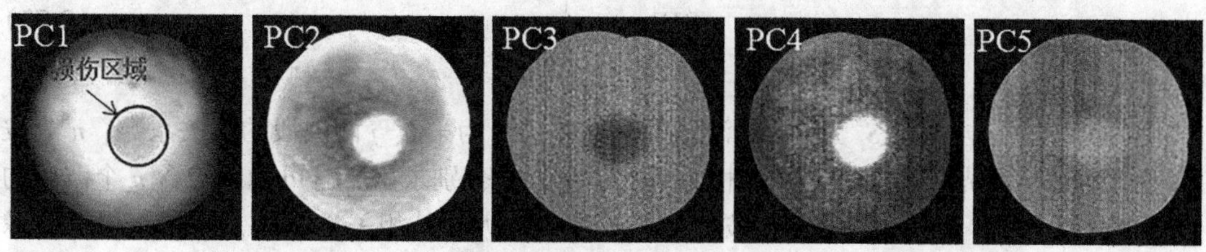

图 3-27　基于 5 个特征波长图像获得的主成分得分图像(Li 等，2018)

除了直接对高光谱图像全光谱区域进行主成分分析外，考虑到所检测的目标任务不同，很多时候需要进行分段主成分分析。譬如，在带有均一表皮颜色农产品外部缺陷的检测中，由于缺陷在可见光光谱区域具有更明显的特征，因此仅采用可见光光谱区域的波长图像做主成分分析可能更有意义，如橙子表面缺陷的检测。但是，如果所检测对象(如富士苹果)表皮颜色不均匀，若仅利用可见光光谱区域主成分分析，可能不是最优的选择。不同于可见光谱，单独近红外光谱区域对一些难检缺陷，如苹果损伤、柑橘早期腐烂等的检测更为有效。无论采用哪段光谱区域进行主成分分析，都需要做详细的对比，以选择最优的光谱区域。图 3-28 所示为分段主成分分析示意图，全光谱区域为 500~1050nm，可见光光谱区域为 500~780nm，近红外光谱区域为 781~1000nm。

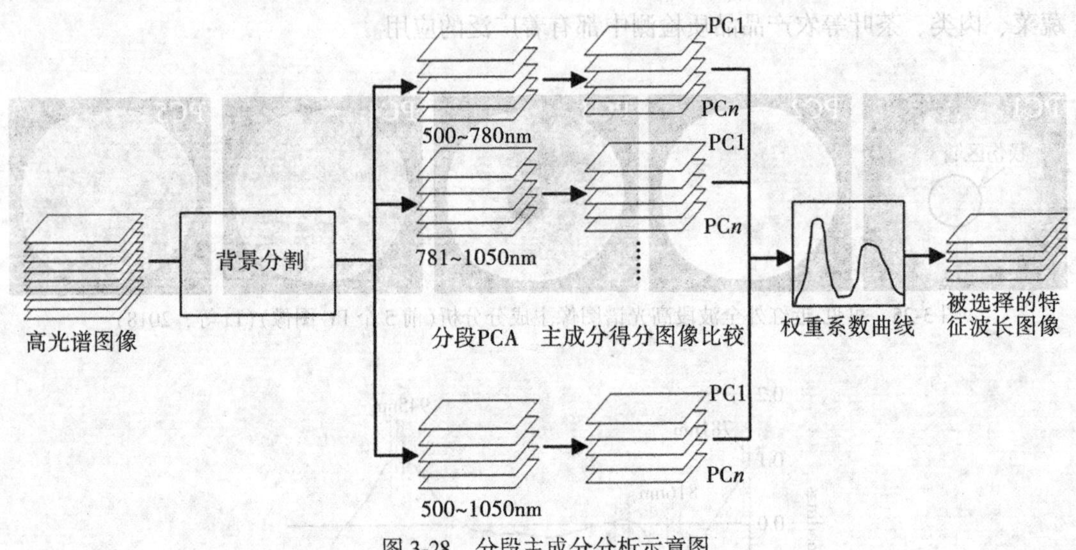

图 3-28　分段主成分分析示意图

3.3.2.2　最佳指数法

图像数据的标准差越大，它所包含的信息量就越大。波段之间的相关系数越小，各波段图像数据的独立性越高，信息的冗余度越小。因此，可以基于美国查维茨教授提出的最佳指数 OIF(optimum index factor)法选择特征波长，其数学模型如下：

$$\mathrm{OIF}=\frac{\sum_{i=1}^{n} S_i}{\sum_{j=1}^{n} |R_{ij}|} \tag{3-72}$$

式中，OIF 为最佳指数；S_i 为第 i 个波段的标准差；R_{ij} 为第 i、j 两波段的相关系数；n 为波段数。对任意高光谱图像，计算其相关系数矩阵，再分别求出所有可能的包含 n 个波段的组合的 OIF。OIF 值越大，所对应波段间的标准差越大，其相关性越小，因此，组合图像所包含的信息量就越大。将 OIF 按照从大到小的顺序进行排列，即可以选择最优的组合方案。如图 3-29 所示为基于 OIF 法选择最优波长组合用于柑橘腐烂果和梗伤果的识别。在此示例中，波段数 n 设定为 2，即选择两个波段的最优组合，图 3-29(a)(b)分别给出了梗伤果和腐烂果任意双波段组合 OIF 值，所使用高光谱图像总的波段数为 431 个，因此图中显示的双波段组合共计 185761 个①，最终通过对用于梗伤果识别和腐烂果识别的所有 OIF 值进行排序，腐烂果识别最大的 OIF 值对应的波段组合是 456.2nm 和 601.2nm，梗伤果识别最大的 OIF 值对应的波段组合是 498.6nm 和 591.4nm。根据最佳指数法原理，说明这两组波段所包含的信息量最大并且相关系数最小，因此，可以选取这两组波段组合开发针对腐烂和梗伤果识别的算法(李江波等，2012)。

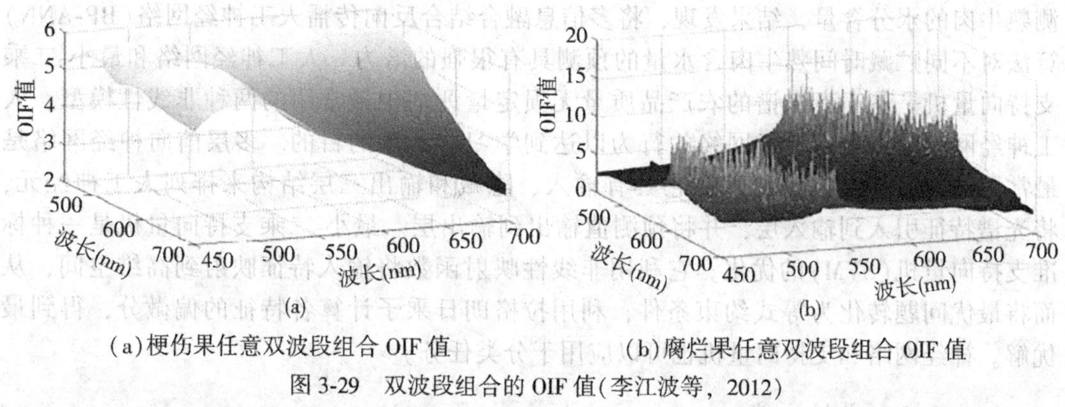

(a)梗伤果任意双波段组合 OIF 值　　(b)腐烂果任意双波段组合 OIF 值

图 3-29　双波段组合的 OIF 值(李江波等，2012)

3.3.3　多变量分析

高光谱图像包含大量数据，通过多变量分析可以将高光谱图像数据与被测样品属性之间建立关系，以对样本相应的属性(如内部组分含量、类别信息等)进行定量回归和定性分类，相关方法的详细介绍可以参考本书第二章。

3.3.3.1　定量回归

在光谱分析的应用中，多变量回归的目的是建立样品的光谱响应与其目标特征之间的关系，以达到解释或预测的目的(Wu 和 Sun，2013)。多变量回归可以是线性的，也可以是非线性的。高光谱数据定量分析中的线性回归方法主要包括多元线性回归(MLR)、主成分回归(PCR)和偏最小二乘回归(PLSR)。MLR 以线性方程的形式建立了被测样品的光谱与属性之间的关系，具有简单、易解释的特点，采用 MLR 建模，变量的个数不能大于样本个数，且该算法也易受变量间共线性的影响。因此，在 MLR 模型建立之前，通常需要进行有效变量选择或降维，常见的光谱变量选择算法，如遗传算法(GA)、连续投影算法(SPA)、无信息变量消除(UVE)、竞争性自适应重加权采样(CARS)等，均可以用于高光谱数据的变量优选(Li 等，2017；Zhang 等，2020)。与传统近红外或可见-近红外光谱分析技术相比，高光谱成像能够获得样本更多的空间信息，因此，在光谱分析时，更多空间区域的信息能够被提取，这对于克服样本内部组分含

① 为了更好地显示，三维图的纵坐标是经过对数变化后的值。

量不均所引起的定量分析模型稳定性差的问题有很大帮助(Li 等，2017，2018)。但由于在高光谱数据分析中大量空间特征信息(如样本颜色、纹理等)的引入，可能使高光谱与所测目标质量属性之间存在非线性关系，因此，数据分析中，非线性模型可能获得更好的预测效果。譬如，Wang 等(2019)在对加工番茄内部可溶性固形物含量(SSC)预测中，样本大小和重量信息被作为补偿因素和高光谱一起作为输入变量，采用 LS-SVM 模型获得了更好的预测结果；Yang 等(2017)结合高光谱图像的光谱和纹理信息预测熟牛肉的水分含量，结果发现，将多信息融合结合反向传播人工神经网络(BP-ANN)算法对不同贮藏时间熟牛肉含水量的预测具有很强的潜力。人工神经网络和最小-二乘支持向量机是基于高光谱的农产品质量无损定量评估中最常用的两种非线性模型。人工神经网络模拟生物神经网络的行为以达到学习和预测的目的。多层前向神经网络是最常用的人工神经网络技术，它具有输入、隐藏和输出三层结构来排列人工神经元，将光谱特征引入到输入层，并将预测值输出到输出层。最小-二乘支持向量机是一种标准支持向量机(SVM)的优化。它利用非线性映射函数将输入特征映射到高维空间，从而将最优问题转化为等式约束条件，利用拉格朗日乘子计算各特征的偏微分，得到最优解。神经网络和支持向量机也可以应用于分类任务。

3.3.3.2　定性分类

定性分类(又称模式识别)包括无监督分类和有监督分类。无监督分类是在不预先知道数据类别信息的情况下，根据它们之间的相关性、距离或组合的性质特征来实现的(Wu 和 Sun，2013)。主成分分析(PCA)是高光谱数据分析中最常用的典型的无监督多元分类算法。有监督分类不同于无监督分类，它是根据新样本的测量特征，将其分类为预先定义的已知类别。高光谱数据分析中典型的有监督分类算法包括线性判别分析(LDA)、偏最小二乘判别分析(PLS-DA)、人工神经网络(ANN)、支持向量机(SVM)等(程术希等，2014；Khodabakhshian 和 Emadi，2018；Xia 等，2019；王彩霞等，2020)。这些分类算法也包括线性和非线性两种，在实际中，可以根据不同的目的进行针对性的比较分析，以确定最优的分类模型。类似于定量回归分析，在基于高光谱成像技术的农产品质量定性评估中，光谱特征可以和图像特征进行融合，以获得优于传统近红外光谱分析技术或者机器视觉技术的分类结果(Garrido-Novell 等，2018；Mishra 等，2019；Jiang 等，2019)。

3.3.4　信息可视化

高光谱成像技术将传统的光谱分析与机器视觉有机地结合在一起，可以同时获得图像上每个像素点的连续光谱信息和每个光谱波段的连续图像信息，其光谱信息能反映样本的化学成分和组织结构，图像信息能反映样本的空间分布、外部属性和几何结构。因此，高光谱图像能对样本的物理、化学信息进行空间维的可视化表达(朱逢乐，2014)。样本空间信息的可视化，便于更形象、直观地展示出样本信息情况，在后续的实际生产、销售中，生产者可以根据不同的需求，对样本进行分级、深加工等，譬如，针对动物肉中所含组分含量水分、脂肪和蛋白质含量的可视化(Kamruzzaman 等，2012)为肉类精细化加工奠定了基础。郭志明等(2016)基于高光谱成像技术，对苹果内部糖度信息进行了可视化表达，这对于研究水果内部糖度分布规律提供了很好的帮助。采用高光谱成像技术对样本信息进行可视化表达，通常首先需要基于校正集样本光谱信息建立回归或者分类模型，然后采用构建的模型预测待测样本高光谱图像中每个像素点的组分含量或者类别信息，最后将预测结果以伪彩色的形式显示。以基于高光谱技术对苹果内部糖度信息进行可视化分析为例，首先需要基于校正集样本构建用于苹果内部糖度预测的模型如 PLS 或 MLR 模型，然后提取待测苹果高光谱图像样本上每一像素点对应的光谱信息，用已建立好的苹果糖度分析模型预测各像素点的糖度，最后以像素点空间位置及对应糖度绘制伪彩色图像，如图 3-30 所示，即可得到颜色鲜明、可视化的伪彩色糖度分布图像。分布图上苹果的背景为深蓝色，代表糖度为零，颜色越红表示糖度越高。苹果本身是一个复杂的生物体，具有丰富的组成成分，成分不论是径向还是轴向，均呈不均匀状态分布。从图 3-30 中可看出，苹果从果梗到花萼方向糖度逐渐增大(郭志明等，2016)。

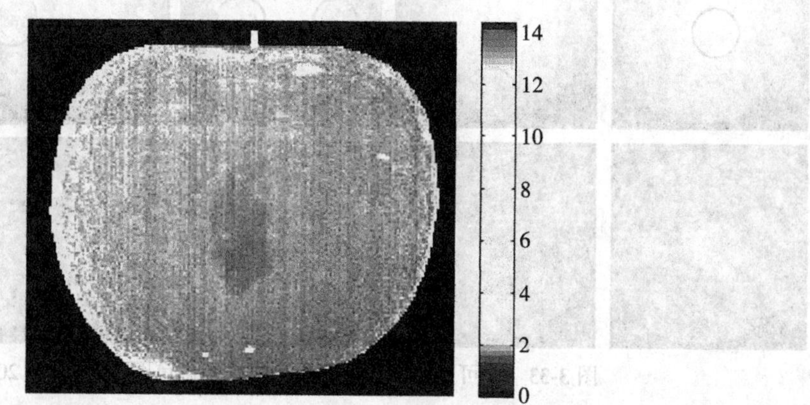

图 3-30　苹果糖度可视化空间分布图(郭志明等，2016)

目前，高光谱图像可视化分析更多地应用于样本内部组分含量的定量分析，除此之外，该方法也可以用于一些农产品难检缺陷的识别，如柑橘早期轻微腐烂检测(Li 等，2016)。柑橘腐烂是柑橘采后最严重的缺陷，在柑橘早期腐烂阶段，其腐烂区域与正常果皮颜色特征类似，很难用传统 RGB 成像技术进行直接检测。基于高光谱成像技术的图谱融合分析的特点和信息可视化表达的能力，可以首先提取样本正常组织和腐烂组织的光谱，然后对两类组织进行主成分分析，如图 3-31 所示，通过主成分分析获知第一主成分可以有效区分两类组织，然后基于该主成分通过权重系数分析获得四幅特征波长图像，如图 3-32 所示，基于所选择的 4 幅特征波长图像和其对应的权重系数可以构建多光谱组合图像，对组合图像实施本章 3. 3. 1 节提到的均值归一化处理后，进行分层伪彩色变化，以实现对不可见真菌感染区域的可视化检测，如图 3-33 所示。在图 3-33 中，上面一行为橙子样本的 RGB 图像，图像中圆圈标记区域为早期腐烂区域，下面一行为相应橙子样本伪彩色可视化图像。

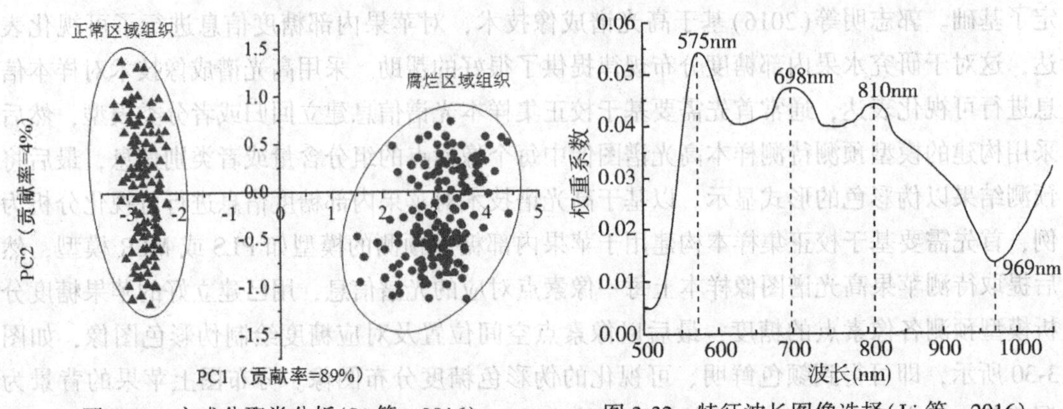

图 3-31　主成分聚类分析(Li 等，2016)　　图 3-32　特征波长图像选择(Li 等，2016)

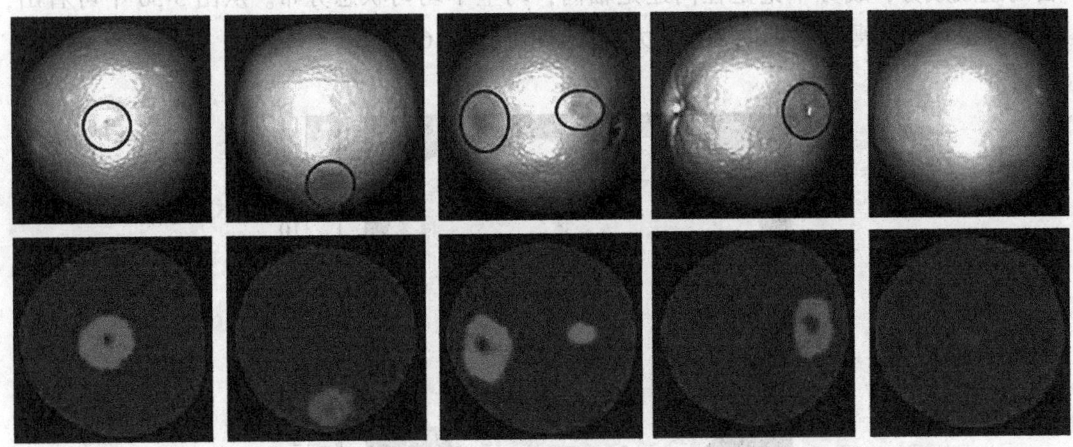

图 3-33　不可见真菌感染区域可视化伪彩色图像(Li 等，2016)

高光谱成像技术能对农产品样本进行数据采集、分析和预测，并形象地展示出预测结果。然而，目前该技术的数据获取和处理速度还远远达不到在线应用的要求，在实际中，需要选择一些有代表性的特征波长(图像)以简化模型/算法，从而加快检测速度。

参考文献

[1]陈思．基于高光谱图像技术的水蜜桃表面缺陷检测方法研究[D]．浙江大学，2013.

[2]程术希，孔汶汶，张初，刘飞，何勇．高光谱与机器学习相结合的大白菜种子品种鉴别研究[J]．光谱学与光谱分析，2014，34(9)：2519-2522.

[3]褚小立．化学计量学方法与分子光谱分析技术[M]．北京：化学工业出版社，2011.

[4]褚小立，袁洪福，陆婉珍．近红外分析中光谱预处理及波长选择方法进展与应用[J]．化学进展，2004，16(4)：528.

[5]高荣强，范世福，严衍禄，赵丽丽．近红外光谱的数据预处理研究[J]．光谱学与光谱分析，2004，24(12)：1563-1565.

[6]郭志明，赵春江，黄文倩，彭彦昆，李江波，王庆艳．苹果糖度高光谱图像可视化预测的光强度校正方法[J]．农业机械学报，2015，46(7)：227-232.
[7]何勇，李晓丽，邵咏妮．基于主成分分析和神经网络的近红外光谱苹果品种鉴别方法研究[J]．光谱学与光谱分析，2006，(5)：68-71.
[8]黄文倩，李江波，张驰，李斌，陈立平，张百海．基于类球形亮度变换的水果表面缺陷提取[J]．农业机械学报，2012，43(12)：187-191.
[9]介邓飞．麒麟瓜内部品质在线无损检测技术的实验研究[D]．浙江大学，2014.
[10]孔彦龙．基于机器视觉的马铃薯分类研究[D]．甘肃农业大学，2013.
[11]李江波，彭彦昆，黄文倩，张保华，武继涛．桃子表面缺陷分水岭分割方法研究[J]．农业机械学报，2014，45(8)：288-293.
[12]李江波，饶秀勤，应义斌．水果表面亮度不均校正及单阈值缺陷提取研究[J]．农业机械学报，2011(8)：159-163.
[13]李江波，王福杰，应义斌，饶秀勤．高光谱荧光成像技术在识别早期腐烂脐橙中的应用研究[J]．光谱学与光谱分析，2012，33(1)：142-146.
[14]李江波，赵春江，陈立平，黄文倩．基于可见/近红外光谱谱区有效波长的梨品种鉴别[J]．农业机械学报，2013，44(3)：153-157，179.
[15]阮秋琦．数字图像处理学[M]．北京：电子工业出版社，2007.
[16]孙德山．支持向量机分类与回归方法研究[D]．中南大学，2004.
[17]孙通．梨可溶性固形物和酸度的可见/近红外光谱静态和在线检测研究[D]．浙江大学，2011.
[18]孙旭东，郝勇，蔡丽君，刘燕德．南丰蜜橘可溶性固形物近红外检测的多元线性回归变量筛选[J]．生物物理学报，2011，27(8)：727-734.
[19]王彩霞，王松磊，贺晓光，董欢．高光谱技术融合图像信息的牛肉品种识别方法研究[J]．光谱学与光谱分析，2020，40(3)：911-916.
[20]吴妍娴．基于红外光谱 SIMCA 方法的研究及应用[D]．北京化工大学，2017.
[21]杨燕，聂鹏程，杨海清，何勇．基于可见-近红外光谱技术的蜜源快速识别方法[J]．农业工程学报，2010，26(3)：238-242.
[22]杨燕．基于高光谱成像技术的水稻稻瘟病诊断关键技术研究[D]．浙江大学，2012.
[23]张保华，黄文倩，李江波，赵春江，刘成良，黄丹枫．基于 I-RELIEF 和 SVM 的畸形马铃薯在线分选[J]．吉林大学学报，2014(6)：1811-1817.
[24]张保华．基于机器视觉和光谱成像技术的苹果外部品质检测方法研究[D]．上海交通大学，2016.
[25]张成元．基于子空间分析的人脸识别算法研究[D]．北京交通大学，2009.
[26]张初，刘飞，孔汶汶，章海亮，何勇．利用近红外高光谱图像技术快速鉴别西瓜种子品种[J]．农业工程学报，2013，29(20)：270-277.
[27]张初．基于光谱与光谱成像技术的油菜病害检测机理与方法研究[D]．浙江大学，2016.
[28]张婷婷，向莹莹，杨丽明，王建华，孙群．高光谱技术无损检测单粒小麦种子生活力

的特征波段筛选方法研究[J]. 光谱学与光谱分析, 2019, 39(5): 234-240.

[29]赵政. 猪肉新鲜度光谱模型的建立及传递方法研究[D]. 华中农业大学, 2013.

[30]朱逢乐. 基于高光谱成像技术的多宝鱼肉冷藏时间的可视化研究[D]. 浙江大学, 2014.

[31] Arakawa M., Yamashita Y., Funatsu K. Genetic algorithm-based wavelength selection method for spectral calibration[J]. Journal of Chemometrics, 2011, 25(1): 10-19.

[32] Araújo M. C. U., Saldanha T. C. B., Galvão R. K. H., Yoneyama T., Chame H. C., Visani V. The successive projections algorithm for variable selection in spectroscopic multicomponent analysis[J]. Chemometrics and Intelligent Laboratory Systems, 2001, 57(2): 65-73.

[33] Barnes R., Dhanoa M., Lister S. J. Standard normal variate transformation and de-trending of near-infrared diffuse reflectance spectra[J]. Applied Spectroscopy, 1989, 43(5): 772-777.

[34] Cai W., Li Y., Shao X. A variable selection method based on uninformative variable elimination for multivariate calibration of near-infrared spectra[J]. Chemometrics and Intelligent Laboratory Systems, 2008, 90(2): 188-194.

[35] Cen H., He Y. Theory and application of near infrared reflectance spectroscopy in determination of food quality[J]. Trends in Food Science & Technology, 2007, 18(2): 72-83.

[36] Centner V., Massart D. L., Noord O. E., De Jong, S., De Vandeginste B. M., Sterna C. Elimination of uninformative variables for multivariate calibration[J]. Analytical Chemistry, 1996, 68(21): 3851-3858.

[37] Cheng J. H., Sun D. W. Rapid and non-invasive detection of fish microbial spoilage by visible and near infrared hyperspectral imaging and multivariate analysis[J]. LWT-Food Science and Technology, 2015, 62(2): 1060-1068.

[38] Costa A. Z., Figueroa H. E., Fracarolli J. A. Computer vision based detection of external defects on tomatoes using deep learning[J]. Biosystems Engineering, 2020, 190: 131-144.

[39] Du C. J., Sun D. W. Recent developments in the applications of image processing techniques for food quality evaluation[J]. Trends in food science & technology, 2004, 15(5): 230-249.

[40] Fan S. X., Zhang B. H., Li J. B., Liu C., Huang W. Q., Tian X. Prediction of soluble solids content of apple using the combination of spectra and textural features of hyperspectral reflectance imaging data[J]. Postharvest Biology and Technology, 2016, 121: 51-61.

[41] Fawcett T. An introduction to ROC analysis[J]. Pattern Recognition Letters, 2006, 27(8): 861-874.

[42] Ferreira D. S., Pallone J. A. L., Poppi R. J. Fourier transform near-infrared spectroscopy (FT-NIRS) application to estimate Brazilian soybean [Glycine max (L.) Merril] composition[J]. Food Research International, 2013, 51(1): 53-58.

[43] Garrido-Novell C., Garrido-Varo A., Perez-Marin D., Guerrero J. E. Using spectral and textural data extracted from hyperspectral near infrared spectroscopy imaging to discriminate between processed pork, poultry and fish proteins [J]. Chemometrics and Intelligent Laboratory Systems, 2018, 172: 90-99.

[44] Gómez-Sanchis J., Moltó E., Camps-Valls G., Gómez-Chova L., Aleixos N., Blasco J. Automatic correction of the effects of the light source on spherical objects. An application to the analysis of hyperspectral images of citrus fruits[J]. Journal of Food Engineering, 2008, 85: 191-200.

[45] Gowen A. A., O'Donnell C. P., Taghizadeh M., Cullen P. J., Frias J. M., Downey G. Hyperspectral imaging combined with principal component analysis for bruise damage detection on white mushrooms (Agaricus bisporus) [J]. Journal of Chemometrics, 2008, 22 (3-4): 259-267.

[46] Haaland D. M., Thomas E. V., Chem. A. Partial least-squares methods for spectral analyses. 1. Relation to other quantitative calibration methods and the extraction of qualitative information[J]. Analytical chemistry, 1988, 60(11): 1193-1202.

[47] Huang W. Q., Li J. B., Wang Q. Y., Chen L. P. Development of a multispectral imaging system for online detection of bruises on apples[J]. Journal of Food Engineering, 2015, 146: 62-71.

[48] Isaksson T., Næs T. The Effect of Multiplicative scatter correction (MSC) and linearity improvement in NIR spectroscopy[J]. Applied Spectroscopy, 1988, 42(7): 1273-1284.

[49] Jiang H., Yoon S. C., Zhuang H., Wang W., Li Y, Yang Y. Integration of spectral and textural features of visible and near-infrared hyperspectralimaging for differentiating between normal and white striping broiler breast meat[J]. Spectrochimica Acta Part A: Molecular and Biomolecular Spectroscopy, 2019, 213: 118-126.

[50] Kamruzzaman M., ElMasry G., Sun D. W., Allen P. Non-destructive prediction and visualization of chemical composition in lamb meat using NIR hyperspectral imaging and multivariate regression[J]. Innovative Food Science and Emerging Technologies, 2012, 16: 218-226.

[51] Khodabakhshian R., Emadi B. Application of Vis/SNIR hyperspectral imaging in ripeness classification of pear[J]. International Journal of Food Properties, 2018, 20: S3149-S3163.

[52] Leardi R. Application of genetic algorithm-PLS for feature selection in spectral data sets[J]. Journal of Chemometrics, 2000, 14(5-6): 643-655.

[53] Li H., Liang Y., Xu Q., Cao D. Key wavelengths screening using competitive adaptive reweighted sampling method for multivariate calibration[J]. Analytica Chimica Acta, 2009, 648(1): 77-84.

[54] Li H. D., Xu Q. S., Liang Y. Z. Random frog: An efficient reversible jump Markov Chain Monte Carlo-like approach for variable selection with applications to gene selection and disease classification[J]. Analytica Chimica Acta, 2012, 740: 20-26.

[55] Li J., Huang W., Zhao C., Zhang B. A comparative study for the quantitative determination of soluble solids content, pH and firmness of pears by Vis/NIR spectroscopy[J]. Journal of Food Engineering, 2013, 116(2): 324-332.

[56] Li J., Rao X., Wang F., Wu W., Ying Y. Automatic detection of common surface defects on oranges using combined lighting transform and image ratio methods[J]. Postharvest Biology and Technology, 2013, 82: 59-69.

[57] Li J. B., Chen L. P. Comparative analysis of models for robust and accurate evaluation of soluble solids content in 'Pinggu' peaches by hyperspectral imaging[J]. Computers and Electronics in Agriculture, 2017, 142: 524-535.

[58] Li J. B., Chen L. P., Huang W. Q. Detection of early bruises on peaches (Amygdalus persica L.) using hyperspectral imaging coupled with improved watershed segmentation algorithm[J]. Postharvest Biology and Technology, 2018, 135: 104-113.

[59] Li J. B., Fan S. X., Huang W. Q. Assessment of multiregion local models for detection of SSC of whole peach (Amygdalus persica L.) by combining both hyperspectral imaging and wavelength optimization methods[J]. Journal of Food Process Engineering, 2018, 41(8): e12914.

[60] Li J. B., Huang W. Q., Tian X., Wang C. P., Fan S. X., Zhao C. J. Fast detection and visualization of early decay in citrus using Vis-NIR hyperspectral imaging, Computers and Electronics in Agriculture, 2016, 127: 582-592.

[61] Liu D., Sun D. W., Zeng X. A. Recent advances in wavelength selection techniques for hyperspectral image processing in the food industry[J]. Food and Bioprocess Technology, 2014, 7(2): 307-323.

[62] Liu Y. L., Chen Y. R., Kim M. S., Chan D. E., Lefcourt A. M. Development of simple algorithms for the detection of fecal contaminants on apples from visible/near infrared hyperspectral reflectance imaging[J]. Journal of Food Engineering, 2007, 81: 412-418.

[63] Mehmood T., Liland K. H., Snipen L., Sb S. A review of variable selection methods in Partial Least Squares Regression[J]. Chemometrics & Intelligent Laboratory Systems, 2012, 118(16): 62-69.

[64] Mishra P., Nordon A., Asaari M. S. M., Lian G. P., Redfern S. Fusing spectral and textural information in near-infrared hyperspectral imaging to improvegreen tea classification modelling[J]. Journal of Food Engineering, 2019, 249: 40-47.

[65] Nicolaï B. M., Beullens K., Bobelyn E., Peirs A., Saeys W., Theron K. I., Lammertyn J. Nondestructive measurement of fruit and vegetable quality by means of NIR spectroscopy: a review[J]. Postharvest Biology and Technology, 2007, 46(2): 99-118.

[66] Suykens J. A. K., Vandewalle J. Least Squares Support Vector Machine Classifiers[J]. Neural Processing Letters, 1999, 9(3): 293-300.

[67] Vargas A. M., Kim M. S., Tao Y., Lefcourt A. M., Chen Y. R., Luo Y., Song Y., Buchanan R. Defection of fecal contamination on cantaloupes using hyperspectral

fluorescence imagery[J]. Journal of Food Science, 2005, 70(8): 471-476.

[68] Wang H. T., Zhang R. Y., Peng Z., Jiang Y. L., Ma B. X. Measurement of SSC in processing tomatoes (Lycopersicon esculentum Mill.) by applying Vis-NIR hyperspectral transmittance imaging and multi-parameter compensation models [J]. Journal of Food Process Engineering, 2019, 42(5): e13100.

[69] Wold S., Sjöström M., Eriksson, L. PLS-regression: a basic tool of chemometrics[J]. Chemometrics and Intelligent Laboratory Systems, 2001, 58(2): 109-130.

[70] Wold S., SJÖSTRÖM M. SIMCA: A method for analyzing chemical data in terms of similarity and analogy. Theory and Application. Chemometrics: ACS Publications, 1977: 243-282.

[71] Wu D., Sun D. W. Colour measurements by computer vision for food quality control: a review[J]. Trends in Food Science & Technology, 2013, 29(1): 5-20.

[72] Wu D., Sun D. W. Advanced applications of hyperspectral imaging technology for food quality and safety analysis and assessment: a review—Part I: Fundamentals[J]. Innovative Food Science and Emerging Technologies, 2013, 19: 1-14.

[73] Xia C., Yang S., Huang M., Zhu Q. B., Guo Y., Qin J. W. Maize seed classification using hyperspectral image coupled with multi-linear discriminant analysis[J]. Infrared Physics & Technology, 2019, 103: 103077.

[74] Zou X., Zhao J., Li Y., Shi J. Apples shape grading by Fourier expansion and genetic program algorithm[C]//2008 Fourth International Conference on Natural Computation. IEEE, 2008, 4: 85-90.

[75] Yang D., He D. D., Lu A. X., Ren D., Wang J. H. Combination of spectral and textural information of hyperspectral imaging for the prediction of the moisture content and storage time of cooked beef[J]. Infrared Physics & Technology, 2017, 83: 206-216.

[76] Yun Y. H., Li H. D., Deng B. C., Cao D. S. An overview of variable selection methods in multivariate analysis of near-infrared spectra[J]. TRAC Trends in Analytical Chemistry, 2019, 113: 102-115.

[77] Zhang B., Huang W., Gong L., Li J., Zhao C., Liu C., Huang D. Computer vision detection of defective apples using automatic lightness correction and weighted RVM classifier[J]. Journal of Food Engineering, 2015, 146: 143-151.

[78] Zhang, B., Huang, W., Li, J., Zhao, C., Fan, S., Wu, J., Liu, C. Principles, developments and applications of computer vision for external quality inspection of fruits and vegetables: a review[J]. Food Research International, 2014, 62: 326-343.

[79] Zhang H. L., Zhan B. S., Pan F., Luo W. Determination of soluble solids content in oranges using visible and near infrared full transmittance hyperspectral imaging with comparative analysis of models[J]. Postharvest Biology and Technology, 2020, 163: 111-148.

[80] Zhao Y., Gong L., Huang Y., Liu C. Robust tomato recognition for robotic harvesting using

feature images fusion[J]. Sensors, 2016, 16(2): 173.

[81] Zheng K., Li Q., Wang J., Geng J., Cao P., Sui T., Wang X., Du Y. Stability competitive adaptive reweighted sampling (SCARS) and its applications to multivariate calibration of NIR spectra[J]. Chemometrics and Intelligent Laboratory Systems, 2012, 112: 48-54.

第4章　农产品质量和安全图谱信息处理典型软件与工具

农产品质量品质和安全无损检测评估中，利用各种传感器可以快速获取反映待测对象品质和安全信息的大量原始数据，需要从原始传感数据中解析、提取、挖掘那些关键的特征信息、潜在关系，以实现传感信息的有效表达，进而对所测对象质量品质做出客观、准确的评估。随着数据处理分析技术的进步，已发展出多种数据分析软件或工具包，它们在农产品无损检测评估方面发挥了重要作用。本章对一些典型的图像和光谱分析软件和工具包进行分别介绍，具体包括图像处理分析软件、可见-近红外光谱分析软件、高光谱图像分析软件以及拉曼光谱图像分析软件。

4.1　图像处理分析软件

数字图像处理技术是机器视觉系统中的核心关键技术。开发农产品质量品质和安全视觉检测系统和评估算法，离不开图像处理分析软件。常见的机器视觉图像处理软件常以C/C++图像处理库、ActiveX控件、图形化编程环境等形式出现，这些软件形式、功能多样，有些是具有检测、模板对准等功能的专用软件，有些是具有定位、条码识别等功能的通用软件。在农产品质量品质视觉检测图像分析应用中，常用的图像处理软件平台包括Matlab、OpenCV、LabVIEW等。其中，Matlab侧重于图像处理算法开发；OpenCV侧重于图像处理软件开发包，提供免费的开源图像处理算法库；LabVIEW则适合于快速搭建视觉检测平台，并提供快速验证的图像处理库。本节主要介绍Matlab、OpenCV和LabVIEW三种主流的机器视觉图像处理软件平台，相应的图像处理工具箱或开发包，以及与农产品质量品质检测相关的常用处理分析功能。

4.1.1　Matlab图像处理工具箱

Matlab的全称是Matrix Laboratory（矩阵实验室），是由MathWorks公司开发的用于数值计算和可视化图形处理的高性能工程语言。Matlab语言是一种简单、高效、功能强的编程语言，该编程语言语法结构简单，且具有高质量的图形可视化效果和强大的界面设计能力，在数据分析、深度学习、机器视觉与图像处理、信号处理等领域已得到了广泛应用。针对各专门领域仿真分析、应用开发的特殊需要，Matlab 联合多领域的专家针对特定应用开发了功能强大的工具箱。

Matlab 对图像的处理功能主要集中在它的图像处理工具箱(Image Processing Toolbox)中。图像处理工具箱集合了一系列支持图像处理的函数，在图像处理中，Matlab 提供了简便的函数调用来实现许多经典的图像处理方法。图像处理工具箱中的函数主要包括以下几类：图像显示函数；图像文件输入、输出；图像几何运算；图像像素值及统计；图像分析；图像平滑及增强；线性滤波及滤波器设计；图像变换；图像邻域及块操作；二值图像操作；基于区域的图像处理；彩色图像操作；颜色空间转换；图像类型转换等。Matlab 图像处理工具箱里的函数几乎涵盖了图像处理操作各个方面的内容。Matlab 图像处理工具箱支持多种图像格式，包括索引图像、RGB 图像、灰度图像、二进制图像，并且能操作 . bmp、. jpg、. tiff 等多种图像格式文件。工具箱里的图像处理函数为 M 文件，可以通过 type function_name 查看函数源代码，同时也可以用自己编写的图像处理函数扩展工具箱。图像处理工具箱使图像处理操作更加灵活、高效，大大节省了编写底层图像处理算法代码的时间。值得说明的是，图像处理除了可以通过 Matlab 数字图像处理工具箱提供的图像处理函数外，Matlab 还提供了与图像处理和机器视觉相关的应用(如图 4-1 所示)，研究学者和视觉系统开发工程师可以方便地使用这些应用进行相机校准、图像获取、图像分析，以及确定参数等。目前，市面上利用 Matlab 进行数字图像处理的教材和参考书籍非常多。Matlab 图像处理的相关函数和使用方法在这里不再赘述。

图 4-1　Matlab 提供的与图像处理和机器视觉相关的便捷应用

4.1.2 OpenCV 开源计算机视觉库

OpenCV 的全称是 Open Source Computer Vision Library，是由 Intel 公司发起并参与开发的开源、高效、轻量、跨平台的计算机视觉库。开发 OpenCV 的目的是构建一个简单易用的计算机视觉框架，以帮助开发人员针对特定应用快速便捷地设计更复杂的计算机视觉程序。值得一提的是，OpenCV 对商业应用和非商业应用都是免费的。视觉库由一系列 C 函数和少量 C++类构成，实现了图像处理和计算机视觉方面的很多通用算法，算法从最基本的图像滤波到高级的物体检测均有涵盖。视觉库函数具有很好的独立性和可移植性，在使用过程中，开发人员只需要直接调用接口函数，不需要重复编写底层图像处理算法，库函数的使用大大提高了图像处理算法开发效率。关于 OpenCV 更加详细的资料，或在使用过程中遇到问题可以访问 OpenCV 中文论坛（http：//www.opencv. org. cn/forum/）。

OpenCV 包含了多个功能模块，这些模块是组成视觉库的基本单位。随着机器视觉和图像处理的发展，这些模块所包含的函数和功能也在不断地发展和完善。其中常用的模块包括：

（1）Core 模块：OpenCV 的核心功能模块，包括一些基本结构和算法函数，主要提供对各种数据类型的基本运算功能；

（2）Imgproc 模块：即图像处理模块，包含了基本的图像处理操作；

（3）Highgui 模块：即高层用户交互模块，为跨平台的顶层 GUI 及视频 I/O 组件，可以支持图像、视频、摄像头的读取显示以及转码；

（4）Ml 模块：即机器学习模块，主要包括统计模型和分类算法；

（5）Objdetect 模块：即目标检测模块，包括级联分类和 SVM 分类模型；

（6）Features2d 模块：即二位特征框架模块，包括各种特征的提取和匹配，主要有特征的检测和描述、特征检测提取匹配接口、关键点与匹配点绘图以及目标分类等内容。

此外，还包括视频读写 Video 模块、三维校准 Calib3d 模块、图像拼接 Stitching 模块等。详细介绍可以参加 OpenCV 教程或参考手册。

针对不同版本的编程环境，OpenCV 推出了多款与之匹配的版本，目前最新版本为 OpenCV 4. 3. 0 版。下面对 OpenCV 的下载、安装，在 VS 2015 和 Python 编程环境下 OpenCV 的配置，以及简单的图像处理操作做简单介绍。

4. 1. 2. 1 OpenCV 的下载与安装

OpenCV 安装包可在 OpenCV 官网获取，其网址为 https：//opencv. org/，也可从 Github 上获取，其网址为 https：//github. com/opencv/opencv/releases/。下载时应根据自己需要下载合适的版本。以 OpenCV 3. 4. 0 版本下载为例，安装包下载完成后，得到安装文件：OpenCV-3. 2. 0. exe，双击运行文件，选择安装目录后选择 Extract，即可完成 OpenCV 的安装。安装完毕后，在其安装目录下可看到两个文件夹，分别是 build 和 sources，其中 build 文件夹中是 OpenCV 的库文件，而 sources 文件夹中则是部分示范源码。

4. 1. 2. 2　环境变量配置

在完成 OpenCV 的安装后，需要对环境变量进行配置。右键单击“此电脑”，选择“属性”→“高级系统设置”→“高级”→“环境变量”，在环境变量窗口中，找到系统变量，在其中找到 Path 变量，如图 4-2 所示。

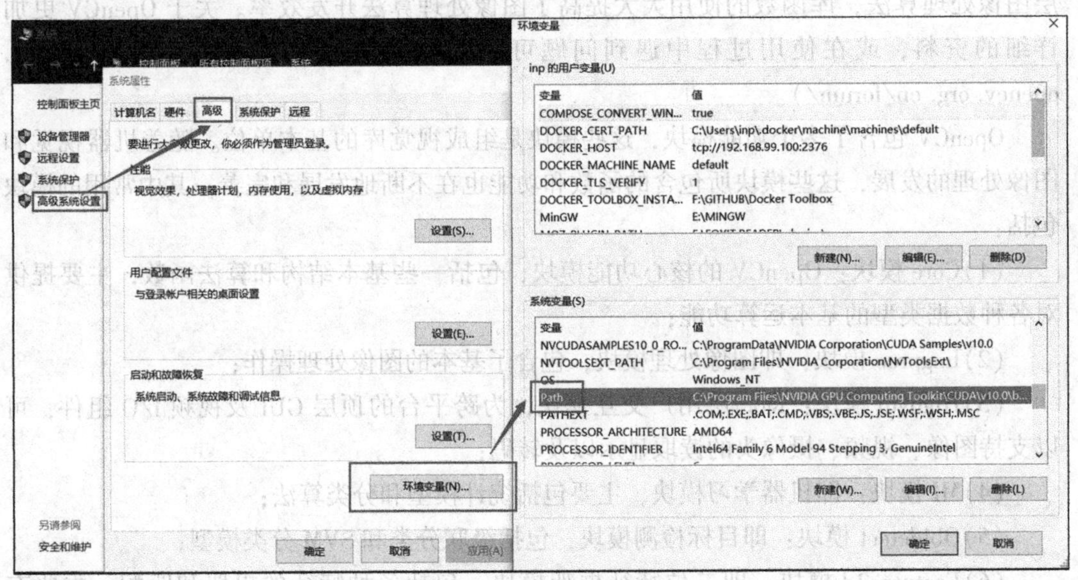

图 4-2　环境变量编辑窗口

双击打开 path 变量，在打开的“编辑环境变量”窗口中，选择“新建”，将 OpenCV 文件夹中 build → x64→ vc15 或 build → x64→ vc14 下 bin 文件夹的地址链接，复制到此处，确认即可。此示例中，OpenCV 被安装到了 F:\opencv 文件夹下，则 bin 文件夹地址链接为“F:\opencv\build\x64\vc14\bin”，如图 4-3 所示。下文所使用到的路径均是在此安装文件夹下。

4. 1. 2. 3　OpenCV 在 VS2015 平台中的配置

关于 Visual Studio 的安装这里不做介绍。首先打开 VS2015，在菜单栏中选择“文件”→“新建”→“项目”，新建一个空项目，如图 4-4 所示。

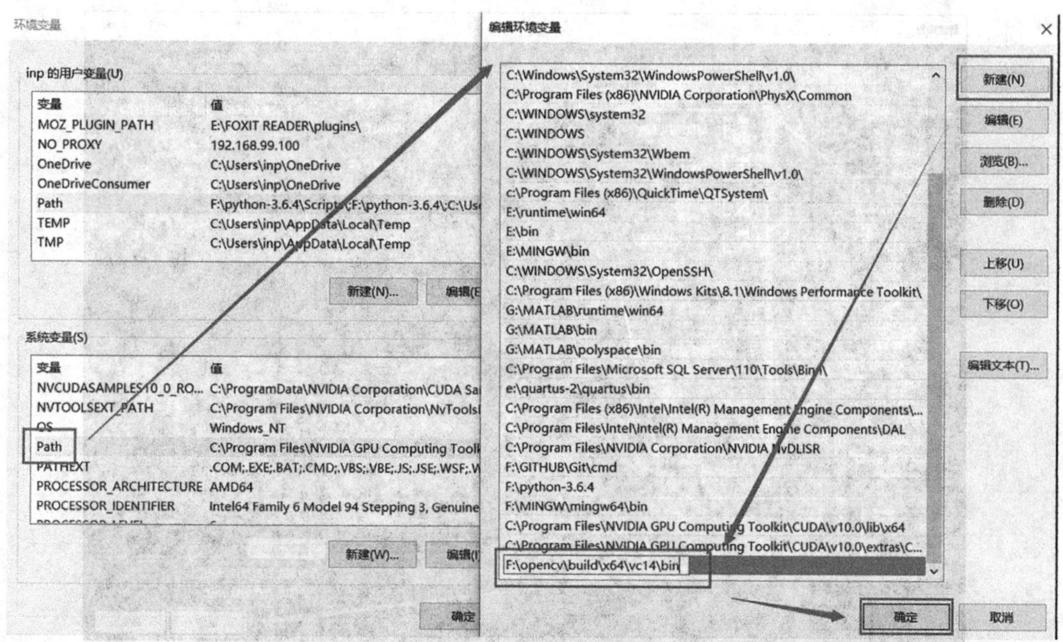

图 4-3　添加环境变量

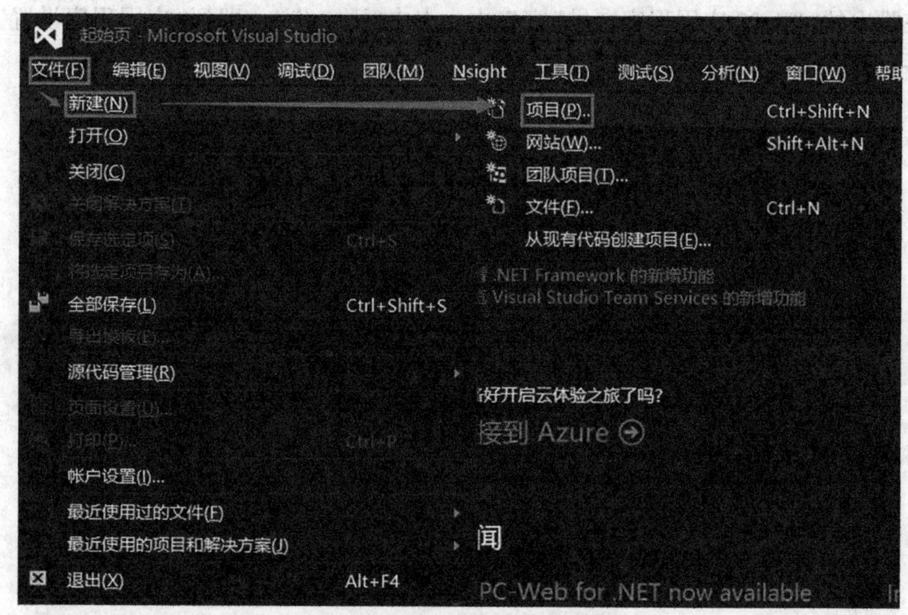

图 4-4　使用 VS2015 新建项目

新建项目窗口中，在左侧模板栏目选择 Visual C++，在右侧栏目选择 Win32 控制台应用程序。在窗口下方的选框中，对项目名称以及位置进行编辑后，点击“确定”即可创建，如图 4-5 所示。

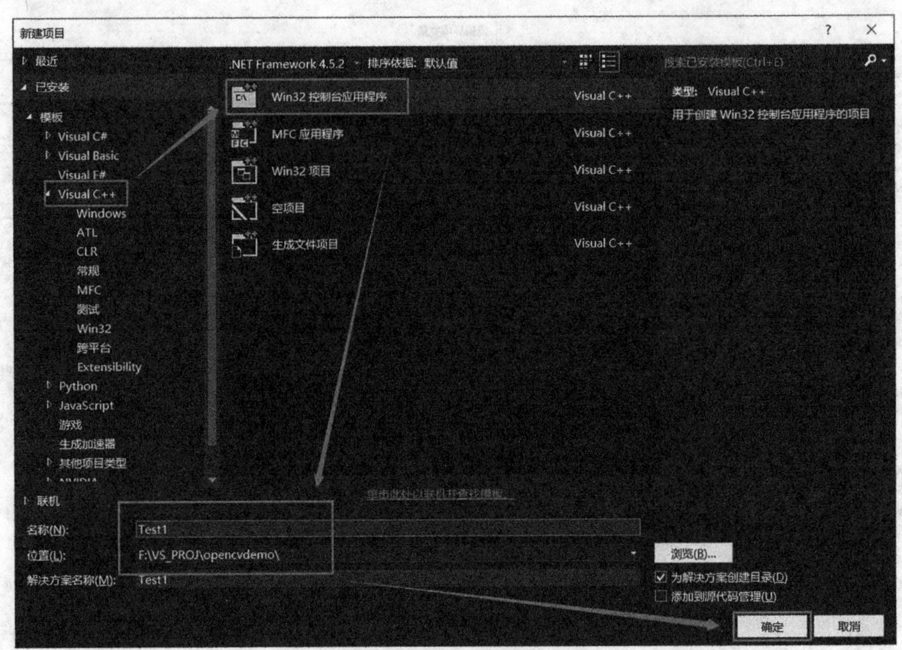

图 4-5 新建控制台应用程序

在跳出的“Win32 应用程序向导”窗口中，点击“下一步”，即到“应用程序设置”步骤，如图 4-6 所示，进行设置后点击“完成”。

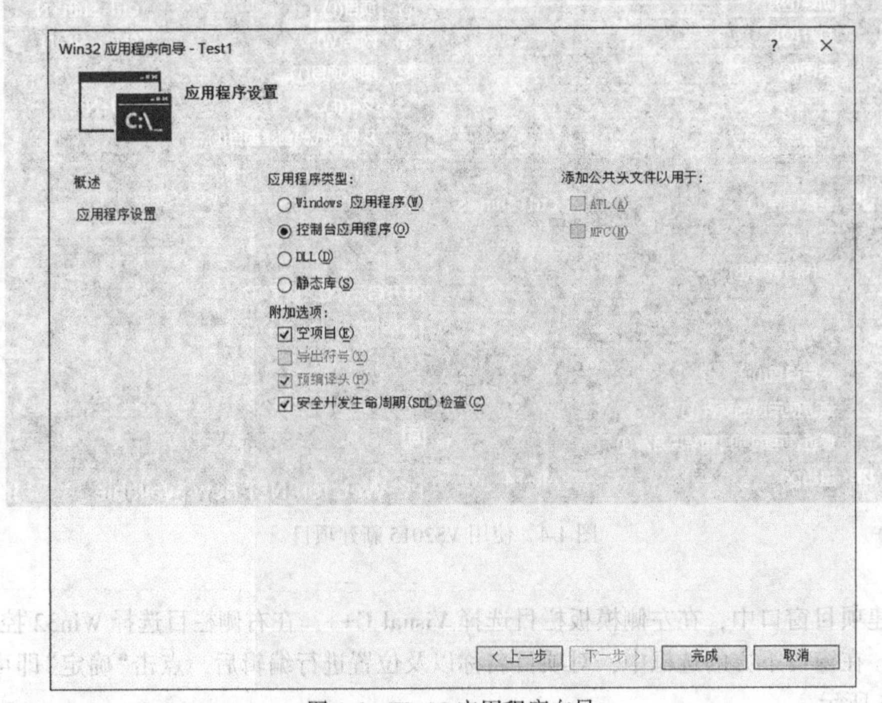

图 4-6 Win32 应用程序向导

此时，页面中会出现一个空窗口，在右侧栏目中选择“属性管理器”。如果无法找到“属性管理器”，可通过菜单栏中“视图”→“其他窗口”→“属性管理器”打开。右键属性管理器中的 Debug | x64，选择“属性”，即可打开 Debug 属性页，如图 4-7 所示。

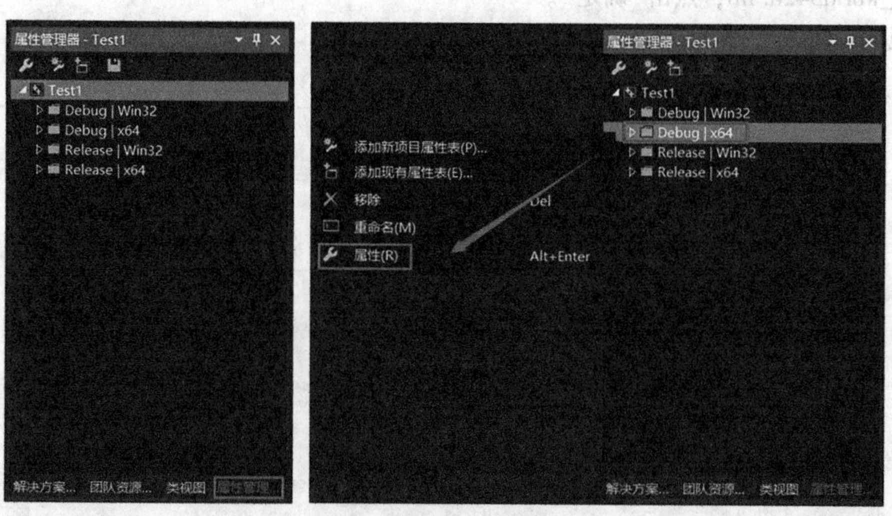

图 4-7　打开 Debug 属性页

在打开的 Debug 属性页中，在左侧栏目中选择“VC++目录”，进而在右侧栏目中选择“包含目录”，点击“编辑”。选择右上方的新建图标，添加以下两条路径，F：\ opencv \ build \ include 和 F：\ opencv \ build \ include \ opencv2，点击“确定”。

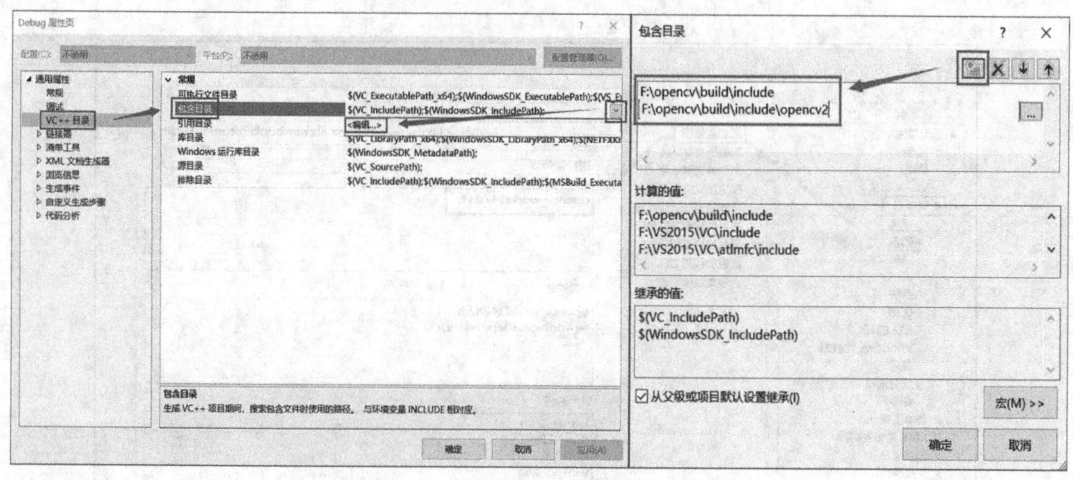

图 4-8　在包含目录中添加路径

以同样的方式在 VC++目→库目录下添加路径，F：\ opencv \ build \ x64\ vc14\ lib，如图 4-9 所示。

选择“链接器”下拉菜单，点击“输入”，选择“附加依赖项”，同上文中添加包含目录和库目录的方法一样，在 F:\opencv\build\x64\vc14\lib 文件夹中找到名为 opencv_world342d. lib 的压缩文件，将其文件名复制，填入到库目录中。本文所添加的文件名为：opencv_world342d. lib，点击“确定”。

至此，Opencv 在 VS2015 中的配置结束。

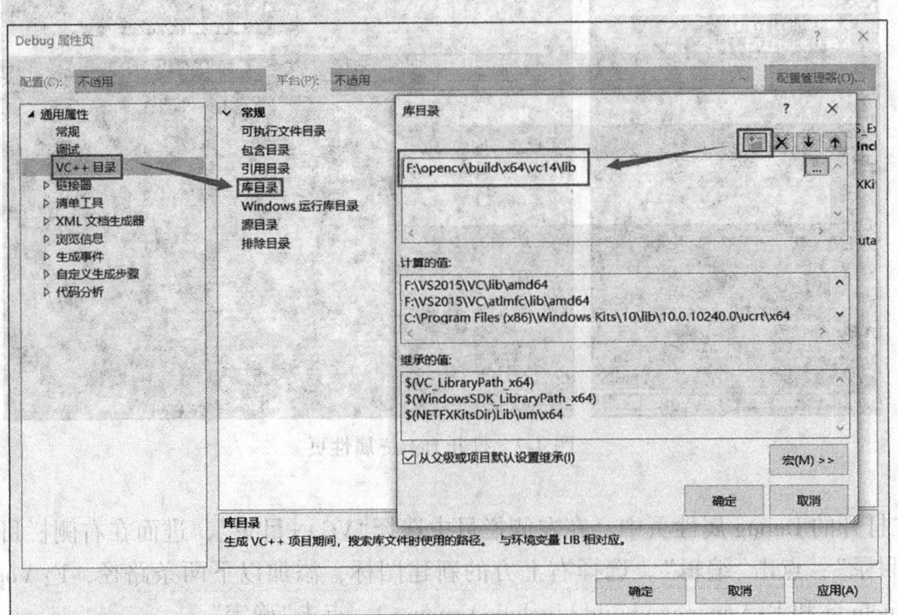

图 4-9　在库目录中添加路径

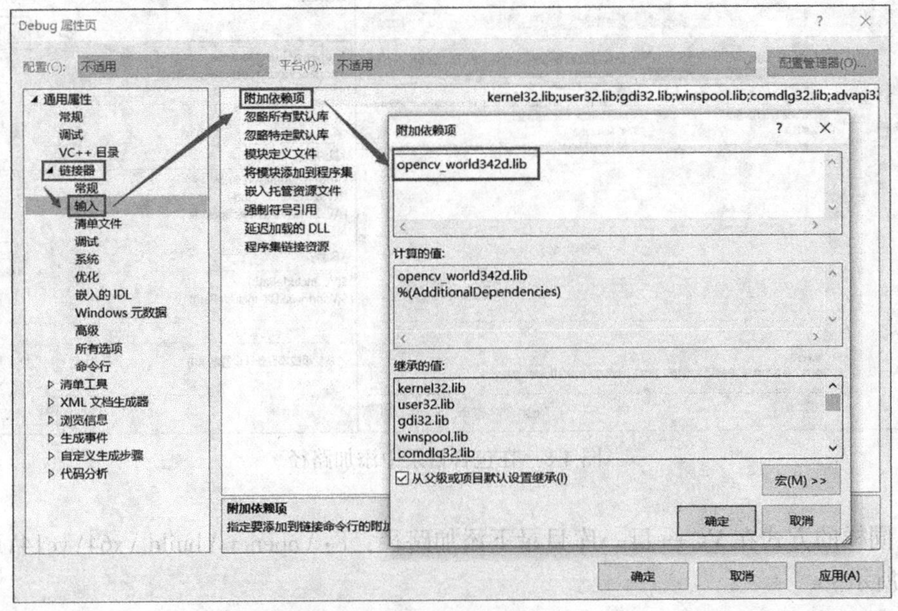

图 4-10　在附加依赖项中添加文件名

4.1.2.4　OpenCV 视觉库在 Python 中配置

Python 中使用 OpenCV 视觉库无需复杂的配置过程，在安装好 Python 的情况下，使用 pip 命令安装 opencv-python 包，首先在命令行中进入 Python 的安装目录，输入 pip install opencv-python，即会自动安装适合该 Python 版本的最新的 OpenCV 包，如图 4-11 所示。

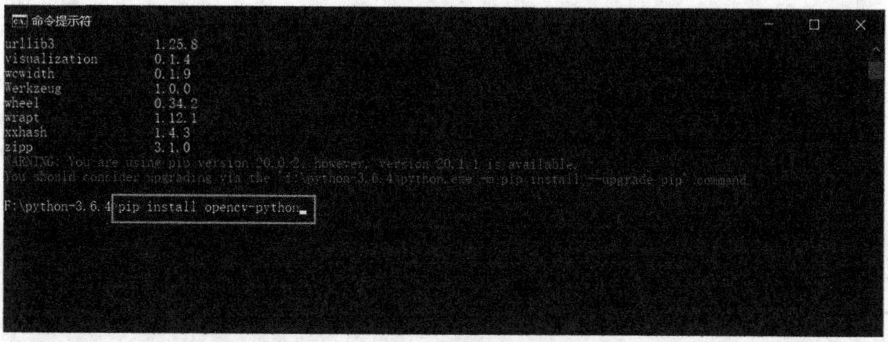

```
命令提示符
urllib3          1.25.8
visualization    0.1.4
wcwidth          0.1.9
Werkzeug         1.0.0
wheel            0.34.2
wrapt            1.12.1
xxhash           1.4.3
zipp             3.1.0
WARNING: You are using pip version 20.0.2; however, version 20.1.1 is available.
You should consider upgrading via the 'f:\python-3.6.4\python.exe -m pip install --upgrade pip' command.

F:\python-3.6.4>pip install opencv-python
```

图 4-11　使用 pip 下载 OpenCV 包

在编写代码的过程中，只需在程序开头添加 import cv2，即可将 OpenCV 包导入，在代码中即可使用 OpenCV 包中的各类图像处理函数。鉴于 Python 简单易学，且配置简单方便，优先推荐使用 Python 结合 OpenCV 进行图像处理。

4.1.2.5　在 Python 中使用 OpenCV 进行简单操作

1. 显示图片

本书使用 Pycharm 作为开发环境，图 4-12 中所示代码可完成图片显示的操作，输出效果如图 4-12 所示。

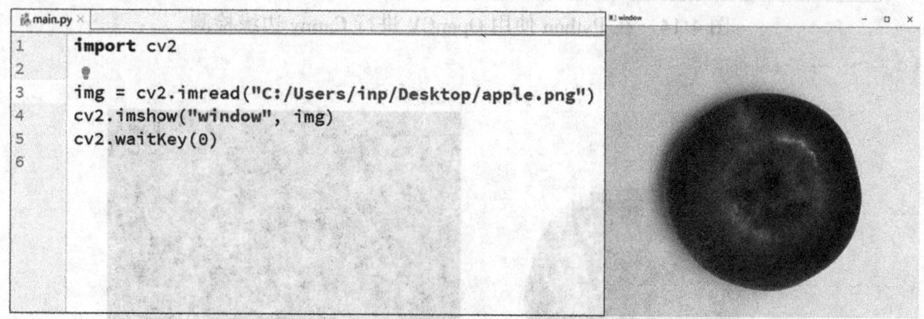
main.py
import cv2
img = cv2.imread("C:/Users/inp/Desktop/apple.png")
cv2.imshow("window", img)
cv2.waitKey(0)

图 4-12　在 Python 使用 OpenCV 显示图片

2. 计算并绘制直方图

OpenCV 中使用 calcHist 函数可以方便地计算图像的直方图，而借助 matplotlib 包中的 pyplot 工具，则能够快捷地绘制直方图，如图 4-13 所示。

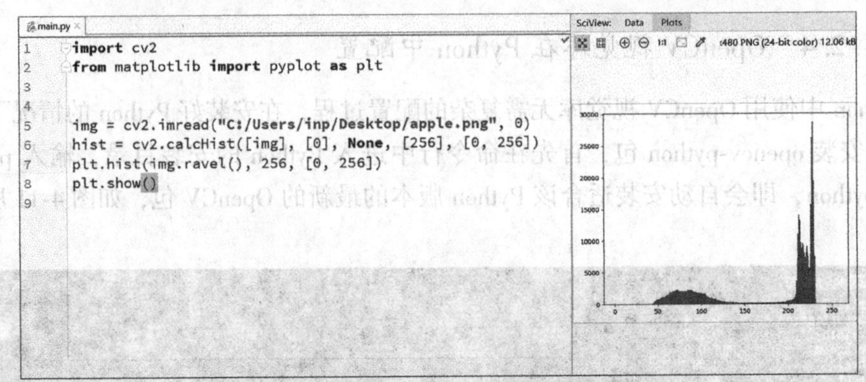

图 4-13　在 Python 使用 OpenCV 计算直方图

3. Canny 边缘检测

使用 OpenCV 包对图像进行边缘检测，其代码和运算结果如图 4-14、图 4-15 所示，在图 4-15 中的两张图片分别对应原始输入图像和 canny 边缘检测效果。

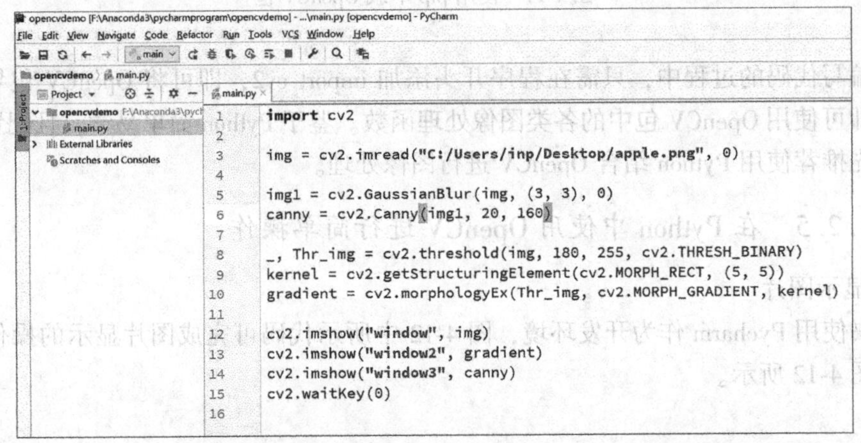

图 4-14　在 Python 使用 OpenCV 进行 Canny 边缘检测

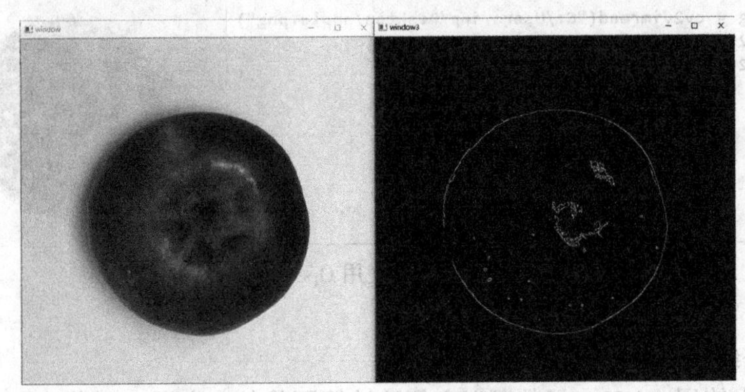

图 4-15　原图和 Canny 边缘检测效果图

4.1.3　LabVIEW 机器视觉与图像处理

LabVIEW 的全称是 Laboratory Virtual Instrument Engineering Workbench，又被称为 G 语言(graphical programming language)，是由美国国家仪器公司(National Instruments Company，NI)研制开发的图形化软件编程平台。LabVIEW 借助于虚拟面板用户界面和方框图建立虚拟仪器进行图形程序设计，是目前应用较广的基于图形开发、调试和运行程序的图形化编程开发环境。

LabVIEW 还可以用于图像采集、图像处理分析和机器视觉系统的开发。NI 的视觉工具包包括视觉开发模块(vision development module，VDM)、自动化检测视觉生成器(vision builder for automated inspection，VBAI)、视觉采集软件(vision acquisition software，VAS)等。其中，视觉开发模块 VDM 属于数字图像处理和机器视觉系统开发包，VDM 开发模块如图 4-16 所示。VDM 的主要功能是进行图像处理和分析，包括模式匹配、粒子分析、边缘检测、阈值处理、直方图和光学字符识别等。基于 LabVIEW 和视觉开发模块 VDM，就可以完成绝大多数的数字图像处理和机器视觉任务，同时也可以根据特定的检测任务利用 VDM 定制专门的机器视觉检测软件。

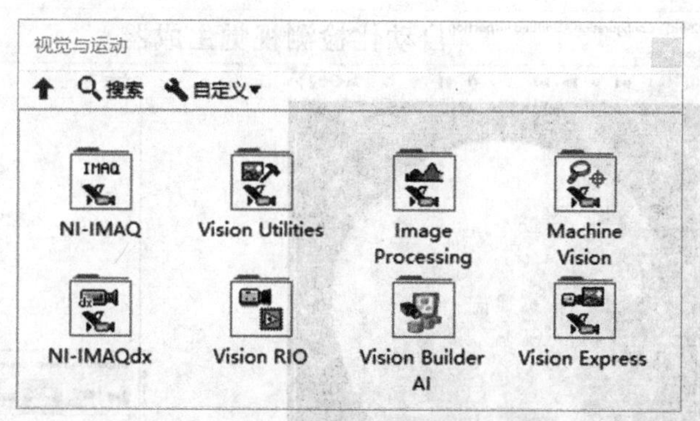

图 4-16　NI 视觉开发模块 Vision Development Module

此外，VDM 还包含了视觉助手(Vision Assistant)，其配置界面如图 4-17 所示，视觉助手是一个类似于 NI 视觉生成器的代码成型和生成工具，用于开发和测试一系列图像分析和处理步骤，同时可以从中生成代码的工具。视觉助手作为 NI 视觉的帮助工具，可以便捷地协助开发工程师验证视觉项目的可行性，同时视觉助手生成的代码也可以被 LabVIEW 机器视觉与图像处理开发环境调用。

自动化检测视觉生成器 VBAI 是一个独立的、可配置的机器视觉开发环境，无需编程知识，用户就可快速搭建开发机器视觉和图像处理测试测量平台。VBAI 配置界面如图 4-18所示。VBAI 是一款基于 NI 开发环境的视觉应用型软件，集成了变量、图像处理、保存图像等 100 多种常用的视觉开发工具，同时 VBAI 还内置了视觉采集软件 VAS，可以从相机直接读取图像。VBAI 使快速搭建视觉检测平台变得更加灵活、高效，大大节省了视觉系统开发测试工程师编写底层图像处理或机器视觉算法代码的时间。

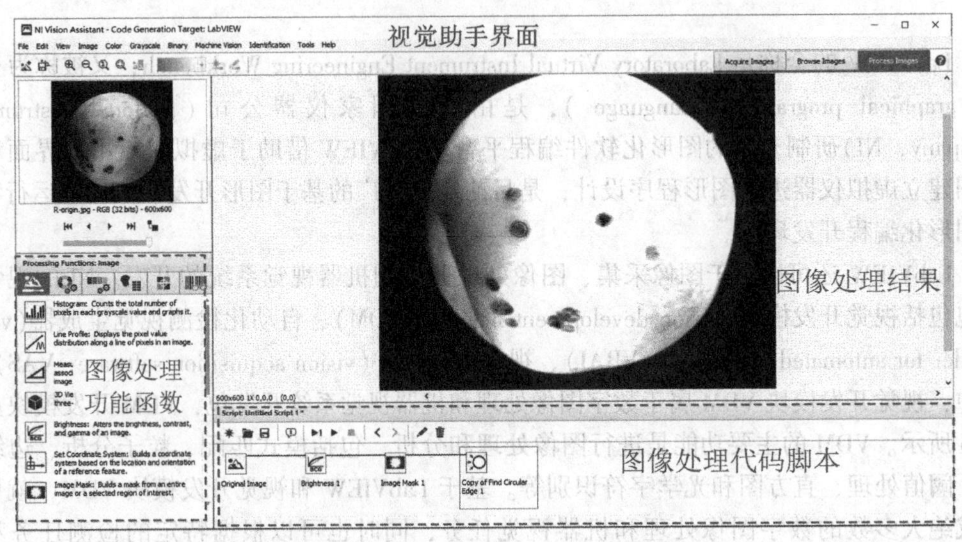

图 4-17　NI 视觉助手 Vision Assistant 配置界面

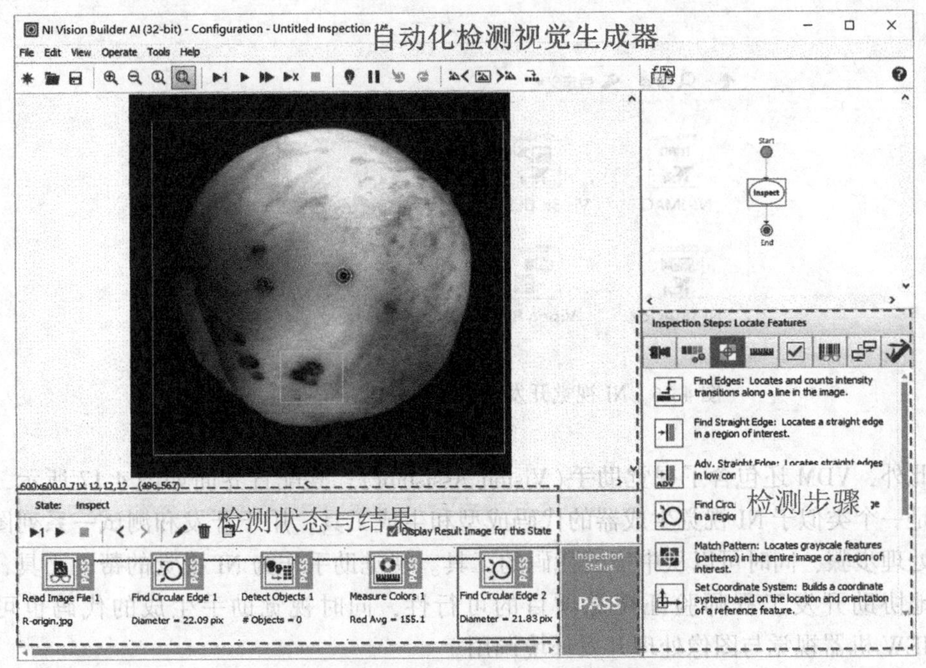

图 4-18　自动化检测视觉生成器 VBAI 配置界面

视觉采集软件 VAS 是一组驱动程序和实用程序，用于采集、显示和保存各种工业相机或摄像机类型的图像，VAS 包含了 NI-IMAQ、NI-IMAQdx、NI-IMAQ I/O 三个相机驱动程序组件，这些驱动组件可以驱动大部分国内外品牌工业相机。VAS 在 LabVIEW 中的驱动组件如图 4-19 所示。VAS 通过驱动各种型号的相机搭建相机与图像处理软件的桥梁，VAS 从工业相机或摄像机获取图像，然后把高级图像处理和分析的任务交给 VDM 或 VBAI 等图像处理软件开发包。

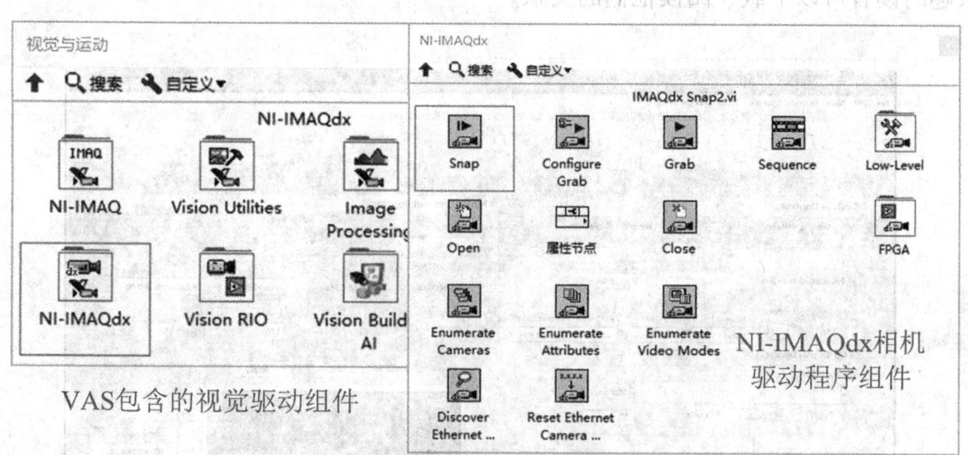

图 4-19　VAS 在 LabVIEW 中的驱动组件

NI 的视觉工具包视觉开发模块 VDM、自动化检测视觉生成器 VBAI、视觉采集软件 VAS 之间的区别、联系和相关的用途可以通过图 4-20 直观了解。关于 LabVIEW 机器视觉与图像处理相关的详细内容，可以登录其官网查询，或通过石鑫华视觉网(http://shixinhua.com/)查询。

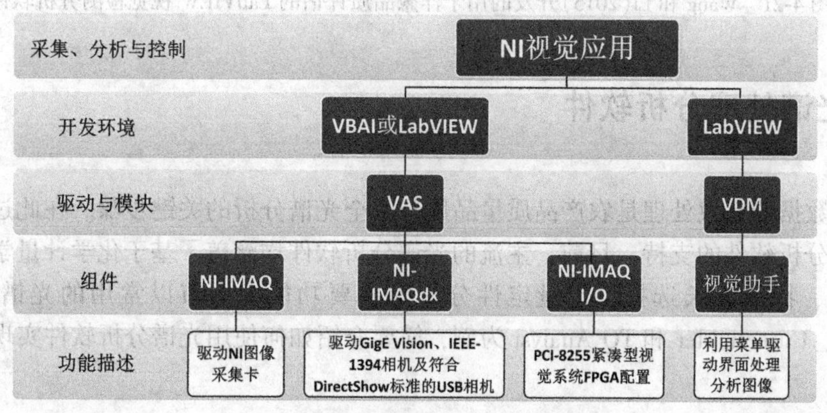

图 4-20　NI 视觉相关软件的关系和用途

在农产品品质视觉检测方面，LabVIEW 机器视觉与图像处理相关的软件和工具也被广泛应用。图 4-21 为 Wang 和 Li(2015)基于 LabVIEW 机器视觉与图像处理开发环境开发的洋葱品质检测分析软件。他们开发的 LabVIEW 视觉检测软件可以用于获取洋葱的 RGB 图像、光谱图像、深度图像和 X 射线图像，检测系统支持同时检测洋葱的外部和内部品质，如尺寸、体积、密度以及缺陷等。本书第 9 章有关于基于 LabVIEW 环境开发的水果质量检测多光谱图像采集分析软件和系统的介绍。Ding 等(2014)基于 LabVIEW IMAQ 视觉开发了适用于食品和农产品的检测系统，并对 LabVIEW IMAQ 视觉进行了较为深入细致的介绍，同时综述了 LabVIEW 视觉检测检测技术在食品和农产品品质检测领域的应用，感兴趣的读者可以下载、阅读他们的文献。

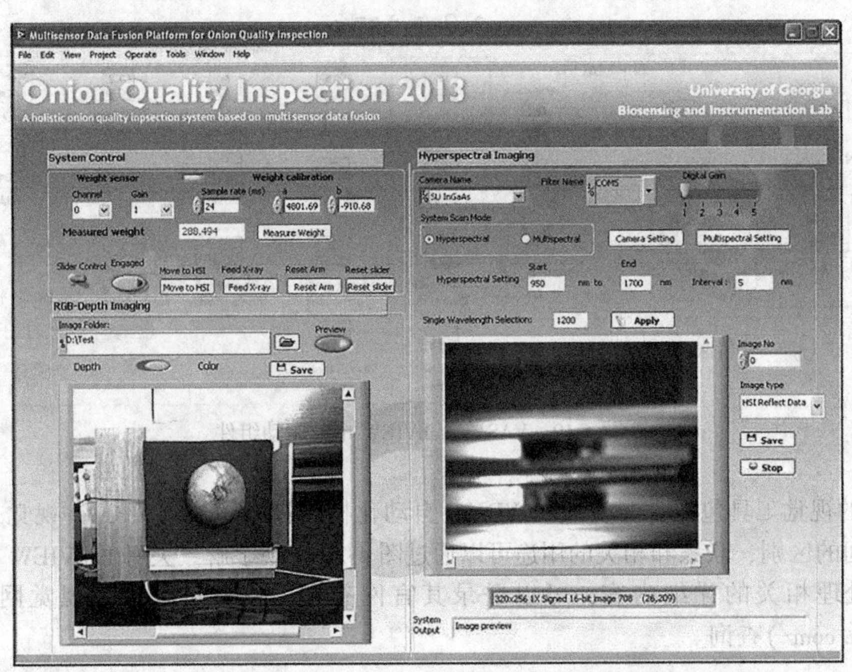

图 4-21　Wang 和 Li(2015)开发的用于洋葱品质评估的 LabVIEW 视觉检测分析软件

4.2　光谱处理分析软件

光谱数据的有效处理是农产品质量品质与安全光谱分析的关键步骤。在此过程中，离不开光谱分析软件的支持。目前，主流的光谱分析软件均涵盖了基于化学计量学算法的光谱预处理、特征波长选择、定量定性分析等主要功能。本节以常用的光谱分析软件 MATLAB、Unscrambler 和 TQ Analyst 为例，简要介绍如何使用光谱分析软件实现光谱数据的分析。

4.2.1　Matlab 光谱分析工具箱

Matlab 除了具有在上一节中所介绍的强大的图像处理功能外，研究人员和相关公司在 Matlab 平台上还开发了用于光谱分析的工具箱。应用比较广泛的如 Eigenvector 开发的 PLS Toolbox 工具箱，如图 4-22 所示。该工具箱开始主要以 PLS 算法的建模分析为主，随着功能的不断丰富，该工具箱得到不断完善，其主要特点如下：

① 数据挖掘与模式识别、平行因子分析(parallel factor analysis)、多路主成分分析(multiway PCA)、希尔斯模型(tucker models)。

② 分类判别和聚类分析，包括 SIMCA 和 PLS 判别分析，SVM 分类和 K 最邻近分类算法。线性和非线性回归分析，包括 PLS 回归、主成分回归(principal components regression)、多元线性回归(multiple linear regression)、经典最小二乘(classical least squares)、支持向量机回归(support vector machine regression)、局部加权回归(locally weighted regression)、人工神经网络(artificial neural networks)等。

③ 光谱预处理，如中心化、平滑、基线校正等。

④ 变量筛选，包括遗传算法，区间 PLS 算法、VIP 算法等。

关于 PLS Toolbox 工具箱的具体下载和应用，读者可以参考 Eigenvector 的网站：http://www.eigenvector.com/software/pls_toolbox.htm。

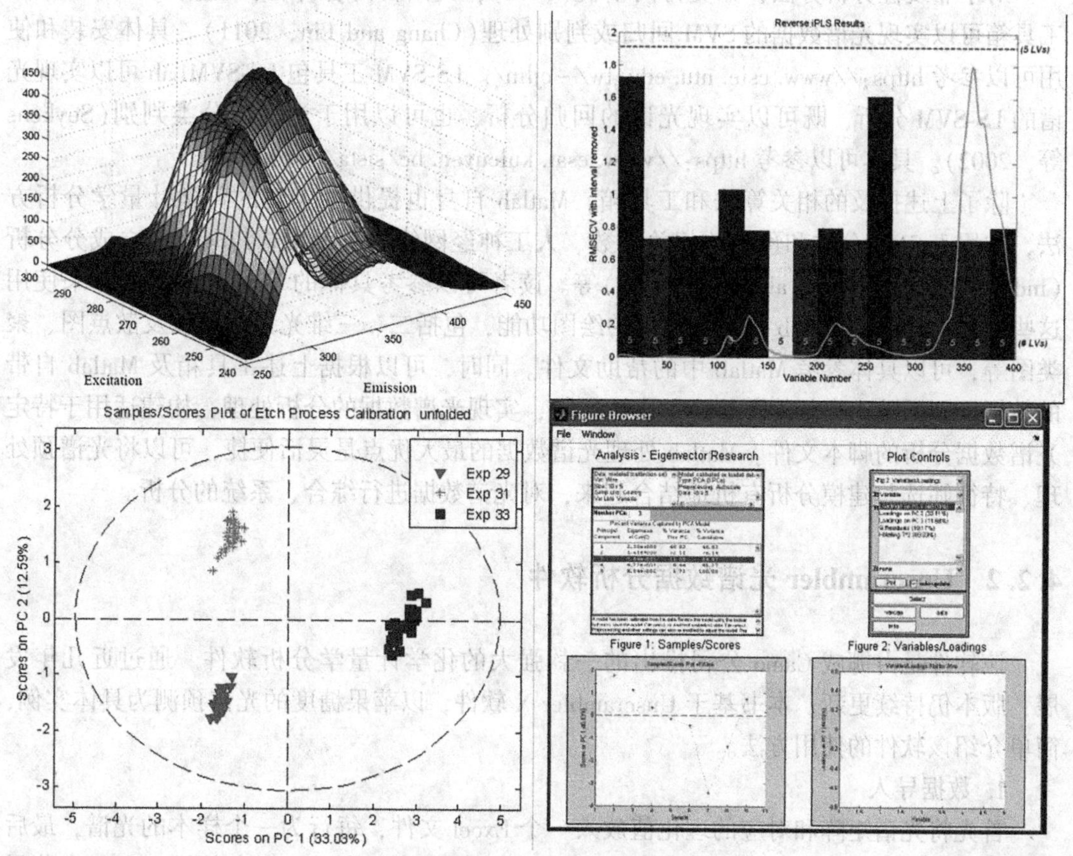

图 4-22 PLS Toolbox 软件界面

除了 PLS Toolbox 这款商业软件外，中南大学梁逸曾团队开发的 libPLS 工具箱也在光谱分析领域得到了广泛应用(Li 等，2018)。该工具箱主要包含光谱数据的特征提取、回归以及判别分析。其主要亮点在于光谱数据的特征提取，工具箱包含该团队提出的几种光谱特征波长智能搜索算法，包括竞争性自适应重加权采样算法(CARS)(Li 等，2009)、随机蛙跳算法（RF）（Li 等，2012）以及迭代保留信息变量（iteratively retaining informative variables，IRIV）算法（Yun 等，2014）等。而对于回归和判别分析，该工具箱主要包含了 PLS 回归和 PLS 判别分析。该工具箱同时提供了详细的例程供读者学习，具体下载和使用请参考网站 http://www.libpls.net/。借助该工具箱，研究人员可以根据自己的分析目的，快速编写相关算法，实现对光谱数据的高效处理。

另外，Norgaard 等（2000）提出的 iToolbox 工具箱，区别于上述特征波长的提取，它主要包含几种特征光谱波段的选取算法。其主要思想是借助 PLS 回归分析算法，将整个光谱区间进行等间隔划分。从划分后的光谱区间中优选与待测组分相关的最佳光谱区间。方法主要包含：区间偏最小二乘（interval PLS，iPLS）、联合区间偏最小二乘（synergy interval partial least square，siPLS）、反向区间偏最小二乘（backward interval partial least square，biPLS）。具体可以参考网站 www.models.kvl.dk。

对于非线性分析方法，如支持向量机（SVM），我国台湾省林智仁教授编写的 libSVM 工具箱可以实现光谱数据的 SVM 回归或判别处理（Chang and Lin，2011）。具体安装和使用可以参考 https://www.csie.ntu.edu.tw/~cjlin/。LS-SVM 工具包 LS-SVMLab 可以实现光谱的 LS-SVM 分析，既可以实现光谱的回归分析，也可以用于光谱的分类判别（Suykens 等，2002）。具体可以参考 https://www.esat.kuleuven.be/sista/lssvmlab/。

除了上述提及的相关算法和工具箱，Matlab 自身也提供了丰富的化学计量学分析方法，如用于 SVM 分类和预测的相关函数、人工神经网络相关函数、PCA、独立成分分析（independent component algorithm，ICA）等。读者可以参考具体的 Matlab 帮助文件来使用这些函数。另外，Matlab 还拥有强大的绘图功能，包括二、三维光谱曲线以及散点图、聚类图等，可以具体参考 Matlab 中的帮助文件。同时，可以根据上述工具箱及 Matlab 自带的数据处理函数，自行编写相应的脚本文件，实现光谱数据的分析处理，构建适用于特定光谱数据分析的脚本文件。Matlab 处理光谱数据的最大优点是灵活便捷，可以将光谱预处理、特征筛选与建模分析有机地结合起来，对光谱数据进行综合、系统的分析。

4.2.2　Unscrambler 光谱数据分析软件

该软件是由挪威 Camo 公司推出的一款强大的化学计量学分析软件。通过近几年发展，版本仍持续更新。本书基于 Unscrambler X 软件，以苹果糖度的光谱预测为具体实例，简单介绍该软件的使用方法。

1. 数据导入

首先将光谱矩阵和对应的理化值放入一个 Excel 文件，每行为一个样本的光谱，最后一列为糖度值。其中，整个表格第一行为光谱波长（波数）值。本例中共导入 157 个苹果样本的光谱数据，波数范围为 4000～10000cm^{-1}，共 3112 个波长点。对于导入数据而言，该软件可以方便地将 Excel 或 Matlab 的 .mat 文件直接导入用于数据分析。

2. 对变量和样本进行分类

本例中，将数据集前 120 个样本分为校正集，后 37 个样本作为预测集。具体操作如下：选中整个数据表格，单击工具栏中的 Edit 选项，选择其中的 Define range。首先定义行(row)变量校正集(calibration)，以及列变量光谱(spectra)，然后指定上述校正集光谱的范围，即行号为1~120，列号为1~3112，然后单击“update”，完成上述两个变量下的对应数据的定义，如图4-23所示。接下来依次定义校正集下的样本糖度值对应的数据，依此类推，完成预测集(prediction)数据定义。此处需要注意，在Row和Column对应的方框，若之前已经输入，则需要从下拉框中选取，不能重新定义。

Define Range

data_Sheet1	3999.64	4001.57	4003.5	4005.43	4007.35
	1	2	3	4	5
1	1.4391	1.4376	1.4367	1.4363	1.43
2	1.3598	1.3588	1.3578	1.3572	1.35
3	1.5183	1.5181	1.5173	1.5164	1.51
4	1.4233	1.4224	1.4214	1.4212	1.42
5	1.4633	1.4626	1.4617	1.4613	1.46
6	1.4283	1.4276	1.4273	1.4269	1.42
7	1.4023	1.4011	1.4005	1.4002	1.39
8	1.2856	1.2849	1.2839	1.2834	1.28
9	1.3542	1.3535	1.3532	1.3536	1.35
10	1.3460	1.3456	1.3447	1.3438	1.34
11	1.3646	1.3639	1.3634	1.3627	1.36
12	1.4546	1.4545	1.4539	1.4532	1.45
13	1.3640	1.3630	1.3620	1.3611	1.36
14	1.3381	1.3376	1.3371	1.3364	1.33
15	1.3257	1.3249	1.3238	1.3228	1.32
16	1.4037	1.4030	1.4021	1.4018	1.40
17	1.4000	1.3995	1.3987	1.3979	1.39
18	1.3833	1.3824	1.3817	1.3809	1.38
19	1.3349	1.3348	1.3340	1.3337	1.33
20	1.2867	1.2863	1.2856	1.2850	1.28
21	1.3536	1.3527	1.3519	1.3513	1.35
22	1.4559	1.4557	1.4555	1.4549	1.45
23	1.3705	1.3700	1.3692	1.3685	1.36

Range: Row calibration; Column spectra
Interval: Rows 1-120; Columns 1-3112
Reset Update
Keep out: Rows; Columns
Special intervals: Every 0 Sample; Starting from
Random: Sample 0
Category:
OK Cancel
Rows 157 Columns 3113

图4-23 Unscrambler光谱数据分析行列变量定义

定义完成后，会在左侧的项目文件中显示出刚刚定义的行、列变量及对应的数据范围，如图4-24所示。

New Project [Not Saved] - The Unscrambler X
File Edit View Insert Plot Tasks Tools Help

New Project
- data_Sheet1
  - Row
    - calibration
    - prediction
  - Column
    - spectra
    - brix

calibration	3999.64	4001.57	4003.5	4005.43	4007.35	4009.28
	1	2	3	4	5	6
1	1.4391	1.4376	1.4367	1.4363	1.4355	1.4347
2	1.3598	1.3588	1.3578	1.3572	1.3561	1.3552
3	1.5183	1.5181	1.5173	1.5164	1.5158	1.5154
4	1.4233	1.4224	1.4214	1.4212	1.4200	1.4191
5	1.4633	1.4626	1.4617	1.4613	1.4601	1.4595
6	1.4283	1.4276	1.4273	1.4269	1.4252	1.4246
7	1.4023	1.4011	1.4005	1.4002	1.3992	1.3985
8	1.2856	1.2849	1.2839	1.2834	1.2824	1.2819
9	1.3542	1.3535	1.3532	1.3536	1.3530	1.3519
10	1.3460	1.3456	1.3447	1.3438	1.3430	1.3419

图4-24 定义完成后的项目栏及数据

进一步，可以将原始光谱数据进行作图，查看原始光谱曲线。点击工具栏中的 Plot 选项，选择 Line，此处出现对话框，选择需要作图的变量，对于行变量，选择 All 或者刚刚定义的 Calibration，或者 Prediction，Cols 选择刚刚定义的 Spectra，则出现如图 4-25 所示的光谱曲线。此时，在左侧的项目目录中，也出现了此次操作得到的 Line Plot，方便随时查看。

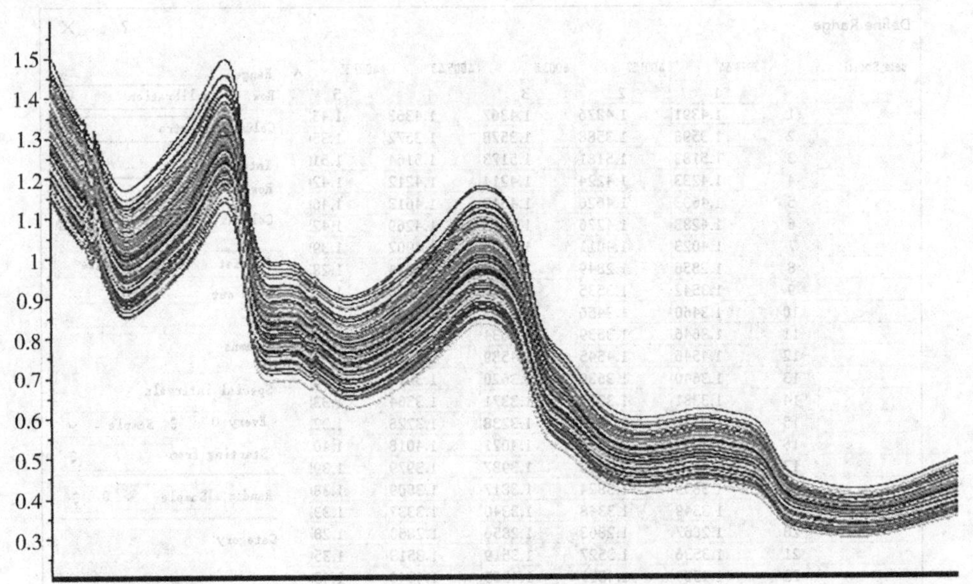

图 4-25　原始光谱数据显示

3. 光谱预处理

在 Tasks 目录下的 Transform 中可以选取不同的预处理方法对原始光谱数据进行预处理，主要包括平滑(窗口移动平滑和 S-G 平滑)、归一化、一阶导数、二阶导数、基线校正、去趋势、MSC、SNV 等。预处理操作前，首先在左侧的项目栏中，选择需要处理的数据集。在此选中最上端的数据集 data_Sheet1，然后选择相应的预处理算法。以 SNV 预处理为例，在弹出的对话框中，Row 选择 All，即对校正集和预测集的样本都进行预处理，Cols 选择 spectra。进而得到了 SNV 预处理后的光谱。上述操作后，在左侧的项目栏中，也出现了 SNV 处理后的数据集(data_Sheet1_SNV)。从左侧的项目栏中，可以看到数据均是以数据集合为单位进行整理的，该功能针对不同数据集进行处理时显得尤为方便。此时，同样可以使用上面介绍的作图方法画出 SNV 处理后的光谱，如图 4-26 所示。

4. 建模分析

选择经过 SNV 处理后的数据集进行建模分析。在软件任务栏 Tasks 菜单下的 Analyzer 中，提供了用于光谱数据的聚类分析、分类判别、回归预测等相关工具，具体包括 MLR、PLS、PCR、SIMCA、SVM 回归和分类、LDA 等。下面以 PLS 分析为例进行介绍。点击

PLS后，出现如图4-27所示的PLS模型构建操作界面。对于Model Inputs面板下的选项（即建模所需数据），Predictors为校正集光谱，Response为对应的校正集糖度值。Maximum components为最大主因子数，此处设置为20，下方为可选选项，即建模前是否对数据进行中心化处理和挑出异常值，一般建议勾选。

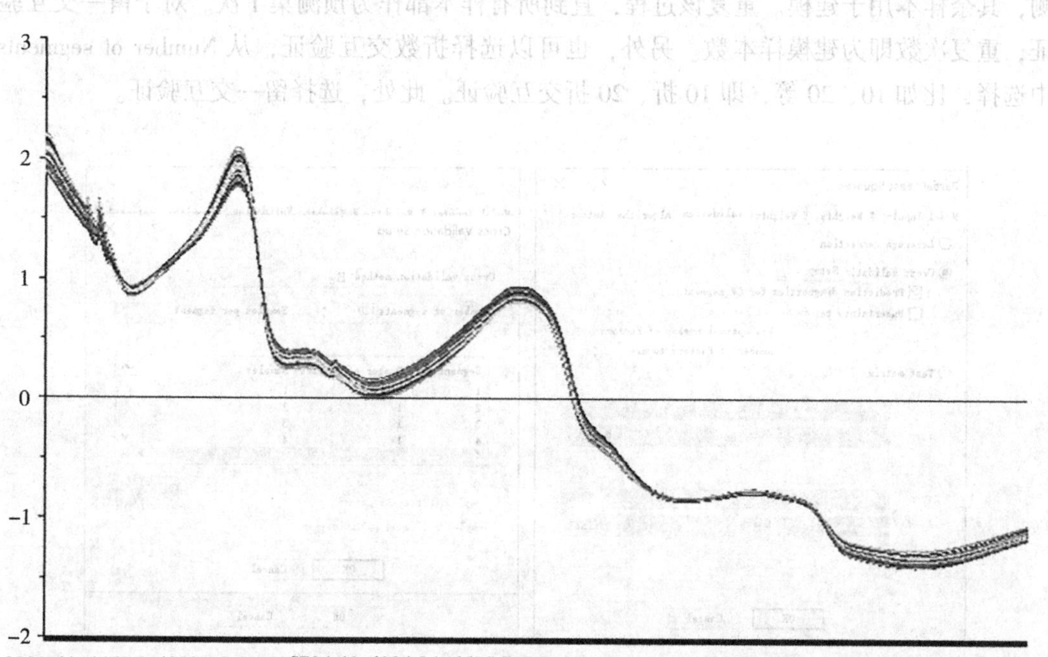

图4-26 经过SNV预处理后的光谱信息

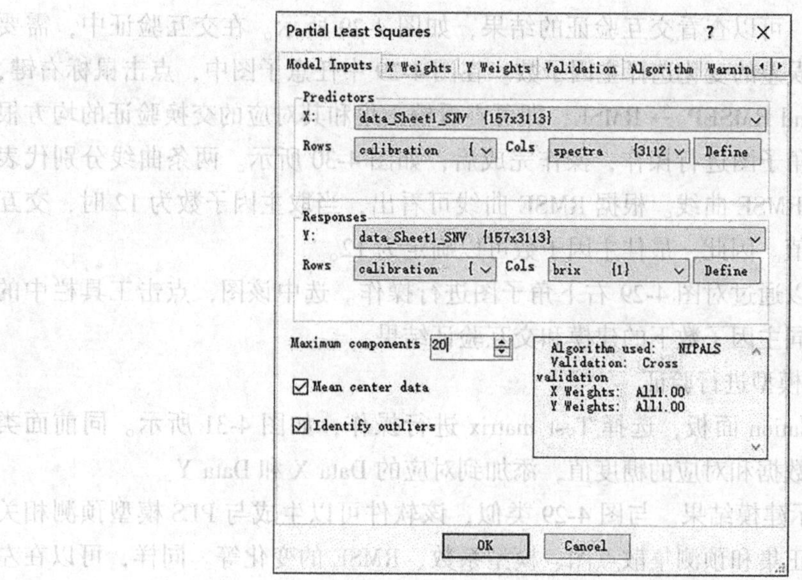

图4-27 PLS模型构建操作功能界面

然后，配置 Validation 面板，此处即对模型进行验证。可以首先选择交互验证确定最佳主因子数，然后再对预测集进行验证。选择 Cross validation 前的复选框及下面第一个框，如图 4-28(a)所示，点击后面的 Setup 按键，此处可以选择交互验证的方法，如图 4-28(b)所示，如留一交互验证(下拉中的 Full 选项)，即每次建模时拿出一个样本用于预测，其余样本用于建模。重复该过程，直到所有样本都作为预测集 1 次。对于留一交互验证，重复次数即为建模样本数。另外，也可以选择折数交互验证，从 Number of segments 中选择，比如 10、20 等，即 10 折、20 折交互验证。此处，选择留一交互验证。

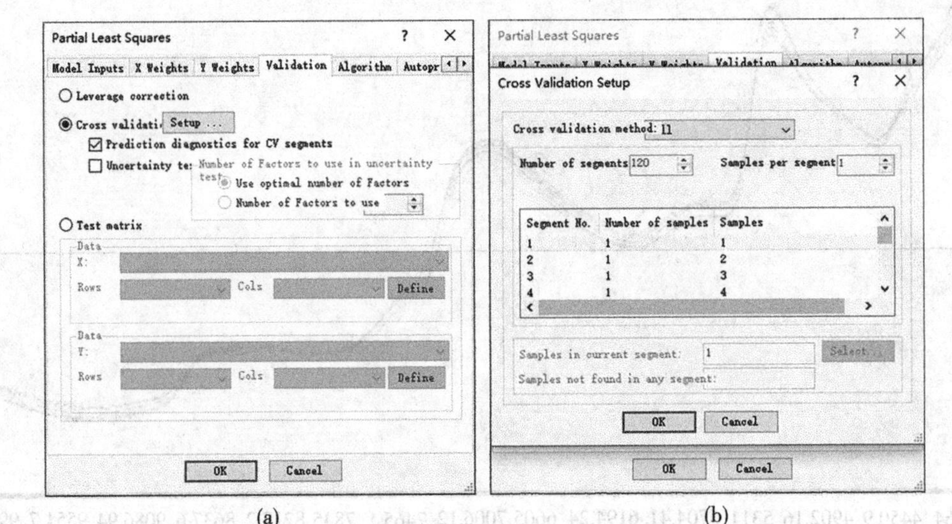

(a)　　　　　　　　　　　　　(b)

图 4-28　PLS 交互验证界面

交互验证完成后，可以查看交互验证的结果，如图 4-29 所示。在交互验证中，需要根据交互验证均方根误差的变化选择主因子数。在图 4-29 中任意子图中，点击鼠标右键，选择 PLS→Variance and RMSEP → RMSE，即可查看校正集和其对应的交换验证的均方根误差。这里选择左下角子图进行操作，操作完成后，如图 4-30 所示。两条曲线分别代表交互验证集和校正集 RMSE 曲线。根据 RMSE 曲线可看出，当取主因子数为 12 时，交互验证集 RMSE 为最小值。因此，最佳主因子数可以确定为 12。

除此之外，也可以通过对图 4-29 右下角子图进行操作。选中该图，点击工具栏中的左、右按钮，查看不同主因子数下的建模和交互验证结果。

5. 选择预测集对模型进行验证

此时，配置 Validation 面板，选择 Test matrix 进行操作，如图 4-31 所示。同前面类似，录入预测集光谱数据和对应的糖度值，添加到对应的 Data X 和 Data Y。

选择 OK 键，显示建模结果。与图 4-29 类似，该软件可以生成与 PLS 模型预测相关的诸多结果，包括校正集和预测集散点图、模型系数、RMSE 的变化等。同样，可以在左侧项目栏中查看。另外，在软件工具栏下方，可以选择查看不同主因子数、校正集或预测集的单独结果。由于在上一步交互验证中确定了最佳主因子数，因此，可以从散点图中，通过工具栏左右按钮将主因子数调整到12，查看此时的建模集和预测集结果，如图4-32所示。从图中可以查看相应的模型参数，包括RMSEC、RMSEP、校正集决定系数、预测集决定系数等，非常方便。

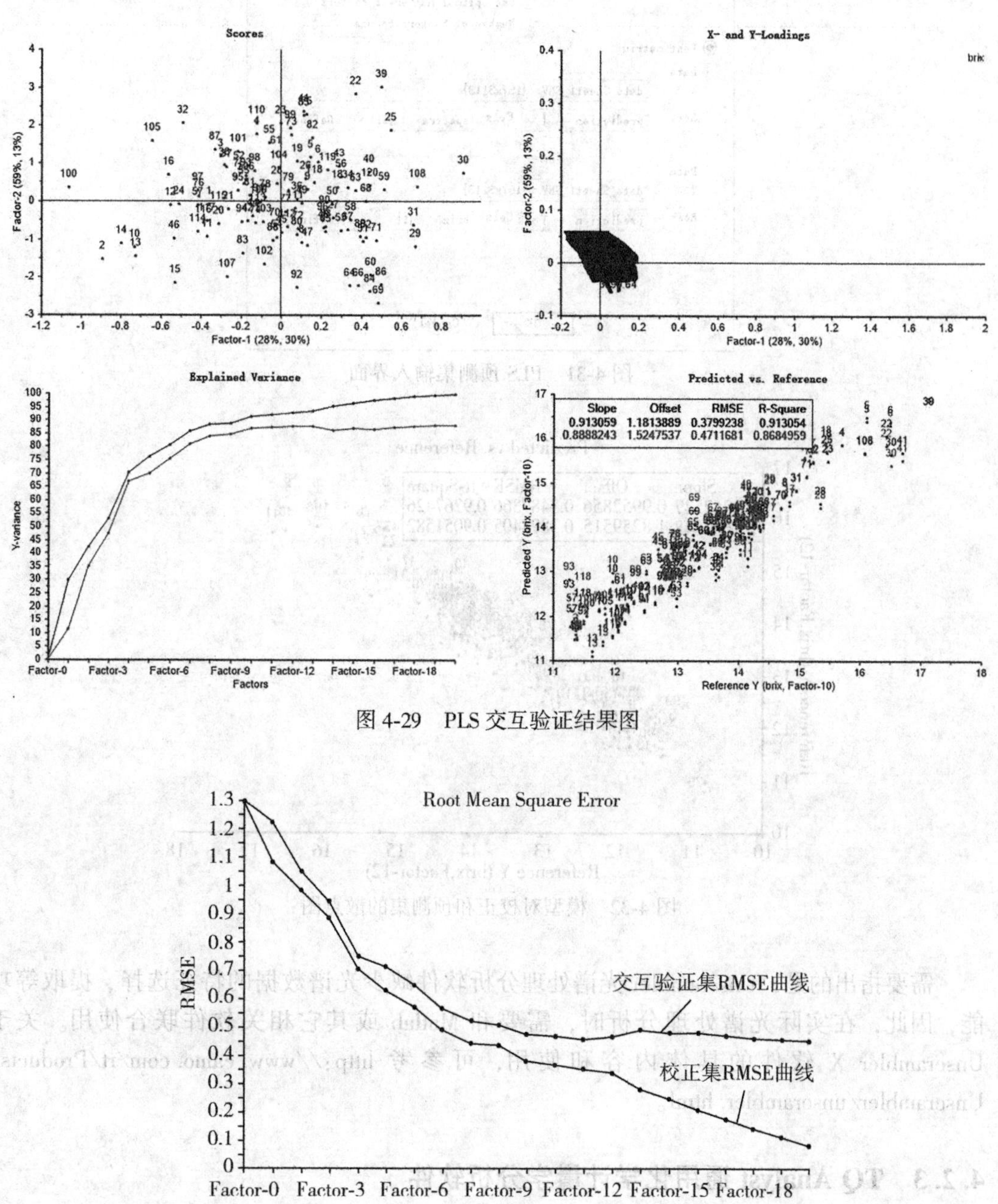

图4-29 PLS交互验证结果图

图4-30 交互验证均方根误差RMSE变化曲线

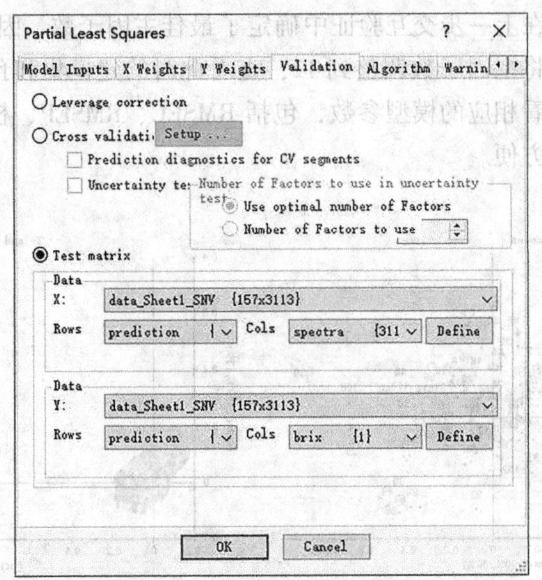

图 4-31　PLS 预测集输入界面

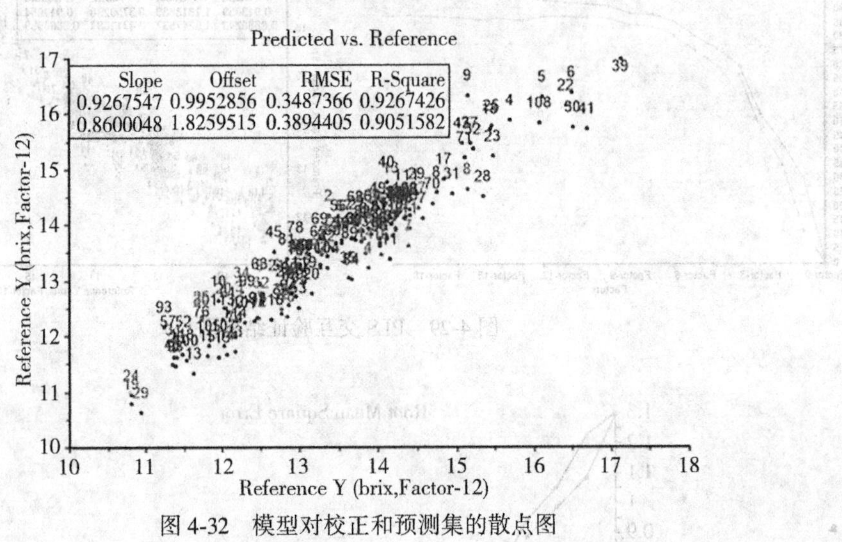

图 4-32　模型对校正和预测集的散点图

需要指出的是，Unscrambler 光谱处理分析软件缺少光谱数据的特征选择、提取等功能，因此，在实际光谱处理分析时，需要和 Matlab 或其它相关软件联合使用。关于 Unscrambler X 软件的具体内容和使用，可参考 http://www. camo. com/rt/Products/Unscrambler/unscrambler. html。

4. 2. 3　TQ Analyst 通用化学计量学分析软件

TQ Analyst 软件是美国尼高力公司开发的通用化学计量学分析软件。它可以为中红外、近红外、远红外和拉曼光谱提供各种定性和定量分析。TQ Analyst 软件的定量分析方法有逐步多元线性回归、主成分回归偏最小二乘回归等。该软件还拥有微分、平滑、MSC、SNV 等预处理算法，可以配合定量分析方法使用。图 4-33 所示为 TQ Analyst v6 软件的操作界面。

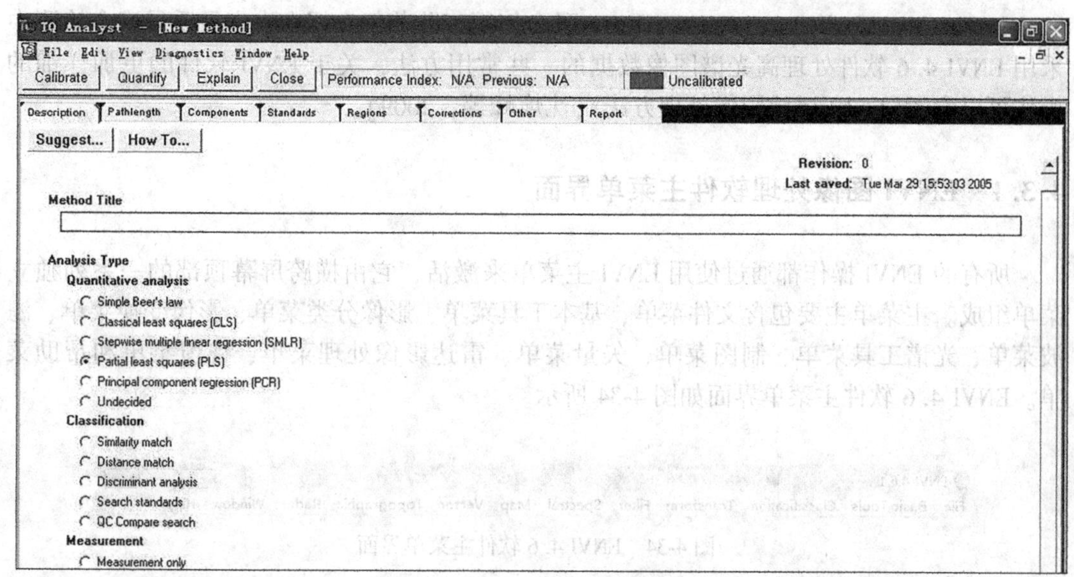

图 4-33　TQ Analyst v6 软件界面

该软件除了包含各种算法工具外，还能够为用户提供直观友好、容易使用的图形界面，以及广泛的在线帮助信息。软件的 Explain 帮助窗口可以随时提供必需的信息和帮助，其帮助文档还包含各种方法的培训实例。TQ Analyst 软件最大的特点是立足于最广大的用户进行方法开发和建立。其一环扣一环的窗口设计、整合的向导功能、随处可得的在线帮助信息以及人工智能的工具，最大限度地简化分析任务，确保用最少的工作量来建立高质量的分析方法。同时，该软件还提供了通过根据光谱的分布差异计算马氏距离的方法剔除异常样品的功能。但需要指出的是，该软件的流程化设计虽然在一定程度上方便了光谱数据的分析处理，但在使用过程中也存在算法的参数调整困难、数据处理不灵活等不足。

随着算法的不断更新和完善，上述各软件工具的功能也更加完善和强大。通过介绍几款光谱数据分析处理软件，读者可以根据自己的实际情况和功能需求，合理选取软件工具来灵活满足自己光谱数据分析处理的需要。

4.3　高光谱图像分析软件

在农产品原始高光谱图像数据处理中，通常采用 ENVI(the environment for visualizing images)(ITT Visual Information Solutions，博尔德，美国)图像处理软件。该软件是一套利用交互式数据语言(interactive data language，IDL)开发的遥感影像处理系统，是处理、分析、显示多/高光谱数据的高级工具。ENVI 软件包括与农产品质量安全检测高光谱图像数据分析最常用的数据输入和输出、图像增强、掩模、图像校正处理、感兴趣区域提取、主成分分析、波段运算等功能。在实际农产品质量安全检测数据分析中，ENVI 软件通常与一些光谱处理软件如 Unscrambler(CAMO AS，奥斯陆，挪威)和一些图像处理软件如 Matlab(The MathWorks Inc., Natick, USA)联合使用。此节仅介绍在农产品质量安全检测中采用 ENVI 4.6 软件处理高光谱图像数据的一些常用方法，关于 ENVI 软件的更加详细的操作可以参考《ENVI 遥感影像处理方法》(沈焕峰等，2009)。

4.3.1　ENVI 图像处理软件主菜单界面

所有的 ENVI 操作都通过使用 ENVI 主菜单来激活，它由横跨屏幕顶部的一系列独立菜单组成。主菜单主要包含文件菜单、基本工具菜单、影像分类菜单、影像变换菜单、滤波菜单、光谱工具菜单、制图菜单、矢量菜单、雷达影像处理菜单、视窗菜单和帮助菜单。ENVI 4.6 软件主菜单界面如图 4-34 所示。

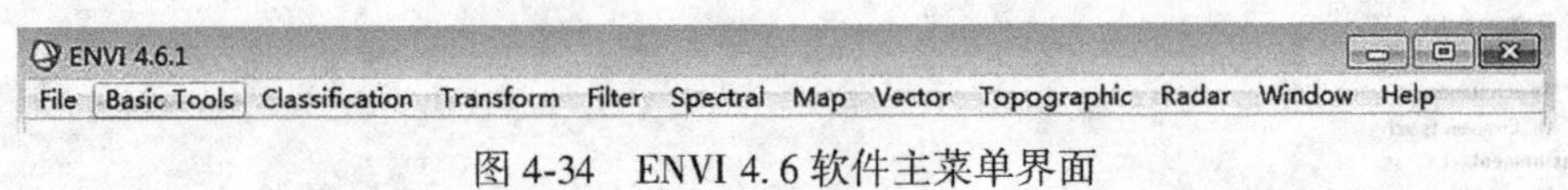

图 4-34　ENVI 4.6 软件主菜单界面

4.3.2　常见参数设置

打开主菜单，选择 File → Preferences，在打开的对话框中可以对一些参数进行设置。

用户自定义文件(User Defined Files)：图形颜色文件，颜色表文件，ENVI 的菜单文件，地图投影文件等。

默认文件目录(Default Directories)：默认数据目录，临时文件目录，默认输出文件目录，ENVI 补丁文件、光谱库文件、备用头文件目录等。

显示设置(Display Default)：可以设置三窗口中各个分窗口的显示大小，以及窗口显示式样等。其中，可以设置数据显示拉伸方式(Display Default Stretch)，默认为 2%线性拉伸。

其它设置(Miscollaneous)：制图单位(Page Unit)，默认为英寸(Inches)，可设置为厘米(Centimeters)。

缓冲大小(cache size)：可以设置为物理内存的 50%~75%。

4.3.3　高光谱图谱显示

4.3.3.1　打开图像文件

打开主菜单，选择 File→Open Image File→文件名 . raw。

ENVI 软件中用于显示图像的窗口由三个组成，分别为主窗口、滚动窗口和缩放窗口。主窗口显示一幅全分辨率的图像，该窗口在用户第一次载入一幅高光谱图像时自动地被启动。滚动窗口是一个将主窗口显示的图像进行重采样而显示的窗口。缩放窗口是一个小的图像显示窗口，它以用户自定义的缩放系数使用像元复制来显示主图像窗口的一部分。图 4-35 所示为一幅带有疤痕的脐橙样本高光谱图像打开后的 3 个显示窗口。

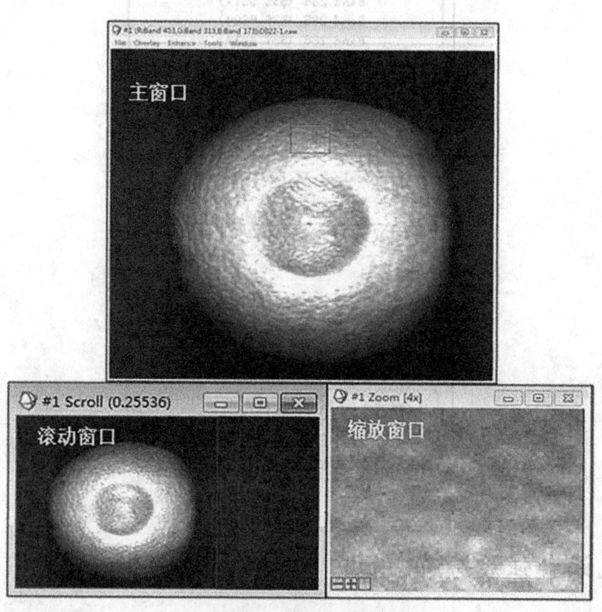

图 4-35　图像显示窗口

4.3.3.2　图像显示和保存

高光谱图像的显示可以通过可用波段列表(available band list)显示窗口实现，可用波段列表是用于存取 ENVI 图像文件和这些文件的单个图像波段控制面板，如果打开一幅高光谱图像，则该图像包含的所有单波段图像也会显示在该列表窗口中，基于可用波段列表窗口，可以实现单波段的显示，还可以实现三个波段的组合显示。图 4-36 为图 4-35 所示高光谱图像对应的可用波段列表显示窗口。

(1)单波段灰度图像显示：在图 4-36 所示窗口中选择"Gray Scale"按钮，双击所要显示的波段，或者右键单击选择"Load Band"，该波段图像就显示在图 4-35 所示的显示窗口中。

(2)三波段合成伪彩色图像显示：在窗口中选择"RGB Color"按钮，然后选中所要进行的伪彩色合成的波段，依次将其赋值给所对应的 R、G、B 值，最后点击"Load Band"按钮，则选择的三个波段的伪彩色合成结果将显示在图 4-35 所示的显示窗口中。

(3)图像保存：在主窗口中选择 File → Save Image As → Image File，选择输出格式、路径和名称，点击"OK"按钮即可。

(4)动画显示：在主窗口中选择 Tools → Animation，动态显示各波段图像，能很快地分辨出包含信息量较多的波段。

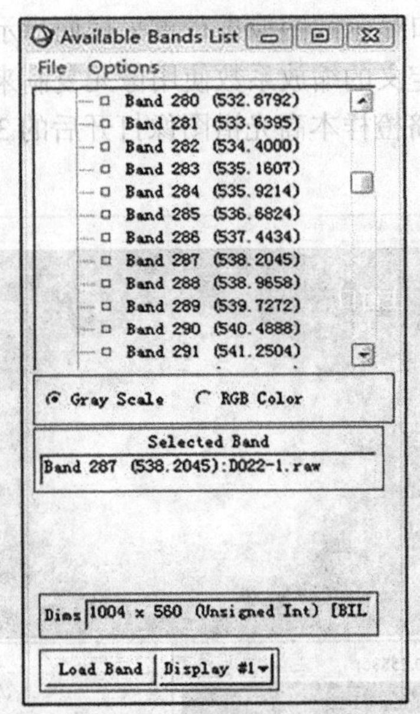

图4-36　可用波段列表(Available Band List)显示窗口

4.3.3.3　光谱和强度分布显示

在主窗口图像中右键单击 → Z profile(Spectrum)或在主窗口菜单中选择 Tools → Profiles → Z Profile(Spectrum)，即可以显示图像中矩形感兴趣区域(ROI)的平均光谱曲线。在主窗口菜单中选择 Tools → Profiles → X Profile 或 Y Profile，即可以显示图像中水平或者垂直剖面线强度曲线，光谱曲线和强度曲线如图 4-37 所示。基于光谱曲线，可以分析样本表面不同感兴趣区域的光谱特征，基于强度曲线可以分析样本表面的强度分布趋势。譬如对于类球形水果，通常其图像中间区域强度值较大，边缘区域强度值较小，实际中，在对农产品质量无损评估时需要对这种强度分布不均进行校正。

4.3.4　高光谱图像预处理

4.3.4.1　图像大小调整和裁剪

该功能主要是针对原始图像的尺寸进行调整，以获得所需要大小的图像，或者对图像进行裁剪，以获得局部图像，通过对高光谱图像从空间和光谱两个方面去操作予以实现。具体操作方法为：

(1)打开所需要处理的高光谱图像，在主菜单上选择 Basic Tools → Resize Data (Spatial/Spectral)命令，出现"Resize Data Input File"对话框，并在"Select Input File"框中选择所需要处理的图像，如图 4-38 所示。

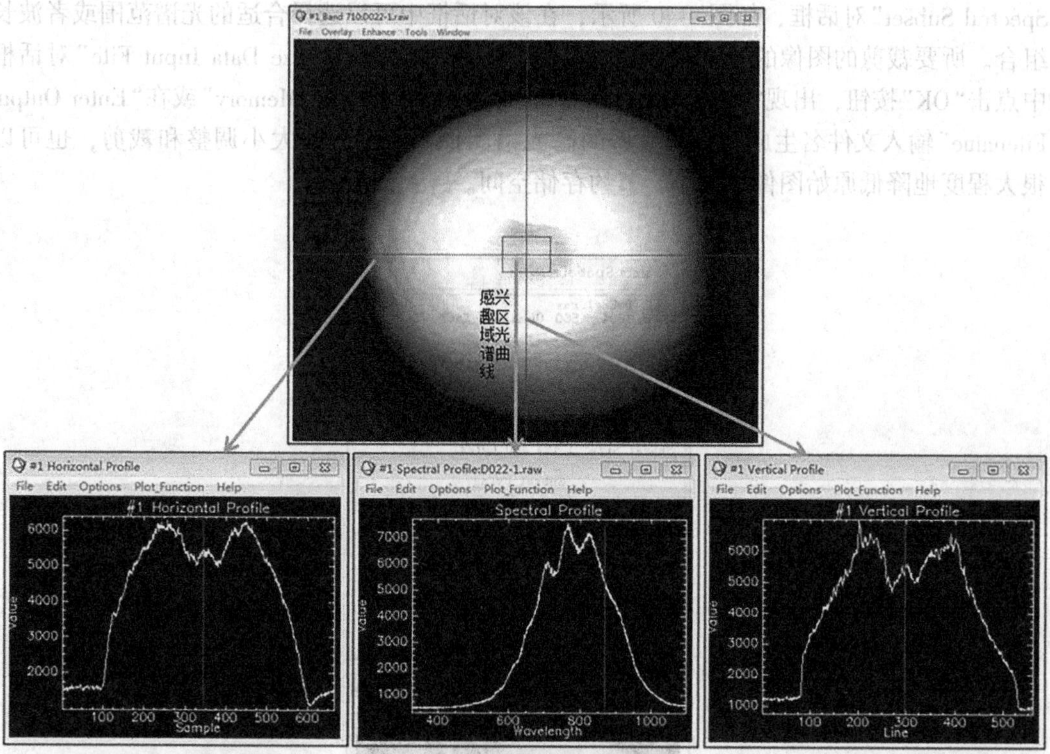

感兴趣区域光谱曲线

水平空间剖面线强度　　感兴趣区域光谱曲线　　垂直空间剖面线强度

图 4-37 样本光谱和强度分析

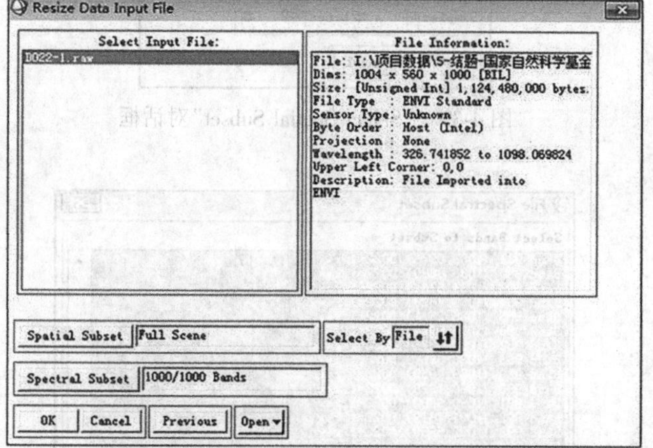

图 4-38 "Resize Data Input File"对话框

(2)点击"Resize Data Input File"对话框中的"Spatial Subset"按钮，出现"Select Spatial Subset"对话框，如图 4-39(上图)所示，点选该对话框"Image"按钮，出现如图 4-39(下图)所示对话框，基于该对话框可以对图像空间子集进行选择。

(3)点击"Resize Data Input File"对话框中的"Spectral Subset"按钮，出现"Select

Spectral Subset”对话框，如图 4-40 所示，在该对话框中可以选择合适的光谱范围或者波长组合。所要裁剪的图像的子空间和光谱均选择完毕后，在“Resize Data Input File”对话框中点击“OK”按钮，出现“Resize Data Parameters”对话框，选择“Memory”或在“Enter Output Filename”输入文件名生成新的裁剪后的高光谱图像。通过图像大小调整和裁剪，也可以很大程度地降低原始图像的大小，节约存储空间。

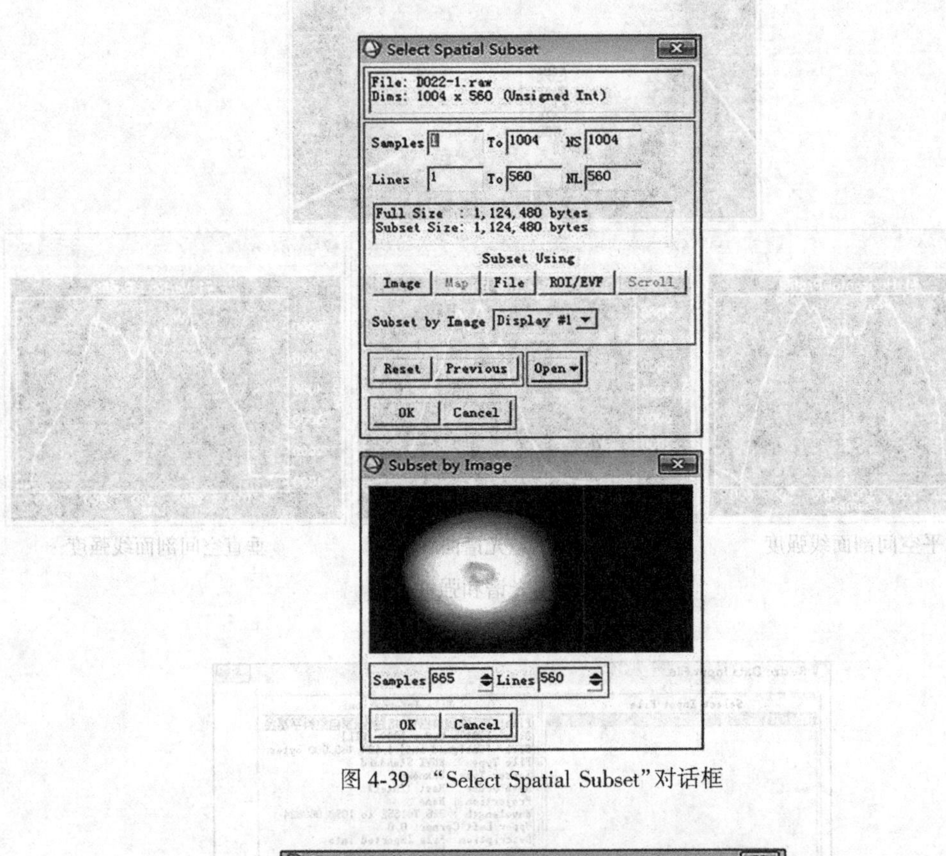

图 4-39　“Select Spatial Subset”对话框

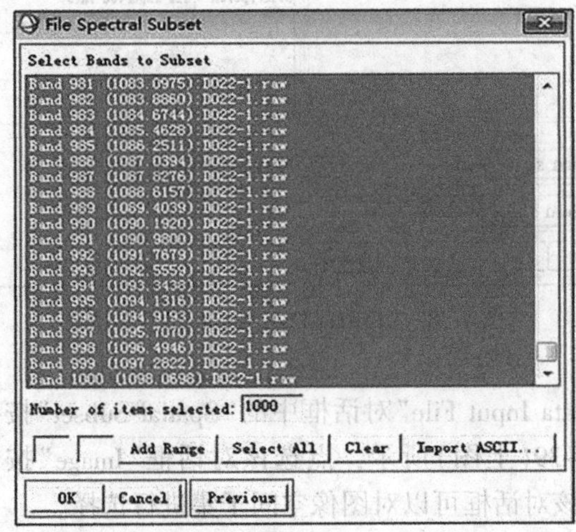

图 4-40　“Select Spectral Subset”对话框

4.3.4.2 掩模法背景分割

掩模法背景分割包括两步：掩模构建和掩模应用。掩模是由 0 和 1 组成的一个二值化图像，在高光谱图像背景分割中，首先需要找到一幅可以用来构建掩模的单波长图像，通常在该单波长图像中目标区域和背景区域对照最为明显(Li 等，2011)，然后通过设定阈值，获得一幅二值化掩模图像，最后将该掩模图像应用于高光谱图像，在掩模中标为 1 的区域将会被保留，而标为 0 的区域则被掩蔽(即变成 0)，进而实现高光谱图像的背景分割。

(1)建立掩模：主菜单 → Basic Tool → Masking → Built Mask，选择图像所在的 Display，出现"Mask Definition"对话框，如图 4-41 所示。然后，通过对话框"Option"菜单下的"Import Data Range"命令获得"Select Input for Mask Data Range"对话框，如图 4-42 所示。选中对话框中的样本高光谱图像，在"Spectral Subset"中找到可以用来构建掩模的单波长图像(如本示例中为 700nm 单波长图像)，选定后，出现"Input for Data Range Mask"对话框，如图 4-43 所示。在"Data Min Value"中和"Data Max Value"中输入要限定的最小值和最大值，这样，位于最小和最大值之间的值变为 1，其它值变为 0，最终完成二值化掩模的构建。

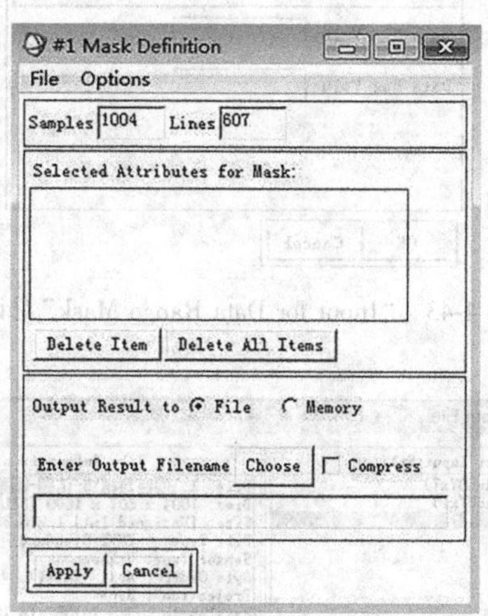

图 4-41 "Mask Definition"对话框

(2)掩模去背景：主菜单 → Basic Tool → Masking → Apply Mask，出现"Apply Mask Input File"对话框，在该对话框中选中要被掩模的高光谱图像，点击"Select Mask Band"并找到已经构建好的二值化掩模，实施掩模去背景，如图 4-44 所示。如图 4-45 所示为以一幅脐橙高光谱图像背景分割为例显示掩模构建和应用的结果。图 4-45(a)所示为选择的一幅可用来构建掩模的单波长图像(700nm)，图 4-45(b)所示为构建的掩模，图 4-45(c)所示为原始去背景前高光谱图像中任一单波长图像(895nm)，图 4-45(d)所示为对高光谱图像掩模去背景后的 895nm 单波段图像(背景已去除)。

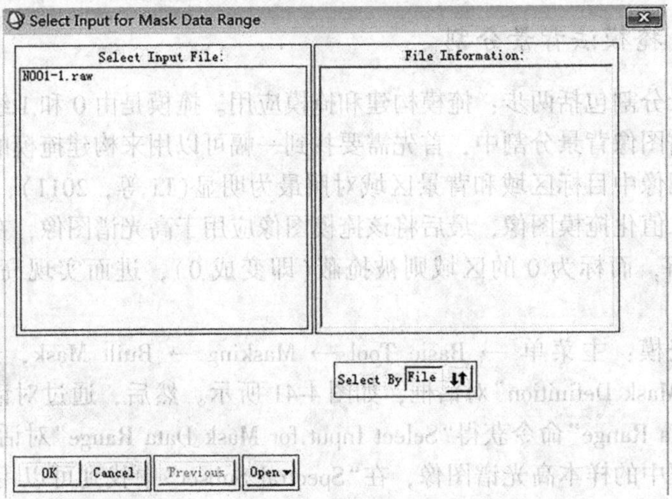

图 4-42　"Select Input for Mask Data Range"对话框

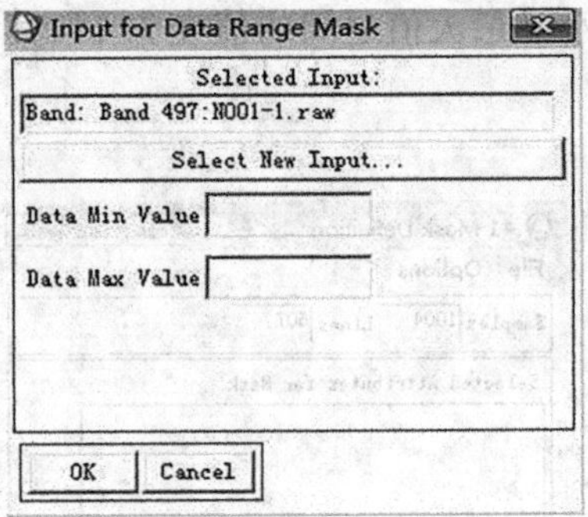

图 4-43　"Input for Data Range Mask"对话框

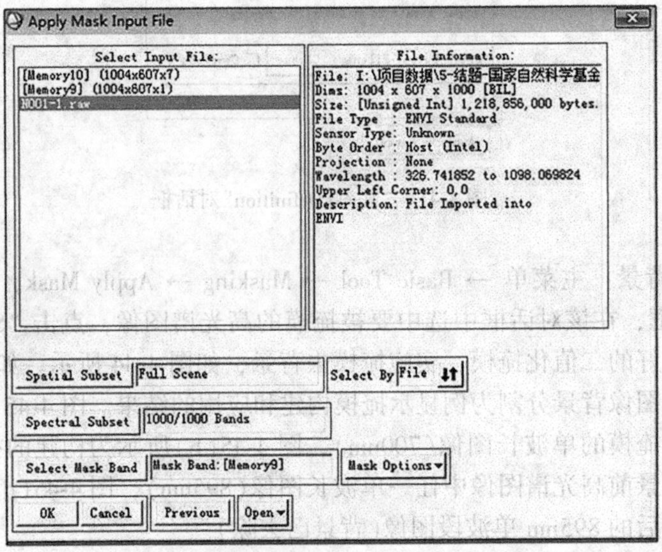

图 4-44　"Apply Mask Input File"对话框

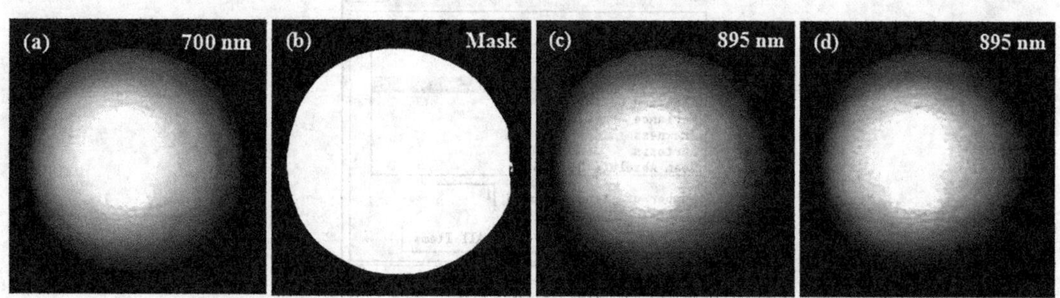

图 4-45 掩模法高光谱图像背景分割

4.3.4.3 图像均值归一化校正

均值归一化是一种可以用于类球形物料表面反射不均快速校正的有效方法。其公式介绍见第 3 章 3.3.1 小节“图像校正”部分。其实现方法在 ENVI 软件中的具体操作为：在 ENVI 软件中打开所要处理的样本高光谱图像，主菜单→ Basic Tool → Statistics → Sum Data Bands，出现“Sum Data Input File”对话框，选中需要处理的图像，如图 4-46 所示，在对话框中，可以进一步对图像空间子集和光谱子集进行设置，然后点击“OK”按钮，出现如图 4-47 所示的对话框，选择“Mean”，产生均值图像，随后可以利用高光谱图像中各单波段图像除以均值图像进行图像均值归一化校正。在此需要用到除法运算，采用主菜单→ Basic Tool → Band Math 实现，具体操作方法见第 4 章 4.3.6 小节“波段运算”。采用均值归一化对高光谱图像校正前后的图像示例见第 3 章 3.3.1 小节“图像校正”部分。

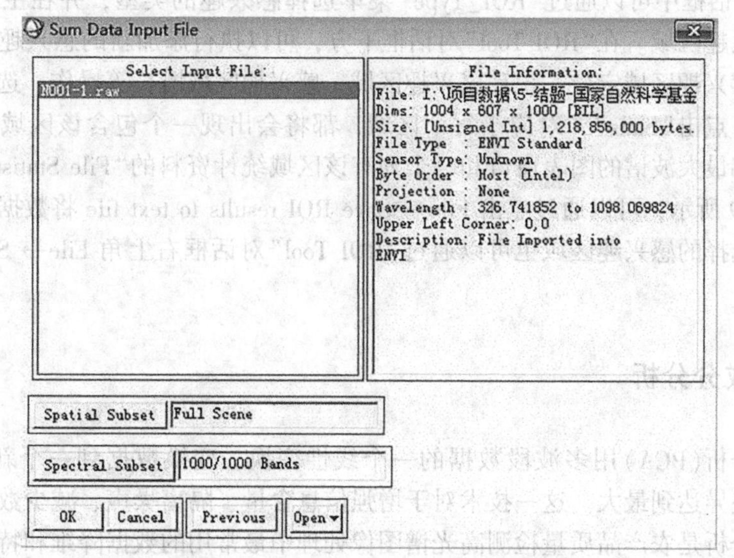

图 4-46 “Sum Data Input File”对话框

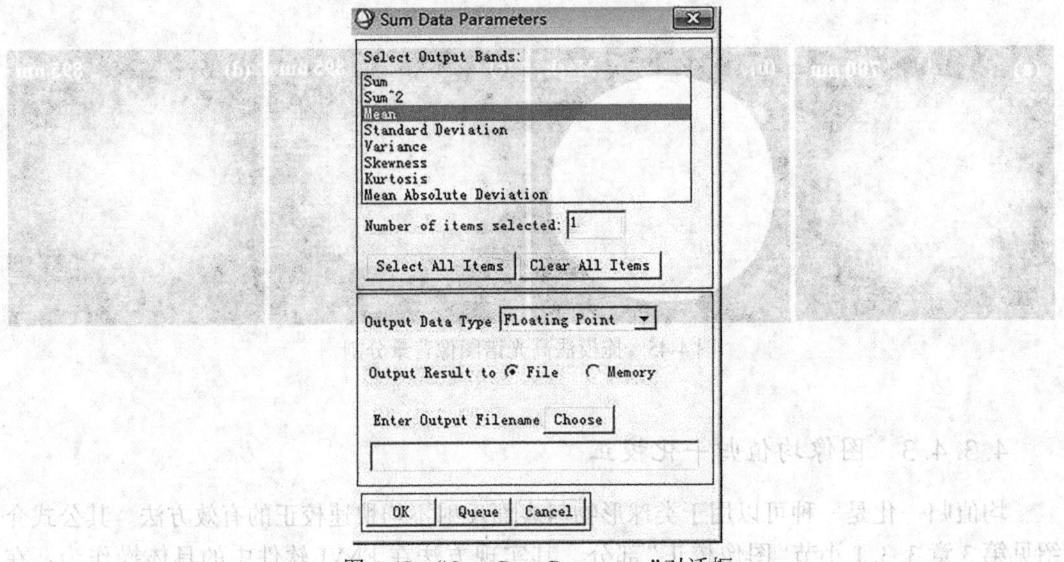

图 4-47　“Sum Data Parameters”对话框

4.3.4.4　感兴趣区域选择和光谱提取

感兴趣区域是图像的一部分，属于图像中目标对象的局部区域，提取出的感兴趣区域一般用于特征提取、光谱提取等操作，可用于对农产品质量的定性和定量分析。感兴趣区域可以通过 ENVI 软件的“ROI Tool”进行提取。首先在打开的高光谱图像中选择主窗口 → 菜单栏 → Overlay → Region of Interest，将出现“ROI Tool”对话框，如图 4-48 所示。在“ROI Tool”对话框中可以通过“ROI_Type”菜单选择感兴趣的类型，并在主窗口图像中选择合适的感兴趣区域。在“ROI Tool”对话框下方，可以执行添加新的感兴趣区域、删除感兴趣区域、感兴趣区域定位、统计感兴趣区域、感兴趣区域增长等操作。选择好合适的感兴趣区域后，点击“Stats”，对应于每个区域，都将会出现一个包含该区域均值、标准差及最小波谱和最大波谱的图表窗口和一个列有该区域统计资料的“File Statistics Results”窗口，如图 4-49 所示，可以通过点击 File→ Save ROI results to text file 将数据保存成 text 文档备用，所选择的感兴趣区域也可以通过“ROI Tool”对话框右上角 File→ Save RIOs 菜单进行保存。

4.3.5　主成分分析

主成分分析(PCA)用多波段数据的一个线性变换，变换数据到一个新的坐标系统，以使数据的差异达到最大。这一技术对于增强信息含量、隔离噪声、减少数据维数非常有用。主成分分析是农产品质量检测高光谱图像处理中最常用的数据降维和特征波长选择方法。ENVI 软件能够完成正向和逆向主成分(PC)旋转变换，由于前者在农产品质量检测中最为常用，在此仅介绍主成分正变换以及基于最优主成分得分图像的特征波长选择。

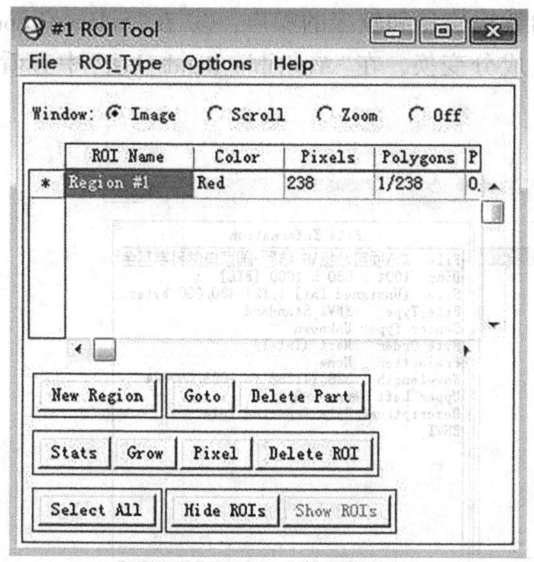

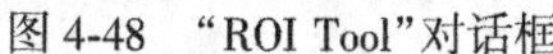
图 4-48　“ROI Tool”对话框

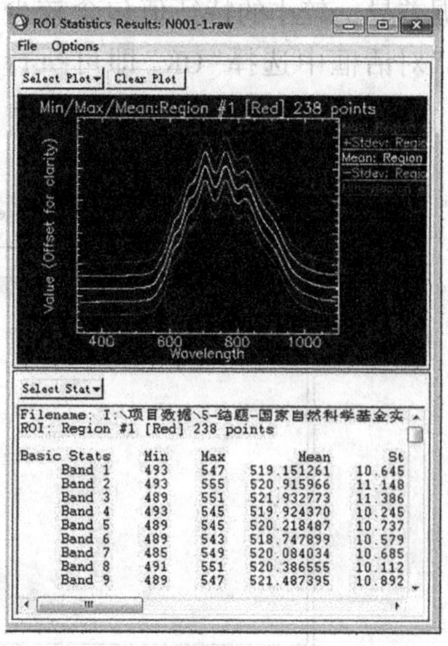

图 4-49　“File Statistics Results”对话框

4.3.5.1　主成分正变换

主成分正变换：主菜单→ Transforms → Principal Components → Forward PC Rotation → Compute New Statistics and Rotate，出现“Principal Components Input File”对话框，如图 4-50 所示，选择所需处理的图像文件①，并单击“确定”按钮，打开“Forward PC Rotation Parameters”对话框，如图 4-51 所示，基于该对话框对主成分变换参数进行设置。

(1)在“Stats X Resize Factor”和“Stats Y Resize Factor”文本框中键入小于 1 的调整系数，对计算统计值的数据进行二次抽样。系数越小速度越快，越大精度越高。例如，在统计计算时，用一个 0.1 的调整系数将只用到十分之一的像元。

(2)选择输出统计路径及文件名。点击按钮选择是否计算协方差矩阵“Covariance Matrix”，计算主成分时，有代表性地用到协方差矩阵，当波段之间的数据范围差异较大时，要用到相关系数矩阵，并且需要标准化。

(3)选择主成分输出路径及文件名。

(4)用下列方法选择输出 PC 波段数(主成分得分图像数)：

在“Number of Output PC Bands”对应的文本框中直接输入所需要输出的主成分数。默认的输出主成分数等于输入的波段数；

通过检查特征值，选择输出的主成分数：① 点击“Select Subset from eigenvalues”附近的按钮，单击“Yes”统计信息将被计算，列出各主成分以及相应的累积百分比，可自主选择主成分，如图 4-52 所示，“No”系统会计算特征值和显示供选择的输出主成分；② 在“Number of Output PC Bands”对话框中选择输出的主成分数。特征值大的主成分包含最大

① 选定图像文件后，可以通过“Spatial Subset”和“Spectral Subset”选项对原始图像的空间和光谱范围进行选择，以提升 PCA 处理的速度和减少无用空间和光谱信息的干扰。

的数据差异，较小的特征值包含较少的数据信息和较多的噪声；③ 在“Select Output PC Bands”对话框中选择“OK”即可执行主成分变换，在“Available Bands List”中查看输出结果。

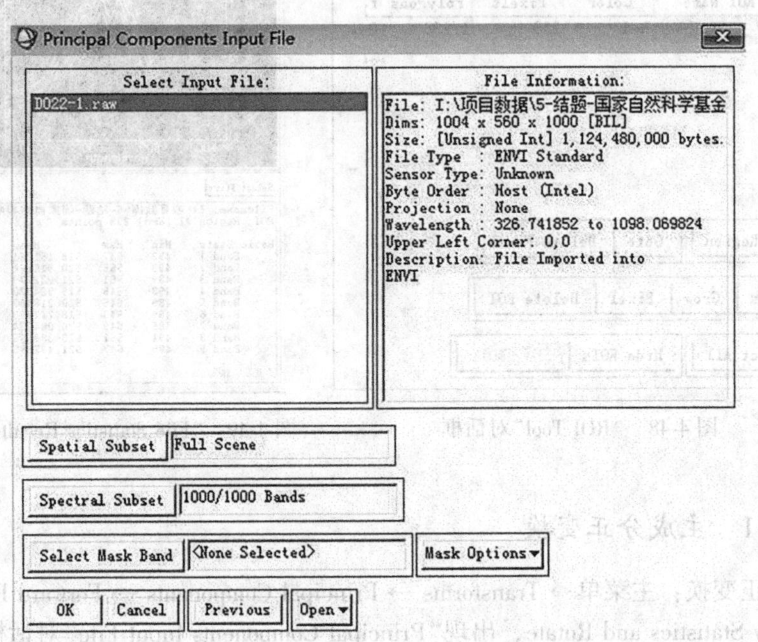

图 4-50 “Principal Components Input File”对话框

Forward PC Parameters
Input Statistics Information
Stats Subset　Full Scene
Stats X Resize Factor 1.000000
Stats Y Resize Factor 1.000000
Output Stats Filename [.sta] Choose
Calculate using Covariance Matrix
Output Result to ⊙ File ○ Memory
Enter Output Filename Choose □ Compress
Output Data Type Floating Point
Select Subset from Eigenvalues No
Number of Output PC Bands 514
OK　Queue　Cancel

图 4-51 向前 PC 旋转参数对话框

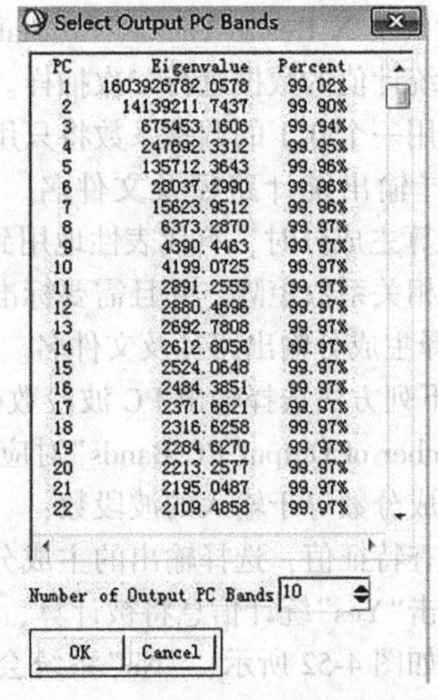
Select Output PC Bands

PC	Eigenvalue	Percent
1	1603926782.0578	99.02%
2	14139211.7437	99.90%
3	675453.1606	99.94%
4	247692.3312	99.95%
5	135712.3643	99.96%
6	28037.2990	99.96%
7	15623.9512	99.96%
8	6373.2870	99.97%
9	4390.4463	99.97%
10	4199.0725	99.97%
11	2891.2555	99.97%
12	2880.4696	99.97%
13	2692.7808	99.97%
14	2612.8056	99.97%
15	2524.0648	99.97%
16	2484.3851	99.97%
17	2371.6621	99.97%
18	2316.6258	99.97%
19	2284.6270	99.97%
20	2213.2577	99.97%
21	2195.0487	99.97%
22	2109.4858	99.97%

Number of Output PC Bands 10
OK　Cancel

图 4-52 选择输入主成分数对话框

主成分分析是农产品缺陷检测的常用分析方法，以一幅带疤痕的脐橙样本高光谱图像为例，通过主成分分析(波段范围为 500~900nm，包含 514 个单波段图像)得到的前 8 幅主成分得分图像，如图 4-53 所示，从图中可以看出，第二主成分图像最有助于疤痕的识别。

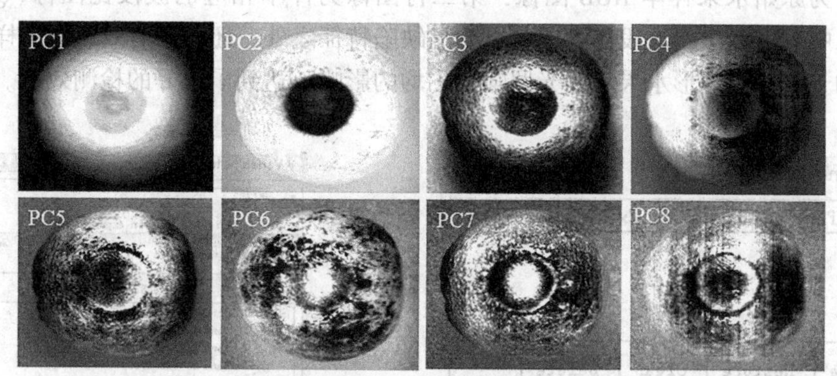

图 4-53　脐橙样本高光谱图像主成分分析获得的前 8 幅主成分(PC)图像

4.3.5.2　特征波长选择

尽管图 4-53 表明第二主成分图像(PC2)可以用于脐橙缺陷的识别，但在执行主成分变换时，514 幅图像均参与了计算，处理将非常耗时。在实际应用中，需要选择少量的特征波长图像以研发更快捷的农产品质量评估算法和检测系统。特征波长图像选择方法：主菜单→Basic Tools → Statistics → View Statistics File，打开主成分分析中得到的统计文件，可以获得各个波段的基本统计值、协方差矩阵、相关系数矩阵和特征向量矩阵。当协方差矩阵数据量较大时，不能直接在统计文件中显示，这时可通过输出 ASCII 文件并导入到 Excel 中，来查看协方差矩阵和特征向量矩阵，或者将结果另存为“.txt”文件。在打开的文件中查看最优主成分图像所对应的特征向量，如图 4-53 中 PC2 图像的特征向量，特征向量中所包含的特征值即为组成 PC2 图像所有单波长图像的权重系数值(loadings)，基于该权重系数值和对应的波长信息可以做权重系数曲线进而选择特征波长。详细示例见第 3 章 3.3.2 小节“特征波长图像选择”部分。

4.3.6　波段运算

ENVI 软件的波段运算允许用户自己定义处理算法，并将其应用在高光谱图像的波段图像中。波段运算具体操作为：首先打开所要处理的高光谱图像，主菜单 → Basic Tools → Band Math，出现“Band Math”对话框，如图 4-54 所示。如果先前已经存在相关波段运算 IDL 表达式，则在“Previous Band Math Expression”栏选择合适的表达式；如果不存在所需表达式，则在“Enter an expression”中输入相关的 IDL 表达式，输入好之后，点击“OK”按钮，出现“Variables to Bands Pairings”对话框，如图 4-55 所示。在该对话框的“Variables used in expression”栏中利用“Available Band List”中实际需要运算的波段代替 IDL 表达式中的变量(如 B1 和 B2)，然后在“Out Result to”处选择结果输出方式，最后点击“OK”按钮执行波段运算。波段运算，尤其是波段比运算，在基于光谱成像技术的农产品质量评估中较为常用，如图 4-56 所示为通过双波段图像比算法检测大桃表皮不同类型的缺陷，其中第一行图像为原始水果样本 RGB 图像，第二行图像为样本相应的波段比图像($Q_{815/848\text{nm}}$)，从比图像中可以看出，波段比除了可以凸显缺陷特征之外，还可以有效地避免样本表面颜色不均的干扰和类球形水果表面光照强度不均的影响，达到了很好的检测效果。

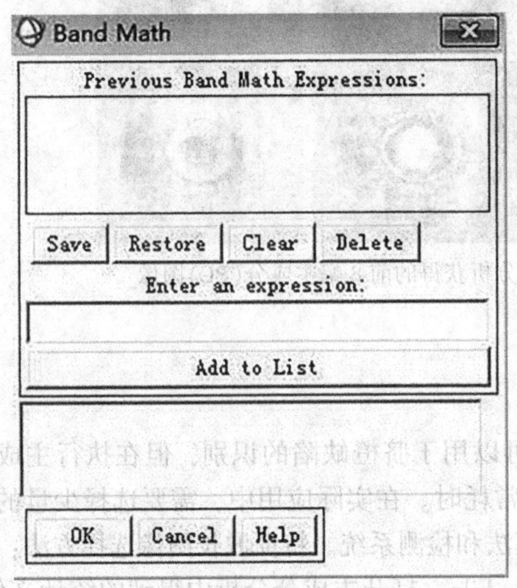

图 4-54　“Band Math”对话框

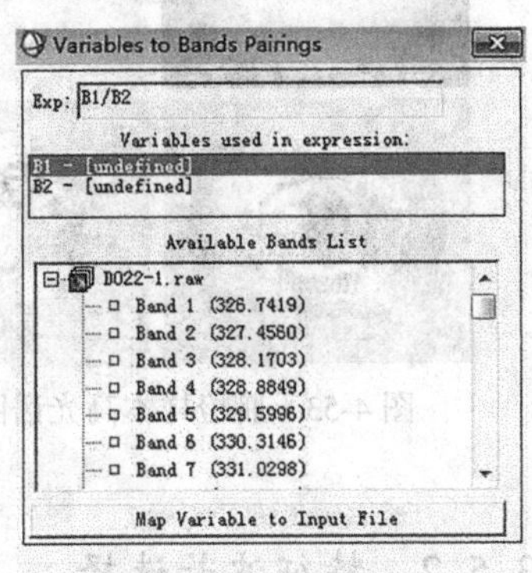

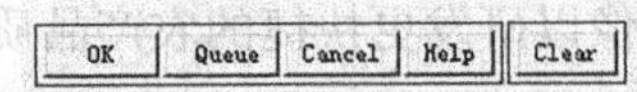

图 4-55　“Variables to Bands Pairings”对话框

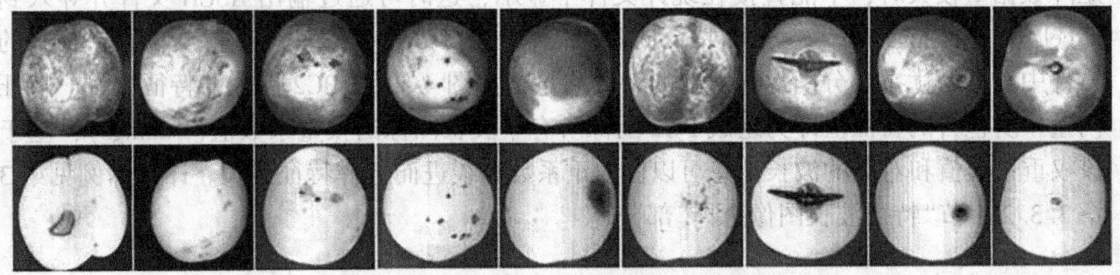

图 4-56　波段比算法($Q_{815/848\text{nm}}$)检测大桃表皮缺陷(Li 等，2016)

4.4　拉曼光谱及成像分析软件

拉曼光谱具有指纹性特点，但拉曼光谱在采集过程中不可避免地夹杂着干扰信息，如信号漂移、吸收峰频移等。经过多年的发展，已开发出多种拉曼光谱及拉曼光谱成像分析软件，可消除背景漂移，有效压缩数据，或拉曼光谱结合化学计量学方法对农产品品质安全指标建立定性或定量模型。另外，密度泛函理论(DFT)可以利用电荷密度函数代替波函数，采用泛函(以函数为变量)对薛定谔方程进行求解，从理论上计算拉曼光谱的特征响应信息，在拉曼光谱解析方面提供理论依据。本节将介绍 Gaussian 软件(密度泛函理论 DFT)、HORIBA-LabSpec 6、雷尼绍的 WiRE 和 Uspectral-Pro 等拉曼光谱分析软件的主要功能和实现方法。

4.4.1　Gaussian 软件(密度泛函理论 DFT)

Gaussian 软件是目前应用最广泛的计算化学软件之一，其计算可以模拟在气相和溶液中的体系，模拟基态和激发态。Gaussian 是研究诸如取代效应、反应机理、势能面和激发态能量的有力工具。

在 Gaussian 软件中，根据所采用的相关和交换泛函，可以选择不同的 DFT 方法，其中，B3LYP 方法是使用最广泛的方法，由于 DFT 方法考虑了电子之间的相关作用，因此得到的能量比较精确。虽然 DFT 理论的 Kohn-Sham 方法在物质电子结构中得到广泛应用，但形式上是单电子方程，原则上只适用于体系非简并基态电子结构计算。而化学问题通常涉及激发态和开壳层的电子多重态计算，很多学者致力于发展激发态密度泛函理论，发展的自旋匹配的含时密度泛函理论(TD-DFT)可用于计算分子电子激发能，对低激发态具有很好的结构计算能力。该方法支持激发态静态拉曼强度计算、电子振动光谱计算以及共振拉曼光谱计算，激发态计算支持解析频率(frequencies，IR 及 Raman)、过渡态优化(TS)及内禀反应坐标计算(IRC)。在 Gaussian 软件中，这类方法使用数值微分计算电场下的极化率，因此其频率计算耗时是不计算拉曼强度耗时的 7 倍。

在 Gaussian 09 Revision D. 01 软件中，Raman 光谱振动强度可以独立地由力常数和简则振动模的计算得到。关键词 Polar=Raman 表示力常数从 checkpoint 文件中提取，并且计算新的极化率导数，通过这两个步骤组合从而预测光谱及其强度。

4.4.2　LabSpec 6 软件

LabSpec 6 是 HORIBA Scientific 在 LabSpec 5 的基础上进行了功能拓展而推出的全系列拉曼光谱仪和拉曼显微镜设计的全功能数据采集和数据分析软件。它可以完成一系列实验，包括单个光谱采集、多维光谱阵列采集(包括时间扫描、Z(深度)扫描、温度扫描、XY 成像、XZ 和 YZ 成像、XYZ 三维成像等)、白光图像采集以及自动高通量筛选分析。LabSpec 6 也可以完成很多常用的数据分析和数据处理，包括峰位标记、谱峰拟合、曲线平滑、去除噪音、扣除基线、线性和非线性滤波一级经典最小二乘法直接建模。大多数 HORIBA Scientific 仪器可以由 LabSpec 6 软件控制操作，包括 LabRAM 300/LabRAM 1B、XplORA、T6400、U1000、HE 光谱仪、模块化拉曼系统等。

4.4.2.1　基本数据处理

1. 扣除背底

荧光背景是拉曼光谱在应用中的主要干扰因素，容易对有效信息的提取产生不利影响，而从实验源头降低荧光干扰对样本依赖性大，且成本高昂，所以在分析数据时，多选择化学计量法对拉曼光谱进行背景扣除。包括背底拟合法和手动添加背底线法，两种方法可任选其一或综合使用，如图 4-57 所示。在背底拟合效果不好时，可以通过手动添加背底点来优化背底线。

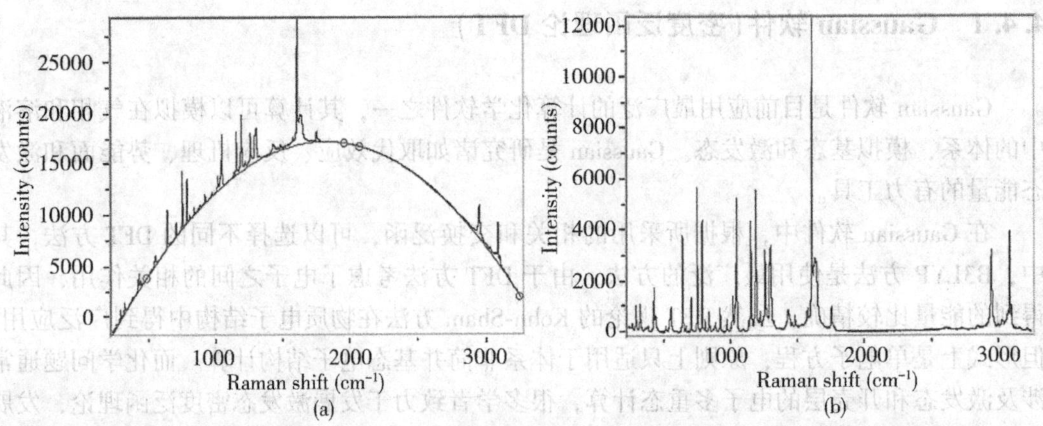

图 4-57 未扣除背底的光谱图和利用背底拟合法扣除背底后获得基线平整的谱图

2. 标峰位

该方法包括自动标峰位及手动标峰位，两种方法可任选其一或综合使用。自动标峰位可以通过直接在文本框里输入数值或拖动滑条改变强度阈值和间隔阈值，调整所要标的峰位。也可直接使用手动方法标记某些特定的峰，或在自动标峰位无法获得一些需要标记的峰位时，通过手动方法来实现。

3. 峰位拟合

利用峰位拟合可以获得精确的峰位、峰强、半高宽和峰面积。假如有些峰不是由单个独立的峰组成，而是由两个或两个以上的峰叠加合成，此时，若要获得精确的峰信息，就需要对峰位进行拟合，如图 4-58 所示。

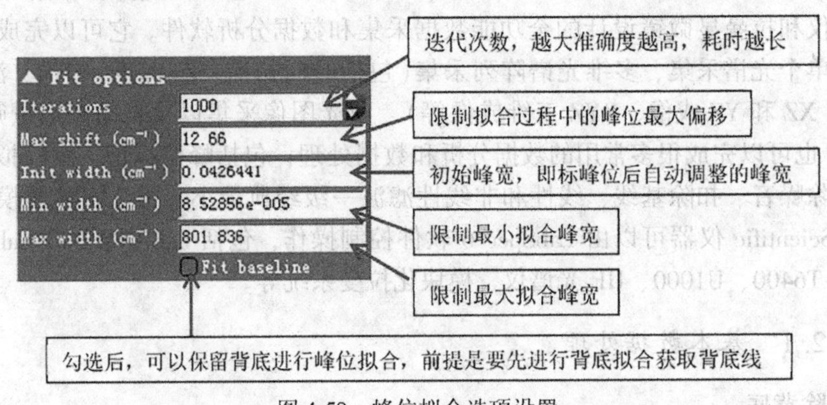

图 4-58 峰位拟合选项设置

拟合好之后，可以在 Analysis → Peaks 下面的 Peak table 里获得各个峰的详细信息，其中 p、a、w 和 ar 分别代表峰位、峰强、半高宽和峰面积。点击“copy peaks”，可以将 Peak table 里的数据粘贴到 Excel 里做成表格。勾选“Convert to file”，再点击“Conv”按钮，就可以把拟合出的总谱和各个拟合小峰的光谱数据以 .ls6 或 .txt 的格式导出，如图 4-59 所示。

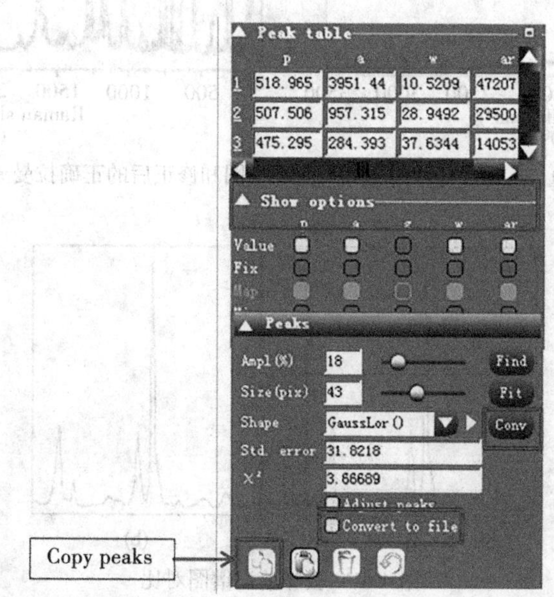

图 4-59　峰位拟合信息显示界面

4. 强度校正

利用强度校正算法，用户能够采用不同的激光波长和光路获得的光谱进行真实有效的比较。强度校正可以避免通过不同激光波长和光路获得的光谱在相关峰强度上出现巨大的差别。这些差别是由各个仪器部件(包括显微镜物镜，激光过滤滤光片，衍射光栅以及 CCD 探测器)对不同波长的不同响应引起的。

如图 4-60(a)是使用 785nm 的近红外激光激发得到的 4-乙酰水杨酸的拉曼光谱。在这种情况下，CCD 探测器的灵敏度随着拉曼位移的增加而降低，因此，在高拉曼位移处的拉曼峰强度明显低于其实际值，由于受到仪器方面因素的干扰。测得的光谱是不准确的。使用“HORIBA ICS”强度校正因子可以修正被干扰的拉曼光谱中的峰强。如图 4-60(b)是经过修正以后得到的正确的拉曼光谱。

5. 去噪功能

去噪是一种独特的噪音降低算法，可以显著增强光谱品质，同时不损失光谱细节信息。标准平滑功能可能导致峰形、峰位置的偏差以及细微特征(例如某个峰强上的一个弱肩峰)的丢失，如图 4-61 所示。而去噪功能可以确保在光谱降噪的同时保留重要信息。

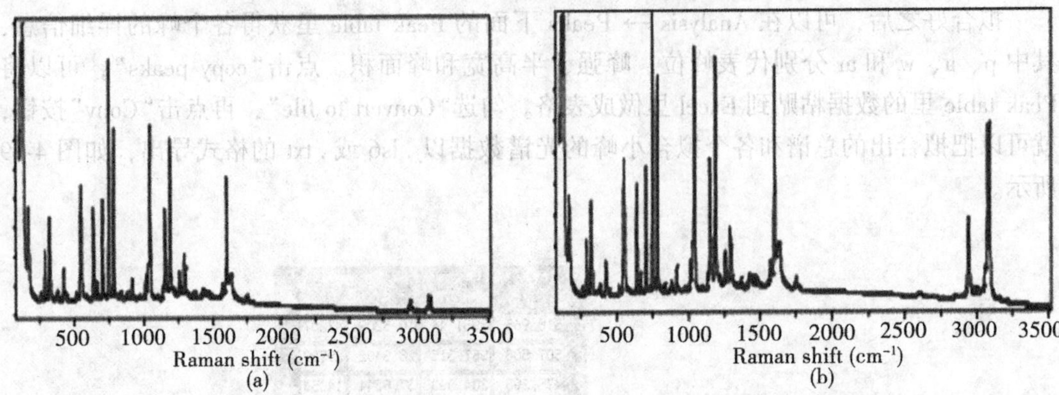

图 4-60　乙酰水杨酸的原始拉曼光谱图和修正后的正确拉曼光谱图

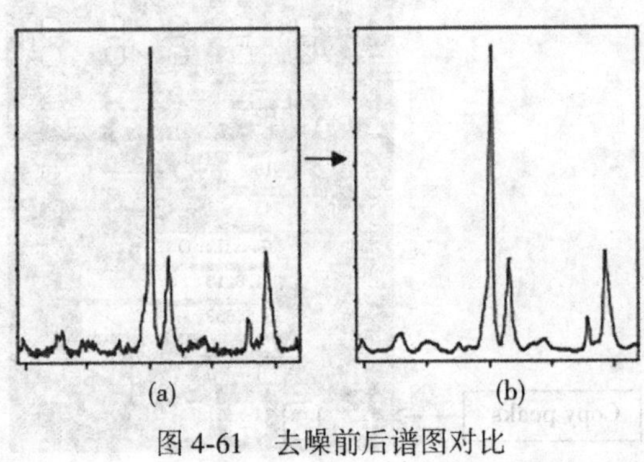

图 4-61　去噪前后谱图对比

LabSpec 6 软件提供了两种主要的降噪算法：standard 标准算法(适用于信噪比≥20 的光谱)和 lite 精简算法(适用于信噪比 ≤ 20 的光谱)，这两种算法都可以结合去尖峰功能以消除随机出现的尖峰(或称为宇宙射线)。

6. 自动聚焦功能

该功能能够自动找到样品的最佳聚焦位置，从而确保能够测量到拥有最强信号和最佳品质的光谱。对于难以进行手动聚焦的样品(例如高度抛光、清洁表面)，自动聚焦显得非常重要。只要样品处于接近焦点的位置，自动聚焦程序就能找到正确的焦点位置，从而获得一条高质量的光谱。另外，在对非常粗糙的样品进行 XY 表面成像时，自动聚焦功能同样十分重要。如果没有自动聚焦，那么当测量点偏离焦点位置时，信号强度将会降低，进行成像数据分析将会变得十分困难。如果运行自动聚焦功能，那么在每个测量点处，焦点位置都会被调整，以确保能够在整个成像区域都获得高质量的数据，不受样品固有粗糙度的影响。

7. 自动曝光功能

该功能根据用户指定的最大信号强度来计算获得一条光谱需要的采集时间。这项功能能够在不考虑样品固有信号强度情况下保证获得较好的光谱质量。自动曝光功能将首先在一个很快的"测试"采集时间内获得一条测试光谱，然后计算该光谱的最大信号强度。依据这个数据，计算出一个新的采样时间使测得的最大信号强度等于预先设定的"期望强度”，然后开始测量。用户可以在选项“minimum”和“Maximum”中设置最小和最大采集时间，避免软件在极短或极长时间里完成测量。

4.4.2.2 成像分析方法

成像分析方法包括夹峰法、经典最小二乘(CLS)法及峰位拟合法，三种方法可根据分析需要任选一种。

如图 4-62 所示，在采集 mapping 时，在 maps 下一般出现 4 个窗口，其中左上角是所有谱窗口，显示所有采集点的光谱；右上角是当前窗口(采集时显示采集点的光谱，采集后光标移到某个成像点即显示该点的光谱)；左下角是夹峰法成像窗口，显示夹峰法成像结果(注意：如果是点成像或是线成像，成像结果是一维线性图，只有面成像才能获得二维图)，可通过数据工具栏选择不同光标夹峰的成像；右下角是显微窗口。

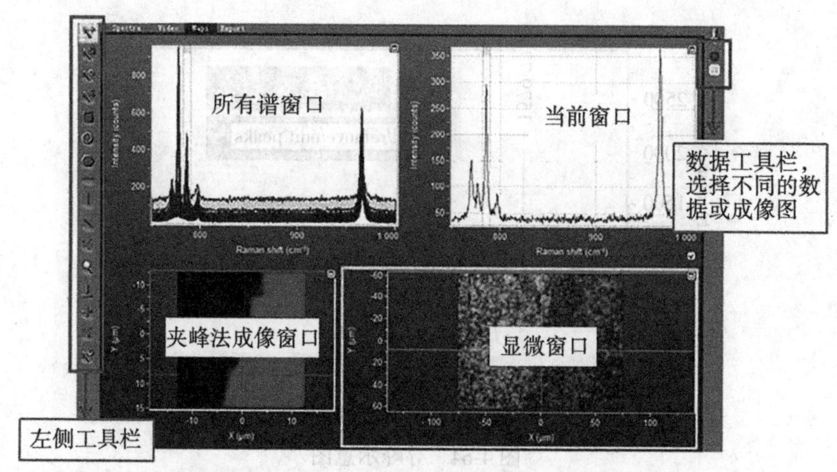

图 4-62 采集 mapping 界面窗口显示

夹峰法：可以在采集过程中实时显示成像。

经典最小二乘法：可根据整条谱图进行成像。

峰位拟合法：通过峰位拟合获得准确的峰强、半高宽、峰面积信息。

以石墨烯为例，通常石墨烯需要通过 2D 峰和峰强度的比值来确定是否是单层石墨烯，此时须使用峰位拟合法进行成像。注意：峰位拟合操作都须在所有谱窗口下进行。

1. 截谱

激活所有谱窗口，截出需要拟合的谱峰，如石墨烯的特征峰包括 D 峰、G 峰和 2D 峰，如图 4-63 所示。

2. 扣除背底

与单谱的扣除背底类似，对于 mapping 数据来说，扣除背底操作会对所有谱窗口的每个数据拟合并扣除背底。

3. 寻峰

点击工具栏中的 Add/remove/edit peaks，在需要拟合的峰位上点击，如图 4-64 所示。

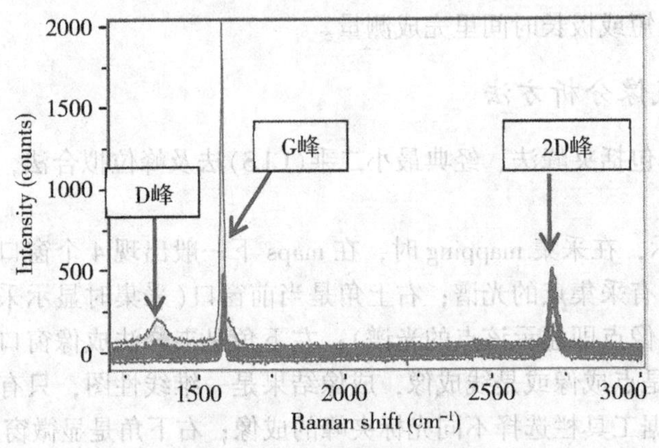

图 4-63　待拟合石墨烯特征峰

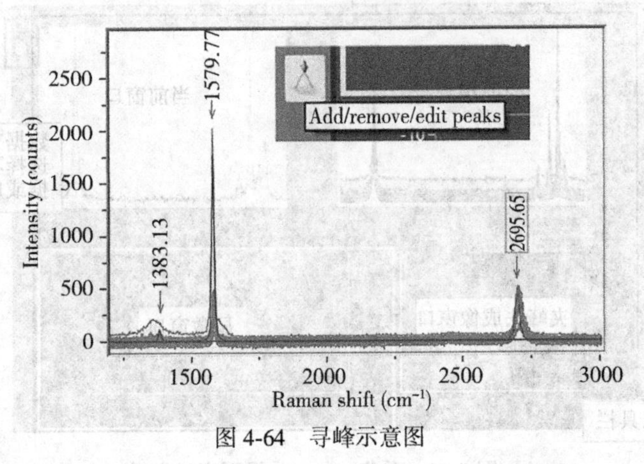

图 4-64　寻峰示意图

4. 拟合

与单谱的峰位拟合类似，对于 mapping 数据来说，峰位拟合操作会对所有谱窗口的每个数据拟合峰位。

5. 成像

比值成像图有两种分析方法，其中一种可以根据夹峰法中的 Green/Blue ratio map 获得，勾选 Green/Blue ratio map 后，激活夹峰法成像窗口，会在数据工具栏中出现 Ratio 按钮。注意：此方法获得的峰强比值并不是最高强度的比值，而是所夹住范围平均强度的比值，如图 4-65 所示。

如果想要把成像图和显微图像对应起来，可把成像图叠加到显微图像上，如图 4-66 所示。

如果需要把成像图以三维方式显示，其中第三维显示强度，可在成像图上点击右键，选择“display mode”，再选择第三行的显示方式。此外，还可以对 3D 图像的表面进行平滑处理和调整 3D 图的方向、显示方式。这里以 Overlay 为例说明，如图 4-67 所示是 3D-Overlay 显示图。

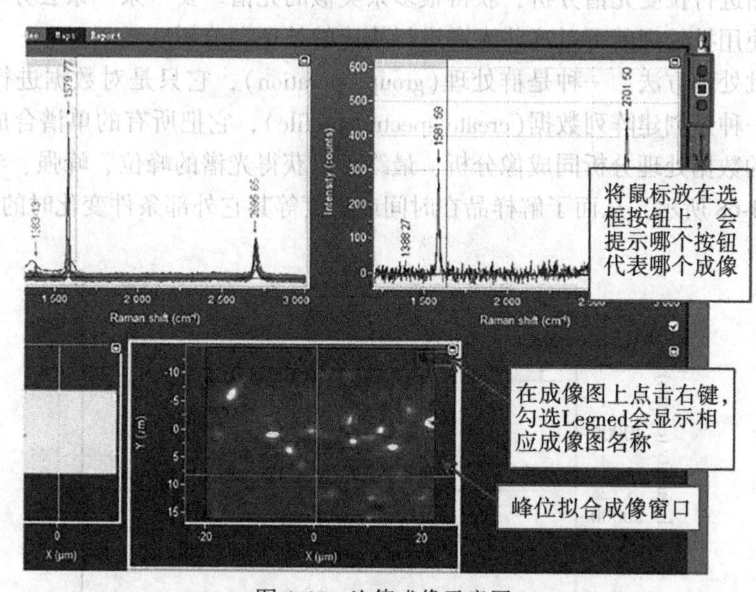

图 4-65　比值成像示意图

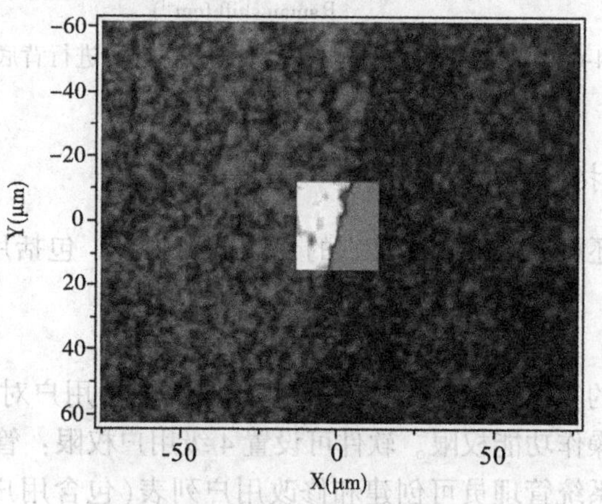

图 4-66　成像图与显微图叠加示例

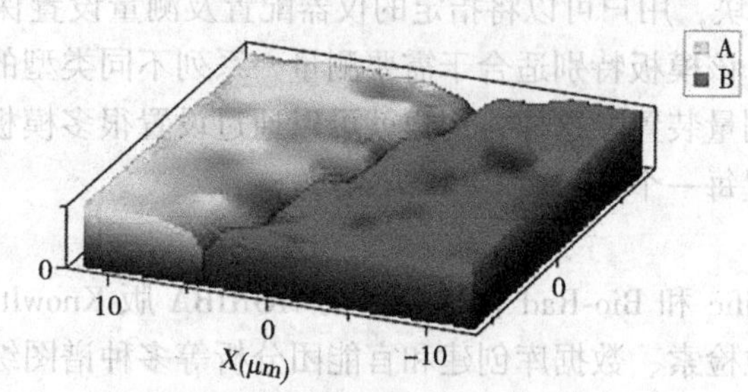

图 4-67　3D-Overlay 显示图

批处理可以对很多条光谱进行相同的数据处理，比如在不同的时间或不同的温度条件下对同一样品进行拉曼光谱分析，获得很多条类似的光谱。要一条一条去分析这些光谱非常麻烦，而使用批处理就可对这些光谱进行快速的处理和分析。

有两种批处理方法，一种是群处理(group operation)，它只是对数据进行相同的处理和分析；另一种是创建阵列数据(create spectral profile)，它把所有的单谱合成为一个成像数据，后续的数据处理分析同成像分析，最终可以获得光谱的峰位、峰强、半高宽等分布信息，如图 4-68 所示，从而了解样品在时间或温度等其它外部条件变化时的趋势图。

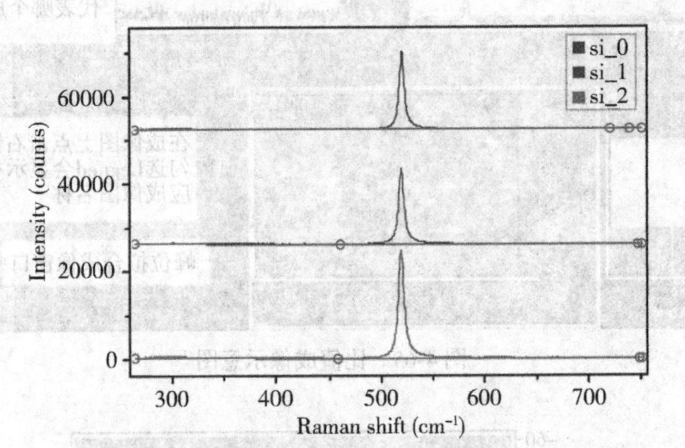

图 4-68　群处理对窗口中打开的 3 条光谱同时进行背底拟合

4.4.2.3　相关拓展模块

另外，拓展模块还可以提供一些其它的专业分析工具，包括用户权限、数据库检索、多变量分析等。

1. 用户权限

为确保仪器操作的安全性及便捷性，LabSpec 6 可根据用户对仪器的不同熟悉程度提供不同的仪器控制和操作功能权限。软件可设置 4 级用户权限：管理员、专家、高级用户和初级用户，其中，系统管理员可创建和修改用户列表(包含用户名和密码)，并且根据用户级别分配用户权限，如图 4-69 所示。

利用“Template”模块，用户可以将指定的仪器配置及测量设置保存为一个模板，该模板可供用户随时调用。该模板特别适合于需要测量一系列不同类型的样品，并且每一个样品都需要一个特定的测量装置。这样，用户就可以通过设置很多模板来快速应用需要的设置，而不用再分别设置每一个参数。

2. 数据库检索

由 HORIBA Scientific 和 Bio-Rad 合作开发的 HORIBA 版 KnowItAll ® (KIA)数据库，可进行全谱检索、峰位检索、数据库创建和官能团分析等多种谱图综合分析。KIA 数据库可通过 LabSpec 6 软件一键点击链接，即在 LabSpec 6 软件里测完光谱后，可直接通过链接将光谱数据导入到 KIA 进行数据检索，之后也可以使用 KIA 的其它功能做进一步数据分析。

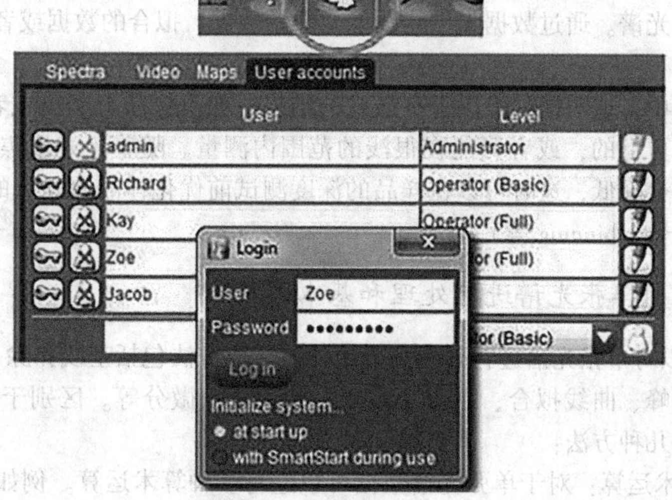

图 4-69　用户权限界面

HORIBA 版 KnowItAll ®数据库由 HORIBA 仪器上测得的光谱组成，包含数千条光谱，涵盖无机物、有机物、聚合物、矿物、生物矿物、半导体、颜料/色素等各种样品。同时，它也可通过加入 Bio-Rad 的光谱数据进一步扩展光谱数量。

3. 多变量分析

LabSpec 6 的多变量分析(MVA)模块由 HORIBA 与国际知名化学计量学和多变量分析软件公司 Eigenvector Research Inc. 合作开发，可提供多种多变量(化学计量学)分析方法，适用于对复杂数据进行高级处理和分析。主要方法包括：经典最小二乘法(CLS)、主成分分析(PCA)、多元曲线分辨(MCR)、层次聚类分析(HCA)和分裂聚类分析(DCA)。

MVA 是直接嵌入到 LabSpec 6 的一个分析模块，方便用户在同一个软件中完成数据采集、分析和生成报告等所有实验操作。它的界面简洁清晰，即便没有相关经验的用户也能快速掌握。MVA 还在每个多变量分析方法中加入一些常用的数据前处理功能，便于进行数据快速处理和分析。另外，MVA 模块专门挑选了多变量分析方法中几个常用的方法，以满足大部分用户的需求。

4.4.3　WiRE

雷尼绍的 WiRE 4(基于 Windows 的拉曼环境)软件，控制拉曼数据采集并为用户提供专业的数据处理和分析选项。例如，利用 WiRE 4 识别未知光谱、去除它的背底，或在兆像元规模的拉曼图像中确定颗粒的分布。

4.4.3.1　深度序列测量

深度序列测量又称为深度扫描、Z 轴剖析或者 Z 轴扫描。深度切片是指在两个 XY 坐标轴之间(如一条线)和样品中不同深度采集光谱。Si 片上深度剖析是一种衡量显微拉曼光谱仪共聚焦性能的传统方法。平台以一定的间隔移动，例如，激光在样品内不同的深度聚焦，逐个采集光谱。通过数据集创建图像。原始数据、拟合的数据或者各种成分均可用来创建图像。

在深度扫描中，透明样品可以得到最好的结果。如果样品有颜色或者对激光有吸收，深度测量则是不可行的，或者只能在很浅的范围内测量。随着激光聚焦到样品中较深的点，信号强度将会降低，这时可以在样品的深度测试前优化样品深处点的采集参数(如曝光时间、采集次数、binning 等)。

4.4.3.2　对单张光谱进行处理和基本解析

WiRE 4 可以对单张光谱进行处理和分析。其主要方法包括基线扣除、数据算术运算、平滑、剪切、寻峰、曲线拟合、积分、截短、归一化、微分等。区别于 LabSpec 6 软件，在此仅介绍以下几种方法：

(1)数据算术运算：对于单张光谱数据可以进行多种算术运算。例如，可以将几个文件进行加减运算。这对于扣除背景光谱或者滤波片 ripple 非常有效。

(2)剪切：干扰信号可以通过 Zap 功能去掉，例如宇宙射线或者其它假峰。一般来说，有假峰应该重新测量，但多数情况下可以判断。打开光谱，选择 Processing 中的 Zap 选项，会打开一个新的窗口，上面为原始光谱，下面为结果。上面光谱显示两条竖线，之前区域被剪切。拖住两条竖线就可以改变剪切的区域。利用放大功能，可以进行详细剪切。多个剪切区域可以从背景菜单“Add regions”中加入。

(3)积分：作用是得到光谱的面积。

(4)截短：可以删除光谱两端的一些不希望存在的数据，例如宇宙射线或原子发射线。与剪切功能相似，只不过输出时重新定义了 X 轴的数据。

(5)归一化处理：线性调整了光谱或成像的强度数据，使其满足下列条件：

①固定强度范围：原始数据的最大值和最小值在数据结果中被换算成用户定义的最大和最小值。

②常数积分信号：光谱或成像中所有强度值的总和等于用户定义的常数。如果归一化是沿着光谱轴，常数为 1，结果为单位光谱。

③强度均值和方差：输入数据移动或者缩放，结果为用户定义的均值和方差。

(6)求导：计算光谱中每一点的斜率或一阶导数。

4.4.3.3　采用后处理方法批量处理数据

用于批量处理数据的后处理方法包括宇宙射线去除和噪音过滤。特征宽度方法可以应用于单张光谱。这些方法可以应用于包括多达 500 万张光谱的数据集。

1. 宇宙射线去除

宇宙射线会降低数据集分析的质量和准确性，尤其是利用多变量分析时。较强的宇宙射线会主导数据分析，“隐藏”光谱中真正的化学和物理信息。

WiRE 4 采用以下两种方法去除宇宙射线：

①最近邻方法：适用于数据采集步长小于区域尺寸时，光谱具有良好的信噪比时效果最佳。

②特征宽度：适用于所有情况，光谱背底变化快并且很强时效果较好。

2. 噪音过滤

噪音过滤降低了数据集中随机噪音的水平，同时保留了感兴趣的重要光谱变化。WiRE 4 中将主成分分析(PCA)应用于数据集，主要成分按照重要性递减的顺序显示。使用者可以查看每种成分的光谱，保留包含拉曼信息的所有成分。所有其它成分被去除(包括噪音成分)，原始数据重建。

4.4.4 Uspectral-Pro 软件

Uspectral-Pro 拉曼光谱分析软件是专门针对拉曼光谱的集光谱采谱、数据分析和数据库管理为一体的新一代的拉曼分析系统，如图 4-70 所示，Uspectral-Pro 配合上海如海光电生产的光谱仪及激光器使用，可以实现拉曼光谱的信息采集、降噪、分析、存取、数据库读取，以及针对不同检测样品的拉曼光谱匹配识别等功能。

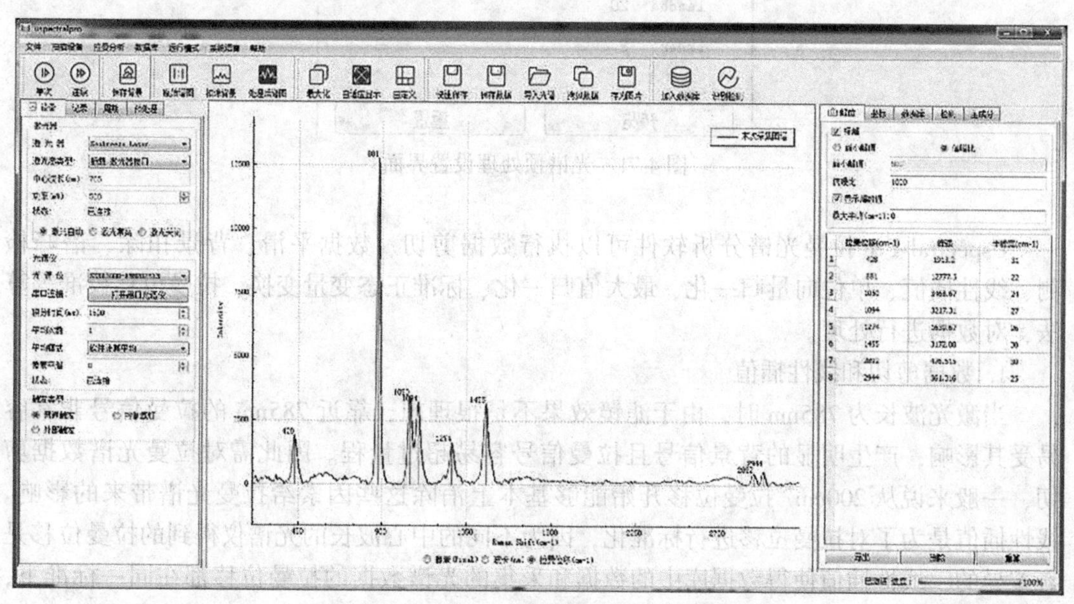

图 4-70 Uspectral-Pro 拉曼光谱分析软件主界面

软件主要包括光谱采谱、数据分析和数据库管理三大模块。

4.4.4.1 采谱模块

功能具备设置仪器的基本参数，如积分时间和平均次数，具有单次采集、连续采集、时序图连续采集和周期连续采集等功能。其中，时序图和周期连续采集满足在线拉曼的连续监控采集的需求。

4.4.4.2　数据分析(光谱预处理)

在化学计量学中，算法总是针对光谱矩阵进行的一系列线性代数计算。化学计量学的相似度匹配算法是通过建立未知物和数据库里的标准物之间的关系来实现。在建立数据库之前，光谱预处理很重要，它是所有化学计量学算法应用中很关键的部分，界面如图 4-71 所示。

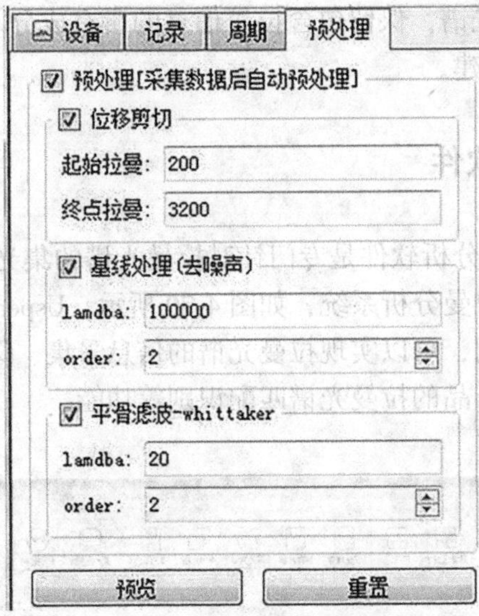

图 4-71　光谱预处理设置界面

Uspectral-Pro 拉曼光谱分析软件可以执行数据剪切、数据平滑、背景扣除、谱峰检测、线性插值、单位向量归一化、最大值归一化、标准正态变量变换、拉曼位移校准等算法，对数据进行处理。

1. 数据剪切和线性插值

当激光波长为 785nm 时，由于滤镜效果不是很理想，靠近 785nm 的拉曼信号非常容易受其影响，产生明显的背景信号且拉曼信号容易超过量程。因此需对拉曼光谱数据剪切，一般来说从 $200cm^{-1}$ 拉曼位移开始能够基本上消除这些因素给拉曼光谱带来的影响。线性插值是为了对拉曼位移进行标准化，因为不同的中心波长的光谱仪得到的拉曼位移是有差异的，线性插值使得数据库中的数据和采集的光谱数据的拉曼位移都在同一标准下，产生对应的关系。

Uspectral-Pro 软件中提供软件剪切功能，如图 4-72 所示，数据剪切的要求和数据库中的数据一致可以方便数据库匹配方法的使用。数据剪切参数有开始，结果和作用域的数据集选择，“开始剪切”执行剪切，“重置”取消操作，“预览”为查看算法效果。

2. 数据平滑

分析仪器所产生的信号包含源自样本中某种化学成分，这部分能够用数学模型来描述；另一部分则是由于各种原因所导致的随机噪声，它通常会影响模型的预测能力。为了改善分析信号的信噪比，平滑技术常被使用。平滑可以看作一种通过除去信号中高频成分来改善信号信噪比的手段。这意味着信号既能在原始时域也能在其频域进行处理，以达到平滑的目的。

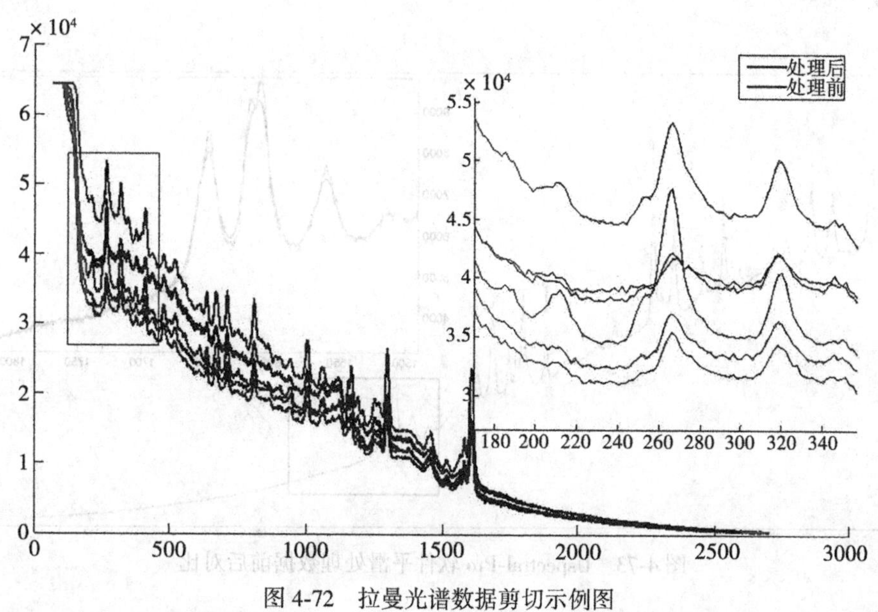

图 4-72 拉曼光谱数据剪切示例图

Whittaker 平滑算法由 Whittaker(1922)提出，Silverman 将其系统化后，由梁逸曾和 Eilers 将其应用到化学数据处理之中。在平滑时，它有两个需要平衡的目标：拟合数据的失真程度和拟合数据粗糙度。如果拟合数据粗糙度降低，平滑之后的数据则和原始数据变得不相似。粗糙度通常可以用拟合数据的差分衡量。通过利用稀疏矩阵技术，Whittaker 平滑算法能够达到很高的效率。通过调节 λ 参数，能直观灵活控制拟合数据的平滑程度。

Uspectral-Pro 软件提供软件平滑功能，如图 4-73 所示。数据平滑的参数有 lambda 和 order 以及作用域的数据集选择，lambda 是保证度和平滑度的权重参数，lambda 用于衡量平滑程度，其值越大表示越平滑，越小表示越接近原始光谱。Order 是最小二乘中的阶数，取值范围为 1 和 2，一阶的情况下是一阶拟合，表示变化趋势是一阶变化，一般搭配 lambda 的变化，一阶时 lambda 默认值为 100，相当于二阶时的 10000。

3. 背景扣除

该软件采用自适应迭代重加权惩罚最小二乘算法(airPLS)对背景进行扣除(去噪声)。airPLS 相当于连续多次调用加权惩罚最小二乘算法，易于实现。在迭代过程中权重向量可以自适应地获得，所以，算法中只有一个 λ 参数来控制拟合背景平滑程度，参数调节直观且方便。如果用稀疏矩阵算法来实现惩罚最小二乘，airPLS 背景中扣除算法可以达到非常可观的执行速度。

在实际应用过程中，如果不将权重向量 w 中对应的部分设置为 0，惩罚最小二乘只是一种平滑算法。Eilers 等通过不对称加权，将惩罚最小二乘变为背景扣除算法。但是 Eilers 等提出的背景扣除方法有些缺点。主要表现在该算法有两个参数需要优化才能获得比较好的效果，而且非对称参数对于所有点都是相同的。改进的自适应重加权算法，在迭代的过程中根据拟合背景和信号之间的差别，可自适应地获得权重值。背景扣除的效果如图 4-74 所示。

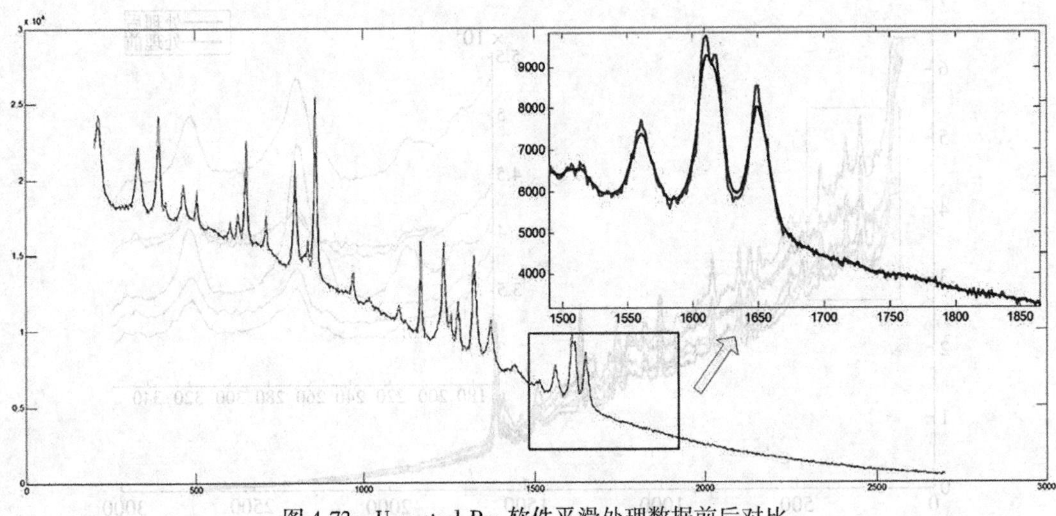

图 4-73　Uspectral-Pro 软件平滑处理数据前后对比

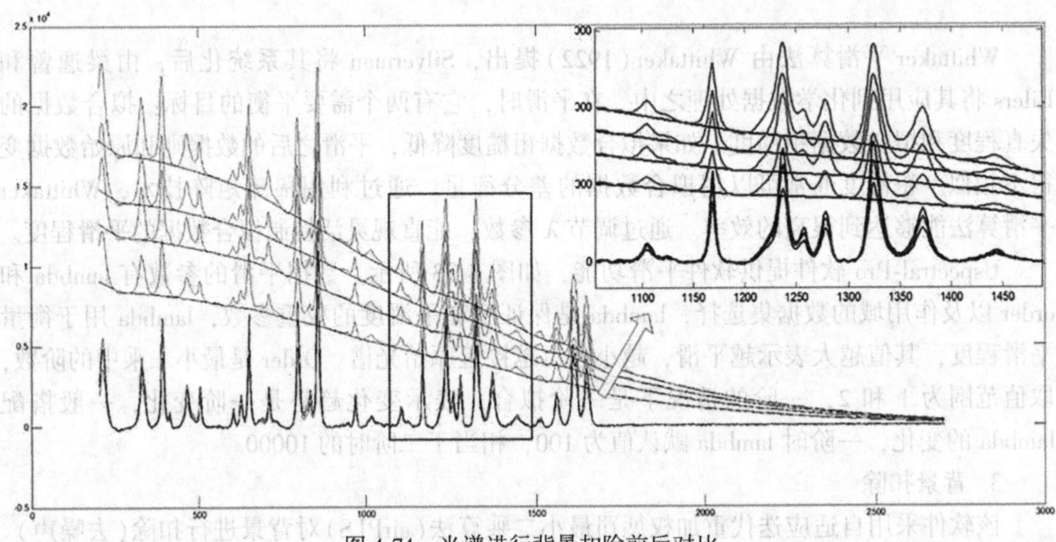

图 4-74　光谱进行背景扣除前后对比

4. 谱峰检测

Uspectral-Pro 软件提供软件谱峰检测功能。谱峰检测的参数有信噪比和最低程度以及作用域的数据集选择，信噪比是指信号强度和噪音水平的比值，值越大就会得到越小的峰个数，最小强度表示峰的最小阈值，阈值越小得到的峰个数越多“开始剪切”执行谱峰检测，“重置”取消操作，“预览”为查看算法效果，如图 4-75 所示。

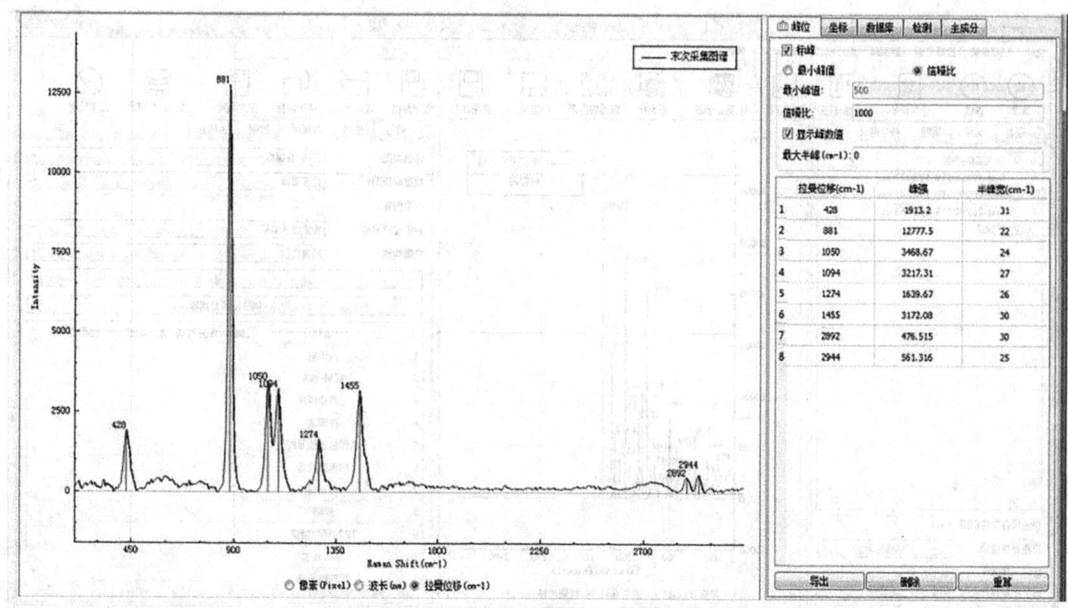

图 4-75 Uspectral-Pro 软件谱峰检测示例图

在估算拉曼光谱信噪比时，Uspectral-Pro 软件先利用惩罚最小二乘平滑算法对光谱进行平滑，然后将原始光谱与平滑后的光谱相减，得到一个噪声向量，最后利用移动窗口策略估算出局部的噪声。如果光谱中没有明显的信噪比很高的区域，那么将返回用户重新测定光谱的信息。如果光谱中有几个信噪比较高的区域，那么这一条拉曼光谱可以进入后续的处理步骤。

Uspectral-Pro 软件使用的检测算法包含 3 个步骤(Zhang 等，2015)：

(1)通过小波空间中的局部极值找到脊线；

(2)基于脊线位置识别峰；

(3)优化峰检测参数。

连续小波的方法可以非常有效地识别峰。根据信噪比和峰的最小强度可以将超过阈值的峰检测出来。

4.4.4.3 数据库管理模块

Uspectral-Pro 软件的数据库管理模块具有导入和导出各种格式拉曼光谱数据、数据库增删改查、数据库正检索和逆检索算法、本地数据库和云端数据库同步等功能，如图 4-76 所示。

云端数据库需要登录，通过购买如海光电的加密狗后，客户通过云端账号和密码，用户可以自行使用云端数据库。通过本地软件 Uspectral-Pro 直接使用云端数据库，通过如海光电提供的云端光谱分析管控平台登录查看和管理云端数据库，如图 4-77 所示。云端光谱分析管控平台具备了检测记录、建库条目、标准数据库、设备管理、账号权限、日志记录和系统设计等模块。

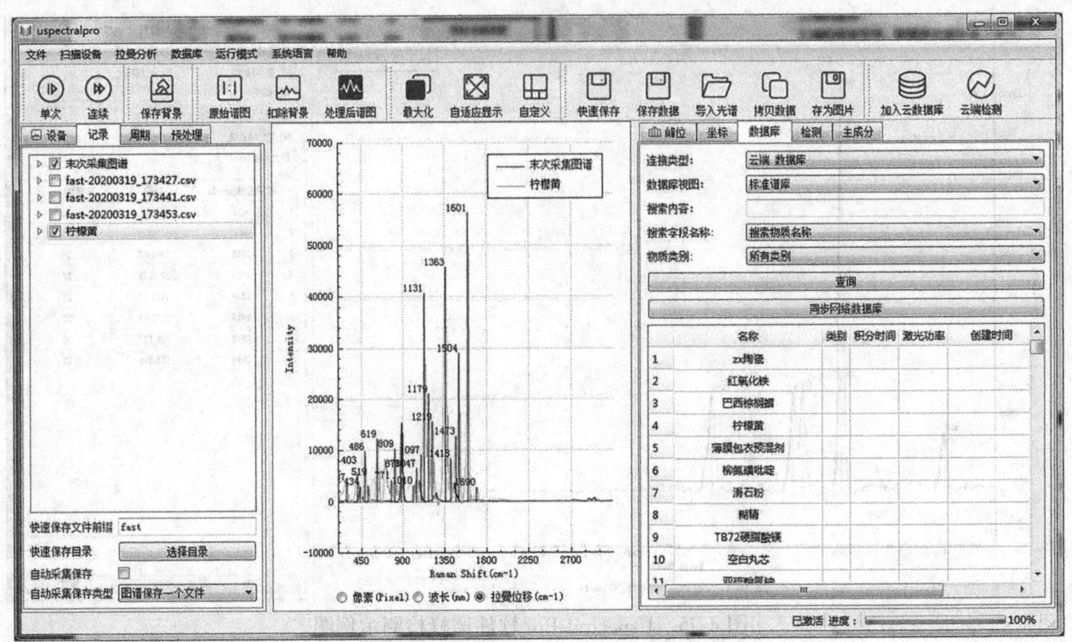

图 4-76　Uspectral-Pro 软件云端数据库界面

图 4-77　云端光谱分析管控平台登录界面

综上所述，利用这些功能强大的分析软件，有助于挖掘精确且丰富的拉曼谱图信息。

参 考 文 献

[1] [美]布拉德斯基，克勒. 学习 OpenCV(中文版)[M]. 于仕琪，刘瑞祯，译. 北京：清华大学出版社，2009.

[2]杨高科. 图像处理、分析与机器视觉(基于 LabVIEW)[M]. 北京：清华大学出版社，2018.

[3]张铮，王艳平，薛桂香. 数字图像处理与机器视觉：Visual C++与 Matlab 实现[M]. 北京：人民邮电出版社，2010.

[4]沈焕峰，钟燕飞，王毅，金淑英，曹丽琴，田馨，袁强强，金银龙. ENVI 遥感影像处理方法[M]. 武汉：武汉大学出版社，2009.

[5]Wang W., Li C. A multimodal machine vision system for quality inspection of onions[J]. Journal of Food Engineering, 2015, 166: 291-301.

[6]Chang C. C., Lin C. J. LIBSVM: a library for support vector machines[J]. ACM Transactions on Intelligent Systems and Technology (TIST), 2011, 2(3): 27.

[7]Li H., Liang Y., Xu Q., Cao D. Key wavelengths screening using competitive adaptive reweighted sampling method for multivariate calibration[J]. Analytica Chimica Acta, 2009, 648(1): 77-84.

[8]Li H., Xu Q., Liang Y. libPLS: An integrated library for partial least squares regression and linear discriminant analysis[J]. Chemometrics and Intelligent Laboratory Systems, 2018, 176: 34-43.

[9]Li H. D., Xu Q. S., Liang Y. Z. Random frog: an efficient reversible jump Markov Chain Monte Carlo-like approach for variable selection with applications to gene selection and disease classification[J]. Analytica Chimica Acta, 2012, 740: 20-26.

[10]Norgaard L., Saudland A., Wagner J., Nielsen J. P., Munck L., Engelsen S. B. Interval Partial Least-Squares Regression (iPLS): a comparative chemometric study with an example from near-infrared spectroscopy[J]. Applied Spectroscopy, 2000, 54(3): 413-419.

[11]Suykens J. A. K., Gestel T. V., Brabanter J. D., Moor B. D., Vandewalle J. Least Squares Support Vector Machines[J]. World Scientific, 2002.

[12]Yun Y. H., Wang W. T., Tan M. L., Liang Y. Z., Li H. D., Cao D. S., Lu H. M., Xu Q. S. A strategy that iteratively retains informative variables for selecting optimal variable subset in multivariate calibration[J]. Analytica Chimica Acta, 2014, 807: 36-43.

[13]Li J. B., Rao X. Q., Ying Y. B. Detection of common defects on oranges using hyperspectral reflectance imaging[J]. Computers and Electronics in Agriculture, 2011, 78: 38-48.

[14]Li J. B., Chen L. P., Huang W. Q., Wang Q. Y., Zhang B. H., Tian X., Fan S. X., Li B. Multispectral detection of skin defects of bi-colored peaches based on Vis-NIR hyperspectral imaging[J]. Postharvest Biology and Technology, 2016, 112: 21-133.

[15]Whittaker E. T. On a new method of graduation [J]. Proceedings of the Edinburgh Mathematical Society, 41, 63(1922).

[16]Zhang Z. M., Chen S., Liang Y. Z. Baseline correction using adaptive iteratively reweighted penalized least squares[J]. The Analyst, 2010, 135(5): 1138.

[17]Zhang Z. M., Tong X., Peng Y., Ma P., Zhang M. J., Lu H. M., Chen X. Q., Liang Y. Z. Multiscale peak detection in wavelet space[J]. Analyst, 2015, 140(23): 7955-7964.

第5章　果蔬外部质量和安全图谱无损评估

果蔬外部质量和安全检测评估是果蔬综合质量评估中重要的组成部分，也是果蔬产后自动化检测分级中优先需要实施的内容。果蔬外部质量和安全检测评估涉及内容广泛，包括果蔬外观颜色、大小、形状、纹理、表皮缺陷、污染、农药残留等诸多方面，本章简要介绍与本书相关的图谱无损检测技术在果蔬外部质量和安全评估方面的典型应用。

5.1　果蔬外观物理特征检测

果蔬的外观物理品质是指水果、蔬菜个体的物理品质特征，这些物理品质特征主要包括果蔬的颜色特征、尺寸特征、形状特征、纹理特征等。外观物理特征是果蔬品质最直观的体现，直接影响果蔬的销售价格和消费者的购买欲望(Zhang 等，2015)。可以通过机器视觉系统采集果蔬的图像，通过图像处理和分析进行量化这些外观特征，进而判断出果蔬的外观物理品质的等级。目前，果蔬外观品质的视觉检测技术方法相对比较成熟，一些机器视觉系统和图像检测算法也已经成功应用于商业化的果蔬分级生产线中。

5.1.1　果蔬颜色检测

果蔬的颜色取决于果蔬果实发育过程中不同色素的含量。常见的植物色素包括叶绿素、类胡萝卜素和花青素。果蔬果实在未成熟时，叶绿素含量比较高，因此果实呈现绿色；果实成熟后，叶绿素被破坏，叶绿素含量降低，类胡萝卜素的颜色逐渐被呈现出来，或者果实内部形成花青素使其呈现红、橙、黄等不同的颜色。不同种类的果蔬具有相对固定的颜色，因此，颜色是果蔬质量品质最直接的反映，消费者也往往根据颜色来判断水果的品质(Zhang 等，2014)。

在数字图像处理领域，物体的颜色可以用不同的颜色空间(又称彩色模型、彩色系统)来描述。本质上，颜色空间是坐标系统和子空间的阐述。系统中的每种色彩都可以用单个点表示。大多数的颜色模型是面向硬件、面向对象或面向应用的颜色模型。目前已有上百种不同的颜色空间，大部分颜色空间只是做了局部的改变或者专用于某一领域。在水果颜色检测方面，RGB 颜色空间、HIS 颜色空间、$L^*a^*b^*$ 颜色空间是描述果蔬颜色最为常用的三种颜色模型，图 5-1 显示了 RGB 颜色空间模型和 L* a* b* 颜色空间模型。

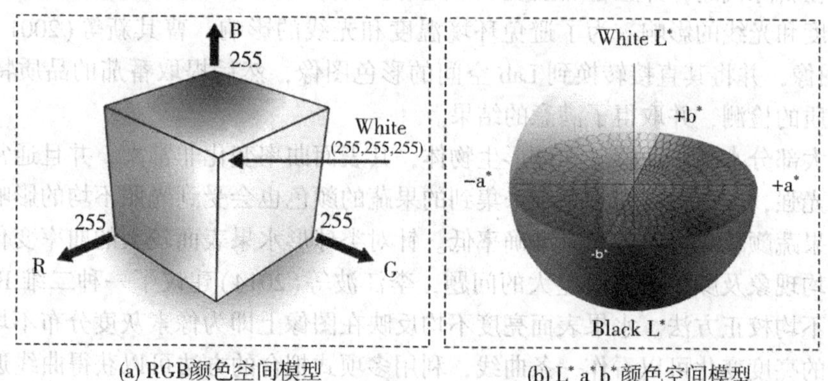

(a) RGB颜色空间模型　　(b) L* a* b* 颜色空间模型

图 5-1　RGB 和 L* a* b* 颜色空间模型

RGB 颜色空间是依据人眼识别的颜色定义出来的色彩空间，它可用来表示大部分的颜色。对大多数机器视觉系统而言，它们所采集到的彩色图像，一般被分成 R、G、B 三个独立成分加以保存。RGB 颜色空间是图像处理中最基本和常用的面向硬件的颜色空间，它也是果蔬颜色检测中最常见的色彩系统。Leemans 等(2002)根据苹果的外部品质，依据欧洲标准，把"Golden Delicious"和"Jonagold"苹果分为四个等级。在颜色分选方面，首先把背景底色和红色分离开来，像素 R、G、B 三个分量的值作为输入，然后利用一个不含隐含层的人工神经网络进行颜色的分级。例如，对于两种类的苹果，利用 Fisher 线性判别分析方法把背景底色从青色到黄色分为 4 个等级。苹果颜色的总体分选正确率为 78%。Kurita 等(2006)为了检测番茄的颜色，定义了颜色指数，即 RGB 颜色空间中的红绿分量的比值(R/G)，研究表明，比值运算可消除番茄表面亮度分布不均匀的影响，因此，利用红绿分量的比值作为颜色指数进行颜色分级可得到比仅使用独立通道色彩值更为可靠的分选结果，颜色指标的评估结果类似于人工评价结果。

由于 RGB 颜色空间是一种面向硬件的颜色模型，它的细节难以进行数字化的调整，故而在果蔬颜色检测中，RGB 颜色空间经常被转化为标准 RGB 颜色空间(sRGB 颜色空间)或面向人类的视觉模型(如 HIS 颜色空间)或独立于设备的颜色模型(如 CIE L* a* b* 颜色空间)等。Zou 等(2007)利用彩色 CCD 相机、图像采集卡、速度可控的双锥形滚筒、步进电机和光源系统搭建了实验室级别的机器视觉系统，并基于 RGB 颜色模型和 HIS 颜色模型把富士苹果分为 4 个等级。随着双锥滚筒和苹果的旋转，机器视觉系统每间隔 90°采集一幅图像，每个苹果共获取 4 幅图像，随后通过图像处理提取了每个苹果 17 个颜色特征参数用于颜色的分类，获得了较好的分类效果。何东健等(1998)为了检测苹果表面的着色度，搭建了计算机视觉系统，并依照着色度对苹果进行分级。研究通过将获取的苹果彩色图像中的 RGB 值转换为 HIS 值，基于苹果表面颜色特性确定了合适色相值下累计着色面积百分比进行苹果表面颜色分级的方法。用选定的色相阈值和分级方法对红星苹果进行了着色分级，机器视觉分级结果与人工分级结果一致度大于 88%。Mendoza 等(2006)对比了 sRGB、HSV 及 CIE L* a* b* 颜色空间在带有曲面外形的水果和蔬菜颜色量化和测量中的效果，结果表明，CIE $L^*a^*b^*$ 颜色空间最适用于具有曲面的农产品的颜色检测。番茄果实存在新陈代谢，并且番茄表皮非常光滑，计算机视觉系统在采集番茄图像时容易受到环境温度和光线的影响。为了避免环境温度和光线的影响，曹其新等(2001)采集番茄的 RGB 图像，并将其直接转换到 Lab 空间的彩色图像，然后提取番茄的品质特征参数进行番茄品质的检测，并取得了满意的结果。

由于大部分水果、蔬菜是类球形生物体，其表面曲率变化非常大，并且通常果蔬表皮光滑、反光强，因此机器视觉系统采集到的果蔬的颜色也会受到光照不均的影响，从而导致类球型果蔬颜色分级误差大、准确率低。针对类球形水果表面较大的曲率变化引起的表面亮度不均现象及颜色分级误差大的问题，李江波等(2014)建议了一种二维 B 样条水果表面亮度不均校正方法。水果表面亮度不均反映在图像上即为像素灰度分布不均匀。图像行或列上的亮度变化可以看作一条曲线，利用多项式拟合的方法可以获得曲线近似的亮度偏差分布掩模，然后通过比值运算可对不均匀的亮度进行拉伸，拉伸后，便可有效地消除水果表面亮度分布不均现象。相比于其它多项式拟合，B 样条曲线具有良好的调整性、连续性和分段性的优点，拟合过程中能呈现物体表面整体亮度分布的同时，还能有效兼顾图像中的细节信息。该方法可以实现行像素和列像素的同时拟合，并获得二维图像的亮度掩模。图像的亮度拟合曲面可以用如下张量积的形式表示：

$$B_0 = \sum_{x=1}^{X} \sum_{y=1}^{Y} P_{m,\,n} B_{x,\,m}(X) B_{y,\,n}(Y) \tag{5-1}$$

式中，$P_{m,\,n}$ 为样条曲面控制点，$B_{x,\,m}(X)$ 为节点向量 X 的 m 阶 B 样条基函数；$B_{y,\,n}(Y)$ 为节点向量 Y 的 n 阶 B 样条基函数。拟合曲面上各点的值对应像素的亮度，经过均值归一化处理，可以得到图像的二维 B 样条曲线拟合的亮度掩模，如图 5-2 所示为原始 RGB 图像(图 5-3(a))R、G 和 B 三分量的亮度掩模，亮度掩模可用于亮度校正分析。二维 B 样条曲线拟合的亮度掩模的表达式为：

$$M_{B0} = \frac{B_0}{\text{mean}(B_0,\ B_0 > 0)} \tag{5-2}$$

图 5-3(b)所示为基于该亮度校正算法对原始 RGB 图像(图 5-3(a))亮度校正后的结果图像。为了进一步分析算法的性能，校正后的 RGB 图像被转换到 HIS 颜色空间，通过对比校正前后 H 和 I 分量图像像素灰度标准差评价校正效果。具体地，以脐橙为样本，详细对比校正前后色调 H 分量中强度值的变化，研究提取了校正前后 HIS 颜色模型中的色调 H 分量的能量图，如图 5-4 所示。图中不同的颜色代表色调分量上不同的强度值，从图中可以看出，校正后的色调分量强度更加均匀，这种均匀性非常有利于基于机器视觉系统的水果颜色等级的精确评估。① 160 幅图像校正前色调 H 分量的标准差均值为 42.1371，校正后该标准差均值降为 9.0888，仅仅为原标准差的 21.57%，色调均匀性得到了明显的改善。校正前亮度 I 分量标准差为 19.0142，校正后变为 6.4525，仅仅为原标准差的 33.94%，亮度不均性也得到了非常好的改善(李江波等，2014)。

① 由于本书中选取橙子作为研究对象，橙子表皮颜色较为均匀，因此所获得的校正后 H 分量能量图中颜色表现出一致性。

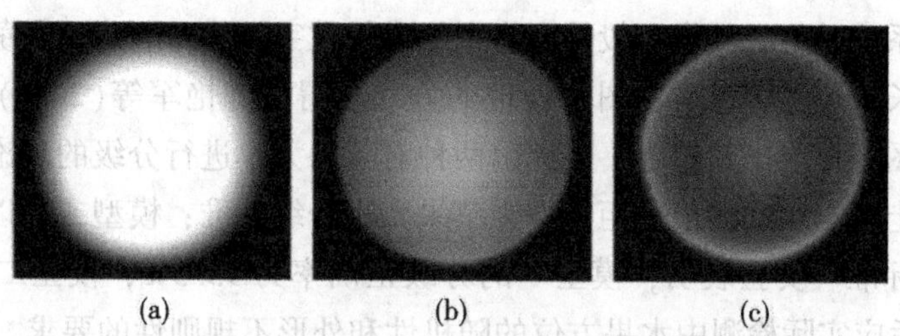

图 5-2 二维 B 样条曲线拟合得到的亮度掩模图像(李江波等，2014)

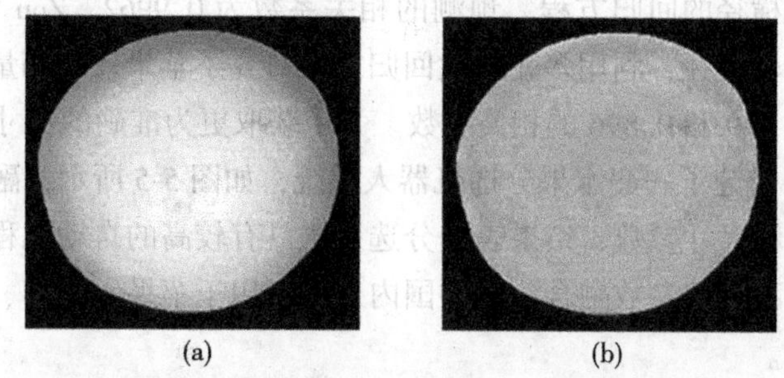

图 5-3 校正前后脐橙样本 RGB 图像(李江波等，2014)

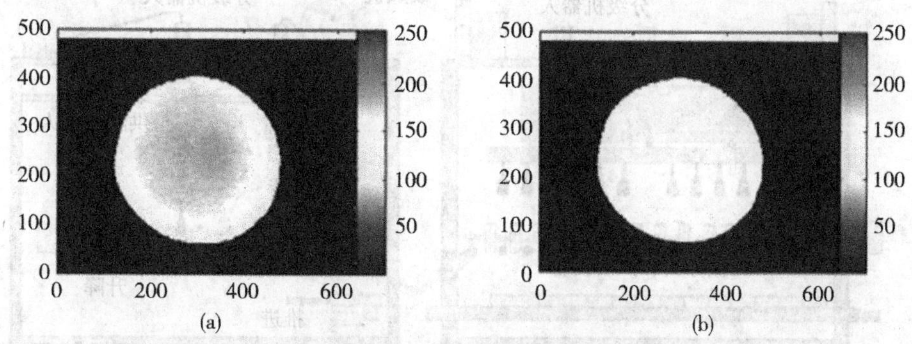

图 5-4 校正前后脐橙样本色调 H 分量的能量图(李江波等，2014)

5.1.2 果蔬尺寸检测

尺寸也是果蔬特别重要的外观品质特征之一。在果蔬进入市场流通前，如果能按照尺寸进行分级处理，对不同大小的果蔬进行有区别的包装，从而按等级销售，有助于提高水果的附加值。

机器视觉系统具有测量功能，能够自动测量物体的周长、面积等外观尺寸。机器视觉测量的优点在于非接触、连续性、高精度、可重复等。机器视觉用于果蔬尺寸的检测是一种基于相对的、间接的测量方法，通过倍率标定、3D 重建、回归建模等来估计果蔬的实际尺寸。投影面积法、周长法、长宽计算法和三维重建是果蔬尺寸检测中最常用的几种方法(Zhang 等，2014)。

机器视觉系统采集的图像一般是由像素组成的数字图像，因此，果蔬在图像中的投影面积、周长、长宽尺寸可以采用图像处理的方式求得。陈艳军等(2012)通过扫描红富士苹果分割后的图像提取出其轮廓，并提出两种对苹果大小进行分级的理论模型：模型一是以苹果轮廓线上两点之间的最大距离作为苹果大小分级标准；模型二是以苹果最大横切面直径作为分级标准。实验表明，模型一的分级正确率为93.3%，模型二的分级正确率为87.1%。为了适应实际检测中水果方位的随机性和外形不规则性的要求，应义斌等(2004)设计了一种利用水果最小外接矩形法求取最大横径的视觉检测算法，并进行黄花梨果径检测，得出预测最大横径的回归方程，预测的相关系数为0.9962。Zou 和 Zhao(2007)通过提取苹果长轴和短轴直径，利用多元线性回归方法研究了苹果尺寸测量方法，训练集和测试集分别获得了0.919和0.896的相关系数。为了获取更为准确的尺寸测量结果，日本学者 Kondo 等(2009)搭建了一套水果分选机器人系统，如图5-5所示，融合了直径尺寸、最大长度、宽度等多种尺寸参数，结果表明分选系统具有较高的自动化程度，可实现水果尺寸可靠的检测。多种尺寸参数融合法还被国内外学者用于苹果、番茄、大枣、柠檬等水果的尺寸测量和检测。

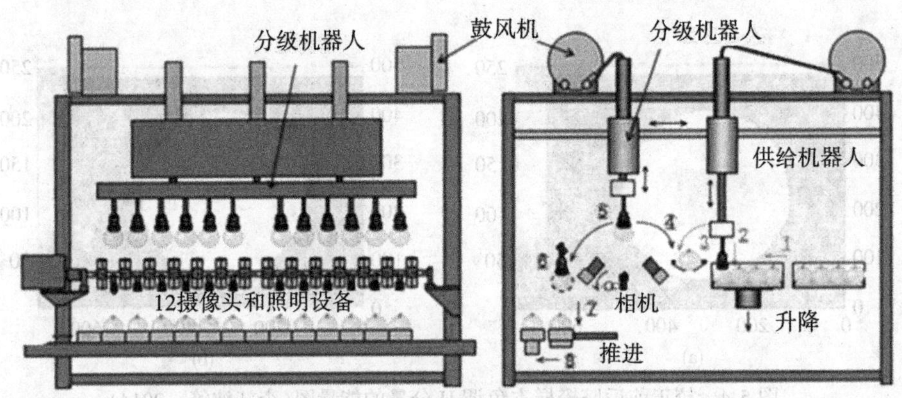

图5-5　果蔬分选机器人系统(Kondo 等，2009)

目前，果蔬尺寸的检测大多是基于果蔬的二维图像特征进行的。然而，果蔬是具有立体属性的生物体，仅仅根据二维特征进行三维尺寸的检测，具有一定的片面性。为了更加准确地进行三维尺寸的检测，还需要根据果蔬的三维图像提取高度等信息特征进行综合的检测和评估。

以洋葱为例，尺寸是洋葱品质的重要指标之一，根据尺寸对洋葱进行品质分级具有重要的意义。首先，洋葱的尺寸直接决定了洋葱的市场价格，消费者更加偏爱个头大的洋葱；其次，尺寸以及尺寸的均匀性是评估新洋葱品种选育的重要性状指标(Mallor 等，2011)，尺寸评估结果可为洋葱新品种选育提供宝贵的反馈信息；另外，洋葱的尺寸和其种植密度具有重要的关系，种植密度过密，洋葱的尺寸就会变小，因此，洋葱尺寸的评估和分级可以为种植农户提供重要的指导信息(De Visser 和 Van den Berg，1998)。体积是描述洋葱尺寸的重要指标。然而，由于洋葱的形状为不规则椭球形，仅仅利用二维图像或者通过投影提取二维图像特征等进行尺寸检测误差大、准确率低。Wang 和 Li(2014)利用 RGB-D 传感器搭建了洋葱尺寸视觉检测系统。该研究利用 RGB-D 传感器获取洋葱六个不同角度的彩色和深度图像，并利用图像处理技术获取尺寸相关的特征参数，然后用于计算洋葱的体积和密度。图 5-6 所示是利用 RGB-D 传感器和变换的点云获取的洋葱三维立体图像。从三维立体图像中可以看出，RGB-D 传感器获得的图像是一个二维像素阵列，与传统彩色图像不同的是，二维像素阵列的每个像素强度代表着传感器与视野空间位置点的距离。洋葱的体积可以通过计算立体图像中洋葱的总体积减去底部区域与传感器扫描面之间空隙体积获得。相比于传统的彩色图像，通过深度图像获得的洋葱的直径具有较高的精度和鲁棒性，均方根误差仅为 2mm。洋葱的体积预测的均方根误差为 18.5cm^3，预测精度高达 96.3%。研究结果表明，RGB-D 传感器在洋葱密度无损评估中具有很大的潜力，研究所提出的洋葱尺寸和体积测量方法可用于洋葱表型测量和产后分级处理。

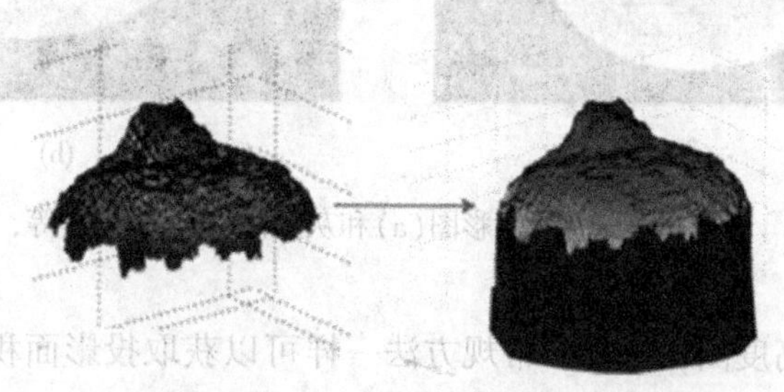

图 5-6 利用 RGB-D 传感器和变换的点云获取的洋葱三维立体图像(Wang 和 Li，2014)

在视觉检测领域，结构光视觉也是获取被检测物体三维立体信息的重要技术手段。张保华等(2016)搭建了近红外线阵结构光视觉检测系统，如图 5-7 所示，并开发非接触式视

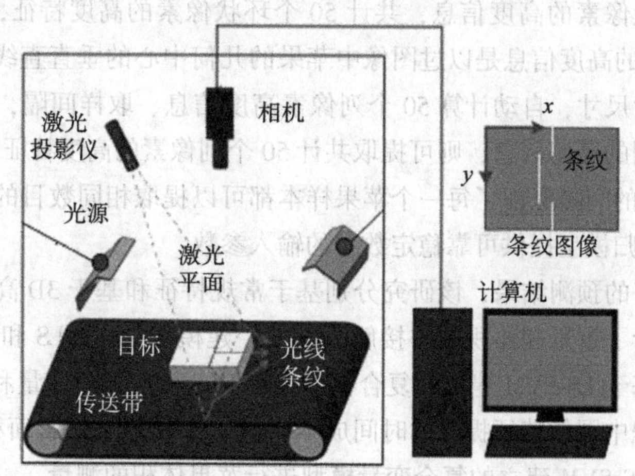

图 5-7 近红外线阵结构光视觉检测系统(张保华等，2016)

觉检测算法用于估计苹果的体积和重量。三维图像获取原理为：无检测物体时，线阵结构光投射在传送带上，此时近红外结构光条纹为一条直线；有检测物体时，线阵结构光部分投射在传送带上，部分投射在被检测物体上，此时近红外结构光条纹发生形变，且该形变量与物体的高度尺寸有关，高度可以根据形变量和三角测量原理进行计算。相机采集一帧就可以测量对应图像中近红外结构光条纹上的高度信息，如果配合传送带的移动，就可以获取整个苹果的 3D 高度图像。图 5-8 所示为结构光视觉系统获取的苹果立体图像。

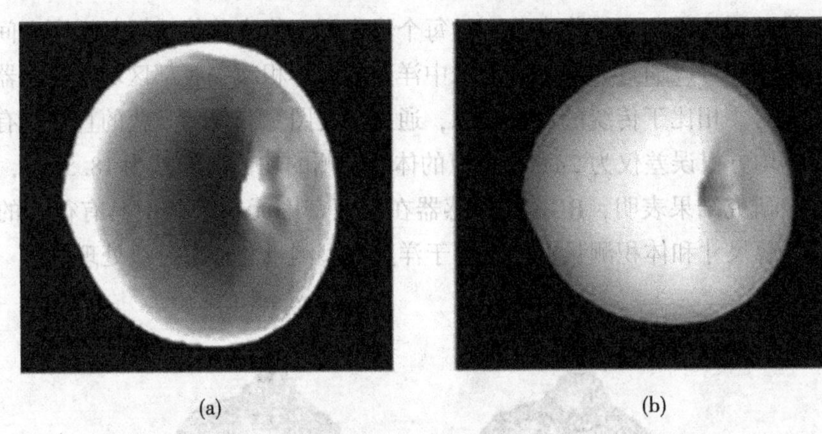

(a)　　　(b)

图 5-8　苹果的 3D 高度伪彩图(a)和灰度图(b)(张保华等，2016)

利用苹果的 3D 高度图，除了和常规方法一样可以获取投影面积外，还包含了和尺寸紧密相关的高度信息。为了取得更好的检测效果，研究还提取了苹果 3D 高度图像中的环状像素的高度信息和列像素的高度信息，提取方法如图 5-9 所示。环状像素的高度信息是以图像中苹果的几何中心为中心，依据苹果在图像中大小可变化半径为半径，求取每一个同心圆环所有像素的平均高度为该环高度信息，每一个苹果样本提取 50 个同心圆环求取高度信息作为环状像素的高度信息，共计 50 个环状像素的高度特征，提取方法如图 5-9(a)所示。列像素的高度信息是以过图像中苹果的几何中心的垂直直线为对称轴，根据苹果在图像中的像素尺寸，自动计算 50 个列像素高度信息、取样间隔，同一列上像素的高度平均值作为该列的高度信息，则可提取共计 50 个列像素的高度特征，提取方法如图 5-9(b)所示。可变化的间隔保证了每一个苹果样本都可以提取相同数目的高度信息，为后续 PLS 和 LS-SVM 回归模型提供可靠稳定数目的输入参数。

为了获取更好的预测结果，该研究分别基于常规特征和基于 3D 高度信息与常规特征相结合的特征进行了重量和体积的非接触式测量。建模采用了 PLS 和 LS-SVM 两种方法。研究结果表明，基于 LS-SVM 建立的复合模型优于 PLS 建立的单变量和复合变量模型。考虑到实际应用过程中图像特征提取的时间成本，可以选用基于投影面积和 50 个列像素的高度特征，利用 LS-SVM 建立的复合变量模型进行苹果体积的测量。

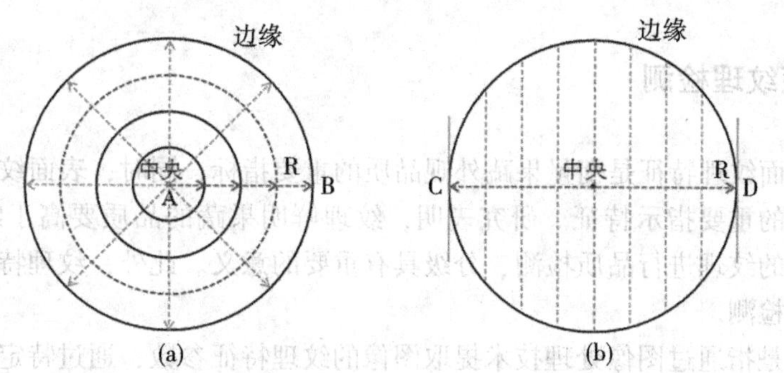

图 5-9　3D 高度信息特征提取方法(张保华等，2016)

5.1.3　果蔬形状检测

形状也是评价果蔬外观质量品质最重要的特征指标之一，在我国国家标准中对其有着严格的规定(桂江生，2007)。特定种类的果蔬一般具有特定的形状，不规则形状的水果和蔬菜往往售价较低，甚至不能进入市场流通。形状分级是果蔬采后自动化质量分级过程中重要研究内容。Yimyam 和 Clark(2012)提取了杧果图像中杧果的长宽尺寸，然后利用几种结构模型分析了杧果的形状特征，结果表明，该机器视觉系统能够获得很好的分选结果，可以代替人工进行杧果物理特征的分选。Kondo 等(2010)提取了梨的圆形度、复杂度、形变度等特征，依据外观形状特征对其进行自动化分选。傅里叶形状描述子法是一种基于傅里叶变换的边界特征形状描述方法，该方法利用连通区域边界的封闭性和周期性，将二维边界信息转化为一维形状特征信息。Zou 等(2008)通过傅里叶变换把苹果图像的边界展开、降维处理得到 33 个傅里叶系数，并将这些系数作为形状参数。通过遗传算法挑选了最优形状特征参数，最后利用迭代决策树算法进行苹果形状的检测与分选。为了改善傅里叶描述子的形状分类性能，应义斌等(2007)提出了一种基于 Zernike 矩的水果形状分类方法。研究首先使用标准矩对图像进行归一化，使归一化后的水果图像具有平移和尺度不变特性。然后从归一化后的水果图像中提取具有旋转不变特性的 Zernike 矩形状特征，并利用主成分分析法确定形状分类所需的特征。最终将这些特征输入到支持向量机中，实现了水果形状的分类。

为了提高果蔬形状检测的准确性和可靠性，常常需要融合多种形状参数。张保华等(2014)利用图像处理技术提取了马铃薯图像的偏心度、矩形度、圆形度以及边界图像的 10 个傅里叶描述子等共计 13 个形状特征，并通过 I-RELIEF 算法分析了 13 个特征在形状分类中的贡献程度，即权重，然后把带有权值的样本形状特征输入到支持向量机分类器中进行训练，实验结果表明，该方法可以满足分选设备的实时性要求，并且畸形马铃薯的识别率高达 98.1%。

果蔬是具有三维立体形状的生物体，目前的形状检测主要还是通过提取其在二维图像上的边界特征进行评估。随着计算机视觉和三维立体技术的发展，3D 形状检测将会提供更高精度和稳定性的果蔬形状测量，从而实现基于形状信息的果蔬品质准确分级。

5.1.4 果蔬纹理检测

果蔬的表面纹理特征是衡量果蔬外观品质的重要指标，同时，表面纹理也是果蔬内部糖度、成熟度的重要指示特征。研究表明，纹理鲜明果蔬的品质要高于纹理不鲜明的果蔬。根据果蔬的纹理进行品质检测、分级具有重要的意义。此外，纹理特征还可以用于水果表面缺陷的检测。

纹理检测是指通过图像处理技术提取图像的纹理特征参数，通过特定的计算方法获得纹理的定量测算或定性描述的处理过程。统计型纹理特征、模型型纹理特征、结构型纹理特征和信号处理型纹理特征是最常见的四种纹理特征。统计型纹理特征是指利用自相关函数、灰度共生矩阵、灰度空间分布各种统计计量等方法求取图像局部区域的联合概率分布情况。模型型纹理特征是假设以某种参数控制的分布模型方式形成的纹理特征，根据纹理的形成方式来求解或估计模型的参数，并以参数为纹理特征。结构型纹理特征是由不同类型、不同数目的纹理基元按照不同的方向构成的表现形式。信号处理型纹理特征是指通过把纹理图像中的一个区域进行空域或频域变换，然后提取保持相对平稳的特征值，并以该特征值表示区域内的纹理的一致性和相异性特性。其中，统计型纹理特征是果蔬纹理检测中最常用的纹理形式，模型型纹理特征和信号处理型纹理特征相对较少，由于食品或者农产品的非结构性特征，结构型纹理特征几乎很少用于食品或者农产品的检测(Zhang 等，2014)。

Mendoza 和 Aguilera(2004)搭建了一套机器视觉系统，并依据颜色、褐色斑点和基于灰度共生矩阵的统计型纹理特征识别不同成熟度的香蕉。他们成功地把 49 个香蕉样本分为 7 类不同成熟度，且正确率高达 98%。Kim 等(2009)利用彩色共生矩阵检测葡萄表皮的病害，实验表明，彩色共生矩阵法可以有效地把病害区域从正常区域中分割出来，正确率高达 96.7%。此外，统计型纹理特征还用于柑橘类水果糖度和酸度的检测、草莓和苹果成熟度的检测、苹果缺陷的识别、鸭梨纹理的分选等。Zhu 等(2007)利用了基于小波变换的信号处理型纹理特征检测苹果的品质。Quevedo 等(2008)则研究了基于分形模型的香蕉成熟度检测方法，研究表明，该方法在特定的场合具有很强的鲁棒性。李伟等(2008)提出了一种基于机器视觉技术的苹果表面纹理检测分级算法。该算法首先提取苹果目标，使用不同方法进行灰度处理，然后，根据纹理特征在图像中灰度变化的特点，采用梯度算法对目标进行两次梯度锐化，并进行滤波去噪处理以突出纹理特征，最后，利用绝对差分算法计算图像平均梯度，并对苹果进行纹理分级。结果表明，分级窜果率为 4.9%，满足苹果表面纹理快速视觉检测的需求。

5.1.5 水果果梗/花萼识别

果梗/花萼是水果自然生物体的一部分。通常，果梗/花萼在水果表面呈凹陷特征，在水果图像中果梗/花萼呈现出较低的亮度，而常见的缺陷也呈现低亮度，因此，机器视觉系统在检测水果缺陷时经常把果梗/花萼误判为缺陷。为了消除这种误判，提高水果表面缺陷检测的正确率，国内外的科研工作者在果梗/花萼的识别上做了很多努力，尝试了多种方法，如机械定位方法、机器学习方法、结构光法和三维立体检测法等。

机械定位方法是利用机械装置定位被检测对象，使被检测对象的果梗/花萼处于已知的位置，这样，在检测时就可以排除果梗/花萼区域，减少机器视觉系统的误判。Campins等(1997)开发了一套苹果转向装置，该装置可以使苹果沿着果梗/花萼的中心轴旋转，由于水果的尺寸不一，苹果的初始位置不确定，该装置的移植性和可靠性并不高。Bennedsen和Peterson(2005)提出了一种通过调整苹果姿态的新方法，以减少苹果图像中果梗/花萼位置的低亮度区域，以此提高缺陷的识别率。实验结果表明，利用该方法调整苹果的姿态需要很长的时间，因此，该方法不适用于实时在线检测。

机器学习方法是一门多领域交叉融合的学科，涉及高等数学、概率论、统计学、图像处理等，是一门专门研究计算机模拟人类的学习行为，从海量数据中自动分析获得规律，以使计算机获取新知识新技能。Leemans和Destain(2004)研究了相关技术在果梗/花萼图像匹配中的应用，但是靠近果梗或花萼处的缺陷容易被混淆而误匹配。Unay和Gosselin(2007)基于机器视觉技术和模式识别方法提出了一种识别果梗/花萼的方法。该方法利用线性分类器、最近邻分类器、模糊最近邻分类器、支持向量机、Adaboost分类器等进行果梗/花萼的识别。实验表明，利用支持向量机可以获得较好的识别结果。但机器学习的方法高度依赖于特征的选择和提取，且在使用前需要进行反复的训练、学习。

结构光法是一种主动式光学测量技术，它的基本工作原理是：结构光发射器向被检测物体的表面投射具有特定形状的光点、光条或光面，并由相机获取图像，通过几何测量原理，实现物体的三维测量或检测。Yang(1996)利用线阵结构光搭建了一个成像系统来区分果梗/花萼和真实的缺陷。该研究可以通过结构光轮廓分析快速识别结构光条纹的模式，进而判断出果梗/花萼的位置。张保华等(2015)基于近红外线阵结构光搭建了一套机器视觉系统，并开发了相应的图像检测软件和果梗/花萼识别算法。基于机器视觉和结构光技术的苹果3D重建与果梗/花萼识别算法如图5-10所示，图像处理算法包括苹果3D表面模型重建、自适应3D参照模型重建和果梗/花萼识别三个部分。其中，3D表面高度模型重建包括近红外线阵结构光条纹图像获取、结构光条纹中心线获取与苹果3D轮廓描述、高度转换、图像拼接、3D表面高度模型重建等算法；自适应3D参照模型重建包括3D表面高度模型重建、高度的量化与灰度化、单阈值处理、掩模图像获取、最小外接圆提取、最小外接圆的圆心与半径提取、依据参照模型灰度值赋值规则对图像进行赋值、根据被检测苹果重建自适应3D高度参照模型等方法；果梗/花萼识别包括3D表面高度模型重建图像与自适应3D高度参照模型重建图像的比值图像求取、图像二值化、果梗/花萼识别与定位等方法。

为了评估该算法的有效性，利用100个苹果样本对该系统和方法进行了验证。苹果的位置随机分布，每个苹果采集2幅图像。基于比值图像，二值化分割的阈值采用193，灰度值小于193的默认为果梗/花萼区域，否则为正常区域。利用该阈值，对于60幅不含有果梗/花萼的苹果图像全部正确判别；对于70幅视野中含有果梗的苹果图像，68幅被正

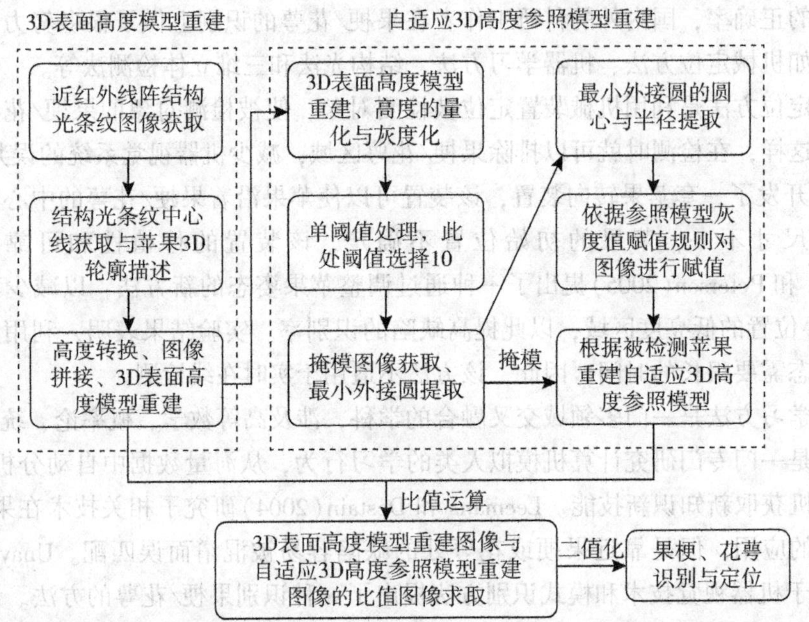

图 5-10　基于机器视觉和结构光技术的苹果 3D 重建与果梗花萼识别算法(张保华等，2015)

确判别为含有果梗/花萼，其中有 2 幅苹果图像的果梗位于水果的最外边缘区域，没有正确分割。对于 70 幅视野中含有花萼的苹果图像，67 幅被正确判别为含有果梗/花萼，其中有两幅没有识别，其原因也是因为花萼位于水果的最外边缘区域，另一幅是因为花萼的凹陷很浅，用 193 的阈值无法正确分割。195 幅水果图像可以正确识别果梗/花萼，总体识别率为 97.5%。值得说明的是，该算法是通过结构光立体成像检测苹果表面的凹陷来确定果梗或花萼的位置，并不能区分果梗和花萼。图 5-11 显示了使用不同大小、果梗/花萼随机分布的苹果图像进行算法测试的部分结果。其中，图 5-11(a)所示为结构光获取的苹果 3D 表面高度模型图像，苹果具有不同的大小、形状，果梗/花萼的位置随机分布；图 5-11(b)所示为依据苹果尺寸、形状、位置自动构建的自适应 3D 高度参照模型；图 5-11(c)所示为图 5-11(a)(b)的比值图像，可以看出，果梗/花萼处于较低亮度，而其余部分则亮度较高；图 5-11(d)所示为果梗/花萼分割结果，果梗/花萼均被正确识别。

张驰等(2015)基于近红外点阵结构光搭建了一套机器视觉系统，如图 5-12 所示。该系统依据果梗/花萼的凹陷特性和点阵结构光编码模式的改变来定位果梗/花萼区域。

三维立体测量法是一种通过重建场景的三维几何信息全方位检测方法。由于果梗/花萼在水果的表面呈现明显的凹陷特性，因此，三维立体测量在果梗/花萼的检测中具有一定的应用潜力。Jiang 等(2009)提出了一种基于两步 3D 数据分析策略的方法，该方法根据缺陷和果梗/花萼的 3D 形状信息成功地把缺陷和果梗/花萼区分开来。

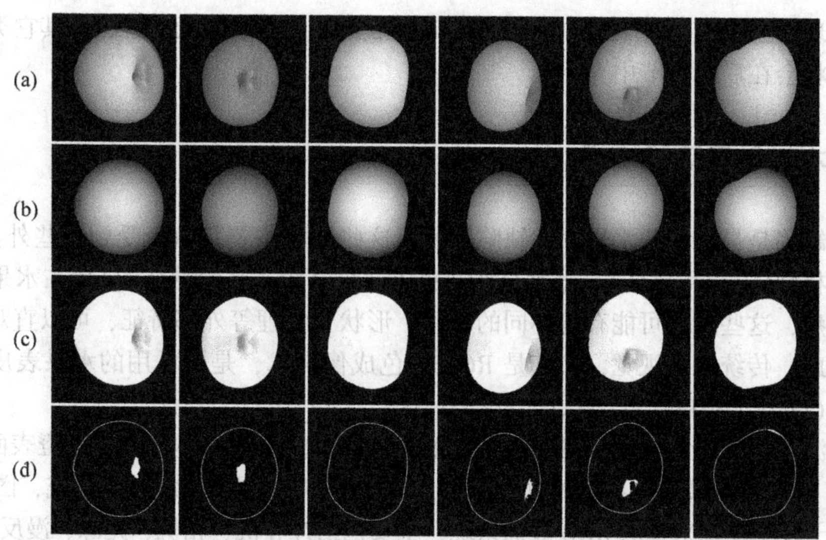

图 5-11　基于近红外线阵结构光的苹果果梗花萼识别方法(张保华等，2015)

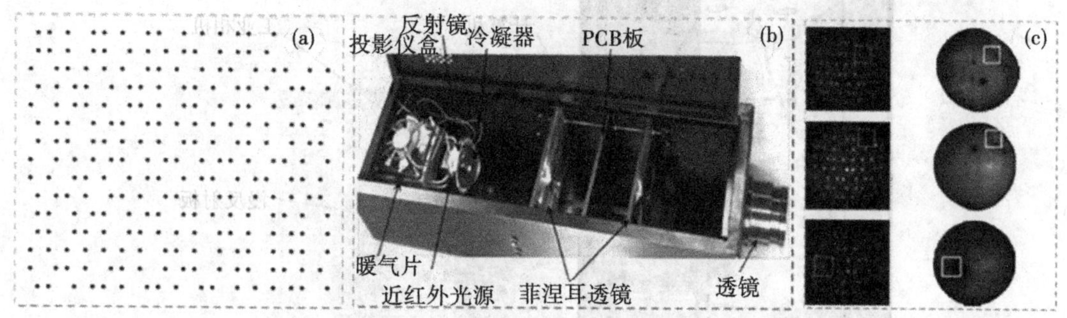

图 5-12　张弛等开发的点阵结构光视觉检测系统(张弛等，2015)

由于水果果梗/花萼的识别通常在缺陷检测分级中才能够涉及到，因此，更多关于果梗/花萼识别的研究介绍可以参考本书 5.2.1 节。

5.2　果蔬表皮缺陷检测

外部缺陷是果蔬质量品质最直接的反映。缺陷会降低果蔬质量，也可能给生产商和零售商带来重大的经济损失。识别有缺陷的果蔬也有助于降低劣质产品不必要的储存和运输成本。同时，随着消费者对食品质量和安全意识的不断提高，高质量的水果和蔬菜对果蔬产业健康发展非常重要。果蔬在收获前、收获中和收获后(如运输、储存和零售分销)各阶段容易形成各种各样的缺陷。根据其原因和性质，这些缺陷可分为物理缺陷(如各种疤痕、裂伤、虫咬伤)、生理病害(如腐烂、溃疡病斑等)、机械损伤(如挤压伤)和表面污染(如粪斑污染、农药残留、重金属污染等)。传统的缺陷检测依赖于人工，费时、费力，成本也较高。果蔬自动化缺陷检测是其农产品质量和安全检测中重要的一个环节，在果蔬商品化处理中至关重要。本节主要介绍果蔬最常见表皮缺陷的无损检测，其它类型缺陷的无损检测将会在后续章节中介绍。

5.2.1　水果表皮缺陷检测

物理缺陷是最常见的水果表皮缺陷类型，这些缺陷主要是由于受到一些外界因素(如风吹动树枝划伤(简称风伤)、冰雹打伤、虫子或鸟叮咬、高温灼伤等)后在水果表面形成的各种疤痕，这些疤痕可能有着不同的颜色、形状、纹理等外部特征，可以直观地用肉眼察觉，因此，传统机器视觉，尤其是 RGB 彩色成像技术，是最常用的水果表皮物理缺陷检测技术(Li 等，2013)。

李江波等(2009，2011 和 2013)采用基于 RGB 成像的机器视觉技术对脐橙表面常见缺陷(如风伤、蓟马伤、裂果、虫伤等)的快速、自动化检测开展了系统性的研究，图 5-13 所示为用于橙子样本图像采集的 RGB 成像系统，主要包括计算机、相机、光源、漫反射板等。

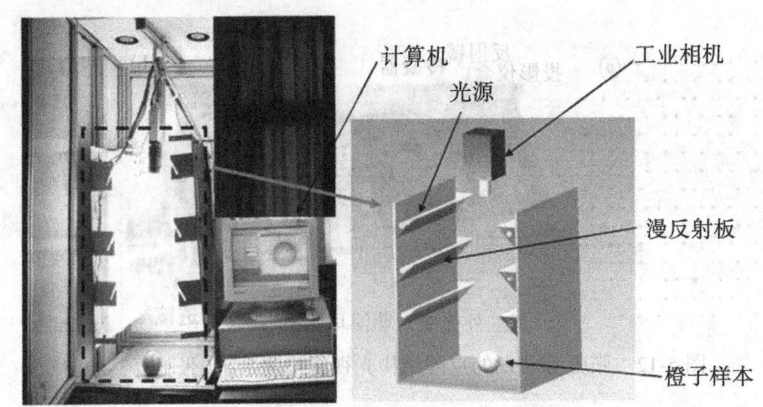

图 5-13　用于橙子样本图像采集的 RGB 成像系统(Li 等，2013)

研究中，为了解决带有缺陷的水果在图像分割时部分缺陷容易被误分割为背景这一问题，提出采用 RGB 图像(图 5-14(a))的 B 分量图像(图 5-14(b))构建二值化模板(图 5-14(d))并进行掩模去背景，其中阈值的选择通过分析 B 分量图像直方图确定，如图 5-14(c)所示。

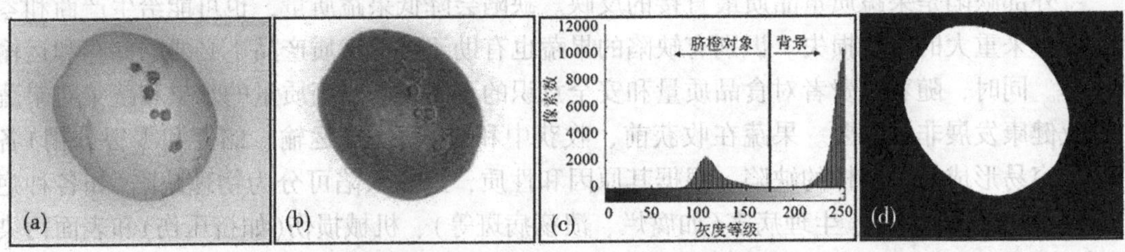

图 5-14　二值化掩模模板构建(橙子样本表面黑斑为溃疡点)(Li 等，2013)

在缺陷的分割过程中，由于橙子呈球体或椭球体，在水果边缘，光线的反射方向与相机的夹角很大，根据朗伯的光线反射定律，从相机方向看，水果边缘的亮度较低，表现为水果边缘的灰度值较低，而水果表面缺陷通常以较低灰度的形式在图像中出现，这就导致了橙子表面缺陷的检测困难。因此，进一步建议了一种基于照度-反射模型的水果表面亮度不均变换方法。照度-反射数学模型如公式：

$$f(x,\ y) = i(x,\ y) \cdot r(x,\ y) \tag{5-3}$$

式中，$f(x,\ y)$ 为目标图像，$i(x,\ y)$ 为入射分量，$r(x,\ y)$ 为反射分量。在该算法的实施过程中构建了 Butterworth 低通滤波器用于对图像的入射分量即水果表面亮度分量进行处理。如图 5-15 所示为截止频率 $D_0 = 7$ 的 Butterworth 低通滤波器。

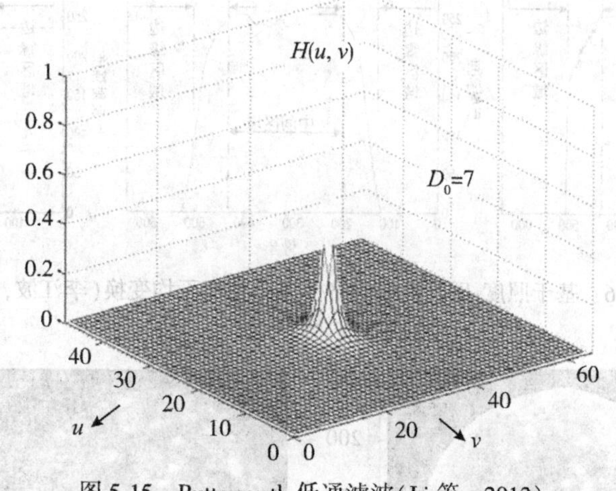

图 5-15　Butterworth 低通滤波(Li 等，2013)

基于所建议的照度-反射模型，对所有样本在缺陷分割前进行了水果表面亮度变换，图 5-16 所示为任一样本图像在校正前后对比图。如图 5-16(a)灰度图像显示的是一幅带有溃疡斑的脐橙去背景后的 R 分量图像 $f(x,\ y)$。背景分割采用掩模法。图 5-16(b)灰度图像表示原始图像 $f(x,\ y)$ 通过低通滤波后获取的水果表面亮度图像 $i(x,\ y)$。图 5-16(a)(b)中灰度图下方所对应的是过图像中部灰色剖面线上所有像素的强度曲线。正如图 5-16(a)灰度图像所示，脐橙图像中部显示为高亮，而边缘区域显示为较低的灰度，其表现在剖面线强度曲线上特征即为中间区域强度值大，两边区域强度值小。缺陷处也表现出了较低的灰度值。图 5-16(b)剖面线强度曲线图表明：①与原始灰度图像 $f(x,\ y)$ 具有相似的亮度特征，即中间亮、两边暗；②溃疡处的亮度值略低于正常果皮的亮度值。根据以上特征，如果原始图像 $f(x,\ y)$ 与亮度图像 $i(x,\ y)$ 相除，由于两幅图像边缘区域均为低灰度区，因此相除后，整体边缘亮度会提升；由于两幅图像中间均为高亮区，相除后，中间区域亮度或提升或不变；由于缺陷区域在原始图像 $f(x,\ y)$ 中为较低灰度，而在亮度图像中这个特征非常不明显，因此，相除后，缺陷处依然为低灰度区。因此，水果表面亮度不均可以通过原始灰度图像 $f(x,\ y)$ 与亮度图像 $i(x,\ y)$ 相除进行校正。图 5-16(c)上方为校正后的灰度图像 $f'(x,\ y)$，下方为过两个溃疡点剖面线上像素的强度曲线。正如分析，无论是中间区域，还是边缘区域都被校正为高亮，而缺陷区域依然表现为低灰度，整体图像获得了非常好的亮度校正，图 5-17 更加清晰地呈现了这种校正效果，基于校正后的图像，可以实现单阈值缺陷快速分割。

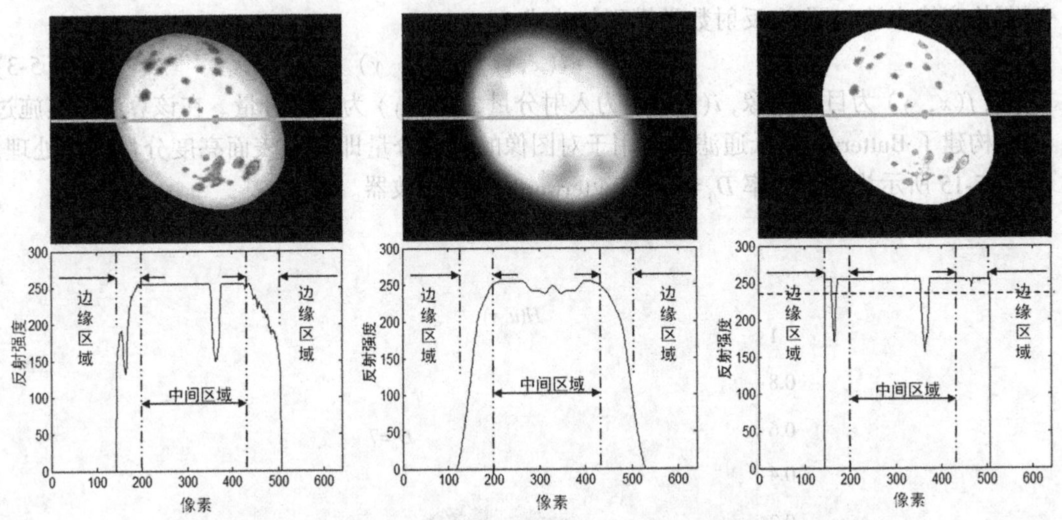

图 5-16　基于照度-反射模型的脐橙表面亮度不均变换(李江波，2011)

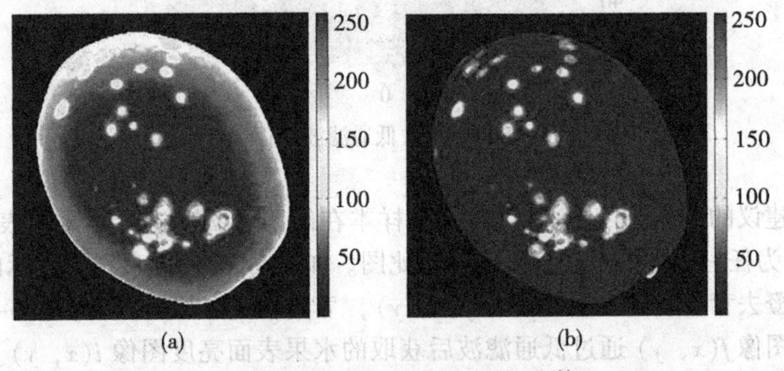

图 5-17　样本校正前后伪彩色对比图(Li 等，2013)

图 5-18 显示了带有不同类型缺陷的脐橙样本缺陷分割结果，第一行图像为原始 RGB 彩色图像，第二行图像为基于 R 分量图像采用照度-反射模型处理后获得的亮度分量(也称亮度掩模)，第三行图像为亮度变换后的图像，第四行图像为二值化缺陷图像。

针对表皮色泽相对一致的水果(如橙子)，其表面缺陷检测相对容易。但是，在实际中，很多水果表面色泽不均，如大桃，其果皮可能同时带有绿色、红色、粉红以及红、绿和粉红之间的过渡色。这类型水果表面缺陷的检测难度较大。为了克服果皮颜色对缺陷检测的影响，一些研究采用了近红外相机，近红外相机对检测颜色较深且与正常果皮对照较为明显的缺陷有很好的效果(Zhang 等，2017)，但是，近红外相机并不适合检测那些与正常果皮颜色对照不明显的缺陷，如橙子表面白色的疤痕、橙子异色条纹果等(Li 等，

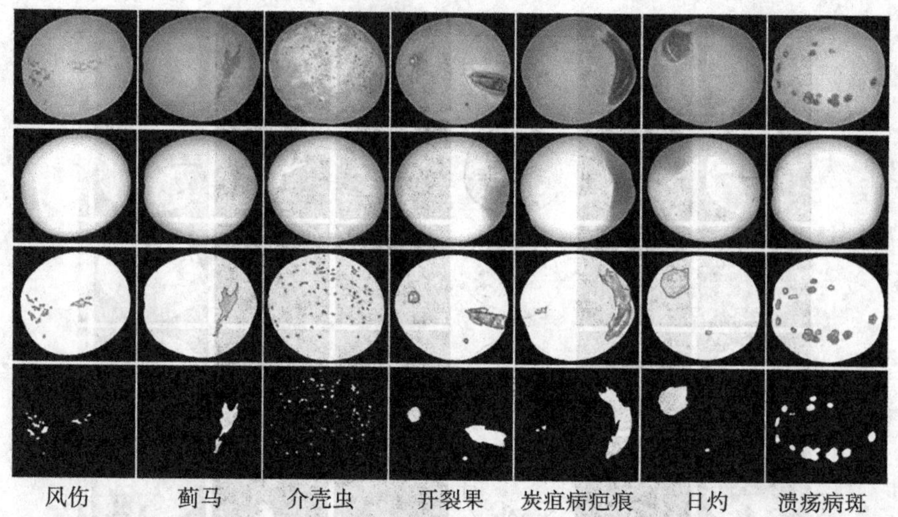

图 5-18 带有不同类型缺陷的脐橙样本缺陷分割结果(Li 等，2013)

2011)。为了探索一种用于不均匀果皮色水果的表面缺陷分割算法，李江波等(2014)以平谷大桃为例，提出了基于形态学梯度重构和内外标记的水果表面缺陷分水岭分割算法。研究采用了双 CCD 相机(RGB 和近红外 NIR)。首先，提取 RGB 彩色图像的 R 通道分量图像，采用 NIR 图像构建掩模模板并对 R 通道图像去背景；随后，对去背景后的图像进行形态学梯度变化获取梯度图像，并对梯度变化后的图像进行梯度重建以去除水果表面的细小噪声；接着，对重建后的梯度图像进行形态学标记运算获取标记图像；最后，采用标准分水岭算法实现了缺陷的准确分割。对包括正常果在内的 7 种样本共计 525 幅图像进行检测，获得了 96.8%识别率。实验证明，基于形态学梯度重构和标记提取的分水岭算法能有效分割桃子表面缺陷，并不会受到桃子表面颜色不均的影响，但缺陷分割速度有待于进一步提升。图 5-19 所示为采用分水岭算法对典型大桃样本缺陷分割示例。图中从上到下样本类型依次为刺伤果、裂果、黑斑果、虫咬伤果、腐烂果、疤伤果和正常果，缺陷果中缺陷大小、形状、颜色以及分布位置都存在差异。图中每行从左到右依次表示原始 RGB 图像、梯度增强重建后的图像、形态学标记图像、分水岭分割图像、缺陷图像和伪彩色图像。从图中可以看出，由于桃子本身外观呈类球形，导致图像获取时，其表面对光照反射不均，基于分水岭分割算法，实现了桃子表面不同类型缺陷的准确分割，同时并没有受到水果表面亮度不均和颜色差异的影响。

在水果(尤其是苹果、梨、桃、橙子等)缺陷果的自动化检测分级中，可能涉及的另一个非常重要的问题是果梗/花萼的准确识别(宋怡焕等，2012；Li 等，2013；Zhang 等，2017)。果梗/花萼和缺陷的准确分类识别是实现缺陷果有效检测的关键。目前，常见的识别方法包括颜色特征分析法、形状和区域特征分析法、结构光技术、水果三维重建、模式识别、深度学习等。颜色特征分析法主要是依靠果梗区域与水果正常果皮、缺陷区域有着不同的颜色特征，譬如柑橘其果梗为绿色，正常果皮通常呈橙色，果皮缺陷通常为褐色，基于这种颜色特征可以实现果梗/花萼的有效识别。李江波(2012)在研究脐橙缺陷果

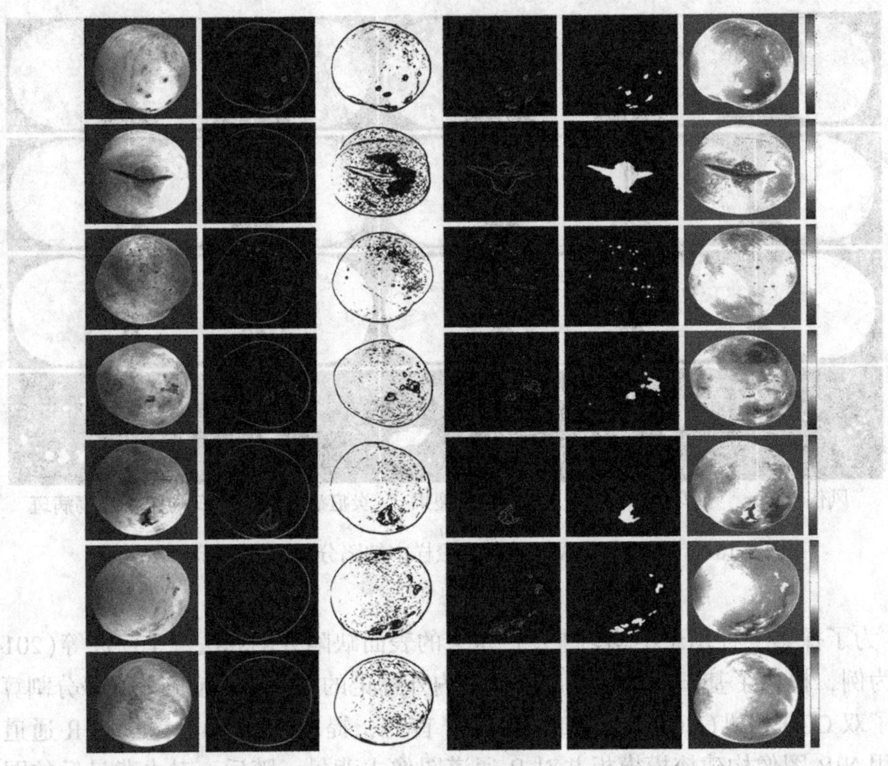

图 5-19　典型大桃样本缺陷分割结果(李江波等，2014)

的检测中，采用颜色信息结合感兴趣区域形状特征和面积大小成功地对脐橙果梗进行了识别，识别精度为100%。在该研究中，使用了 11 类缺陷，基于所有训练集样本提取并计算每类感兴趣区域的 R、G 和 B 分量的灰度均值 MV，公式如下：

$$MV_C = \sum_{i=1}^{n} \frac{\overline{C_i}}{n} \tag{5-4}$$

式中，n 为感兴趣区域数，C 为感兴趣区域的 R、G 或 B 分量，$\overline{C}$ 为单个感兴趣区域强度均值，MV 为每类型 n 个感兴趣区域强度均值。通过对灰度均值 MV 的分析，发现基于 R 和 G 分量的比有助于果梗识别(除炭疽病果和裂伤果)，研究中所建议的图像比 RI 公式如下：

$$\mathrm{RI} = \frac{R + G}{\alpha(R - G)} \times 255 \tag{5-5}$$

式中，R 和 G 分别为 RGB 图像的 R 和 G 分量；α 为图像对比度调节常量。对于炭疽病果、裂伤果与果梗的区分，基于比图像 RI，进一步通过结合感兴趣区域面积大小和形状特征实现了果梗和炭疽病缺陷及裂伤缺陷的区分①。具体地，感兴趣区域面积大小评估可以通过统计区域内的像素数实现，长区域可以通过区域外接矩形的长宽比或者圆形度评估。果梗区域接近圆形且所占像素数较少，若被分析的感兴趣区域其面积较大或者长宽比较大，

① 这两类缺陷通常缺陷区域较大，且裂伤果的缺陷区域呈长条形。

则被认为是缺陷区域。图 5-20 和图 5-21 所示是 12 类脐橙样本采用图像比算法和感兴趣区域面积计算以及形状特征分析对果梗识别的结果。第一行图像为样本原始 RGB 图像，第二行图像为标记了感兴趣区域的 RGB 图像，第三行图像为采用式(5-5)获得的比图像，第四行图像为感兴趣区域分割后的二值图像，第五行图像为最终的果梗二值化图像。从最终的结果图像中可以看出，所有脐橙样本，果梗被成功地识别出来。

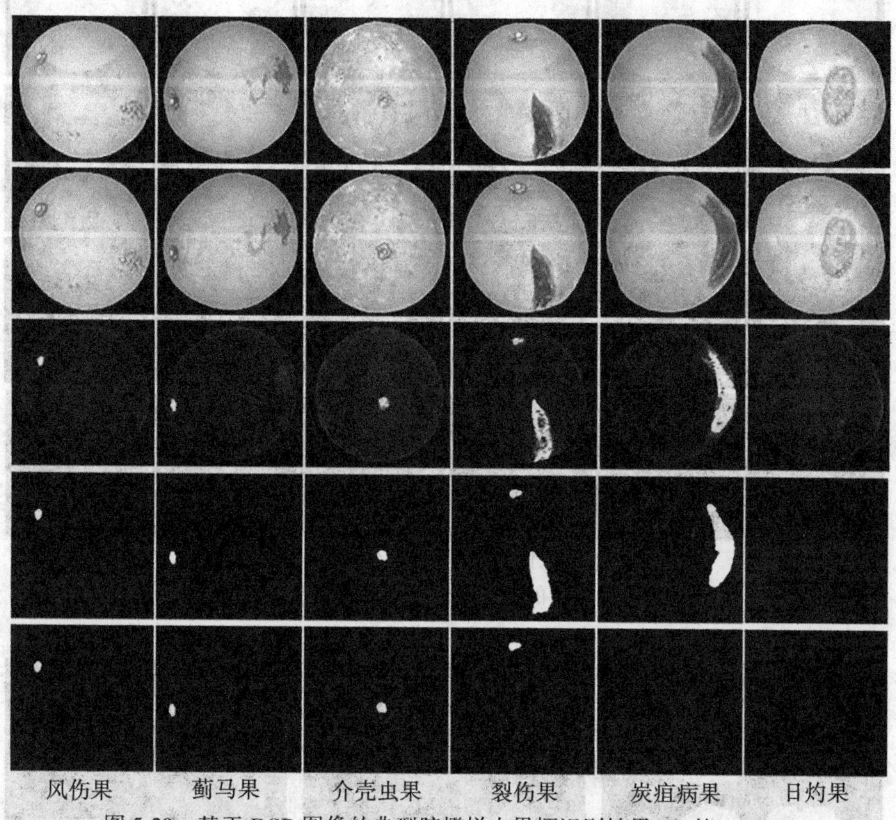

图 5-20　基于 RGB 图像的典型脐橙样本果梗识别结果(Li 等，2013)

在实际中，并不是所有水果的果梗/花萼区域都有着明显的颜色特征，如苹果、梨等的果梗/花萼。苹果果梗、花萼的识别是苹果缺陷自动化快速检测分级中最难解决的问题之一。检测方法上，主要有多相机联合、三维重建、结构光、模式识别、深度学习等。Wen 和 Tao(2000)提出了一种近红外(NIR)相机和中红外(MIR)相机同时成像用于苹果果梗/花萼识别的方法。通过对处理后的近红外图像与 MIR 图像进行比较，可以快速、可靠地识别出真实缺陷。图 5-22 示例了采用双相机对果梗和花萼识别。图 5-22(a)为传送带上苹果的 MIR 图像，图 5-22(b)为从 MIR 图像中提取的果梗/花萼图像，图 5-22(c)为基于图 5-22(b)形态学处理后的图像，图 5-22(d)为传送带上苹果的 NIR 图像，图 5-22(e)为缺陷和果梗/花萼的 NIR 图像，图 5-22(f)通过比较图 5-22(c)和图 5-22(e)获得的真实的缺陷图像。利用该方法成功地识别了图 5-22(d)右上角苹果的损伤缺陷和右下角苹果的疤痕缺陷。

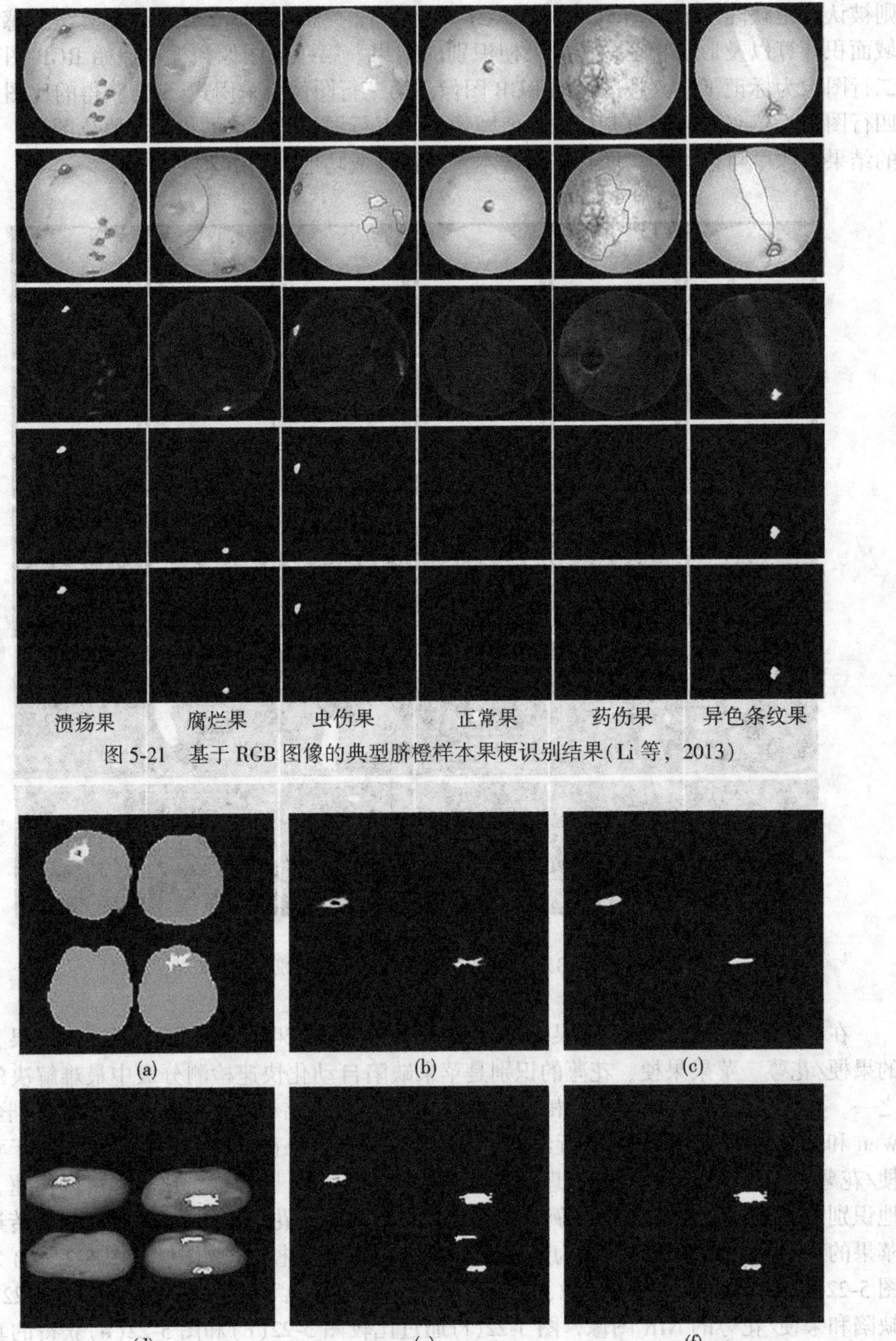

图 5-21　基于 RGB 图像的典型脐橙样本果梗识别结果(Li 等，2013)

图 5-22　近红外和中红外相机同时成像识别苹果缺陷(Wen 和 Tao，2000)

三维几何信息对果实质量评价有重要意义。Zhu 等(2005, 2007)提出了一种三维形状增强变换方法用于解决苹果缺陷检测中果梗/花萼识别的问题。该方法根据果梗/花萼与缺陷和正常区域所存在的三维形状特征差异来实现对不同区域的区分。研究基于 Shape-From-Shading(SFS)方法对苹果二维近红外图像进行三维重建。所提出的方法对果梗/花萼在苹果表面的位置不敏感，也对噪声和不完整图像数据具有鲁棒性，适合于在线苹果缺陷的自动化检测。图 5-23 所示为基于二维近红外图像(显示在每张图像的左下角)重建的 3D 苹果表面。图 5-23(a)表示正常果，图 5-23(b)表示带有不同类型果皮缺陷的缺陷果，图 5-23(c)表示带有花萼的正常果，图 5-23(d)表示带有果梗和缺陷的缺陷果。从图中可以看出苹果正常表面、果梗/花萼和缺陷呈现出了不同的 3D 形状特征。苹果正常表面一般为凸面 3D 形状，而缺陷则表现出较小的凹痕，其 3D 深度比果梗和花萼的凹面特征更浅、更平坦。

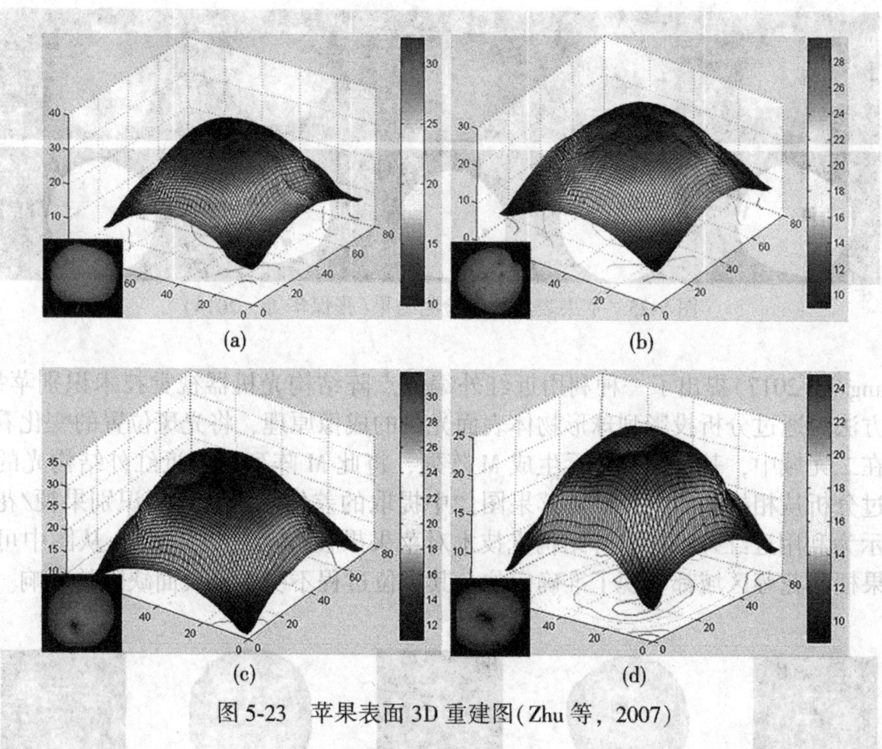

图 5-23 苹果表面 3D 重建图(Zhu 等, 2007)

张保华等(2014 年)提出了一种基于亮度校正和 AdaBoost 分类算法的苹果缺陷与果梗/花萼在线识别方法。首先，在线采集苹果的 RGB 图像和近红外(NIR)图像，并分割 NIR 图像获得苹果二值掩模，其次，利用亮度校正算法对 R 分量图像进行亮度校正，并分割校正图像获得缺陷候选区(果梗、花萼和缺陷)，然后，以每个候选区域为掩模，随机提取其内部 7 个像素的信息分别代表所在候选区的特征，将 7 组特征输入 AdaBoost 分类器进行分类、投票，并以最终投票结果确定候选区的类别。图 5-24 所示为算法流程图。图 5-25 所示为苹果表皮缺陷检测结果，图中第一行为原始苹果图像，第二行为处理后的结果图像，从图像中可以看出，缺陷识别过程中没有受到果梗/花萼的影响。

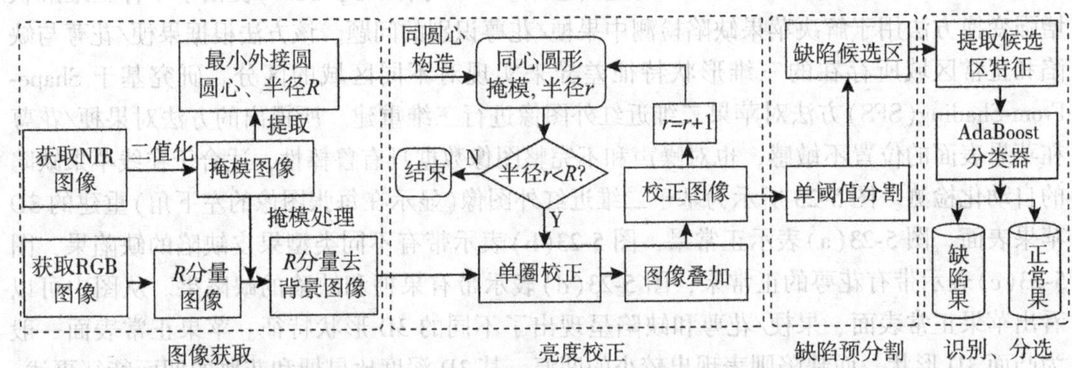

图 5-24　基于亮度校正和 AdaBoost 分类算法缺陷检测流程图(张保华等，2014)

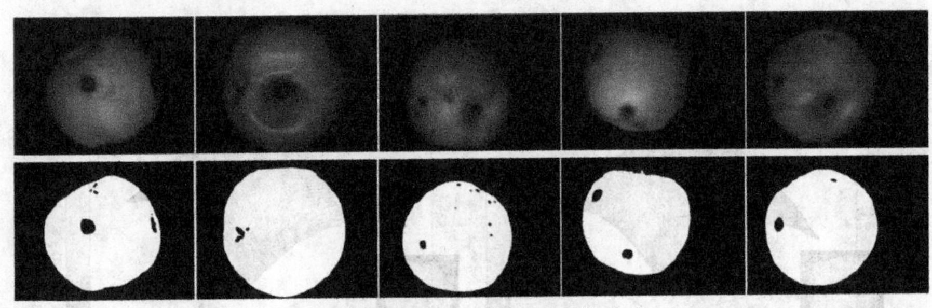

图 5-25　苹果表皮缺陷检测结果(张保华等，2014)

Zhang 等(2017)提出了一种利用近红外编码点阵结构光机器视觉技术识别苹果果梗/花萼的方法。通过分析投影到球形物体表面光斑的成像原理，将光斑位置的变化看作编码基元。在二元域中，基于编码基元生成 M 阵列，将此 M 阵列作为近红外结构光的编码模式。通过分析从相机拍摄的近红外苹果图像中提取的差值矩阵，可以识别果梗/花萼。图 5-26 所示为利用近红外编码点阵结构光技术对苹果果梗/花萼识别结果，从图中可以看出所有的果梗和花萼区域都实现了准确定位，其定位过程不受水果表面缺陷的影响。

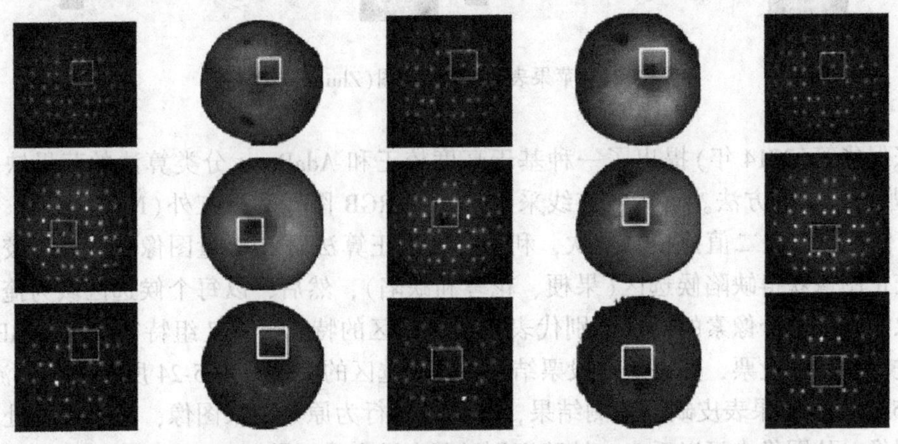

图 5-26　近红外编码点阵结构光技术识别苹果果梗/花萼(Zhang 等，2017)

Lu 和 Lu(2018)构建了一种新的结构光反射成像(SIRI)系统，如图 5-27 所示，结合相位分析技术，对水果表面轮廓进行三维重建以识别果梗/花萼。通过相位解调、相位解包裹等处理，获得了水果的相移正弦图，并对其进行分析处理，得到了相对于参考平面相位的相位差图。然后根据相位-高度校准将相位图转换成高度剖面图。基于参考平面的方法，结合使用 3 阶或更高阶多项式的曲线拟合技术，用于相位-高度校准。苹果样品表面重建测试表明，从相位差图像和重建的高度剖面中很容易识别出苹果表面凹陷(即果梗/花萼)区域。如图 5-28 所示为对原始结构光图像(图 5-28(a))处理后获得的结果图像，图 5-28(b)为归一化的结构光条纹图案，图 5-28(c)为包裹相位图，图 5-28(d)为解包裹后的相位图，图 5-28(e)为相位差图。图 5-29 所示为苹果样本三维重构图(高度剖面图)，其中图 5-29(a)(b)(c)分别表示未带果梗/花萼的正常果、带有果梗和带有花萼的正常果高度剖面图。从图中可看出，果梗和花萼区域在重建后的三维图中有着明显的形状特征。

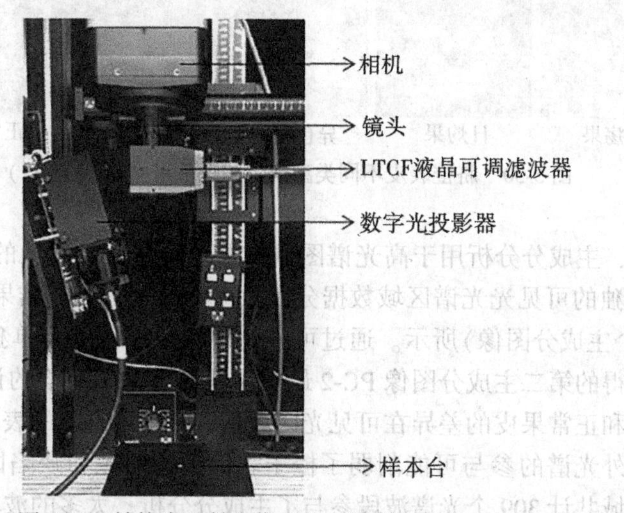

图 5-27 结构光反射成像(SIRI)系统(Lu 和 Lu，2018)

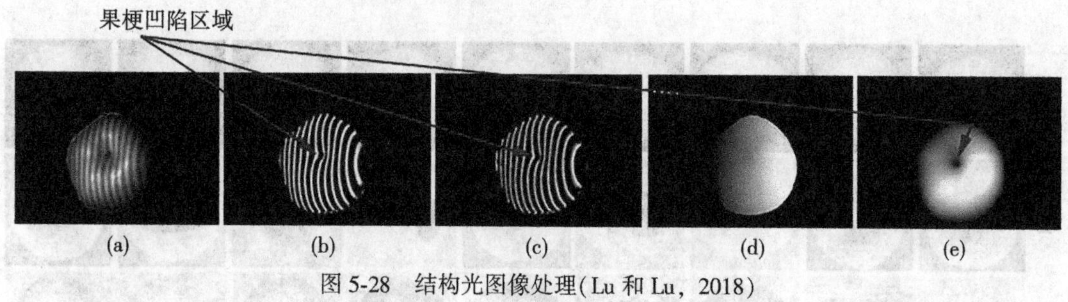

图 5-28 结构光图像处理(Lu 和 Lu，2018)

在水果表皮缺陷检测方面，除了以上介绍的机器视觉技术之外，光谱成像技术，尤其是高光谱成像技术，也越来越多地被用于检测水果表皮常见缺陷。李江波等(2011，2012)采用可见-近红外高光谱成像技术对如图 5-30 所示橙子表皮 8 类缺陷进行了检测。

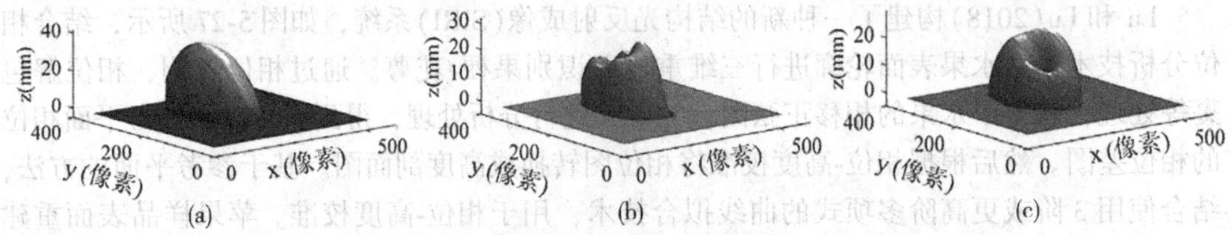

图 5-29　苹果样本三维重构图(Lu 和 Lu，2018)

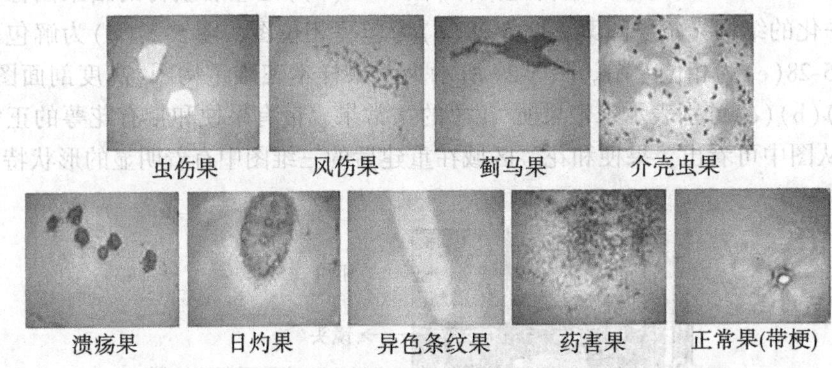

图 5-30　脐橙表皮不同类型缺陷和正常果(Li 等，2011)

缺陷检测中，主成分分析用于高光谱图像数据降维和特征波长的选择，可见-近红外全光谱区域和单独的可见光光谱区域数据分别执行主成分分析，结果如图 5-31 和图 5-32(仅显示了前 3 个主成分图像)所示。通过可视化评估发现，基于单独可见光光谱区域数据主成分分析获得的第二主成分图像 PC-2 最有利于不同类型缺陷的识别，可能是由于脐橙表面缺陷区域和正常果皮的差异在可见光区域更能够得到有效的表征，而全光谱段主成分分析由于近红外光谱的参与可能削弱了橙子表面正常区域和缺陷区域之间的差异。但是，可见光谱区域共计 309 个光谱波段参与了主成分分析，太多的波段不利于多光谱缺陷识别系统的开发。

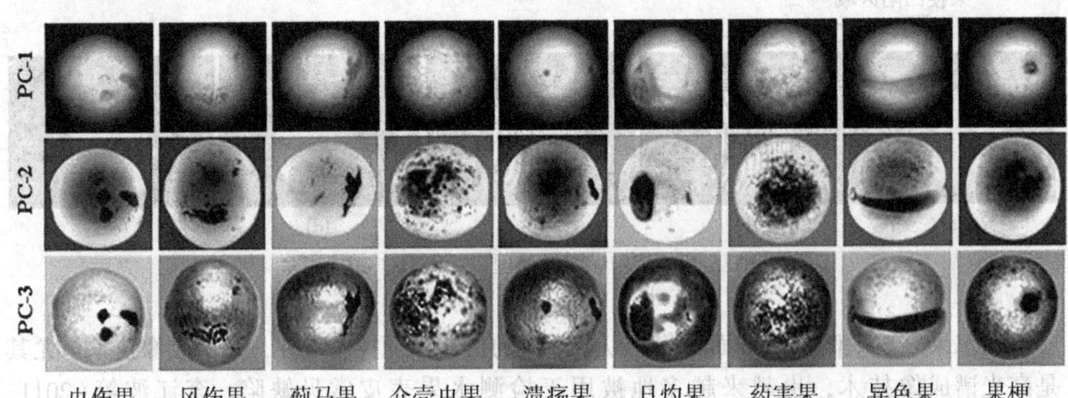

图 5-31　全波段(550~900nm)主成分分析后获得的前 3 幅 PC 图像(Li 等，2011)

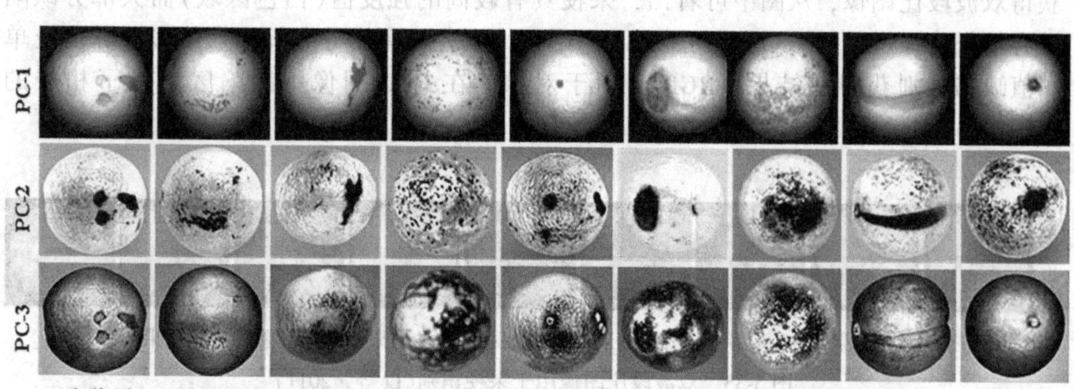

虫伤果　风伤果　蓟马果　介壳虫果　溃疡果　日灼果　药害果　异色果　果梗

图 5-32　可见光谱区(600~780nm)主成分分析后获得的前 3 幅 PC 图像(Li 等，2011)

图 5-33 表示基于可见光光谱区域进行主成分分析后获得的不同类型样本 PC-2 图像的权重系数图。基于曲线特征，选取了 691nm 和 769nm 两个特征波长图像。进一步，基于此两个特征波长图像，再次进行主成分分析，图 5-34 所示为获得的 PC-2 图像。可以看出，PC-2 非常有利于缺陷的提取。

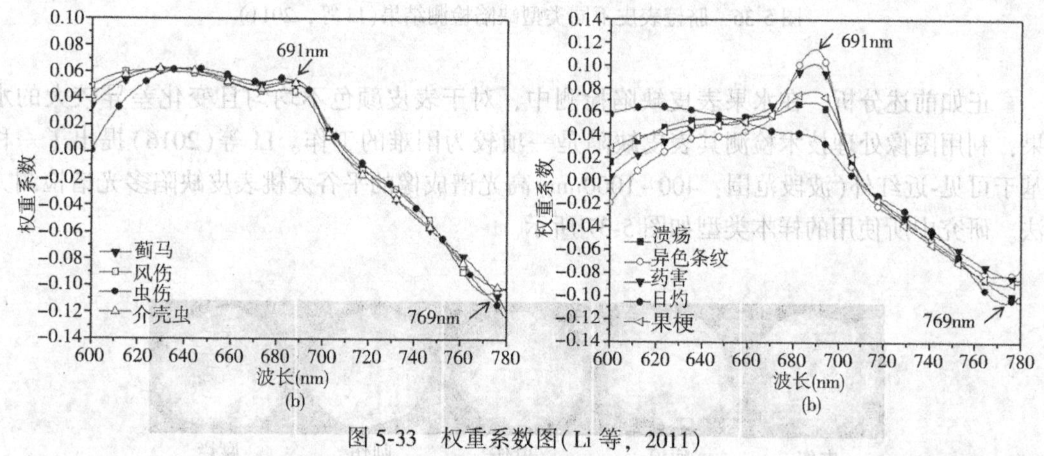

图 5-33　权重系数图(Li 等，2011)

PC-2

虫伤果　风伤果　蓟马果　介壳虫果　溃疡果　日灼果　药害果　异色果　果梗

图 5-34　特征波长图像(691nm 和 769nm)主成分分析后获得第二主成分图像(Li 等，2011)

图 5-34 显示果梗的强度特征与缺陷区域的强度特征类似，因此，在利用单阈值缺陷分割时，果梗会被误认为缺陷(假阳性)。进一步，李江波等(2011，2012)采用双波段比算法成功地识别了果梗。如图 5-35 为采用波长图像 875nm 和 691nm 执行比运算后

获得双波段比图像，从图中可看出，果梗具有较高的强度值(白色区域)而大部分缺陷具有较低的强度值(暗区域)。图 5-36 为结合特征波长主成分分析和双波段比算法及单阈值缺陷分割获得的结果，RGB 图用于对照，在 RGB 图像中缺陷区域做了相应的标记。

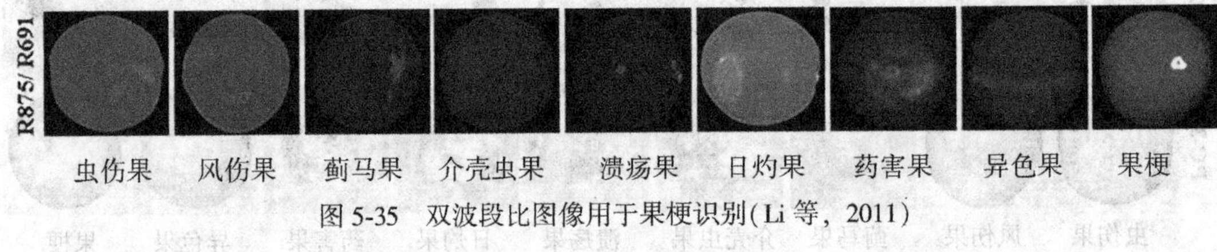

图 5-35　双波段比图像用于果梗识别(Li 等，2011)

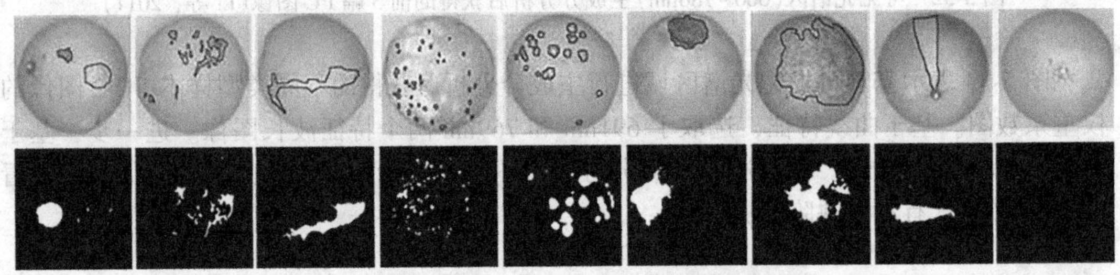

图 5-36　脐橙表皮不同类型缺陷检测结果(Li 等，2011)

正如前述分析，在水果表皮缺陷检测中，对于表皮颜色不均匀且变化差异较大的水果，利用图像处理技术检测其表皮缺陷是一项较为困难的工作。Li 等(2016)提出了一种基于可见-近红外(波段范围：400～1000nm)高光谱成像的平谷大桃表皮缺陷多光谱检测方法。研究中所使用的样本类型如图 5-37 所示。

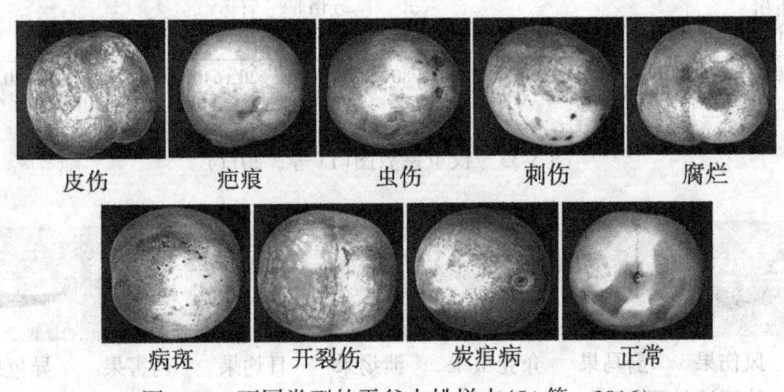

图 5-37　不同类型的平谷大桃样本(Li 等，2016)

研究中，主成分分析(PCA)用于降低高光谱数据的维数以确定可用于在线多光谱成像系统的特征波长。执行分段 PCA(可见-近红外全光谱段和单独的近红外光谱段)分析后发现，不同的缺陷类型仅在某些特定的主成分(PC)图像中产生明显的特征，如图 5-38 和

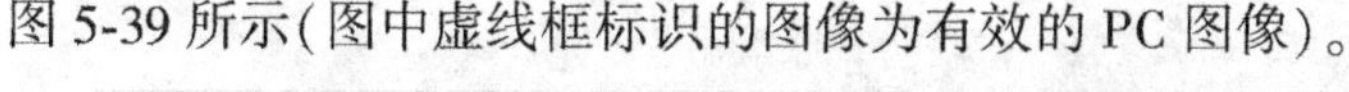

图 5-39 所示(图中虚线框标识的图像为有效的 PC 图像)。

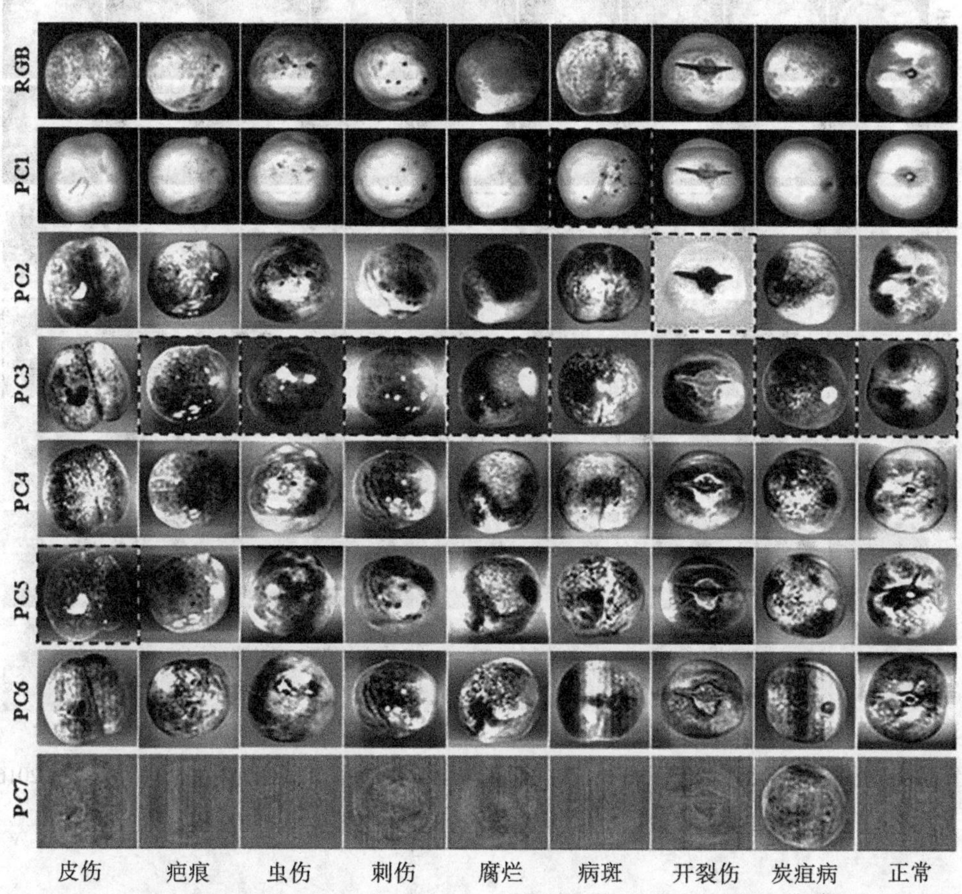

图 5-38 全光谱区域主成分分析获得的前 7 幅 PC 图像(RGB 图像为对照图像)(Li 等, 2016)

基于被选取的有效的 PC 图像进行特征波长选择，如图 5-40 和图 5-41 分别为对应全光谱区域和近红外光谱区域的有效的 PC 图像的权重系数曲线。通过分析权重系数曲线，在全光谱区域和近红外光谱区域分别获得了 6 个特征波长(463、555、687、712、813 和 970，单位：nm)和 3 个特征波长(781、815 和 848，单位：nm)。进一步，李江波等(2016)采用这些特征波长，比较了基于特征波长的多光谱主成分图像和双波段比图像在大桃表皮缺陷检测中的性能，研究发现，基于少量波长图像的主成分图像可用于表皮缺陷的识别，但是主成分图像容易受到样本表皮颜色和亮度不均的干扰，而比图像对这种干扰不敏感。因此，最终采用比图像实现了大桃表皮缺陷的有效分割，如图 5-42 所示。该研究为带有较大颜色差异的农产品其表面缺陷的检测提供了参考。①

① 该研究采用统计感兴趣区域面积和圆形度参数对大桃果梗进行了识别。

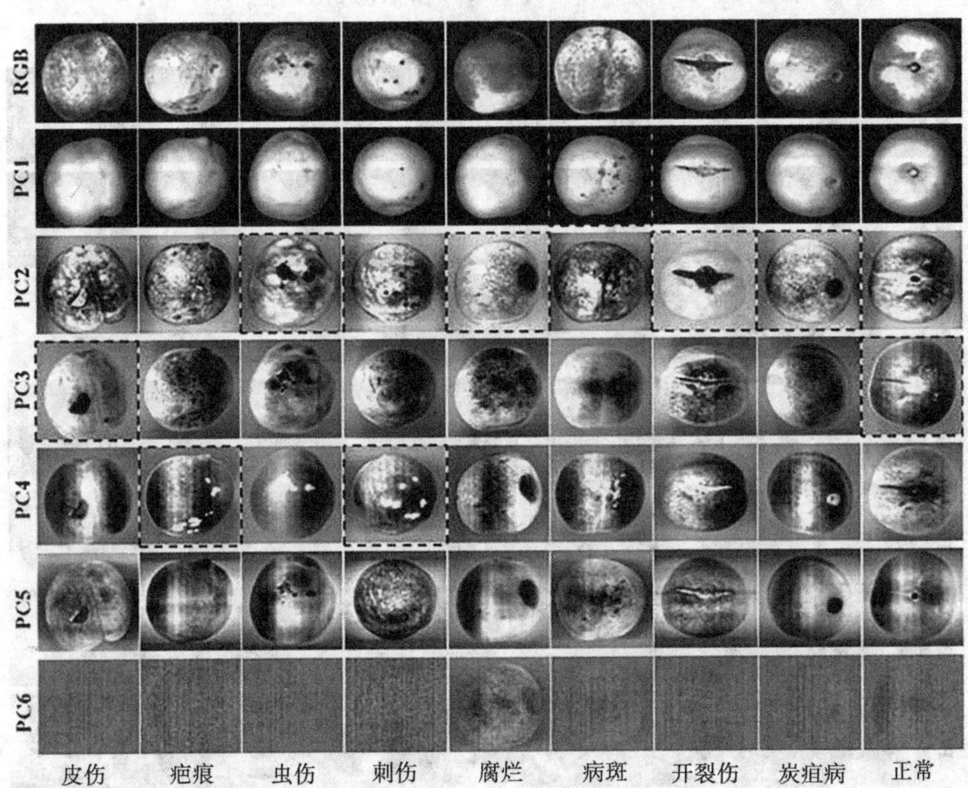

图 5-39　近红外光谱区域主成分分析获得的前 6 幅 PC 图像(RGB 图像为对照图像)(Li 等，2016)

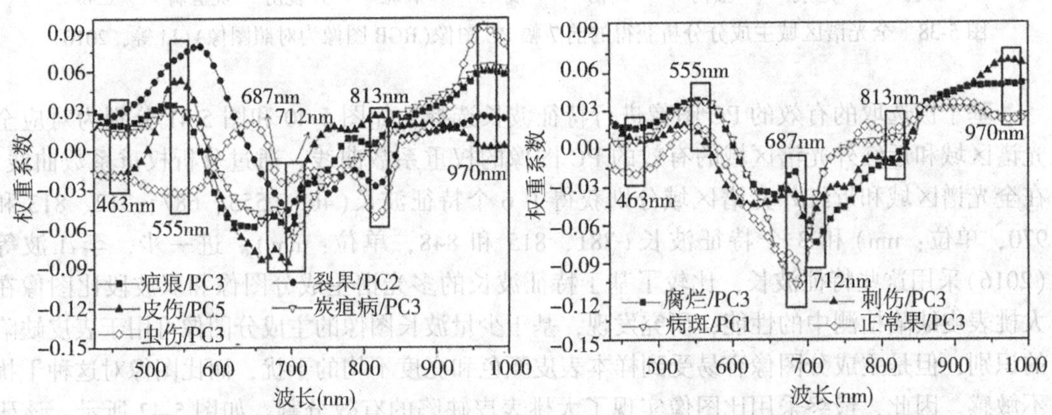

图 5-40　全光谱区域主成分分析获得的有效 PC 图像权重系数曲线(Li 等，2016)

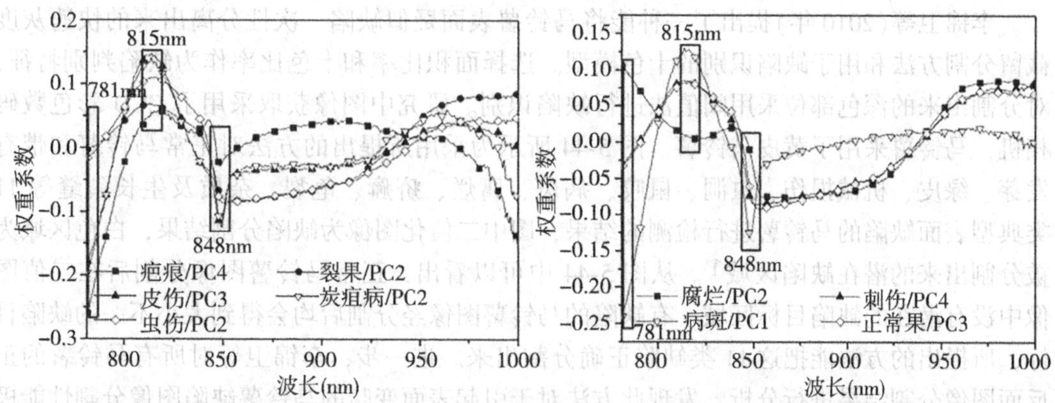

图 5-41　近红外光谱区域主成分分析获得的有效 PC 图像权重系数曲线(Li 等，2016)

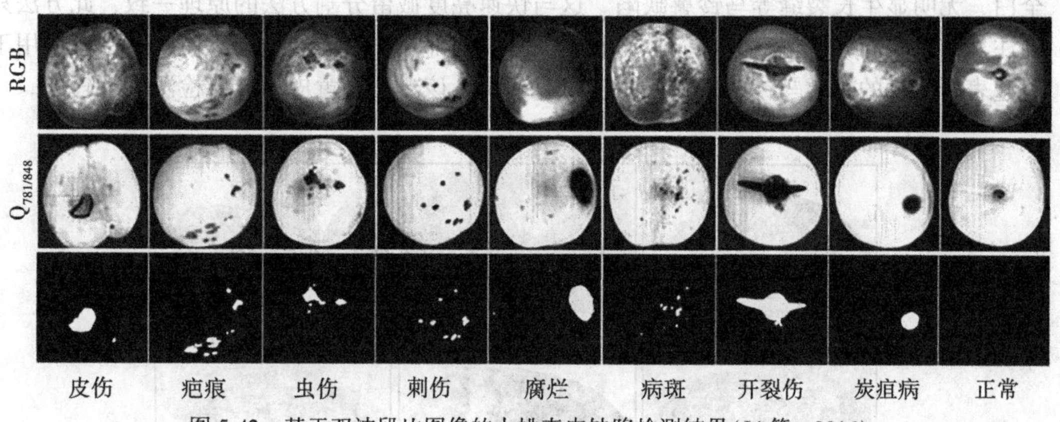

图 5-42　基于双波段比图像的大桃表皮缺陷检测结果(Li 等，2016)

5.2.2　蔬菜表皮缺陷检测

蔬菜在生长、收获、储运等过程中容易形成各类缺陷。带有外部缺陷的蔬菜在销售前，需要人工将缺陷剔除。由于蔬菜种类繁多、外形差异较大，目前针对蔬菜表皮缺陷无损检测的研究其研究对象更多是具有相对标准形状的一类蔬菜，如土豆、西红柿、黄瓜等。Barnes 等(2010 年)基于 RGB 成像机器视觉技术开发了一种检测马铃薯表皮缺陷的有效方法。检测的缺陷类型主要包括马铃薯黑斑、银皮病、常见表皮疤痕、粉痂病、皮疹病、绿皮，代表性缺陷样本如图 5-43 所示。算法核心是：从背景中分割马铃薯后，利用从图像中提取的 399 个候选特征训练一个像素级分类器以用于缺陷的检测。首先，根据与给定像素周围区域的颜色和纹理相关的统计信息，提取一组候选特征，然后使用自适应增强算法(AdaBoost)自动选择最佳特征来区分缺陷和非缺陷。利用该方法，可以为不同的马铃薯品种选择不同的特征，同时也可以克服由于季节、光照条件等不同而引起的马铃薯的自然变化。结果表明，该方法能够以较低的计算代价建立“极简”分类器，优化检测性能。在实验中，对白皮和红皮马铃薯品种进行缺陷检测，分别达到 89.6%和 89.5%的准确率。

李锦卫等(2010年)提出了一种能将马铃薯表面疑似缺陷一次性分离出来的快速灰度截留分割方法和用于缺陷识别的十色模型。选择面积比率和十色比率作为缺陷判别特征，对分割出来的深色部位采用阈值法进行缺陷识别。研究中图像获取采用了CCD彩色数码相机，马铃薯采用了黄皮马铃薯。图5-44所示为采用所提出的方法对正常马铃薯和带有发芽、绿皮、机械损伤、虫洞、鼠咬、病斑、腐烂、疥癣、龟裂、杂质及生长裂缝等11类典型表面缺陷的马铃薯进行检测的结果，图中二值化图像为缺陷分割结果，白色区域为被分割出来的潜在缺陷区域①。从图5-44中可以看出，正常马铃薯图像分割后在二值图像中没有潜在的缺陷目标区域，有缺陷的马铃薯图像经分割后均会得到大小不一的缺陷目标，所提出的方法能把这11类缺陷正确分割出来。进一步，李锦卫等对所有马铃薯的正反面图像分割结果进行分析，发现此方法对于引起表面变暗的马铃薯缺陷图像分割性能极佳，但对于那些引起表面变亮的马铃薯缺陷图像分割效果并不好，如表皮轻微绿化、芽体全白、无明显生长裂缝等马铃薯缺陷。这与快速亮度截留分割方法的原理一致，此方法只关注马铃薯表面颜色偏暗的部分，表面发亮的缺陷部分信息已被截去，说明其主要适用于引起表面变暗的这类马铃薯缺陷检测。研究证明，该方法对黄皮马铃薯检测效果较佳。

图5-43　带有不同类型缺陷的马铃薯(Barnes等，2010年)

西红柿是我们日常生活中最重要的蔬菜类型之一。随着其大规模的种植和生产，需要对收获后的西红柿缺陷果进行检测并加以剔除，以保证整批次西红柿的质量品质。Ireri等(2019年)介绍了一种基于RGB图像的番茄分级机器视觉系统。该系统根据感兴趣区域的平均g-r值，采用直方图阈值法对缺陷西红柿和健康西红柿的花萼和梗进行检测。基于颜色和纹理特征，建立了四种分级识别模型，研究发现，RBF-SVM在正常和缺陷分类方面的精度最高，达到0.97。但随着缺陷类别的增加，分类准确度会降低。研究表明，颜色特征和纹理特征结合非线性分类模型有助于西红柿缺陷果的检测分类。图5-45所示为西红柿缺陷检测示例图，图5-45(a)(c)为原始RGB图像，图5-45(b)(d)为缺陷检测结果，图中绿色区域为西红柿正常区域，红色区域为被检测后的缺陷区域。

① 二值图像经过了形态学去噪处理。

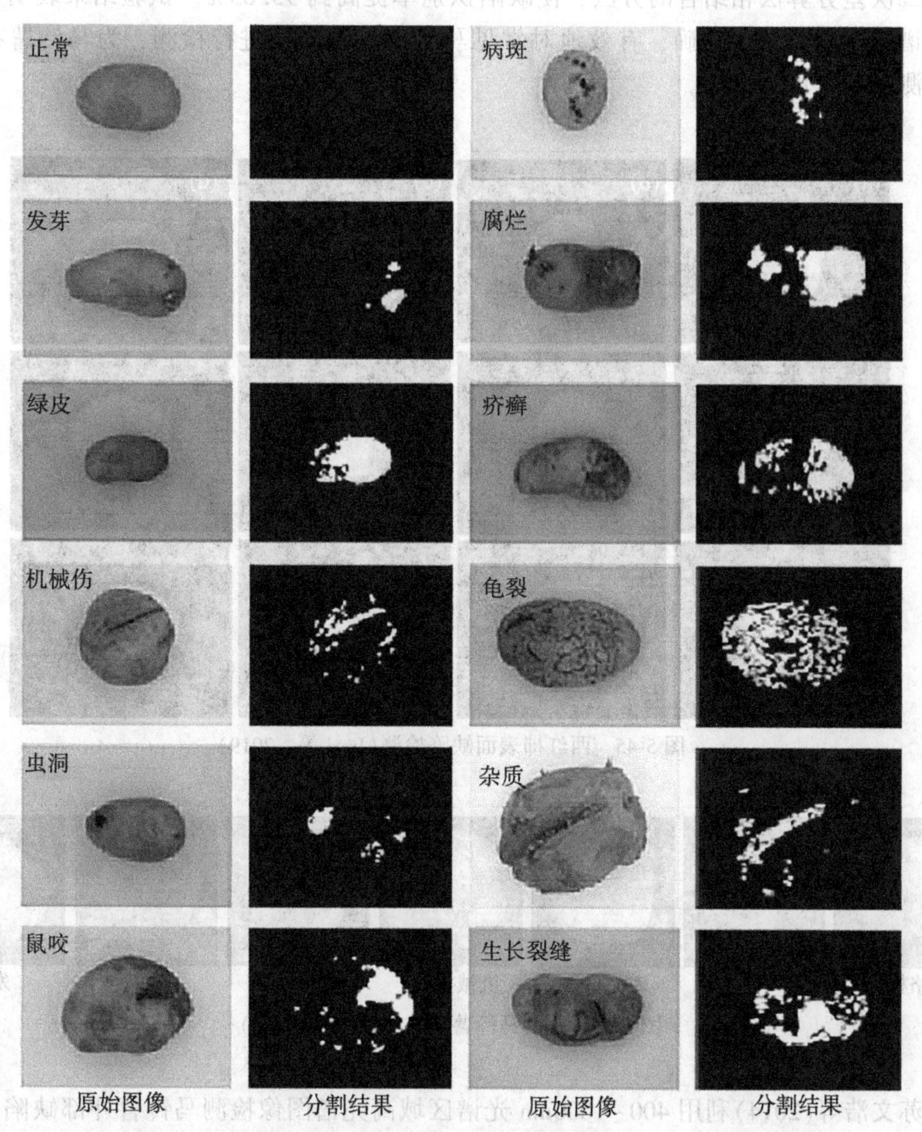

图 5-44 不同类型马铃薯表面缺陷图像分割结果(李锦卫等，2010 年)

光谱成像技术由于具有图谱合一的特性，近年来，该技术在蔬菜表皮缺陷检测中也有相关的研究报道并表现出了良好的应用前景。为了实现马铃薯的准确快速分级，周竹等(2012)提出基于高光谱成像技术的马铃薯外部缺陷快速检测方法。通过反射高光谱成像技术采集马铃薯干腐、表面碰伤、机械损伤、绿皮、孔洞以及发芽等 6 类外部缺陷样本及合格样本的高光谱图像(典型马铃薯样本图像见图 5-46)。提取合格和各类缺陷样本感兴趣区域的光谱曲线并进行分析，采用主成分分析法确定了 5 个特征波段(480、676、750、800 和 960，单位：nm)，以 5 个波段主成分分析的第二主成分图像作为目标分类图像，识别率仅为 61.52%；为了提高识别率，进一步提出波段比算法与均匀二次差分算法相结合的方法，使缺陷识别率提高到95.65%。试验结果表明，通过高光谱成像技术可以准确、有效地对常见马铃薯外部缺陷进行检测，为马铃薯在线无损检测分级提供了参考。

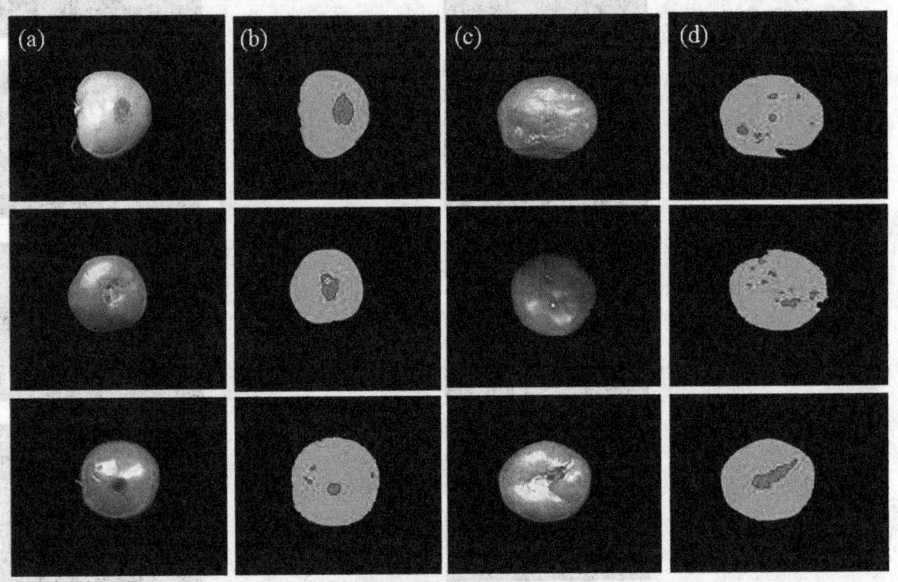

图5-45 西红柿表面缺陷检测(Ireri等，2019)

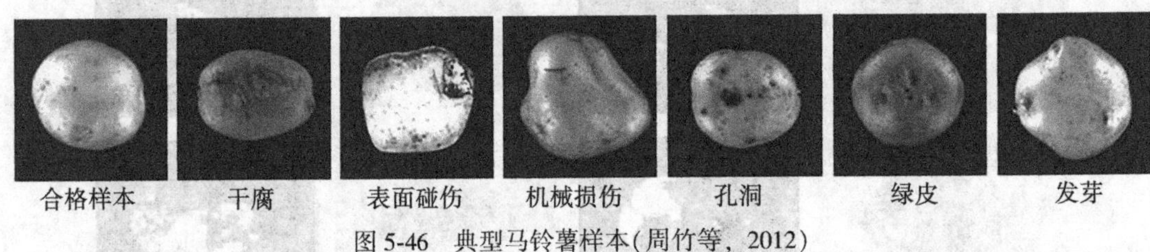

图5-46 典型马铃薯样本(周竹等，2012)

苏文浩等(2014)利用400~1000nm光谱区域高光谱图像检测马铃薯外部缺陷，通过特征波段主成分分析法和图像差值算法，建立了马铃薯外部缺陷在线无损检测方法。实验以带有6种缺陷类型的马铃薯(机械损伤、孔洞、疮痂、表面碰伤、绿皮、发芽)和完好无损的合格马铃薯为研究对象，分别获取它们的高光谱图像，利用主成分分析法对光谱数据降维，根据所有类型马铃薯第二主成分图像的权重系数曲线的局部极值选取了478、670、723、819和973(单位：nm)共5个特征波长；然后对选出的特征波长再次进行主成分分析，得到5个新的主成分图像，并针对不同的马铃薯缺陷类型分别选出马铃薯缺陷部位与周围区域灰度值差别最明显的主成分图像，用于马铃薯缺陷的识别，结果表明，正确识别率达到82.50%。为了进一步消除马铃薯图像背景区域的灰度值对缺陷部位的影响，同时提高缺陷部位与周围区域的对比度，利用图像差值算法，并与特征波长主成分分析法相结合，再经过阈值分割、腐蚀、膨胀和连通度分析等步骤对缺陷进行识别。结果表明，全部7种类型马铃薯的正确识别率达到96.43%。进一步说明高光谱图像技术结合图像处理方法可以有效地识别马铃薯外部缺陷。图5-47所示为不同类型马铃薯缺陷检测结果，图中第一行为多光谱主成分图像，第二行为结果二值化图像，二值化图像中白色区域为被分割出的缺陷区域。

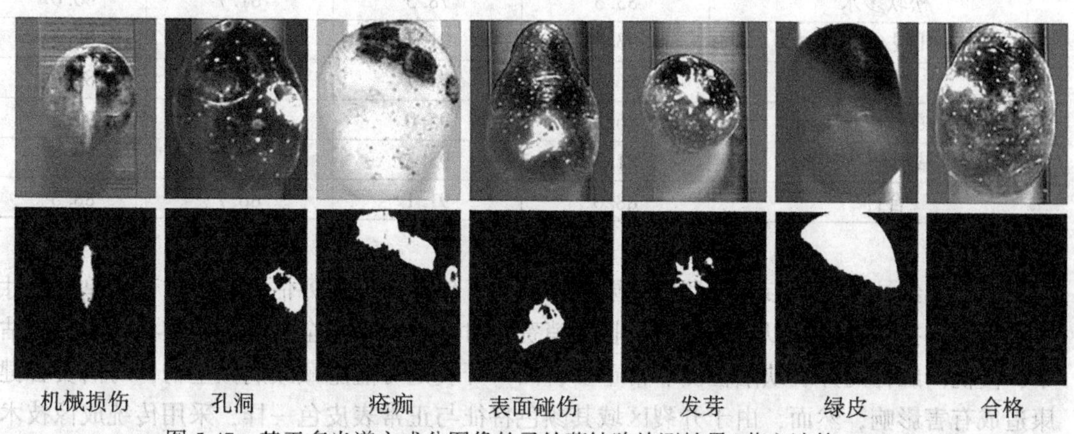

图5-47 基于多光谱主成分图像的马铃薯缺陷检测结果(苏文浩等，2014)

Liu等(2018)采用高光谱成像技术检测带有缺陷的黄瓜。研究中考虑到大量高光谱图像数据的快速、准确处理是一个挑战，提出一种基于堆叠式稀疏自编码(SSAE)和SSAE与卷积神经网络组合(CNN-SSAE)的深度特征表示算法用于识别分类正常黄瓜和带有如图5-48所示的5类型缺陷黄瓜。利用高光谱成像系统，以85mm/s和165mm/s两种传输速度采集黄瓜的高光谱图像，建立了SSAE模型，从预处理的数据中学习特征，并实现了对5类(正常、松软多水、开裂/中空、皱缩和表面缺陷)黄瓜的分类。为了识别更加复杂的表皮缺陷(如表皮泥土/砂子、损伤和腐烂)，进一步开发了CNN-SSAE模型。结果表明，与SSAE方法相比，CNN-SSAE模型提高了分类性能，在两种输送速度下，总体准确率分别为91.1%和88.3%，如表5-1所示。此外，CNN-SSAE模型对每个样本的平均处理时间小于14ms，表明其在黄瓜分类和分级在线检测系统中有较大的应用潜力。

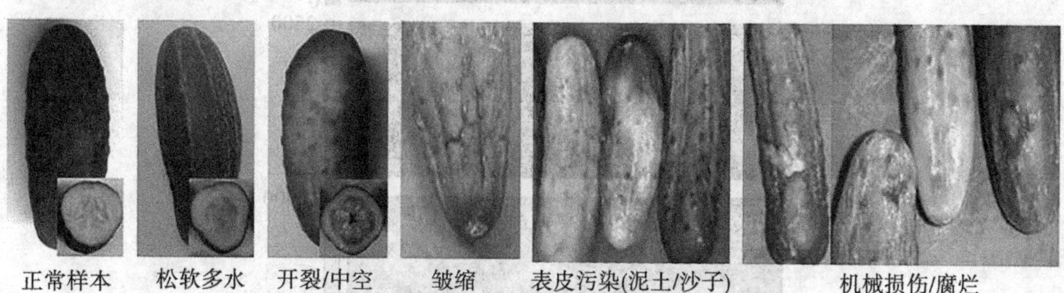

图5-48 正常和带缺陷的黄瓜样本(Liu等，2018)

表5-1　**SSAE和CNN-SSAE模型对不同类型黄瓜分类结果(Liu等，2018)**　(%)

样本	85mm/s		165mm/s	
	SSAE	CNN-SSAE	SSAE	CNN-SSAE
正常样本	95.0	96.7	93.3	93.3
松软多水	83.3	78.3	81.7	80.0
开裂/中空	93.3	91.7	93.3	88.3
皱缩	86.7	91.7	83.3	86.7
表皮污染(泥土/沙子)	86.7	95.0	88.3	93.3
机械损伤/腐烂	81.7	93.3	80.0	88.3
合计	88.0	91.1	86.7	88.3

樱桃西红柿是鲜切市场消费的主要蔬菜之一。然而，质量评估过程依赖于简单的尺寸或颜色分类技术，不足以满足日益增长的消费者对高质量和安全的需求。在各种质量评估中，樱桃西红柿的开裂缺陷检测非常重要，因为开裂处可能隐藏致病微生物，对消费者健康造成有害影响，然而，由于开裂区域其颜色特征与正常表皮色一样，采用传统成像技术检测开裂缺陷非常困难。Cho等(2013)提出一种多光谱荧光成像技术无损检测樱桃番茄开裂缺陷的新方法。研究发现，在蓝绿色光谱区，开裂区域的荧光强度明显高于正常区域，说明多光谱荧光成像技术是检测樱桃番茄开裂缺陷的有效工具。图5-49所示为樱桃西红柿典型开裂样本和红、绿和蓝荧光图像。研究中，采用单因素方差分析和主成分分析识别

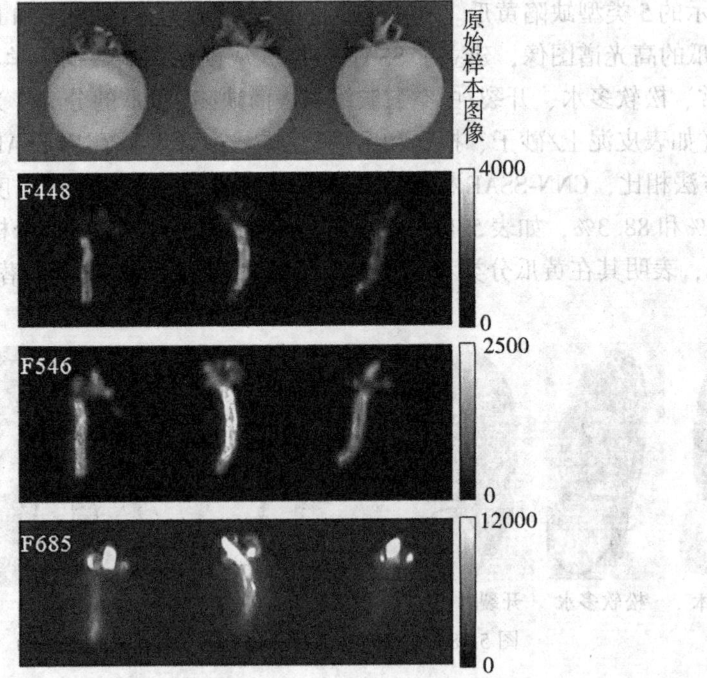

图5-49　樱桃西红柿典型开裂样本和红、绿和蓝荧光图像(Cho等，2013)

出了2个最佳荧光波段484nm和689nm。结果表明，基于方差分析结果的多光谱荧光图像与一对选定的波段线性组合(组合图像=-0.993×F484+0.117×F689)，能够检测出有缺陷的樱桃番茄，准确率大于99%。图5-50为樱桃西红柿开裂缺陷检测流程图，图5-50(a)代表F670nm灰度图像，图5-50(b)代表基于图5-50(a)获得的二值化灰度图像，图5-50(c)和图5-50(d)代表去背景后的F484nm和F689nm图像，图5-50(f)~(h)代表二值化开裂区域图像，图5-50(i)代表图5-50(h)和图5-50(b)的组合图像。Cho等提出的检测算法有望用于樱桃番茄采后质量评价多光谱检测系统的开发。

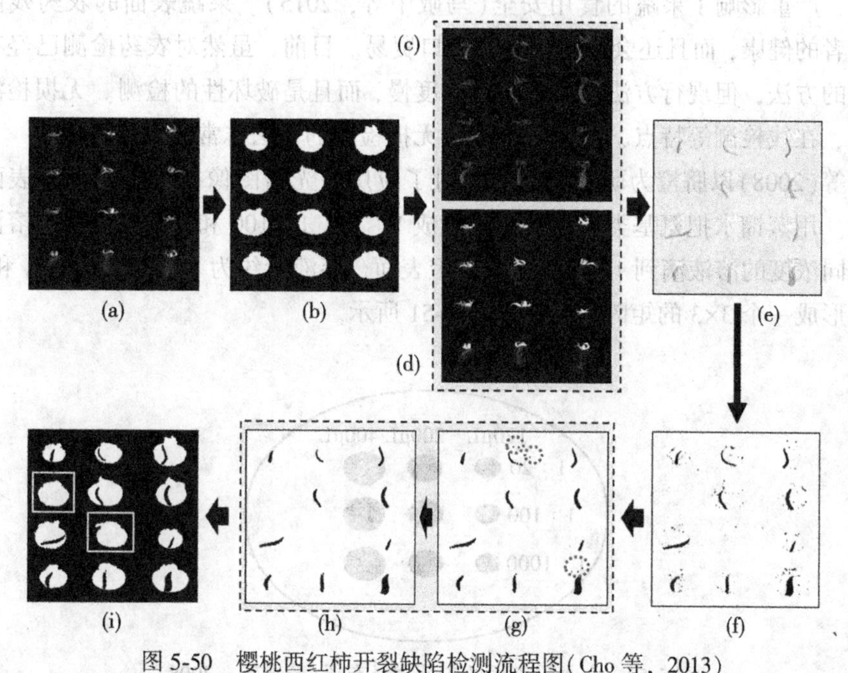

图5-50　樱桃西红柿开裂缺陷检测流程图(Cho等，2013)

5.3 果蔬表皮污染检测

随着社会经济日益发展，人民的物质生活水平不断提高，为了确保农产品安全，消费者对果蔬表面污染越来越关注，在选择水果和蔬菜时，往往会倾向于绿色、无任何污染的产品。近年来，蔬菜和水果中的农药残留给人类的健康带来了很大的安全隐患，农药残留超标已经越发受到了消费者和社会的广泛关注。另外，在过去十多年，与受污染水果和蔬菜有关的食源性疾病在国内外大量暴发，研究发现，食源性疾病病原菌与粪便密切相关，粪便是大肠杆菌和沙门氏菌等公认的细菌来源，粪便污染已被美国食品和药物管理局确认为一个影响健康的重要问题(FDA，2001；Kim等，2002；Yang等，2012)。图谱分析技术作为一种重要的无损检测手段，已经用于果蔬表皮污染检测，该节主要介绍图谱分析技术在果蔬农药残留和粪便污染检测方面的应用。

5.3.1 果蔬表皮农残检测

据统计，每年因病虫害造成的水果和蔬菜的产量损失占全世界果蔬总产量的三分之一(杨清华等，2019；Wang 等，2019)。由于农药作用快、效果好、应用方便、受地区性或季节性限制小等优点，逐渐被普遍应用于果蔬的病虫害防治过程中，在保证果蔬产量的同时，也导致农民对农药依赖性就越来越强，乱用、滥用农药的情况愈发严重，农药残留量日渐升高，严重影响了果蔬的食用安全(马敬中等，2015)。果蔬表面的农药残留不仅会危害消费者的健康，而且还会影响果蔬的出口贸易。目前，虽然对农药检测已经有了许多成熟可行的方法，但现行方法大都费时、速度慢，而且是破坏性的检测。无损检测具有快速、简便、在线检测等特点，研究农药残留无损检测的方法非常有实用价值。

薛龙等(2008)以脐橙为研究对象，探讨了应用高光谱图像技术检测水果表面农药残留的方法。用蒸馏水把氨基类农药分别配置成 1∶20、1∶100 和 1∶1000 倍的溶液。然后把同种不同浓度的溶液滴到 10 个洗净的脐橙表面，溶液量约为 120μL、200μL 和 400μL，脐橙表面形成一个 3×3 的矩阵形状，如图 5-51 所示。

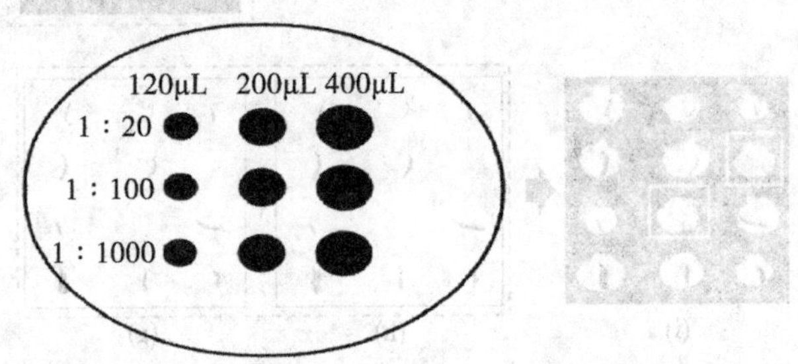

图 5-51　在水果表面的农药样品布置(薛龙等，2008)

将水果放置到通风阴凉处 168h 后，采集脐橙高光谱图像，提取感兴趣区域(ROI)，然后计算所提取 ROI 的平均光谱值，光谱曲线如图 5-52 所示。从图中可以看出，在 425~575nm 范围内，稀释倍数分别为 1∶100、1∶1000 的溶液和没有涂抹农药的水果表面的光谱曲线几乎重合。在 625~725nm 范围内，四条光谱曲线差别明显，因此，波长范围为 625~725nm 的高光谱图像有助于不同浓度农药的检测。图中还可看出，在 425~575nm 波段范围内，涂有 1∶20 农药的光谱明显高于其它光谱曲线，因此该波段范围可以较容易地检测出高浓度氨基类农药的残留。

为了降低参与农残检测的波段数量和提升农药残留点和正常果皮区域的对比度，薛龙等(2008)随后基于 625~725nm 波段范围内的高光谱图像进行主成分分析，分析结果如图 5-53 所示，可以看出，PC-2、PC-3 和 PC-4 可以明显地看出涂有农药的残留点。进一步通过分析主成分图像对应单波长图像的权重系数，获得了用于农药残留检测的特征波长，通过分析特征波长图像发现，单波长图像 631nm、644nm 和 655nm 有助于涂有 1∶20 和

1∶100倍溶液农药污染点的检测。该研究表明，高光谱成像技术能够有效检测较高浓度的农药残留，且效果非常明显。

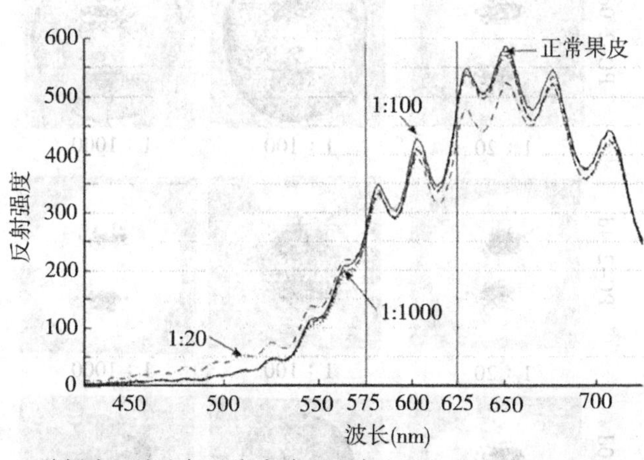

图 5-52 脐橙表面涂有氨基类农药和正常表面的光谱曲线(薛龙等，2008)

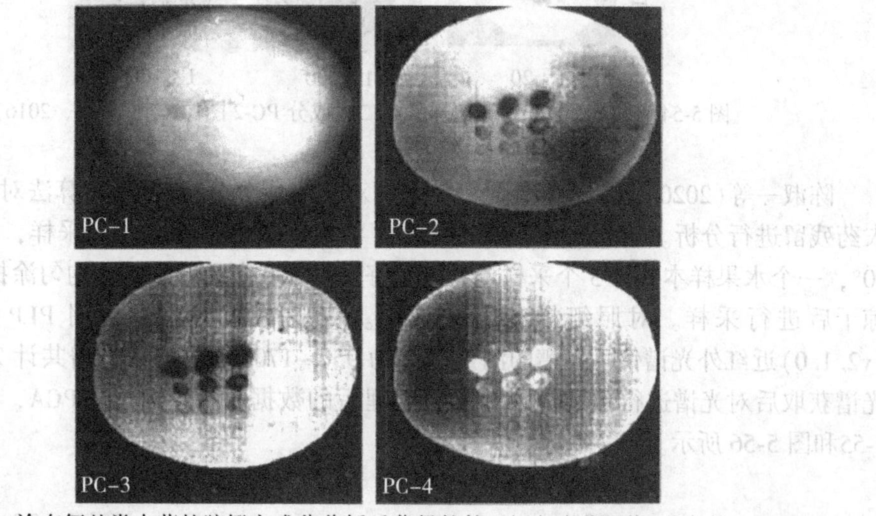

图 5-53 涂有氨基类农药的脐橙主成分分析后获得的前 4 幅主成分图像(薛龙等，2008)

李增芳等(2016)采用波长范围为 900～1700nm 的近红外高光谱成像技术研究了不同稀释浓度的农药在赣南脐橙样品表面残留随时间变化的关系。用蒸馏水把农药分别配置成 1∶20、1∶100 和 1∶1000 倍的溶液。然后把不同浓度的溶液滴到 30 个洗净的脐橙表面，将涂有农药的脐橙分别放置 0 天、4 天和 20 天，然后采集在 900～1700nm 波长范围的高光谱图像原始数据。通过主成分分析获取 930、980、1100、1210、1300、1400、1620 和 1680(单位：nm)共 8 个特征波长，基于这些特征波长做第二次主成分分析，结果图像如图 5-54 所示，该图中仅显示了最优的第二主成分图像，即 PC-2 图像。应用 PC-2 图像并经过适当的图像处理方法对不同浓度及放置不同天数的农药残留进行无损检测。结果表明，采用高光谱成像技术检测 3 个时间段较高稀释浓度的果面农药残留都比较明显。高光谱成像技术作为一种检测方法，可用于评价各个时间段较高浓度的农药残留。

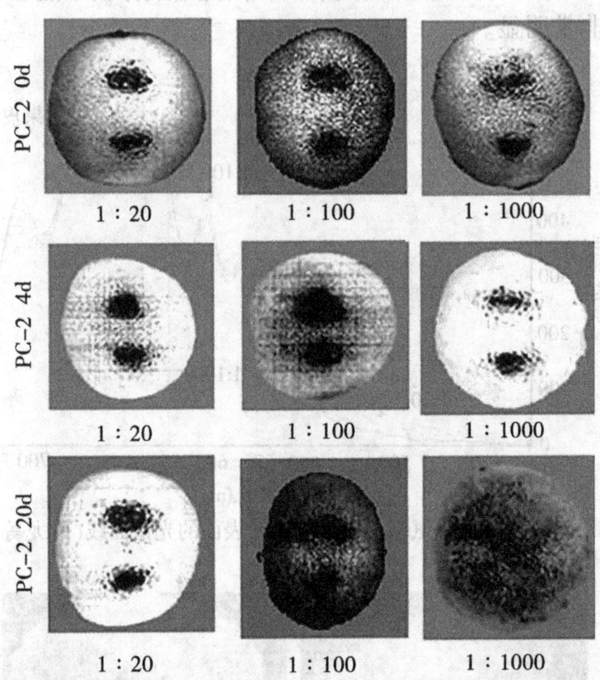

图 5-54　不同天数和稀释比样品第二主成分 PC-2 图像(李增芳等，2016)

陈淑一等(2020)基于近红外光谱技术和对比主成分分析(cPCA)算法对苹果和梨表面农药残留进行分析。首先将水果清洗干净，沿着水果赤道部分均匀采样，间隔角度约为 70°，一个水果样本共计 5 个采样点。配置好 1：1500 毒死蜱农药，均匀涂抹到样本表面，晾干后进行采样。对照组样本上涂抹水。实验中数据获取采用 PLP NIRscan Nano (v2. 1. 0)近红外光谱仪，光谱的测量范围为 950～1700nm，每条光谱共计 228 个数据点。光谱获取后对光谱进行预处理，基于预处理后的数据执行 PCA 和 cPCA，分析结果如图 5-55和图 5-56 所示。

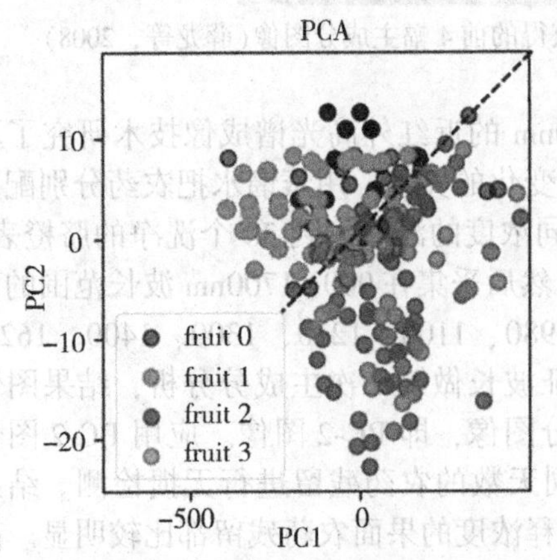

图 5-55　PCA 得分结果图(陈淑一等，2020)

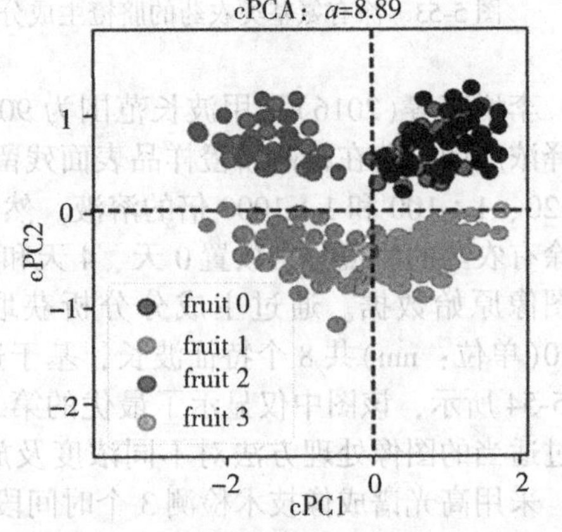

图 5-56　cPCA 得分结果图(陈淑一等，2020)

结果表明，在对不同类型的水果进行农药残留分析时，使用传统主成分分析 PCA 算法进行数据降维只能区分出不同的水果类型，而水果表面是否喷洒农药这一关键的特征信息并不能分析出来。而使用 cPCA 算法进行数据降维分析时，由于对背景光谱的约束作用，能够清晰地将有无喷洒农药的样本分类。

在蔬菜农残检测方面，张令标等(2014)基于可见-近红外高光谱成像技术(波段范围400~1000nm)对番茄表面农药残留进行检测。试验中，用蒸馏水将嘧霉胺农药稀释成 1：20、1：100 和 1：500 三个梯度，将不同浓度的溶液分别滴到洗净的番茄表面，如图 5-57 所示。放置在通风阴凉处 12h 后，应用高光谱系统采集光谱图像信息。随后，利用主成分分析法获得主成分图像，如图 5-58 所示为主成分分析后获得的前 4 个主成分图像，第二主成分 PC-2 图像最有助于农药残留点的检测。根据 PC-2 的权重系数选取特征波长 564nm、809nm 和 967nm。考虑到波段比算法不但可以有效地降低番茄距离光源的远近所产生的反射不均的影响，还能增强波段之间波谱差异，进一步，采用波段比(564nm/809nm)结合图像处理对番茄表面的农药残留进行检测。图 5-59 为番茄表面农药点的识别流程图。分析结果表明，高浓度(1：20 和 1：100)农药点检测率为 100%，而低浓度(1：500)农药点的检测率为 0。

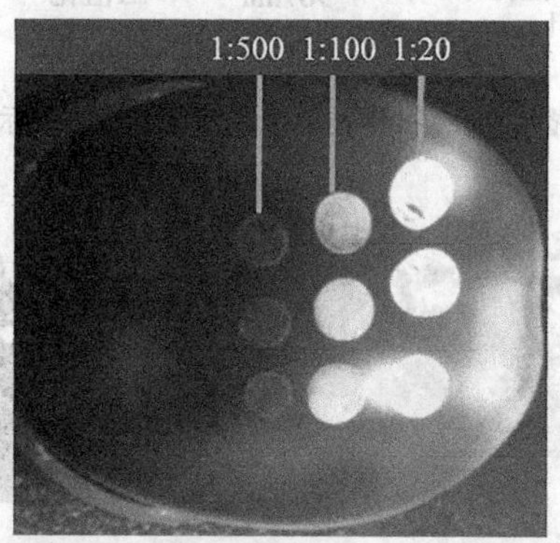

图 5-57　农药点在番茄表面的分布(张令标等，2014)

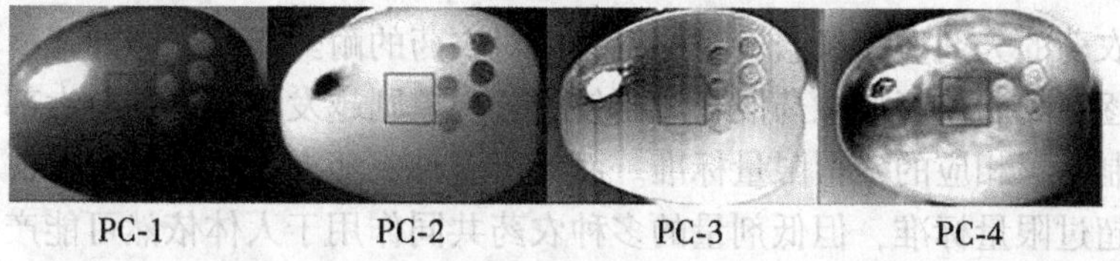

图 5-58　主成分分析后获得的前 4 幅主成分图像(张令标等，2014)

随着激光图像处理技术的发展，采用激光成像技术进行农产品的农药残留量检测，提高农产品虫害防治能力的同时，可以确保农产品安全。为了提高对番茄表面农药残留量的准确检测能力，薄璐和王立霞(2019)提出了一种基于视觉图像识别番茄表面农药残留量无损检测的方法。采用激光成像技术对番茄表面农药残留区域进行图像采集，对采集的番茄表面图像进行农药残留量的光谱特征分析，提取番茄表面农药残留区域的边缘轮廓特征，根据特征提取结果进行番茄表面农药残留区域视觉图像重构，在重构的区域图像中，采用分块匹配技术进行番茄表面农药残留量区域分割，结合自适应分块特征匹配方法实现了番茄表面农药残留量检测识别。如图 5-60 所示为算法仿真中的待检测番茄样本和农药残留量区域重构融合结果。

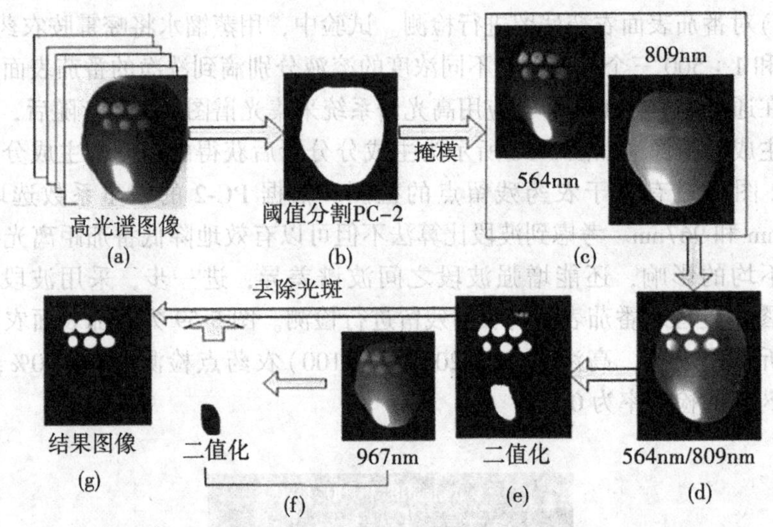

图 5-59　番茄表面农药残留识别流程图(张令标等，2014)

图 5-60　待检测的番茄样本和农药残留量区域重构融合结果(薄璐和王立霞，2019)

当前，农药的大剂量、频繁使用使得害虫对农药的耐药能力不断加强，单一种类农药的防治效果逐渐减弱，而将农药混合配制使用的现象则越发普遍。针对大部分单一种类的农药我国已制定了相应的残留限量标准。而对于多种农药混配使用的情况，尽管单一种类的农药并未超过限量标准，但低剂量的多种农药共同作用于人体依然可能产生危害。乐果和氰戊菊酯分别属于典型的有机磷类和拟除虫菊酯类农药之一，实际中常被用于生菜等蔬菜中菜蚜、菜青虫的防治。丛孙丽(2018)尝试利用可见-近红外高光谱图像技术，对生菜叶片混合农药残留进行了定量检测。实验中，以喷洒不同浓度氰戊菊酯和乐果混合农药溶液的生菜叶片为研究对象，利用高光谱成像系统获取含不同浓度混合农药残留的叶片高光谱图像，依据中华人民共和国农业行业标准 NY/T 1379—2007，采用 GC-MS 法测定叶片中混合农残的化学值，并提取样本的原始高光谱数据。采用 SNV 算法对原始光谱预处理，并对两种农药残留的光谱数据均采用竞争性自适应重加权采样(CARS)算法和基于随机森林的递归特征消除(RF-RFE)算法进行特征波长的选择。然后，基于全光谱数据和两种特征光谱数据分别建立两种农药残留的最小二乘支持向量回归(LSSVR)定量模型，对比发现氰戊菊酯残留的 CARS-LSSVR 模型预测效果最好，乐果残留的 RF-RFE-LSSVR 模型预测效果最好，见表 5-2。

表 5-2　**基于全光谱数据和 CARS、RF-RFE 特征光谱数据的 LSSVR 预测结果(丛孙丽，2018)**

农药残留	数据	波长数	训练集		测试集	
			R_c^2	RMSEC	R_p^2	RMSEP
氰戊菊酯	全光谱	450	0.9928	0.0015	0.7665	0.0367
	CARS 特征光谱	44	0.9780	0.0034	0.8203	0.0222
	RF-RFE 特征光谱	117	0.9834	0.0029	0.8083	0.0238
乐果	全光谱	450	0.9914	0.0017	0.7710	0.0277
	CARS 特征光谱	32	0.9887	0.0023	0.8580	0.0201
	RF-RFE 特征光谱	124	0.9908	0.0021	0.8712	0.0186

接着，利用连续投影算法(SPA)进行二次波长选择以进一步简化模型，得到氰戊菊酯和乐果残留的特征波长数分别为 14 和 16。最后，基于 SPA 特征光谱数据重新建立了这两种农药残留的 LSSVR 模型，结果显示，用于氰戊菊酯残留预测的 CARS-SPA-LSSVR 模型其 R_p^2 和 RMSEP 分别达到 0.8890 和 0.0182，用于乐果残留预测的 RF-RFE-SPA-LSSVR 模型其 R_p^2 和 RMSEP 分别达到 0.9386 和 0.0077，真实值和预测值的拟合效果如图 5-61 所示。因此，利用高光谱图像技术对生菜叶片混合农药残留定量检测是可行的。

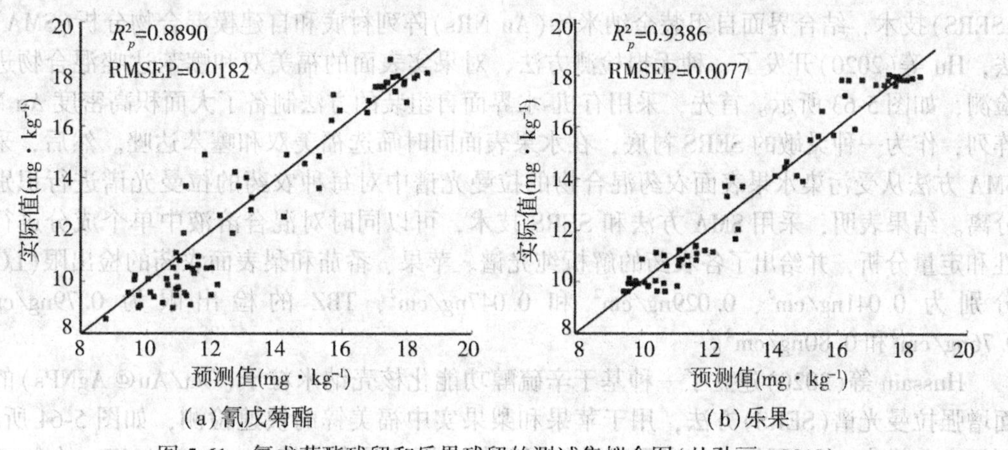

(a)氰戊菊酯　(b)乐果

图 5-61　氰戊菊酯残留和乐果残留的测试集拟合图(丛孙丽，2018)

除了高光谱成像技术、近红外光谱技术以及图像处理技术外，拉曼光谱作为一种快速、无损的检测技术也被用于检测果蔬表面的农药残留。譬如纳米银组成的喷墨印刷薄膜作为柔性的纸基 SERS(P-SERS)棉球可以直接检测从青椒中提取的孔雀石绿(MG)。这些薄膜的宏观均匀性与配备了用于信号采集的轨道光栅扫描(ORS)技术的便携式拉曼光谱仪相结合，在表征样品罗丹明-6G(一种标准拉曼探针)时，可获得前所未有的精度(RSD 约 1.6%)(Aditya 等，2019)。

He 等(2020)发明了一种微水滴捕获胶带，可快速筛选食品污染物，如图 5-62 所示。主要的传感单元是功能化微波导电碳带，它通过物理穿孔、磁控溅射和电化学沉积的金纳米枝晶制备。以胶带为基础的传感器不仅拥有高度支化的金纳米枝晶，可以促进 SERS 活性，而且还可以通过直接从原始分析溶液中蘸取，将微滴固定在手套上，可实现对真实果蔬样品中苏丹-1、福美双、噻苯达唑等食品污染物的预警 SERS 检测。

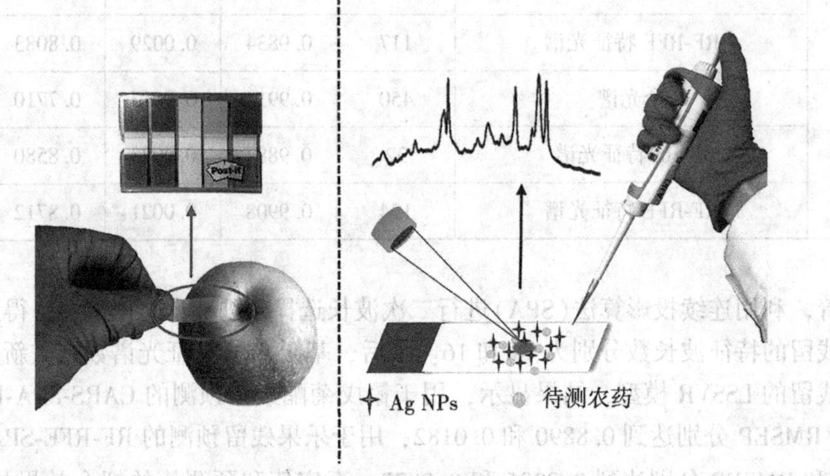

图 5-62　微水滴捕获磁带胶带对果皮进行快速 SERS 食品安全筛选方法原理图(He 等，2020)

为了提高果蔬杀虫效果，果蔬产品通常使用混合杀虫剂。利用表面增强拉曼光谱(SERS)技术，结合界面自组装金纳米棒(Au NRs)阵列衬底和自建模混合物分析(SMA)方法，Hu 等(2020)开发了一种无损检测方法，对果实表面的福美双和噻苯达唑混合物进行检测，如图 5-63 所示。首先，采用有机-水界面自组装的方法制备了大面积高密度 Au NRs 阵列，作为一种灵敏的 SERS 衬底，在水果表面同时筛选福美双和噻苯达唑。然后，采用 SMA 方法从受污染水果表面农药混合物的拉曼光谱中对每种农药的拉曼光谱进行识别和分离。结果表明，采用 SMA 方法和 SERS 技术，可以同时对混合溶液中单个成分进行定性和定量分析，并给出了各农药的解析纯光谱。苹果、番茄和梨表面农药的检出限(LOD)分别为 0.041ng/cm^2、0.029ng/cm^2 和 0.047ng/cm^2，TBZ 的检出限为 0.79ng/cm^2、0.76ng/cm^{2}和 0.80ng/cm^2。

Hussain 等(2020)建立了一种基于辛硫醇功能化核壳纳米粒子(Oct/Au@ AgNPs)的表面增强拉曼光谱(SERS)方法，用于苹果和梨果实中福美锌的快速检测，如图 5-64 所示。利用高分辨率 TEM 图像对基底形貌进行了评估，证实了合成的 Oct/Au@ AgNPs 的金(Au)

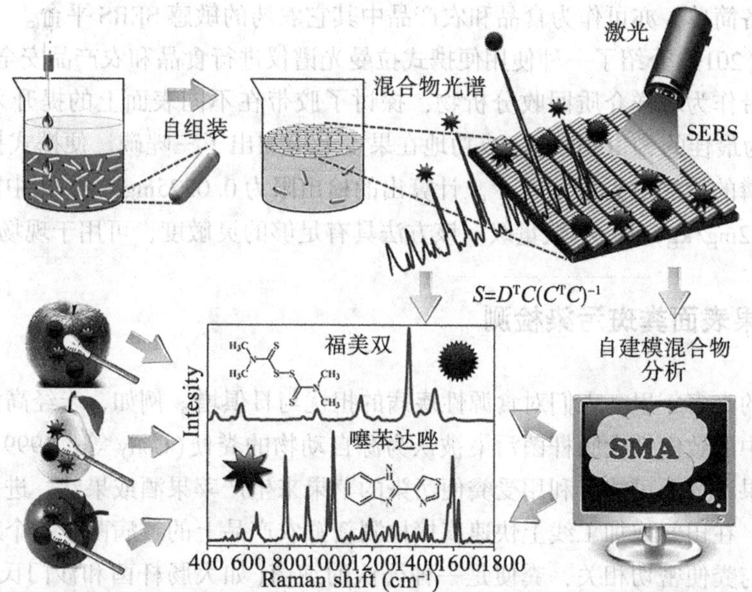

图 5-63　SERS 结合界面自组装 Au NRs 阵列衬底和 SMA 方法检测果实表面的福美双和噻苯达唑混合物(Hu 等，2020)

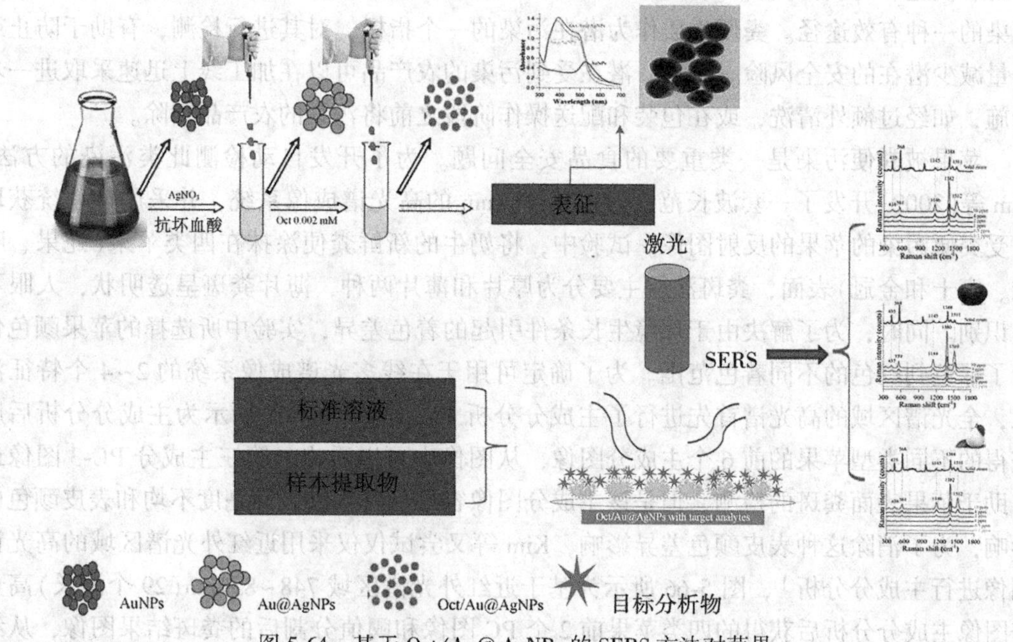

图 5-64　基于 Oct/Au@ AgNPs 的 SERS 方法对苹果和梨果实中福美锌的快速检测(Hussain 等，2020)

芯直径为 28nm，银(Ag)壳厚 5.5nm。利用敏感纳米粒子的 SERS 方法，可以检测到苹果和梨中福美锌含量分别为 0.015ppm 和 0.016ppm，R^2 分别为 0.9987 和 0.9993。此外，杀菌剂在实际样品中的回收率也达到了令人满意的 80%～106%。结果表明，功能化镀银金纳米粒子制备简单，亦可作为食品和农产品中其它农药的敏感 SERS 平台。

Gong 等(2019)介绍了一种使用便携式拉曼光谱仪进行食品和农产品安全筛选的方法，该方法用胶带作为取样介质回收分析物，探讨了胶带在不同表面上的提升采样效率。Ag NPs 被优化为最佳的 SERS 性能。成功地在果皮上检测出了三唑磷。便携式拉曼光谱仪对苹果皮三唑磷的检测限为 $25ng/cm^2$。计算出的检出限为 0.0225mg/kg，比中国的最大残留限(MRL，0.2mg/kg)低一个数量级。该方法具有足够的灵敏度，可用于现场分析。

5.3.2　水果表面粪斑污染检测

在过去的十多年里，人们对食源性疾病的担忧与日俱增。例如，未经高温消毒的苹果汁或苹果酒中的致病性大肠杆菌污染被认为源自动物的粪便(Cody 等，1999 年)，如果不被发现，苹果汁行业可能会利用受粪便污染的苹果来生产苹果酒或果汁，进而对消费者健康造成危害。在田间或加工线上快速直接检测新鲜农产品上的致病菌是一个难题。食源性疾病病原菌与粪便密切相关，粪便是一种公认的细菌(如大肠杆菌和沙门氏菌)来源。由于种植园附近家畜或野生动物的入侵，粪便可能接触到农产品和某些加工操作环节(Armstrong 等，1996；Mead 等，1999；Xicohtencatl-Cort 和 Chacon，2009；Yang，2012)。实时、快速、无损检测新鲜农产品表面的粪便物质，是保护公众健康免受水果和蔬菜潜在污染的一种有效途径。粪便物质作为潜在污染的一个指标，对其进行检测，有助于防止或尽量减少潜在的安全风险。例如，潜在受到污染的农产品可以在加工线上迅速采取进一步措施，如经过额外清洗，或在包装和配送操作阶段之前将污染的农产品剔除。

苹果被粪便污染是一类重要的食品安全问题。为了开发自动检测此类污染的方法，Kim 等(2002)开发了一套波长范围为 450~851nm 的高光谱成像系统，并采用该系统获取了受粪便污染的苹果的反射图像。试验中，将奶牛的新鲜粪便涂抹在四类苹果(蛇果、嘎啦、富士和金冠)表面，粪斑涂层主要分为厚片和薄片两种，薄片粪斑呈透明状，人眼不易识别。同时，为了解决由于环境生长条件引起的着色差异，实验中所选择的苹果颜色包括了绿色到红色的不同着色范围。为了确定可用于在线多光谱成像系统的 2~4 个特征波长，全光谱区域的高光谱首先进行了主成分分析 PCA，如图 5-65 所示为主成分分析后所获得的不同类型苹果的前 6 个主成分图像，从图像中可以看出，第三主成分 PC-3 图像最有助于苹果表面粪斑的检测，但是该主成分图像容易受到水果表面亮度不均和表皮颜色的影响，为了消除这种表皮颜色差异影响，Kim 等又尝试仅仅采用近红外光谱区域的高光谱图像进行主成分分析①，图 5-66 所示为基于近红外光谱区域 748~851nm(29 个波长)高光谱图像主成分分析后获得的四类苹果前 2 个 PC 图像和阈值分割后的粪斑结果图像，从结果图像(PC-2)中可以看出，样本表面亮度不均和颜色差异对结果的不利影响有了很大的改善。

---

① 近红外光谱对水果表皮颜色不敏感。

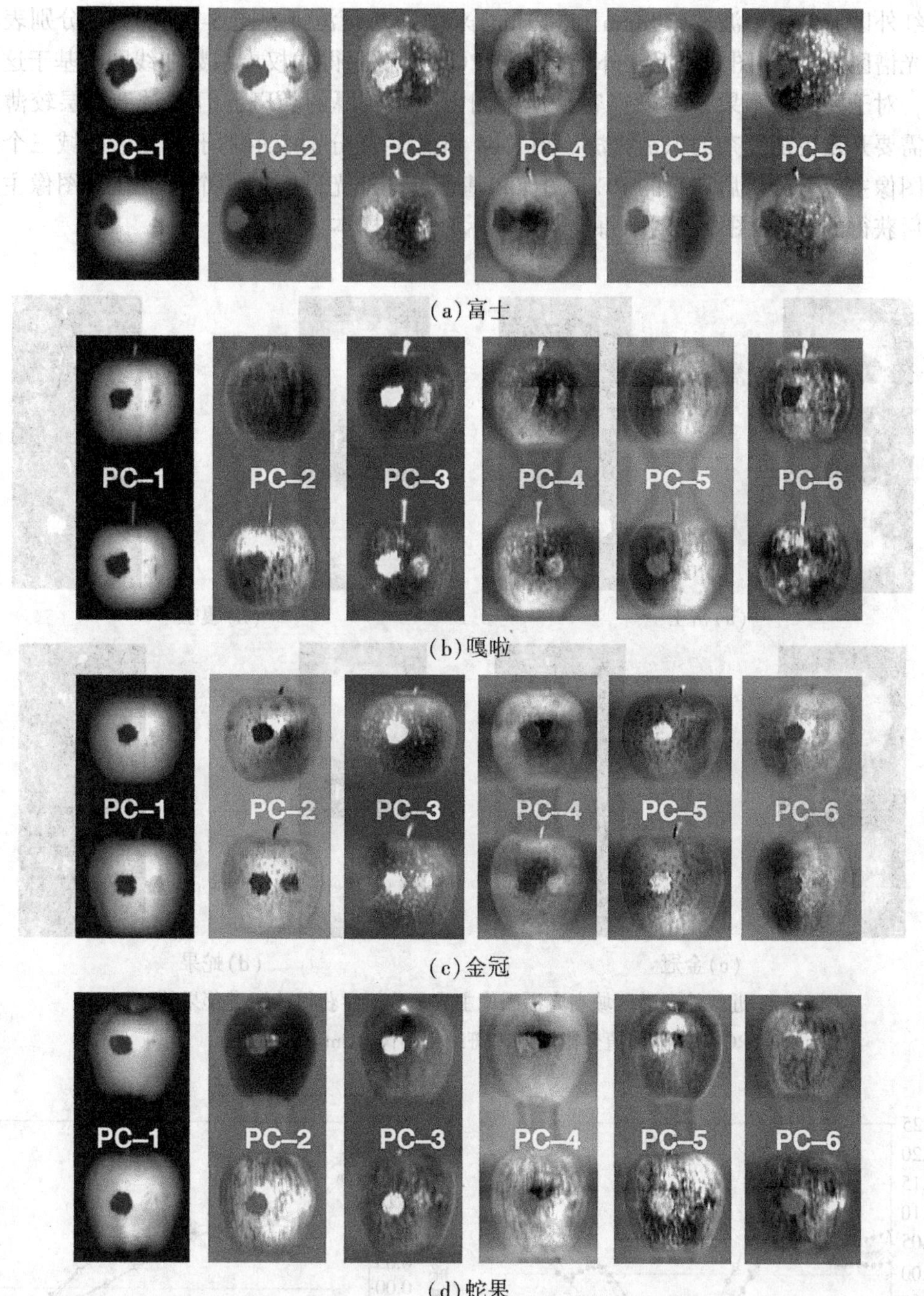

(a)富士

(b)嘎啦

(c)金冠

(d)蛇果

图 5-65　全光谱区域高光谱图像主成分分析后获得的
四类苹果前 6 幅 PC 图像(Kim 等，2002)

尽管主成分图像有利于苹果表面粪斑的识别，但是无论是全光谱还是近红外光谱，均有较多的波段参与了主成分分析。进一步通过对全光谱区域 PC-3 和近红外光谱区域 PC-2 对应各波长权重系数分析后发现，可以使用绿色、红色和近红外区域的 3 个波长，或者使用近红外区域的两个波长(748nm 和 851nm)来识别粪斑污染。图 5-67(a)(b)分别表示基于全光谱区域 PC-3 图像和近红外光谱区域 PC-2 图像获得的权重系数曲线图。基于这两组波长，对于四类型苹果，可以很容易地检测出涂层较厚的粪斑，但是对于涂层较薄的粪斑，需要开发更加复杂的识别算法。图 5-68 和图 5-69 分别表示基于全光谱区域三个特征波长图像主成分分析后获得的 PC-3 图像和基于近红外光谱区域两个特征波长图像主成分分析后获得的 PC-2 图像，图中每类苹果显示有 4 个样本。

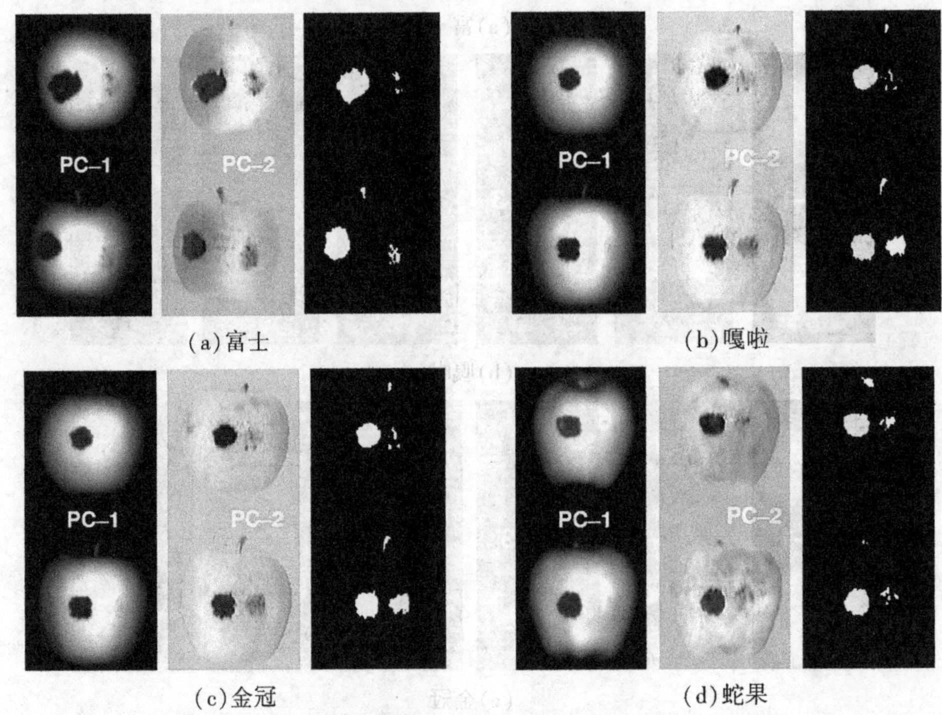

(a)富士　(b)嘎啦

(c)金冠　(d)蛇果

图 5-66　近红外光谱区域高光谱图像主成分分析后获得的四类苹果前 2 幅 PC 图像和阈值分割后的粪斑结果图像(Kim 等，2002)

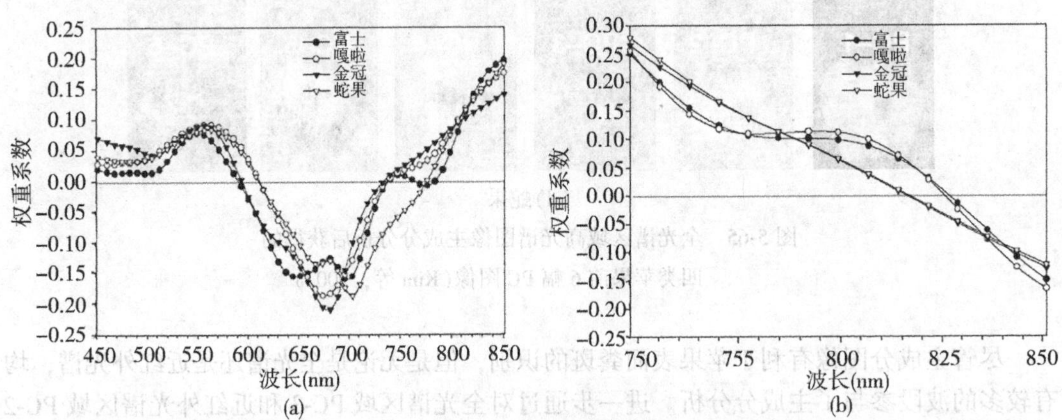

图 5-67　权重系数曲线图(Kim 等，2002)

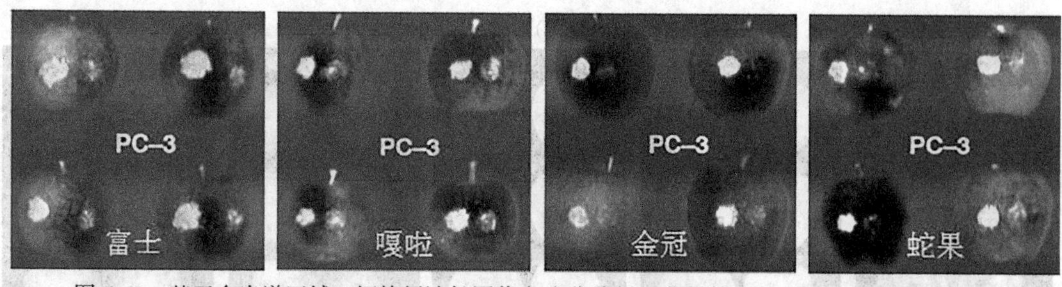

图 5-68　基于全光谱区域 3 幅特征波长图像主成分分析后获得的 PC-3 图像(Kim 等，2002)

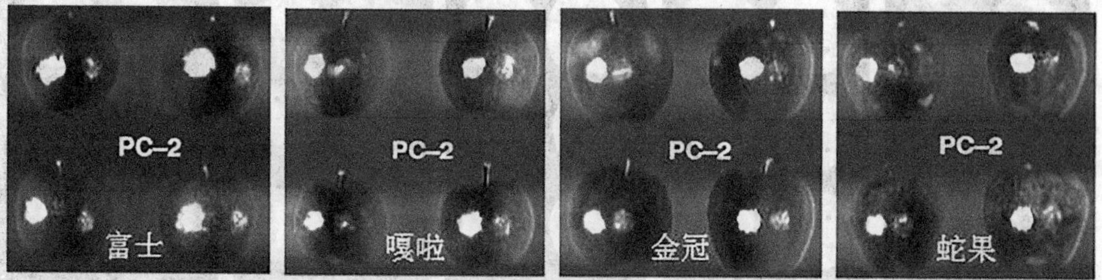

图 5-69　基于近红外光谱区域两幅特征波长图像主成分分析后获得的 PC-2 图像(Kim 等，2002)

Liu 等(2007)也采用可见-近红外高光谱成像技术对两类苹果(金冠和蛇果)表面 3 种不同浓度的奶牛粪便污染物进行检测(牛粪和水的比例：50%、5%和 0.5%)。研究结果表明，受粪便污染的苹果果皮 ROI 光谱反射强度比未污染的苹果果皮有所降低。在 675~950nm 可见-近红外光谱段，未受污染的果皮与粪便污染的果皮在光谱上存在显著差异。比较分析多种图像处理技术如双波段比、三波段比、不均匀二次差分、主成分分析等发现，双波段比值($Q_{725/811}$)算法对两类苹果粪便污染斑点的检测效果最好，且这两个波段处于近红外区域，可以减少不同苹果品种果皮颜色变化对粪便污染物正确检测的影响。图 5-70 和图 5-71 所示为采用不同图像处理算法(双波段比 $Q_{725/557}$ 和 $Q_{725/811}$，三波段比 $R=(R_{811}-R_{557})/(R_{725}-R_{557})$，不均匀二次差分 $S''=0.2\times R_{685}-R_{722}+0.8\times R_{869}$，主成分分析 PC1)对金冠和蛇果苹果表面粪斑分析结果。从图中可以看出，可见-近红外高光谱反射成像技术对检测粪便中浓度较高的斑点更为有效。

在基于可见-近红外高光谱成像技术检测苹果表面粪斑污染的研究中发现，该技术不足以检测苹果表面的薄层粪斑。许多天然化合物在适当波长的激发下会发出荧光，譬如当受到紫外线(UV)辐射时，植物材料(包括树叶和水果)会在可见光光谱区发出荧光(Chappelle 等，1991 年；Krizek 等，2001)，这些生物材料的荧光发射峰(最大值)通常在光谱的蓝、绿、红和远红外区域。由于动物粪便(如牛粪和鹿粪)中包含着残留的植物物料，因此，动物粪便物质在受到紫外线照射时，会在与绿色植物物质相同的光谱区域发出荧光(Kim 等，2002)。基于此，Kim 等(2002)又尝试采用荧光高光谱成像技术对苹果表面粪便污染物进行检测，试验中采用了两组 UV-A 紫外灯(Model XX-15A 365nm, Spectronics Corp., Westbury N. Y.)，苹果选为蛇果、嘎啦、富士和金冠四类，每类苹果又分为向阳果(该类果通常颜色均匀)和非向阳果(该类果通常颜色不均匀，如红色和绿色混

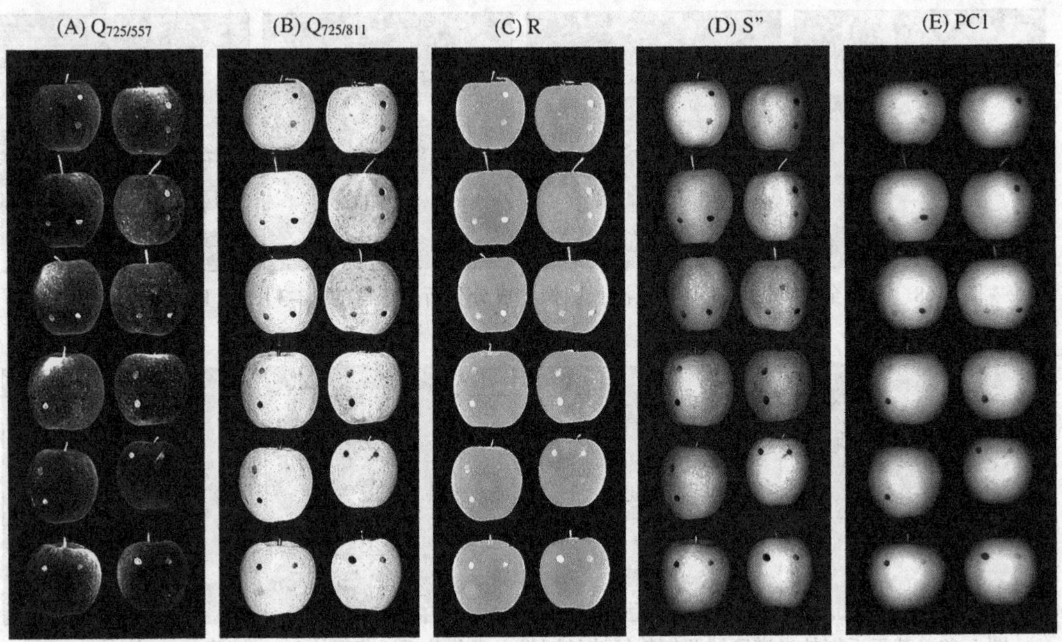

图 5-70　不同图像处理算法对金冠苹果图像分析结果(Liu 等，2007)

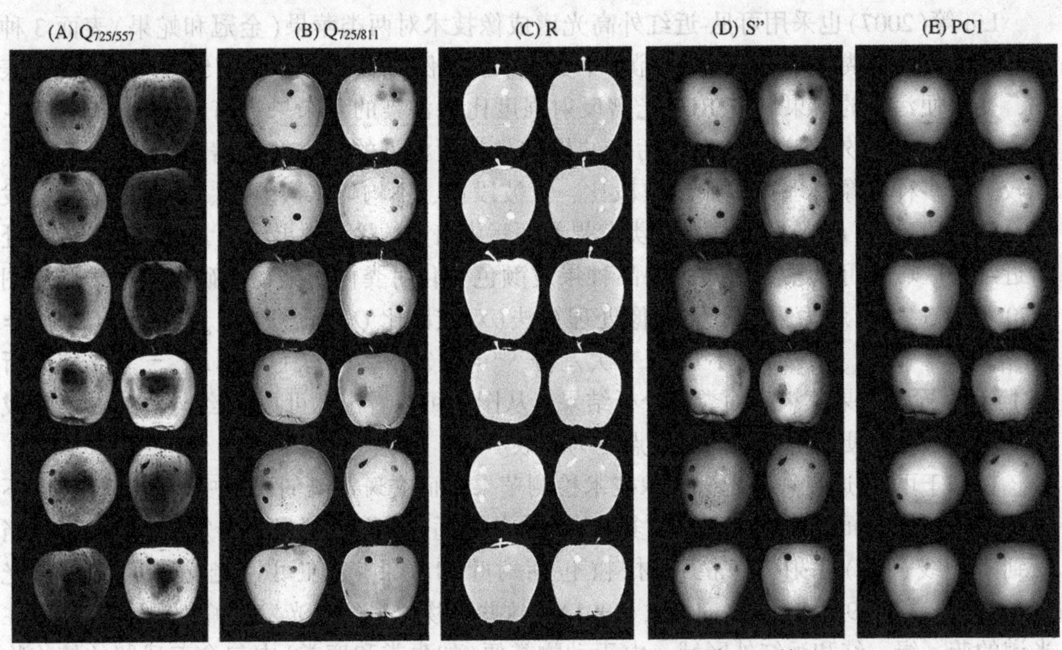

图 5-71　不同图像处理算法对蛇果苹果图像分析结果(Liu 等，2007)

杂在一起)，牛粪粪斑涂层分为厚片和薄片两种，薄层粪斑外观呈半透明或透明状，肉眼不易识别。该研究通过主成分分析和激发的荧光光谱分析确定了 4 个特征波长(450nm、530nm、685nm 和 735nm)。随后基于 4 个特征波长再次进行了主成分分析。作为示例，图 5-72 仅仅给出最优主成分 PC-2 图像，每幅图中位于上面的两个水果为向阳果，下面的两个水果为非向阳果。从图 5-72 中可看出，对于所有类型水果，薄层粪斑和厚层粪斑均能够有效识别。进一步，Kim 等又尝试采用不同的波段比图像识别粪斑污染，图 5-73 显示了最优的双波段比图像，可以看出，基于 685nm 和 450nm 的荧光双波段比图像获得了非常好的检测效果，简单的双波段比一方面可以减少正常苹果表面亮度不均和颜色的变化对结果的影响，另一方面增强了污染区和未污染区之间的差异。研究表明，使用多光谱荧光技术检测苹果粪便污染是可行的，对薄层粪斑污染也有着较好的检测能力。

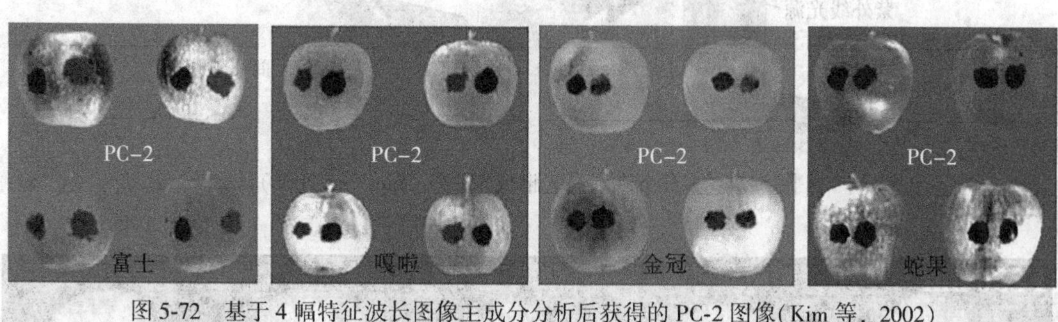

图 5-72 基于 4 幅特征波长图像主成分分析后获得的 PC-2 图像(Kim 等，2002)

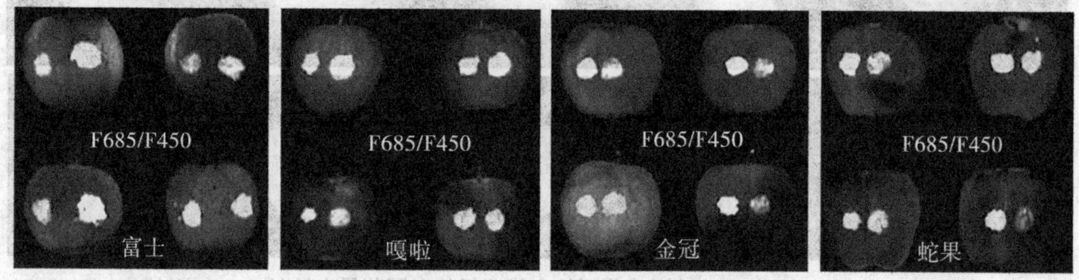

图 5-73 双波长比 F685/F450 图像(Kim 等，2002)

为了实现在线检测，Kim 等(2008)开发了一种线扫描高光谱在线成像系统，如图 5-74 所示。该系统可以同步获得待检测物体的反射和荧光图像，以用于物体多任务指标的检测。该系统在荧光和反射域各有独立的光谱带，因此可以对农产品如苹果的质量(如大小、颜色和表面缺陷)和安全(如粪便污染)进行多任务检测。试验中，系统安装在一台商用苹果分拣机上，可以实现每秒 3~4 个苹果的在线分拣速度。为了实现对近红外和荧光不同图像的同步获取，在卤素灯和光纤接口处安装有带通滤波片(750nm：Andover Corp.，Salem N. H.，USA)，以消除可见光对反射图像的影响，同时，在镜头前方设置了另一带通滤波片(中心波长 450nm)，以消除紫外线光源紫色光对荧光图像的影响。所研发的系统用于苹果表面缺陷和粪斑污染的同步检测，图 5-75 显示了基于线扫描高光谱成像系统在线获得的金冠苹果在波长 530nm 下的荧光图像和在波长 750nm 下的近红外反射图像，图中第一和第三个苹果表面有缺陷，第五个苹果表面有粪斑，从图中可以看出，缺陷和粪斑区域均可以被有效检测出来。

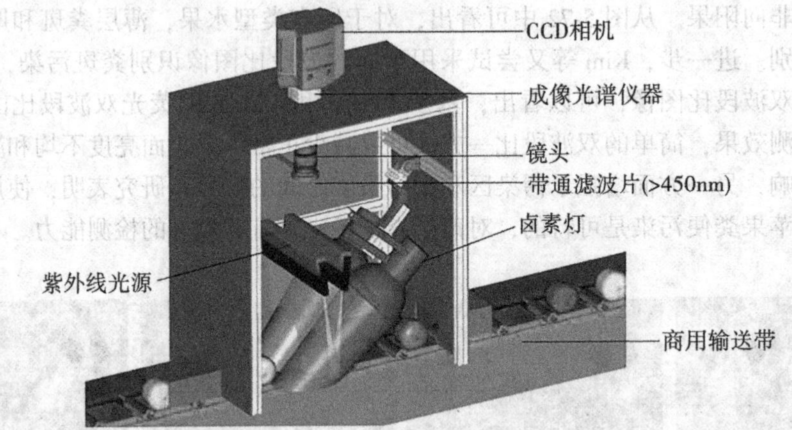

图 5-74　多任务在线高光谱成像系统(Kim 等，2008)

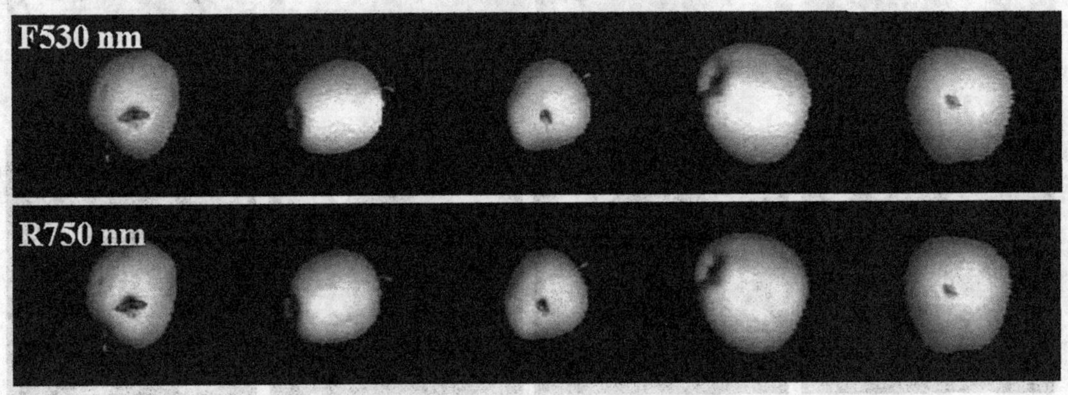

图 5-75　基于线扫描高光谱成像系统在线获得的金冠苹果在波长 530nm 下的荧光图像和在波长 750nm 下的近红外反射图像(Kim 等，2008)

参考文献

[1]薄璐，王立霞．基于视觉图像识别的番茄表面农药残留量无损检测方法[J]．食品与机械，2019，35(3)：63-66(71)．

[2]曹其新，刘成良，殷跃红，付庄，永田雅辉．基于彩色图像处理的西红柿品质特征的提取研究[J]．机器人，2001，s1：76-80．

[3]陈淑一，赵全明，董大明．对比主成分分析的近红外光谱测量及其在水果农药残留识别中的应用[J]．光谱学与光谱分析，2020，40(3)：917-921．

[4]陈艳军，张俊雄，李伟，任永新，谭豫之．基于机器视觉的苹果最大横切面直径分级方法[J]．农业工程学报，2012，28(002)：284-288．

[5]丛孙丽，基于高光谱图像技术的生菜叶片多种农药残留检测研究[D]．江苏大学，2018．

[6]桂江生．二维水果形状检测与分类算法研究[D]．浙江大学，2007．

[7]何东健．果实表面颜色计算机视觉分级技术研究[J]．农业工程学报，1998，14(3)：202-205.

[8]李江波，黄文倩，张保华，彭彦昆，赵春江．类球形水果表皮颜色变化校正方法研究[J]．农业机械学报，2014，45(4)：226-230.

[9]李江波，彭彦昆，黄文倩，张保华，武继涛．桃子表面缺陷分水岭分割方法研究[J]．农业机械学报，2014，45(8)：288-293.

[10]李江波，饶秀勤，应义斌，马本学，郭俊先．基于掩模及边缘灰度补偿算法的脐橙背景及表面缺陷分割[J]．农业工程学报，2009，25(12)：133-137.

[11]李江波，饶秀勤，应义斌．水果表面亮度不均校正及单阈值缺陷提取研究[J]．农业机械学报，2011，42(8)：159-163.

[12]李江波．脐橙表面缺陷的快速检测方法研究[D]．浙江大学，2012.

[13]李锦卫，廖桂平，金晶，虞晓娟．基于灰度截留分割与十色模型的马铃薯表面缺陷检测方法[J]．农业工程学报，2010，26(10)：236-242.

[14]李伟，康晴晴，张俊雄，荀一．基于机器视觉的苹果表面纹理检测方法[J]．吉林大学学报，2008，38(05)：1110-1113.

[15]李增芳，楚秉泉，章海亮，何勇，刘雪梅，罗微．高光谱成像技术无损检测赣南脐橙表面农药残留研究[J]．光谱学与光谱分析，2016，36(12)：4034-4038.

[16]马敬中，肖国斌，张涛，田文军，岳霞丽．我国果蔬农药残留研究现状及安全措施[J]．化学世界，2015，56(2)：120-124.

[17]宋怡焕，饶秀勤，应义斌．基于DT-CWT和LS-SVM的苹果果梗/花萼和缺陷识别[J]．农业工程学报，2012，28(9)：114-118.

[18]苏文浩，刘贵珊，何建国，王松磊，贺晓光，王伟，吴龙国．高光谱图像技术结合图像处理方法检测马铃薯外部缺陷[J]．浙江大学学报，2014，40(2)：188-196.

[19]薛龙，黎静，刘木华．基于高光谱图像技术的水果表面农药残留检测试验研究[J]．光学学报，2008，28(12)：2277-2280.

[20]杨清华，李跑，丁胜华，杜国荣，蒋立文，刘霞．果蔬中多农药残留检测技术研究进展[J]．中国果菜，2019，39(11)：38-42.

[21]应义斌，成芳，马俊福．基于最小矩形法的柑橘横径实时检测方法研究．生物数学学报，2004(3)：352-356.

[22]应义斌，桂江生，饶秀勤．基于Zernike矩的水果形状分类[J]．江苏大学学学报，2007，28(1)：1-3.

[23]张保华，黄文倩，李江波，赵春江，刘成良，黄丹枫．基于亮度校正和AdaBoost的苹果缺陷在线识别[J]．农业机械学报，2014，45(6)：221-226.

[24]张保华，黄文倩，李江波，赵春江，刘成良，黄丹枫．基于I-RELIEF和SVM的畸形马铃薯在线分选[J]．吉林大学学报，2014，44(6)：1811-1817.

[25]张保华．基于机器视觉和光谱成像技术的苹果外部品质检测方法研究[D]．上海交通大学，2016.

[26]张驰，陈立平，黄文倩，郭志明，王庆艳．基于编码点阵结构光的苹果果梗/花萼在线

识别[J]. 农业机械学报, 2015(7): 1-9.

[27]张令标, 何建国, 刘贵珊, 王松磊, 贺晓光, 王伟. 基于可见/近红外高光谱成像技术的番茄表面农药残留无损检测[J]. 食品与机械, 2014, 30(1): 82-85.

[28]周竹, 李小昱, 陶海龙, 高海龙. 基于高光谱成像技术的马铃薯外部缺陷检测[J]. 农业工程学报, 2012, 28(21): 221-228.

[29]Aditya K., Venugopal S. Paper swab based SERS detection of non-permitted colourants from dals and vegetables using a portable spectrometer[J]. Analytica Chimica Acta, 2019, 1090: 106-113.

[30]Armstrong G. L., Hollingsworth J., Morris Jr. J. G. Emerging foodborne pathogens: Escherichia coil O157: H7 as a model of entry of a new pathogen into the food supply of the developed world[J]. Epidemiologic Reviews, 1996, 18(1): 29-51.

[31]Barnes M., Duckett T., Cielniak G., Stroud G., Harper G. Visual detection of blemishes in potatoes using minimalist boosted classifiers[J]. Journal of Food Engineering, 2010, 98: 339-346.

[32]Bennedsen B. S., Peterson D. L., Tabb A. Identifying defects in images of rotating apples [J]. Computers and Electronics in Agriculture, 2005, 48(2): 92-102.

[33]Campins J., Throop J., Aneshansley D. Apple stem and calyx identification for automatic sorting; proceedings of the 1997 ASAE Annual International Meeting[C]. Minneapolis, MN ASAE paper, 1997.

[34]Chappelle E. W., McMurtrey J. E., Kim M. S. Identification of the pigment responsible for the blue fluorescence band in laser-induced fluorescence (LIF) spectra of green plants, and the potential use of this band in remotely estimating rates of photosynthesis [J]. Remote Sensing of Environment, 1991, 36: 213-218.

[35]Cho B. K., Kim M. S., Baek I. S., Kim D. Y., Lee W. H., Kim J., Bae H., Kim Y. S. Detection of cuticle defects on cherry tomatoes using hyperspectral fluorescence imagery[J]. Postharvest Biology and Technology, 2013, 76: 40-49.

[36]Cody S. H., Glynn M. K., Farrar J. A., Cairns K. L., Griffin P. M., Kobayashi J., Fyfe M., Hoffman R., King A. S., Lewis J. H., Swaminathan B., Bryant R. G., Vugia D. J. An outbreak of Escherichia coli O157: H7 infection from unpasteurized commercial apple juice [J]. Annals of Internal Med, 1999, 130: 202-209.

[37]De Visser C. L. M., Van den Berg W. A method to calculate the size distribution of onions and its use in an onion growth model[J]. Scientia Horticulturae, 1998, 77(3-4): 129-143.

[38]FDA. Hazard analysis and critical control point (HAACP): Procedures for the safe and sanitary processing and importing of juices [J]. Federal Registry, 2001, 66 (13): 6137-6202.

[39]Gong X., Tang M., Gong Z., Qiu Z., Wang D., Fan M. Screening pesticide residues on fruit peels using portable Raman spectrometer combined with adhesive tape sampling[J]. Food Chemistry, 2019, 295: 254-258.

[40] He X., Yang S., Xu T., Song Y., Zhang X. Microdroplet-captured tapes for rapid sampling and SERS detection of food contaminants [J]. Biosensors and Bioelectronics, 2020, 152: 112013.

[41] Hu B., Sun D. W., Pu H., Wei Q. Rapid nondestructive detection of mixed pesticides residues on fruit surface using SERS combined with self-modeling mixture analysis method [J]. Talanta, 2020, 217: 120998.

[42] Hussain N., Pu H., Hussain A., Sun D., Rapid detection of ziram residues in apple and pear fruits by SERS based on octanethiol functionalized bimetallic core-shell nanoparticles [J]. Spectrochimica Acta Part A: Molecular and Biomolecular Spectroscopy, 2020, 236: 118357.

[43] Ireri D., Belal E., Okinda C., Makange N., Ji C. A computer vision system for defect discrimination and grading in tomatoes using machine learning and image processing[J]. Artificial Intelligence in Agriculture, 2019, 2: 28-37.

[44] Jiang L., Zhu B., Cheng X., Luo Y., Tao Y. 3D surface reconstruction and analysis in automated apple stem-end/calyx identification[J]. Transactions of the ASAE, 2009, 52 (5): 1775-1784.

[45] Kim D. G., Burks T. F., Qin J., Bulanon D. M. Classification of grapefruit peel diseases using color texture feature analysis[J]. International Journal of Agricultural and Biological Engineering, 2009, 2(3): 41-50.

[46] Kim M. S., Lee K., Chao K., Lefcourt A. M., Jun W., Chan D. E. Multispectral line-scan imaging system for simultaneous fluorescence and reflectance measurements of apples: multitask apple inspection system[J]. Sensing & Instrumentation for Food Quality & Safety, 2008, 2: 123-129.

[47] Kim M. S., Lefcourt A. M., Chao K., Chen Y. R., Kim I., Chan D. E. Multispectral detection of fecal contamination on apples based on hyperspectral imagery: Part Ⅰ: application of visible and near-infrared reflectance imaging[J]. Transactions of the ASAE, 2002, 45(6): 2027-2037.

[48] Kondo N. Automation on fruit and vegetable grading system and food traceability[J]. Trends in Food Science & Technology, 2010, 21(3): 145-152.

[49] Kondo N. Robotization in fruit grading system[J]. Sensing and Instrumentation for Food Quality and Safety, 2009, 3(1): 81-87.

[50] Krizek D., Middleton E. M., Sandhu R., Kim M. S. Evaluating UV-B effects and EDU protection in cucumber leaves using fluorescence images and fluorescence emission spectra [J]. Journal of Plant Physiology, 158(1): 41-53.

[51] Leemans V., Destain M. F. A real-time grading method of apples based on features extracted from defects[J]. Journal of Food Engineering, 2004, 61(1): 83-89.

[52] Leemans V., Magein H., Destain M. F. On-line fruit grading according to their external quality using machine vision[J]. Biosystems Engineering, 2002, 83(4): 397-404.

[53] Li J. B., Chen L. P., Huang W. Q., Wang Q. Y., Zhang B. H., Tian X., Fan S. X., Li B. Multispectral detection of skin defects of bi-colored peaches based on Vis-NIR hyperspectral imaging[J]. Postharvest Biology and Technology, 2016, 112: 21-133.

[54] Li J. B., Rao X. Q., Wang F. J., Wu W., Ying Y. B. Automatic detection of common surface defects on oranges using combined lighting transform and image ratio methods[J]. Postharvest Biology and Technology, 2013, 82: 59-69.

[55] Li J. B., Rao X. Q., Ying Y. B. Detection of common defects on oranges using hyperspectral reflectance imaging[J]. Computers and Electronics in Agriculture, 2011, 78: 38-48.

[56] Liu Y., Chen Y. R., Kim M. S., Chan D. E., Lefcourt A. M. Development of simple algorithms for the detection of fecal contaminants on apples from visible/near infrared hyperspectral reflectance imaging[J]. Journal of Food Engineering, 2007, 81: 412-418.

[57] Liu Z., He Y., Cen H., Lu R. Deep feature representation with stacked sparse auto-encoder and convolutional neural network for hyperspectral imaging-based detection of cucumber defects[J]. Transactions of the ASABE, 2018, 61(2): 425-436.

[58] Lu Y. Z., Lu R. F. Structured-illumination reflectance imaging coupled with phase analysis techniques for surface profiling of apples[J]. Journal of Food Engineering, 2018, 232: 11-20.

[59] Mallor C., Balcells M., Mallor F., Sales E. Genetic variation for bulb size, soluble solids content and pungency in the Spanish sweet onion variety Fuentes de Ebro. Response to selection for low pungency[J]. Plant Breeding, 2011, 130(1): 55-59.

[60] Mead P. S., Slutsker L., Dietz V., McCaig L. F., Bresee J. S., Shapiro C., Griffin P. M., Tauxe R. V. Food-related illness and death in the United Stated[J]. Emerging Infectious Diseases, 1999, 5(5): 607-625.

[61] Mendoza F., Aguilera J. M. Application of image analysis for classification of ripening bananas[J]. Journal of Food Science, 2004, 69(9): E471-E477.

[62] Mendoza F., Dejmek P., Aguilera J. M. Calibrated color measurements of agricultural foods using image analysis[J]. Postharvest Biology and Technology, 2006, 41(3): 285-295.

[63] Mitsutaka K., Naoshi K., Hisaichi Y. Extraction methods of color and shape features for tomato grading[J]. Shokubutsu Kankyo Kogaku, 2006, 18(2): 145-153.

[64] Quevedo R., Mendoza F., Aguilera J. M., Chanona J., Gutierrez-Lopez G. Determination of senescent spotting in banana (Musa cavendish) using fractal texture Fourier image[J]. Journal of Food Engineering, 2008, 84(4): 509-515.

[65] Unay D., Gosselin B. Stem and calyx recognition on "Jonagold" apples by pattern recognition [J]. Journal of food Engineering, 2007, 78(2): 597-605.

[66] Wang W., Li C. Size estimation of sweet onions using consumer-grade RGB-depth sensor [J]. Journal of Food Engineering, 2014, 142: 153-162.

[67] Wang J., Chow W., Wong J. W., Leung D., Chang J., Li M. M. Non-target data acquisition for target analysis (nDATA) of 845 pesticide residues in fruits and vegetables

using UHPLC/ESI Q-Qrbitrap[J]. Analytical and bioanalytical chemistry, 2019, 411(7): 1421-1431.

[68] Wen Z., Tao Y. Dual-Camera NIR/MIR Imaging for Stem-End/Calyx Identification in Apple Defect Sorting[J]. Transaction of the ASABE, 2000, 43: 449-452.

[69] Xicohtencatl-Cort J., Chacon E. S. Interaction of Escherichia coli O157: H7 with leafy green produce[J]. Journal of Food Protection, 2009, 72(7): 1531-1537.

[70] Yang Q. Apple stem and calyx identification with machine vision[J]. Journal of Agricultural Engineering Research, 1996, 63(3): 229-236.

[71] Yang C. C., Kim M. S., Kang S., Cho B. K., Chao K., Lefcourt A. M., Chan D. E. Red to far-red multispectral fluorescence image fusion for detection of fecal contamination on apples[J]. Journal of Food Engineering, 2012, 108: 312-319.

[72] Yimyam P., Clark A. F. Agricultural produce grading by computer vision using Genetic Programming[C]. proceedings of the Robotics and Biomimetics (ROBIO), 2012 IEEE International Conference, 2012, IEEE.

[73] Zhang C., Zhao C. J., Huang W. Q., Wang Q. Y., Liu S. G., Li J. B., Guo Z. M. Automatic detection of defective apples using NIR coded structured light and fast lightness correction[J]. Journal of Food Engineering, 2017, 203: 69-82.

[74] Zhang B. H., Huang W. Q., Gong L., Li J. B., Zhao C. J., Liu C. L., Huang D. F. Computer vision detection of defective apples using automatic lightness correction and weighted RVM classifier[J]. Journal of Food Engineering, 2015, 146: 143-151.

[75] Zhang B. H., Huang W. Q., Li J. B., Zhao C. J., Fan S. X., Wu J. T., Liu C. L. Principles, developments and applications of computer vision for external quality inspection of fruits and vegetables: A review[J]. Food Research International, 2014, 62: 326-343.

[76] Zhang B. H., Huang W. Q., Wang C. P., Gong L., Zhao C. J., Liu C. L., Huang D. F. Computer vision recognition of stem and calyx in apples using near-infrared linear-array structured light and 3D reconstruction[J]. Biosystems Engineering, 2015, 139: 25-34.

[77] Zhang C., Zhao C. J., Huang W. Q., Wang Q. Y., Liu S. G., Li J. B., Guo Z. M. Automatic detection of defective apples using NIR coded structured light and fast lightness correction[J]. Journal of Food Engineering, 2017, 203: 69-82.

[78] Zhu B., Jiang L., Cheng X., Tao Y. 3D surface reconstruction of apples from 2D NIR images[J]. Proceedings of SPIE, 2005, 6000, 60000R.

[79] Zhu B., Jiang L., Tao Y. Automated 3D surface reconstruction and analysis of apple near-infrared data for the application of apple stem-end/calyx identification[C]. 2007 ASABE Annual International Meeting. Minneapolis, Minnesota, 2007. Paper Number: 073074.

[80] Zhu B., Jiang L., Tao Y. Three-dimensional shape enhanced transform for automatic apple stem-end/calyx identification[J]. Optical Engineering, 2007, 46(1): 017201.

[81] Zhu Y., Pan Z. L., Mchugh T. H. Effect of dipping treatments on color stabilization and texture of apple cubes for infrared dry-blanching process[J]. Journal of Food Processing and

Preservation, 2007, 31(5): 632-648.

[82] Zou X., Zhao J. On-line detecting size and color of fruit by fusing information from images of three color camera systems. Computer and Computing Technologies in Agriculture II, Volume 2[J]. Springer, 2008: 1087-1095.

[83] Zou X. B., Zhao J. W., Li Y. X. Apple color grading based on organization feature parameters [J]. Pattern Recognition Letters, 2007, 28(15): 2046-2053.

第6章　果蔬内部质量和安全图谱无损评估

营养、健康、安全是新时期人们果蔬消费关注的重点，内部质量和安全检测在果蔬综合质量评估中越来越受到重视，也是目前果蔬产后自动化检测分级的依据。果蔬内部质量和安全检测评估涉及内容广泛，主要包含品质和安全两个方面：品质检测指标，如糖度、酸度、硬度、空心等；安全评估指标，如内部霉心、腐烂、褐变等。本章重点介绍图谱无损检测技术在果蔬内部质量和安全评估方面的典型应用。

6.1　果蔬内部品质检测

水果内部品质，主要包括糖度、酸度、硬度等，是衡量水果品质的重要组成部分。随着生活水平不断提高，消费者除了对果品外观，如形状、颜色、大小要求更高外，对果品内部品质如口感、味道、质量也更为重视。同时，水果内部品质的快速无损检测对实现水果的优质优价，增强我国水果的国际竞争力，扩大水果出口等也有着重要意义(韩东海等，2008)。另外，在水果生长阶段，实现水果内部指标的快速无损检测，对于指导果农科学合理的水果种植具有重要意义。以可见-近红外光谱技术和高光谱成像技术为代表的无损检测技术，在果蔬内部品质检测方面得到了广泛应用(彭彦昆等，2013；张保华等，2014)。

6.1.1　果蔬糖酸度检测

水果的糖度(或称可溶性固形物含量)、酸度和硬度是衡量水果内部品质的重要指标，不仅反映了水果的成熟程度，而且还影响着水果的食用口感，决定了消费者的购买意愿(Lammertyn 等，1998)。传统水果糖酸度检测主要依靠破坏性取样，挤汁后进行检测操作。破坏性检测虽然结果可靠，但费时费力，难以实现快速、连续测量(Ventura 等，1998)。以可见-近红外光谱分析技术为代表的无损检测技术在水果糖酸度检测方面得到了广泛应用，在提高水果自动化分级方面发挥了重要作用。当前，相对于其它指标，水果糖度的无损快速检测仍然是该方向的研究热点，近几年来的相关研究较为系统和具体(Xie 等，2016；Lammertyn 等，1998；Liu 等，2005；Lu 等，2017；Paz 等，2009；Sánchez 等，

2003；Zhang 等，2019）。因此，本节主要以水果糖度的检测分析为例进行介绍，研究中所用的方法仍然适用于酸度、硬度等指标的分析。

6.1.1.1　可见-近红外光谱技术

可见-近红外光谱技术因其快速、无损等特点，在诸如苹果、梨、桃、脐橙、香蕉、猕猴桃、蓝莓、西瓜等多种水果的糖酸度检测中得到了广泛应用（Nicolaï 等，2007）。水果内部品质检测的一般步骤为：根据水果类型、检测目的、指标等条件的不同，选取合适的水果光谱采集方式，搭建相应的采集装置，稳定地获取水果光谱信息，采用化学计量学方法建立内部品质检测的回归分析模型，最后对模型的有效性和稳定性进行验证。在前期的研究中，研究人员多是利用一些科研级的光谱仪，直接获取水果的光谱信息，结合实际测量得到的水果糖、酸度值，利用化学计量学方法进行建模分析，实现对水果糖酸度预测。研究主要集中在可行性分析、建模方法探索、模型稳定性研究等方面。

Li 等（2013）以 3 种梨（翠冠、清香、黄花）为检测对象。利用 QualitySpec Pro 光谱仪（Analytical Spectral Devices，Inc.，USA）获取梨果在 350~1800nm 范围的光谱信息。该光谱仪包含硅（Si）和铟镓砷（InGaAs）两种探测器，分别用于获取 350 ~ 1000nm 和 1000 ~ 1800nm 范围的光谱信息。采集时，探头与入射光纤的夹角设定为 45°，获取探测器对应部位的反射光谱信息。在每个梨的赤道部位每隔 120°获取一条光谱，以 3 次扫描结果的平均光谱作为该样本的光谱信息。采集完成后，利用折光仪和 pH 计分别测得梨果对应的实际糖度值和酸度值。下图为得到的原始吸光度光谱（图 6-1（a））、经过平滑和 SNV 预处理后的光谱（图 6-1（b））和经过一阶导数处理后的光谱（图 6-1（c））。

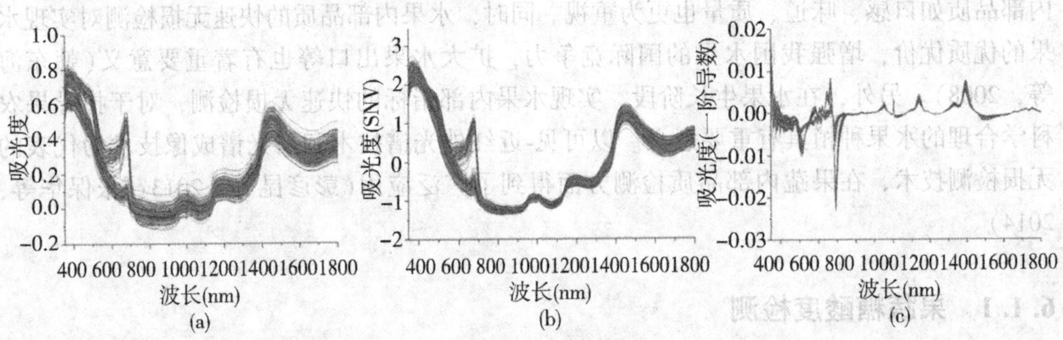

图 6-1　梨果的原始光谱和预处理光谱（Li 等，2013）

可以看出，除 350~740nm 波段范围以外，所有样本的光谱信息保持了同样的变化趋势，这主要是由于 3 种梨果的果皮颜色的差异造成了在可见光波段光谱信息的较大变化。考虑到光谱仪起始端噪声的影响，仅 400~1800nm 波段范围数据被用于分析。研究将全波段细分为可见光（400~780nm）、近红外（781~1800nm）和可见-近红外（400~1800nm）3 个波段范围进行考虑。经过对比不同预处理算法和建模方法，对 PLS 建模分析，采用经平滑和 SNV 处理后的光谱信息建模结果较好，而对 LS-SVM 建模分析，采用经一阶导数处理后的光谱信息较好。进一步对比发现，针对 PLS 和 LS-SVM 建模分析，相对于可见光波段和近红外波段，采用全波段可见-近红外光谱(400~1800nm)数据建立的模型预测效果最好。对于糖度指标的 PLS 预测，其预测集相关系数和预测集均方根误差分别为 0.9173 和 0.4221。而对于酸度指标的 PLS 预测，其预测集相关系数和预测集均方根误差分别为 0.874 和 0.094。而对于糖度指标的 LS-SVM 预测，其预测集相关系数和预测集均方根误差分别为 0.927 和 0.410。对于酸度指标的 LS-SVM 预测，其预测集相关系数和预测集均方根误差分别为 0.883 和 0.094。

随后，通过对全波段光谱范围建立的 PLS 模型的回归系数分析挑选了与梨果糖度和酸度检测相关的特征波长。其中，用于梨果糖度检测的特征波长为 433、472、518、586、636、662、666、696、1138 和 1406(单位：nm)，如图 6-2(a)所示，用于梨果酸度预测的特征波长为 404、496、506、682、1457、1458、1459、1726 和 1727(单位：nm)，如图 6-2(b)所示。基于选取的特征波长，建立了 LS-SVM 模型，模型对糖度和酸度的预测相关系数和均方根误差分别为 0.916、0.251 和 0.881、0.058。

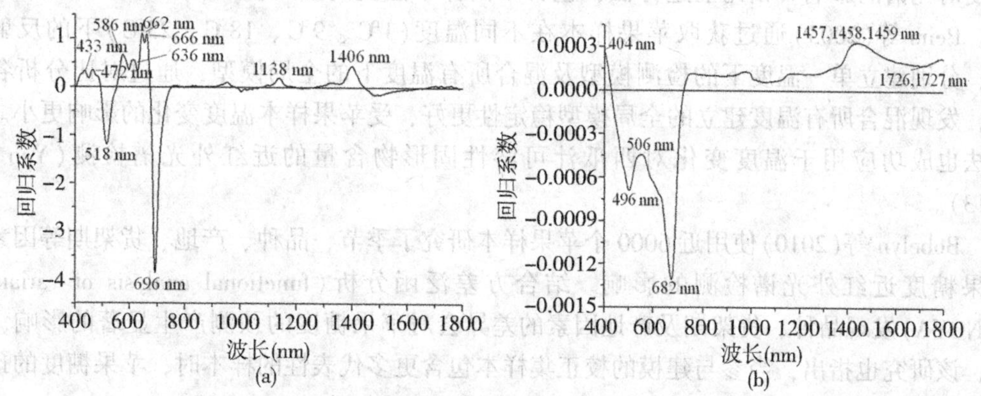

图 6-2　基于 PLS 回归系数的梨果糖度和酸度预测的特征波长筛选(Li 等，2013)

从该研究中可以看出，不管是线性的 PLS 算法，还是非线性的 LS-SVM 算法，在光谱信息稳定获取的前提条件下，均可实现水果糖酸度的检测。同时还可以看出，借助筛选的特征波长，可以有效替代全波段光谱进行模型分析，在保证模型精度的同时，减小了模型的复杂程度，提高了计算效率。类似研究还包括基于傅里叶变换光谱仪的苹果糖度检测(Zou 等，2007)。这些研究表明，近红外光谱技术可以用于水果糖、酸度的快速、无损检测。

随着化学计量学的不断发展，除了上述采用 PLS 回归系数挑选特征波长的方法外，结合人工智能搜索的特征波长筛选算法已逐渐用于水果内部品质的建模分析，这在本书第 3 章中已经有详细的介绍。但同时需要指出的是，由于所用仪器、预处理算法、特征波长筛选算法的不同，特征波长的筛选结果也不尽相同，对于特征波长筛选缺少相关机理性研究，不能从光学特性或者水果组织的生理特性进行解释。因此，这也是水果可见-近红外光谱检测领域所面临的一个问题。

随着研究的深入，研究人员也逐渐考虑影响水果内部品质分析的外界环境因素(如检测环境的温度、湿度等)以及待测样本自身因素(如样本的产地、收获季节、品种、温度等）对检测结果的影响。通过这些研究，可以提高模型的普适性，降低外界环境因素和样本自身因素对检测精度的影响。

温度变化会影响氢键的结合程度和氧氢键吸收的位置，还会引起水分子弯曲和伸缩振动改变（Acharya 等，2014；王加华等，2009），进而影响光谱信息获取。由于果蔬为高水分物料，因此其可见-近红外光谱易受自身温度影响。Roger 等（2003）提出了 EPO-PLS（External parameter orthogonalisation，EPO）算法以减小温度对苹果糖度检测的影响。该算法主要思想是通过从光谱矩阵中剔除与温度变化有关的变量。经验证，经 EPO 处理的苹果糖度预测偏差不超过 0.3°Brix，而未经 EPO 处理的预测偏差高达 8°Brix。王加华等（2009）利用类似的方法，采集苹果样本在不同温度下（4～42℃）的漫反射近红外光谱，采用改进的遗传算法剔除与温度相关的变量，保留与糖度相关的波长变量，减小了温度变化对糖度检测模型的影响。除此之外，Orthogonal scatter correction（OSC）（Wold 等，1998）和 Continuous piecewise direct standardization（CPDS）（Wülfert 等，2000）等算法也用来校正温度对光谱的影响。相比上述方法，包含不同样本温度的全局模型在近年来使用更加频繁。Peirs 等（2003）通过获取苹果样本在不同温度（1℃、9℃、18℃、25℃）下的反射光谱，分别建立单一温度下的检测模型及混合所有温度下的全局模型，通过对比分析各模型，发现混合所有温度建立的全局模型稳定性更好，受苹果样本温度变化的影响更小。该方法也成功应用于温度变化对西瓜汁可溶性固形物含量的近红外光谱检测（Yao 等，2013）。

Bobelyn 等（2010）使用近 6000 个苹果样本研究了季节、品种、产地、货架期等因素对苹果糖度近红外光谱检测的影响。结合方差泛函分析（functional analysis of variance，FANOVA）发现品种、货架期及产地因素的差异会对苹果糖度的预测产生显著的影响，同时，该研究也指出，当参与建模的校正集样本包含更多代表性的样本时，苹果糖度的预测精度会有很大程度的提高。

除了上述文献外，苹果的果皮颜色、光谱采集部位等也会对苹果糖度近红外光谱的检测产生影响。即使同一品种和产地的苹果，其颜色也会因生长部位、阳光照射强度不同形成明显差异，如富士苹果从阳面的红色或条红变化到阴面的金黄或黄绿色。现有的标准更多是依据苹果表皮颜色进行分级，但颜色与内部品质的关系研究很少。苹果果皮中颜色成分主要是叶绿素、类胡萝卜素和花青素等。苹果光谱无损检测过程中，光两次穿过苹果表面，因此，果皮颜色组分对光的吸收在光谱响应中会体现。同一苹果环赤道位的阴阳两面，糖度差异很小，但可见-近红外光谱有明显差异，主要是由果皮颜色引起的。因颜色引起的光谱扰动会引起光谱吸收位置的偏移。目前颜色对水果内部品质的影响机理尚不明确，通过采集苹果的短波近红外波段（shortwave near infrared spectroscopy，SWNIR）和长波近红外波段（longwave near infrared spectroscopy，LWNIR）光谱及对应位置的颜色信息，Guo 等（2016）探讨了可见-近红外光谱苹果糖度模型的颜色补偿方法。分别使用海洋光学 USB2000+和 Antaris II 傅里叶变换近红外光谱仪获取苹果赤道部位感兴趣区域的可见-短波近红外光谱和长波近红外光谱信息。使用 HP-200 型精密色差仪获取光谱采集部位的颜色特征，即 L^*、a^*、b^*。在该颜色空间中，L^* 代表颜色的明亮度，a^* 代表颜色的红绿值，b^* 值代表颜色的黄蓝值。采集完成后，将苹果样本光谱采集部位进行切片，挤汁后滴到折光仪镜面进行实际糖度测量。利用上述采集到的光谱、颜色及糖度数据开展苹果糖度的颜色补偿方法研究，比较基于短波近红外和长波近红外两波段光谱数据建立的苹果糖度预测模型的性能，分析颜色对两波段糖度模型的影响，主要研究思路如图 6-3 所示。

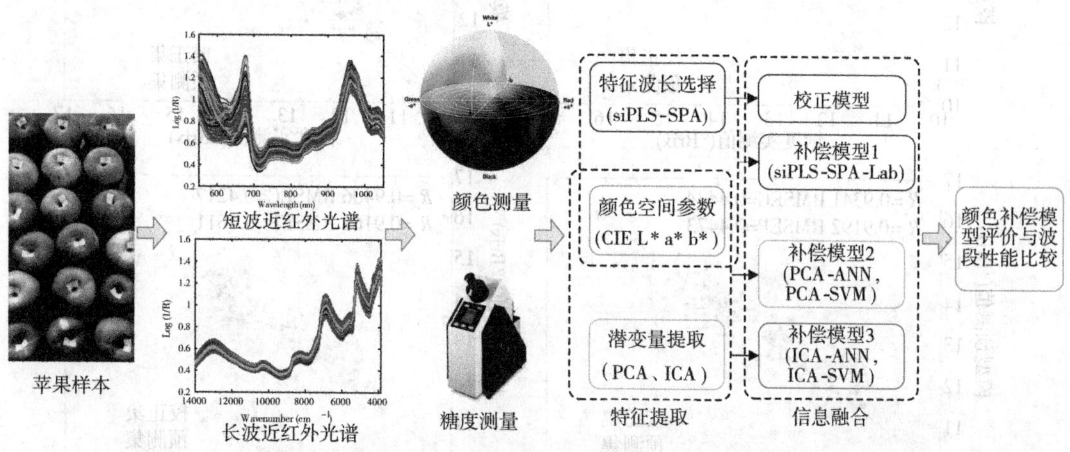

图 6-3　苹果糖度可见-近红外光谱检测的果皮颜色补偿算法(Guo 等，2016)

该研究在光谱特征提取方面，一方面是采用特征波长选择方法提取特征波长，另一方面是采用主成分分析和独立分量分析等提取潜变量，然后建立线性或非线性回归模型。在颜色补偿模型方面，利用提取的特征波长或潜变量融合颜色参数，建立补偿模型，然后评价颜色对糖度模型的影响是否显著。

(1)光谱特征波长结合颜色变量的补偿模型。采用联合区间偏最小二乘法和连续投影算法，筛选与苹果糖度相关的特征波长，基于选取的特征波长，建立苹果糖度预测模型(siPLS-SPA)。基于 SWNIR 和 LWNIR 光谱信息所建模型预测结果如图 6-4(a)(b)所示。为了研究颜色对苹果糖度模型的影响，联合测定的颜色空间参数和筛选的特征波长建立了苹果糖度颜色补偿模型(siPLS-SPA-Lab)，模型预测结果如图 6-4(c)(d)所示。研究发现，通过颜色补偿，可以提高苹果糖度预测的精度，尤其是短波近红外波段光谱模型的预测精度。

(2)潜变量结合颜色变量的补偿模型。利用 PCA 和 ICA 两种方法，分别对原始的 SWNIR 和 LWNIR 光谱进行降维处理，降维后的主成分分量或独立分量作为输入构建 ANN 和 LS-SVM 预测模型。同时，联合将颜色特征与主成分分量或独立分量，建立颜色补偿模型。比较发现，经过颜色补偿后，基于 SWNIR 波段建立的颜色补偿模型，其糖度预测精度显著提高。颜色补偿对基于 LWNIR 波段构建的苹果糖度模型的预测精度提升能力有限。考虑到水果产业自动化的实际应用需求，短波近红外光谱具有明显的价格优势，可用于水果内部品质的在线检测分级，为保证内部品质检测的精度和稳定性，颜色作为补偿因子可以有效地提高品质检测的性能。该研究为颜色补偿的可见-近红外光谱水果品质检测提供了方法参考。

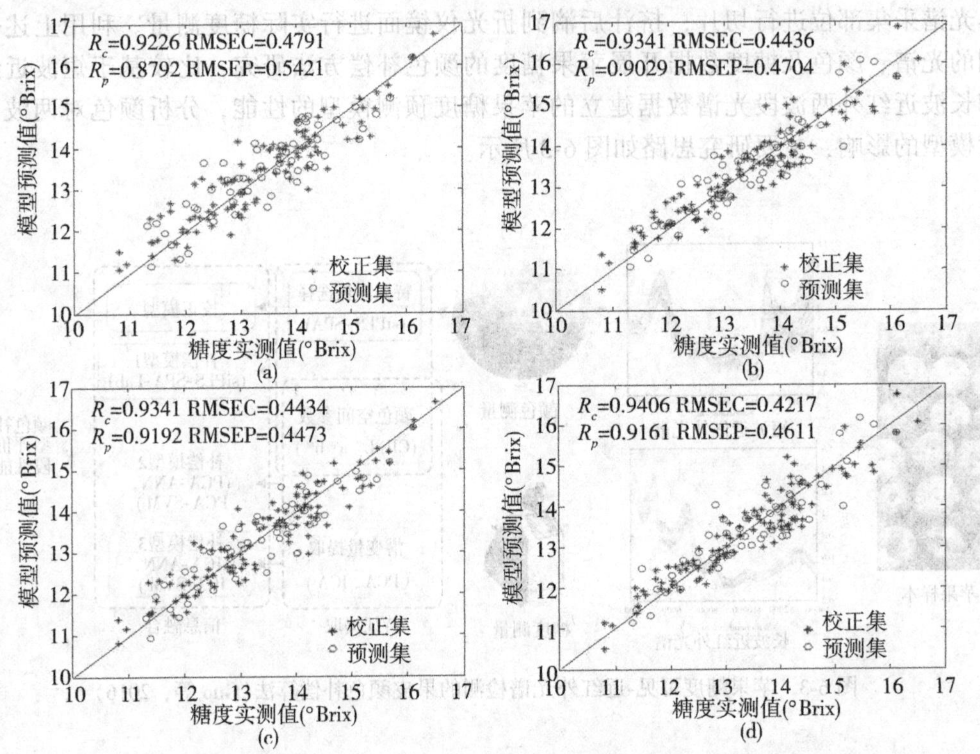

图 6-4　基于 SiPLS-SPA 和 SiPLS-SPA-Lab 建立的用于苹果糖度预测的模型(Guo 等，2016)

对于苹果糖度的在线检测，由于水果大小有差异，检测探头正对样品的部位也会不同。而对于水果糖度的便携式检测，探头所采集的苹果部位也具有随机性。所以，对于苹果糖度的便携式检测和在线检测，由于其检测部位的变化，必须考虑该因素对获得的光谱信息及检测模型的影响。傅霞萍(2018)通过方差分析，得出了梨的光谱信息在经度方向(沿赤道方向)没有明显差异，而在纬度方向(沿果梗-花萼方向)存在明显差异。对大部分苹果样本而言，糖度沿着果梗—赤道—花萼方向逐渐增大，某些样品，其果梗与花萼区域糖度的差值甚至可以达到 1°Brix(Peiris 等，1999)。为了研究苹果不同部位的光谱信息差异，Fan 等(2016)采用 Antaris II 傅里叶变换近红外光谱仪采集了苹果样品果梗、赤道及花萼附近区域的近红外光谱数据(4000~10000cm^{-1})，如图 6-5 所示，研究了光谱的采集部位对苹果糖度预测模型的影响，并且通过建立多部位的全局模型，减小了检测位置的变化对糖度预测结果的影响。

为了更好地探究光谱检测位置的变化对苹果糖度光谱检测模型的影响，Fan 等(2016)分别建立了基于单一位置光谱信息的局部位置模型和包含所有位置光谱信息的全局位置模型，如图 6-6 所示。对于局部位置模型，分别用校正集样品果梗、赤道和花萼区域的光谱建立糖度 PLS 预测模型，并通过交互验证确定最佳建模主因子数。模型建立后，用同一个检测位置下的预测集光谱(图 6-6 中用实线标注)和其它不同位置下的预测集光谱(图6-6 中用虚线标注)对模型进行验证。对于全局模型，综合校正集中果梗、赤道和花萼位置区域所有光谱信息建立 PLS 模型，并分别用 3 个不同位置下的预测集光谱对模型进行验证。

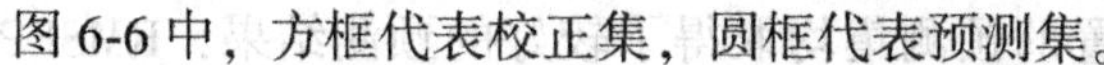

图 6-6 中，方框代表校正集，圆框代表预测集。

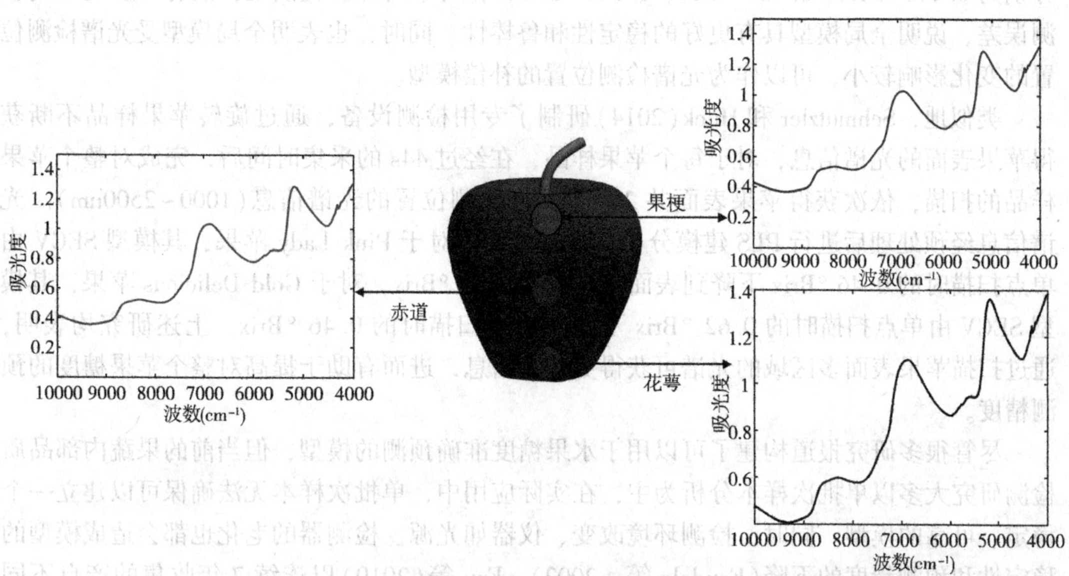

图 6-5 苹果不同部位光谱信息提取(Fan 等，2016)

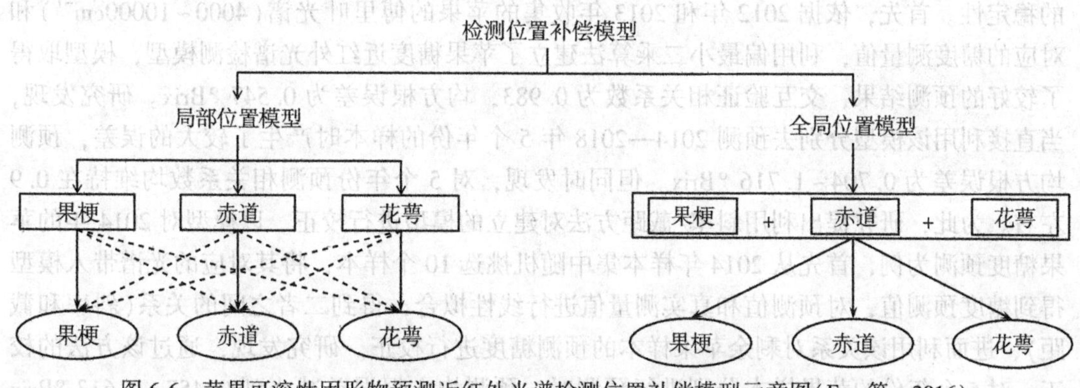

图 6-6 苹果可溶性固形物预测近红外光谱检测位置补偿模型示意图(Fan 等，2016)

结果显示，当预测集和所建模型为同一检测部位时，其预测结果较为理想。以果梗部位建立的局部位置模型为例，当用该模型对果梗部位的预测集进行检测时，取得了较好的预测结果，其预测相关系数 r_p 为 0. 979，预测均方根误差 RMSEP 为 0. 395 °Brix。但当用该模型去预测其它部位(如花萼部位)的预测集时，r_p 降为 0. 933，RMSEP 也增加到了 0. 642 °Brix。进一步比较发现，对于另外两个局部位置模型来说，可以得到类似的结论。因此，从局部位置模型的建模和预测结果可以看出，虽然基于单一部位的光谱信息建立的局部模型对于同部位的糖度预测取得了较好的建模和预测结果，但在实际应用中，水果位置具有随机性，其检测位置不确定，单一位置检测必然会对模型的稳定性和预测能力造成一定影响。所以，局部位置模型不能较好地实现苹果糖度的稳定评估，构建全局位置模型更具有现实意义。虽然全局位置模型对于某一预测集的预测结果不如局部位置模型对其预测结果好，但全局模型对所有 3 个不同位置的预测集均取得了较好的预测结果，RMSEP 分别为 0. 448 °Brix、0. 487 °Brix、0. 566 °Brix，相对于局部位置模型，没有产生明显的预测误差，说明全局模型具有更好的稳定性和鲁棒性。同时，也表明全局模型受光谱检测位置的变化影响较小，可以作为光谱检测位置的补偿模型。

类似地，Schmutzler 和 Huck(2014)研制了专用检测设备，通过旋转苹果样品不断获得苹果表面的光谱信息，对于每个苹果样品，在经过 44s 的采集时间后，完成对整个苹果样品的扫描，依次获得苹果表面共 200 个不同检测位置的光谱信息(1000~2500nm)。光谱信息经预处理后进行 PLS 建模分析。结果表明，对于 Pink Lady 苹果，其模型 SECV 由单点扫描时的 0. 46 °Brix 下降到表面扫描时的 0. 45 °Brix，对于 Gold Delicious 苹果，其模型 SECV 由单点扫描时的 0. 62 °Brix 下降到表面扫描时的 0. 46 °Brix。上述研究均表明，通过扫描苹果表面多区域的光谱可获得更多的信息，进而有助于提高对整个苹果糖度的预测精度。

尽管很多研究报道构建了可以用于水果糖度准确预测的模型，但当前的果蔬内部品质检测研究大多以单批次样本分析为主，在实际应用中，单批次样本无法确保可以建立一个稳定、可靠的模型。同时，检测环境改变、仪器如光源、检测器的老化也都会造成模型的稳定性和预测精度的下降(Feudale 等，2002)。Fan 等(2019)以连续 7 年收集的产自不同地域的 1053 个富士苹果为研究对象，探讨了苹果糖度近红外光谱检测模型在长期使用中的稳定性。首先，依据 2012 年和 2013 年收集的苹果的傅里叶光谱(4000~10000cm^{-1})和对应的糖度测量值，利用偏最小二乘算法建立了苹果糖度近红外光谱检测模型，模型取得了较好的预测结果，交互验证相关系数为 0. 983，均方根误差为 0. 547 °Brix。研究发现，当直接利用该模型分别去预测 2014—2018 年 5 个年份的样本时产生了较大的误差，预测均方根误差为 0. 704~1. 716 °Brix。但同时发现，对 5 个年份预测相关系数均维持在 0. 9 左右。为此，研究提出利用斜率/截距方法对建立的模型进行校正。以模型对 2014 年的苹果糖度预测为例，首先从 2014 年样本集中随机挑选 10 个样本，将其对应的光谱带入模型得到糖度预测值，对预测值和真实测量值进行线性拟合，得到二者之间的关系(斜率和截距)，进而利用该关系对剩余苹果样本的预测糖度进行校正。研究发现，通过该方法的校正，对 5 个年份的苹果样本分别进行预测时，预测均方根误差减小到 0. 457~0. 613 °Brix(图 6-7)，明显小于校正前的结果，大大提高了苹果糖度的预测精度。

同时，该研究还利用 CARS-SPA 组合变量选择法，确定了可用于苹果糖度近红外光谱检测的 15 个特征波长，分别为 4291、4345、4891、5274、5720、6007、6187、6561、7130、7218、7315、7542、8607、87343 和 9793(单位：cm^{-1})，如图 6-8 所示，并对波长的稳定性和有效性进行了验证。研究发现，通过 15 个波长建立的模型，对 5 个年份苹果糖度的检测结果为 0. 500~0. 633 °Brix，与全波段建模结果基本一致；另外，对 7 个年份的数据分别进行全波段和特征波段的交互验证分析，结果显示，基于特征波段的交互验证结果仍然达到了全波段的建模结果。因此，上述 15 个特征波长完全可以替代全波段光谱用于苹果糖度的快速检测。整个研究表明，该方法可以有效提高苹果糖度模型的适应性和普适性。对于苹果糖度的近红外在线分级设备和便携式仪器的长期稳定使用提供了方法参考。

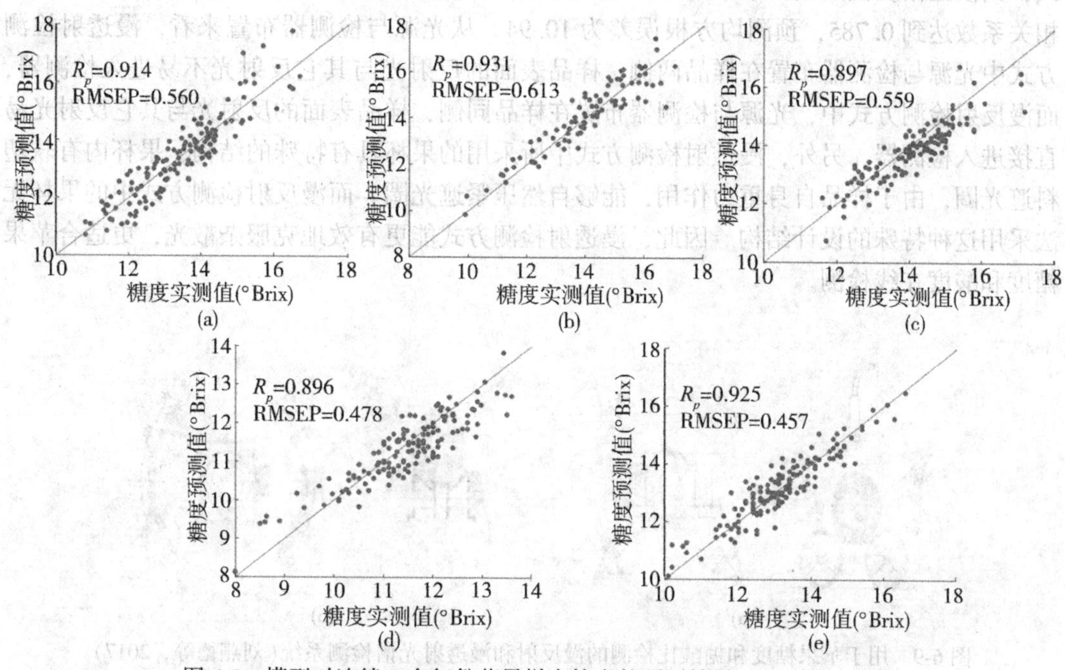

图 6-7 模型对连续 5 个年份苹果样本糖度的预测结果(Fan 等，2019)

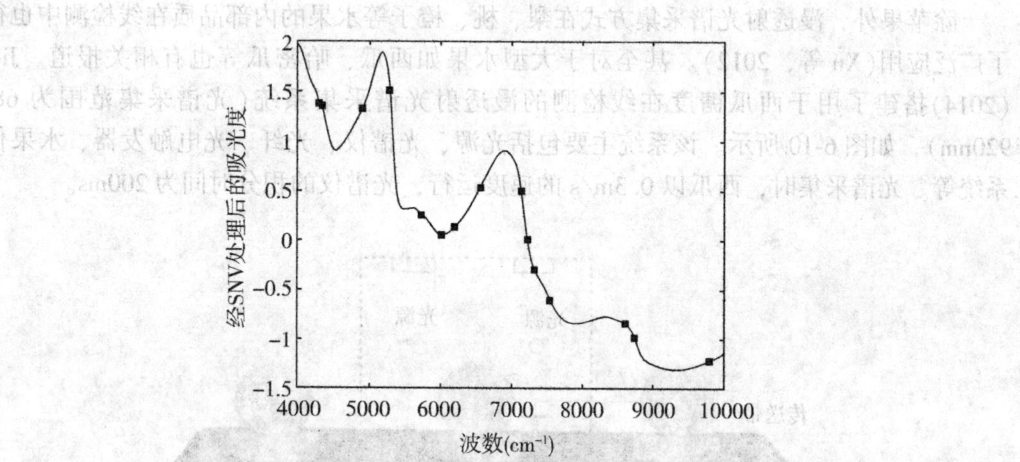

图 6-8 用于苹果糖度检测的 15 个特征波长分布(Fan 等，2019)

伴随着光谱分析设备向小型化、商品化、专业化发展，可用于内部品质实时检测分析的水果糖酸度便携式检测系统和在线检测系统也逐渐被研发(Yan 等，2019)，水果内部品质分析从实验室检测向实际生产靠拢。

刘燕德等(2017)搭建和比较了用于苹果糖度和糖酸分析的漫反射和漫透射光谱检测平台，如图 6-9 所示。漫反射平台包括 4 个 12V、100W 的卤钨灯，漫透射平台包含 10 个 12V、100W 卤钨灯，两个平台均使用海洋光学公司的 QE65000 光谱仪(波长范围为 350~1150nm)，苹果输送速度均为 5 个/s。实验结果表明，漫透射检测方式明显优于漫反射方式，其模型糖度预测相关系数为 0. 936，预测均方根误差为 0. 476 °Brix。糖酸比模型预测相关系数达到 0. 785，预测均方根误差为 10. 94。从光源与检测器布置来看，漫透射检测方式中光源与检测器布置在样品两侧，样品表面的反射光与其它反射光不易进入检测器，而漫反射检测方式中，光源与检测器布置在样品同侧，样品表面的反射光与其它反射光易直接进入检测器。另外，漫透射检测方式中所采用的果杯具有特殊的结构，果杯内有软塑料遮光圈，由于样品自身重力作用，能够自然压紧遮光圈。而漫反射检测方式中的果杯无法采用这种特殊的设计结构。因此，漫透射检测方式能更有效地克服杂散光，更适合苹果糖度和酸度在线检测。

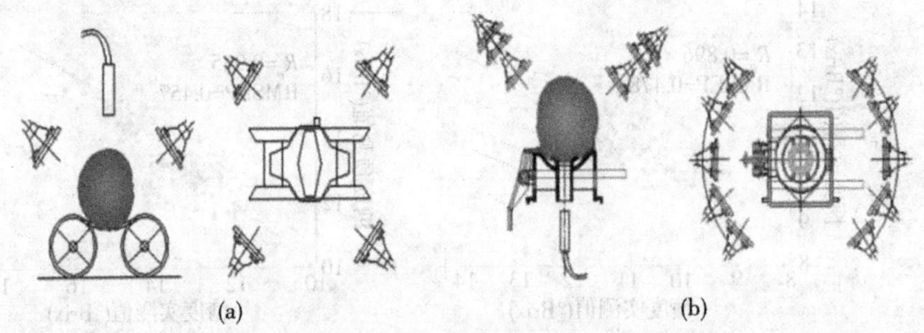

图 6-9　用于苹果糖度和糖酸比检测的漫反射和漫透射光谱检测系统(刘燕德等，2017)

除苹果外，漫透射光谱采集方式在梨、桃、橙子等水果的内部品质在线检测中也得到了广泛应用(Xu 等，2012)。甚至对于大型水果如西瓜、哈密瓜等也有相关报道。Jie 等(2014)搭建了用于西瓜糖度在线检测的漫透射光谱采集系统(光谱采集范围为 687 ~ 920nm)，如图 6-10 所示。该系统主要包括光源、光谱仪、光纤、光电触发器、水果传输系统等。光谱采集时，西瓜以 0. 3m/s 的速度运行，光谱仪的积分时间为 200ms。

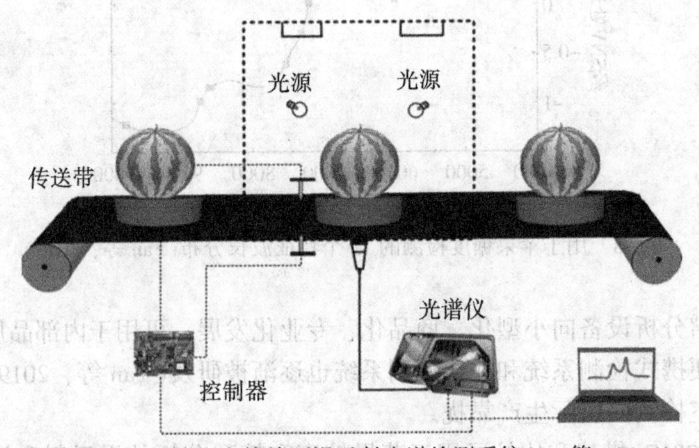

图 6-10　西瓜糖度在线检测漫透射光谱检测系统(Jie 等，2014)

对采集到的光谱进行基线校正处理，基于预处理后的光谱，提取 13 个特征波长(687. 99、711. 44、714. 46、724. 28、727. 29、779. 88、782. 88、785. 12、828. 38、

835.07、853.62、911.92、916.33，单位：nm)构建预测模型，取得了较好的糖度预测结果，其预测集相关系数和预测均方根误差分别为 0.701 和 0.328 °Brix。30 个独立西瓜用于在线糖度检测模型的验证，结果显示，模型相关系数为 0.66，预测均方根误差为 0.39 °Brix。结果表明，该系统可以较好地实现西瓜糖度的在线无损检测。但该系统需从光谱稳定性、检测器敏感度、信噪比、光源的打光角度等方面进行优化，以提升西瓜糖度在线检测结果。

除上述漫透射在线检测外，基于全透射的水果糖度在线检测也有不少报道。由于光源穿透能力和探测器对微弱信号的捕捉能力提高，经过整个水果的光可以更好地用于水果糖度的检测(Xia 等，2020；Tian 等，2019)。对于果蔬糖度的便携式检测，除商业化设备外，国内外研究人员根据自己的研究目的也开发了相关便携式检测仪器，用于果蔬内部品质的现场、快速检测。譬如苹果(Sun 等，2009)、杏(Camps 等，2009)、柑橘(Antonucci 等，2011；Sanchez 等，2013)、杧果(Izneid 等，2014；Saranwong 等，2003)、腰果(Ribeiro 等，2016)、葡萄(Guidetti 等，2010)、番茄(Huang 等，2018)等。Yang 等(2019)开发了基于商业便携式光谱仪和嵌入式系统的水果内部品质检测设备(图 6-11(a))用于猕猴桃糖度检测，设备主要包括 Vis-NIR 光谱仪(型号 USB4000，Ocean Optics，USA)、嵌入式系统、微卤素灯和自制的 Y 形光纤，基于该系统对猕猴桃糖度预测的均方根误差(RMSEP)为 0.93%。Guo 等(2019)设计了手枪式水果糖度检测仪器，核心部件为商品化小型光谱仪(型号 STS，Ocean Optics，USA)，该仪器对猕猴桃、油桃(图 6-11(b))以及杏 3 种水果糖度的预测均方根误差分别为 0.9%、0.7%和 0.8%。

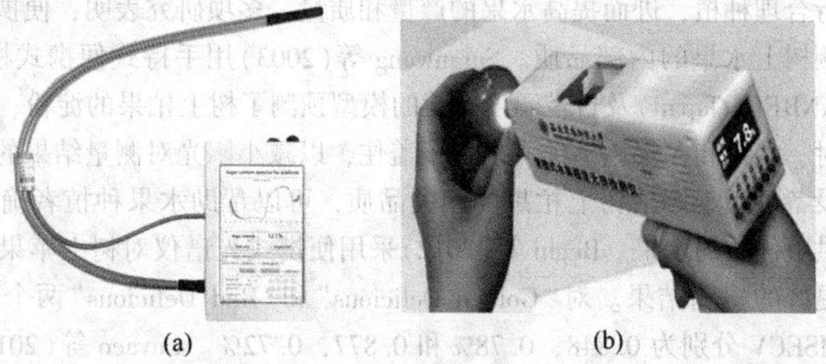

图 6-11　基于微型光谱仪的水果糖度检测仪器(Yang 等，2019；Guo 等，2019)

郭志明等(2017)研发了基于微型近红外光谱仪的低成本、实用化、小型化的番茄品质手持式检测系统。研究提出了番茄等果蔬品质的手持式检测系统设计方案，阐述了硬件系统选择和软件系统构建，采用数字微镜器件和点阵探测器的组合方式在保证精度的同时显著降低了仪器成本，而且优化设计了微型光源、控制与通信模块，开发了双通信模式的专用检测软件。对番茄中糖度含量预测相关系数和预测均方根误差分别为 0.8989 和 0.1329%。Fan 等(2020)以微型光纤光谱仪、卤素灯、漫透射采集探头、嵌入式系统为主要部件开发了用于水果内部糖度快速检测分析的设备，设备组成如图 6-12 所示，该设备通过引入动态的黑白校正机制，即在每次光谱采集时，除采集水果样本自身光谱外，还同时采集白参考光谱和暗参考光谱，并进行黑白校正，这样可以有效提高所采集到的水果光谱的稳定性，为后续基于光谱的内部品质分析奠定了基础。利用独立验证集对设备的稳定性和预测精度进行验证，可以满足诸如苹果糖度(Fan 等，2020)和梨糖度的快速检测(Li 等，2019)。更多相关设备的介绍可参考本书第9章。

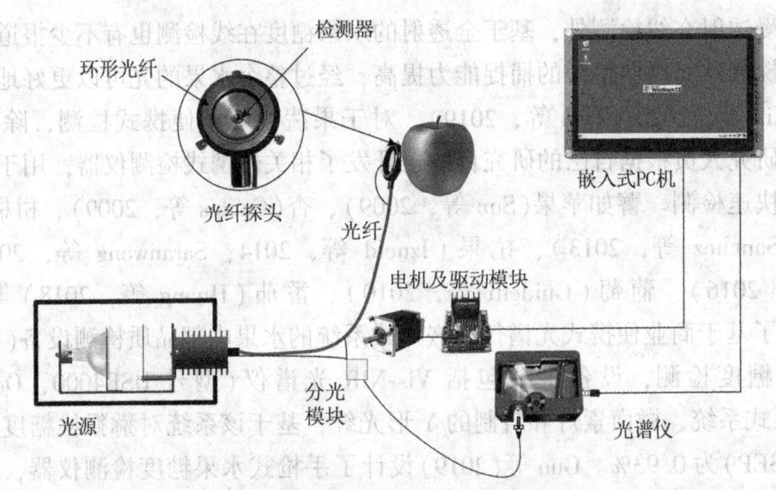

图 6-12 基于微型光谱仪的水果糖度检测设备(Fan 等，2020)

水果种植者需要了解诸如灌溉、施肥、间伐、修剪、调节剂等对水果内部品质的影响，才能进行合理种植，进而提高水果的产量和质量。多项研究表明，便携式光谱仪可以直接用于检测树上水果的内部品质。Saranwong 等(2003)用手持式便携式检测设备(Fruit Tester 20，FANREC，Japan)及自带温度补偿的模型预测了树上杧果的淀粉、干物质、糖度等。在检测时，水果和探头用不透光的袋子盖住，以减小阳光对测量结果的影响。研究结果表明，该设备可用于评估树上杧果的相关品质，可以帮助水果种植者确定最佳收获日期，进而提供更优质的水果。Beghi 等(2012)采用便携式光谱仪对树上苹果的糖度进行检测，取得了更好的检测结果。对“Golden Delicious”和“Red Delicious”两个不同品种的苹果，R_{cv}和 RMSECV 分别为 0.848，0.78%和 0.877，0.72%。Cavaco 等(2018)利用 Jaz 光谱仪(Ocean Optics，USA)和自制检测探头实现了对多年份和多个果园的柑橘的糖、酸、硬度等进行检测。赵娟等(2019)采用特征窄带 LED 光源与光电二极管相结合的检测方式，设计了用于苹果多指标快速检测便携式仪器，如图 6-13 所示。通过前期研究优选出用于苹果糖度、酸度、硬度预测的特征波长，分别为 420、480、550、580、640、680、705、940、980 和 1044(单位：nm)。基于这 10 个独立波长的窄带 LED 光源作为检测光源，采用 Si 光电二极管作为感应元件并设计相应的探头，通过特征波长光源与光电二极管相结合的方式测量苹果不同波长漫反射光强度对应的特征电压强度，由传感器感光系数计算出对应的光强，建立了用于苹果糖度、可滴定酸含量和硬度预测的多元线性回归模型，模型对苹果糖度预测均方根误差为 0.6036 °Brix，可滴定酸含量预测均方根误差为 0.0636%，硬度预测均方根误差为 1.7325N。

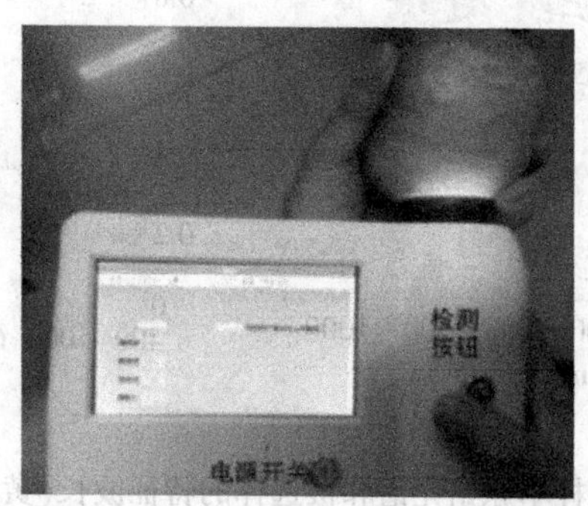

图 6-13 结合特征波长 LED 光源与光电二极管研发的水果糖度便携式检测仪(赵娟等, 2019)

除上述科学研究外，目前国内外相关企业已经借助可见-近红外光谱技术开发出了用于水果内部品质分析的在线和便携式智能化检测设备，具体参看本书第 9 章。

6.1.1.2 高光谱成像技术

高光谱成像技术用于果蔬内部品质检测，主要是借助高光谱图像的光谱信息来实现水果内部品质的分析。由于高光谱成像技术具有图谱合一优势，使其对果蔬整体内部品质信息检测分析成为可能，进而可以更为全面地评估和衡量果蔬的内部品质。①

黄文倩等(2013)利用高光谱成像技术检测了苹果糖度。将苹果放置于移动平台上，且将水果标记区域(标记区域位于水果赤道位置)对准相机。每个苹果采集 2 幅高光谱图像，每幅图像包含一个标记区域。采集所有 160 个苹果共计 320 幅高光谱图像。随后，分别在 2 个标记区域处提取大小为 100×100 像素的感兴趣区域(region of interest，ROI)光谱，2 个 ROI 的平均光谱作为代表该苹果信息的最终光谱，图 6-14(a)显示了 160 个样本的光谱信息。获取苹果高光谱图像后立即进行糖度的测量。糖度测定使用数字阿贝折光仪。每个样品从标记部位切取一定厚度带皮果肉，人工压汁，经纱布过滤后，滴于折光仪测试窗上，通过折光仪读取并记录读数，每个样品测 2 个标记区域，2 个区域的平均值作为样品糖度的真实测量值。

研究采用移动平滑、均值方差化、标准正态变量变换 3 种预处理方法对光谱进行预处理，结果表明采用均值方差化方法对光谱进行预处理后所构建的预测模型效果最好。随后，利用 SPA 方法从光谱数据中优选出 40 个特征波长(图 6-14(b))，构建了 PLS、LS-SVM 和 MLR 模型，并与全波长所建立的模型进行比较。结果表明，采用 SPA 能有效地减少参与建模的波长数，SPA-MLR 模型获得了最好的糖度预测结果，模型的 R_P^2、RMSEP 和 RPD 分别为 0.9501、0.3087°Brix 和 4.4766。

① 果蔬作为自然生物体，具有内部组分分布不均的生物属性。

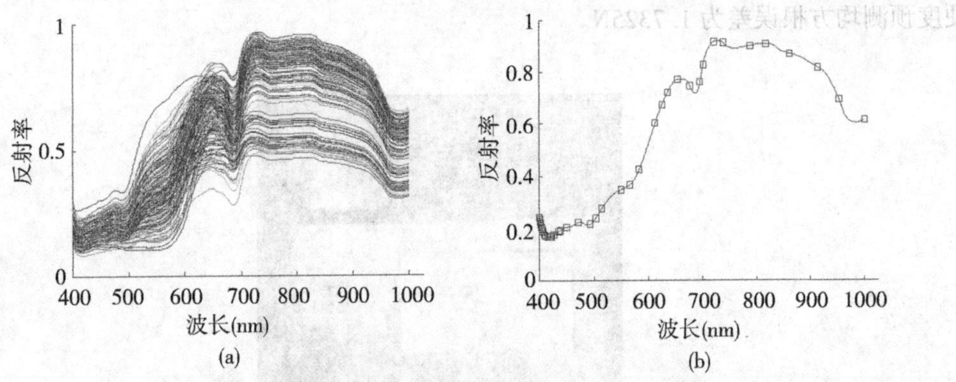

图 6-14 苹果样本原始光谱和被选择的特征波长(黄文倩等，2013)

水果果皮的颜色会对水果内部组分的近红外光谱分析产生一定的影响。Tian 等(2018)提出了一种用于水果品质无损检测的果皮果肉双层经验模型，采用高光谱成像和化学分析技术，分别从果皮和果肉中提取相应的光谱和色素含量信息，以定量分析结果阐述了苹果果皮中叶绿素、花青素和类胡萝卜素等色素含量对糖度检测的影响。该研究首先利用自制的装置从不同果皮颜色苹果样本的赤道部位获取大小为40mm×30mm×30mm 的苹果块，然后分别获取带皮的苹果块与去皮后苹果块的高光谱反射图像。高光谱图像采集完成后，利用阿贝折光仪获取苹果块的实际糖度值。同时，对果皮经液氮处理后磨成粉末，利用紫外分光光度法和高效液相色谱法获取果皮中叶绿素、类胡萝卜素和花青素的实际含量。图 6-15 展示了带皮苹果(图 6-15(a))与不带皮苹果(图 6-15(b))在波段范围为 450~1000nm 范围内的平均反射光谱信息，对比二者不难看出，带果皮苹果的光谱在 450~750nm 范围区域变化较大。利用这两组光谱分别对苹果糖度进行检测，对比发现，利用不带果皮的苹果光谱所建立的 PLS 模型其预测效果更好，且模型主因子更少，对预测集样本糖度分析，该模型相关系数 R_{pre} 和 RMSEP 分别为 0.912 和 0.423 °Brix。为进一步简化

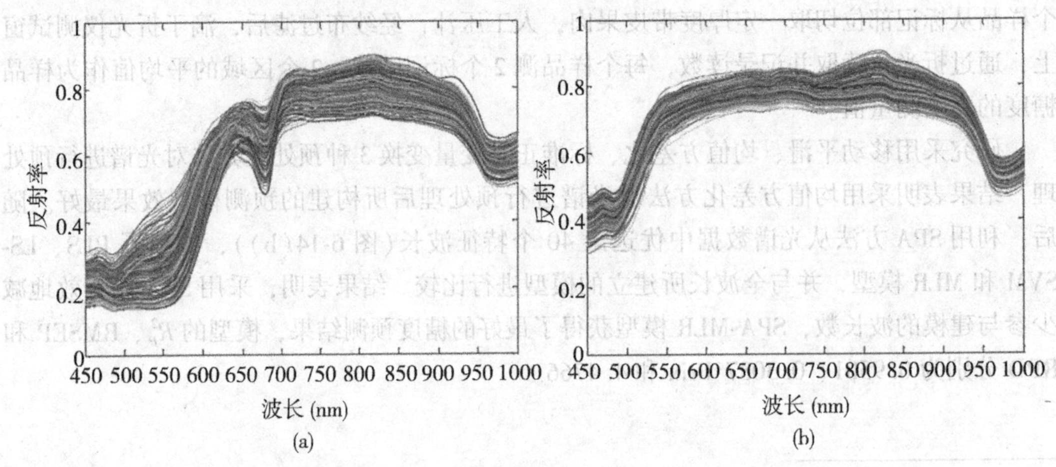

图 6-15 带皮苹果(a)与不带皮苹果(b)的光谱曲线(Tian 等，2018)

糖度预测模型，利用竞争性自适应重加权采样算法(CARS)分别从上述两组光谱中挑选与糖度检测相关的特征波长，分别得到92个和59个特征波长，并基于特征波长建立了苹果糖度PLS预测模型，对预测集中带有果皮的苹果糖度检测，模型的R_{pre}和RMSEP分别为0.964和0.229 °Brix。对预测集中不带果皮的苹果糖度检测，模型的R_{pre}和RMSEP分别为0.979和0.213 °Brix。

进一步利用带皮苹果样本的光谱信息，结合CARS筛选得到的45个、82个和64个特征波长，建立了用于苹果果皮叶绿素、类胡萝卜素和花青素含量预测的PLS模型，对预测集3种色素含量预测，模型的R_{pre}和RMSEP分别为0.9563、0.7529、0.8433和0.3551、0.3016、13.1481。随后作者探讨了果皮色素对糖度预测的影响。苹果糖度预测的59个特征波长下的光谱信息与对3种不同色素含量检测相关的48个、82个和64个特征波长进行组合，形成新的特征波长组合下的光谱值，建立苹果糖度PLS预测模型，结果显示，上述59个特征波长与类胡萝卜素含量预测相关的82个特征波长相结合共128个(其中13个波长为共有波长)波长下光谱信息建立的模型取得了最好的结果，表明类胡萝卜素对于苹果糖度的预测具有一定的贡献。而融合叶绿素和花青素相关的特征波长下的光谱信息后，模型的预测结果没有得到提升反而有所下降。因此，对于带果皮苹果样本的糖度预测，与类胡萝卜素含量预测相关的特征波长对于糖度预测具有贡献，可以一定程度上提高苹果糖度的预测精度。进一步从全波段范围光谱中，剔除了与叶绿素和花青素含量预测相关的特征波长后，利用CARS算法从剩余的605个波段中筛选出与糖度预测相关的41个特征波长，该模型对预测集的检测结果为$R_{pre}=0.9560$和RMSEP=0.2528。本研究所提出的模型降低了苹果多样性的果皮颜色对检测结果的影响，增加了模型的普适性和稳定性。该研究成果可进一步拓展至其它水果果皮成分对果肉品质检测影响的研究。

高光谱图像除了提供丰富的光谱信息外，还提供了丰富的图像纹理信息。Fan等(2016)探讨了基于光谱和纹理信息融合的苹果糖度检测方法。对于任意苹果样品，其平均光谱的提取通过计算感兴趣区域内所有像素点(60×60)在任意波长下的平均值，得到大小为1×1000的矩阵来代表该感兴趣区域的光谱。纹理特征的提取基于灰度共生矩阵GLCM，从GLCM中提取出描述纹理特征的5个参数，即对比度(contrast)、熵(entropy)、能量(energy)、相关性(correlation)和同质性(homogeneity)。研究中考虑0°、45°、90°、135°这4个方向下的灰度共生矩阵，对每种纹理特征，并取4个方向下的平均值作为最终的纹理特征。因此，从一个灰度图像中可提取出5个纹理特征。由于高光谱图像可以看作是不同波长下的灰度图像的集合，所以，对任意波长下的灰度图像均可提取出5个纹理特征，最终对于每个样本，从感兴趣区域中提取出5×1000(纹理特征数×波长数)的矩阵。纹理特征计算公式如下：

$$\text{Entropy} = -\sum_{i=1}^{N}\sum_{j=1}^{N} P(i,\ j)\lg(P(i,\ j)) \tag{6-1}$$

$$\text{Energy} = \sum_{i=1}^{N}\sum_{j=1}^{N} P(i,\ j)^2 \tag{6-2}$$

$$\text{Correlation} = \frac{\sum_{i=1}^{N}\sum_{j=1}^{N}(ij)P(i,\ j) - \mu_i\mu_j}{\sigma_i\sigma_j} \tag{6-3}$$

$$\text{Contrast} = \sum_{i=1}^{N}\sum_{j=1}^{N}(i-j)^2P(i,\ j) \tag{6-4}$$

$$\text{Homogeneity} = \sum_{i=1}^{N}\sum_{j=1}^{N}\frac{P(i,\ j)}{1+(i-j)^2} \tag{6-5}$$

式中，μ_i，μ_j，σ_i 和 σ_j 分别代表灰度共生矩阵中行元素和列元素的平均值及标准差，$P(i,\ j)$代表灰度共生矩阵中的元素。研究考虑到高光谱仪在 318～400nm 和 1000～1099nm 两个波段范围内噪声较大，最终选取 400～1000nm 共 774 个波长点进行后续分析。最终得到 253×774(样品数×波长数)的光谱矩阵和大小为 5×253×774(纹理特征×样品数×波长数)的纹理特征矩阵。

以偏最小二乘法为基础，提出了联合偏最小二乘算法(combined PLS，CPLS)并综合苹果的光谱信息和纹理特征建立了苹果糖度检测模型。主要思想是对光谱数据和任一纹理特征数据分别进行偏最小二乘分析，依据式(6-6)得到光谱数据的得分矩阵($\boldsymbol{T}_s$)和纹理特征的得分矩阵($\boldsymbol{T}_t$)：

$$\boldsymbol{T} = \boldsymbol{XW} \tag{6-6}$$

式中，$\boldsymbol{T}$ 和 $\boldsymbol{W}$ 分别为 $\boldsymbol{X}$ 矩阵(光谱矩阵或任一纹理矩阵，200×774)的得分矩阵和载荷矩阵。得分矩阵可以代表原始数据并用于建模分析(Andersson，2009)。因此，在该研究中，联合光谱矩阵的得分矩阵 $\boldsymbol{T}_s$ 和纹理特征的得分矩阵 $\boldsymbol{T}_t$ 进行建模分析，如下式：

$$y = (\boldsymbol{T}_{s_a} + \boldsymbol{T}_{t_b})q + \boldsymbol{e} \tag{6-7}$$

式中，y 为糖度检测模型的预测值，q 为回归系数，a 和 b 分别代表光谱矩阵和纹理矩阵建模所需要的主因子数或潜变量数，$\boldsymbol{e}$ 为残差向量。通常情况下，原始数据可以由得分矩阵的前几列潜在变量或主因子数来代替，而剩余的潜变量则描述了波段间的随机噪声信息和线性依赖性。在此，只考虑得分矩阵中的前 20 个潜变量，即式(6-7)中 a 和 b 的最大值为 20。因为公式(6-7)中矩阵($\boldsymbol{T}_{s_a}+\boldsymbol{T}_{s_b}$)最大变量数为 40($a=20$，$b=20$)，远小于校正集的样品数 200。所以，式(6-7)可直接用多元线性回归算法得到回归系数 q。对于校正集样品，通过二维空间的 20 折交互验证计算任一可能的光谱矩阵的主因子数 LVs_s(LVs_s1－LVs_s20)和纹理特征的主因子数 LVs_t(LVs_t1－LVs_t20)的结合。最后，根据交互验证均方根误差的最小值来确定最佳的建模主因子数的组合，从而建立苹果糖度预测的 CPLS 模型。CPLS 模型的建立与预测均是在 Matlab 2012a 下编写程序实现。

利用 CPLS 算法建立苹果糖度检测模型。图 6-16 为基于光谱信息和 0°灰度共生矩阵下的对比度(contrast)结合时的 2 维空间下的 20 折交互验证均方根误差分布图。从图中可看出，当光谱的主因子数为 15，纹理 contrast 的主因子数为 5 时，交互验证均方根误差为最小值。因此，选取前 15 个光谱主因子和前 5 个 contrast 的主因子建立 CPLS 模型。同理，依靠同样的方法建立光谱信息和其它纹理特征相结合的 CPLS 模型。与仅通过光谱信息建立的苹果糖度检测模型进行对比，基于光谱信息和不同纹理特征建立的 CPLS 模型的精度取得了不同程度的提高，其中，以光谱信息和纹理 correlation＝0 这一特征组合取得了最好的预测结果，模型的 r_p 为 0.918，RMSEP 为 0.681 °Brix。

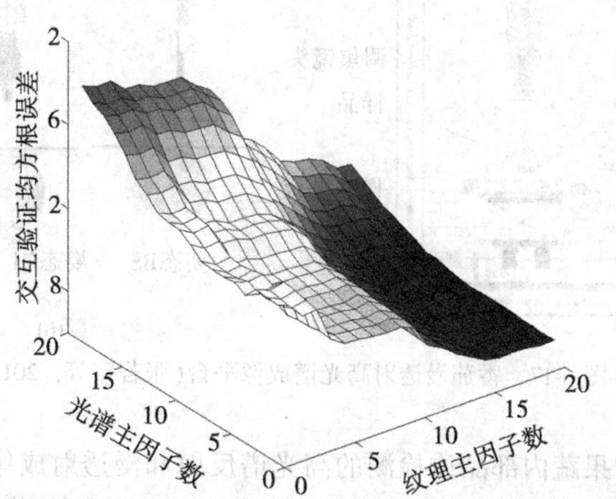

图 6-16 基于 spectra 和 contrast 结合的 CPLS 交互验证均方根误差(Fan 等，2016)

上述研究通常仅仅选取了水果赤道部位单个感兴趣区域进行分析。为了提高模型的预测精度和稳定性，一些研究人员尝试选择水果表面多个感兴趣区域，综合利用不同区域的光谱信息进行建模分析。Li 等(2018)从大桃表面选取 5 个感兴趣区域(T(顶部)、M(中部)、B(底部)、L(左部)、R(右部))，分别提取感兴趣区域的光谱信息和对应的糖度值。分析中，作者将感兴趣分为 3 个不同集合。将竖向，即沿果梗-花萼方向的 3 个区域(TMB)作为集合 1，将沿赤道方向的 3 个区域(LMR)作为集合 2，将所有的 5 个区域作为集合 3。在建模分析前，采用均值归一化的方法将光谱进行预处理，随后建立基于不同集合光谱信息的 PLS 模型。结果显示，集合 1 和集合 3 的预测结果基本一致，都要好于集合 2 的预测结果。因此，在建模分析时，沿果梗-花萼方向选择多个感兴趣区域，可能有助于提高模型的检测精度和稳定性。

在多区域信息组合方面，张若宇等(2013)基于漫透射高光谱成像系统(图 6-17(a))研究对比了番茄多姿态光谱建模和单姿态光谱建模对番茄内部可溶性固形物含量评估精度的影响。研究中，将番茄果蒂端竖直向下放置，获取果脐端面图像，该姿态简称 BS；如图 6-17(b)所示，将番茄果蒂端水平放置，获取番茄的圆周赤道面，包含 3 个姿态(C1、C2、C3)。高光谱采集完成后测量番茄可溶性固形物含量。在感兴趣区域光谱提取方面，基于获取的高光谱图像，去除背景和饱和区域，剩余区域作为感兴趣区域提取平均光谱作为该样本的漫透射光谱。将原始漫透射光谱经过归一化和 SNV 处理后，选择 450~720nm、720~990nm 和 450~990nm 3 个波段范围光谱数据分别构建偏最小二乘回归模型并进行对比分析。结果表明，组合姿态 C1C2C3 在 3 个波段区域上整体检测效果优于单个姿态的检测效果，其模型验证集均方根误差分别为 0.299%、0.133%和 0.151%；预测相关系数 r_p 分别为 0.42、0.89 和 0.90。该研究表明，番茄内部可溶性固形物含量空间分布上存在差异，依靠单一姿态成像检测，难以获得理想效果，多空间光谱信息的融合有助于提高番茄整体内部品质的检测效果。

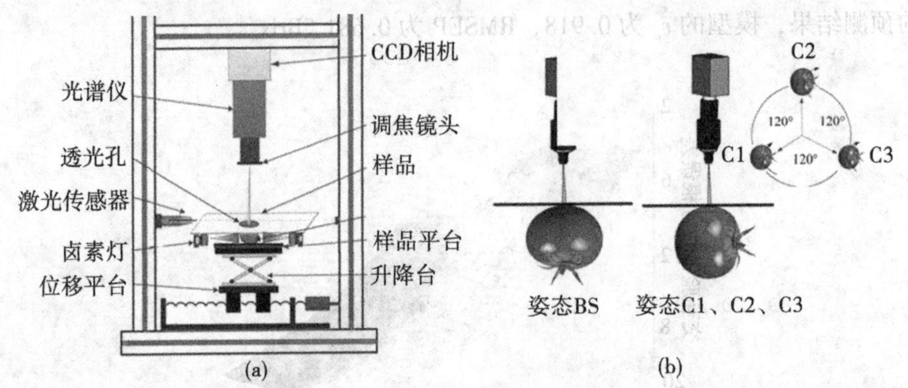

图 6-17　番茄漫透射高光谱成像平台(张若宇等，2013)

除了常见的用于果蔬内部品质检测的高光谱反射和漫透射成像系统外，Lu 及其团队还利用高光谱散射系统探讨了苹果、桃等水果的糖度和硬度检测，相关内容参考第 6 章 6.1.2 节。相对于高光谱散射成像，高光谱反射成像技术在可视化检测评估方面更具有优势。有学者利用高光谱反射成像技术绘制了油菜叶片主要营养元素氮磷钾的空间分布图(Zhang 等，2013)，黄瓜叶片的叶绿素含量分布图(石吉勇等，2011)，水果切片糖度空间分布图(Mo 等，2017)，如图 6-18 所示。

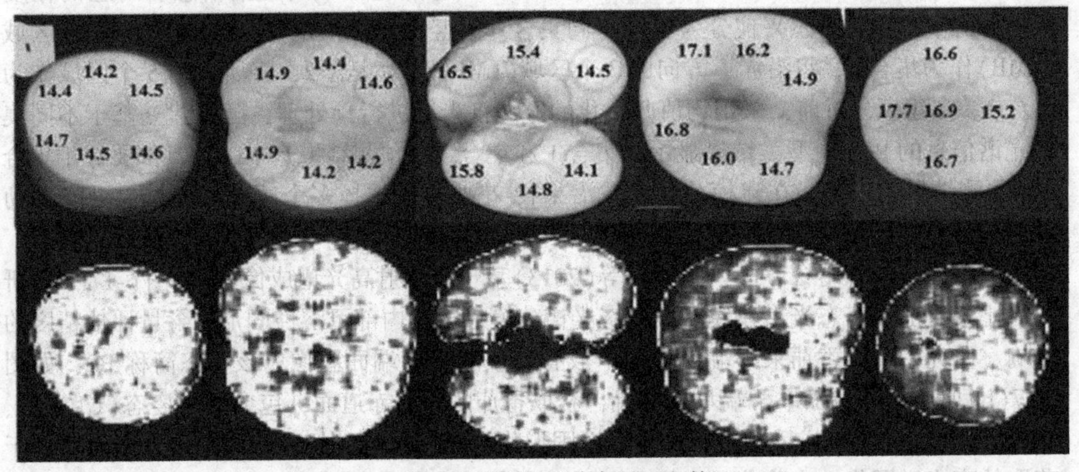

图 6-18　水果切片糖度空间分布图(Mo 等，2017)

短波近红外高光谱成像技术是最常用的果蔬内部品质检测光谱成像技术。除此之外，也有科研人员探讨了长波近红外高光谱成像技术对苹果(Zhang 等，2019)、梨(Li 等，2016)等水果糖度的检测效果。结果表明，该技术同样可用于水果糖度的有效检测，由于长波近红外高光谱成像技术和短波近红外高光谱成像技术在成像方式、研究方法上类似，在此不作进一步介绍。

6.1.2 果蔬硬度检测

水果的硬度是指果肉抗压力的强弱，是判定水果成熟状态和品质的重要指标。目前硬度检测的常用方法为 MT 穿刺法。该方法需用带有一定直径的钢制探头，按照设定速度对水果进行挤压或穿刺。该方法属于有损破坏性检测。可见-近红外光谱和高光谱成像是两种最常用的果蔬硬度无损评估方法。

6.1.2.1 可见-近红外光谱

Giovanelli 等(2014)利用苹果的傅里叶光谱信息，对贮藏期一年内苹果的硬度进行了检测。在贮藏期内，每隔一个月从贮藏室取出 20 个水果样本，采用带有漫反射式光纤探头的傅里叶光谱仪(MPA, Bruker Optics, Ettlingen, Germany)获取波段范围为 12500~3600cm^{-1}的光谱信息，光谱分辨率为 8cm^{-1}。光谱获取后，采用物性仪对苹果的硬度进行破坏性检测(TA. HD. plus, TXT, Stable Micro System, Godalming, UK)，检测时穿透深度为 10mm。该研究采用穿刺 5~8mm 距离范围的做功作为水果硬度的参考值，单位为 N·mm。对原始光谱进行 SNV 和二阶导数处理后，对所有样本的光谱信息和对应的硬度参考值进行 5 折 PLS 交互验证。结果表明，交互验证的决定系数和均方根误差分别为 0.83 和 0.6，该研究结果表明，利用苹果的傅里叶光谱信息，对其贮藏期间的硬度检测是可行的。

Huang 等(2018)搭建了如图 6-19 所示的用于番茄硬度检测的装置。采用漫反射方式获取番茄光谱信息，核心部件为用于番茄光谱检测的光纤探头。图 6-20 为该研究中利用物性仪获取的番茄穿刺曲线，并根据该曲线获取了包括斜率(slope)、最大力(maximum force)和新鲜硬度(fresh firmness，即穿刺深度 3~10mm 区间的平均力度值)作为衡量番茄硬度的指标。通过对比光谱与上述 3 个指标建模结果，斜率值可以更好地被番茄光谱信息预测，可见-短波近红外(400~1000nm)和近红外波段(900~1700nm)下的预测集相关系数分别为 0.935 和 0.853。同时，研究结果表明，不管是利用哪个指标来衡量番茄硬度，可见-短波近红外相比于近红外波段更有利于番茄硬度品质检测。

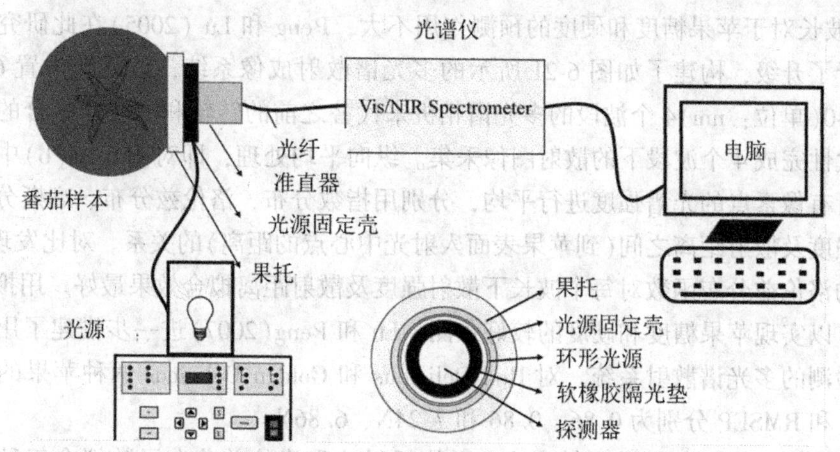

图 6-19　番茄硬度近红外光谱检测装置(Huang 等，2018)

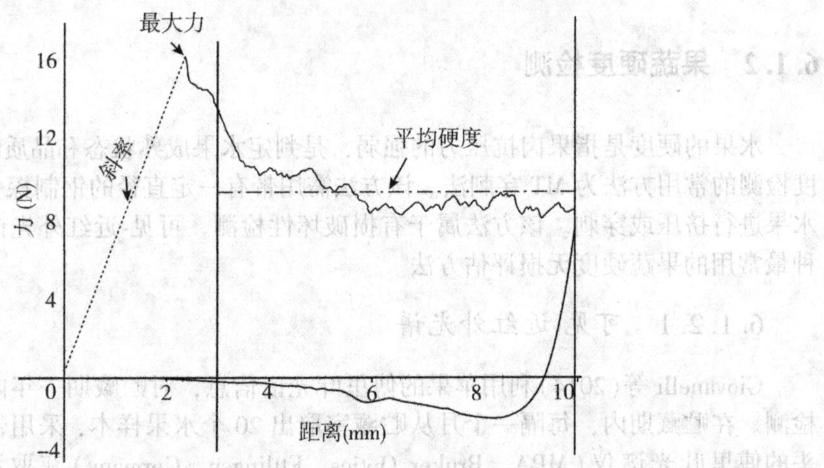

图 6-20　番茄的物性仪响应曲线(Huang 等，2018)

除此之外，可见-近红外光谱技术在猕猴桃(刘卉等，2011)、梨(李东华等，2012)、大桃(王丽等，2011)、枣(王斌等，2013)、柿子(王丹等，2013)、西葫芦(邢书海等，2020)、香菇(王娟等，2012)、黄瓜(Kavdir 等，2007)等果蔬的硬度检测中也都有应用。

6.1.2.2　高光谱成像技术

Lu(2004)搭建了一套多光谱散射系统，镜头前安装有转轮，转轮上装有波长为 680、880、905、940 和 1060(单位：nm)的滤波片。通过旋转转轮，依次采集了 5 个波段下苹果赤道位置的散射图像，经图像校正和径向平均处理后，将不同波段比作为人工神经网络的输入进行训练。当 680/940、880/905 和 905/940 三个波段比作为输入时，苹果的硬度预测取得了最好结果，r_p 和预测标准误差(standard error of prediction，SEP)分别为 0.87 和 5.8N，对于苹果糖度检测，当 880/905 和 905/940 两个波段比作为人工神经网络输入时，模型获得了最好的预测结果，r_p 和 SEP 分别为 0.77 和 0.78 °Brix。通过该研究发现，1060nm 波长对于苹果糖度和硬度的预测作用不大，Peng 和 Lu (2005)在此研究基础上对设备进行了升级，构建了如图 6-21 所示的多光谱散射成像系统，该系统内置 680、880、905 和 940(单位：nm)4 个波段的多光谱相机来代替之前的转轮和滤波片组合的结构，进而可一次性完成 4 个波段下的散射图像采集。纵向平均处理，即对图 6-21(b)中每 2 个同心圆内所有像素点的光谱强度进行平均，分别用指数分布、洛伦兹分布、高斯分布拟合光谱散射强度及散射距离之间(到苹果表面入射光中心点的距离)的关系。对比发现，含有 3 个参数的洛伦兹分布函数对每个波长下散射强度及散射距离拟合效果最好。用拟合的洛伦兹参数可以实现苹果糖度和硬度的较好预测。Lu 和 Peng(2007)进一步搭建了用于水果硬度在线检测的多光谱散射系统。对 Red Delicious 和 Golden Delicious 两种苹果的硬度进行测定，r_p 和 RMSEP 分别为 0.86、0.86 和 7.24N、6.86N。

Lu 和 Qin(2009)利用漫反射理论、平均反射法和洛伦兹分布函数拟合三种方法描述了苹果的散射特性，进而比较三种方法在苹果糖度和硬度预测上的差异。结果表明，平均反射法可以更好地实现苹果糖度和硬度的高光谱散射图像检测。Wang 等(2012)同样利用苹果的高光谱散射图像，首先获取检测区域内的平均反射光谱，分别应用无信息变量剔除法和监督近邻传播聚类算法从全波段光谱中筛选出 34 个和 35 个特征波长变量建立基于特征波长的苹果硬度预测模型，研究发现，硬度预测 r_p 由基于全波段的 0.791 提高到 0.805 和 0.814，RMSEP 由全波段下的 6.0N 下降到 5.73N 和 5.71N。

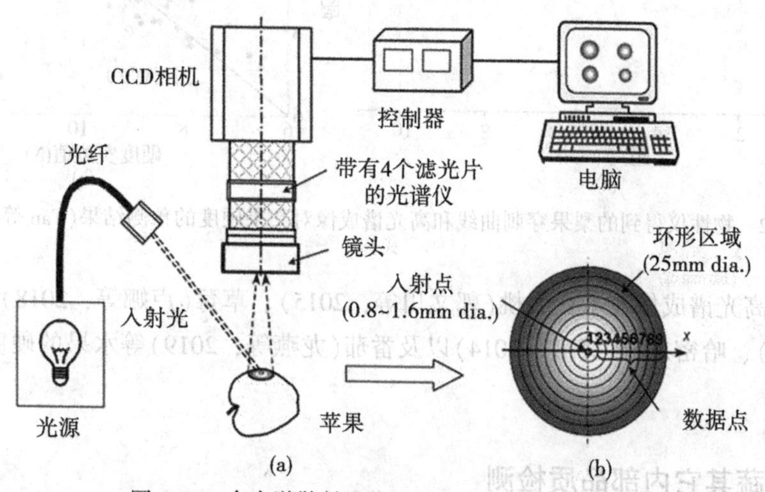

图 6-21　多光谱散射成像系统(Peng 和 Lu，2005)

除了上述散射高光谱成像用于水果硬度检测外，高光谱反射成像也在水果的硬度检测中有着成功的应用。Fan 等(2015)采集了鸭梨样本 400~1000nm 光谱范围的高光谱反射图像，对原始图像经过黑白校正后，从赤道区域选取 100×100 像素大小的感兴趣区域，提取感兴趣区域的平均光谱作为该样本的光谱信息。用配有 5mm 直径探头的物性仪(TA. HD. plus，TXT，Stable Micro System，Godalming，UK)获取鸭梨硬度参考值。设置穿刺深度为 10mm。如图 6-22(a)所示为得到的鸭梨硬度变化曲线。这里以探头刺穿果皮后到果肉内部 10mm 深处(图中 3~4 之间)的平均力(N)作为硬度的参考值。应用鸭梨的高光谱反射图像，结合 CARS-SPA 特征波长筛选算法和 PLS 建模方法，从全波段筛选出 22 个特征波长代替全波段用于鸭梨硬度检测，波长包括 904、937、866、952、701、715、503、824、974、648、494、513、682、565、778、630、484、587、749、546、988 和 443(单位：nm)。对预测集 40 个鸭梨样本的预测相关系数 r 为 0.867，预测均方根误差 RMSEP 为 0.721N。

Hu 等(2015)比较了反射和透射两种检测方式下高光谱图像采集系统对蓝莓硬度、弹性、韧性、力最大值和力最终值的检测结果。研究表明，两种检测系统对于蓝莓的力学特性均实现了很好的预测，结合随机蛙跳算法挑选的特征波长所构建的模型取得了更好的预测结果，对应上述检测指标，其 R_p 和 RPD 分别为 0.86、1.78，0.72、1.73，0.79、1.78，0.77、1.51 和 0.84、1.72。

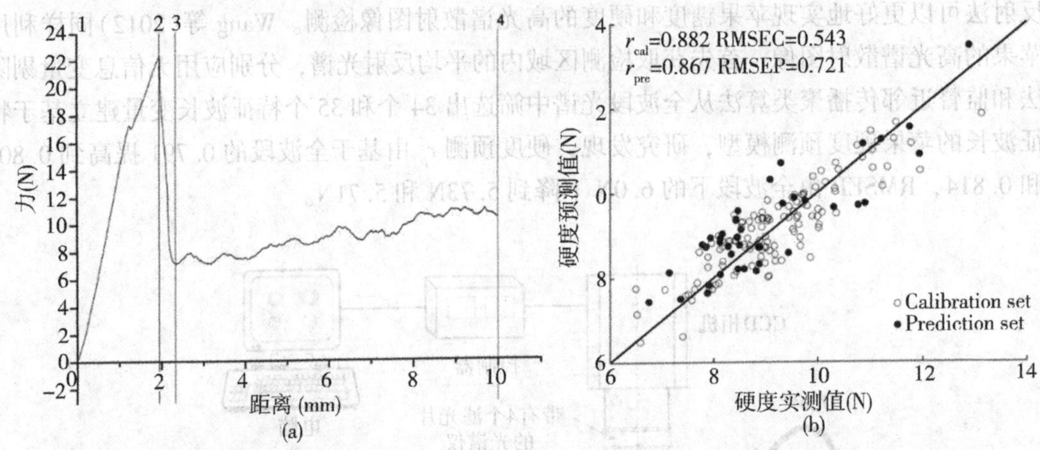

图 6-22　物性仪得到的梨果穿刺曲线和高光谱成像对梨果硬度的预测结果(Fan 等，2015)

此外，高光谱成像技术在大桃(郭文川等，2015)、草莓(卢娜等，2018)、猕猴桃(杨勇等，2009)、哈密瓜(李锋霞，2014)以及番茄(龙燕等，2019)等水果的硬度检测中也均有应用。

6.1.3　果蔬其它内部品质检测

6.1.3.1　可见-近红外光谱技术

Szigedi 等(2012)利用甘蓝的傅里叶变换近红外光谱，检测其内部总氮含量。为了使建立的模型更加稳健，研究选用了不同品种的甘蓝，包括白甘蓝、红甘蓝、球芽甘蓝、甘蓝卷心菜、菜花、西蓝花、白大头菜等 7 个品种。其中，63 个样本用于模型校正，18 个样本用于模型评估。将样本磨碎、冷冻干燥后充分研磨，称取 2g 左右的样品放入玻璃小瓶用于光谱检测。实验选用布鲁克公司的 MPA FT-NIR 光谱仪，设备配有石英分束器和迈克尔逊干涉仪以及用于探测 780~2500nm 范围光谱的 PbS 探测器。光谱采集完成后，使用标准方法测定每个样本的含氮总量。光谱经过一阶导数和 MSC 处理后，建立用于含氮量预测的 PLS 模型，预测结果表明，模型交互验证均方根误差(RMSECV)为 0.76，交互验证的相关系数为 0.98。进一步，利用该模型尝试对预测集 18 个独立样本进行预测，得到预测相关系数为 0.99，预测均方根误差为 0.95。该研究表明，利用傅里叶变换光谱信息可以实现不同甘蓝含氮量的有效预测。

张小燕等(2012)探讨了马铃薯不同内部品质参数的近红外光谱检测。在室温条件下对马铃薯样本去皮、打浆，取可食用部分采用烘干法、酸解法、直接滴定法和凯氏定氮法分别获取马铃薯块茎的水分、淀粉、还原糖和蛋白质。试验采用德国布鲁克公司近红外光谱仪获取样本近红外光谱(测量范围为 12500~3600cm^{-1})。对打浆后的马铃薯样品直接进行光谱扫描，将样品盛于旋转石英样品杯中，以 16cm^{-1} 的分辨率对样品扫描 64 次。光谱获取后，首先采用一阶导数对原始光谱进行预处理，然后建立马铃薯不同内部组分含量的定量预测模型。为验证模型的可靠性和预测能力，从不同市场采集 50 份独立的、未知品种的马铃薯样品进行模型的外部检验。对水分、淀粉、蛋白质和还原性糖的预测决定系数(R^2)分别为 0.853、0.802、0.712 和 0.698，对应的 RMSEP 值分别为 1.457、1.490、0.261 和 0.080。马铃薯水分、淀粉模型的预测值与实验室测量值存在很强的相关性，但蛋白质和还原糖模型的预测精度还需进一步提高。

王凡等(2018)开发了用于马铃薯含水率、淀粉质量分数和还原糖质量分数的漫透射便携式检测设备。设计了光谱采集模块、光源模块、控制与显示模块、供电模块和黑白参考盒，该设备基于可见-近红外局部漫透射光谱，可以实现马铃薯含水率、淀粉质量分数和还原糖质量分数的实时无损检测。

6.1.3.2 高光谱成像技术

周竹等(2012)开展了基于可见-近红外高光谱成像技术(波长范围为 400~1000nm)的马铃薯干物质快速检测研究。马铃薯的干物质含量采用干燥法测定。由于马铃薯尺寸会引起光程变化，同时马铃薯样品粗糙的表面也会引起光谱散射的变化，还有电噪声、样品背景和杂散光等，这些因素都会影响最终获取的高光谱图像。因此，高光谱数据获取后分别采用中心化、标准化、多元散射校正、去趋势变换、一阶导以及组合方法对反射光谱进行预处理，尽可能剔除与样本自身无关的信息，提高模型的预测能力和稳健性。基于不同的预处理光谱数据构建了 PLS 预测模型，比较分析发现，采用去趋势变换和标准化处理光谱所建立的 PLS 模型预测性能最好，模型的 R_c 从 0.74 提高到 0.81、R_p 从 0.74 提高到 0.77，RMSECV 和 RMSEP 则分别从 1.70%和 1.49% 下降为 1.48%和 1.40%。进一步提出一种竞争性自适应重加权算法与连续投影算法相结合的波长选择方法(CARS-SPA)，借助该变量选择方法，原始光谱变量从 678 个减少到 27 个，基于所选择的 27 个变量建立了多元线性回归模型，模型预测集相关系数为 0.86，预测均方根误差为 1.06%。实验结果表明，高光谱成像技术能够对马铃薯干物质含量进行有效检测。除此之外，科研人员还尝试利用高光谱成像技术对马铃薯还原糖含量(姜微等，2016)、淀粉含量(吴晨等，2014)等进行快速无损检测。

6.2 果蔬内部病害检测

果蔬的内部病害，如水果霉心病、腐心病、水心病等，以及马铃薯黑心病、黄瓜空心病等，都是在果蔬生长、贮藏和加工过程中常见的严重病害。这些病害的常规检测是采用随机抽取样品，然后切开进行目视判断，但这种破坏性抽样检测的方法浪费极大，对种植者和加工者均不合适，对产品分级毫无意义，因此需要研发快速有效的方法来剔除带有内部病害的果蔬。随着光谱技术和成像技术的发展，国内外学者已经使用这些技术对果蔬内部早期病害进行了检测，相关研究对从源头上控制并剔除病害果以阻止其进入市场流通具有重要的意义。

6.2.1　水果霉心病检测

霉心病(moldy core)又称心腐病、腐心病、果腐病，是由多种弱寄生病菌侵染心室而引起的一种病害。病菌包括链格孢菌、粉红聚端孢菌、镰刀菌、棒盘孢菌、头孢霉菌等真菌。这些真菌广泛存在于树体、土壤和周围植被上。水果霉心病不仅能造成果农的巨大经济损失，而且同时也严重影响我国水果的优质果率和出口率(张军华，2016)。霉心病发病始于水果心室，逐渐向外扩展霉烂，患病早期和中期的水果外观没有明显的症状，人眼或者传统的视觉技术无法对其进行有效检测，这为霉心病果的识别造成很大困难。为了识别霉心病果，光学无损检测技术，如机器视觉技术(结合 X 射线等技术)、近红外光谱检测技术、高光谱成像技术等，逐渐应用于水果霉心病的检测。

为了实现苹果霉心病果的自动化在线检测，杨亮亮(2009)基于机器视觉和 X 射线技术研究了苹果霉心病无损快速在线检测方法。首先，根据霉心病的检测需求和发病特点，搭建了机器视觉与便携式 X 射线透射仪相结合的多种传感器融合的霉心病检测系统，并利用该系统获得被检测苹果的透射图像；其次，针对透射图像成像质量差、噪声大且信噪比低的特点，利用杂交小波变换的图像降噪方法，有效降低了苹果 X 射线图像的高斯噪声，提高了透射图像的质量；再次，基于提升小波变换算法和边缘检测算法将图像的阶梯形边缘特征校正为线形边缘特征，并利用 Canny 边缘检测算子检测图像的边缘，进一步依据非霉心病苹果和霉心病苹果内部边缘链长度的差异，结合统计学方法实现了苹果霉心病的无损检测。

目前，从根源上防治苹果霉心病收效甚微，利用可见-近红外光谱技术进行霉心病果无损检测是最常见的检测方式之一。张军华(2016)针对苹果霉心病果快速检测的需求，基于透射光谱和光电传感器，设计了便携式苹果霉心病果快速检测装置。首先，搭建了霉心病果可见-近红外透射光谱检测平台，制定了苹果霉心病果患病等级划分标准，通过霉心病苹果的可见-近红外光谱透射实验，基于相关性分析方法确定了 709.36nm 为苹果霉心病检测的特征波长，并且在此波长下的透射强度随着患病等级加深而减弱；其次，提出了双波长窄带 LED 光源配合光电传感器的苹果霉心病检测方法，构建了以 MSP430 单片机为核心处理单元的双透射波长苹果霉心病检测设备；最后，利用搭建的双波长苹果霉心病检测设备，基于 LDA 算法开发了红富士苹果霉心病果线性判别模型，装置通过分析双波长处的透射强度数据和病害等级数据可以实现苹果霉心病果的识别以及霉心病果患病等级的分析。

针对霉心病果从外表难以识别的问题，雷雨等(2016)提出了基于可见-近红外透射光谱的苹果霉心病果快速无损识别模型和方法。首先，采集了 200 个苹果 200~1100nm 波长范围内的可见-近红外透射光谱数据，光谱分析发现，健康果在 714nm 处的透过峰最高，霉心病果的透过峰均低于健康果，且发病程度越重，透过峰越低；其次，利用 Savitzky-Golay 平滑和多元散射矫正 MSC 对原始可见-近红外透射光谱进行预处理以消除来自光散射、基线漂移、随机光谱噪声因素等影响，提高模型的收敛性能；最后，对全波谱高维数据进行降维，去除光谱冗余信息，降低分析的复杂性，分别利用连续投影算法 SPA 和主成分分析 PCA 挑选了 12 个特征波长和 9 个主成分，并以优选的波长和主成分作为输入变量，随机选择 140 个样本作为训练集，其余 60 个样本为测试集，建立了用于苹果霉心病果识别的偏最小二乘判别(PLS-DA)、误差反向传播人工神经网络(BP-ANN)和支持向量机(SVM)识别模型。研究结果表明，基于 PCA-SVM 模型识别苹果霉心病果性能最佳，模型对测试集和训练集中霉心病果的识别正确率分别为 99.3%和 96.7%。研究结果证明所提出的方法和系统在无损探测苹果霉心病方面具有可行性。

苹果组织具有较好的透光性，基于透射式光谱能有效获取水果内部组织信息，进而可以建立霉心病判别模型。郭志明等(2017)提出了近红外漫透射光谱技术检测苹果腐心病的方法，构建了苹果内部缺陷近红外光谱透射式在线检测系统，如图 6-23 所示，系统包括传动系统、光谱仪、果托、光源、光电传感器、机架、暗箱、计算机等，实现了苹果透射光谱信息的实时高效获取与处理。苹果置于果托上，输送中苹果触发光电开关，触发光谱仪并通过光纤采集探头获得水果的透射光谱，用于检测水果霉心病缺陷。透射式检测系统克服了漫反射光谱仪能获取水果表面信息导致检测精度低、稳定性差的问题。软件结构设计具备硬件设备间通信、光谱数据的采集和处理、光谱曲线的显示、霉心病果和霉心病程度的识别、分析结果的统计和保存等。为简化软件系统的程序编写过程和软件后期的维护和功能扩展，软件设计采用模块化设计，即根据功能要求将整个系统划分为不同的功能模块。图 6-24 所示为该研究中腐心病苹果复合病原菌培养、人工接种的样本和样本剖面。

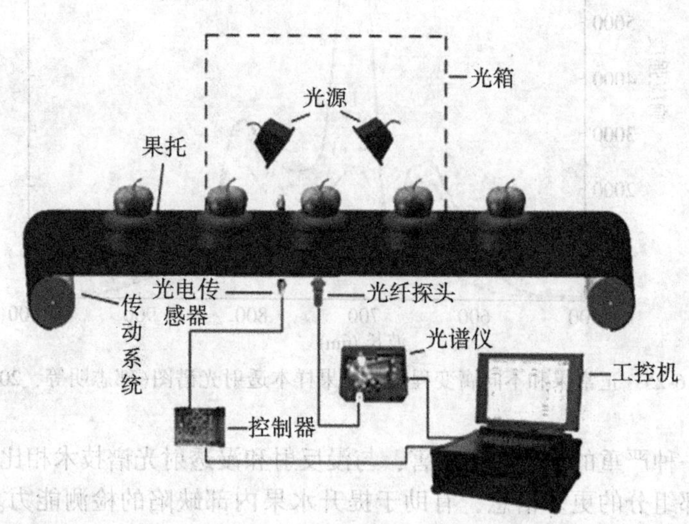

图 6-23　透射光谱在线检测系统结构示意图(郭志明等，2017)

图 6-24　腐心病苹果复合病原菌培养、缺陷样本和样本剖面(郭志明等，2017)

对腐心病苹果样本，利用研发的在线检测系统采集了透射光谱。在 550~900nm 光谱范围内，苹果具有较好的透光性。通过光谱分析发现，腐心病苹果透射光谱强度比正常果低，在 600~750nm 光谱区域衰减显著，严重腐心病苹果可使 640nm 波峰消失，708nm 波峰强度降低很多，可能是腐变使苹果组织中空气间隙比增加，光散射增强导致透射光通量降低。苹果样本透射光谱曲线如图 6-25 所示，可以发现，同类缺陷不同病变程度的光谱均存在一定差异。从透射光谱看，在 600~900nm 范围苹果的透光性较好，选择该波段用于分类识别病果。因该波段光谱变量数较多，为降低模型计算的复杂度，建模前先进行主成分分析(PCA)提取特征波长。根据主成分分量权重，提取了用于苹果腐心病检测的 7 个特征波长(645、675、688、710、750、810 和 860，单位：nm)，特征波长作为输入建立了苹果腐心病线性判别分析(LDA)模型，模型对四类样本即完好果、轻度、中度和严重果进行分类识别，总体识别率为 90. 14%。

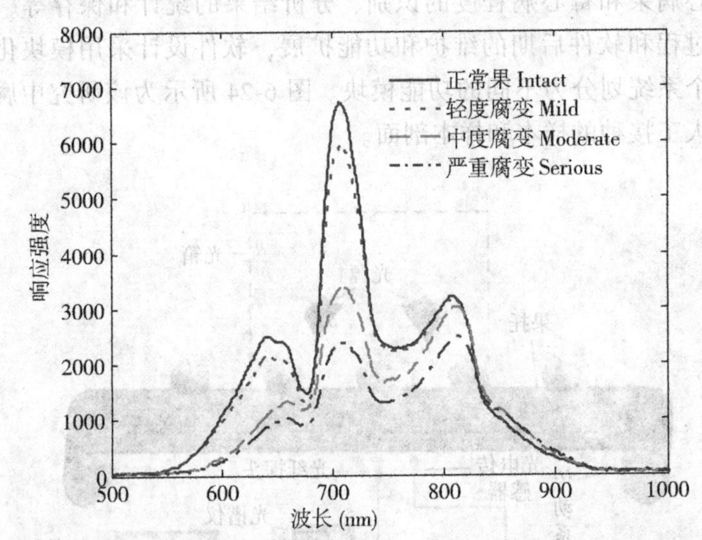

图 6-25　正常果和不同腐变程度的苹果样本透射光谱图(郭志明等，2017)

霉心病是一种严重的水果内部病害，与漫反射和漫透射光谱技术相比，全透射光谱能够获得水果内部组分的更多信息，有助于提升水果内部缺陷的检测能力。Tian 等(2020)基于可见-近红外全透射光谱技术开发了一套用于苹果霉心病的在线检测系统和检测算法。图 6-26 为检测系统的示意图，检测系统包括传送带、位置传感器、暗箱、光谱仪、光源、遮光帘、计算机等。图 6-27 所示为样本不同测量位置的示意图以及其光谱曲线，从图中可以看出，测量位置对光谱曲线幅值具有影响，但是对于光谱走势和波峰波谷位置及趋势并没有影响。由于病变组织对光具有较强的吸收作用，因此，在相同的光谱波长位置，患病苹果的光谱强度要略低于正常苹果的光谱强度。基于可见-近红外全透射光谱数据，构建了朴素贝叶斯(Naive bayes，NB)、线性判别分析(LDA)、极限学习机(extreme learning machine，ELM)和支持向量机(SVM)四种分类器模型用于识别健康果和霉心果。研究发现，水果中部区域光谱可以取得较好的识别分类效果，T2 方向更适合霉心病果的检测，在这两种模式下，最佳分类模型的识别分类精度达 93.9%。实验结果表明，利用可见-近红外全透射光谱技术进行苹果霉心病果在线检测是可行的，可以实现苹果内部缺陷的准确检测。

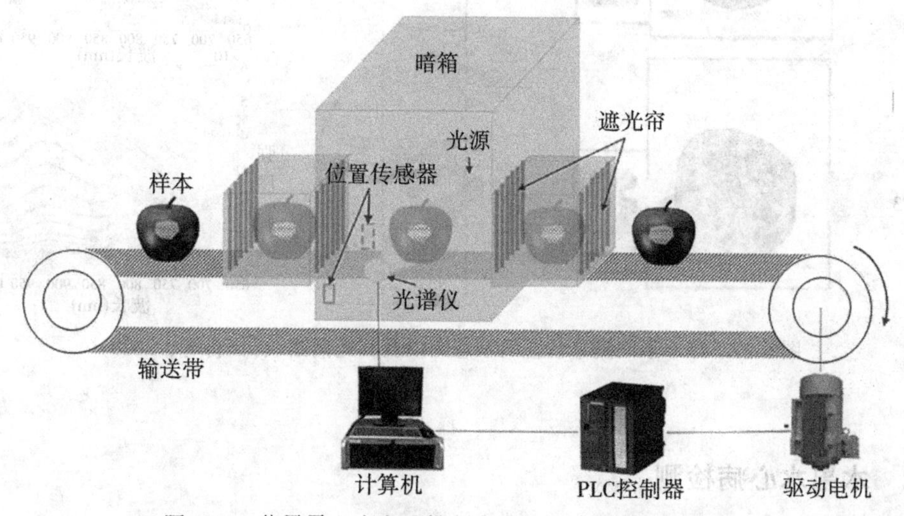

图 6-26　苹果霉心病全透射在线检测系统(田喜等，2020)

目前，水果内部病害无损检测大多是基于宽波段光谱分析、建模。这种方法存在成本高、效率低、数据冗余等缺点。针对该问题，张海辉等(2016)结合苹果霉心病在果心发病的特征(即心室产生霉变，生物组织分子变化，果心对特定光谱波段敏感)，基于透射光谱、窄带 LED 光源及光敏二极管，开发了苹果霉心病无损检测设备。研究表明，果径和特征光谱的穿透强度是进行苹果霉心病有效检测的两个重要因素，通过对光谱曲线 200~1025nm 波段内共 1990 个光谱数据进行相关性分析发现，最适合苹果霉心病无损探测的特征波段组合为 690~730nm。随后，利用相应波段 LED 光源、光敏二极管、光源驱动模块、光电转换与检测模块和果径测量模块，搭建了透射光谱信息采集系统，并利用系统获取了透射光强度信息。同时，采用丝杠滑台组件与限位传感器相结合搭建苹果果径检测模块。最后以果径和透射光强度值作为模型输入量，病害程度信息作为模型输出量，构建了误差反向传播网络快速判别模型，并将该模型嵌入基础平台，实现了霉心病果的快速无损判别，判别准确率达到 95.83%。研究结果表明，基于窄带 LED 光源和透射特征光谱可以实现苹果霉心病的无损探测。

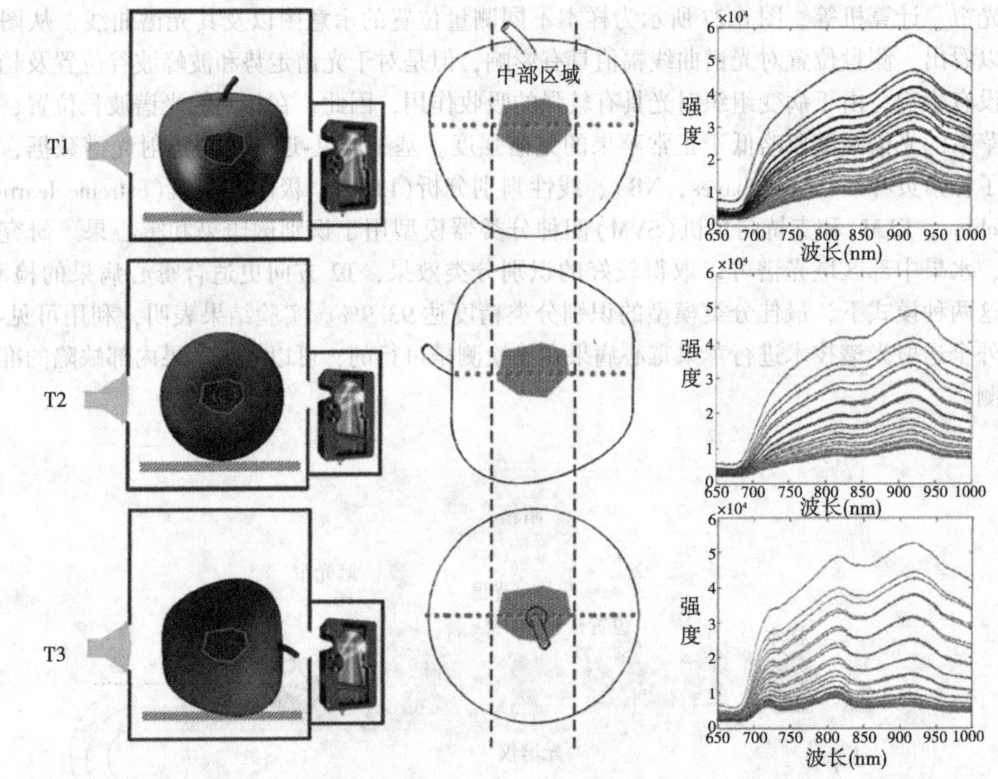

图 6-27 样本不同测量位置的示意图以及其光谱曲线(田喜等，2020)

6.2.2 水果水心病检测

水心病是苹果的一种常见病害，该病又称糖化病、蜜果病(王思玲等，2015)。水心病引起的因素比较复杂，诱发因素包括糖积累、昼夜温差、栽培条件、矿物质元素不平衡等(韩东海等，2004)。水心病多发生于果实接近成熟时期及贮藏期间。患水心病的水果内部组织的细胞间隙因被细胞液充满而呈现水渍状，果实的果肉呈现半透明状。水心病容易引起水果褐变和腐烂，影响同批次水果的贮存和销售。因此，在水果品质检测分级及贮藏过程中有必要加强水心病的检测和控制。

为了检测苹果的水心病，Throop 等(1989)基于机器视觉技术通过估计水果的重量密度和测量水果传播的可见辐射开发了用于苹果水心病检测、分类算法。第一种方法是计算与果梗-花萼相平行的平均直径，并利用平均直径近似计算出苹果的体积，结合测量的实际重量计算苹果的密度，研究苹果的重量密度是否随水心的严重程度而变化。研究发现，计算体积和真实体积的相关系数为 0.98，基于重量密度的苹果水心病识别正确率为 86.7%，研究表明水心果的重量密度随水心程度的变化而变化，从而可以有效识别水心病苹果。第二种方法是通过测量果梗-花萼方向的透射光作为水心病的指标。通过计算苹果中心 130 像素×100 像素窗口的平均灰度值作为苹果是否患上水心病的指标，并对抽样水果的灰色层次的频率分布进行检查，以确定 0~4 类之间是否有足够的分类差异。该方法在测试集样本上实现 100%的识别正确率，但每类之间的灰色水平有很大的重叠，使得平均灰度指标并不能准确评估水心病的严重程度。这种非接触式视觉检测方法计算量少、检测精度高。

为了在贮存过程中监测苹果内部水心病的发展变化，韩东海等(2004)提出了苹果水心病检测密度法和近红外光谱法两种分类识别方法。水心病组织中的细胞间隙充满液体，含水率增多，密度相应变大。实验测定了水心病组织的含水率，发现病变组织含水率为 83.6%，而正常组织的含水率为 82.2%，含水率差异并不大，根据密度检测水心病的结果并不理想。根据资料表明，水心病的发病与苹果采收时间有一定的关联，采摘越晚的苹果越容易患水心病，采摘晚的苹果的成熟度相对较大，硬度相对较小。实验表明，健康苹果和水心病发病果的硬度存在着明显的差异，但是糖度含量和苹果是否患有水心病却没有明确的关系。通过自制检测仪器对不同波段下透光强度进行分析，结果表明，单波长 810nm 几乎可以完全分离健康果和患病果。刘新鑫(2004)用自制水心病检测差分仪检测贮藏中苹果透光强度的变化，并建立了苹果透光强度和水心病发展情况的关系模型。贮藏苹果在 810nm 和 760nm 波长下的透射光强度随时间变化的规律可以用下式描述：

$$Y = Y_0 + A_1 e^{-\frac{X}{t_1}} + A_2 e^{-\frac{X}{t_2}} \tag{6-8}$$

式中，X 为时间，Y 为透光强度，Y_0 为透光强度常数，A 为振幅；t 为衰减常数。研究发现，患水心病苹果的透射光强度在贮藏前期变化明显，健康的苹果透射光强在贮藏期变化缓慢，在贮藏后期患病果和健康果的透射光强变化一致。苹果在贮藏期间质量也会随贮藏时间发生变化，且变化规律可用下式表示：

$$Y = Y_0 + A_1 e^{-\frac{X}{t_1}} \tag{6-9}$$

研究结果表明，不同质量的苹果水心病发病率也会有差异，质量越大的苹果水心病发病概率越大，贮藏条件、采摘时间和贮藏时间是影响苹果贮藏期间光学特性的 3 个主要因素。

已有苹果水心病的无损检测研究大部分是对水心病有无的定性判断，但无法定量预测水心病的发病程度。Guo 等(2020)设计了近红外全透射光谱采集系统，如图 6-28 所示，对苹果水心病发病程度进行了预测。

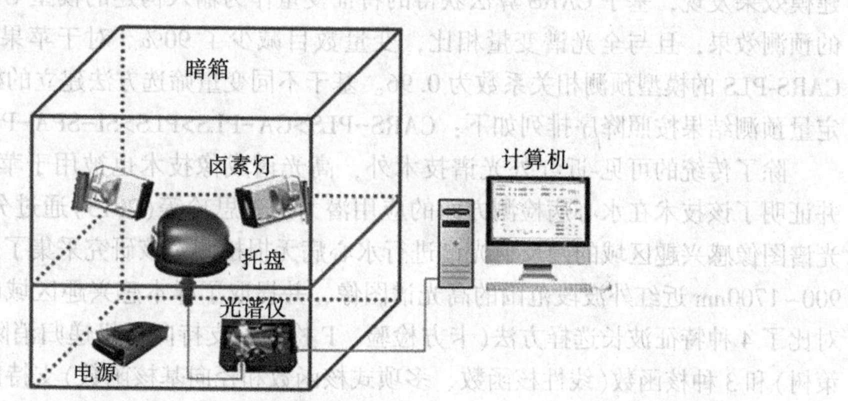

图 6-28　用于苹果水心病检测的苹果近红外光谱采集系统(Guo 等，2020)

系统采用美国海洋光学公司的便携式近红外光谱仪(Ocean Optics Inc.，USB2000+)进行光谱数据采集，系统光谱范围为 590~1200nm，光谱分辨率为 3nm。光谱采集时，光谱仪积分时间设为 120ms，光源位于样品的两侧，光纤探针位于两个光源的中间。为了避免苹果果实不同位置的影响，对每一个果实进行 120°旋转 3 次扫描，得到平均光谱。为了消除散射光影响，将光谱检测装置封装在一个盒子里，箱体采用哑光材料，避免外界光线的干扰，也减少了箱体内部的反射光。进一步，运用自主设计的成像系统采集苹果沿赤道横切面的图像，利用 Matlab 软件对图像进行分析算出苹果的水心病区域和整个横截面的面积比，并以面积比作为指标定量检测苹果的水心病缺陷。图 6-29 所示为该研究苹果水心病缺陷定量计算方法。

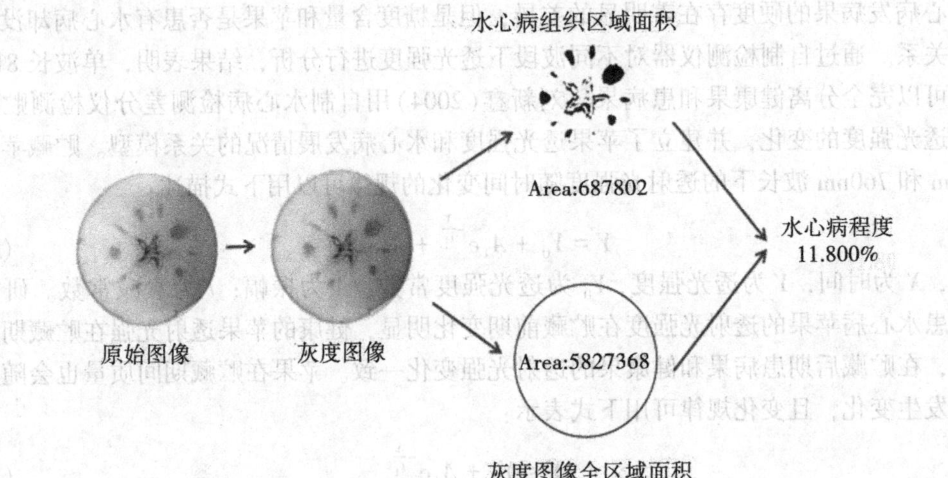

图 6-29　苹果水心病缺陷定量计算方法(Guo 等，2020)

在定量模型的构建过程中，为了减少光谱维度，提升模型预测性能和执行效率，该研究利用联合区间算法(SI)、连续投影算法(SPA)、遗传算法(GA)和竞争性自适应重加权采样算法(CARS)等变量选择方法对特征变量进行了选择。通过比较不同变量筛选方法和建模效果发现，基于 CARS 算法获得的特征变量作为输入构建的模型 CARS-PLS 具有最好的预测效果，且与全光谱变量相比，变量数目减少了 90%。对于苹果水心病程度检测，CARS-PLS 的模型预测相关系数为 0.96。基于不同变量筛选方法建立的模型对水心病程度定量预测结果按照降序排列如下：CARS-PLS>GA-PLS>PLS>SI-SPA-PLS>SI-PLS。

除了传统的可见-近红外光谱技术外，高光谱成像技术也被用于苹果水心病的检测，并证明了该技术在水心病检测方面的应用潜力。王思玲等(2015)通过分析“秦冠”苹果高光谱图像感兴趣区域的漫反射光谱进行水心病无损检测。该研究采集了 240 个苹果样本在 900~1700nm 近红外波段范围的高光谱图像，并提取了样本感兴趣区域的平均光谱，研究对比了 4 种特征波长选择方法(卡方检验、F 检验、支持向量机递归消除(SVM-RFE)和决策树)和 3 种核函数(线性核函数、多项式核函数和径向基核函数)支持向量机分类算法在苹果水心病无损检测中的性能。研究结果表明，SVM-RFE 波长挑选方法结合 SVM 分类器对水心病的判别正确率最高可达72%。张弘炀和蔡骋(2018)以西北农林科技大学白水苹果试验站的“秦冠”苹果为研究对象，采集了无水心病、轻度水心病、中度水心病和重度水心病4种不同患病程度苹果的高光谱透射图像，然后利用K-SVD压缩感知算法对高光谱图像进行降噪处理，并提取图像SPM(Spatial Pyramid Matching)特征，进一步，利用基于RBF核函数的支持向量机进行模型训练和水心病患病等级分类，结果表明，所设计的系统和方法可以实现水心苹果等级的分类识别。

6.2.3 水果内部褐变检测

水果褐变(black heart)是水果贮藏过程中的常见缺陷，往往影响水果的品质。水果加工、贮藏过程中环境条件破坏了水果的膜系统，打破了区域化分布，使酶和底物相互接触而引起水果的褐变(刘红锦等，2008)。目前，水果贮藏过程中果肉褐变发生非常严重，褐变的检测也存在破坏性强、成本高、操作复杂等问题(李桂峰，2008)。建立水果褐变快速无损检测技术是一项具有重要理论意义和实际应用价值的工作。

褐变是梨在可控制气调库贮藏期间最常见的内部缺陷。通常情况下，收获较早、较低二氧化碳含量贮藏条件下内部褐变发生的风险较低；收获较晚、较高二氧化碳含量贮藏条件下梨内部褐变发生的风险较高。内部褐变在外表上不可见，只有在切开水果之后才能观察到。时间分辨反射光谱技术(time-resolved reflectance spectroscopy，TRS)是一种无损检测手段，该技术可以对高度扩散介质的完整光学特性进行研究，包括连续评估介质吸收系数μ_a和传输散射系数μ'_s。Zerbini等(2002)研究了时间分辨的反射光谱技术在完整果实内部褐变无损检测中的可行性。研究获取了梨赤道位置的8个点处690nm(靠近叶绿素a的吸收带)和720nm(经初步TRS测量后选定)的时间分辨反射光谱的吸收系数和传输散射系数，确定吸收系数在720nm处的最大值和最小值对应的参考点，然后在最大和最小位置波长710~850nm范围内进行TRS测量。研究发现，内部褐变果实在720nm的吸收系数μ_a有增大趋势，吸收系数明显高于正常健康组织在720nm的吸收系数$\mu_a \leqslant 0.04\ cm^{-1}$。而690nm处的吸收系数$\mu_a$在褐变组织中会升高，在成熟的健康组织中则降低(可能原因是叶绿素降解引起的)，因此，仅利用该波长处的吸收系数不能实现褐变的检测。720nm处的散射系数μ'_s会受到过度成熟或损伤区域半透明浸水组织的影响，如在过熟的果实中，组织变得柔软、融化、多汁，在瘀伤的区域，细胞破裂，细胞内容物渗入细胞间隙。实验结果表明时间分辨反射光谱技术仅可以探测到表皮以下2cm深度的果肉褐变，以及缺陷在果实中的位置。图6-30所示为研究中选取的梨赤道位置的8个点处690nm和720nm时间分辨反射光谱的吸收系数和传输散射系数以及分析结果。图6-30(a)为正常健康果吸收系数和传输散射系数，图6-30(b)为褐变果吸收系数和传输散射系数。

为了开发可用于梨果内部褐变检测的快速近红外光谱分析技术，Fu等(2007)对比了漫反射模式和透射模式下的近红外光谱在梨果内部褐变检测中的性能。图6-31所示为不同褐变程度水果的切面图，图6-32所示为该研究中所采用的典型的反射模式和透射模式光谱测量装置示意图。实验采集了平行于和垂直于果梗-花萼方向的透射光谱(光谱波长范

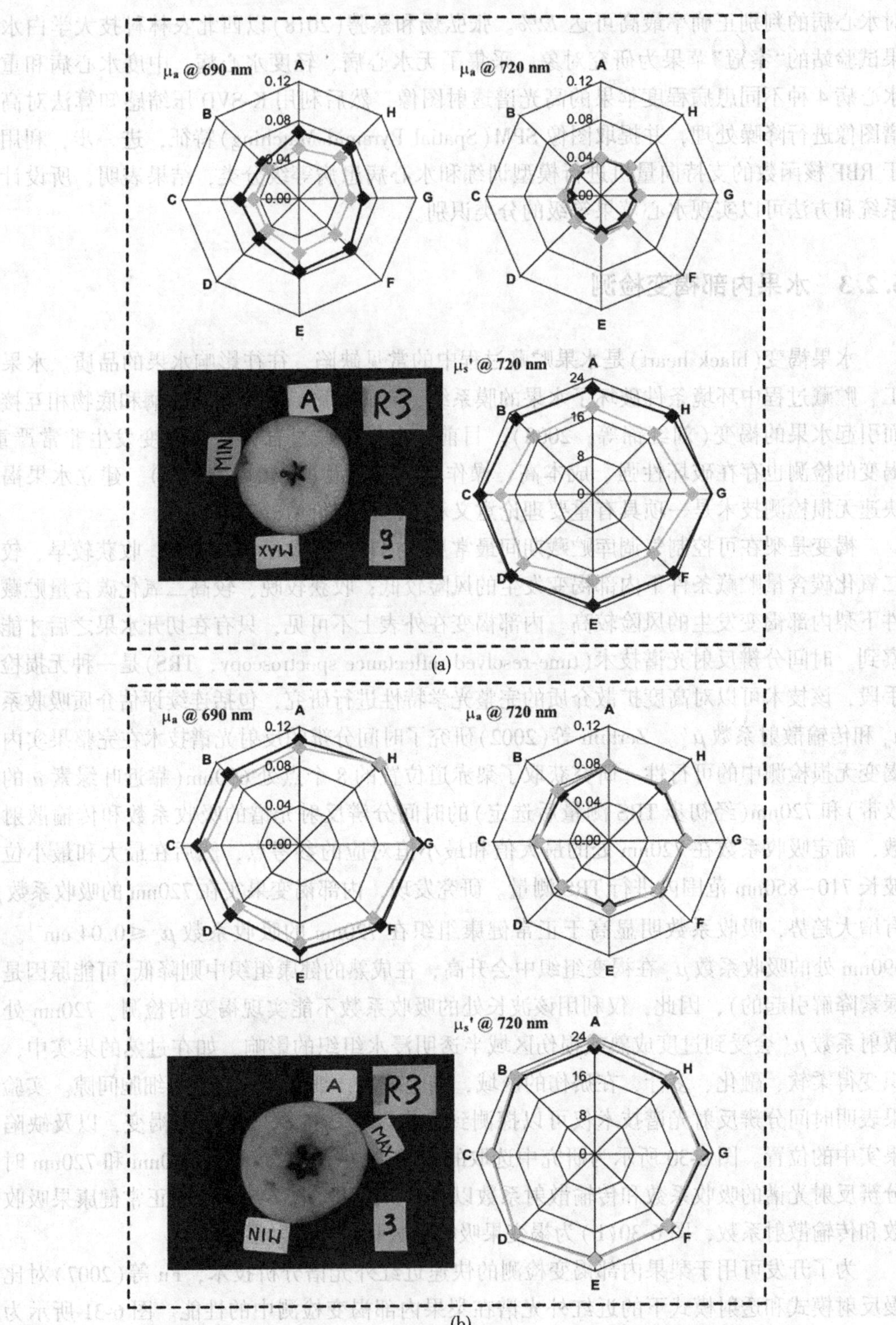

图 6-30　梨赤道位置时间分辨反射光谱的吸收系数和传输散射系数及分析结果(Zerbini 等，2002)

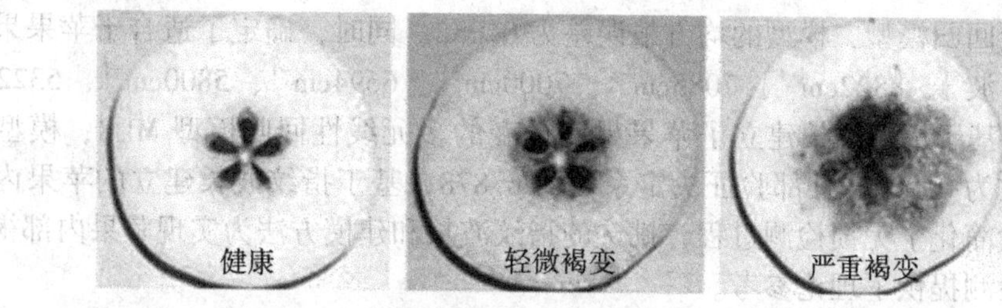

图 6-31 不同褐变程度水果的切面图(Fu 等, 2007)

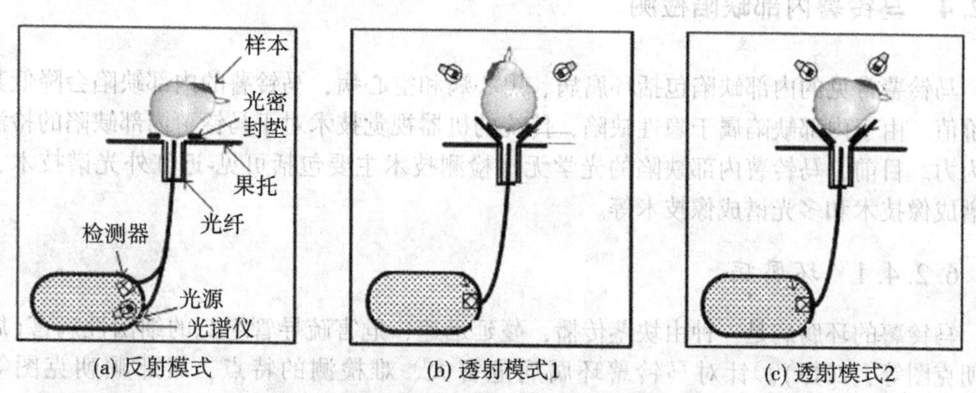

图 6-32 典型的透射模式和反射模式(Fu 等, 2007)

围 400~1028nm),同时利用 FT-NIR 光谱仪和两个探头采集了 670~1110nm 和 800~2630nm 的漫反射光谱,果实的可见-近红外光谱以 760、840、970、1190、1450、1780 和 1940(单位:nm)的 7 个吸收峰(在透射光谱中表现为谷)为主。最后,利用判别分析法(DA)实现了内部褐变梨果和未发生褐变梨果的分类。实验结果表明,可见-近红外光谱用于梨果内部褐变是可行的,且相比于漫反射光谱,基于透射光谱的分类算法具有更好的识别效果。这可能是因为透射光谱包含了更多果肉内部组织的信息,而反射光谱只包含了表层果皮和浅层果肉的光谱信息,无法有效探测到果肉深层的褐变组织信息。

针对苹果内部褐变难以检测的问题,李桂峰(2008)以红富士苹果为研究对象,系统地研究了褐变的发生机理、近红外光谱响应特性、褐变无损检测的影响因素、近红外光谱检测匹配参数等内容,并建立了苹果果肉褐变无损检测的近红外光谱模型。对于该研究,首先,深入研究了苹果果肉发生褐变的机理,系统分析了酶褐变、美拉德反应和抗坏血酸氧化反应在苹果不同贮藏阶段的发生情况,通过研究发现,在贮藏前期,褐变主要是由糖类和氨基酸发生的美拉德反应引起的,细胞超微结构变化导致的酶褐变并不是引起苹果果肉组织褐变的唯一途径,美拉德反应是苹果果肉初期褐变的主要形式;进一步,研究了不同测试距离、不同温度、测定部位、水果表皮颜色和贮藏时间对近红外光谱响应特性的影响,研究发现检测部位、光谱测量距离和贮藏时间对近红外光谱数据获取具有较大的影响,贴近果实赤道采集光谱可以获得相对稳定的光谱信号,测量温度和苹果表皮颜色对褐变研究中近红外光谱影响较小,在实际检测中可以忽略不计;然后,确定了建模的最优样本,对光谱进行了预处理,优选了适用于苹果内部褐变检测的最佳波段范围,比较了标准算法和因子化方法对定性检测模型精度的影响;最后,建立了用于评估苹果褐变程度的偏最小二乘定量回归模型，模型的均方根误差为 0.082。同时，确定了适合于苹果果肉褐变检测的指纹波长 $8822cm^{-1}$、$7085cm^{-1}$、$7000cm^{-1}$、$6694cm^{-1}$、$5800cm^{-1}$、$5322cm^{-1}$ 和 $4650cm^{-1}$，并基于指纹波长建立了苹果果肉褐变的多元线性回归模型 MLR，模型的交叉验证决定系数为 0.908，外部验证决定系数为 0.878，基于指纹波长建立的苹果内部褐变判别模型大大简化了无损检测过程，挑选的指纹波长和建模方法为实现苹果内部褐变的快速在线无损检测提供了理论参考。

6.2.4　马铃薯内部缺陷检测

马铃薯常见的内部缺陷包括环腐病、黑心病和空心病，马铃薯的内部缺陷会降低其经济价值。由于内部缺陷属于隐性缺陷，传统的机器视觉技术对于马铃薯内部缺陷的检测无能为力。目前，马铃薯内部缺陷的光学无损检测技术主要包括可见-近红外光谱技术、高光谱成像技术和多光谱成像技术等。

6.2.4.1　环腐病

马铃薯的环腐病是一种由块茎传播，蔓延迅速，危害疏导管组织的细菌性病害(席那顺朝克图等，2013)。针对马铃薯环腐病危害大、难检测的特点，席那顺朝克图等人(2013)开发了用于马铃薯环腐病的近红外光谱检测系统和方法。首先，根据马铃薯环腐病的发病特点，确定了采用透射模式作为可见-近红外光谱的获取方式，并基于实验确定了光源能量、光谱仪、光纤探头、密封光照箱等光学检测设备的型号和参数，设计了最终光谱采集系统；其次，研究了马铃薯光谱的预处理方法，使原始光谱特征信息最大程度保留的同时，有效地去除了由仪器、样品背景及各种干扰等随机因素引发的噪声，为后续马铃薯环腐病的检测和评价提供了稳定可靠的光谱数据；最后，通过分析光谱透射率与马铃薯环腐病样本之间的相关性关系，确定了 605nm、625nm、634nm 和 687nm 4 个波长为马铃薯环腐病检测的最优波长，并基于最优波长对比了多元线性回归分析(MLR)、主成分回归分析(PCR)和基于小波滤噪的多元线性回归分析三种方法，确定了用于马铃薯环腐病感染程度的最优预测方法，为实时检测马铃薯环腐病感染程度提供了理论依据和技术参考。

6.2.4.2　黑心病

针对马铃薯黑心病难以检测的问题，周竹等(2012)比较了马铃薯黑心病的漫反射和透射光谱检测方法。通过高光谱成像系统和傅里叶变换近红外光谱仪获得了马铃薯的可见-近红外漫反射光谱、透射光谱和近红外漫反射光谱。并基于漫反射光谱和透射光谱建立了马铃薯黑心病检测的偏最小二乘判别模型。研究发现，患黑心病马铃薯和健康马铃薯两类样本的光谱响应在各自的波段范围内存在差异，这种差异为实现马铃薯黑心病的识别提供了依据；不同的光谱预处理方法会对判别结果产生影响，对于高光谱成像系统采集的漫反射光谱来讲，经过二阶导数和标准化组合预处理后建立的偏最小二乘判别分析模型的识别效果最优，测试集黑心马铃薯识别正确率为 92.31%；对于透射光谱来讲，原始光谱建立的偏最小二乘判别分析模型的识别效果最优，测试集黑心马铃薯识别正确率为

98.46%；对于傅里叶变换近红外光谱仪获得的漫反射光谱来讲，经过标准正态变量变换和标准化组合预处理后建立的偏最小二乘判别分析模型的识别效果最优，测试集黑心马铃薯识别正确率为90.77%。对比结果表明，光谱透射采集模式优于光谱漫反射采集模式，高光谱成像系统优于傅里叶变换近红外漫反射光谱系统。原因可能是透射光谱可以穿透马铃薯本体内部，透射光谱携带着马铃薯内部特征更多的信息，高光谱成像系统的穿透深度高于傅里叶变换近红外漫反射光谱仪，因此携带的内部信息也相应更加丰富。

采用类似的高光谱透射成像系统，高海龙等(2013)采集了马铃薯样本400~1000nm光谱范围的高光谱图像，并利用不同的变量优选算法挑选了用于马铃薯黑心病识别的9个最优波长，基于最优波长构建了偏最小二乘判别分析(PLS-DA)模型，实现了黑心马铃薯的识别分类。针对该研究，首先，搭建了透射高光谱成像系统，系统如图6-33所示。系统包括计算机、采集暗箱、数据传输线、排风扇、高光谱成像仪、相机高度调节支架、透射采集单元、高度可调载物台等，利用该系统获取了马铃薯的透射高光谱图像，并对图像进行校正；其次，从马铃薯样本透射高光谱图像中提取80×80像素区域的平均光谱，观察发现，黑心马铃薯样本与正常马铃薯样本的透射光谱存在显著差异，且黑心马铃薯样本的透射率低于正常马铃薯样本，正常马铃薯样本的透射光谱在700.22nm和764.28nm波长附近呈现明显峰值，轻度黑心病马铃薯则在700nm波长处呈现微小峰值，重度黑心马铃薯则无明显峰值出现。利用无信息变量消除法(UVE)和连续投影算法(SPA)分析获得9个适合于马铃薯黑心病的最优波长变量，基于9个最优波长变量，建立了马铃薯黑心病检测的偏最小二乘判别分析(PLS-DA)模型，结果表明，黑心病的准确识别率为100%，识别的最小黑心面积为1.88cm^2。图6-34所示为正常马铃薯和患黑心病马铃薯样本。

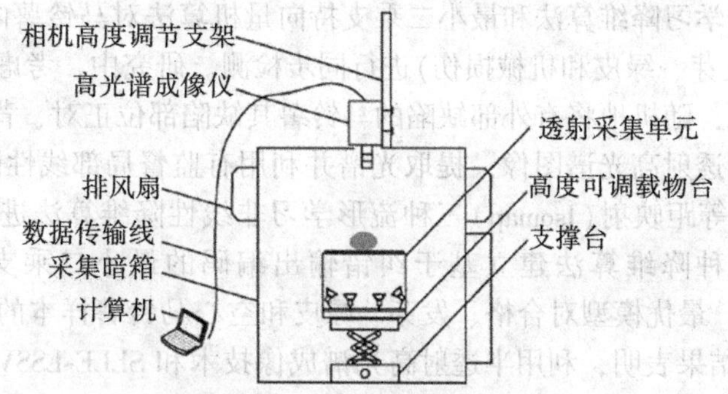

图6-33 透射高光谱成像系统(高海龙等，2013)

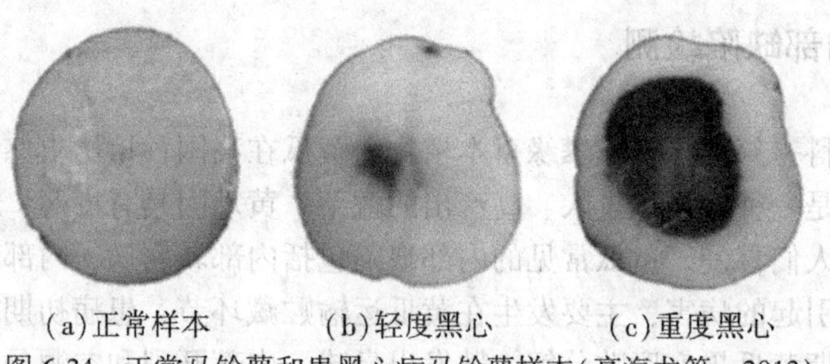

(a)正常样本 (b)轻度黑心 (c)重度黑心

图6-34 正常马铃薯和患黑心病马铃薯样本(高海龙等，2013)

6.2.4.3　空心病

马铃薯空心病是一种发生在马铃薯块茎内部的一种隐性生理性病害，常发生于块茎的髓部，空心病害部位呈现星型放射状或扁口状，患空心病的马铃薯外观上则无明显变化。空心病影响马铃薯的种用、食用和深加工价值，快速无损检测马铃薯的空心病对于提高马铃薯的市场价值具有重要意义。黄涛等(2015)提出了半透射高光谱成像技术结合支持向量机(SVM)算法的马铃薯空心病光学无损检测方法。实验采集了马铃薯样本半透射高光谱图像(波长范围 390~1040nm)，并在采集完成后将马铃薯沿最大横截面积处切开以判定是否为空心样本，最终选择 224 个马铃薯样本(合格 149 个，空心 75 个)为研究对象。基于标准化预处理的全波段光谱信息建立了 SVM 分类模型(RBF 核函数)，SVM 模型对于测试集样本的正确识别率仅为 87.5%。为了简化模型并提高识别模型的快速性和准确性，采用竞争性自适应重加权算法(CARS)和连续投影算法(SPA)两种变量优选算法进行特征波长挑选，最终确定 454、601、639、664、748、827、874 和 936(单位：nm)共 8 个波长为识别马铃薯空心病的最优波长，基于最优波长建立了 SVM 识别模型，模型的识别精度为 94.64%。进一步，该研究利用人工鱼群算法(artificial fish swarm algorithm，AFSA)、遗传算法(genetic algorithm，GA)和网格搜索算法(grid search algorithm)优化了 SVM 模型的参数(惩罚参数=10.6591，核参数=0.3497)，优化后的 SVM 对马铃薯空心病的识别率达到 100%。研究结果表明，半透射高光谱成像技术结合 CARS-SPA 和 AFSA-SVM 方法可以实现马铃薯空心病的无损、准确识别。

为了实现马铃薯内外部缺陷多项指标的同时检测，黄涛等(2015)基于半透射高光谱成像技术利用流形学习降维算法和最小二乘支持向量机算法对马铃薯内部缺陷(空心和黑心)和外部缺陷(发芽、绿皮和机械损伤)进行同步检测。研究中，考虑到实际马铃薯产后实际检测处理情况，随机地将有外部缺陷的马铃薯其缺陷部位正对、背对和侧对高光谱相机三种姿态获取半透射高光谱图像；提取光谱并利用有监督局部线性嵌入(SLLE)、局部线性嵌入(LLE)和等距映射(Isomap)三种流形学习非线性降维算法进行光谱数据降维处理；最后，基于三种降维算法建立基于纠错输出编码的最小二乘支持向量机(ECOC-LSSVM)分类模型，最优模型对合格、发芽、绿皮和空心马铃薯样本的混合正确识别率达到 93.02%。研究结果表明，利用半透射高光谱成像技术和 SLLE-LSSVM 分类模型可以同时实现马铃薯内外部多种缺陷的准确识别。

6.2.5　黄瓜内部缺陷检测

黄瓜为葫芦科一年生蔓生或攀缘草本植物。黄瓜在我国种植历史悠久，广泛种植于温带和热带地区，是一种典型低投入、高产出的蔬菜。黄瓜因具有皮薄、肉嫩、味鲜、耐储存等特点而深受人们喜爱。黄瓜常见的内部缺陷包括内部软腐病、内部开裂和空洞。黄瓜软腐病是由细菌引起的病害，主要发生在黄瓜运输贮藏环节，患病初期出现内部软腐，从内向外淌水，后期黄瓜果实腐败分解，散发出臭味。内部开裂和空洞是由于营养和环境不平衡引起的常见内部缺陷。

为了检测黄瓜的内部缺陷，Ariana 等(2010)研究了黄瓜内部缺陷无损检测方法，如图 6-35 所示为研究中所使用的空心病黄瓜样本和搭建的高光谱成像系统。

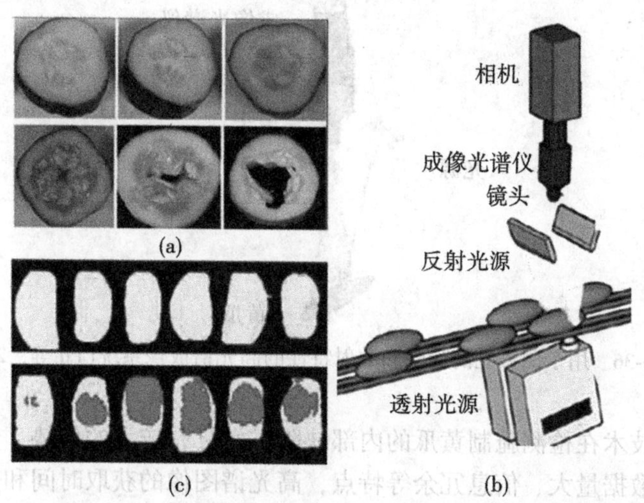

图 6-35 黄瓜内部缺陷高光谱透射检测(Ariana 等，2010)

基于该系统采集了正常黄瓜和缺陷黄瓜 740~1000nm 范围的高光谱透射图像。通过分析确定了 4 个最优波段(745nm、805nm、965nm 和 985nm)，同时确定了各波段的带宽，使所优选的波长更容易在多光谱成像系统中实现。利用所选波段，结合 KNN 分类器对验证集中的像素进行分类，缺陷像素超过 5%的图像被归类为缺陷图像。研究表明，在 20nm 的光谱分辨率下，利用 4 个最优波段可以实现黄瓜内部缺陷识别，识别精度高达 94.7%。图 6-35(c)所示为空心黄瓜检测结果图。

对于腌制黄瓜的内部缺陷检测来讲，高效的光学检测系统非常有必要。Lu 等(2011)基于高光谱成像的空间分辨技术研究了正常腌制黄瓜和内部有缺陷的腌制黄瓜的光学吸收和散射特性，并量化了内部损伤和损伤后时间对黄瓜组织吸收和散射特性的影响。实验利用扩散理论模型建立了基于稳态空间分辨测量原理的光学特性测量系统(图 6-36)，基于其逆序算法从空间分辨的散射断面提取了腌制黄瓜的吸收光谱和衰减散射系数。研究发现，1 小时左右的内部损伤黄瓜的吸收光谱和衰减散射系数比较小，表明黄瓜初始损伤主要局限于果皮内果皮组织，其结构较弱，更容易受到损伤，而在损伤处理后的最初 1 小时内，中果皮组织几乎没有受到影响。对于 1 天后的损伤黄瓜，由于内部损伤可能从内果皮组织扩散到中果皮组织(也可能是水分再分配或中果皮组织的变化)，从而导致吸收系数在 700~920nm 波长范围出现明显增长，而衰减散射系数则在 700~1000nm 波长范围显著降低。此外，实验结果还表明，内部损伤对黄瓜的吸收系数和散射系数有不同程度的影响。内部损伤后，吸收系数普遍增加，而散射系数则相反。内部损伤对散射特性的改变明显大于对吸收特性的改变，即内部损伤倾向于增强黄瓜的吸收能力，而降低其散射能力，在设计光学检测系统时应充分考虑黄瓜组织的散射特性。

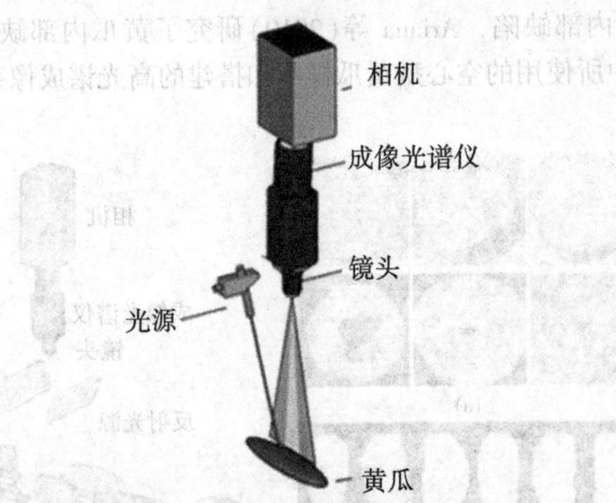

图 6-36　用于测量光的吸收和散射特性的高光谱成像系统(Lu 等，2011)

高光谱成像技术在检测腌制黄瓜的内部缺陷方面具有较大的优势，然而由于高光谱图像具有维数高、数据量大、信息冗余等特点，高光谱图像的获取时间和分析时间较长，不利于高光谱成像技术的快速检测应用。为了提高腌制黄瓜内部缺陷的无损检测速度，Cen 等(2014)利用自主研发的高光谱成像系统获取了腌制黄瓜在 400~700nm 波段范围内的高光谱反射图像和在 700~1000nm 波段范围内的高光谱透射图像。研究利用最小冗余-最大相关性(minimum redundancy-maximum relevance，MRMR)特征选择方法从高光谱图像中选择最优波段组合，同时利用主成分分析(PCA)的载荷曲线确定特征波长，MRMR 选择的 5 对最佳双波段比和 PCA 选择的 5 个重要波段都在 700~950nm 的光谱区域。基于最优波长处光谱图像感兴趣区域的平均光谱和纹理特征(能量和方差)，利用判别分析法(DA)和马氏距离分离器在 85mm/s 和 165mm/s 两种检测速度下对黄瓜内部缺陷检测进行了研究，实现了腌制黄瓜缺陷与否的二分类，以及正常黄瓜，轻微缺陷黄瓜和严重缺陷黄瓜的三分类。结果表明，基于 MRMR 算法挑选的最优波长的分类算法要优于基于 PCA 的分类算法，且由 MRMR 算法挑选的最优波长的波段比 887/837nm 可以实现最好的分类效果，分类精度高达 95.1%(在 85mm/s 的检测速度下)和 94.2%(在 165mm/s 的检测速度下)。由于线扫描高光谱成像系统在传输速度低时扫描线更多，能够获得更高空间分辨率高光谱图像信息，因此，传输速度慢时的分类精度都略高于传输速度快时的分类精度。实验表明，透射模式下的波段比组合 887/837nm 可以用于腌制黄瓜内部缺陷的快速在线自动检测。

6.2.6　果蔬空心病检测

萝卜因具有独特的风味和丰富的营养价值而被广泛种植和食用，在我国民间萝卜有“小人参”的美誉。在萝卜生长后期，肉质根会迅速膨大，木质部的一些远离输导组织的薄壁细胞因缺乏营养物质的供应而呈现饥饿状态。营养物质供应不足导致萝卜木质部组织衰老、内含物逐渐减少，同时木质部出现成群气泡和细胞间隙，形成海绵状空心。目前，萝卜空心病的检测方法主要是基于经验的破坏性方法。为了实现空心萝卜的无损检测，

Yu 等(2017)利用高光谱成像技术结合化学计量学方法研究了萝卜空心病的无损检测方法。实验萝卜样本共计 155 个，其中包括 116 个没有患空心病的萝卜和 39 个患有空心病的萝卜。实验采集了萝卜样本高光谱反射图像(光谱范围为 400~1000nm)，提取了样本的平均光谱，通过主成分分析(PCA)可以初步判定正常萝卜和空心萝卜，但发现 PCA 无法对局部空心萝卜进行无损检测。考虑到萝卜空心与反射谱之间存在非线性关系，进一步结合高光谱成像技术建立了支持向量机(SVM)分类器模型，算法对于验证集和预测集的分类精度分别为 100%和 96.8%，萝卜空心的大小和分布是影响支持向量机模型分类精度的主要原因。

Pan 等(2017)采用高光谱成像系统对白萝卜的空心度进行了检测。高光谱成像系统光谱范围为 400~1000nm。采用所构建的系统在反射、透射和半透射三种光照模式获得了所有样本的高光谱图像，三种图像获取模式见图 6-37 所示。基于不同模式下获得的光谱图像，提取感兴趣区域光谱并采用连续投影算法进行特征波长选择以确定每种成像模式下的用于白萝卜空心度检测的特征波长。进一步基于全波长和特征波长分别建立了偏最小二乘判别分析(PLS-DA)和反向传播人工神经网络(BPANN)两类模型。模型对两类、三类和五

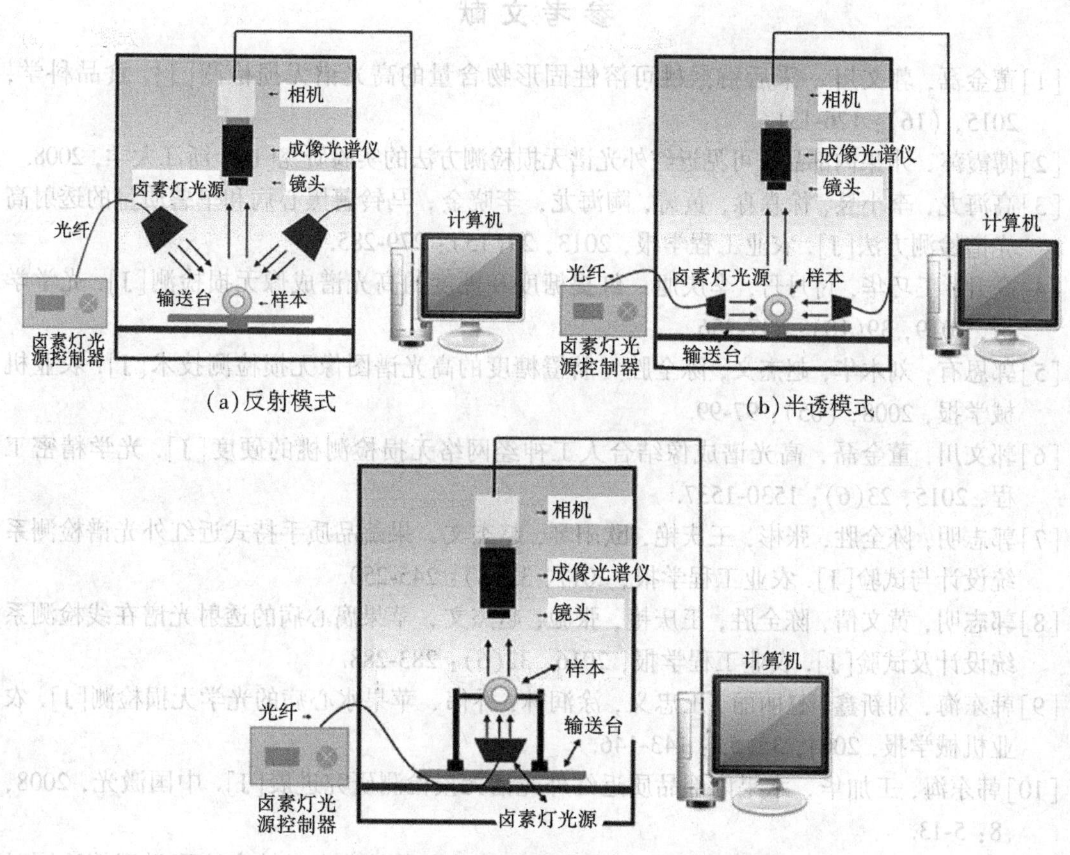

图 6-37 用于白萝卜空心度检测的高光谱成像系统(Pan 等，2017)

类空心度进行判别分类(图6-38显示了五类空心度的白萝卜样本，其中图6-38(a)代表Level 0，该等级属于正常白萝卜样本，Level 1～Level 4空心度逐渐增加)。分类结果表明，高光谱半透射成像与BPANN模型相结合，对于校准集和预测集，基于全波长和特征波长对两类分类的准确率最高，分别达到98%和97%。基于分类器和光照模式相结合的三类和五类空心度分类精度较低。结果表明，高光谱半透射成像技术能对白萝卜的空心度进行无损评估。

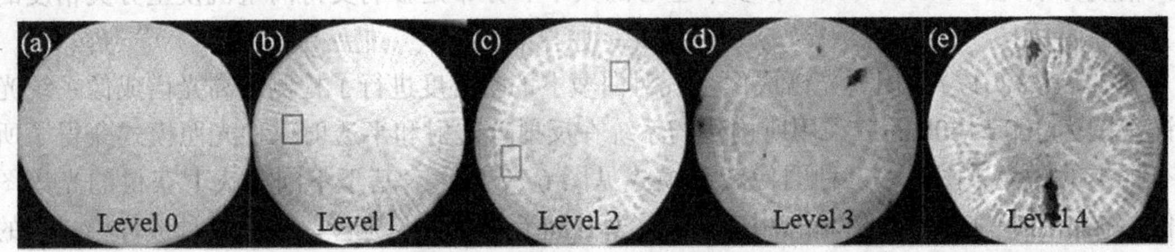

图6-38　不同等级的白萝卜空心程度(Pan等，2017)

参考文献

[1]董金磊，郭文川．采后猕猴桃可溶性固形物含量的高光谱无损检测[J]．食品科学，2015，(16)：126-131.

[2]傅霞萍．水果内部品质可见近红外光谱无损检测方法的实验研究[D]．浙江大学，2008.

[3]高海龙，李小昱，徐森淼，黄涛，陶海龙，李晓金．马铃薯黑心病和单薯质量的透射高光谱检测方法[J]．农业工程学报，2013，29(15)：279-285.

[4]高升，王巧华，付丹丹，李庆旭．红提糖度和硬度的高光谱成像无损检测[J]．光学学报，2019，39(10)：347-356.

[5]郭恩有，刘木华，赵杰文，陈全胜．脐橙糖度的高光谱图像无损检测技术[J]．农业机械学报，2008，(05)：97-99.

[6]郭文川，董金磊．高光谱成像结合人工神经网络无损检测桃的硬度[J]．光学精密工程，2015，23(6)：1530-1537.

[7]郭志明，陈全胜，张彬，王庆艳，欧阳琴，赵杰文．果蔬品质手持式近红外光谱检测系统设计与试验[J]．农业工程学报，2017，33(8)：245-250.

[8]郭志明，黄文倩，陈全胜，王庆艳，张驰，赵杰文．苹果腐心病的透射光谱在线检测系统设计及试验[J]．农业工程学报，2016，32(6)：283-288.

[9]韩东海，刘新鑫，赵丽丽，王忠义，涂润林，乔伟．苹果水心病的光学无损检测[J]．农业机械学报，2004，35(5)：143-146.

[10]韩东海，王加华．水果内部品质近红外光谱无损检测研究进展[J]．中国激光，2008，8：5-13.

[11]黄涛，李小昱，金瑞，库静，徐森淼，徐梦玲．半透射高光谱结合流形学习算法同时识别马铃薯内外部缺陷多项指标[J]．光谱学与光谱分析，2015，35(4)：992-996.

[12]黄涛，李小昱，徐梦玲，金瑞，库静，徐森淼．半透射高光谱成像技术与支持向量机

的马铃薯空心病无损检测研究[J]. 光谱学与光谱分析, 2015, 35(1): 198-202.

[13]黄文倩, 李江波, 陈立平, 郭志明. 以高光谱数据有效预测苹果可溶性固形物含量[J]. 光谱学与光谱分析, 2013, 33(10): 2843-2846.

[14]姜微, 房俊龙, 王树文, 王润涛. Cars-spa 算法结合高光谱检测马铃薯还原糖含量[J]. 东北农业大学学报, 2016, 47(2): 88-95.

[15]介邓飞, 陈猛, 谢丽娟, 饶秀勤, 应义斌. 适宜西瓜检测部位提高近红外光谱糖度预测模型精度[J]. 农业工程学报, 2014, 30(9): 229-234.

[16]雷雨, 何东健, 周兆永, 张海辉, 苏东. 苹果霉心病可见-近红外透射能量光谱识别方法[J]. 农业机械学报, 2016, 47(4): 193-200.

[17]李东华, 纪淑娟. 南果梨果实硬度近红外无损检测模型的建立[J]. 食品工业科技, 2012, 33(21): 312-313, 344.

[18]李锋霞. 基于高光谱成像技术的哈密瓜坚实度检测研究[D]. 石河子大学, 2014.

[19]李桂峰. 可食性膜对鲜切葡萄生理生化及保鲜效果影响的研究[D]. 西北农林科技大学, 2005.

[20]刘红锦, 徐为民, 王静, 王道营, 诸永志. 果蔬的褐变及其控制方法[J]. 食品研究与开发, 2008, 29(4): 159-162.

[21]刘卉, 郭文川, 岳绒. 猕猴桃硬度近红外漫反射光谱无损检测[J]. 农业机械学报, 2011, 42(3): 145-149.

[22]刘燕德, 吴明明, 李轶凡, 孙旭东, 郝勇. 苹果可溶性固形物和糖酸比可见-近红外漫反射与漫透射在线检测对比研究[J]. 光谱学与光谱分析, 2017, 37(8): 2424-2429.

[23]龙燕, 连雅茹, 马敏娟, 宋怀波, 何东健. 基于高光谱技术和改进型区间随机蛙跳算法的番茄硬度检测[J]. 农业工程学报, 2019, (13): 270-276.

[24]卢娜, 韩平, 王纪华. 基于高光谱成像技术的草莓硬度预测[J]. 软件导刊, 2018, 17(3): 180-182.

[25]马本学, 肖文东, 祁想想, 何青海, 李锋霞. 基于漫反射高光谱成像技术的哈密瓜糖度无损检测研究[J]. 光谱学与光谱分析, 2012, 32(11): 3093-3097.

[26]彭彦昆, 张雷蕾. 农畜产品品质安全高光谱无损检测技术进展和趋势[J]. 农业机械学报, 2013, 44(4): 137-145.

[27]石吉勇, 邹小波, 赵杰文, 殷晓平. 高光谱图像技术检测黄瓜叶片的叶绿素叶面分布[J]. 分析化学, 2011, 39(2): 243-247.

[28]王斌, 薛建新, 张淑娟. 扫描次数对鲜枣硬度近红外光谱建模响应特性的影响[J]. 山西农业大学学报, 2013, 5: 82-85.

[29]王丹, 鲁晓翔, 张鹏, 李江阔. 可见/近红外漫反射光谱无损检测甜柿果实硬度[J]. 食品与发酵工业, 2013, 5: 184-188.

[30]王凡, 李永玉, 彭彦昆, 杨炳南, 李龙, 刘亚超. 便携式马铃薯多品质参数局部透射光谱无损检测装置[J]. 农业机械学报, 2018, 7: 348-354.

[31]王加华, 潘璐, 李鹏飞, 韩东海. 苹果糖度近红外光谱分析模型的温度补偿[J]. 光谱学与光谱分析, 2009, 29(6): 1517-1520.

[32]王娟，张荣芳，王相友．双孢蘑菇硬度的近红外漫反射光谱无损检测[J]. 农业机械学报，2012，11：169-174.

[33]王丽，郑小林，郑群雄．基于近红外光谱技术的桃品质指标快速检测方法研究[J]. 中国食品学报，2011，11(3)：205-209.

[34]王思玲，蔡骋，马惠玲，龙怡霖．基于高光谱成像的苹果水心病无损检测[J]. 北方园艺，2015，8：124-130.

[35]吴晨，何建国，贺晓光，刘贵珊，王松磊．基于近红外高光谱成像技术的马铃薯淀粉含量无损检测[J]. 河南工业大学学报，2014，35(5)：11-16.

[36]席那顺朝克图，郁志宏，张宝超，郝敏，鲁永萍．基于小波分析的马铃薯环腐病光谱数据去噪[J]. 农村牧区机械化，2013(3)：19-22.

[37]邢书海，张淑娟，孙海霞，陈彩虹，李成吉．基于可见/近红外光谱西葫芦硬度的无损检测模型的建立[J]. 山西农业科学，2020，48(1)：58-60.

[38]杨亮亮．基于机器视觉和 X 射线的苹果霉心病检测方法研究[D]. 西北农林科技大学，2009.

[39]杨勇，赵珍珍．基于高光谱图像技术的猕猴桃硬度品质检测[J]. 中国农业机械学会 2008 年学术年会，2009.

[40]张保华，李江波，樊书祥，黄文倩，张驰，王庆艳，肖广东．高光谱成像技术在果蔬品质与安全无损检测中的原理及应用[J]. 光谱学与光谱分析，2014，34(10)：2743-2751.

[41]张海辉，陈克涛，苏东，胡瑾，张佐经．基于特征光谱的苹果霉心病无损检测设备设计[J]. 农业工程学报，2016，32(18)：255-262.

[42]张弘炀，蔡骋．基于计算机视觉的苹果水心病无损在线分级系统[J]. 农机化研究，2018，40(1)：208-210.

[43]张军华．基于双透射波段的苹果霉心病检测方法研究及设备研制[D]. 西北农林科技大学，2016.

[44]张若宇，饶秀勤，高迎旺，胡栋，应义斌．基于高光谱漫透射成像整体检测番茄可溶性固形物含量[J]. 农业工程学报，2013，29(23)：247-252.

[45]张小燕，刘威，兴丽，赵凤敏，杨延辰，杨炳南．马铃薯加工品质指标近红外预测模型研究[J]. 红外，2012，33(12)：33-39.

[46]赵娟，全朋坤，张猛胜，田世杰，张海辉，任小林．基于特征 LED 光源的苹果多品质参数无损检测装置研究[J]. 农业机械学报，2019，50(4)：326-332.

[47]周竹，李小昱，高海龙，陶海龙，李鹏，文东东．马铃薯干物质含量高光谱检测中变量选择方法比较[J]. 农业机械学报，2012，43(2)：128-133.

[48]周竹，李小昱，高海龙，陶海龙，李鹏．漫反射和透射光谱检测马铃薯黑心病的比较[J]. 农业工程学报，2012，28(11)：237-242.

[49] Acharya U. K., Walsh K. B., Subedi P. P. Robustness ofpartial least-squares models to change in sample temperature: I. a comparison of methods for sucrose in aqueous solution [J]. Journal of Near Infrared Spectroscopy, 2014, 22(4): 279-286.

[50] Andersson M. A comparison of nine PLS1 algorithms[J]. Journal of Chemometrics, 2009, 23(10): 518-529.

[51] Antonucci F., Pallottino F., Paglia G., Palma A., D'Aquino S., Menesatti P. Non-destructive estimation of mandarin maturity status through portable VIS-NIR spectrophotometer[J]. Food and Bioprocess Technology, 2011, 4(5): 809-813.

[52] Ariana D P., Lu R. Hyperspectral waveband selection for internal defect detection of pickling cucumbers and whole pickles[J]. Computers and Electronics in Agriculture, 2010, 74(1): 137-144.

[53] Beghi R., Spinardi A., Bodria L., Mignani I., Guidetti R. Apples nutraceutic properties evaluation through a visible and near-infrared portable system[J]. Food and Bioprocess Technology, 2012, 6(9): 2547-2554.

[54] Bobelyn E., Lammertyn J., Nicolai B. M., Saeys W., Serban A. S., Nicu M. Postharvest quality of apple predicted by NIR-spectroscopy: Study of the effect of biological variability on spectra and model performance[J]. Postharvest Biology and Technology, 2010, 55(3): 133-143.

[55] Camps C., Christen D. Non-destructive assessment of apricot fruit quality by portable visible-near infrared spectroscopy[J]. LWT-Food Science and Technology, 2009, 42(6): 1125-1131.

[56] Cavaco A. M., Pires R., Antunes M. D., Panagopoulos T., Brázio A., Afonso A. M., Silva L., Lucas M. R., Cadeiras B., Cruz S. P., Guerra R. Validation of short wave near infrared calibration models for the quality and ripening of "Newhall" orange on tree across years and orchards[J]. Postharvest Biology and Technology, 2018, 141: 86-97.

[57] Cen H. Y., Lu R. F., Ariana D. P., Mendoza F. Hyperspectral imaging-based classification and wavebands selection for internal defect detection of pickling cucumbers[J]. Food and Bioprocess Technology, 2014, 7(6): 1689-1700.

[58] Fan S., Huang W., Guo Z., Zhang B., Zhao C. Prediction of soluble solids content and firmness of pears using hyperspectral reflectance imaging[J]. Food Analytical Methods, 2015, 8(8): 1936-1946.

[59] Fan S., Li J., Xia Y., Tian X., Guo Z., Huang W. Long-term evaluation of soluble solids content of apples with biological variability by using near-infrared spectroscopy and calibration transfer method[J]. Postharvest Biology and Technology, 2019, 151: 79-87.

[60] Fan S., Zhang B., Li J., Huang W., Wang C. Effect of spectrum measurement position variation on the robustness of NIR spectroscopy models for soluble solids content of apple [J]. Biosystems Engineering, 2016, 143(45): 9-19.

[61] Fan S., Zhang B., Li J., Liu C., Huang W., Tian X. Prediction of soluble solids content of apple using the combination of spectra and textural features of hyperspectral reflectance imaging data[J]. Postharvest Biology and Technology, 2016, 121: 51-61.

[62] Feudale R. N., Woody N. A., Tan H., Myles A. J., Brown S. D., Ferré J. Transfer of

multivariate calibration models: a review [J]. Chemometrics and Intelligent Laboratory Systems, 2002, 64(2): 181-192.

[63] Fu X. P., Ying Y. B., Lu H. S., Xu H. R. Comparison of diffuse reflectance and transmission mode of visible-near infrared spectroscopy for detecting brown heart of pear[J]. Journal of Food Engineering, 2007, 83(3): 317-323.

[64] Giovanelli G., Sinelli N., Beghi R., Guidetti R., Casiraghi E. NIR spectroscopy for the optimization of postharvest apple management [J]. Postharvest Biology and Technology, 2014, 87: 13-20.

[65] Gómez-Sanchis J., Moltó E., Camps-Valls G., Gómez-Chova L., Aleixos N., Blasco J. Automatic correction of the effects of the light source on spherical objects. An application to the analysis of hyperspectral images of citrus fruits[J]. Journal of Food Engineering, 2008, 85(2): 191-200.

[66] Guidetti R., Beghi R., Bodria L. Evaluation of grape quality parameters by a simple Vis/NIR system[J]. Transactions of the ASABE, 2010, 53(2): 477-484.

[67] Guo Z. M., Wang M. M., Agyekum A. A., Wu J. Z., Chen Q. S., Zuo M., El-Seedi H. R., Tao F. F., Shi J. Y., Ouyang Q., Zou X. B. Quantitative detection of apple watercore and soluble solids content by near infrared transmittance spectroscopy [J]. Journal of Food Engineering, 2020, 279.

[68] Guo W., Li W., Yang B., Zhu Z., Liu D., Zhu X. A novel noninvasive and cost-effective handheld detector on soluble solids content of fruits[J]. Journal of Food Engineering, 2019, 257: 1-9.

[69] Guo Z., Huang W., Peng Y., Chen Q., Ouyang Q., Zhao J. Color compensation and comparison of shortwave near infrared and long wave near infrared spectroscopy for determination of soluble solids content of "Fuji" apple [J]. Postharvest Biology and Technology, 2016, 115: 81-90.

[70] Hu M. H., Dong Q. L., Liu B. L., Opara U. L. Prediction of mechanical properties of blueberry using hyperspectral interactance imaging[J]. Postharvest Biology and Technology, 2016, 115: 122-131.

[71] Huang Y., Lu R., Chen K. Prediction of firmness parameters of tomatoes by portable visible and near-infrared spectroscopy[J]. Journal of Food Engineering, 2018, 222: 185-198.

[72] Izneid B. A., Fadhel M. I., Al-Kharazi T., Ali M., Miloud S. Design and develop a nondestructive infrared spectroscopy instrument for assessment of mango (Mangifera indica) quality[J]. Journal of Food Science and Technology, 2014, 51(11): 3244.

[73] Jie D., Xie L., Rao X., Ying Y. Using visible and near infrared diffuse transmittance technique to predict soluble solids content of watermelon in an on-line detection system[J]. Postharvest Biology and Technology, 2014, 90: 1-6.

[74] Kavdir I., Lu R., Ariana D., Ngouajio M. Visible and near-infrared spectroscopy for nondestructive quality assessment of pickling cucumbers [J]. Postharvest Biology &

Technology, 2007, 44(2): 165-174.

[75] Lammertyn J., Nicolaï B., Ooms K., De Smedt V., De Baerdemaeker J. Non-destructive measurement of acidity, soluble solids, and firmness of Jonagold apples using NIR-spectroscopy[J]. Transactions of the ASAE, 1998, 41(4): 1089-1094.

[76] Li J., Fan S., Huang W. Assessment of multiregion local models for detection of SSC of whole peach (Amygdalus persica L.) by combining both hyperspectral imaging and wavelength optimization methods[J]. Journal of Food Process Engineering, 2018, 41(8): e12914.

[77] Li J., Huang W., Tian X., Wang C., Fan S., Zhao C. Fast detection and visualization of early decay in citrus using Vis-NIR hyperspectral imaging[J]. Computers and Electronics in Agriculture, 2016, 127: 582-592.

[78] Li J., Huang W., Zhao C., Zhang B. A comparative study for the quantitative determination of soluble solids content, pH and firmness of pears by Vis/NIR spectroscopy[J]. Journal of Food Engineering, 2013, 116(2): 324-332.

[79] Li J., Tian X., Huang W., Zhang B., Fan S. Application of long-wave near infrared hyperspectral imaging for measurement of soluble solid content (SSC) in pear[J]. Food Analytical Methods, 2016, 9(11): 3087-3098.

[80] Li J., Wang Q., Lu X., Xi T., Yu X., Fan S. Comparison and optimization of models for determination of sugar content in pear by portable Vis-NIR spectroscopy coupled with wavelength selection algorithm[J]. Food Analytical Methods, 2019, 12(1): 12-22.

[81] Liu Y., Ying Y. Use of FT-NIR spectrometry in non-invasive measurements of internal quality of "Fuji" apples[J]. Postharvest Biology and Technology, 2005, 37(1): 65-71.

[82] Lu R., Ariana D. P., Cen H. Optical absorption and scattering properties of normal and defective pickling cucumbers for 700 ~ 1000nm[J]. Sensing and Instrumentation for Food Quality and Safety, 2011, 5(2): 51-56.

[83] Lu R. Multispectral imaging for predicting firmness and soluble solids content of apple fruit[J]. Postharvest Biology and Technology, 2004, 31(2): 147-157.

[84] Lu R., Peng Y. Development of a multispectral imaging prototype for real-time detection of apple fruit firmness[J]. Optical Engineering, 2007, 46(12): 123201.

[85] Lu R., Huang M., Qin J. Analysis of hyperspectral scattering characteristics for predicting apple fruit firmness and soluble solids content[J]. Proceedings of the SPIE-The International Society for Optical Engineering, 2009, 7315: 731501.

[86] Lu R. L., Zhang Z., Pothula A. K. Innovative technology for apple harvest and in-field sorting[J]. Fruit Quality, 2017, 25(2): 11-14.

[87] Lu Y., Lu R. Non-destructive defect detection of apples by spectroscopic and imaging technologies: a review[J]. Transactions of the ASABE, 2017, 60(5): 1765-1790.

[88] Mo C., Kim M. S., Kim G., Lim J., Delwiche S. R., Chao K., Lee H., Cho B. K. Spatial assessment of soluble solid contents on apple slices using hyperspectral imaging[J].

Biosystems Engineering, 2017, 159: 10-21.

[89] Nicolaï B. M., Beullens K., Bobelyn E., Peirs A., Saeys W., Theron K.I., Lammertyn J. Nondestructive measurement of fruit and vegetable quality by means of NIR spectroscopy: a review[J]. Postharvest Biology and Technology, 2007, 46(2): 99-118.

[90] Pan L., Sun Y., Xiao H., Gu X., Hu P., Wei Y., Tu K. Hyperspectral imaging with different illumination patterns for the hollowness classification of white radish [J]. Postharvest Biology and Technology, 2017, 126: 40-49.

[91] Paz P., Sánchez M. -T., Pérez-Marín D., Guerrero J. E., Garrido-Varo A. Evaluating NIR instruments for quantitative and qualitative assessment of intact apple quality[J]. Journal of the Science of Food and Agriculture, 2009, 89(5): 781-790.

[92] Peiris K. H. S., Dull G. G., Leffler R. G., Kays S. J. Spatial variability of soluble solids or dry-matter content within individual fruits, bulbs, or tubers: Implications for the development and use of NIR spectrometric techniques[J]. Hort Science, 1999, 34(1): 114-118.

[93] Peirs A., Scheerlinck N., Nicolai B. M. Temperature compensation for near infrared reflectance measurement of apple fruit soluble solids contents[J]. Postharvest Biology and Technology, 2003, 30(3): 233-248.

[94] Peng Y., Lu R. Improving apple fruit firmness predictions by effective correction of multispectral scattering images[J]. Postharvest Biology & Technology, 2006, 41(3): 266-274.

[95] Peng Y., Lu R., Peng Y., Lu R. Modeling multispectral scattering profiles for prediction of apple fruit firmness[J]. Transactions of the ASAE, 2005, 48(1): 235-242.

[96] Ribeiro L. P. D., da Silva A. P. M., de Lima A. A., de Oliveira Silva E., Rinnan A., Pasquini C. Non-destructive determination of quality traits of cashew apples (Anacardium Occidentale, L.) using a portable near infrared spectrophotometer[J]. Journal of Near Infrared Spectroscopy, 2016, 24(1): 77-82.

[97] Roger J. M., Chauchard F., Bellon-Maurel V. EPO-PLS external parameter orthogonalisation of PLS application to temperature-independent measurement of sugar content of intact fruits[J]. Chemometrics and Intelligent Laboratory Systems, 2003, 66(03): 191-204.

[98] Sánchez M. T., De la Haba M. J., Pérez-Marín D. Internal and external quality assessment of mandarins on-tree and at harvest using a portable NIR spectrophotometer[J]. Computers and Electronics in Agriculture, 2013, 92: 66-74.

[99] Sánchez M. T., De la Haba M. J., Serrano I., Pérez-Marín D. Application of NIRS for nondestructive measurement of quality parameters in intact oranges during on-tree ripening and at harvest[J]. Food Analytical Methods, 2013, 6(3): 826-837.

[100] Sánchez N. H., Lurol S., Roger J., Bellon-Maurel V. Robustness of models based on NIR spectra for sugar content prediction in apples[J]. Journal of Near Infrared Spectroscopy,

2003, 11(1): 97-107.

[101]Saranwong S., Sornsrivichai J., Kawano S. On-tree evaluation of harvesting quality of mango fruit using a hand-held NIR instrument[J]. Near Infrared Spectroscopy, 2003, 11(1): 283-293.

[102] Saranwong S., Sornsrivichai J., Kawano S. Performance of a portable near infrared instrument for Brix value determination of intact mango fruit[J]. Journal of Near Infrared Spectroscopy, 2003b, 11(1): 1029-1032.

[103]Schmutzler M., Huck C. W. Automatic sample rotation for simultaneous determination of geographical origin and quality characteristics of apples based on near infrared spectroscopy (NIRS)[J]. Vibrational Spectroscopy, 2014, 72(20): 97-104.

[104]Sun X., Zhang H., Pan Y., Liu Y. Nondestructive measurement soluble solids content of apple by portable and online near infrared spectroscopy [J]. Proceedings of SPIE-The International Society for Optical Engineering, 2009, 7514: 24.

[105]Szigedi T., Lénárt J., Dernovics M., Turza S., Fodor M. Protein content determination in Brassica oleracea species using FT-NIR technique and PLS regression[J]. International Journal of Food Science & Technology, 2012, 47(2): 436-440.

[106]Throop J. A., Rehkugler G. E., Upchurch B. L. Application of computer vision for detecting watercore in apples[J]. Transactions of the ASAE, 1989, 32(6): 2087-2092.

[107]Tian X., Wang Q. Y., Huang W. Q., Fan S. X., Li J. B. Online detection of apples with moldy core using the Vis/NIR fulltransmittance spectra [J]. Postharvest Biology and Technology, 2002, 168.

[108]Tian X., Fan S., Li J., Xia Y., Huang W., Zhao C. Comparison and optimization of models for SSC on-line determination of intact apple using efficient spectrum optimization and variable selection algorithm[J]. Infrared Physics & Technology, 2019, 102: 102979.

[109] Tian X., Li J., Wang Q., Fan S., Huang W. A bi-layer model for nondestructive prediction of soluble solids content in apple based on reflectance spectra and peel pigments [J]. Food Chemistry, 2018, 239: 1055-1063.

[110]Ventura M., de Jager A., de Putter H., Roelofs F. P. Non-destructive determination of soluble solids in apple fruit by near infrared spectroscopy (NIRS)[J]. Postharvest Biology and Technology, 1998, 14(1): 21-27.

[111]Wang S., Huang M., Zhu Q. Model fusion for prediction of apple firmness using hyperspectral scattering image[J]. Computers & Electronics in Agriculture, 2012, 80(1): 1-7.

[112]Wold S., Antti H., Lindgren F., Öhman J. Orthogonal signal correction of near-infrared spectra[J]. Chemometrics and Intelligent Laboratory Systems, 1998, 44(1): 175-185.

[113]Wülfert F., Kok W. T., Noord O. E. d., Smilde A. K. Correction of Temperature-Induced Spectral Variation by Continuous Piecewise Direct Standardization [J]. Analytical Chemistry, 2000, 72(7): 1639-1644.

[114] Xia Y., Fan S., Li J., Tian X., Huang W., Chen L. Optimization and comparison of models for prediction of soluble solids content in apple by online Vis/NIR transmission coupled with diameter correction method[J]. Chemometrics and Intelligent Laboratory Systems, 2020, 201.

[115] Xie L., Wang A., Xu H., Fu X., Ying Y. Applications of near-infrared systems for quality evaluation of fruits: a review[J]. Transactions of the ASABE, 2016, 59(2): 399-419.

[116] Xu H., Qi B., Sun T., Fu X., Ying Y. Variable selection in visible and near-infrared spectra: Application to on-line determination of sugar content in pears[J]. Journal of Food Engineering, 2012, 109(1): 142-147.

[117] Yan H., Xu Y. C., Siesler H. W., Han B. X., Zhang G. Z. Hand-held near-infrared spectroscopy for authentication of fengdous and quantitative analysis of mulberry fruits[J]. Frontiers in Plant Science, 2019, 10: 1548.

[118] Yang B., Guo W., Li W., Li Q., Liu D., Zhu X. Portable, visual, and nondestructive detector integrating Vis/NIR spectrometer for sugar content of kiwifruits[J]. Journal of Food Process Engineering, 2019, 42(2): e12982.

[119] Yu X.L., He Y., Feng X. Non-destructive detection of local radishes' hollow hearts by hyperspectral imaging combined with support vector machine[C]//2017 ASABE Annual International Meeting, 2017: 1.

[120] Zerbini P. E., Grassi M., Cubeddu R., Pifferi A., Torricelli A. Nondestructive detection of brown heart in pears by time-resolved reflectance spectroscopy[J]. Postharvest Biology and Technology, 2002, 25(1): 87-97.

[121] Zhang X., Liu F., He Y., Gong X. Detecting macronutrients content and distribution in oilseed rape leaves based on hyperspectral imaging[J]. Biosystems Engineering, 2013, 115(1): 56-65.

[122] Zhang D., Xu Y., Huang W., Tian X., Xia Y., Xu L., Fan S. Nondestructive measurement of soluble solids content in apple using near infrared hyperspectral imaging coupled with wavelength selection algorithm[J]. Infrared Physics & Technology, 2019, 98: 297-304.

[123] Zhang Y., Nock J. F., Al Shoffe Y., Watkins C. B. Non-destructive prediction of soluble solids and dry matter contents in eight apple cultivars using near-infrared spectroscopy[J]. Postharvest Biology and Technology, 2019, 151: 111-118.

[124] Zhu N., Lin M., Nie Y., Wu D., Chen K. Study on the quantitative measurement of firmness distribution maps at the pixel level inside peach pulp [J]. Computers & Electronics in Agriculture, 2016, 130: 48-56.

[125] Zou X., Zhao J., Huang X., Li Y. Use of FT-NIR spectrometry in non-invasive measurements of soluble solid contents (SSC) of "Fuji" apple based on different PLS models[J]. Chemometrics and Intelligent Laboratory Systems, 2007, 87(1): 43-51.

第7章 果蔬轻微损害及难检病害图谱无损评估

果蔬在采收、输送、储藏等环节容易形成一些轻微损害(如机械损伤、冻伤)和病害(如真菌感染引起的腐烂)，带有损害和病害的果蔬在缺陷形成早期很难被肉眼或传统机器视觉识别，然而，随着时间的推移，这些缺陷果蔬会腐烂，进而感染其它正常果蔬，造成较大的经济损失。先进检测技术和方法的研发对于检测该类型缺陷果蔬具有重要意义，也有助于研发高端果蔬质量分级设备。本章主要介绍图谱无损检测技术在果蔬(如柑橘、苹果、桃子、黄瓜、西红柿等)轻微损伤、早期冻伤和真菌感染等方面的应用。

7.1 果蔬轻微损伤检测

损伤是果蔬在采摘、运输和产后处理阶段的一种常见损害。通常，轻微损伤的果蔬表面和正常表面在颜色、纹理上非常相似，导致该类损伤的检测非常具有挑战性。传统的成像技术无法有效识别该类缺陷，而可见-近红外光谱分析又只能针对果蔬小区域检测，因此，以高光谱成像为代表的光谱成像技术更适合于果蔬轻微损伤的检测(Zhang 等，2014)。该章节主要以常见的几种果蔬(如皮薄且容易受损的苹果、桃、梨、蓝莓、黄瓜等)为例，介绍高光谱成像技术在果蔬轻微损伤检测中的研究和应用。

7.1.1 水果轻微损伤检测

当前基于高光谱成像的农产品轻微损伤检测，主要集中在对高光谱图像进行降维处理，从海量高光谱图像信息中选取与缺陷相关的特征，依据选取的特征对损伤进行判别分析。由于高光谱图像光谱波段范围广，波段数量大且相邻波段之间相关性强，存在信息冗余，因此，如何有效地进行高光谱数据降维处理，并提取有效特征，成为后续分类判别的关键。现有的高光谱图像数据降维方法主要包括基于变换的特征提取方法和基于非变换的波段选择方法(李静，2012)。

将高维的光谱特征空间按照一定变换准则，投影到一个较低维数的新特征空间，即特征提取。特征提取后得到的新特征分量主要反映了不同对象某一方面的特性及区别于其它对象的光谱参量。目前，基于变换的特征提取方法主要采用线性分析方法，如主成分分析、独立成分分析、最小噪声分离等，将高维数据映射到低维空间来有效地表达原始的高维特征，并尝试从新的特征分量中得到原始高光谱图像中每个波长图像的权重系数，再根据权重系数得到最佳波长。

基于非变换的波段选择方法，从高光谱图像中不同对象的光谱信息入手，将高光谱图像的每一个波段看作一个特征。进行高光谱图像分类时，在原始光谱信号中尝试搜索一组波长子集，即选择特征波长用于待分类对象的检测。近年来，大量的启发式智能搜索算法被提出，并用于高光谱特征波段的选择，如波段比算法、模拟退火算法、蚁群算法、遗传算法、随机蛙跳等。特征波长选择的最终目的是开发基于特征波长的多光谱成像系统，以便提高检测效率(刘子毅，2017)。

Li 等(2018)比较了可见-近红外高光谱成像设备和长波近红外高光谱成像设备在大桃轻微损伤检测中的性能。该研究使用的可见-近红外高光谱成像系统核心单元包括成像光谱仪(ImSpector V10E-QE，Spectral Imaging Ltd.，Finland)和一台像素为 1004×1002 的面阵 EMCCD 相机(Andor Luca DL-604M，Andor Technology plc.，N. Ireland)，成像光谱区域为 320~1100nm。长波近红外高光谱成像系统核心单元包括成像光谱仪(ImSpector N25E，Spectral Imaging Ltd.，Oulu，Finland)和 CCD 相机(Xeva-2. 5-320，Xenics Ltd.，Belgium)，成像光谱区域为 930~2500nm。两套系统共用一套 300W 面阵卤素灯光源、一台精密移动平台(EZHR17EN，AllMotion，Inc.，USA)和计算机。

研究中为了减小大桃表面颜色和光谱首尾噪声对检测结果的影响，只采用 781~1000nm 范围的短波近红外高光谱图像和 1000~2500nm 范围的长波近红外高光谱图像进行分析。实验前，利用 33g 的钢球从距离大桃表面 150mm 高的位置自由下落，撞击大桃表面，形成损伤区域，对于每个样本，制作的损伤区域为 1~5 个不等。损伤形成 1h 后，分别利用上述两台高光谱成像系统对样本进行扫描并获取高光谱图像。图像获取后，提取样本损伤区域和健康区域的感兴趣区域光谱，光谱分析发现，相对于健康区域，损伤区域的光谱在整个波段范围拥有更低的反射率。采用 PCA 算法分别对 2 套系统获取的高光谱图像进行处理，图 7-1 所示为所获得主成分图像的前 5 个主成分(PC)图像，图 7-1(a)所示为短波近红外高光谱 PC 图像，图 7-1(b)表示长波近红外高光谱 PC 图像。对比前 5 个主成分图像中健康区域与损伤区域的差异，发现对于任一波长区域，PC4 图像最有利于检测大桃的轻微损伤。

根据 PC4 图像，可以获取各波长的权重系数，如图 7-2 所示。根据权重系数的极大值或极小值确定了用于大桃表面轻微损伤检测的特征波长。对于短波近红外，其确定的特征波长为 781、816、840、945 和 1000(单位：nm)，对于长波近红外，其确定的特征波长为 1000、1065、1260、1460、1917 和 2500(单位：nm)。

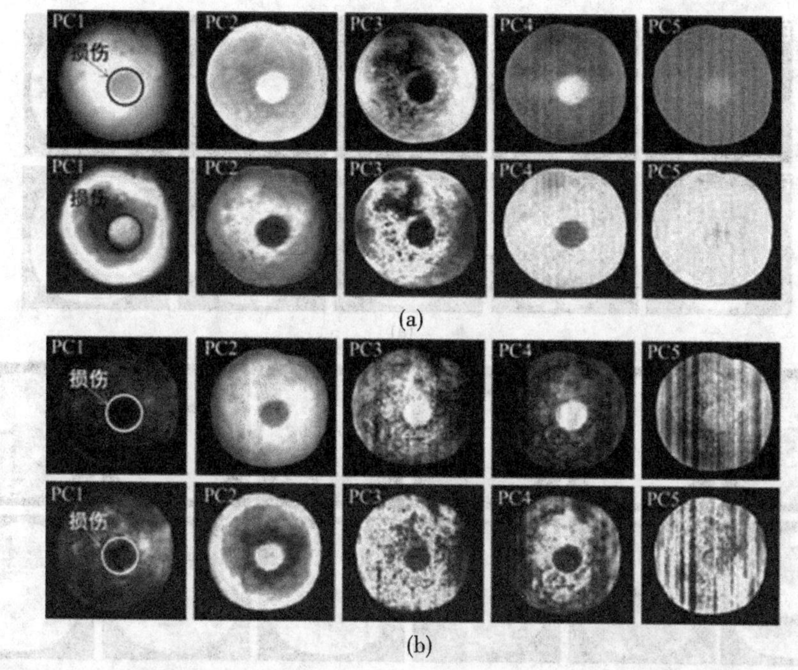

图 7-1 短波近红外(a)和长波近红外(b)高光谱图像分别 PCA 后获得的前 5 幅 PC 图像(Li 等，2018)

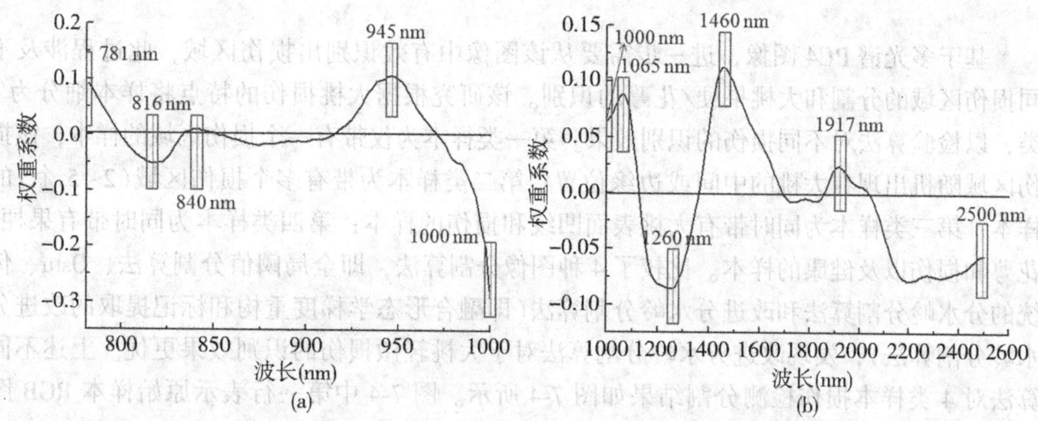

图 7-2 短波近红外(a)和长波近红外(b)高光谱 PC4 图像的各波段权重系数(Li 等，2018)

进一步，利用确定的特征波长，对特征波长下的多光谱图像进行 PCA 操作，图 7-3 显示了所获得主成分图像的前 5 个 PC 图像，图 7-3(a)所示为短波近红外多光谱 PC 图像，图 7-3(b)所示为长波近红外多光谱 PC 图像。对于短波近红外和长波近红外多光谱图像，显示在图 7-3 中的多光谱 PC4 图像更有利于大桃轻微损伤的识别，但由于长波近红外 PC4 的噪声信息较为明显，因此，该研究选择了短波近红外区域特征波长 781、816、840、945 和 1000(单位：nm)主成分分析获得的 PC4 图像作为最终用于大桃轻微损伤识别的目标图像。

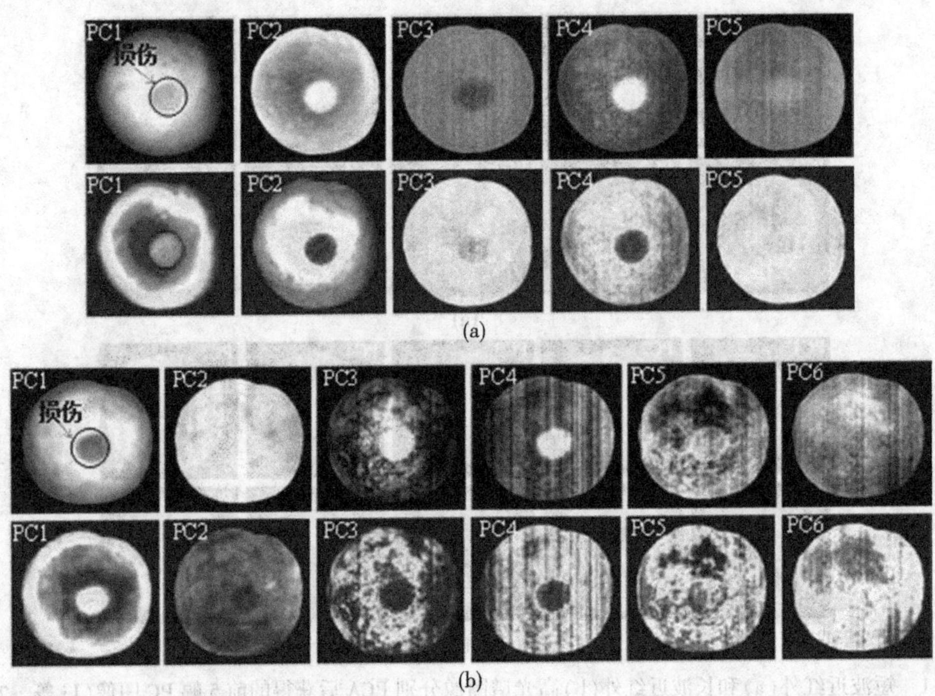

图 7-3　基于短波近红外(a)和长波近红外(b)特征波段 PCA 后获得的 PC 图像(Li 等，2018)

基于多光谱 PC4 图像，进一步需要从该图像中有效识别出损伤区域，此过程涉及不同损伤区域的分割和大桃果梗/花萼的识别。该研究根据大桃损伤的特点将样本细分为 4 类，以检验算法对不同损伤的识别效果。第一类样本为仅带有一个损伤区域的样本，该损伤区域随机出现在大桃的中间或边缘位置；第二类样本为带有多个损伤区域(2~5 个)的样本；第三类样本为同时带有大桃表面凹线和损伤的样本；第四类样本为同时带有果梗/花萼和损伤以及健康的样本。比较了 4 种图像分割算法，即全局阈值分割算法、Ostu、传统的分水岭分割算法和改进分水岭分割算法(即融合形态学梯度重构和标记提取的改进分水岭分割算法)，发现改进分水岭分割算法对于大桃轻微损伤的识别效果更优。上述不同算法对 4 类样本损伤检测分割结果如图 7-4 所示。图 7-4 中第一行表示原始样本 RGB 图像，图像中标识出了不同的感兴趣区域；第二行表示多光谱 PC4 图像；第三行表示 PC4 图像的伪彩色图像；第四行表示分水岭脊线图；第五行至第八行表示采用不同分割算法对损伤样本缺陷分割的结果。

从图 7-4 的识别结果中可以看出，尽管改进分水岭算法最为有效，但是基于该算法，果梗区域也被误分割为损伤区域。因此，该研究进一步对分割出的潜在损伤区域进行圆形度(R)分析。圆形度计算公式如下：

$$R = \frac{4\pi A}{P^2} \tag{7-1}$$

式中，A 为潜在损伤区域的面积，P 为潜在损伤区域的周长。如 $R \geqslant 0.65$，则认为该区域为损伤区域，否则为果梗区域。改进分水岭分割算法结合潜在损伤区域圆形度的判定分析，对验证集中健康果和轻微损伤果进行识别，结果表明，识别正确率分别为 96.5%和 97.5%。

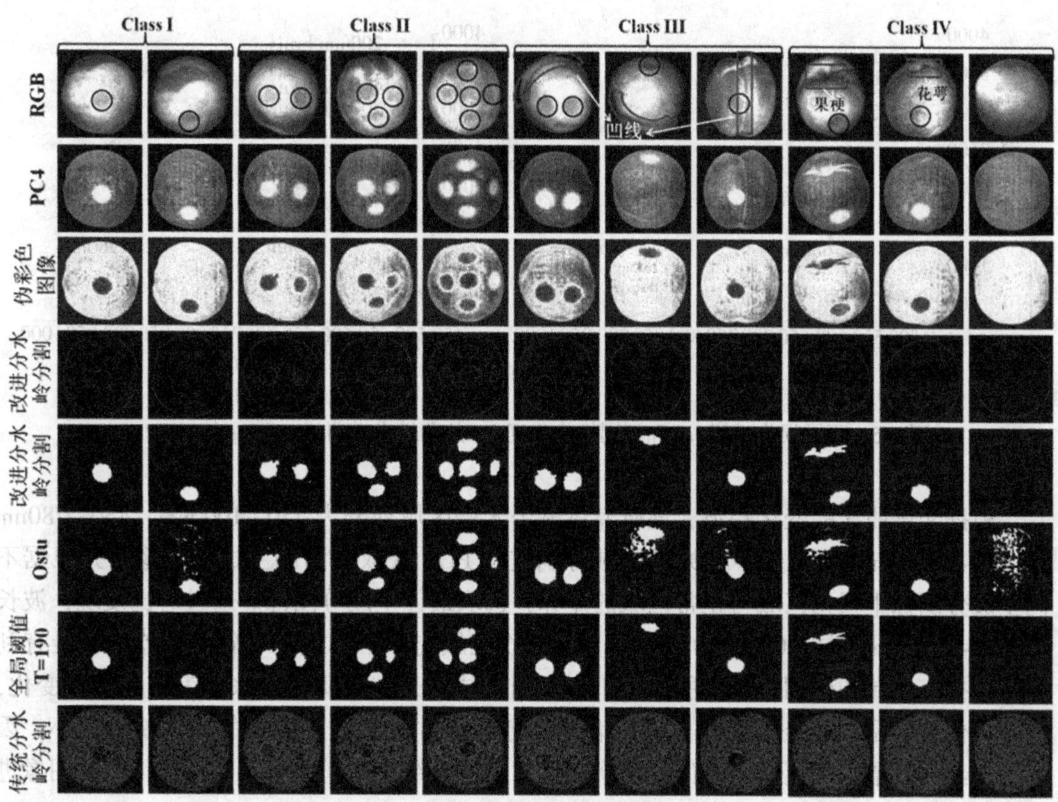

图 7-4　基于不同阈值分割算法的大桃损伤识别结果(Li 等，2018)

Huang 等(2015)探讨了基于可见-近红外高光谱成像技术(光谱区域为 325～1100nm)的苹果轻微损伤检测。研究样本分成两组，一组采用钢球在 500mm 的高度自由落体敲击苹果样本产生损伤，并在 1h、12h 和 24h 后采集苹果样本的高光谱图像，以探讨损伤时间对检测精度的影响，另一组利用钢球在高度分别为 200nm、300nm、400nm 和 500mm 的地方自由落体敲击苹果样本，在每个苹果样本表面上产生 4 种不同程度的损伤，并在 1h 后采集高光谱图像，以探讨高光谱图像对不同损伤程度样本的检测效果。因为预试验发现整个光谱区域的头尾噪声较大，所以选取 450～1000nm 的光谱区域进行后续的分析。高光谱图像数据采集时，要确保移动平台的速度、相机曝光时间、物距和光源强度的匹配，以保证采集的图像清晰且不失真。最终确定的采集参数为：相机曝光时间 55ms，平台移动速度 0.7mm/s，物距 410mm。

在苹果表面选取感兴趣区域，分别提取健康区域和损伤程度区域的光谱，图 7-5 所示为所提取的不同感兴趣区域光谱曲线。研究发现，与健康区域的光谱相比，损伤区域的光谱在 680～960nm 范围反射率较低，且随着损伤时间的延长有逐渐降低的趋势。这可能是由于当水果发生损伤时，水果受损区域的细胞结构和化学成分含量发生变化，损伤区域的含水量要高于正常组织，造成对光谱吸收的增强，反映在光谱反射率上，表现为损伤区域比健康区域光谱反射率低。

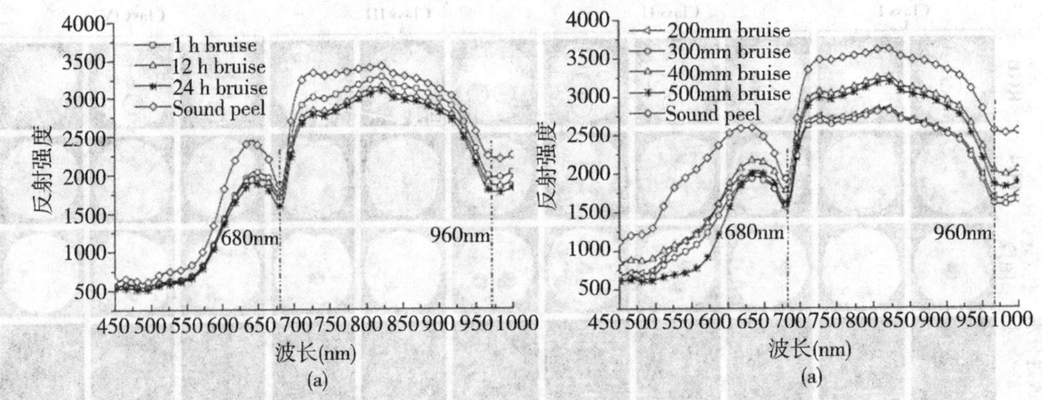

图 7-5　不同损伤时间(a)和不同损伤程度(b)的苹果光谱曲线(Huang 等，2015)

根据光谱曲线的变化趋势，该研究将整个光谱区域划分为 450~1000nm、450~780nm 和 780~1000nm 三个区域，各光谱区域分别进行 PCA 获取不同的主成分图像，并根据不同主成分图像中损伤区域与正常区域的差异，选取最佳主成分图像。通过对比发现，波长为 780~1000nm 区域 PCA 后的 PC4 图像中损伤区域与正常区域有着较大的差异，最有利于水果损伤区域的分割。这可能是由于可见光区域的光谱主要反映水果表面颜色的变化，水果损伤特别是早期轻微损伤区域的表皮颜色和正常水果表皮组织的颜色差异很小，因此，近红外光谱区域更有助于区分损伤和正常水果组织。当引入可见光光谱区域的图像进行 PCA 时，削弱了损伤区域与正常组织区域的差异。

根据该最佳主成分图像中各波长的权重系数大小，进一步确定了用于苹果轻微损伤检测的最佳特征波长图像(780nm、850nm 和 960nm)。对选取的 3 个特征波长的图像再次进行主成分分析，得到最终处理后的多光谱 PC3 图像，结合阈值分割算法，实现了损伤区域的识别。基于上述算法，对第一组和第二组苹果样本的整体检测正确率分别为 91.8% 和 95.3%。该研究检测方法和流程如图 7-6 所示。

在上述研究的基础上，Huang 等(2015)进一步搭建了基于 3 个特征波长(780nm、850nm 和 960nm)的多光谱成像系统，并开发了相应的检测算法用于苹果轻微损伤的实时在线快速检测。该系统主要包括分光镜、滤波片、3 台可见-近红外双 CCD 相机(AD-080GE, JAI Ltd., Yokohama, Japan)，如图 7-7 所示。关于系统更加详细、系统的介绍可参考本书第 9 章。该系统可以同步获取同一视场下 3 幅波长图像。利用该多光谱检测系统对损伤果进行识别结果表明，在静态下，对预测集样本的整体检测精度为 95.8%，而在动态每秒 3 个苹果的速度下，检测精度为 87.3%，主要原因是 850nm 和 960nm 下的单波长图像成像效果较差。尽管在动态下该系统对损伤果的检测效果并不理想，但是该研究从方法原理上实现了由高光谱成像到多光谱成像的苹果损伤检测，对于指导水果缺陷多光谱在线快速检测具有重要意义。同时也可以看出，从高光谱到多光谱系统的构建，由于不同设备分光效率的不同，检测结果存在较大差异。如何利用基于高光谱成像系统获得的特征波长构建快速多光谱成像系统，还有诸多问题亟待解决。

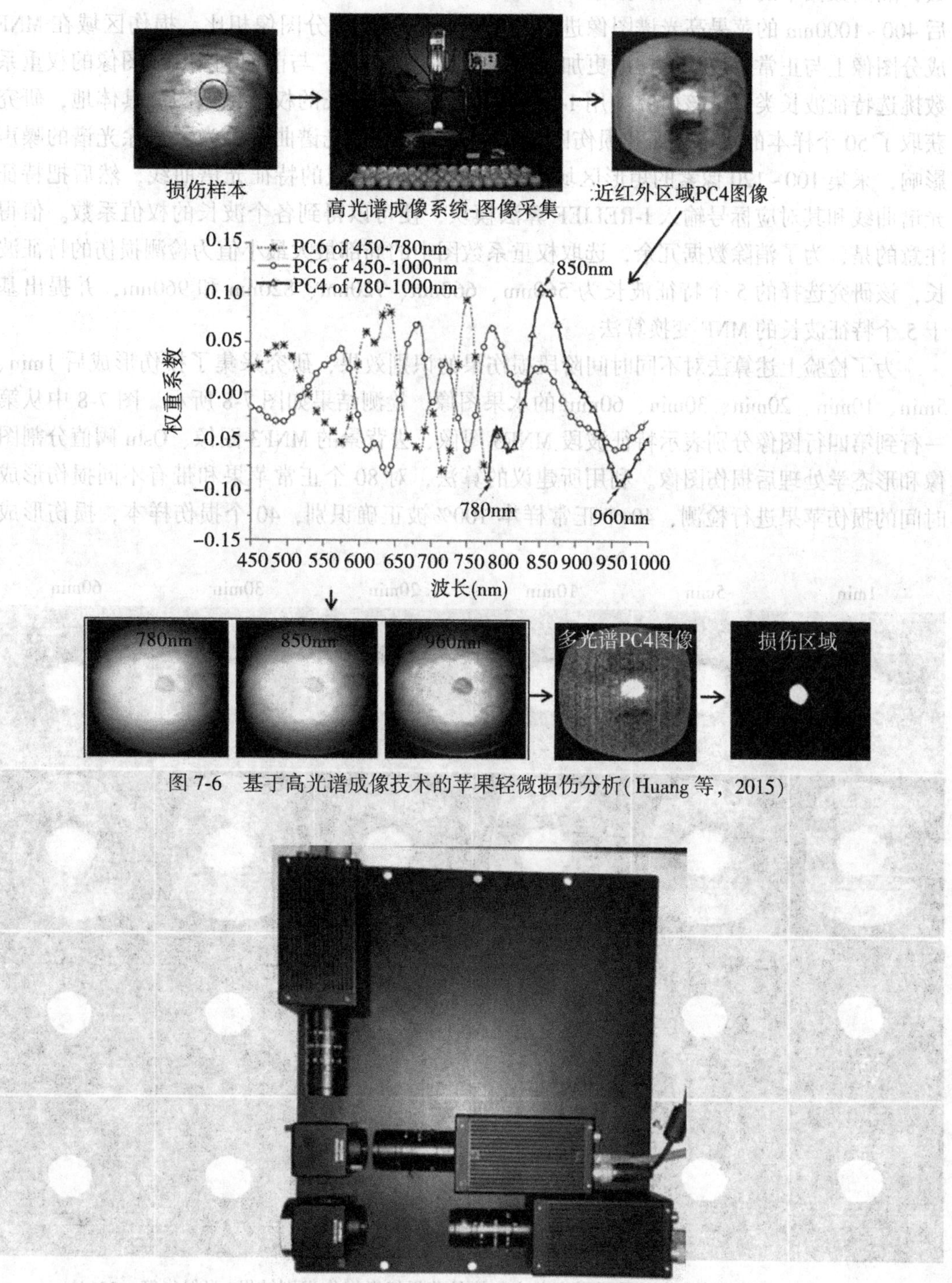

图 7-6　基于高光谱成像技术的苹果轻微损伤分析(Huang 等，2015)

图 7-7　基于 3CCD 相机的多光谱成像系统构建(Huang 等，2015)

除了上述的主成分分析方法，张保华等(2014)提出了一种基于高光谱成像和最低噪声分离(MNF)变换的苹果轻微损伤识别方法。通过 MNF 变换可以判定图像数据的内在维数，隔离数据中的噪声，减少数据处理的计算量。研究采用 PCA 和 MNF 分别对黑白校正后 400~1000nm 的苹果高光谱图像进行处理，与 PCA 主成分图像相比，损伤区域在 MNF 成分图像上与正常表皮的对比度更加明显，识别更加容易。与前面利用 PC 图像的权重系数挑选特征波长类似，该研究利用 I-RELIEF 算法得到波长的权重系数图。具体地，研究获取了 50 个样本的正常表面和损伤区域共计 100 条特征光谱曲线，为了消除光谱的噪声影响，采集 100~120 像素的矩形区域的平均光谱作为区域的特征光谱曲线，然后把特征光谱曲线和其对应标号输入 I-RELIEF 算法模块，便可以得到各个波长的权值系数。值得注意的是，为了消除数据冗余，选取权重系数图中的局部最大最小值为检测损伤的特征波长，该研究选择的 5 个特征波长为 560nm、660nm、720nm、820nm 和 960nm，并提出基于 5 个特征波长的 MNF 变换算法。

为了检验上述算法对不同时间阶段损伤果的识别效果，研究采集了损伤形成后 1min、5min、10min、20min、30min、60min 的水果图像，检测结果如图 7-8 所示。图 7-8 中从第一行到第四行图像分别表示特征波段 MNF3 图像、去背景的 MNF3 图像、Ostu 阈值分割图像和形态学处理后损伤图像。利用所建议的算法，对 80 个正常苹果和带有不同损伤形成时间的损伤苹果进行检测，40 个正常样本 100%被正确识别，40 个损伤样本，损伤形成

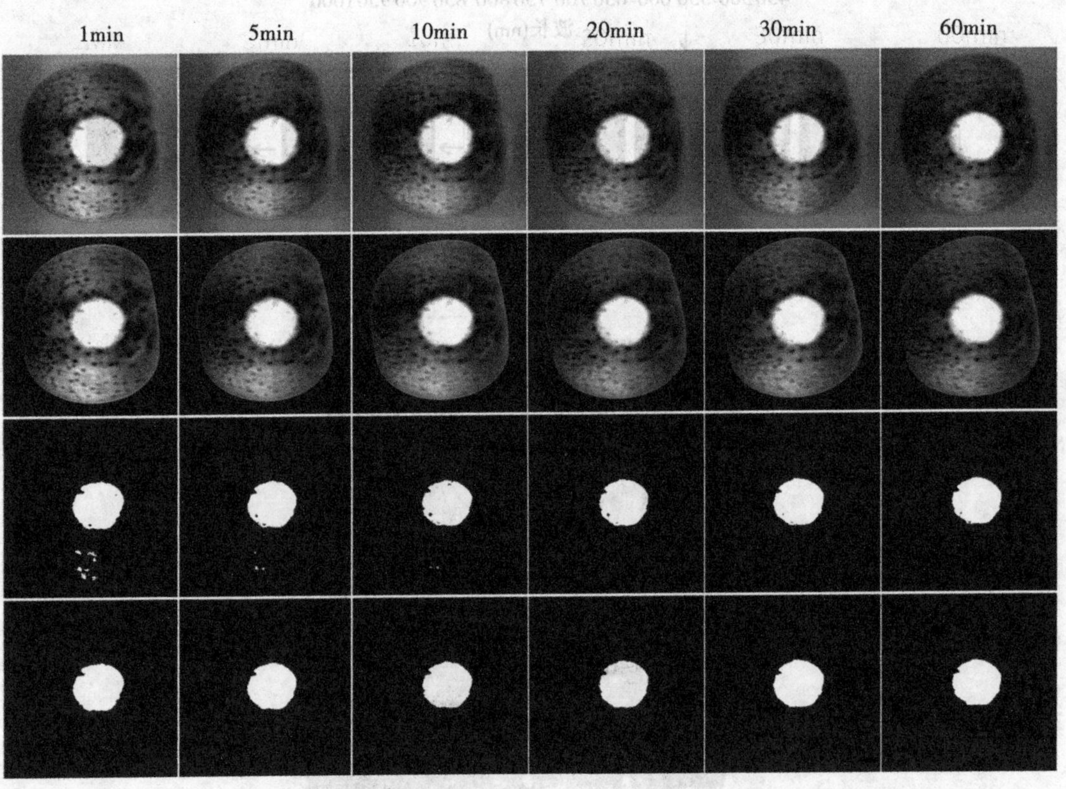

图 7-8　基于高光谱成像和最低噪声分离变换的苹果轻微损伤识别结果(张保华等，2014)

后1min的正确识别率为92.5%，5min后的正确识别为95%，10min、20min和30min的正确识别率均为97.5%，1h的损伤样本全部正确检出，正确识别率为100%。部分没有正确识别的样本，主要原因有两点：一是损伤出现过分割，这种情况主要体现在损伤形成时间小于20min的样本上，二是损伤区域没有出现在MNF3图像中，但只是极个别的样本出现这种情况。

蓝莓也是一种极易受损的水果，但由于蓝莓表皮颜色较深，对蓝莓造成的碰伤用肉眼很难识别。Fan等(2017)利用高光谱成像装置探讨了不同处理时间和不同位置的损伤对蓝莓损伤检测的影响。考虑损伤30min、2h、6h及12h后的蓝莓样本，对于每个时间处理，将样本又分为果梗、赤道、花萼3个部位的损伤及一个未处理的对照组。检测系统主要由InGaAs相机(320×256pixels，25μm pitch，Model SUI320KTS1.7RT，GOODRICH，Sensors Unlimited，Inc，NJ，USA)、液晶可调谐滤波器(Model Varispec LNIR 20HC20，Cambridge Research &Instrumentation，MA，USA)构成，与前面所述的线扫描高光谱成像方式不同，该系统采用面扫描成像模式。高光谱图像采集完成后，将蓝莓沿中线切开，利用其图像信息统计损伤区域面积和整个切面面积，得到二者的比值，即实际测得的蓝莓损伤率。

对于不同处理时间的样本，提取损伤部位与健康部位的光谱信息，发现损伤区域的光谱反射率比正常区域的光谱反射率低，主要是由于损伤区域细胞破裂，积累了大量的自由水，造成了对光谱吸收的增强。另外，随着时间推移，健康区域的光谱与损伤区域的光谱之间的差异越来越明显。基于提取的光谱信息，建立基于监督分类算法的LS-SVM损伤判别模型，实现健康区域光谱与损伤区域光谱的判别，对不同时间段正常区域光谱或损伤区域光谱的判别正确率均大于95%。进一步，利用竞争性自适应重加权算采样法(CARS)从全光谱141个波长中，优选出用于蓝莓损伤检测的16个特征波长：960、980、995、1000、1180、1200、1205、1210、1225、1405、1410、1420、1430、1445、1645和1650(单位：nm)。建立基于特征波长的LS-SVM分类模型。上述分析均针对感兴趣区域的光谱进行，研究尝试将上述建立的模型用于蓝莓表面每一个像素点的判别，得到蓝莓损伤分布图，如图7-9所示。图中为模型对损伤30分钟后的蓝莓样本的检测结果，其中红色部分代表的为损伤区域，白色部分为健康区域，而蓝色区域代表花萼区域。花萼部分在数据处理时，光谱强度值异常高于其它部分，如将此处光谱带入判别模型，花萼区域特别容易被误判为损伤区域。通过比较，该研究采用1200nm/1075nm波段比进行花萼部分的识别并在后续分析中舍弃该部分。进一步，计算出每个蓝莓的预测损伤率，即图中红色损伤部分的面积与整个果实面积的比值。通过和实际测量得到的蓝莓损伤率对比发现，随着损伤时间的延长，对蓝莓损伤率的预测结果逐渐提升，且对比全波段与特征波段对于蓝莓损伤率的预测结果，在保证预测精度的前提下，基于特征波段的分类识别模型更简单。对上述4个损伤时间处理的蓝莓损伤率预测决定系数(R^2)分别为0.681、0.741、0.839和0.847，预测均方根误差RMSEP分别为0.166、0.147、0.133和0.122。可以发现，随着损伤时间增加，检测结果越好。进一步发现，相对于果梗部位和赤道部位的损伤，花萼部位损伤对应的损伤率预测结果较差。这主要是由于在计算蓝莓损伤率的时候，花萼部分被排除在外，如果花萼部分下面确实产生损伤，则不能被识别出来。另外，从对照组也可以看到某些蓝莓已经产生了损伤，主要是在挑选蓝莓的过程中，虽然经过精心挑选，但也难免有损伤的蓝莓被选入其中。

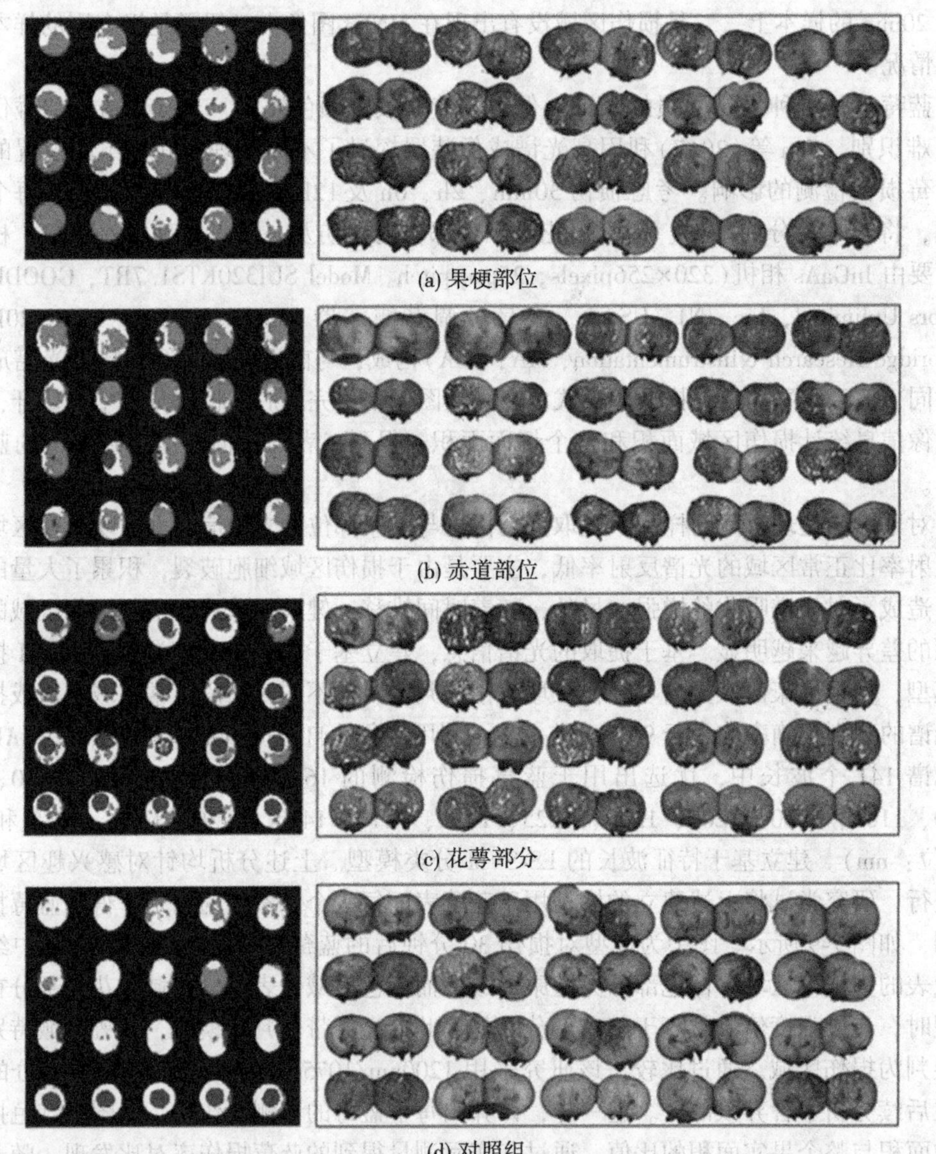

(a) 果梗部位

(b) 赤道部位

(c) 花萼部分

(d) 对照组

图 7-9　基于特征波长的 LS-SVM 模型对蓝莓损伤的可视化检测结果和实际损伤图(Fan 等，2017)

就基于多光谱成像的蓝莓损伤检测而言，上述挑选的 16 个特征波长仍然较多。因此，该研究进一步尝试了采用波段比图像的方法来实现蓝莓损伤的快速检测。同样应用提取的感兴趣区域的光谱信息，结合方差分析(ANOVA)，比较了不同波段比图像下健康区域光谱与损伤区域光谱的差异，根据 F 值大小，确定两类光谱差异最大的波段比图像。通过遍历所有可能的波段比图像组合，得到 1235nm/1035nm 图像对应的 F 值最大，如图 7-10

所示，进而用于蓝莓损伤的快速检测。通过设定合理的阈值，分割健康区域及损伤区域，得到对应的蓝莓损伤分布图和蓝莓损伤率的预测结果。

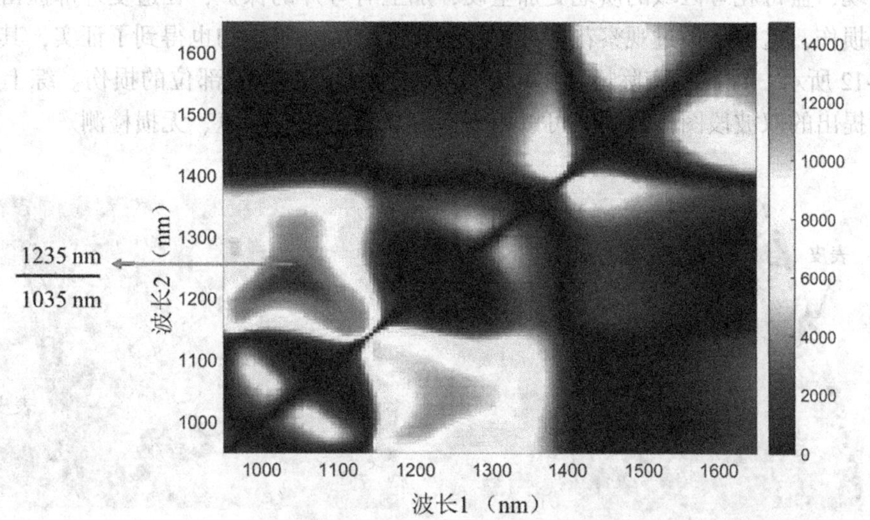

图 7-10　不同波段比下的 F 值分布(Fan 等，2017)

最终，将上述两种算法应用于损伤样本的定性判别中。根据损伤率是否大于 0.25(Yu 等，2014)，判断该样本是否属于损伤样本。就独立预测集样本，波段比算法对于正常样本和损伤样本的正确识别率分别为 93.3%和 95.9%。基于特征波长的 LS-SVM 的判别正确率分别为 93.3%和 98.0%。虽然波段比算法检测结果略微低于基于 16 个特征波长的 LS-SVM 模型，但波段比算法在检测效率上更高，更有利于后续多光谱成像系统的搭建。最终，开发了用于蓝莓损伤检测的高光谱图像快速检测算法，算法流程如图 7-11 所示。

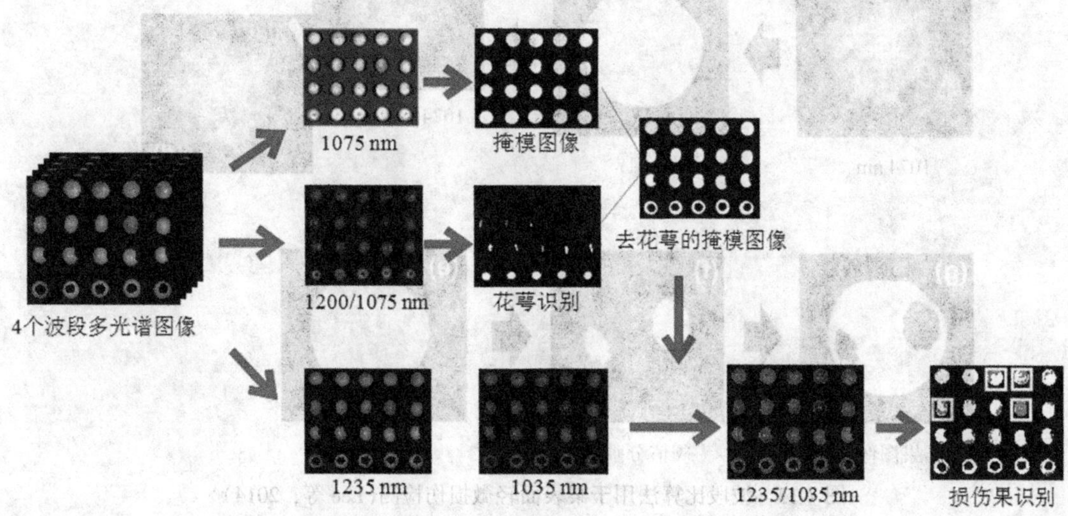

图 7-11　蓝莓损伤快速检测算法流程(Fan 等，2017)

另外，需要指出的是，与果梗和赤道部位的损伤相比，花萼区域的损伤更难以识别。因此，该研究提出的算法若不考虑花萼部位的损伤，检测精度仍然可以得到提升。进一步研究发现，蓝莓花萼区域的质地更加坚硬，加上有萼片的保护，在遭受外部撞击时，更难以产生损伤，这一点通过观察花萼部位与其它部位的细胞结构也得到了证实，其细胞结构如图 7-12 所示。因此，实际检测中可以不考虑或少考虑花萼部位的损伤。综上所述，该研究所提出的双波段图像比算法可以用于蓝莓早期损伤的快速、无损检测。

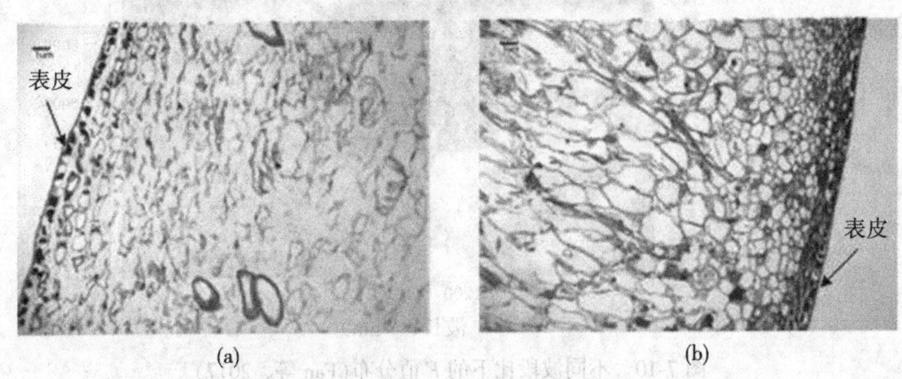

图 7-12　蓝莓果梗(a)和花萼(b)处的细胞结构(Fan 等，2017)

类似的，波段比算法在梨轻微损伤检测中也得到了应用。Lee 等(2014)利用该算法在梨 950～1650nm 范围的高光谱图像中筛选出 1074nm 和 1016nm 两个单波长图像，并执行图像比用于梨的损伤检测，如图 7-13 所示。

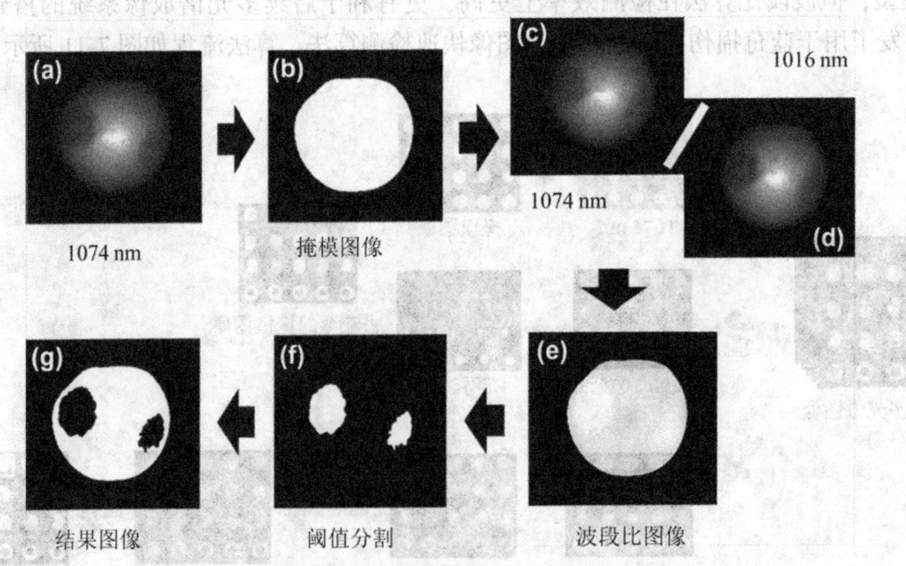

图 7-13　波段比算法用于梨表面轻微损伤检测(Lee 等，2014)

针对蓝莓等小型水果，除了上述介绍的高光谱反射成像外，基于透射高光谱成像技术的蓝莓损伤检测也有相关研究应用。Zhang 等(2018)搭建了如图 7-14(a)所示的高光谱透射成像系统用于蓝莓损伤检测。利用自制的钟摆装置对蓝莓进行人工损伤处理。该研究中只讨论了赤道部位及果梗部位损伤的处理。为了充分考虑损伤时间和样品的贮藏温度对于检测结果的影响，分别在 22℃ 和 4℃ 条件下贮藏样本，采用上述方法在损伤形成 30min、3h、12h、24h 后对蓝莓样本进行透射高光谱图像的采集。对于果梗部位的损伤和对照组未损伤的样本，考虑 3 种摆放方式。而对于赤道部位损伤的样本，考虑 4 种摆放方式(花萼朝上、果梗朝上、2 种赤道部位朝上)，如图 7-14(b)所示。对蓝莓高光谱图像进行黑白校正后，根据蓝莓的实际损伤情况，从蓝莓的高光谱图像中选取损伤部位的感兴趣区域和健康部位的感兴趣区域提取对应的光谱信息。此处用于感兴趣区域光谱信息提取的蓝莓高光谱图像为 22℃ 存放条件下，损伤 24h 后采集的高光谱图像。主要原因是在较高温度下存放时间越长，其损伤程度越严重，在切开后的蓝莓图像中更容易区分损伤区域与健康

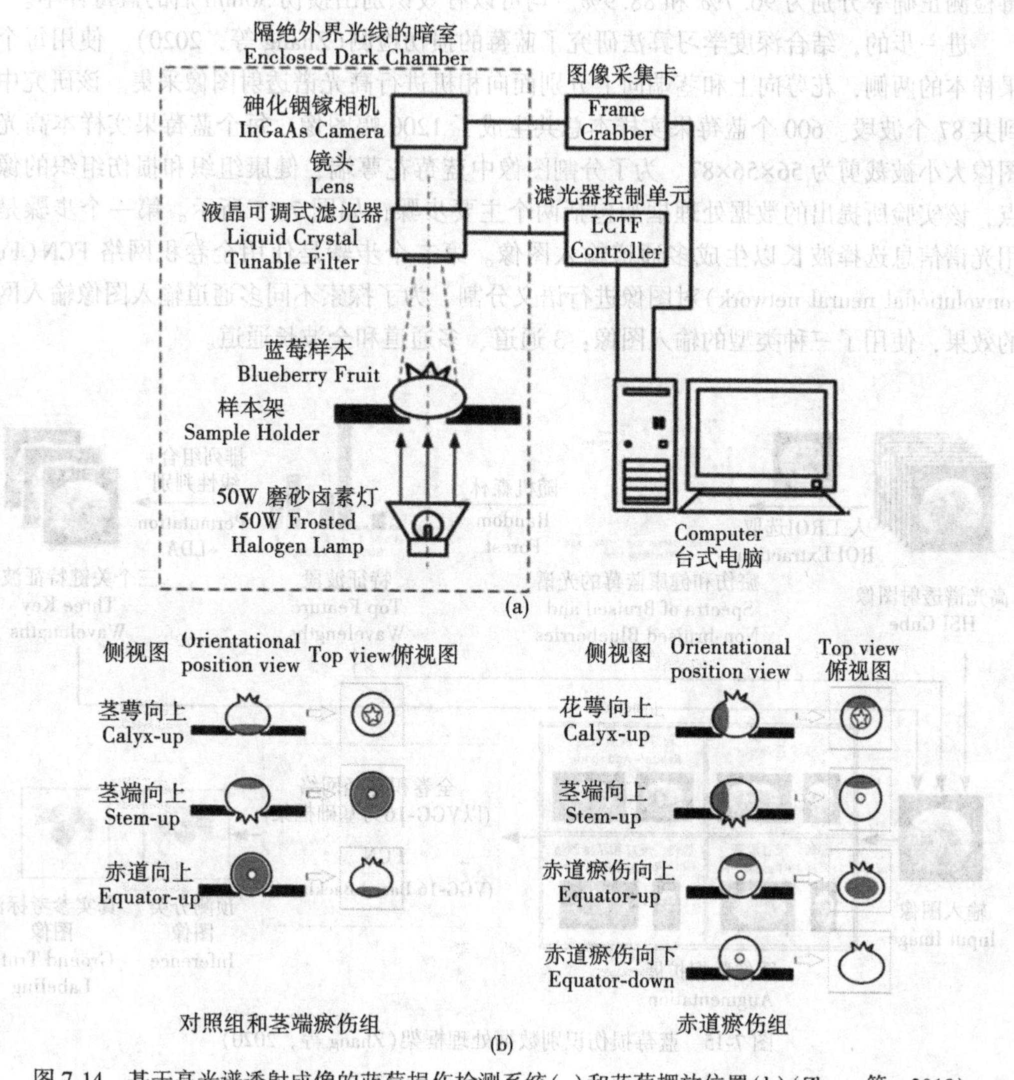

图 7-14 基于高光谱透射成像的蓝莓损伤检测系统(a)和蓝莓摆放位置(b)(Zhang 等，2018)

区域，提取的光谱信息更准确。考虑到光谱首尾两端信号强度低，因此采用 970~1400nm 波段范围的数据进行分析。通过观察，在 1000~1150nm 光谱区域，损伤组织相对于健康组织有着更高的透射率，且在 1070nm 单波长图像下，损伤区域与健康区域的差异最为明显。低温可以减缓蓝莓的损伤，但其光谱响应和变化趋势在两个贮藏温度下没有明显差异。花萼朝上放置不利于蓝莓损伤的检测，主要是由于在该位置下，花萼部位的光谱透射率大于健康区域的透射率，因此，花萼区域附近的健康组织往往被判断为损伤组织。而对于赤道部位朝上这种放置方式在实际检测中较难以实现，因此选取果梗朝上这种放置方式进行分析。利用感兴趣区域的光谱信息，建立对应的 SVM 分类模型，并将该模型用于判别蓝莓表面每个像素点，得到对应的蓝莓损伤分布图，根据其损伤率是否大于 25%，将蓝莓归类于损伤样本和健康样本，并与实际切开后的结果对比。该算法对于不同温度、不同损伤部位的整体检测正确率为 94.5%。对 22℃ 和 4℃ 两个贮藏温度下损伤 30min 后的蓝莓检测正确率分别为 96.7% 和 88.9%。均可以有效识别出损伤 30min 后的蓝莓样本。

进一步的，结合深度学习算法研究了蓝莓的损伤检测(Zhang 等，2020)。使用每个水果样本的两侧，花萼向上和茎端向上分别面向相机进行高光谱透射图像采集。该研究中用到共 87 个波段。600 个蓝莓果实样本总共生成了 1200 幅图像。每个蓝莓果实样本高光谱图像大小被裁剪为 56×56×87。为了分割图像中蓝莓花萼端、健康组织和损伤组织的像素点，该实验所提出的数据处理框架包括两个主要步骤，如图 7-15 所示。第一个步骤是利用光谱信息选择波长以生成多通道输入图像。第二个步骤是使用全卷积网络 FCN(Fully convolutional neural network)对图像进行语义分割。为了探索不同多通道输入图像输入网络的效果，使用了三种类型的输入图像：3 通道、多通道和全波长通道。

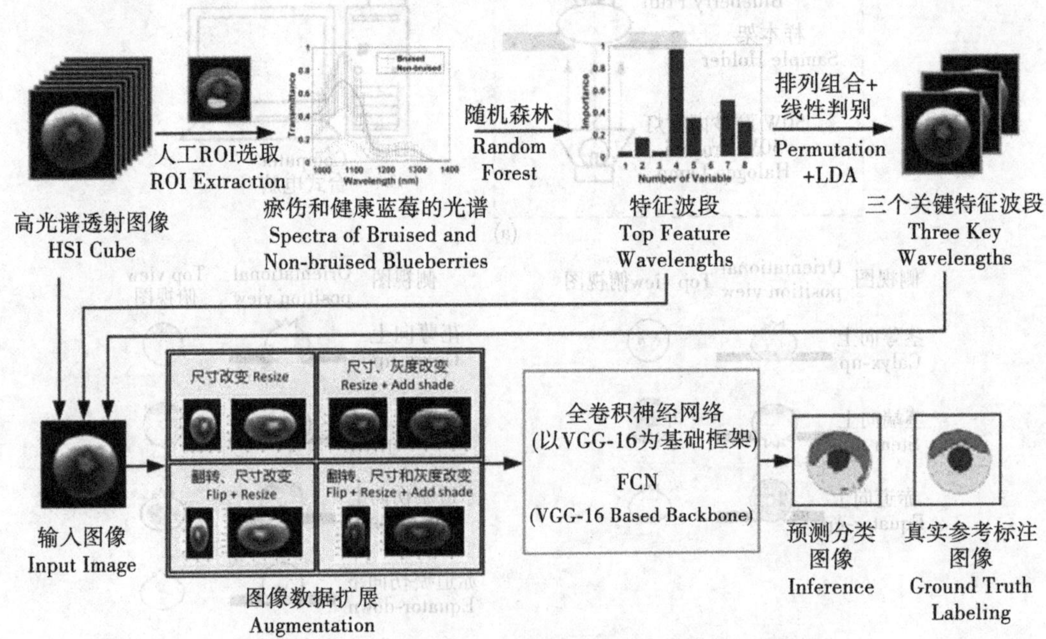

图 7-15　蓝莓损伤识别数据处理框架(Zhang 等，2020)

首先提取了损伤组织与健康组织的光谱信息，分析发现，在970~1300nm光谱范围内存在很大的差异。借助随机森林方法，选取970、1000、1005、1010、1015、1020、1040、1065和1070(单位：nm)特征波长以生成9通道图像。为了进一步减少特征波段的数量，获得3个波段，以生成3通道输入图像。利用排列组合方法从特征波段集(包含9个特征波长)中形成3个波段的所有可能组合。采用4折交叉验证的线性判别分析LDA对各组进行评价。选择在LDA中损失最小的组，该组中的三个波段用于生成3通道图像，分别为1005nm、1020nm和1070nm。

进一步，根据Shelhamer等(2017)的描述，VGG16 Net被用作FCN的主干架构。为了使预测更准确，在池化层pooling layers 3、4后以及最终卷积层后添加1×1卷积层，使特征映射通道达到预测类的数量，如图7-16所示。将转置卷积运算应用于最终卷积层的预测图(Predict 1)。将池化层4的预测图(Predict 2)与转置卷积层(Transpose Conv 1)融合。预测图(Predict 3)与前层融合的2×转置卷积层(Transpose Conv 2)融合。融合的预测图被上采样8×(FCN-8s)到与输入图像/真实参考分类图相同的大小。使用逐像素softmax交叉熵损失函数对图像进行训练。

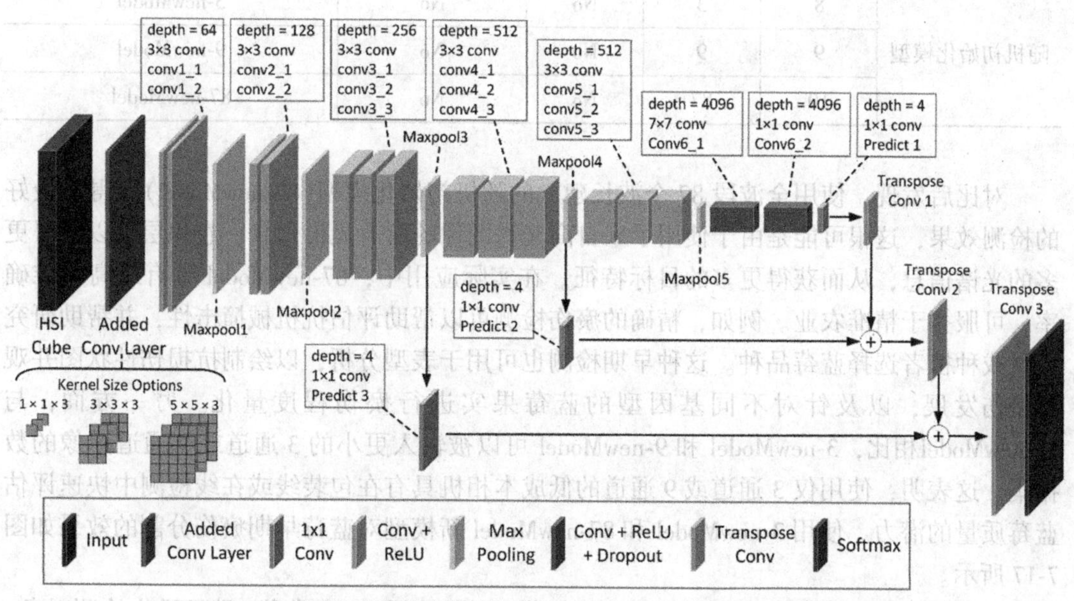

图7-16　全卷积网络详细架构及加层(added layer)结构(Zhang等，2020)

基于特征选择结果，研究了多种不同输入图像通道的网络配置(表7-1)。FCN模型的初始化有两种处理方式：随机初始化模型(new model)和预训练模型(pre-trained model)。本研究使用由Glorot均匀分布和截断的正态分布生成的随机值作为初始化，训练新FCN模型。对于预训练模型，利用ImageNet(Russakovsky等，2015)预训练VGG-16的参数，使用迁移学习对FCN模型进行初始化。迁移学习是一种机器学习方法，通过重新使用某一任务训练的预训练模型来初始化另一任务的模型参数。为了输入具有三个以上通道的高光谱数据，在输入层之后将一个卷积层added layer添加到网络中(图7-16)。为了利用迁移学习的优势，增加的层将高光谱图像数据的维度从 87 个通道减少到 3 个通道，以便训练后可以对预训练的权重进行微调。三通道图像可以直接被输入到预训练的网络，无需添加层。而随机初始化模型框架则没有添加层。

表 7-1　　不同输入通道下 FCN 模型的最终框架(Zhang 等，2020)

初始化方式	序号	输入通道	迁移学习	添加层核大小	模型表示
预训练模型	1	3	Yes	No	3-preTrained
	2	9	Yes	1×1	9-preTrained-1×1
	3	9	Yes	×3	9-preTrained-3×3
	4	9	Yes	5×5	9-preTrained-5×5
	5	87	Yes	1×1	87-preTrained-1×1
	6	87	Yes	3×3	87-preTrained-3×3
	7	87	Yes	5×5	87-preTrained-5×5
随机初始化模型	8	3	No	No	3-newModel
	9	9	No	No	9-newModel
	10	87	No	No	87-newModel

对比后发现，使用全波段 87 个波长建立的随机初始化模型(87-newModel)获得了最好的检测效果，这很可能是由于使用了来自高光谱图像的所有光谱信息，卷积层可以获得更多的光谱信息，从而获得更多的目标特征。在实际应用中，87-newModel 具有最高的准确率，可服务于精准农业。例如，精确的瘀伤检测可以帮助评估抗机械撞击性，并帮助研究人员或种植者选择蓝莓品种。这种早期检测也可用于表型分析，以绘制抗损伤性状图并观察瘀伤发展，以及针对不同基因型的蓝莓果实进行瘀伤程度量化。另一方面，与 87-newModel相比，3-newModel 和 9-newModel 可以被输入更小的 3 通道或 9 通道图像的数据集。这表明，使用仅 3 通道或 9 通道的低成本相机具有在包装线或在线检测中快速评估蓝莓质量的潜力。使用 3-newModel 和 87-newModel 新模型对蓝莓早期瘀伤分割的效果如图 7-17 所示。

迟茜等(2015)研究了猕猴桃早期隐性损伤的检测方法。以“华优”猕猴桃为检测对象，采集了正常样本和隐性损伤形成 1~3h 内的猕猴桃样本在 900~1700nm 波段范围的近红外高光谱图像。发现 900~1350nm 光谱范围内正常和损伤区域的反射光谱具有明显的差异，并确定 1050~1200nm 为识别损伤的最佳光谱区域。基于此最佳光谱区域内主成分图像的权重系数及波长间光谱反射值的相关性优选了 4 个特征波长(1057nm、1090nm、1120nm 和 1177nm)。基于该 4 个特征波长进行了二次主成分分析，并结合中值滤波、阈值分割和数学形态学处理方法提出了用于猕猴桃早期隐性损伤识别的算法。该算法对 70 个无损伤猕猴桃和 70 个带有隐性损伤的猕猴桃进行分类识别，正确识别率分别为 100%和 95. 7%，平均正确识别率为 97. 9%。

Keresztes 等(2016)采用高光谱成像技术(900~2500nm)提取苹果损伤区域、健康区域和亮斑区域的光谱信息，并借助一阶导数和均值中心化处理的最佳组合对光谱进行预处理，建立 PLS-DA 判别模型，来判断苹果表面每个像素点，最后得到苹果表面的损伤区域、亮斑区域和健康区域。该方法能够在像素级别以 98%的准确度检测 30 个苹果中的新鲜瘀伤，每个苹果的处理时间均低于 200ms。

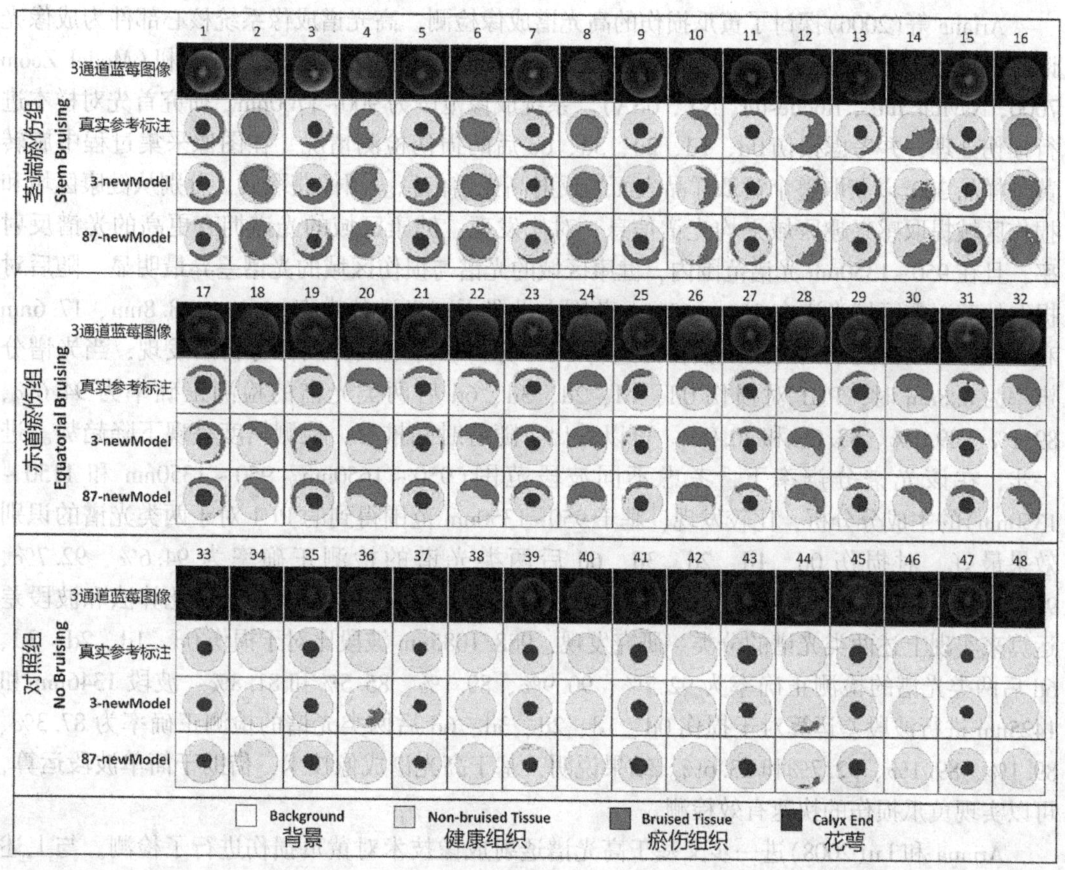

图 7-17 使用 3-newModel 和 87-newModel 新模型得到的蓝莓早期瘀伤分布图(Zhang 等，2020)

除了上述图谱分析方法外，对于小型水果，也可以直接利用其平均光谱进行分析，但这种分析方法的局限是只用到了水果的光谱信息，不能明确样品的损伤具体在哪个位置。但对于实际生产来说，有时只需明确该果是否属于损伤果即可。Fan 等(2018)分别利用两套不同波段的高光谱成像系统(线扫描高光谱成像系统，480~960nm；面扫描高光谱成像系统，960nm~1650nm)对损伤蓝莓进行扫描，以获得蓝莓高光谱图像。以整个蓝莓样本作为感兴趣区域并提取其平均光谱，进而得到样本在 480~960nm 和 960~1650nm 范围的光谱信息，尝试在数据层、特征及决策层对光谱数据或建模结果进行融合。结果表明，利用特征波长提取算法分别获取不同波段(480~960nm 和 960~1650nm)下的特征波长，然后构建基于特征波长的 SVM 分类模型，并在决策层利用 Fuzzy template 方法将两个分类模型的结果进行融合，可以取得最好的检测结果，正确率为87.5%。

除上述研究外，高光谱成像技术也可用于冬枣(魏新华等，2015；孙世鹏等，2017)、油桃(武锦龙等，2019)等水果轻微损伤的检测研究。

7.1.2　蔬菜轻微损伤检测

Ariana等(2006)探讨了黄瓜损伤的高光谱成像检测。高光谱成像系统核心部件为成像光谱仪(Model ImSpector N17E，Specim，Finland)和320×240像素的铟镓砷相机(Model Zoom 7000，Navitar Inc.，Rochester，NY，USA)。系统成像范围为900~1700nm。研究首先对样本进行损伤处理，并考虑损伤0d、1d、2d、3d、6d后的损伤检测情况。在图像采集过程中旋转黄瓜样品360°以获取整个黄瓜样品表面的反射高光谱信息。图像获取后，分别从健康区域和损伤区域提取感兴趣区域平均光谱信息，对比发现，健康区域的光谱拥有更高的光谱反射率，且在950~1350nm光谱范围内，健康区域的光谱与损伤区域的光谱差异最明显。随后对提取的感兴趣区域光谱在950~1650nm范围内设置不同光谱分辨率(4.4nm、8.8nm、17.6nm和35.2nm)以得到不同的波段数目并进行PCA分析。对主成分图像分析后发现，当光谱分辨率为8.8nm时，PC1对损伤0d、1d、2d、3d、6d后两类光谱的检测正确率为94.6%、89.1%、89.1%、83.6%和70.9%。可以看出，随着时间推移，检测精度呈现下降趋势。进一步，在该光谱分辨率下，考虑不同波段范围(950~1650nm、950~1350nm和1150~1350nm)的主成分分析，比较发现，基于950~1350nm范围得到的PC1对于两类光谱的识别效果最好，对损伤0d、1d、2d、3d、6d后两类光谱的检测正确率为94.6%、92.7%、90.9%、85.5%和74.6%。为进一步减小建模变量数，该研究尝试利用波段比算法和波段差运算来实现上述两类光谱的分类。研究发现，988/1085nm波段比对于损伤0d、1d、2d、3d、6d后两类光谱的检测正确率为92.7%、90.9%、89.1%、85.5%和81.8%。波段1346nm和1425nm进行波段差运算对于损伤0d、1d、2d、3d、6d后两类光谱的检测正确率为87.3%、89.1%、89.1%、92.7%和83.6%。结果说明，基于高光谱成像技术，借助于简单波段运算，可以实现黄瓜损伤的快速有效检测。

Ariana和Lu(2008)进一步又基于高光谱透射成像技术对黄瓜损伤进行了检测。与上述研究获取整个黄瓜表面的高光谱信息不同，该研究通过转动黄瓜，只采集0°、120°和240°三个位置的黄瓜透射光谱信息，每个位置的光谱信息可以用矩阵256×1×256(空间纵向(黄瓜放置方向)×空间横向×光谱变量数)来表示。3个位置(3条线)所有像素点的平均光谱和对应的标准差光谱作为该样本的光谱信息。黄瓜损伤2个小时后，进行透射高光谱图像的采集。图像采集完成后，将样本存放在25℃、相对湿度为95%的暗室，并在1d、2d、3d、6d后再次采集450~1000nm范围的透射高光谱图像。由于黄瓜直径大小会影响光谱透射率的强弱(光的透射强度随着直径的增大而减小)，通过下式对光谱透射率进行校正：

$$T_C = T_R \times \frac{d}{\bar{d}} \tag{7-2}$$

式中，T_C为经过校正处理后的光谱透射率，T_R为原始光谱透射率，d为校正样本的直径，$\bar{d}$为所有样本的平均直径。比较发现，经过直径校正处理后的光谱信息具有更好的分类结果。直径校正算法可以从一定程度上减小样本直径变化对建模结果的影响。

对所有黄瓜样本，在光谱区间 450~700nm 的透射率远远小于在光谱区间 700~1000nm 范围的透射率。相比于正常黄瓜，损伤后的黄瓜透射率更高。基于直径校正后的平均光谱，建立了 PLS-DA 分类模型，对具有不同损伤天数的 Journey、Vlaspik 和混合品种样本进行分类，平均正确率为 89.5%，97.7%和 93.2%。而基于直径校正后的标准差光谱，平均分类正确率为 90.2%，98.7%和 95.4%，略好于基于平均光谱建立的分类模型。

为了对比 PLS-DA 分类模型，该研究尝试采用光谱的相似性判定方法来区分高光谱扫描线上每个像素点的损伤情况。具体地，每个黄瓜样本，对 3 次线扫描结果在空间层面进行平均得到平均后的高光谱透射图像，其大小仍然为 256×1×256。针对空间每个像素点，利用式(7-3)计算该像素点的光谱与所有校正集正常黄瓜样品的平均光谱之间的欧式距离(Euclidean distance)，即计算两个向量 $\boldsymbol{X}_k$ 与 $\boldsymbol{X}_l$ 在 J 维空间的距离。通过设定合理的阈值，判定其是否为正常像素点还是损伤像素点。

$$d_{kl} = \sqrt{\sum_{j=1}^{J} (x_{kj} - x_{lj})^2} \tag{7-3}$$

该方法简单易行，但检测结果相对于 PLS-DA 方法略差，对不同损伤天数下的 Journey、Vlaspik 和混合样本，平均分类正确率分别为 89.1%、94.6%和 90.5%。

李小昱(2016)以轻微损伤马铃薯为研究对象，采用 V 形平面镜及高光谱成像技术，结合信息融合法建立了基于不同层次信息融合的马铃薯轻微损伤检测模型，并通过比较分析确定了用于马铃薯轻微损伤检测的最优信息融合方法。该研究首先基于可见-近红外高光谱成像系统，搭建了 V 形平面镜高光谱图像采集平台，如图 7-18(a)所示。图中两块平面镜对称放置于成像单元中轴线的两侧，镜面倾斜朝上，马铃薯放置在 V 形平面镜成像单元正中。马铃薯靠近平面镜 1 的部分经由平面镜 1 反射到相机中，相机中显示图像为 F1；马铃薯靠近平面镜 2 的部分经由平面镜 2 反射到相机中，相机中显示图像为 F3；马铃薯正对着相机的部分直接由相机接收，显示图像为 F2。为了使相机获取的 3 幅图像显示效果最优，3 幅子图像在采集到的单幅高光谱图像中不发生两两重叠，经预试验确定两镜底面间隔 d=35~40mm，两平面镜所成角度 θ 为 100°~110°。

合格和缺陷样本正对、侧对、背对相机的马铃薯 4 种典型样本图像如图 7-18(b)所示。通过实验发现，F1、F2 和 F3 图像可全方位表达缺陷信息。以整个马铃薯样本作为感兴趣区域，提取整个样本的平均光谱信息作为该样本的光谱，以高光谱图像中 3 幅子图像 F1、F2 和 F3 提取的光谱数据 X11、X22 和 X33 拼接组成统一的光谱矩阵，即原始数据的数据层融合，为了消除随机噪声等干扰信息的影响，分别采用标准正态变量变换、多元散射校正、泊松变换对光谱变量进行预处理，比较后发现，经标准正态变量变换预处理后的模型准确率更高。基于预处理后的光谱，分别采用果蝇优化算法(FOA)、遗传算法(GA)和网格搜索法(Grid search)对 SVM 模型的惩罚因子 c 和核函数参数 e 优化，通过比较优化后模型的识别准确率，确定 FOA-SVM 为马铃薯轻微碰伤的最佳检测模型，模型对标定集与检验集的轻微损伤识别准确率均为 100%。研究结果表明，V 形平面镜反射高光谱结合 FOA-SVM 模型可实现随机放置下马铃薯轻微碰伤的检测。

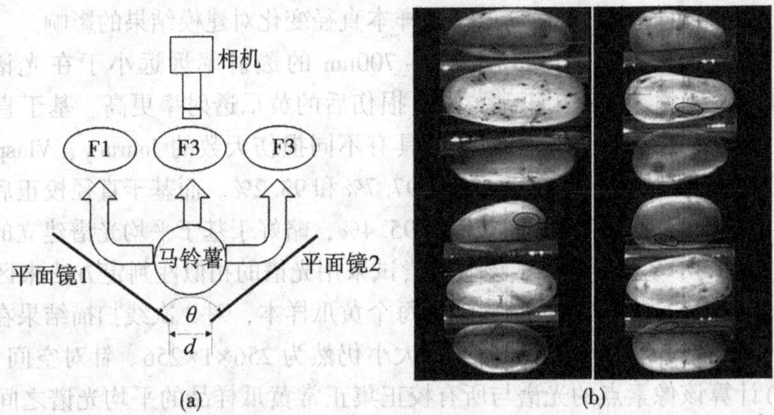

图 7-18　基于 V 形平面镜和高光谱成像的马铃薯轻微损伤检测系统(a)和 4 种典型样本的高光谱图像(b)(图中椭圆形区域为损伤区域)(李小昱等，2016)

在此基础上进一步尝试在特征层和决策层对提取的光谱信息进行融合(徐森淼等，2016)。从 3 幅子图像 F1、F2 和 F3 中提取数据 X11、X22 和 X33，采用标准正态变量变换对光谱进行预处理后，用 3 种无监督降维方法包括局部线性嵌入(locally linear embedding，LLE)、等距映射(isometric mapping，Isomap)，核主成分分析(kernel principal component analysis，KPCA)提取损伤特征，分析结果表明，经 KPCA 对 X11、X22 和 X33 提取后的特征进行特征层融合建立 SVM 判别模型，并用前述方法对模型进行建模参数优化，标定集与检验集识别准确率分别达到 93.48%和 85.04%。

在进行决策层融合前需要制定融合规则：根据模型对 X11、X22 和 X33 的判定结果，三项数据的预测标签值之间的关系为逻辑“或”，只要其中至少有一项模型将其判定为损伤，则该样本为损伤样本。从 3 幅子图像 F1、F2 和 F3 提取光谱数据 X11、X22 和 X33，运用 KPCA 对 X11、X22、X33 分别进行特征提取。运用支持向量机(SVM)、极限学习机(ELM)和随机森林(RF)三种建模方法分别对提取特征后的 X11、X22 和 X33 建立模型并选取最佳建模方法。其中，以 X11 为例，ELM 模型精度最高，因此选取 ELM 作为 X11 的最佳建模方法，其预测标签用于后续的决策层融合。根据上述融合规则和子图像的预测标签值进行决策层融合，该融合模型对检验集的识别准确率为 89.71%。

经过比较分析，数据层融合方法精度最高，建模时间较短，最终确定数据层信息融合为用于检测马铃薯轻微损伤的最优信息融合方法。该研究为马铃薯全表面轻微损伤检测提供了参考方法。

7.2　果蔬冻伤检测

冷藏是保证果蔬品质和延长果蔬销售期的最有效的技术手段之一。新鲜果蔬的水分含量一般比较高，如果在贮藏温度控制不当或者受到恶劣天气影响，高水分果蔬的柔嫩组织会被冻伤，细胞损伤会造成营养物质的流失，如果解冻不当，还会造成果肉褐变，严重影响果蔬的品质。受到冻伤的果蔬在外观上没有太明显的变化，传统的视觉检测技术不能满足检测需求。被冻伤果蔬的内部生物组织的生理特征、理化成分发生了重要的变化，这些变化会对果蔬的光学特性有所影响。光学特性的改变，使基于光谱技术和光谱成像技术检测果蔬内部冻伤成为可能。

7.2.1 水果冻伤检测

柑橘是一种容易被冻伤的水果，抗冻性能和冻伤程度取决于品种、栽培方式以及处于低温的时间长短。柑橘冻伤的主要症状包括：表面麻点、内部褐变、加速腐烂和品质恶化，图 7-19 显示了不同冻伤程度橘子的外观变化，从图中可以看出，早期冻伤的柑橘表面外观特征并不明显，加上柑橘表面的颜色、形状和普通缺陷干扰，很难利用传统的彩色相机对早期冻伤进行准确检测。Menesatti 等(2004)为了在外观出现明显症状前 10 天准确检测柑橘的早期冻伤，搭建了非接触式可见-近红外高光谱成像系统。实验利用人工方法制备了冻伤样本，共将 130 个“Femminello siracusano”柠檬置于 5℃的高湿度环境中制造内部冻伤。实验采集了 14 次空间分辨率和光谱分辨率较高的高光谱图像。104d 后，79%的水果出现冻伤区域。图 7-20 显示了不同贮藏时间健康柠檬和冻伤柠檬的平均光谱曲线，从图中可以看出，随着时间的增长，健康柠檬和冻伤柠檬的平均光谱曲线发生了明显的变化，光谱在 610nm、680nm 和 750nm 呈现局部最大最小值。研究发现，对于健康的柠檬，3 个波长处的比值呈现二阶多项式趋势。该研究进一步计算了所有健康和冻伤柠檬样本在 3 个波长处的比率，并作为模型的输入信息以判断柠檬是否冻伤。基于归一化光谱，利用偏最小二乘回归分析算法建立了柠檬冻伤的预测模型，并利用独立验证集样本验证了模型的预测性能。研究结果表明，基于高光谱成像技术和 PLS 模型可以在柠檬出现明显外观冻伤变化前 14d 以 95%的识别精度预测冻伤的柠檬。

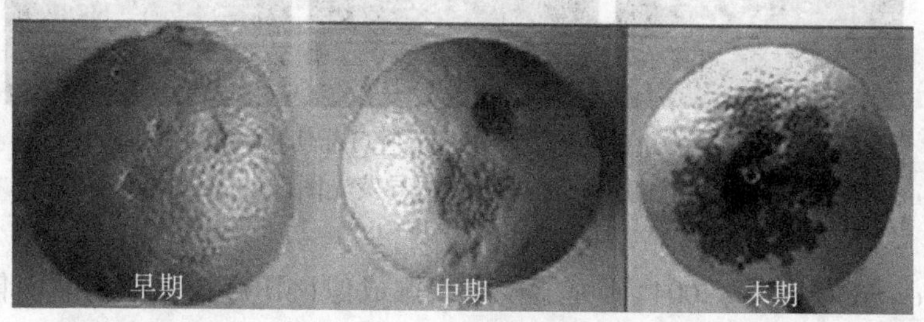

图 7-19 不同冻伤程度橘子的外观变化

Slaughter 等(2008)基于紫外(UV)诱导荧光成像技术对脐橙早期冻伤进行无损检测。首先将正常脐橙样本放置在实验室-7℃冷冻条件下 0d、8d 或 16d 进行冻伤脐橙(Citrus sinensis L. Osbeck)样本的制备。样本分为三类，即正常样本、中度和重度冻伤样本，冻伤程度采用切片法确定。研究发现受到冻伤的脐橙在紫外线的激发下样本表皮会产生黄色的荧光斑，并且这种荧光斑会随着冻伤程度的增加而增加，如图 7-21 所示。最为重要的是，激发出的荧光斑很容易被传统 RGB 成像系统检测到，该特征使柑橘冻伤果的快速自动化检测成为可能。在该研究中，利用机器视觉对未冻伤和中、重度冻伤水果的分类准确率为 87.9%，对冻害程度较低的水果分类准确率为 64.4%。

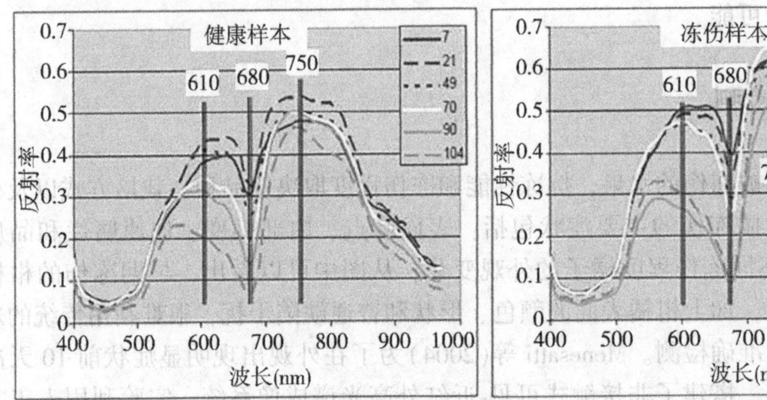

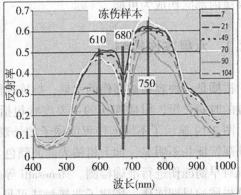

图 7-20　不同贮藏时间健康柠檬和冻伤柠檬的平均光谱曲线(Menesatti，2004)

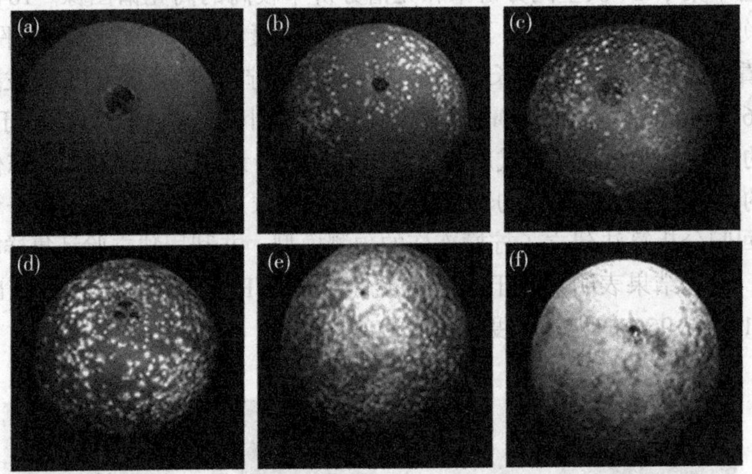

(样本(a)为正常样本，样本(b)~(f)冻伤程度依次增加)

图 7-21　不同冻伤程度脐橙样本紫外诱导荧光图像(Slaughter 等，2008)

Hernández-Sánchez 等(2004)研究了核磁共振成像(MRI)技术在柑橘销售链上的冻伤检测。实验采用 15 个冻伤样本和 6 个健康样本，在检测前，所有样本存放在室温条件下。为了实现冻伤的在线检测，研究人员利用 Matlab 开发了自动图像分析算法以提取冻伤样本的数字化特征。在 50mm/s 和 100mm/s 两种传输速度下，以及在 128×64 和 128×32 两种数据采集方式下实现了柑橘冻伤的在线识别。在静态 MRI 图像中，识别算法可以有效检测到水果表面 10%以上的冻伤区域，而对于 50mm/s 和 100mm/s 的传输速度动态 MRI 图像检测，识别算法只能分别检测到水果表面 20%和 30%以上的冻伤区域。随着传输速度的增加，可重复误差从 1%上升到了 5%。此外，该研究还分析了动态传输条件下 MRI 图像的增强、优化方法以消除运动造成的图像重影，进一步提高了系统和算法对轻微冻伤的检测性能。

苹果也会发生冻伤。冻伤可对苹果细胞膜造成生理性伤害，可以诱发一系列不利变化，例如产生大量乙烯、呼吸作用增强、光合作用减弱、细胞结构改变等。苹果冻伤可能发生在生长、运输、配送、存储、销售及家庭冰箱保鲜等任何(不当温度环境)阶段。冻伤首先表现为苹果表面轻微的褐变，有时伴随果心褐变，分选工人或传统视觉技术很难检测出苹果的早期冻伤。冻伤的苹果会加速品质恶化，产生严重的品质劣变，降低其经济价值和食用价值。

为了检测“红元帅”苹果的冻伤，ElMasry 等(2009)搭建了 400~1000nm 光谱段的高光谱成像系统并结合人工神经网络(ANN)开发了“红元帅”苹果冻伤检测方法。实验收集了没有任何缺陷的样本 64 个，其中 32 个苹果放置在-1℃的冰箱中保存 24h 以形成冻伤，然后把冻伤的苹果从冰箱中移出并放置在室温条件下保存 24h；另外 32 个正常苹果存储在室温条件下作为对照样本(正常未冻伤果)。冻伤的苹果在外观颜色和纹理上与正常苹果并无差异。为了验证模型的性能，实验还另购买 20 个苹果作为独立验证集样本，其中 10 个进行了冻伤处理，另外 10 个作为正常样本。研究首先采集了苹果样本的高光谱图像，对于训练集、测试集和验证集苹果样本，每个样本采集两幅高光谱图像，其中一幅为完整苹果样本高光谱图像，另外一幅为削去表皮的苹果样本的高光谱图像。然后，他们提取了正常苹果和冻伤苹果的特征光谱(图 7-22)，包括带果皮样本的特征光谱和未带果皮样本的特征光谱。从图 7-22(a)中可以看出，对于正常苹果和冻伤苹果而言，400~700nm 的光谱响应曲线差异并不明显，这说明仅仅利用彩色相机难以对冻伤果进行准确识别，由于化学成分的改变，冻伤苹果和正常苹果在近红外波段(700~1000nm)范围内的光谱差异较为明显。从图 7-22(b)中可以看出，由于果肉褐变，冻伤苹果和正常苹果果肉光谱在可见光区域的差异较为明显。进一步，研究了基于人工神经网络的数据降维和特征波长筛选方法，波长 717nm、751nm、875nm、960nm 和 980nm 被 ANN 模型选为冻伤识别的最优波长，并基于此 5 个最优波长建立了前馈反向传播人工神经网络模型。以挑选的最优波长作为输入对苹果进行分类，训练集、测试集和独立验证集样本被用来评估 ANN 模型的分类性能，研究发现，所构建的模型对冻伤苹果的平均分类精度高达 98.4%。

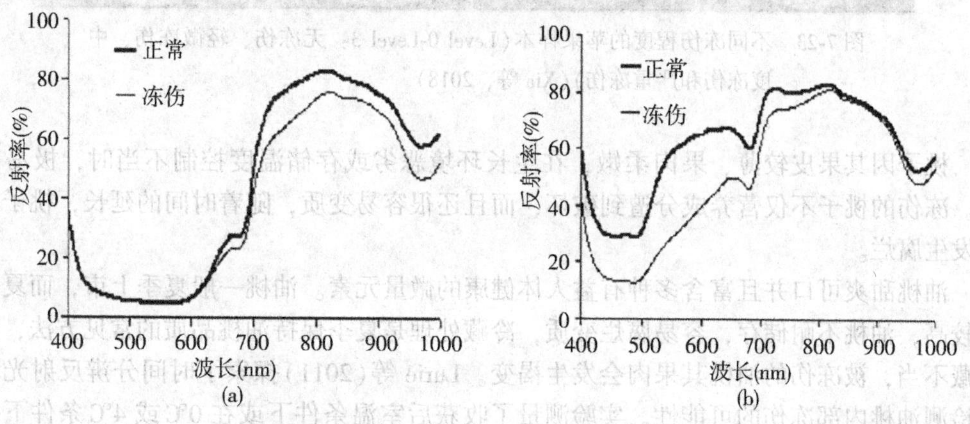

图 7-22　带果皮(a)和未带果皮(b)的正常和冻伤苹果的特征光谱曲线(ElMasry 等，2009)

云计算技术在构建现代农业、驱动精准农业发展中扮演着重要的角色。伴随着物联网、云计算、移动互联网等信息技术的飞速发展，近年来，农业数据呈爆发趋势。数据量级的极速增长，以及数据维度的多样化发展，开启了农业大数据时代。基于云计算的高性能计算技术可以用于农业信息的获取、存储、分析、降维，以及基于农业大数据信息的决策构建。Xia 等(2018)把苹果冻伤分为 4 个等级，分别为无冻伤(Level 0)、轻微冻伤(Level 1)、中度冻伤(Level 2)、严重冻伤(Level 3)，4 类苹果样本的图像如图 7-23 所示，并基于光谱数据和云计算技术研究了苹果冻伤识别分类方法，评估了云计算技术在水果品质检测中应用的可能性。4 类不同冻伤程度苹果样本的近红外反射光谱(波长范围 400~1000nm)首先被获取，并进行求导预处理。进一步，基于 Spark 和 MLlib 机器学习库的云计算框架、人工神经网络(ANN)和支持向量机(SVM)构建了多元分类模型。实验结果表明，在云计算框架下，基于原始反射光谱、一阶导数、二阶导数和五个最优波长数据训练的 ANN 和 SVM 分类模型可以有效实现冻伤苹果的识别分类。并且，ANN 模型的识别分类精度略高于 SVM 模型的分类精度，但 SVM 分类模型具有较高的效率。同时，实验结果还表明基于全谱数据的模型分类精度高于基于最优波长的模型分类精度。接着，该研究尝试将 Spark 框架和 MLlib 嵌入到决策树和随机森林二值分类模型，并与多元分类模型的分类性能进行对比，发现基于近红外光谱数据的二值分类模型的分类精度优于多元分类模型。最后，进一步扩展了现有的光谱数据集，通过分析处理更大的数据集来验证云计算平台和台式计算机的效率。结果表明，通过增加光谱数据集容量或工作节点数，可以显著提高云计算平台的效率。然而，受到处理器和内存的限制，通过一台计算机并不能完成大量光谱数据分类算法和模型的全部任务。

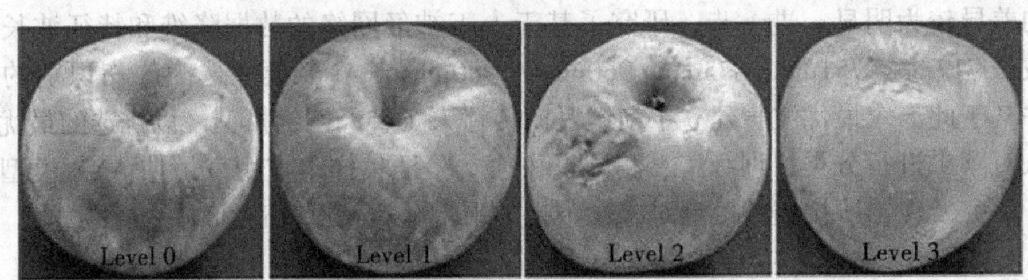

图 7-23　不同冻伤程度的苹果样本(Level 0-Level 3：无冻伤、轻微冻伤、中度冻伤和严重冻伤)(Xia 等，2018)

桃子因其果皮较薄、果肉柔嫩，在生长环境恶劣或存储温度控制不当时，极易被冻伤。冻伤的桃子不仅营养成分遭到破坏，而且还很容易变质，随着时间的延长，桃子果肉会发生腐烂。

油桃甜爽可口并且富含多种有益人体健康的微量元素。油桃一般夏季上市，而夏季温度较高，油桃不耐储存，容易腐烂变质，冷藏处理是夏季保持油桃品质的常见方法，但若冷藏不当，被冻伤的油桃其果肉会发生褐变。Lurie 等(2011)探索了时间分辨反射光谱无损检测油桃内部冻伤的可能性。实验测量了收获后室温条件下或在 0℃或 4℃条件下冷藏 30d 后的油桃在 670nm 和 780nm 波长处的吸收系数 μ_a 和散射系数 μ'_s，每天利用破坏性方法和非破坏性方法进行油桃品质检测。同时，还测量油桃的硬度、颜色、出汁量、内部褐变等指标。油桃在670nm处的吸收系数μ_a可以反映油桃的成熟度，μ_a越低，油桃成熟度越高；反之，油桃成熟度越低。为了保证同一批油桃具有相似的成熟速度，依据670nm处的吸收系数μ_a对油桃进行分选。研究发现，成熟度较高的油桃发生果肉褐变和严重病变的概率大，油桃在780nm处的吸收系数μ_a可以用于辨别冻伤果和健康果。判别分析表明，与冷藏油桃相比，未经冷藏的油桃在780nm处的吸收系数μ_a较小，670nm处的吸收系数μ_a较高，水分损失小，硬度小，出汁率高。相比于冷藏在0℃的油桃，冷藏在4℃的油桃在780nm处的吸收系数μ_a较大，出汁率低，水分损失较低，硬度也较低。研究结果表明，时间分辨反射光谱可以用于辨别冻伤油桃和健康油桃，同时也可以实现油桃冻伤引起的内部褐变、内部棉性的无损检测。

水蜜桃属于呼吸跃变型果实，为延缓水蜜桃的后熟和腐烂变质带来的损失，通常需要低温保存，而水蜜桃对低温非常敏感，2.2~7.6℃是导致水蜜桃冻伤的温度带，许多研究表明，在5℃温度下冷藏最容易导致水蜜桃发生冻伤。张嫱等(2014)搭建了高光谱图像采集系统，如图7-24所示，利用反射和半透射高光谱成像技术对“霞晖5号”水蜜桃早期冻伤进行检测研究。水蜜桃发生冻伤时，由于组织结构和化学成分的改变，对光的透过和吸收会发生变化，而未冻伤的果实光谱值变化较小，从而可以通过光谱值(反射值或透射值)的变化来检测水蜜桃早期冻伤。该研究首先采用独立主成分分析法(ICA)和权重系数法对高光谱图像进行处理，确定反射条件下3个波长656nm、674nm和704nm以及半透射条件下3个波长640nm、745nm和811nm为水蜜桃早期冻伤检测的最优波长，并提取最优波长下的平均光谱值作为Fisher判别模型的输入，两种模式下检测水蜜桃早期冻伤的准确率分别为83.0%和94%。研究结果表明，高光谱成像技术可以用于检测水蜜桃早期冻伤，且半透射照射方式的检测性能优于反射方式，可能是由于半透射模式能够更好地穿透水蜜桃果肉组织，进而实现对水蜜桃果实内部冻伤组织的有效检测。

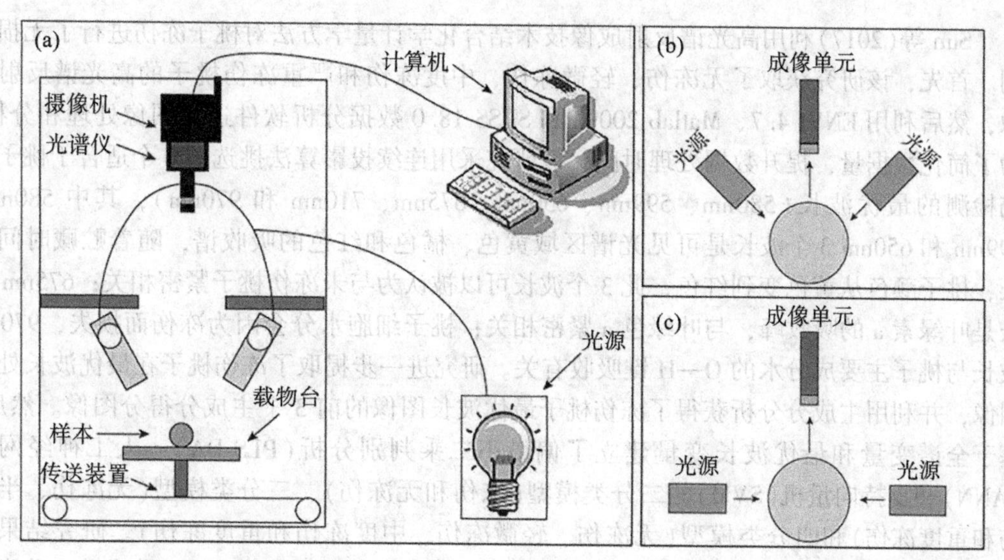

图7-24 高光谱成像系统(a)及反射(b)和透射(c)模式(张嫱等，2014)

桃子在不同存储温度下的冻伤程度会随时间发生明显的变化。Pan 等(2016)研究了桃子在 0℃和 5℃存储条件下 3d 后的冻伤程度随存储时间的变化情况，如图 7-25 所示。进一步，采用搭建的高光谱成像系统对桃子的冻伤进行检测，并利用人工神经网络挑选了适合进行桃子冻伤检测的 8 个最优波长。通过对比正常桃子和冻伤桃子的品质及光谱响应曲线(不同储藏温度和时间的桃子光谱响应曲线如图 7-26 所示)，发现桃子品质特征和光谱响应曲线均有明显的差异，实验表明，桃子的质量参数(4 个冻伤等级，分别为：无冻伤、轻微冻伤、中度冻伤和重度冻伤)与优选的 8 个最优波长之间的相关系数分别为-0.587~-0.700，0.393~0.552，0.510~0.751，0.574~0.773。把最优变量作为人工神经网络的输入对桃子进行冻伤检测，检测的正确率为 95.8%，人工神经网络预测模型在预测桃子品质参数方面表现优异，相关系数位于 0.6979~0.9026 之间。研究结果表明，高光谱成像技术结合人工神经网络模型可以实现桃子冻伤的无损检测。

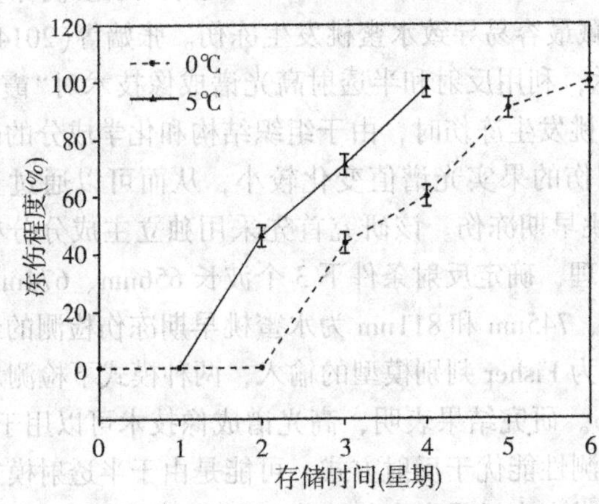

图 7-25　在 0℃和 5℃存储 3d 后桃子的冻伤程度随存储时间的变化情况(Pan 等，2016)

Sun 等(2017)利用高光谱反射成像技术结合化学计量学方法对桃子冻伤进行了无损检测。首先，该研究获取了无冻伤、轻微冻伤、中度冻伤和严重冻伤桃子的高光谱反射图像，然后利用 ENVI 4.7、Matlab 2009a 和 SPSS 18.0 数据分析软件进行图像处理和分析。为了简化数据量，提升数据处理时间，该研究采用连续投影算法挑选了 6 个适合于桃子冻伤检测的最优波长(580nm、599nm、650nm、675nm、710nm 和 970nm)，其中 580nm、599nm 和 650nm 3 个波长是可见光谱区域黄色、橘色和红色的吸收谱，随着贮藏时间延长，桃子颜色从黄色变到红色，此 3 个波长可以被认为与未冻伤桃子紧密相关；675nm 波长是叶绿素 a 的吸收峰，与叶绿色 a 紧密相关；桃子细胞水分会因为冻伤而损失，970nm 波长与桃子主要成分水的 O—H 键吸收有关。研究进一步提取了冻伤桃子在最优波长处的图像，并利用主成分分析获得了冻伤桃子最优波长图像的前 3 个主成分得分图像。然后，基于全谱变量和最优波长变量建立了偏最小二乘判别分析(PLS-DA)、人工神经网络(ANN)和支持向量机(SVM)的二分类模型(冻伤和无冻伤)、三分类模型(无冻伤、半冻伤和重度冻伤)和四分类模型(无冻伤、轻微冻伤、中度冻伤和重度冻伤)。研究结果表明，基于全谱波长的人工神经网络模型具有较高的分类精度，二分类、三分类和四分类的准确率分别为 85.37%、96.11%和 99.29%。基于连续投影算法选出的最优波长建立的 PLS-DA 模型、Fisher 线性判别分析、ANN 和 SVM 分类模型对二分类效果很好，分类精度高达 92.96~97.28%。最后，利用主成分分析生成了桃子冻伤的可视化空间分布图，如图 7-27(b)所示。该研究证明，利用高光谱成像技术和特征波长变量可以实现桃子冻伤的无损检测以及生成桃子冻伤的可视化分布图。

香蕉是人们非常喜爱的一种水果，其气味芬芳、甘甜爽口、柔软滑腻，而且香蕉中还含有很多人体需要的营养物质和矿物质。香蕉主要产于热带和亚热带地区，香蕉对低温非常敏感，在低温贮运过程中很容易被冻伤。文献记载，低于 10℃ 就能引起香蕉冻伤(Nguyen 等，2004)。轻微冻伤的香蕉口味和营养成分并不会发生太大的变化，但香蕉的色泽会变暗，商品价值会显著下降。人工检测冻伤香蕉费时费力，且检测精度不稳定，容易受到工人情绪、视觉疲劳等影响，检测结果不客观，容易产生误差。

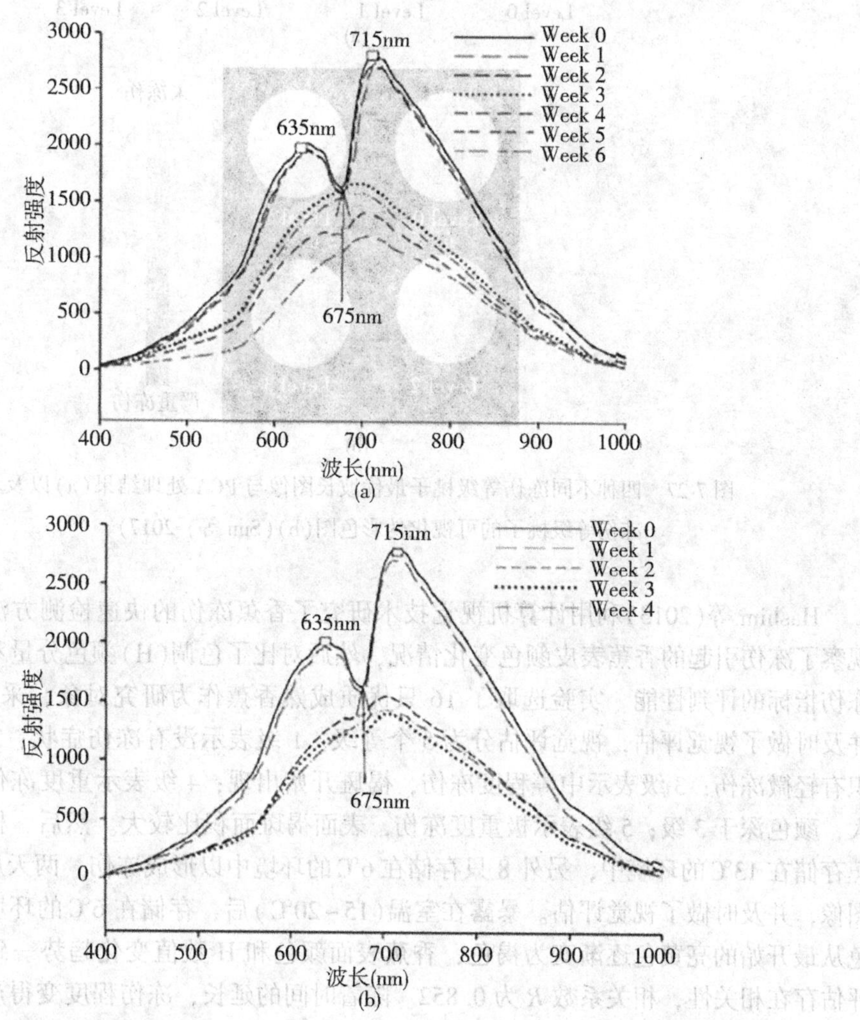

图 7-26 桃子储存在 0℃条件下 6 周(a)和 5℃条件下 4 周(b)光谱响应曲线(Pan 等，2016)

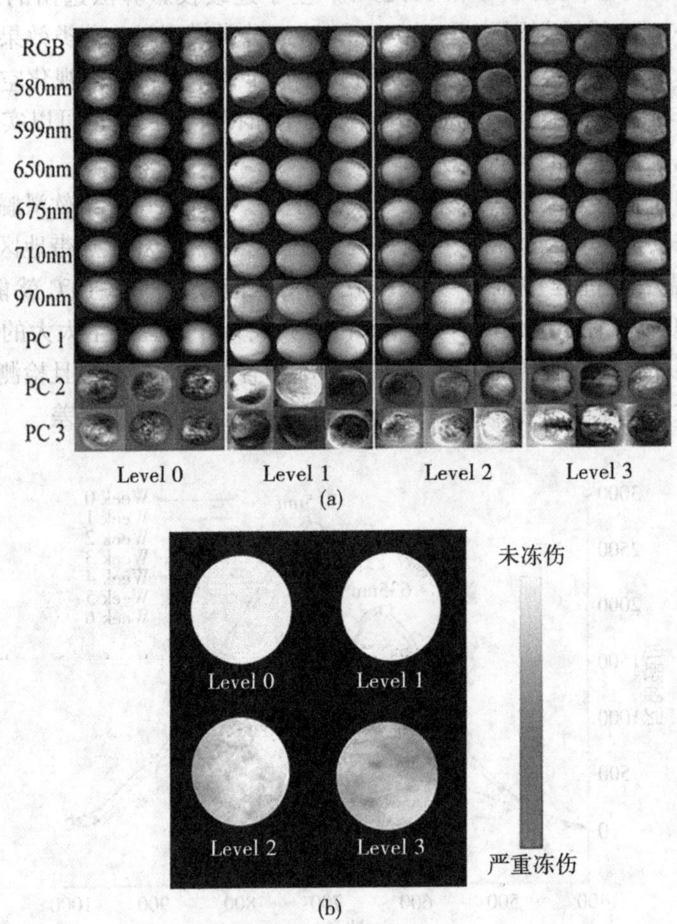

图 7-27　四种不同冻伤等级桃子最优波长图像与 PCA 处理结果(a)以及不同冻伤等级桃子的可视化伪彩色图(b)(Sun 等，2017)

Hashim 等(2013)利用计算机视觉技术研究了香蕉冻伤的快速检测方法。该研究首先观察了冻伤引起的香蕉表皮颜色变化情况，然后对比了色调(H)颜色分量和视觉评判两个冻伤指标的评判性能。实验选取了 16 只优质成熟香蕉作为研究对象，采集了香蕉图像，并及时做了视觉评估，视觉评估分为 5 个等级：1 级表示没有冻伤症状；2 级表示表皮组织有轻微冻伤；3 级表示中等程度冻伤，褐斑开始出现；4 级表示重度冻伤，褐斑斑点较大，颜色深于 3 级；5 级表示极重度冻伤，表面褐斑面积比较大。然后，样本中的 8 只香蕉存储在 13℃的环境中，另外 8 只存储在 6℃的环境中以形成冻伤。两天后，采集香蕉的图像，并及时做了视觉评估。暴露在室温(15~20℃)后，存储在 6℃的环境中的香蕉的颜色从最开始的亮黄色逐渐变为褐色，香蕉表面颜色和 H 数值变化趋势一致，H 值和视觉评估存在相关性，相关系数 R 为 0.852。随着时间的延长，冻伤程度变得严重。然而，存储在 13℃的环境中的香蕉的颜色没有发生变化。研究结果表明，计算机视觉技术能够成功地用于香蕉冻伤的检测，H 值和视觉评估存在相关性也表明，视觉检测系统可以替代传统人工检测方法为香蕉冻伤提供客观、准确的评估。

激光散斑成像是一种低成本的光学快速无损检测技术(胡孟晗，2013)。当相干性良好的激光照射在粗糙的物体或者具有活性的生物体表面时，散射光在接收面内相互叠加干涉形成的斑点状图案即是激光散斑(刘海彬，2015)。香蕉冻伤的无损检测可以通过检测香蕉表皮的色素含量和纹理变化的途径实现。Hashim 等(2013)利用激光二极管发射660nm 和 785nm 的激光，并获取单只完整香蕉的反向散射图像用于检测叶绿素和相关波长处的纹理变化。首先，香蕉样本被分别保存在可控室温 13℃和冻伤温度 6℃环境中 2d，随后放置在室温条件下 1d 等待冻伤症状的出现。研究提取了反向光斑的特征参数，包括曲线拐点、坡度、最大宽度、散斑半径等光斑参数，并利用这些参数进行香蕉冻伤检测。研究发现反向散射光斑的特征参数与处理因子(包括温度、成熟度和处理时间)之间有显著的关系，正常样本和早期冻伤样本的分类错误率分别低至 6%和 8%，存储后的分类错误率分别低至 0.67%和 1.33%。研究揭示了两个波长下光斑参数和冻伤之间的相关性，为香蕉冻伤的早期无损检测提供了理论依据。

猕猴桃是陕西省特色水果，陕西省猕猴桃种植面积和产量均居全国首位(马静和侯军岐，2005)。在猕猴桃贮藏中，因库房温度、湿度控制不当而引起猕猴桃冷害问题频繁发生。冻伤后的猕猴桃外观变化并不明显，但纵向切开后可发现果实内部颜色变化较大，理化指标存在不同程度的影响，包括过氧化氢酶、果实硬度、呼吸强度、可溶性固形物含量等。其中，可溶性固形物含量在冻伤后变化显著。翟小童和刘娜(2012)通过近红外光谱技术对猕猴桃冻伤导致的生理指标变化进行了定性研究，选择了可溶性固形物含量作为冻伤检测的生理指标，并建立了冻伤检测的近红外光谱方法。实验通过人工诱导，猕猴桃在-1.5℃下处理 24h，使其发生冻伤，并通过比较不同生理指标含量来探测冻伤对猕猴桃生理的影响。研究发现，可溶性固形物含量和丙二醛含量在贮藏过程中持续增加，冷害的发生可以使这种变化更加明显。研究利用二阶导数法结合矢量归一法对 4000~11000cm^{-1} 波段范围内光谱进行预处理，用因子化法进行计算，并以此为输入，建立了有效光谱波段范围内(4000~5100cm^{-1}、5200~6800cm^{-1} 和 6900~11000cm^{-1})冻伤与正常猕猴桃的 NIEDES 数据库和聚类分析模型。结果表明，冻伤分类准确率高达 97.1%，正常的分类准确率为 60%。该研究系统地分析了猕猴桃冻伤和内部理化参数之间的关系，并提出了冻伤检测模型，为猕猴桃冻伤检测提供了参考。

7.2.2 蔬菜冻伤检测

黄瓜，又称青瓜，含丰富的水分、维生素 C、蛋白质、碳水化合物及少量的糖类，同时也富含钙、磷、铁等人体必须要的营养元素。冷藏是延长黄瓜保鲜期的重要手段之一，新鲜黄瓜放在温度为 5~15℃的冰箱保鲜层可以保存 1 个月左右。温度太低则会引起黄瓜的冻伤，冻伤后的黄瓜细胞破裂，进而导致具有浓郁苦味的苦味素渗透到黄瓜其它部位。尽管冻伤的黄瓜不会产生有毒有害物质，不影响食用，但是黄瓜的口感会变差，营养价值降低。与正常黄瓜相比，冻伤的黄瓜外观变化不明显，人工检测识别相对困难。

Cheng 等(2004)采用高光谱成像技术对冻伤黄瓜进行了检测。该研究结合主成分分析(PCA)和 Fisher 线性判别分析(FLD)提出了用于黄瓜冻伤检测的高光谱图像特征提取方法。实验通过控制冰箱冷藏温度和时间使正常黄瓜形成冻伤，图 7-28 显示了 4 种不同程度冻伤黄瓜样本图像。研究基于提取的最优特征波段利用 PCA-FLD 简化了信息描述和分类效果，同时保留了原始数据的最大能量，对明显分离的类具有良好的识别性能。通过适当调整权重因子 K，使 PCA-FLD 方法在处理不同样本时更加灵活，且对噪声具有更强的鲁棒性。研究表明，对于不同冻伤黄瓜样本的高光谱图像，PCA-FLD 方法对黄瓜冻伤的检测性能优于单独使用 PCA 和 FLD 方法的检测性能，冻伤黄瓜的识别精度大于 88.3%，正常黄瓜的识别精度大于 91%。

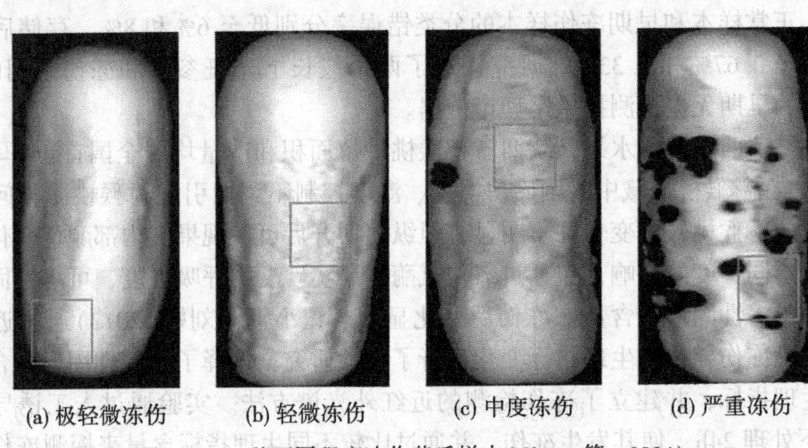

图 7-28　4 种不同程度冻伤黄瓜样本(Cheng 等，2004)

Liu 等(2005)利用不同条件下获取的可见-近红外高光谱图像开发了黄瓜冻伤检测的方法。首先，研究了在 0℃条件下黄瓜高光谱图像感兴趣区域的光谱特征，研究发现，冻伤区域的光谱反射值会随室温保存时间增加而降低，无冻伤和冻伤区域的光谱曲线在可见-近红外光谱区域(波段 700~850nm)具有较为明显的差异。随后，波段比算法和主成分分析算法用于识别健康区域和冻伤区域的感兴趣光谱数据，实验结果表明，双波段比算法(R_{811}/R_{756})和基于窄带波段 733~848nm 光谱区域的 PCA 模型均能有效识别黄瓜冻伤，且识别的准确率均高于 90%。研究结果同时表明，由于冻伤症状不明显，冻伤后室温保存初期，黄瓜冻伤相对难以检测。进一步，Liu 等(2006)更深入地研究了可见-近红外高光谱图像对不同冷藏时间黄瓜冻伤的检测性能，以及冻伤后不同室温保存时间下波段比算法和 PCA 算法的检测性能，波段比算法的检测结果如图 7-29 所示。其中，图 7-29(a)为 5d 低温冻伤处理当天黄瓜检测结果图片，图 7-29(b)为 5d 低温冻伤处理 2d 后黄瓜检测结果图片，图 7-29(c)为 14d 低温冻伤处理当天黄瓜检测结果图片，图 7-29(d)为 14d 低温冻伤处理 2d 后黄瓜检测结果图片。从图中可以看出，冻伤后室温保存初期的黄瓜冻伤检测效果比较差，两天后冻伤检测的效果较好。研究结果证明，基于高光谱成像技术、波段比运算和优选波段的 PCA 方法可以用于黄瓜冻伤检测。

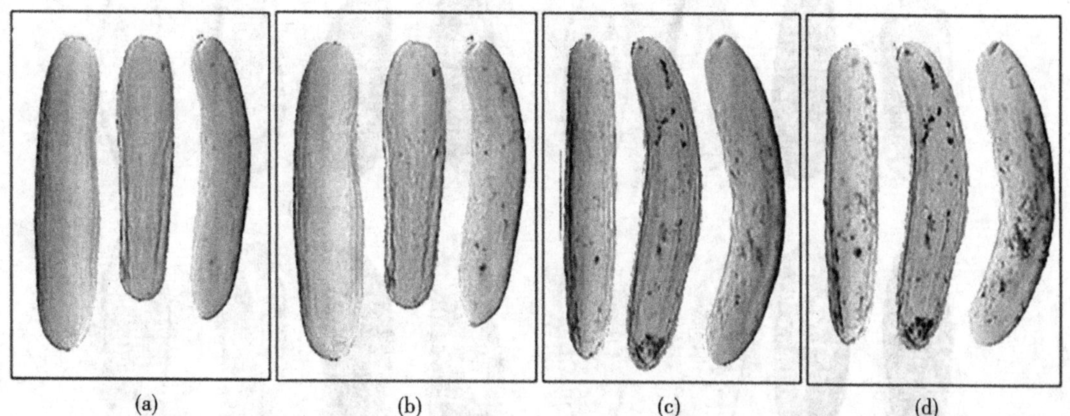

图 7-29 波段比算法对冻伤后不同室温保存时间的黄瓜冻伤识别效果(Liu 等，2006)

黄瓜的冻伤是一种低温引起的生理性缺陷，应当及时检测并且在分选过程中加以移除。Cen 等(2016)采用高光谱成像技术结合特征波长挑选方法和有监督分类方法研究了黄瓜的冻伤检测。首先，实验收集了 130 个没有缺陷、没有病害的黄瓜样本，并随机分为 4 组(A、B、C 和 D)，其中 A~C 组，每组 30 个样本用于不同条件冷藏处理以形成黄瓜冻伤，D 组 30 个黄瓜样本放在室温条件下(20℃)保存 8d。具体而言，A~C 三组黄瓜样本放置在带有孔洞的塑料袋中并置于温度 4℃、相对湿度 95%的冷藏设备中，样本分别冷藏 2d、5d 和 8d 并采集样本的 400~675nm 波长范围的高光谱反射图像和 675~1000nm 波长范围的高光谱透射图像，冻伤后室温保存 3d 再次获取样本的高光谱反射和透射图像。图 7-30 显示了不同冷藏时间及冻伤后室温保存时间下的冻伤黄瓜样本的彩色图像，图 7-30(a)表示冷藏 2d 后黄瓜图片，图 7-30(b)表示冷藏 2d 后室温放置 3d 后黄瓜图片，图 7-30(c)表示冷藏 5d 后黄瓜图片，图 7-30(d)表示冷藏 5d 后室温放置 3d 后黄瓜图片。从图 7-30 中可以看出，不同处理条件下黄瓜冻伤情况不同。然后，该研究利用互信息特征选择方法(mutual information feature selection，MIFS)、最大关联最小冗余法(max-relevance min-redundancy，MRMR)和序列前向选择法(sequential forward selection，SFS)挑选了适合构造波段比运算的最优波长，并提取了波段比图像的纹理特征，进一步基于光谱和图像特征构建了朴素贝叶斯(Naive Bayes，NB)、支持向量机(SVM)和 K 近邻(K-nearest neighbor，KNN)三种有监督分类模型，模型分为用于黄瓜冻伤分类的二分类模型(无冻伤和冻伤 2 类)和三分类模型(无冻伤、轻微冻伤和严重冻伤 3 类)。结果表明，利用 3 种变量优选算法挑选的最优波长大多处于高光谱透射成像中的短波近红外区域。SFS 法挑选的最优波长结合 SVM 模型可以获得最好的分类识别结果，二类正确分类精度为 100%，基于光谱分析的三分类总体精度为 90.5%。基于波段比图像纹理特征的整体分类精度为 100%(二分类)和 91.6%(三分类)。研究表明，高光谱成像技术结合变量优选和有监督分类方法可以用于黄瓜冻伤检测。

图 7-30　不同冷藏时间和冻伤后室温保存时间下的冻伤黄瓜图像(Cen 等，2016)

7.3　果蔬真菌感染检测

果蔬在生长期、收获后以及储运阶段都可能受到各种真菌侵染，真菌侵染容易引起果蔬腐败，需及时检测并剔除，比如，我国每年高达 20%~25%的柑橘会腐烂，经济损失巨大(张小凤等，2018)。此外，受到真菌侵染的果蔬，真菌的生长可能会产生真菌毒素，毒素中包括潜在的致癌物质，如桔霉素和棒曲霉素(Dukare 等，2019)，以及致肿瘤化合物，如胰激肽(Ariza 等，2002)，从而对人类和动物的生命构成威胁。除鲜食外，大量的果蔬会被深加工成果蔬汁、果酱等产品，如果原材料中混有受真菌侵染引起的腐烂果蔬，则可能会产生严重的食品安全问题。在我国，与鲜果蔬相关的很多国标和农业行标均有明确规定，即在起运点不允许有腐烂果蔬存在。然而，真菌侵染引起的腐烂在形成初期却极难检测。图谱传感技术是真菌侵染引起早期果蔬腐烂检测的主要手段之一。

7.3.1　水果真菌感染检测

7.3.1.1　柑橘早期腐烂检测

柑橘采后非常容易受到真菌侵染，真菌病害侵染是导致储运过程中新鲜柑橘腐烂最主要的原因，尤其是指状青霉 *P. digitatum* 和意大利青霉 *P. italicum* 感染。近年研究发现，我国柑橘采后腐烂 80%由 *P. digitatum* 引起，其次是 *P. italicum*，此两类病害可导致柑橘采后腐烂率高达 30%~50%。快速自动化检测这类真菌感染果的难点在于这种被早期感染的柑橘在霉层未长出前，受真菌侵染的柑橘果表皮区域特征与未侵染表皮区域几乎无任何差异。图 7-31 所示为柑橘正常区域和真菌侵染引起的皮下早期腐烂区域对照图，图 7-31(a)表示通过人工接种 *P. italicum* 后形成的早期腐烂样本，其感染区域与正常果皮区域无任何差别；图 7-31(b)表示移除样本真菌侵染区域和正常区域外果皮后的海绵层组织，正常区域海绵层呈现亮白色，被感染区域海绵层呈现淡黄色并有些许水渍；图 7-31(c)表示沿着图 7-31(d)剖面线切开后的柑橘样本剖面，柑橘皮下组织已开始腐烂；随着侵染程度的加深，真菌侵染区域将逐步腐烂并长出白色霉层和大量孢子，如图 7-31(e)所示，继续对其它健康的柑橘果实施侵染。

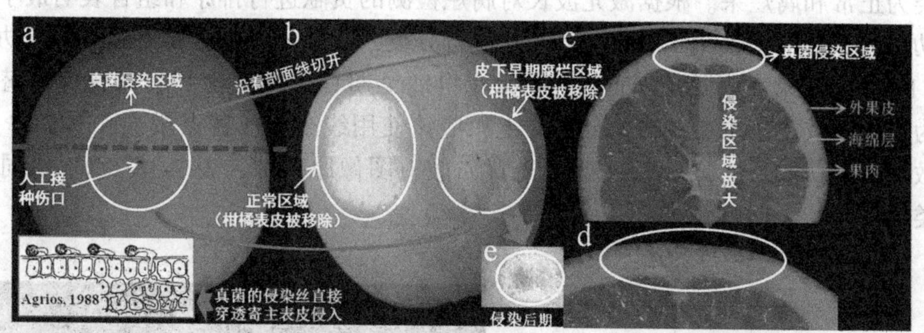

图 7-31　柑橘正常区域和真菌侵染引起的皮下早期腐烂区域对照图

1. 近红外光谱技术和激光背向散射成像技术

为了识别这种缺陷果，研究人员尝试了多种光学传感技术，主要包括近红外光谱、生物散射成像、高光谱成像、荧光成像、结构光反射成像等技术。Blasco 等(2000)采用波长为 600~1800nm 的近红外光谱对柑橘中的青霉和黑腐病菌进行早期检测。以脐橙为实验样本，每个样本标记两个区域采集光谱，第一区域对应于接种区，另一区域来自完好的果皮。每隔 8 小时测量一次光谱，直到肉眼观察到接种区域出现腐烂特征。实验表明，近红外光谱技术可以用于识别柑橘早期真菌感染区域和未感染区域，检测早期真菌感染的最佳波长为 1050nm。图 7-32(a)(b)分别表示实验中采用人工接种的方式对样本进行接种和样本近红外光谱采集。

(a)

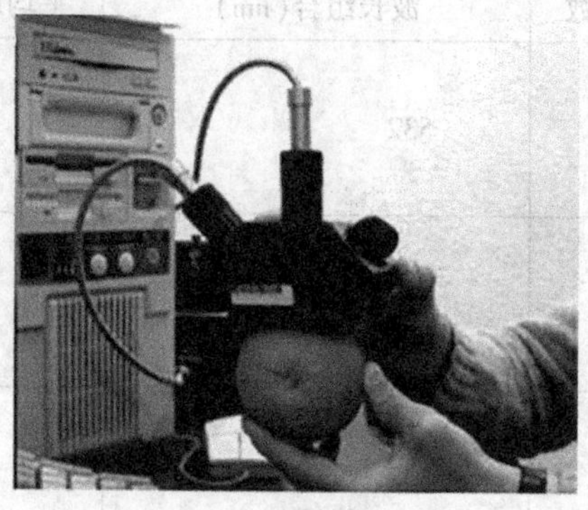

(b)

图 7-32　样本接种(a)和样本近红外光谱获取(b)(Blasco 等，2000)

Lorente 等(2013 年)研究了激光背向散射成像技术在柑橘果实感染 *P. digitatum* 病原菌后检测果实表皮轻微腐烂的可能性。实验中，在可见光-近红外光谱范围内分别发射了波长为 532nm、660nm、1060nm、830nm 和 785nm 的 5 种激光，相机采集正常果和感染果在这 5 种波长下的激光背向散射图像。研究发现，相机捕获的样本背向散射光子的高亮区域与光的入射点相比具有径向对称，径向平均后，二维散射高亮区域可简化为一维剖面。高斯-洛伦兹交叉积(GL)分布函数能够精确地描述该一维径向剖面，平均 R^2 值高于或等于 0.99。以各波长的 GL 参数作为输入向量，采用基于线性判别分析的有监督分类器将样本分类为正常和腐烂果。根据激光波长对腐烂检测的贡献进行排序和组合表明最小检测平均成功率为 80.4%，使用 5 个波长的激光进行分类，效果最好，分类器的平均成功率提高到 96.1%。该结果表明激光背向散射成像在柑橘早期真菌感染检测中具有应用潜力。然而，为了将该技术应用在自动化分拣线上，应该使用线激光代替点激光。图 7-33 为激光背向散射成像获取系统，图 7-34 为激光背向散射图像原始图，表 7-2 为基于不同波长组合分类结果。

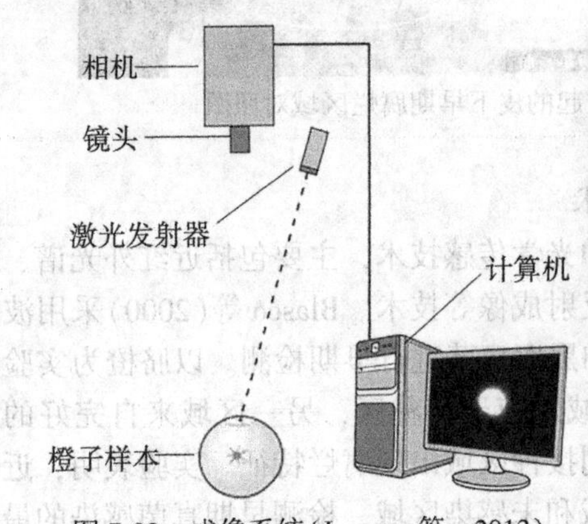

图 7-33　成像系统(Lorente 等，2013)

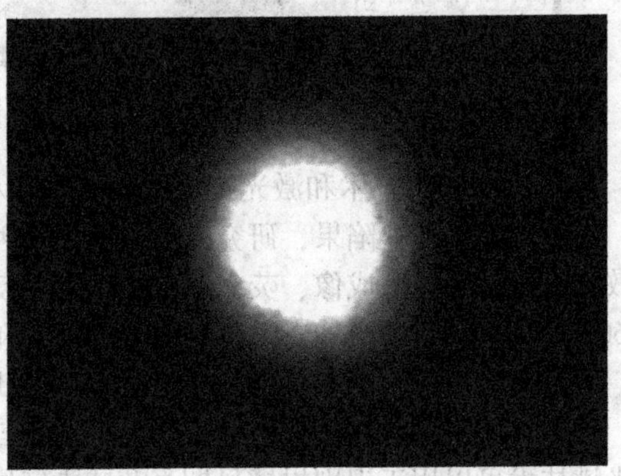
图 7-34　激光背向散射图像(Lorente 等，2013)

表 7-2　**基于不同波长组合分类结果(Lorente 等，2013)**

波长数	波长组合(nm)	平均成功率(%)	混淆矩阵(%)	
			正常果	腐烂果(感染果)
1	532	80.39	87.50	25.95
			12.50	74.07
			正常果	腐烂果(感染果)
2	532、660	90.20	87.50	7.41
			12.50	92.59
			正常果	腐烂果(感染果)
3	532、660、1060	92.16	91.67	7.41
			8.33	92.59

续表

波长数	波长组合(nm)	平均成功率(%)	混淆矩阵(%)	
4	532、660、1060、830	94.12	正常果 95.83 4.17	腐烂果(感染果) 7.41 92.59
5	532、660、1060、830、785	96.08	正常果 95.83 4.17	腐烂果(感染果) 3.70 96.30

2. 可见-近红外反射高光谱成像技术

Blasco 等(2000)证明了近红外光谱技术可以用于识别柑橘真菌感染组织和正常组织，但该技术仅仅能够获取有限的水果表面空间信息，无法用于柑橘果全表面检测，因此，在快速自动化柑橘真菌感染果检测中，近红外光谱技术应用潜力不大。近年来，光谱成像技术由于同时可获取光谱和图像信息，已经被用于真菌感染引起的早期腐烂柑橘果检测，并表现出了较好的应用潜力。李江波等(2016)基于高光谱成像技术开展了针对柑橘真菌感染果快速可视化检测方法的研究。研究以柑橘水果中经济价值较高的赣南脐橙为对象。样本分为正常果和指状青霉 *P. digitatum* 感染引起的早期腐烂果，图 7-35 为样本图像。

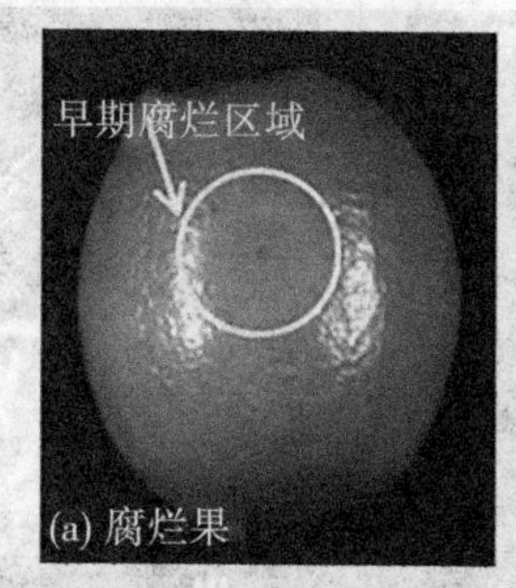

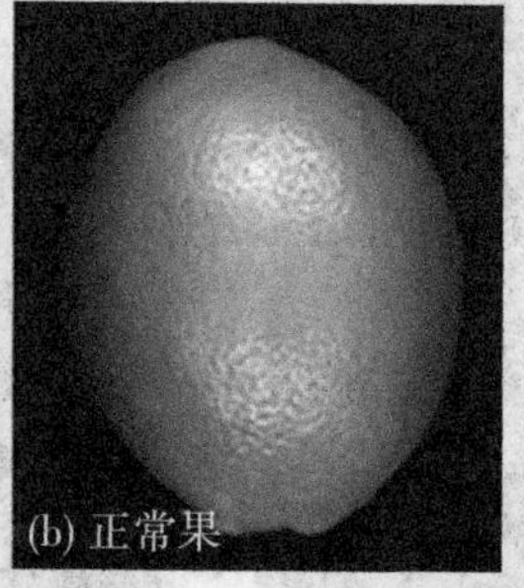

图 7-35　指状青霉 *P. digitatum* 感染引起的早期腐烂果和正常果(Li 等，2016)

样本制备采用人工接种方式，如图 7-36 所示。首先，将自然感染指状青霉真菌的样本(感染后期，大量霉层已经长出)其表面真菌孢子取下放入无菌水中制作成真菌孢子溶液，然后将孢子溶液注射到正常样本皮下 4~5mm 处，每次注射量约为 20μL，随后将注射孢子溶液的样本放在塑料箱内，为了更好地感染真菌并形成早期腐烂区域，箱子内部温度和湿度分别控制在 25℃和 99%的相对湿度，3~5d 后，在样本注射区域将会形成直径为 5~15mm 的早期腐烂斑。采用线扫描高光谱成像系统获取所有正常和早期腐烂样本高光谱图像数据，高光谱成像系统及数据获取如图 7-37 所示。系统和参数包括：光谱仪：ImSpector VNIR-V10E-EMCCD，Spectral Imaging Ltd，Oulu，Finland；波段范围：325~1100nm；分辨率：2.8nm；光谱间隔：0.77nm；波段数：1000；图像空间分辨率：1004×1002；相机：面阵 EMCCD 相机(Andor Luca EMCCD DL-604M，Andor Technology plc.，N.

Ireland)；镜头：标准 23mm C 接口变焦镜头(OLE23-f/2.4，Spectral Imaging Ltd，Oulu，Finland)；相机曝光时间：26ms；位移台速度：0.9mm/s。

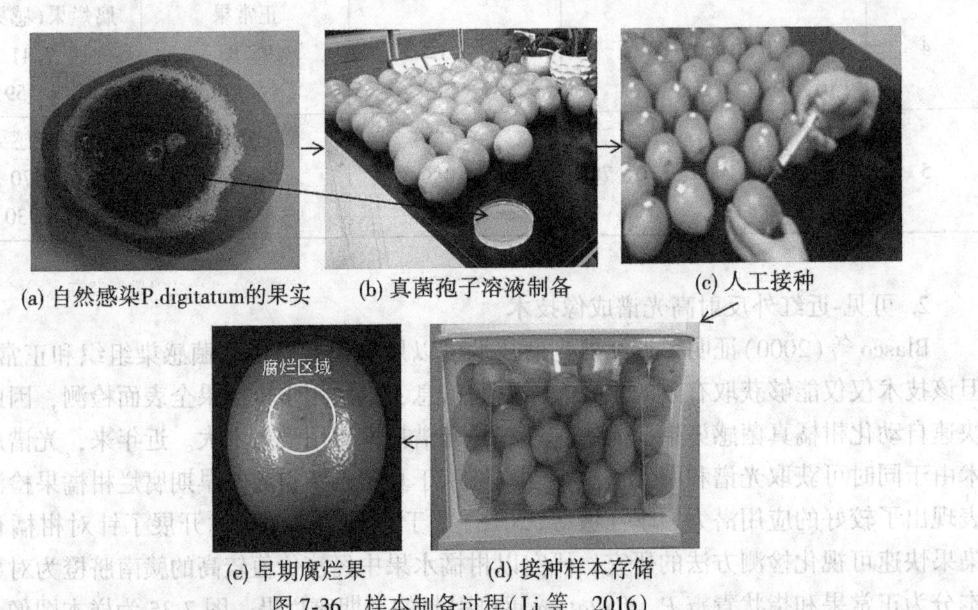

(a) 自然感染P.digitatum的果实　(b) 真菌孢子溶液制备　(c) 人工接种

(e) 早期腐烂果　(d) 接种样本存储

图 7-36　样本制备过程(Li 等，2016)

图 7-37　高光谱成像系统和数据获取(Li 等，2016)

获取样本高光谱图像后提取不同感兴趣区域平均光谱，图 7-38 为正常组织和腐烂组织感兴趣区域光谱图。从图中可以看出，正常区域和腐烂区域其光谱曲线外形类似，尽管在光谱图中能够看出一些可以表征吸收和反射的特征峰值，但是很难仅仅采用单波长图像(图 7-38 左侧)对腐烂区域进行有效分割。

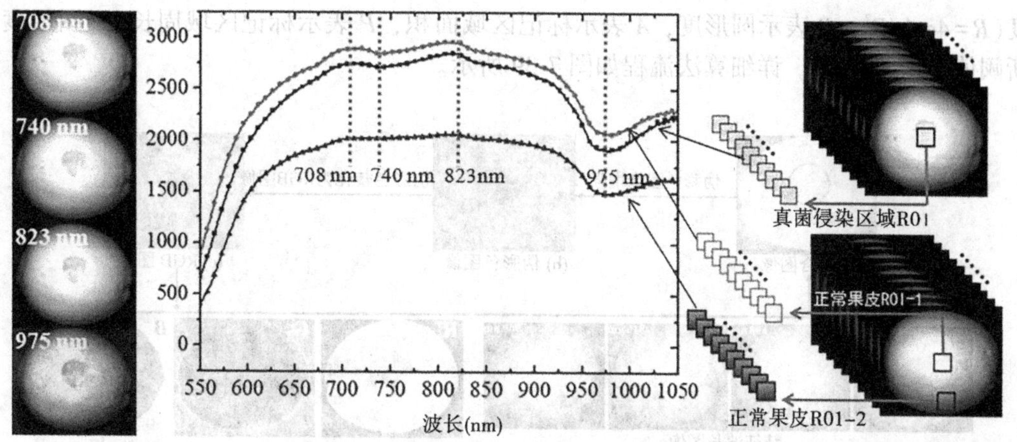

图 7-38 正常组织和腐烂组织感兴趣区域光谱图和单波长图像(Li 等，2016)

同时，由于样本外观呈类球形，导致在高光谱图像中水果表面光谱能量分布不均①，采用第 3 章 3.3 节均值归一化方法对光谱进行校正，校正前后光谱对比图见第 3 章 3.3 节图 3-20。进一步，考虑到每幅高光谱图像包含近 1000 幅单波长图像，并且每幅图像有近 20 万个像素，如此大的数据量进行均值归一化校正处理将花费大量的时间，必然无法实现柑橘早期腐烂区域的快速识别。研究首先对所有样本正常感兴趣区域组织光谱和腐烂区域组织光谱进行主成分聚类分析，聚类图见第 3 章 3.3 节图 3-31。从图中可以很明显地获知基于第一主成分(PC1)可以实现对两类组织的有效区分。因此，基于 PC1 图像，获取了所有单波长图像的权重系数并绘制了权重系数曲线，见第 3 章 3.3 节图 3-32。图中权重系数曲线的峰和谷所在位置对应的波长为特征波长，因此，共有 4 个特征波长即 575nm、698nm、810nm 和 969nm 被选择。由于主成分图像是原始单波段图像的线性组合，采用公式 $I=0.0540\lambda_1+0.0469\lambda_2+0.0442\lambda_3+0.0144\lambda_4$，基于特征波长($\lambda_1$、$\lambda_2$、$\lambda_3$ 和 λ_4)及对应的权重值(0.0540、0.0469、0.0442 和 0.0144)，构建了多光谱组合图像 I。这样，由包含近 1000 幅单波长图像的高光谱数据立方体降维成仅包含 4 幅单波长图像的多光谱组合图像，因此，可以仅对该多光谱图像进行均值归一化亮度校正，这样极大地提高了数据处理速度。采用均值归一化方法对多光谱组合图像进行校正，校正前后对比结果图见第 3 章 3.3 节图 3-21。

基于校正后的多光谱组合图像，Li 等(2016)进一步提出采用伪彩色图像增强方法实现了不可见真菌感染区域的可视化检测。具体方法：利用灰度分层法将组合图像灰度分为 16 层并转换为伪彩色图像进行对比度可视化增强；将伪彩色图像转化为 RGB 图像并提取 R 分量图像，对分量图像进行滤波去噪和图像整体灰度提升处理；随后对处理后的 R 分量图像再次利用灰度分层法将其灰度分为 16 层并转换为伪彩色图像和 RGB 图像，提取 R 分量图像并对其采用全局单阈值进行目标区域分割(全局阈值为 165)，为了进一步提高真菌感染果的识别率，还需对所获得的二值化图像进行区域标记，计算每个标记区域的圆形

① 光谱能量从水果中部到边缘逐渐降低。

度($R=4\pi A/P^2$，R 表示圆形度，A 表示标记区域面积，P 表示标记区域周长)，圆形度判断阈值设定为 0.80。详细算法流程如图 7-39 所示。

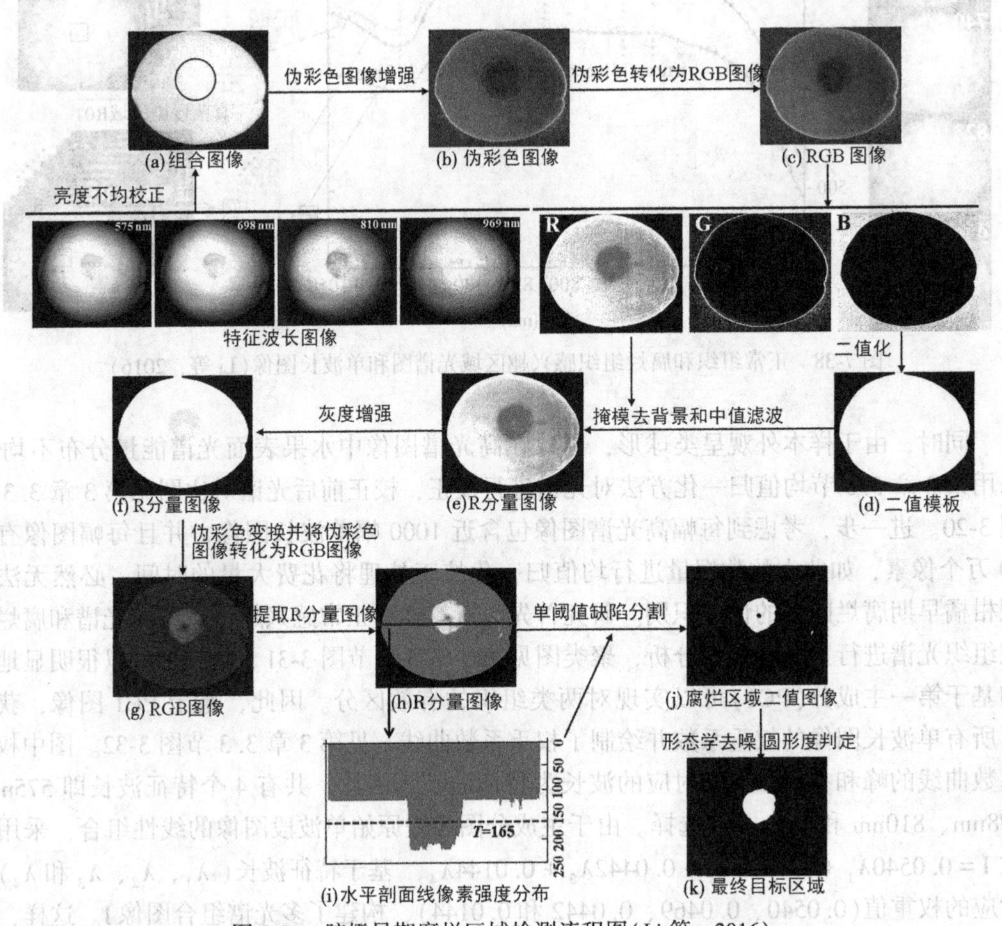

图 7-39　脐橙早期腐烂区域检测流程图(Li 等，2016)

图 7-40 表示针对不同样本进行早期腐烂区域分割结果。图中第一行图像表示原始样本 RGB 图像，第二行图像表示均值归一化处理的多光谱组合图像 I，第三行图像表示伪彩色图像，第四行表示 R 分量图像，最后一行图像表示最终分割的腐烂区域二值图像。所选择的示例样本中包括了在线自动化水果分级中可能出现的不同状态，如样本腐烂区域位于水果的中部高亮区域或位于水果的最边缘区域，腐烂区域和果梗区域同时出现在图像中，腐烂区域和果脐区域同时出现在图像中等，从图 7-40 的检测结果中可以看出，该研究所提出的算法无论对哪一种状态，均实现了腐烂区域的有效分割，并且算法在检测腐烂区域时并不会对果梗和果脐进行误分割。

基于所提出的柑橘果真菌感染早腐区域快速可视化检测方法，对所有的正常样本和指状青霉感染样本进行识别，结果如表 7-3 所示。从结果中可以看出，针对测试样本，所有感染指状青霉的样本被有效检测，整体获得了 98.6%的识别精度。该算法仅仅使用了 4 个特征波长，有助于多光谱成像系统的构建和早期腐烂果快速检测的实施。

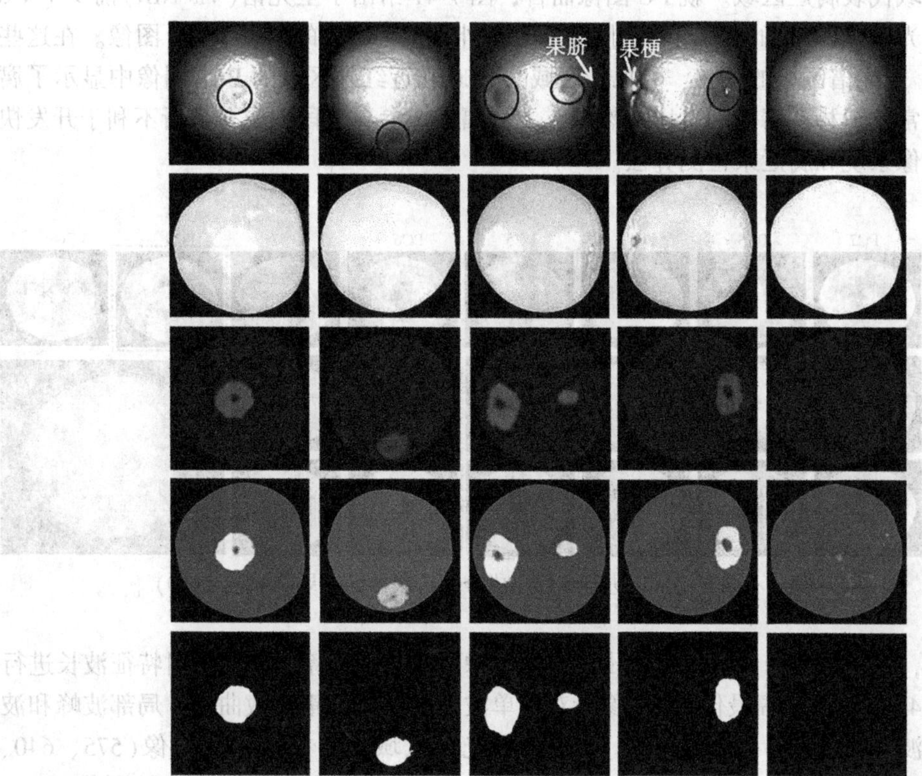

图 7-40 脐橙早期腐烂区域分割结果(Li 等，2016)

表 7-3 **多光谱成像柑橘早期腐果识别算法对所有样本检测结果(Li 等，2016)**

样本类型	训练集(n=140)			测试集 (n=70)		
	样本数	错误分类数	精度(%)	样本数	错误分类数	精度(%)
感染果	80	0	100%	50	0	100%
正常果	60	0	100%	20	1	95%
合计	140	0	100%	70	1	98.6%

在另外一项研究中，李江波等(2019)采用同样的可见-近红外高光谱成像系统，结合二维经验模态分解和改进型分水岭分割算法实现了柑橘早期腐烂果的识别。在此研究中，220 个完好的脐橙用于接种指状青霉 *P. digitatum* 和意大利青霉 *P. italicum* 以制备受真菌感染引起的早期腐烂样本(每类腐果各 110 个)，另外 220 个完好的脐橙作为正常果样本，共计 440 个样本。对于每种类型的样本(腐烂果和正常果)，随机选择 110 个样本作为训练集以确定算法中所使用的最佳参数，剩余的 110 个样本作为测试集以评估算法的性能。

所有样本在获取高光谱反射图像之后，首先进行分段主成分分析 PCA，分段光谱区域为：全光谱区域 500~1050nm、可见光区域 500~780nm 和近红外区域 781~1050nm。基于分段 PCA 获得的 PC 图像如图 7-41 所示。图 7-41 右下角显示了相应样本的 RGB 图像，圆形标记区域代表腐烂区域。就 PC 图像而言，图 7-41 给出了全光谱(Vis-NIR)前 9 个 PC 图像、可见光区域(Vis)的前 7 个 PC 图像和近红外区域(NIR)的前 7 个 PC 图像。在这些 PC 图像中，全光谱区域的 PC8、可见光区域的 PC6 和近红外区域的 PC5 图像中显示了腐烂组织与正常组织相对清晰的对比。然而，上百幅图像参与分段主成分分析不利于开发快速多光谱成像系统和腐烂果检测算法。

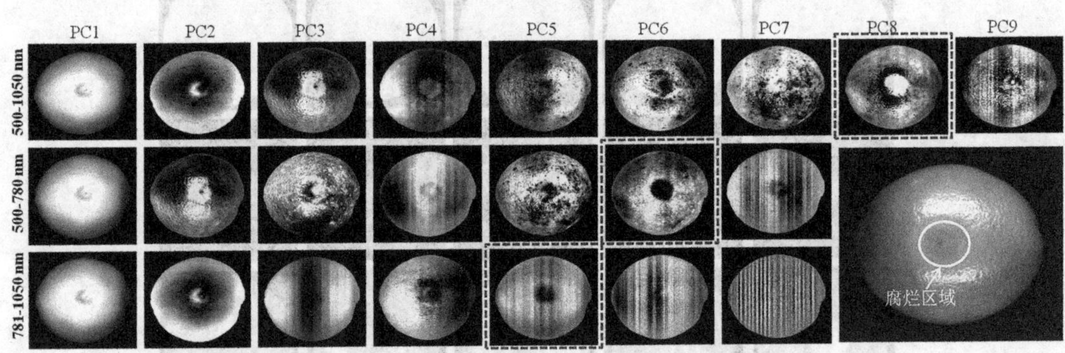

图 7-41　基于不同光谱区域进行分段主成分分析获得的结果(Li 等，2019)

进一步，基于图 7-41 所示的 3 幅最佳 PC 图像，结合权重系数分析，对特征波长进行选择。图 7-42 显示了 3 幅最佳 PC 图像所对应单波长图像的权重系数曲线。局部波峰和波谷表示特征波长的位置，因此，在可见-近红外光谱区域有 7 幅单波长图像(575、640、695、745、820、870 和 960，单位：nm)，在可见光光谱区域有 8 幅单波长图像(568、620、632、641、685、716、720 和 750，单位：nm)，在近红外光谱区域有 6 幅单波长图像(810、831、855、906、960 和 1012，单位：nm)最终被选择为特征波长图像。

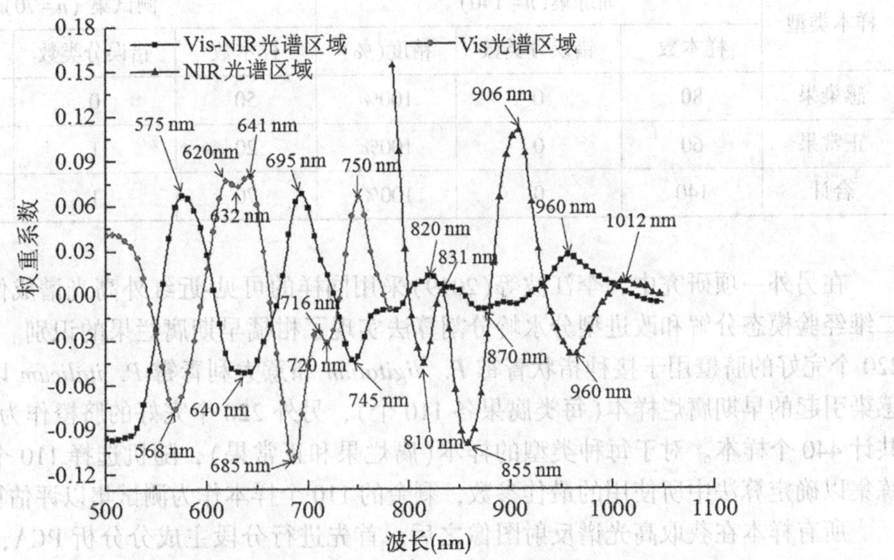

图 7-42　不同光谱区域最优 PC 图像权重系数曲线(Li 等，2019)

在提取特征波长图像之后，再次执行分段PCA以获得如图7-43、图7-44和图7-45所示的多光谱PC图像。从图中可以看出，一些多光谱PC图像有潜力用于样本腐烂果的检测，这些图像包括可见-近红外光谱区的PC6和PC7图像，可见光谱区的PC6图像，近红外光谱区的PC5图像。

图7-43 基于Vis-NIR光谱范围7幅特征波长图像主成分分析后得到的PC图像(Li等，2019)

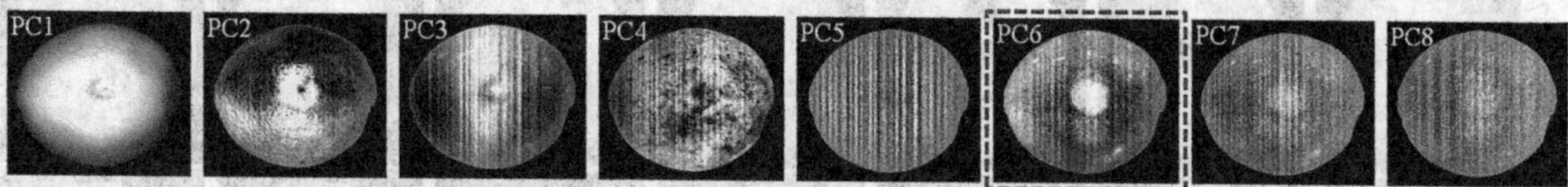

图7-44 基于可见光谱范围内8幅特征波长图像主成分分析后得到的PC图像(Li等，2019)

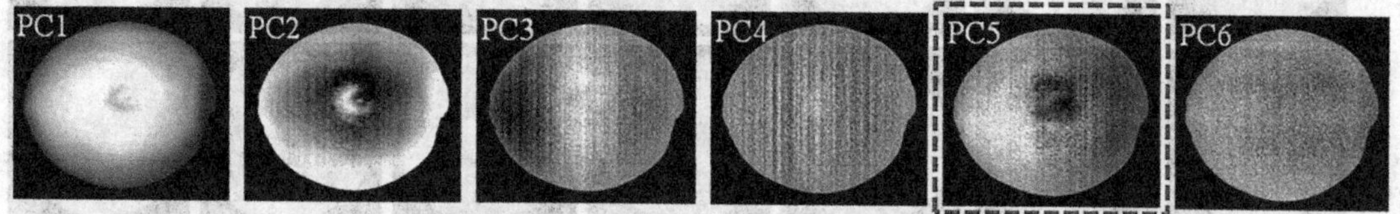

图7-45 基于近红外光谱范围内6幅特征波长图像主成分分析后得到的PC图像(Li等，2019)

图7-46显示了7个典型样本的最佳多光谱PC图像。从第一到第五行分别代表RGB图像、Vis-NIR-PC6、Vis-NIR-PC7、NIR-PC5和Vis-PC6图像。Vis-NIR-PC6和Vis-NIR-PC7分别表示在Vis-NIR光谱区域内7幅特征波长图像PCA后得到的第6和第7幅PC图像；NIR-PC5和Vis-PC6图像分别表示近红外光谱区和可见光谱区6幅和8幅特征波长图像PCA后得到的第5和第6幅PC图像。为了更好地对比，每个样本对应的RGB图像也显示在图中。每个样本上的腐烂区域用圆圈标记。比较所有的多光谱PC图像，样本上的腐烂区域似乎可以根据不同类型的PC图像以不同的识别精度进行识别。相对而言，腐烂组织和正常组织在Vis-NIR-PC6图像上有着最清晰的对比度。此外，通过观察四幅最佳多光谱PC图像，两个问题应引起注意：其一，同一类型的多光谱PC图像上的腐烂区域可能具有不同的强度级别，以Vis-NIR-PC6为例，第一、第三和第四个样本上的腐烂区域显示白色亮区域，而第二、第五和第六个样本上的腐烂区域显示暗区域。由于这种不确定的强度变化，很难用传统的阈值技术分割橙子的腐烂区域，该研究采用了改进分水岭分割算法(李江波等，2014；Li等，2019)。其二，实施分水岭算法过程中，多光谱PC图像中的一些噪声可能导致过分割，因此，在进行分水岭分割之

前，研究采用二维经验模态分解(bi-dimensional empirical mode decomposition，BEMD)去除噪声的影响。

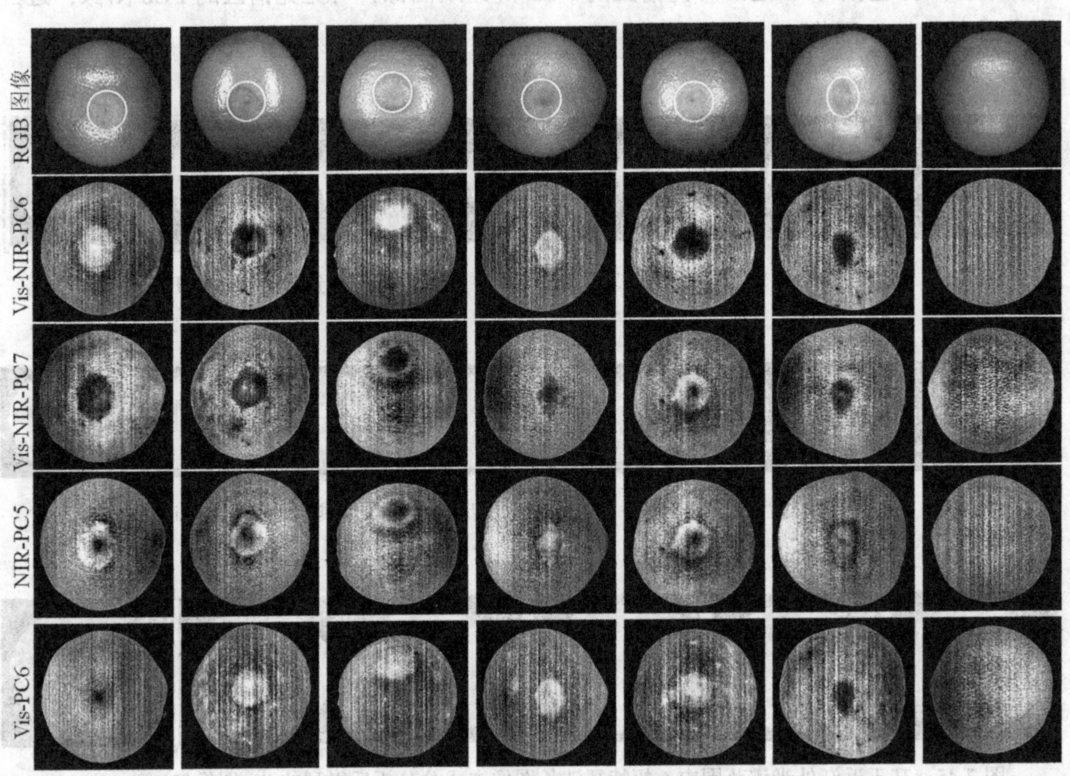

图 7-46　典型样本的 RGB 图像和最优多光谱 PC 图像(Li 等，2019)

二维经验模态分解(BEMD)是在一维经验模态分解方法的基础上发展起来的，它最初用于非线性和非平稳时间序列分析(Huang 等，1998)。BEMD 可以对二维图像信号进行多尺度分解。与经典的傅里叶和小波分析相比，BEMD 不需要先验的数据分解基础，具有经验性、自适应性和完全的数据驱动性，不依赖于数学模型或物理标定，因此很容易适应各种物体几何形状和成像条件(Huang 和 Shen，2014)。对于图像分析，用 BEMD 算法分解图像可以得到一系列的二维固有模式函数(BIMFs)图像和残差图像 R。任何图像 $f(x,\ y)$ 的 BEMD 分解可以表示为：

$$f(x,\ y) = \sum_{a=1}^{a} \mathrm{BIMF}_a(x,\ y) + R_a(x,\ y) \tag{7-4}$$

其中，$\mathrm{BIMF}_a(x,\ y)$ 表示第 a 个 BIMF(也称高频子图像)，$R_a(x,\ y)$ 为残差图像(也称为低频子图像)。得到的图像 BIMFs 和 R 提供了不同频率尺度下原始图像的信息。BIMF 图像包含了主要的高频细节，残差图像反映了图像的亮度变化。通过有选择地丢弃第一个 BIMF 图像和残差图像，可以重建增强图像。该研究利用 BEMD 分解了所有样本的多光谱 PC 图像，然后利用 BIMFs 和残差图像重建 PC 图像(BIMFs 的数量限制在 5 幅)。

图 7-47 所示为使用 BEMD 算法将多光谱 PC 图像(以图 7-46 中第二行和第一列所示 PC 图像为例)分解为 5 幅 BIMF 图像和 1 幅残差图像。BIMF1、BIMF2、BIMF3、BIMF4 和 BIMF5 代表了分解后获得的二维固有模式函数(BIMFs)图像，BIMFs(BIMF1～BIMF5)图像代表了从细到粗的空间尺度上的原始纹理，最后一个残差图像反映了样本表面光照的基本趋势(低频特征)。特别是，第一幅 BIMF 对应于图像噪声和高度精细的纹理，这些特征与腐烂的检测无关，可以丢弃。残差图像基本上对应不均匀的光晕，没有携带有用的信息。因此，理论上可通过消除第一幅 BIMF 图像和残差图像来重建增强的多光谱 PC 图像。但是，实验表明，如果从原始多光谱 PC 图像中去除残差图像，整个图像的灰度值会有明显的下降，不利于脐橙早期腐烂的识别。因此，该研究仅仅从原始多光谱 PC 图像中减去 BIMF1 对图像进行了重建。图 7-47 右侧所示的两个伪彩色图像分别对应于原始多光谱 PC 图像和重建图像。可以看出，重建图像具有更为平滑和增强的图像特征，且腐烂区域在图像重建后也更为明显。

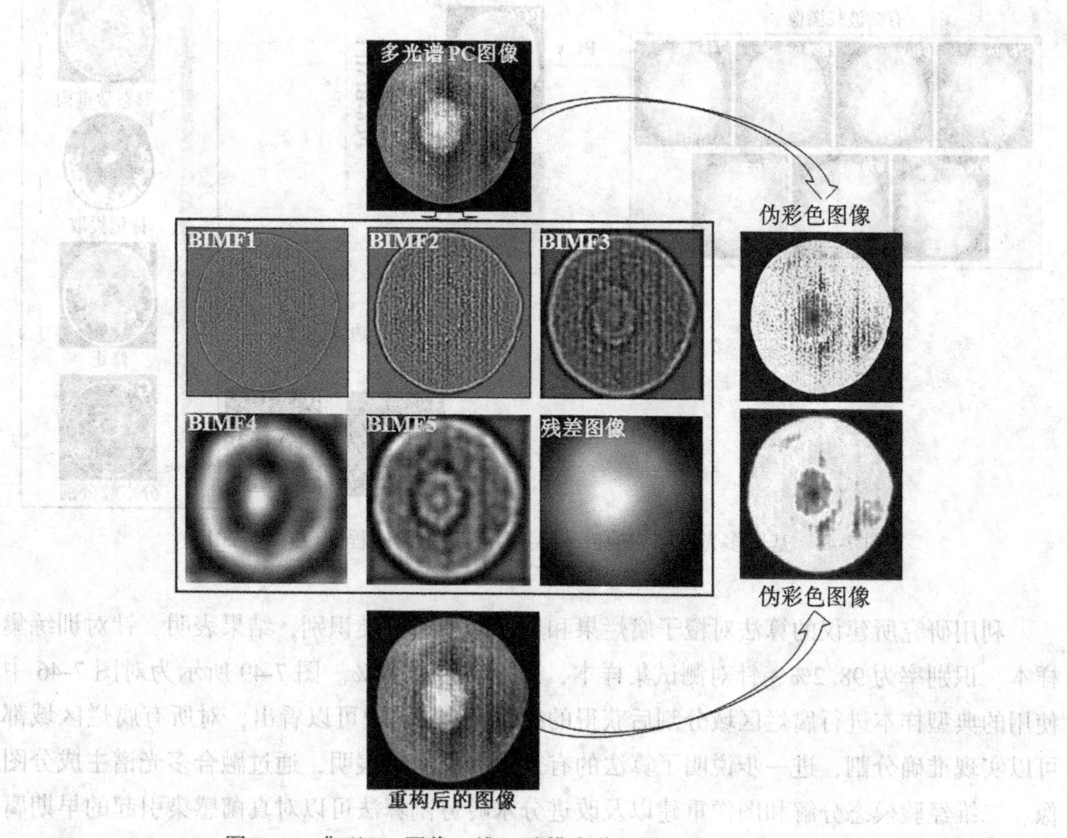

图 7-47　典型 PC 图像二维经验模态分解和重构(Li 等，2019)

进一步，该研究将改进分水岭分割算法应用于重构后的 PC 图像。图 7-48 所示为橙子样本早期腐烂检测的详细流程图。首先，从获取的高光谱图像中提取特征波长图像和

695nm 单波长图像(以 7 幅可见-近红外光谱区的特征波长图像为例)；然后，利用特征波长图像进行主成分分析获得多光谱 PC 图像(如 PC6 图像)，并利用 695nm 单波长图像生成二值化 Mask，用于去除所有特征波长图像和 PC6 图像的背景；接着，用 BEMD 对多光谱 PC 图像进行分解，然后从原始多光谱 PC 图像中减去 BIMF1(如 PC6-BIMF1)重建出新的图像；进一步将改进分水岭分割法(IWSM)应用于基于重建图像的橙子早期腐烂区域分割(图 7-48B)。整个 IWSM 过程包括形态学梯度增强、梯度图像重建和标记提取、修正和分水岭分割。图 7-48G 所示为分割后的结果图像。样本的最终腐烂区域可以通过“边缘去除”和“洞填充”操作获得，如图 7-48H 和图 7-48I 所示。

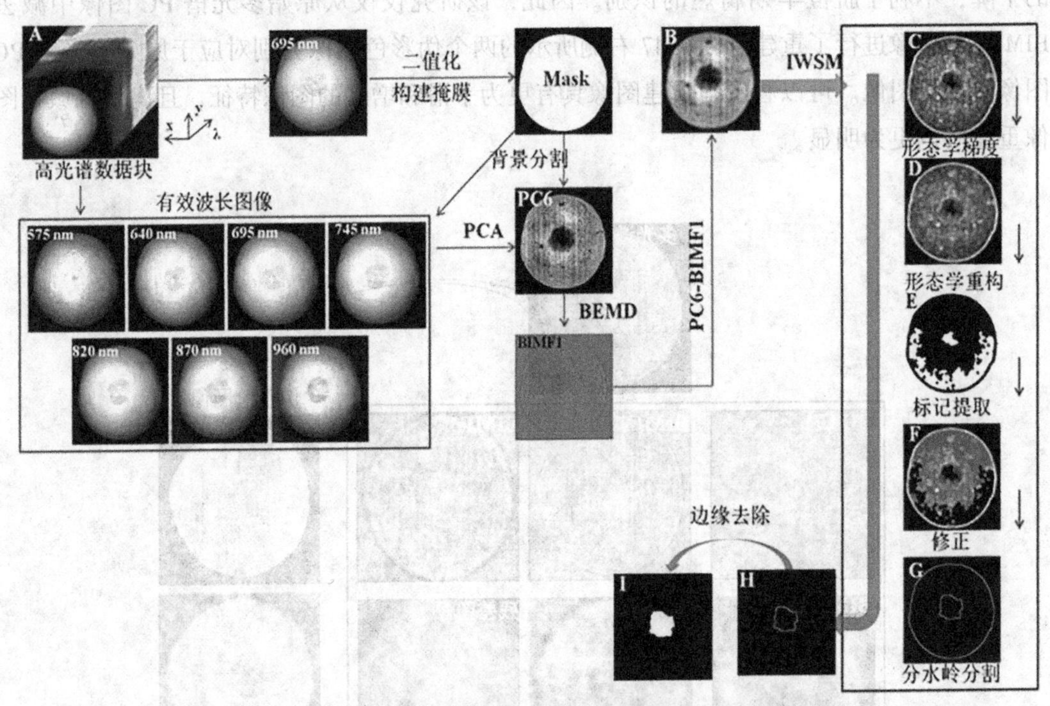

图 7-48　基于多光谱图像的橙子早期腐烂果检测流程图(Li 等，2019)

利用研究所建议的算法对橙子腐烂果和正常果进行分类识别，结果表明，针对训练集样本，识别率为 98.2%，针对测试集样本，识别率为 96.4%。图 7-49 所示为对图 7-46 中使用的典型样本进行腐烂区域分割后获得的结果①。从图中可以看出，对所有腐烂区域都可以实现准确分割，进一步说明了算法的有效性。该研究表明，通过融合多光谱主成分图像、二维经验模态分解和图像重建以及改进分水岭分割算法可以对真菌感染引起的早期腐烂脐橙进行有效识别。

① 腐烂分割基于 Vis-NIR-PC6 图像。

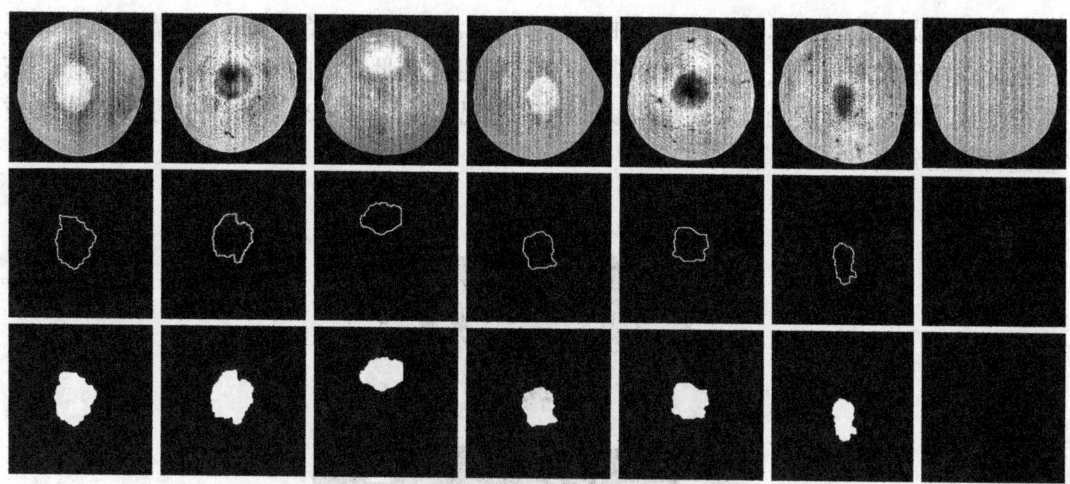

图 7-49 典型样本腐烂区域分割结果(Li 等，2019)

3. 荧光成像技术

柑橘不同于其它类水果，柑橘外果皮中含有油腺并且油腺中有精油，在柑橘腐烂的过程中，外果皮细胞分解破裂，油腺中的精油会释放至外果皮表面，柑橘皮精油中一种名为多甲氧基黄酮(polymethoxyflavones，PMFS)的橘皮素在长波紫外线(UV-A：315～400nm，中心波长为 365nm)的激发诱导下会发出黄色荧光，传统成像系统(譬如 RGB 成像或黑白成像)可以检测到这种荧光现象(韩东海等，1999；Momin 等，2013)。基于此，Blasco 等(2007)构建了一套荧光成像系统，如图 7-50(a)所示，该成像系统与传统 RGB 成像系统不同之处主要是使用了紫外线光源。图 7-50(b)所示为原始带有腐烂缺陷的橙子样本的 RGB 图像和经过紫外线激发后相机获取的荧光图像，对比发现，在原始图像中难以识别的腐烂区域，在荧光图像中清晰可见。

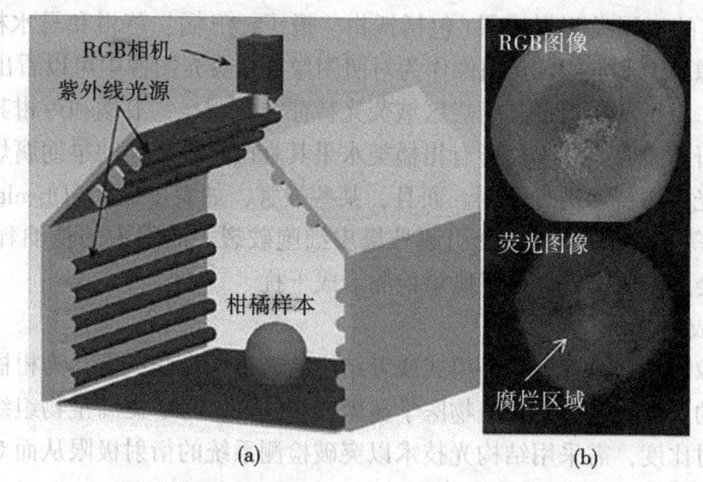

图 7-50 基于荧光成像技术检测柑橘真菌感染引起的腐烂果(Blasco 等，2007)

基于该荧光成像技术，一些用于柑橘腐果的检测系统也已经研发成功。譬如西班牙瓦伦西亚农业研究所(IVIA，Spain)研发了一套用于柑橘质量分级的检测系统(图 7-51)，该系统集成了紫外诱导荧光检测腐果模块，可以实现以每秒 15~20 个水果的速度对柑橘质量进行检测分级(Cubero 等，2011)。

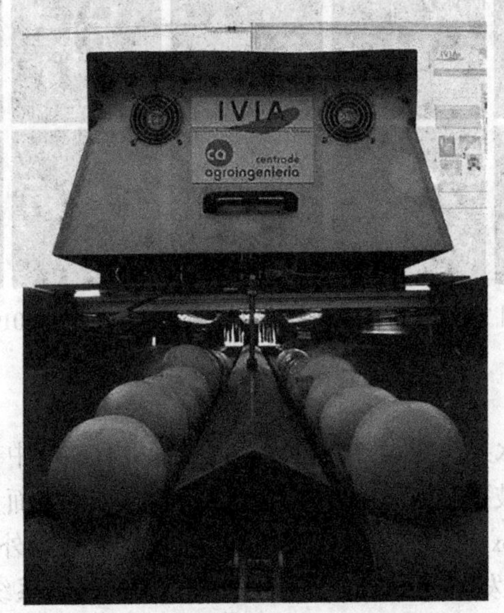

图 7-51　柑桔腐果质量检测系统①

很多研究已经表明，紫外诱导荧光成像技术是一种非常有效的真菌感染引起的柑橘早期腐烂果检测手段。但是深入研究发现，柑橘受真菌侵染腐烂后，某些柑橘类水果表皮腐烂区域在紫外线的激发下仅仅呈现微弱的荧光现象，甚至无荧光现象，这可能与油腺中所含精油量以及 PMFS 荧光物质浓度有关。图 7-52 所示为采用紫外诱导荧光成像系统(图 7-52 左侧图)采集的不同类型柑橘果(包括沃柑、橙子、丑橘、芦柑和马水橘)受真菌感染样本的荧光图像(UV-FI)，RGB 图像作为对照图像。从荧光图像中可以看出，在紫外线的激发下，沃柑、橙子和马水橘其腐烂区域荧光特征非常明显，丑橘和芦柑其腐烂区域荧光特征较弱。该研究表明，并不是所有柑橘类水果其真菌感染引起的早期腐烂区域都适合采用紫外诱导荧光成像技术进行检测。而且，某些损害，如表皮划伤(Obenland 等，2010)、冻伤(Slaughter 等，2008)等，也会引起外果皮细胞破裂，油腺中的精油释放，从而在紫外线的诱导下会发出荧光，进而对腐果检测形成干扰。

4. 结构光成像技术

结构光成像能理解为基于某种模式或者结构的光进行光学成像，为柑橘早期腐烂检测提供了一种新的选择。通常，在生物医学显微成像领域，为了提高生物组织中感兴趣目标图像分辨率和对比度，需采用结构光技术以突破检测系统的衍射极限从而对目标物进行清

① https：//newatlas. com/artificial-vision-orange-sorting/20184/.

晰成像(Cuccia 等，2009；Li 等，2017)。随着科技进步，结构光技术已从显微成像领域逐渐延伸到了基于传统计算机视觉技术的光散射领域，用于生物组织的光学散射和吸收特性分析以及深度分辨层析成像(Sun 等，2016；Angelo 等，2019)。在漫反射光学中，光在生物混沌组织内的穿透深度会随空间频率而衰减(Cuccia 等，2009；Li 等，2018)，如图 7-53 所示。因此，可以控制结构光调制频率，进而间接地控制入射光在组织中的探测深度，从而使更多的光子进入到感兴趣的组织深度，以达到高效检测的目的。就结构光成像技术而言，通过结构光成像系统获得的样本调制图像，需要被解调获得直流分量图像和交流分量图像，其中交流分量图像编码了入射光探测的深度信息且表征了组织吸收和散射光学特性，能用于表皮下特定组织的增强检测，如柑橘早期腐烂组织检测。近年来，在显微成像领域和在计算机视觉光散射领域的研究表明，结构光探测在增强图像分辨率和对比度方面比传统匀场照明具有更好的性能。因此，与目前普遍使用的漫反射成像技术相比(如 RGB 成像技术、高/多光谱成像技术等)，结构光成像能够更好地控制光在柑橘组织中的探测深度，这将非常有利于对柑橘皮下早期轻微腐烂组织的检测。

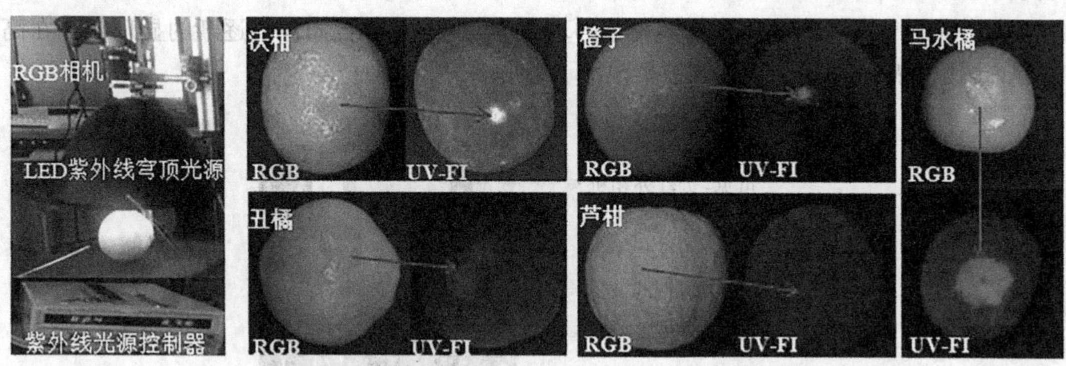

图 7-52 紫外诱导荧光成像技术对不同类柑橘腐果检测结果

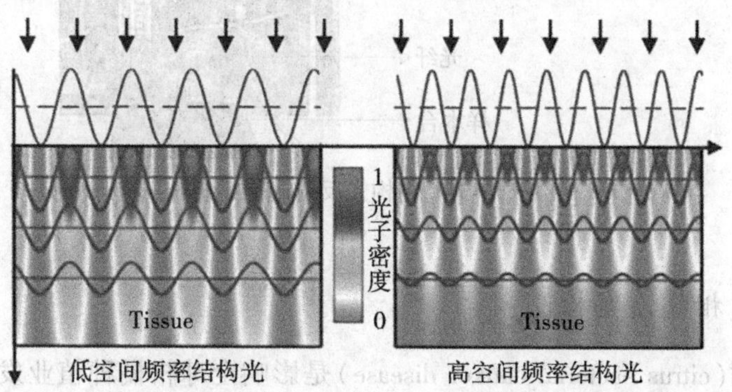

图 7-53 不同频率正弦结构光在混沌组织中的衰减示意图(Li 等，2018)

在过去几年，由于空间光调制器的出现和数字光处理技术的进步，极大地促进了结构光探测技术的推广发展。与物理网格或光栅相比，可编程空间光调制器可实现对入射光更灵活、方便、精确的调制，从而大大增强了对果蔬生物组织的探测能力。最近，李江波与美国密西根州立大学 Lu Renfu 教授团队的相关研究人员使用基于可编程空间光调制器的结构光成像系统实现了传统匀场照明成像不易实现的柑橘早期腐烂果的增强检测。该实验以橙子为研究对象，采用如图 7-54 所示的多光谱结构光反射成像系统①分别获取了受真菌感染引起的早期腐烂脐橙在 10 个窄带波长(650、670、690、710、730、750、770、790、810 和 830，单位：nm)和 4 组结构光频率 F(0.05、0.10、0.15 和 0.20，单位：cycles/mm)下的三相移结构光图像(即基于每个窄带波长分别采集了 4 组频率的三相移结构光图像)。由于采集的图像数较多(采集的图像数：10 个波长×4 组频率×3 幅相移图像=120 幅图像)，这里仅给出某一样本最优波长(770nm)结合 4 组频率的结构光图像和图像解调后所获得的直流分量图像 DC 和交流分量图像 AC，如图 7-55 所示。图中，左侧图像表示原始受指状青霉侵染的脐橙样本。右图第一行图像从左到右分别代表结构光频率 F=0.05cycles/mm 下获得的三幅相移图像(相位偏移 θ_n 分别为$-2\pi/3$、0 和$2\pi/3$)和基于三幅相移图像解调后获得的直流分量图像 DC 和交流分量图像 AC，第二行、第三行和第四行图像类似第一行图像，唯一不同的是采集图像的结构光频率不同，它们依次是 F=0.10cycles/mm，F=0.15cycles/mm 和 F=0.20cycles/mm。从图 7-55 中可以看出，随着结构光频率的增加，在原始图像中不可见的真菌感染区域在 AC 图像中逐渐的显现，并在高频 AC 图像中感染区域与正常区域呈现出了清晰的对照。

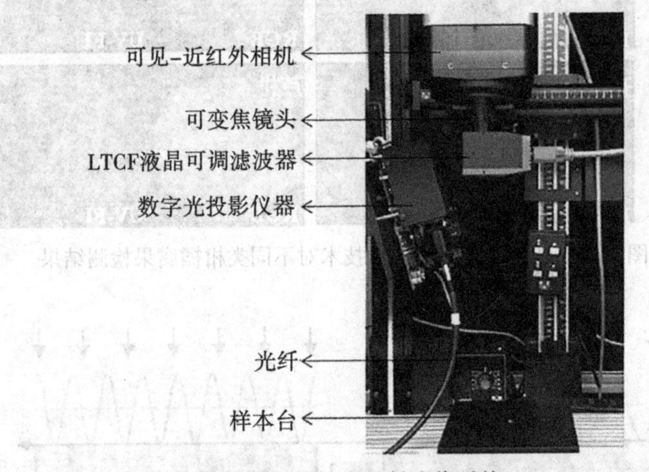

图 7-54　结构光反射成像系统

7.3.1.2　柑橘溃疡检测

柑橘溃疡病(citrus bacterial canker disease)是影响全球柑橘种植业发展的重大检疫性病害，被看作最严重的柑橘疾病之一，这种疾病会感染几乎所有商业化柑橘品种，在气候条件适宜的情况下，病害具有较强的传播性(Das，2003)。柑橘类溃疡是受到一种细菌病

① 系统主要包括相机、镜头、光源控制器、数字光投影仪器(核心部件为空间光调制器)、样本台、光纤、计算机以及一些光学附件如偏振片等。

原体X. axonopodis pv. citri感染所被引起的(Schaad等，2006)，这种疾病在世界上大部分种植柑橘类水果的国家均有发生，包括中国。世界上没有柑橘类溃疡发生的地区，如欧洲，出台了很多相关的政策法规禁止带有溃疡的柑橘进口到这些国家。在20世纪90年代，美国佛罗里达州种植业部的农业兼消费者服务系(FDACS-DPI)和农业部的动物和植物健康检查服务部(USDA-APHIS)两个部门建议根除柑橘类溃疡。美国农业部2006年3月提出“柑橘健康种植计划”，随后，在2009年USDA-APHIS再次提出针对根除柑橘类溃疡新的策略(Schubert等，2001；USDA APHIS，2009)。2007年7月我国在重庆正式启动首个柑橘非疫生产区建设。尽管做了很多努力去根除这种疾病，但目前大部分工作都集中在对这种病害的防治方面，并没有有效的方法去完全根除这种疾病，而对于带有溃疡病斑的柑橘类水果的剔除，主要还是通过手工分选，对工人要求较高，且效率低、准确性差。就受害果而言，其表面的溃疡病斑呈灰褐色、木栓化、海绵状，周围略隆起呈暗褐色，最外圈为黄绿晕圈(何秀玲和袁红旭，2007)，这些特征与正常果皮表面有明显的差异，因此，可利用机器视觉技术对其进行快速检测。

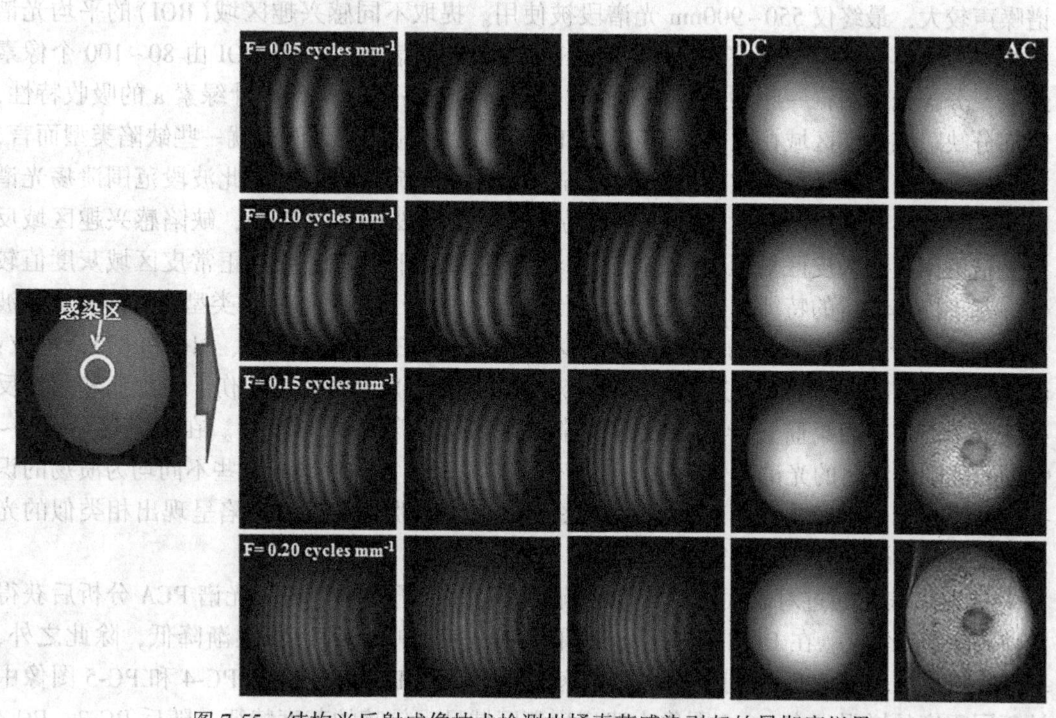

图7-55 结构光反射成像技术检测柑橘真菌感染引起的早期腐烂果

李江波等(2010，2012)基于可见-近红外高光谱成像技术对脐橙溃疡果进行了识别，开发了从正常果和带有不同类型缺陷的缺陷果中快速识别出溃疡果的有效方法。实验脐橙样本包括虫伤果、蓟马果、风伤果、介壳虫果、溃疡果、裂伤果、炭疽病果、日灼果、药害果、异色条纹果和正常果等，不同表皮缺陷有不同的特征。图7-56所示为用在该研究中的各种样本表皮类型。所有样本首先用柑橘防腐剂进行清洗。被处理后的样本保存在温度为5℃的温控室中，采集图像前两小时从温控室中移出。

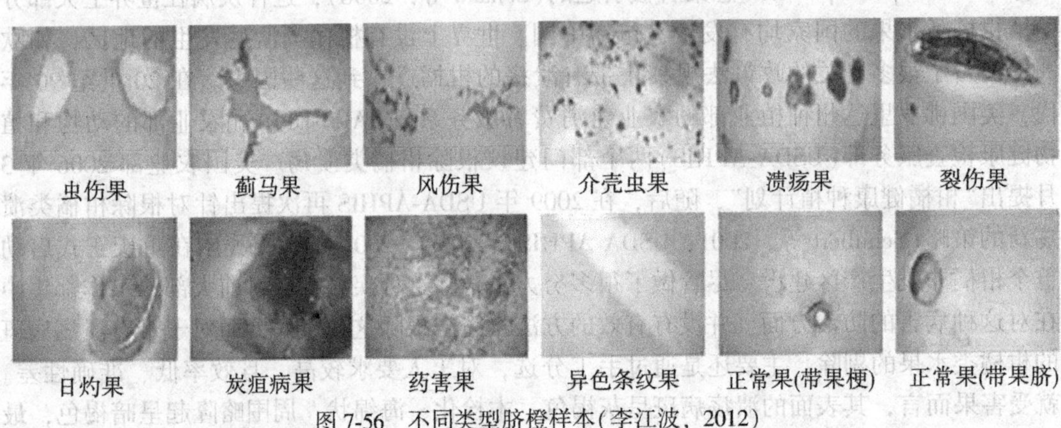

图 7-56　不同类型脐橙样本(李江波，2012)

研究采用可见-近红外高光谱成像系统获取所有脐橙样本图像，由于某些波段区域光谱噪声较大，最终仅 550~900nm 光谱段被使用。提取不同感兴趣区域(ROI)的平均光谱曲线，如图 7-57 所示。为了使每类样本 ROI 更具有代表性，每个 ROI 由 80~100 个像素组成。分析光谱图，一些感兴趣区域的波长在大约 689nm 处呈现出叶绿素 a 的吸收特性，大部分缺陷感兴趣区域在波长约 810nm 和 875nm 处呈局部最大值。就一些缺陷类型而言，如果梗、药伤和蓟马，在波段 687~710nm，光谱反射响应的斜率比此波段范围溃疡光谱反射响应的斜率更大。从图中也能较容易看出，在波段 630~785nm，缺陷感兴趣区域反射光谱值比正常果皮区域反射光谱值偏小，可能是由于缺陷区域比正常皮区域灰度值较低。基于以上分析的特征，波段比算法可能有希望区分溃疡果和其它类型果。尽管其它波段可能也有希望用于溃疡的检测，但至少 5 个波段(630、687、710、810 和 875，单位：nm)能用于执行比算法。从光谱图中也能观测到在整个光谱区域，药伤、炭疽病和裂伤反射值低于溃疡，而果脐、异色条纹和正常皮区域的反射值高于溃疡。在光谱区域 810~900nm 范围，溃疡的光谱特性与虫伤、药伤和果梗有较大的差异。这些不同均为溃疡的识别提供了基础。然而，图 7-57 所示光谱图中也反映出溃疡与某些缺陷呈现出相类似的光谱特征，如日灼和介壳虫缺陷。

图 7-58 表示通过对表面带有溃疡和蓟马缺陷的橙子样本进行全光谱 PCA 分析后获得的前 6 个 PC 图像。在 PC-1 图像中，水果表面强度从中间到边缘逐渐降低，除此之外，不能提供更多的信息以识别溃疡。溃疡病斑的特征在 PC-2、PC-3、PC-4 和 PC-5 图像中被不同程度的增强。在 PC-2 图像中溃疡病斑区域呈现较暗的灰度特征，随后 PC-3、PC-4 和 PC-5 图像中溃疡病斑区域呈现较亮的灰度特征。从 PC-6 开始所有主成分图像不能提供任何有用的信息，因此，PC-2、PC-3、PC-4 和 PC-5 图像可用于做进一步分析。

由于每个 PC 图像都是由原始数据中的各个波段下的图像经过线性组合而成，根据线性组合中的权重系数可以对特征图像进行选择。图 7-59 是 PC-2、PC-3、PC-4 和 PC-5 图像对应的各波长权重系数图。曲线中每一处局部极大或极小值都代表了一个特征波段，而这些波段所对应的图像对 PC-2、PC-3、PC-4 和 PC-5 得分图像的贡献率较大。由图可知，7 个波段 630、687、765、788、815、833 和 883(单位：nm)可以被选为特征波长。

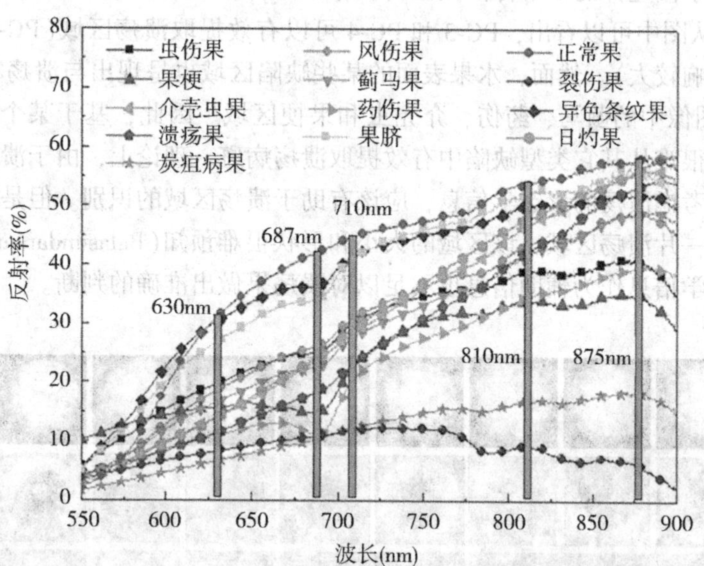

图 7-57　脐橙样本不同感兴趣区域平均光谱图(李江波，2012)

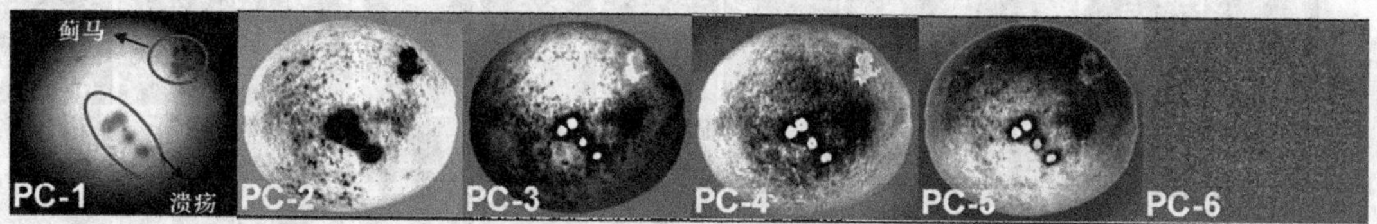

图 7-58　基于全波段主成分分析后获得的前 6 幅 PC 图像(李江波，2012)

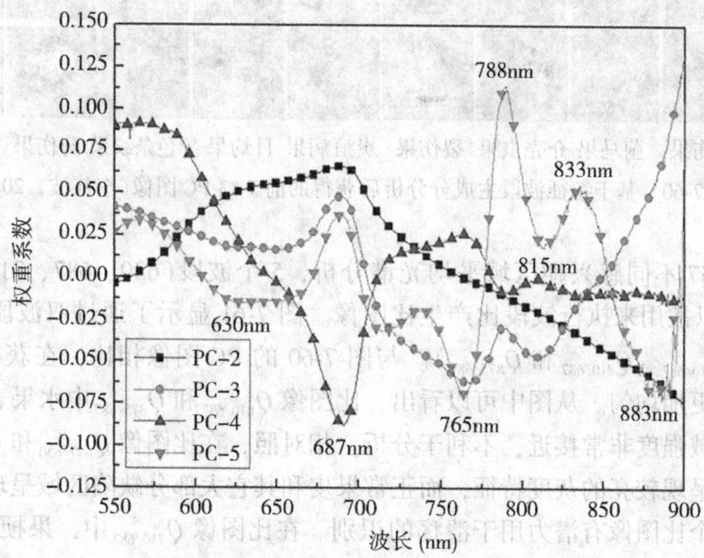

图 7-59　基于全光谱 PCA 后获得的 PC-2、PC-3、PC-4 和 PC-5 图像的权重系数曲线(李江波，2012)

随后，基于被选择的 7 个特征波段再次做主成分分析，图 7-60 所示为所获得的多光谱 PC 图像。从图中可以看出，PC-3 和 PC-4 可以有效提取溃疡区域(PC-2 整体受水果表面光照不均影响较大)。然而，水果表面的某些缺陷区域也呈现出与溃疡相类似的灰度特征，如 PC-3 图像中的蓟马、药伤、介壳虫和果梗区域。因此，基于某个 PC 图像应用简单的阈值理论很难从其它类型缺陷中有效提取溃疡病斑。理论上，由于溃疡病斑外表通常呈圆形，如果考虑溃疡的形态学信息，应该有助于溃疡区域的识别。但是，很多情况下多个溃疡点连成一片溃疡区域，该区域的大小和形状很难预知(Balasundaram 等，2009)。因此，即使形态学信息作为辅助信息也不足以对溃疡果做出准确的判断。

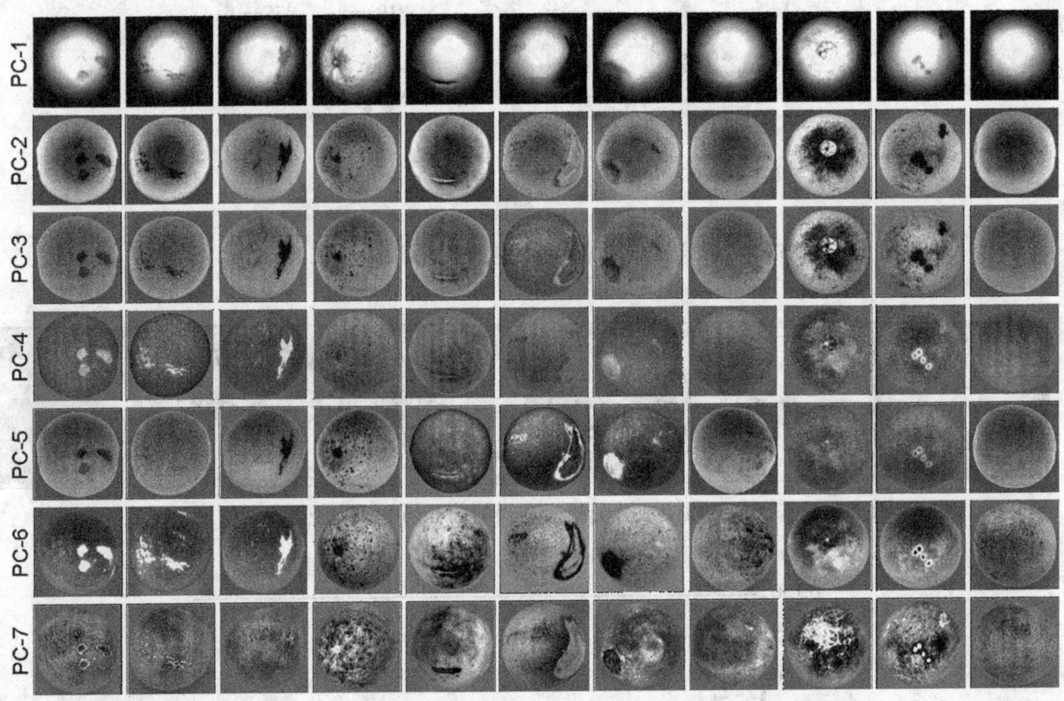

图 7-60　基于特征波段主成分分析后获得的前 7 幅 PC 图像(李江波，2012)

基于图 7-57 不同感兴趣区域平均光谱分析，5 个波段(630、687、710、810 和 875，单位：nm)可以被用来执行波段比产生比图像。图 7-61 显示了通过双波段比获得的比图像($Q_{687/630}$、$Q_{710/687}$、$Q_{810/687}$ 和 $Q_{875/687}$)。与图 7-60 的 PC 图像相比，在获得的比图像中，水果表面亮度更加均匀。从图中可以看出，比图像 $Q_{810/687}$ 和 $Q_{875/687}$ 中水果表面的溃疡区域与某些缺陷区域强度非常接近，不利于分析。相对照，在比图像 $Q_{687/630}$ 和 $Q_{710/687}$ 中，水果表面溃疡区域呈现较亮的灰度特征，而正常果皮和其它大部分缺陷区域呈现较暗的灰度特征，表明该两个比图像有潜力用于溃疡的识别。在比图像 $Q_{710/687}$ 中，果梗/果脐的灰度特征类似于溃疡区域，从而容易引起误判。然而，在比图像 $Q_{687/630}$ 中可以有效地克服果脐/果梗引起的误判问题。另外，从图中也能够发现，在比图像 $Q_{687/630}$ 中，脐橙表面的溃疡区域与正常果皮和大部分缺陷区域(除炭疽病和日灼伤)呈现出较大的灰度差异，对照更加明显。基于以上的分析，比图像 $Q_{687/630}$ 最有利于脐橙表面溃疡区域的识别。因此，在该研究中，比图像 $Q_{687/630}$ 也被选择用于溃疡分类算法的开发。

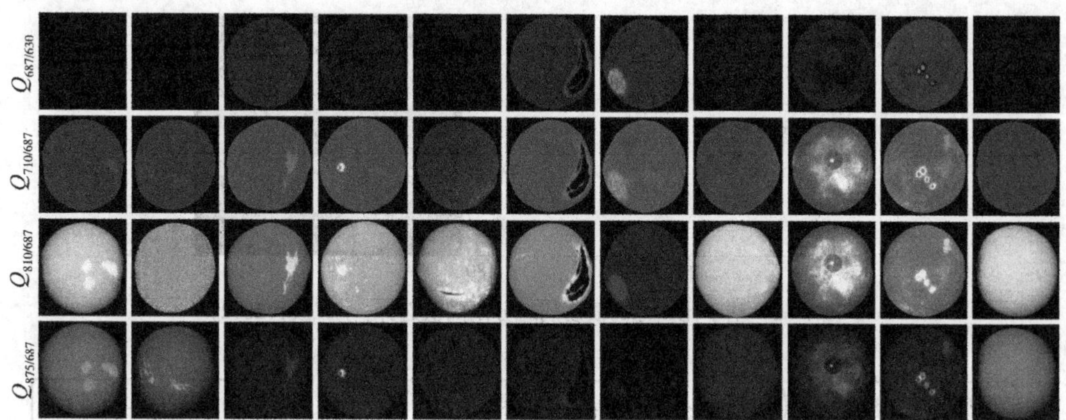

图 7-61　不同类型样本双波段比图像(李江波，2012)

如前所述，基于 PC-3 和 PC-4 图像或者比图像 $Q_{687/630}$，溃疡病斑能从其它大部分缺陷类型中识别出来。研究也发现仅仅利用单阈值理论和比图像 $Q_{687/630}$ 很难区分溃疡和炭疽病及日灼伤。然而，图 7-60 表明 PC-3 和 PC-4 图像有能力区分溃疡和炭疽病及日灼伤。进一步比较主成分图像 PC-3 和 PC-4 发现，PC-3 最有利溃疡病斑的识别，因为在这个主成分图像中呈现出更加明显的溃疡点特征。因此，该研究联合 PC-3 图像和波段比图像 $Q_{687/630}$ 开发了水果表面溃疡识别算法。具体算法为：首先，通过执行主成分分析获得 PC 图像；然后，获取 7 幅特征波长图像 630、687、765、788、815、833 和 883(单位：nm)；最后，全局阈值理论应用于多光谱 PC-3 图像。在阈值理论中，阈值的选择非常重要，被选择的阈值必须能够有效地区分溃疡和炭疽病及日灼伤，因为这两种缺陷在比图像 $Q_{687/630}$ 中仅仅依靠强度信息无法与溃疡病斑进行有效区分。通过对直方图分析，全局阈值 0.14 可以用来二值化 PC-3 图像(设定大于阈值的像素为 0，小于阈值的像素为 255)。很多情况下，在获取的结果二值图像中存在着一些离散的像素或小的噪声点，形态学运算可以去除这些噪声。然后扫描去噪后的二值图像，如果没有非零像素被发现，则此水果被认为是不带溃疡的水果，并且算法结束。否则，双波段比图像 $Q_{687/630}$ 被用来继续执行分类。图 7-62 所示为带溃疡的一幅双波段比图像 $Q_{687/630}$，在图像旁边的剖面图表示沿着图像中白色直线上像素的灰度值。可以看出阈值 0.38 最有利于溃疡病斑的提取。随后基于双波段比图像 $Q_{687/630}$，通过阈值分割(阈值为 0.38)获得二值图像，二值图像去噪处理，并且统计去噪后的二值图像中的非零像素，如果发现有非零像素，则认为此检测对象为溃疡果，否则，此检测对象为非溃疡果，算法结束。图 7-63 所示为溃疡果识别流程图。

基于所建议检测算法对所有 495 个水果样本进行溃疡果识别，获得 98.2%正确识别率。图 7-64 所示为典型样本溃疡检测示例。图中第一行至第四行分别表示样本 RGB 对照图像、多光谱第三主成分图像、$Q_{687/630}$双波段比图像和最终的溃疡病斑二值化图像。从结果图像中可以看出，溃疡果表面的溃疡病斑被有效地检测出来，同时在检测的过程中不会受到其它果皮缺陷的干扰，证明了本算法的可行性。

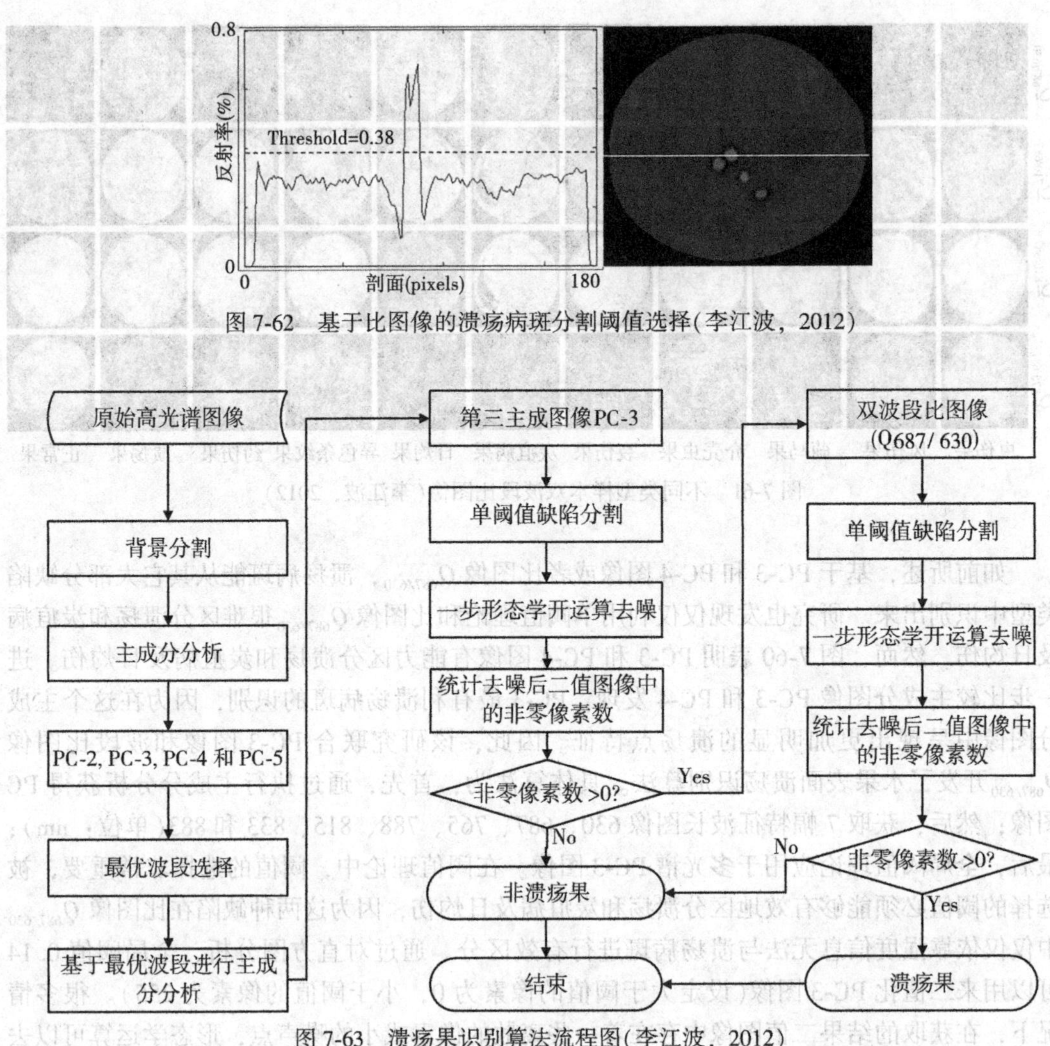

图 7-62　基于比图像的溃疡病斑分割阈值选择(李江波，2012)

图 7-63　溃疡果识别算法流程图(李江波，2012)

7.3.1.3　苹果早期腐烂检测

类似于柑橘类水果，苹果在采摘后期也容易感染真菌而引起腐烂，其腐烂区域稍微发黄，与正常表皮在颜色、纹理上较为接近，检测识别难度较大。张保华等(2015，2017)基于高光谱成像技术(波段范围为 400~1000nm)对青霉菌侵染引起的苹果表面早期腐烂进行了检测研究。实验样本为富士苹果，共计 120 个，苹果的大小、形状各异，不含任何明显外观缺陷。腐烂样本的制备是从实验室内已经腐烂的苹果区域挖取腐烂部分盛放于培养皿中培养 3d，然后利用注射器在 100 个苹果的赤道区域注射接种，使其感染，最后放在实验室内常温保存 3-4d 便可以使苹果样本获得直径为 5~15mm 的早期腐烂区域。剩余 20 个苹果为正常果备用。图 7-65 所示为典型的腐烂果样本，环形标记区域为接种后形成的腐烂区域。

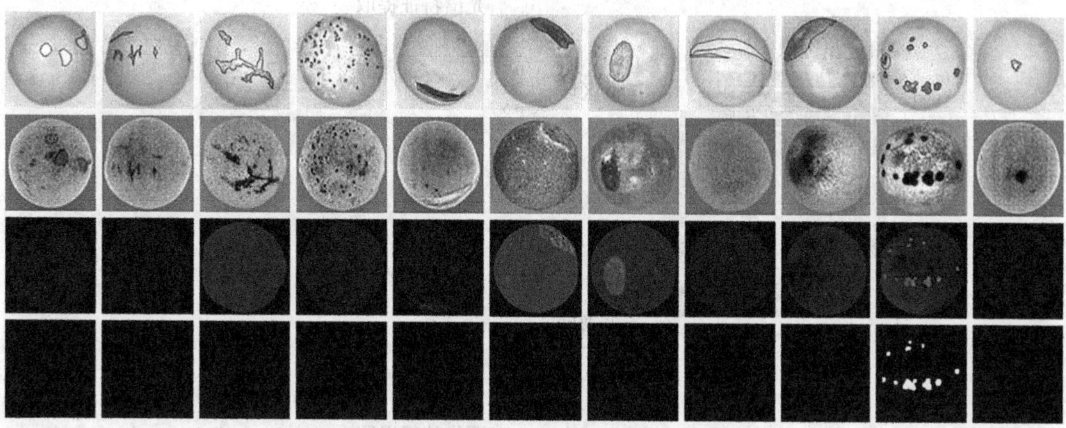

图 7-64　溃疡果缺陷分割结果(李江波，2012)

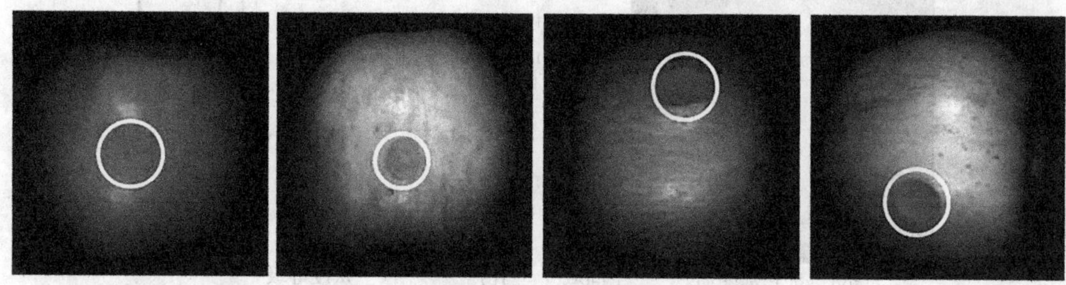

图 7-65　典型的腐烂苹果样本(Li 等，2019)

针对所有样本，基于本书第 2 章所介绍的高光谱成像系统采集样本图像，随后进行图像校正。图像校正后，为了挖掘识别苹果早期腐烂的有效特征，提取了早期腐烂苹果高光谱图像的光谱信息和图像信息，对苹果早期腐烂区域的光谱、图像特征进行分析。提取的光谱信息和图像信息如图 7-66 所示。

光谱特征分析：提取样本表皮感兴趣区域 ROI 的平均光谱(区域大小 100~200 个像素)。由于不同表皮具有不同的反射率，以及受到苹果类球形形状的影响，各种正常区域的平均光谱差异很大，变化范围也比较大，正常区域的平均光谱位于图 7-66 中两条实线之间的区域，腐烂区域的平均光谱范围位于图中两条虚线之间竖线阴影区域。光谱特征表明腐烂区域的光谱(波段 400~940nm)被变化范围较广、跨度较大的正常区域的光谱覆盖。这表明仅仅通过某些波长检测早期腐烂有困难。正常表皮和早期腐烂表皮在可见光区域重合的特点证明传统机器视觉技术仅仅通过采集 R、G 和 B 通道图像进行检测也比较困难。

图像特征分析：提取 590nm 波长下图像的灰度直方图，分析了腐烂区域的亮度分布。为消除背景的影响，通过掩模处理，只提取苹果区域的灰度分布信息。在图像中，腐烂区域的亮度是 180 左右，提取的灰度直方图没有呈现代表正常区域和腐烂区域“两峰一谷”

的情况，因此，仅仅通过单阈值分割不足以提取出苹果表面上的早期腐烂区域。

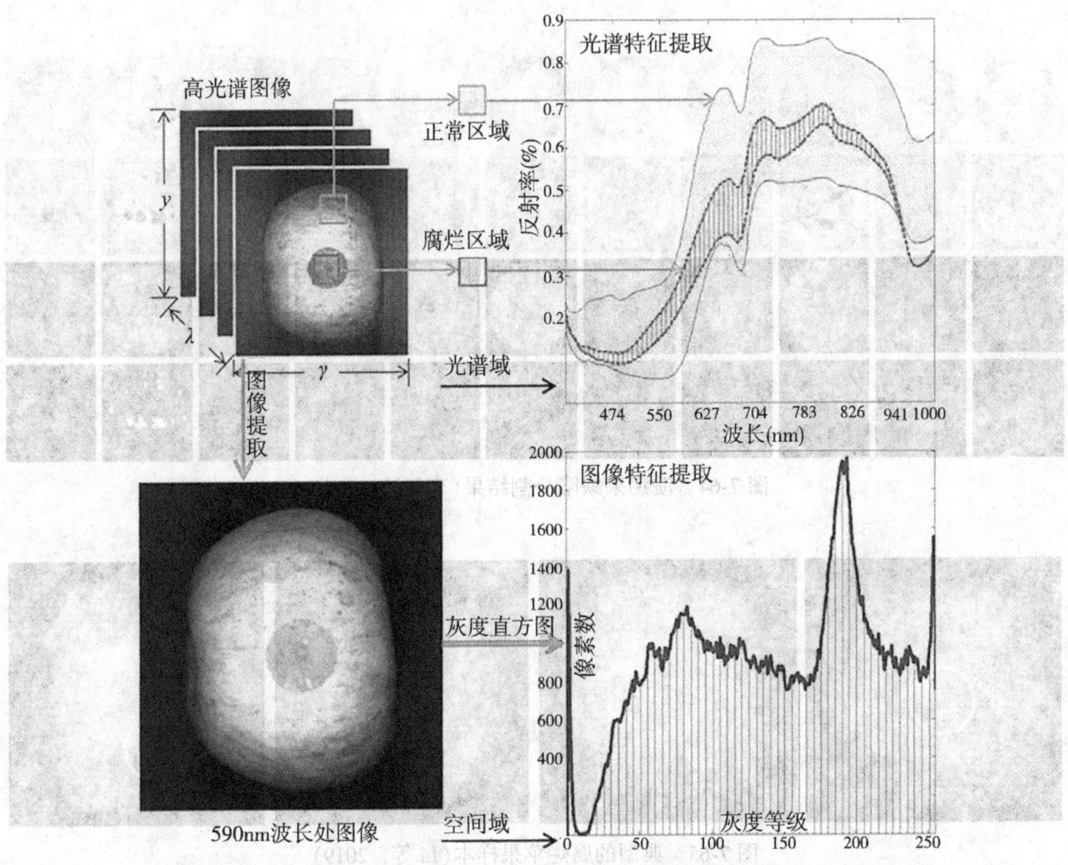

图 7-66　早期腐烂苹果高光谱图像的光谱与图像特征提取(张保华，2017)

进一步对早期腐烂苹果的光谱域分析处理。为了挖掘含有判别苹果早期腐烂的重要波长，基于早期腐烂区域和正常果区域光谱信息，采用连续投影算法(SPA)对最优波长进行了选择。经过 SPA 运行后，选择了 4 个波长(563nm、611nm、816nm 和 966nm)作为最优波长。其中波长 563nm 和 611nm 位于可见光区域，波长 816nm 和 966nm 位于近红外光谱区域。为了验证所选择的 4 个波长是否承载了判别苹果早期腐烂的重要信息。偏最小二乘判别分析(PLS-DA)用于评估利用 4 个波长对正常和腐烂两类组织的分类效果。分类中，正常组织和腐烂组织分别赋值 1 和 0。分类结果表明，两类组织可以 100%识别(详细结果分析可以参考该文献)，证明所挑选的 4 个波长在光谱域层面可以有效分类判别腐烂果，可以实现点区域检测(因为光谱是从局部小区域中提取的感兴趣区域平均光谱)。为了实现面检测，基于在图像层面提取的 4 个波长图像进行了有效性验证。

进一步对早期腐烂苹果的空间域分析处理。判别苹果早期腐烂的最优波长一旦确定，早期腐烂的检测就成了图像处理、腐烂分割与分类的问题。基于主成分分析 PCA 和最低噪声分离(minimum noise fraction，MNF)算法研究了苹果表面早期腐烂检测图像处理方法。

关于 PCA 介绍可以参考本书相关内容。对于 MNF 变换，其本质上是两次叠加的 PCA 变换，第一层变换是基于估计的噪声协方差矩阵，该变换用于分离和重新调整数据中的噪声，经过第一层变换后，数据中的噪声信号发生单位变化，但是消除了波段-波段间的相关；第二层变换是噪声白化数据的标准主成分变换。经过 MNF 变换可以确定图像数据的内在维数、隔离数据中的噪声以及减少数据处理的时间。

图 7-67 显示了基于筛选的最优波段处光谱图像进行 PCA 和 MNF 处理后早期腐烂识别结果。其中，PC1 和 MNF1 成分图像主要反映了样本形状引起的亮度分布不均现象，PC1 和 MNF1 成分图像承载了图像大部分的信息；PC2 和 MNF2 成分图像反映了图像中的亮度饱和情况，早期腐烂区域较周围正常区域明显，但是有些地方亮度饱和不利于早期腐烂区域的分割；PC3 和 MNF3 成分图像适合用于早期腐烂的识别，苹果早期腐烂区域变得高亮，与周围正常区域对比明显，便于利用图像处理对早期腐烂区域进行分割提取。PC4 和 MNF4 成分图像更多反映苹果表面的皮孔、纹理等外观信息。通过单阈值分割 PC3 和 MNF3 成分图像便可以提取苹果早期腐烂。图 7-67(a)为单阈值分割 PC3 后的结果，图 7-67(b)是经过膨胀、腐蚀、小区域填充等形态学处理后叠加上苹果轮廓后的图像，出现了一些误分割现象；图 7-67(c)为单阈值分割 MNF3 后的结果，图 7-67(d)是经过膨胀、腐蚀、小区域填充等形态学处理后叠加上苹果轮廓后的图像，没有出现误分割现象。在此仅示例了一个样本，但是大部分的苹果样本经过 PCA 和 MNF 处理后有着相似的结果，即基于 MNF 算法的苹果早期腐烂识别、分割结果优于基于 PCA 的处理结果。同时也证明了筛选的 4 个波长在空间域对早期腐烂识别有效。

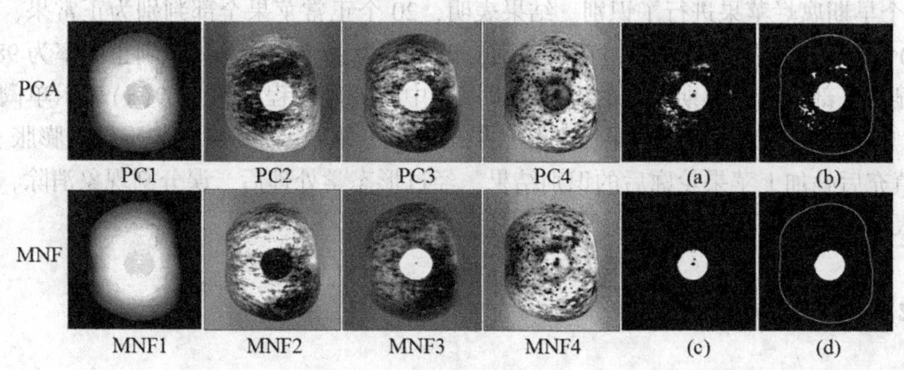

图 7-67 基于 PCA 和 MNF 方法的早期苹果腐烂识别结果(张保华，2017)

最终，基于 MNF 变换的图像进行了苹果早期腐烂检测算法的开发，算法的流程图如图 7-68 所示。算法包括光谱域光谱分析和空间域图像处理两方面。其中光谱分析包括正常表皮和早期腐烂表皮感兴趣区域提取、利用 SPA 算法初步筛选有效波长、利用 PLS-DA 在光谱域验证筛选波长的有效性、确定最优波长等处理，空间域包括最优波长处单色图像提取、MNF 变换、苹果掩模图像获取、早期腐烂识别分割等处理。流程图 7-68(a)(b)(c)分别表示掩模图像、腐烂分割结果和最终结果。

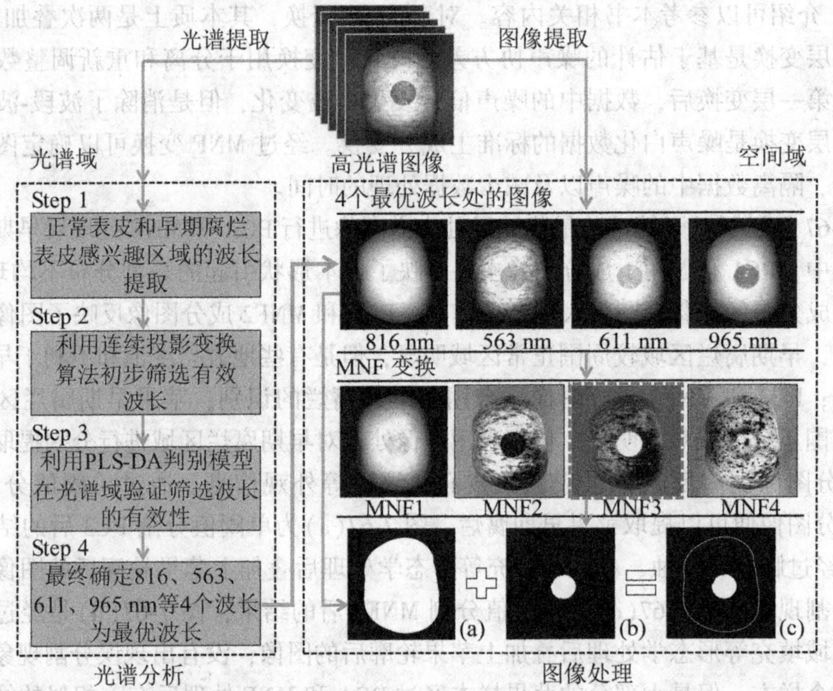

图 7-68　基于 MNF 变换的苹果早期腐烂识别分割算法(张保华，2017)

为了验证基于最优波长图像的苹果早期腐烂识别的性能，对测试集中 20 个正常苹果和 80 个早期腐烂苹果进行了识别。结果表明，20 个正常苹果全部判别为正常果，识别率为 100%。78 个早期腐烂苹果被正确识别，识别率为 97.5%，总体识别正确率为 98%。图 7-69 显示了部分苹果早期腐烂的识别结果以及中间处理过程。图 7-69(a)表示单阈值分割 MNF3 后早期腐烂区域识别结果，部分水果出现误分割，图 7-69(b)表示经过膨胀、腐蚀、区域填充后叠加上苹果轮廓后的识别结果，经过形态学处理后，误分割现象消除，整体结果令人满意。

7.3.2　番茄真菌感染检测

番茄营养丰富、风味独特，且富含益于人体健康的番茄红素、维生素和天然抗氧化剂。作为第二大蔬菜作物，它在 100 多个国家和地区均有种植。加工番茄是普通番茄中的一种栽培类型，主要用途是送入加工厂加工处理，处理产品主要是番茄酱，另外还有番茄干、番茄粉、番茄红素等产品。全球种植加工番茄的区域主要集中在欧洲地中海沿岸、美国加州河谷，以及中国新疆、内蒙古和甘肃等地区。由真菌侵染所引起的早期腐烂(早期霉变)是加工番茄采收过程中以及采后加工中最常见到的严重缺陷(黄春霞，2006；马艳等，2017)。在目前的大田种植水平条件下，许多地块经测产量可达 8~10t/亩，但最终商品产量仅为 4~5t /亩，主要原因是在整个采收期有 30%~40%的加工番茄因腐烂浪费或其它原因损失掉。可以说，加工番茄原料生产中果实腐烂已经成为影响农民生产积极性、加工原料供给、番茄加工产品质量和规模以及番茄产业持续稳定发展的根本性问题。

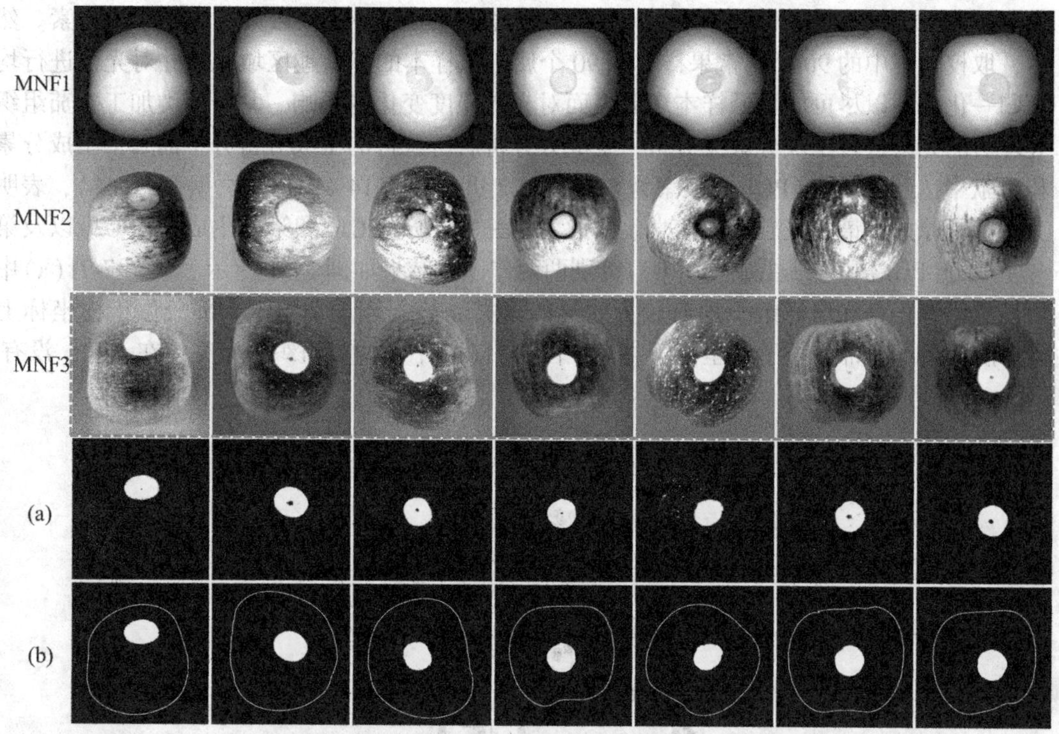

图 7-69 典型苹果样本早期腐烂检测结果(张保华，2017)

王虎挺(2019)基于可见-近红外高光谱漫反射成像技术，对加工番茄早期腐烂识别进行了研究。采用均值归一化校正对加工番茄表面亮度不均进行校正处理，结合主成分聚类分析和最优主成分图像权重系数分析，获得了可以用于加工番茄腐烂果检测的特征波长图像，开发了基于特征波长组合图像的伪彩色增强图像处理方法和基于比图像的加工番茄果梗识别方法，实现了加工番茄早期腐烂果的有效识别。试验中，正常加工番茄样本和腐烂加工番茄样本各 120 个，其中每类中 90 个样本选为校正集，剩余样本为验证集。图 7-70 为典型的腐烂样本(前三幅图像)和正常加工番茄样本(第四幅图像)。

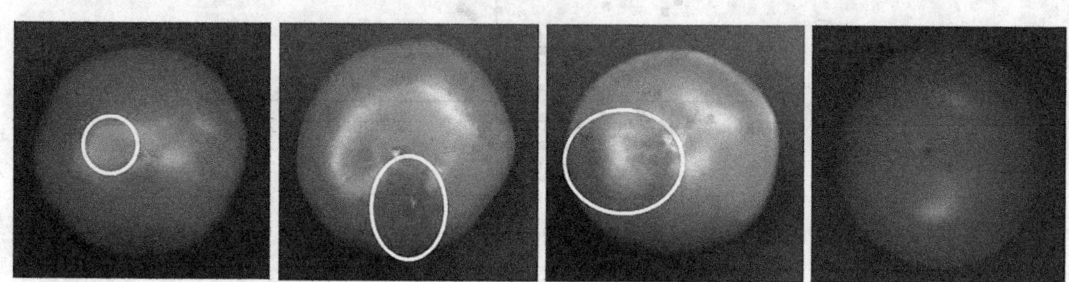

图 7-70 典型的加工番茄样本(环形标记区域为腐烂区域)(王虎挺，2019)

研究采用可见-近红外高光谱成像系统在漫反射模式下获取所有样本的高光谱图像，为了观察主成分分析法区分加工番茄正常组织和腐烂组织的性能，120 个正常果样本和 120 个腐烂果样本分别用于提取感兴趣区域光谱，每个感兴趣区域大小为 100 个像素。然后，取校正集中的 90 个正常果样本和 90 个腐烂果样本的感兴趣区域光谱并对光谱进行均值归一化处理以尽可能降低样本弯曲表面对光谱强度变化的影响。基于两类加工番茄组织处理后的光谱进行主成分聚类分析，主成分分析后所获得的主成分得分中前三个主成分累积贡献率达到了 99%（PC1 贡献率为 84%，PC2 贡献率为 14%，PC3 贡献率为 1%），表明其包含了原始光谱的主要特征信息。因此，第一主成分（PC1）和第二主成分（PC2）以及第一主成分（PC1）和第三主成分（PC3）分别两两作图，结果如图 7-71 所示。从图 7-71（a）中可以看出，正常和腐烂组织均有较为明显的聚类趋势，且正常组织大部分位于横坐标上方，腐烂组织大部分位于横坐标下方。在图 7-71（b）中，两类组织分布交织在一起，没有

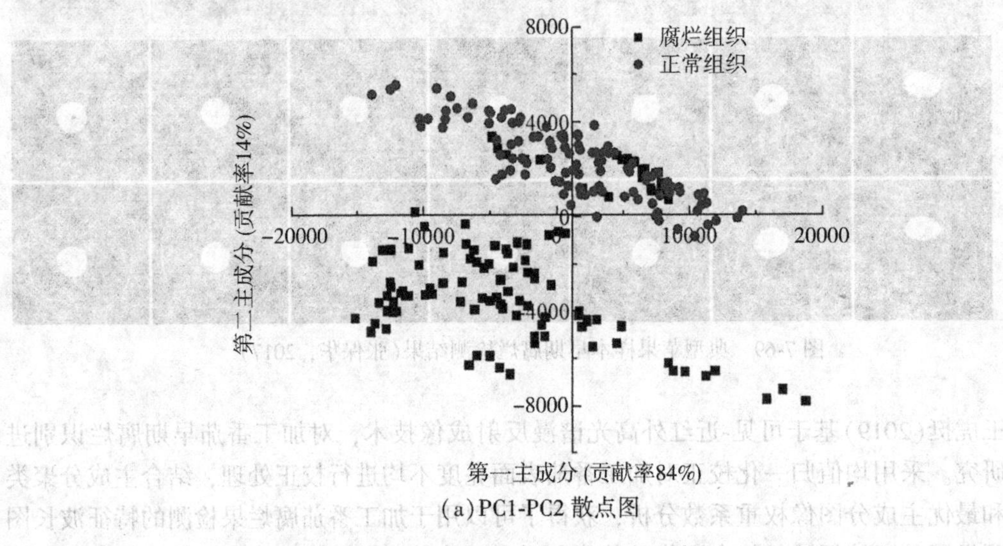

（a）PC1-PC2 散点图

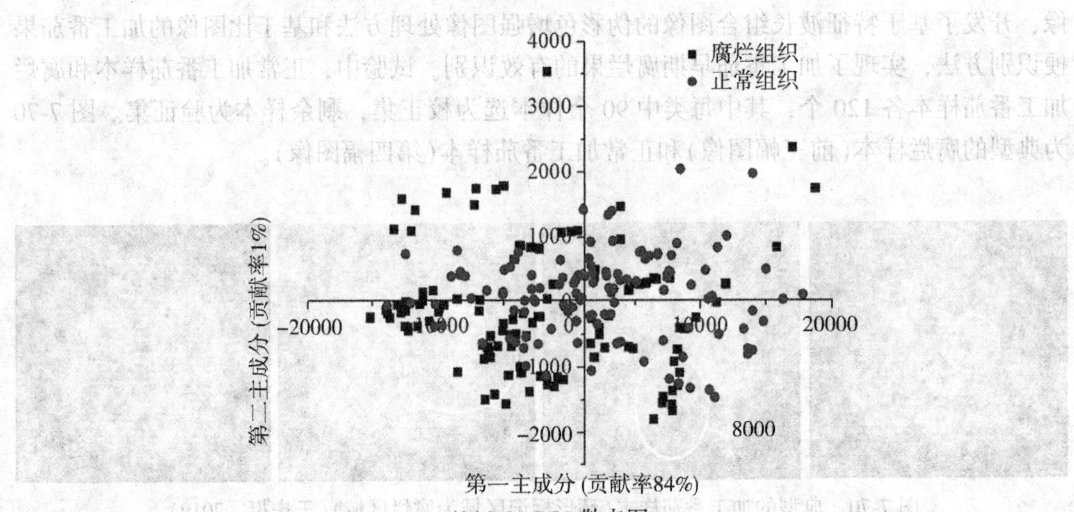

（b）PC1-PC3 散点图

图 7-71　主成分分析聚类图（王虎挺，2019）

任何聚类趋势。因此，通过比较可以发现，前三个主成分中，PC2 最有利于区分正常和腐烂组织。然而，图 7-71 是仅仅基于对一维光谱信息进行处理后所获得的结果，并证明了主成分分析法区分加工番茄正常组织和腐烂组织的可行性。在实际的应用中，加工番茄在分级线中随机运动，没有办法也不可能保证带有腐烂的加工番茄其感兴趣区域(即腐烂区域)在检测时恰好位于光谱传感器采集区域。因此，与一维光谱信息相比，二维图像信息更适合于实际中加工番茄质量的检测。

基于第二主成分，图 7-72 显示了每个波长点所对应的权重系数。从图中可以看出，在 500～1000nm 光谱范围内，分别位于 596nm、666nm 和 845nm 下的 3 幅单波长图像能被选为特征波长图像，对应的权重系数依次为-0.01648、0.08851 和-0.08805。这样，通过特征波长选择，每幅高光谱图像全波段近 400 幅单波长图像降维为 3 幅特征波长图像，然后仅对被选择的三幅特征波长图像做均值归一化处理。

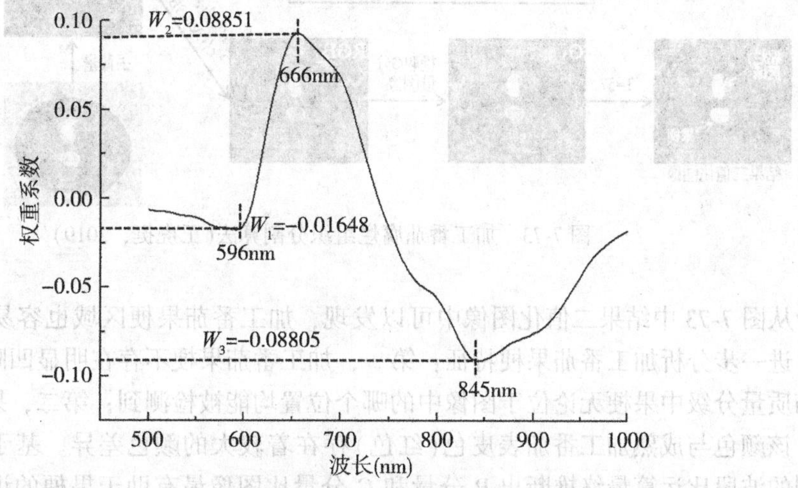

图 7-72　第二主成分权重系数曲线(王虎挺，2019)

图 7-73 显示了用于加工番茄腐烂组织分割的详细算法流程(以一幅带有果梗和腐烂症状的加工番茄样本为例)。如图 7-73 所示，在特征波长图像均值归一化处理前，首先需要对 3 幅图像进行背景去除。666nm 单波长图像用于构建二值化模板 Mask(阈值 $T=30$)。获取二值化模板 Mask 后，三幅特征波长图像分别与该 Mask 模板作"点乘"运算，从而去除了特征波长图像的背景。然后，对去除背景的特征波长图像作均值归一化处理，基于均值归一化校正后的特征波长图像，采用公式 $I=-0.01648\times I_{596}+0.08851\times I_{666}-0.08805\times I_{845}$ 获得多光谱组合图像 I。接着，强度分层技术应用于组合图像以获得相应的伪彩色图像，然后将伪彩色图像转换为 RGB 图像，如图 7-73 右下角所示彩色图像。从该图像中可以看出，尽管特征波长图像做了均值归一化处理，但是光照不均现象仍然或多或少地反映在了组合图像中，第一次获得的 RGB 图像仍然需要进一步处理。提取该 RGB 图像的 R、G 和 B 分量图像发现 G 分量图像最有利于腐烂区域的识别，这样，G 分量作为目标图像进行加工番茄腐烂区域分割。如图所示，采用 Mask 对 G 分量去背景后再次进行伪彩色增强变换

和 RGB 变换，基于第二次获得的 RGB 图像，提取 G 分量图像。从第二次获得的 RGB 图像中可以看出，图像质量明显改善，加工番茄腐烂组织和正常组织对比度更加明显且不再受到光照不均的影响。基于 G_2 图像，采用单阈值($T=57$)即可以实现腐烂区域的有效分割。但是，从结果二值化图像中也可以看出，果梗区域也被误识别为腐烂组织。

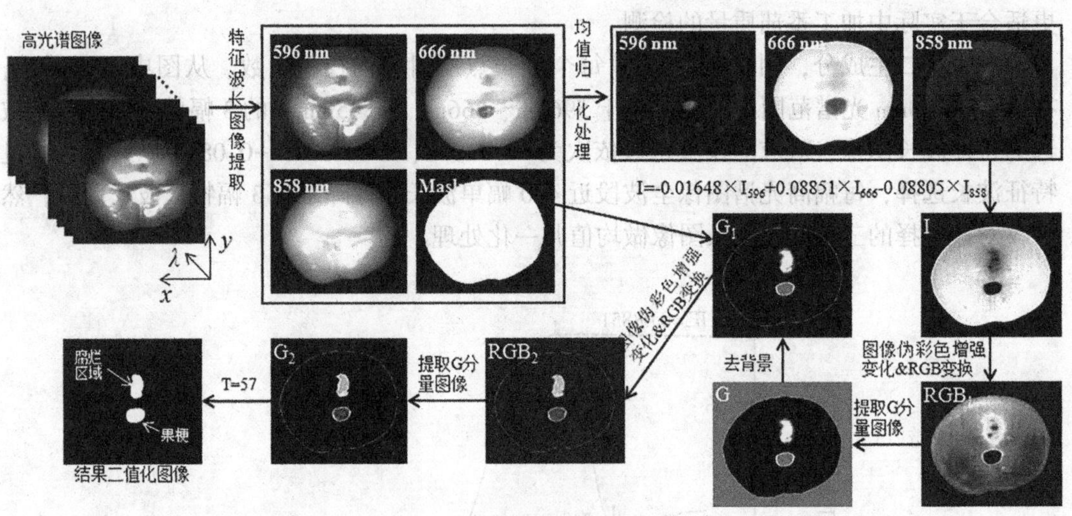

图 7-73　加工番茄腐烂组织分割算法(王虎挺，2019)

从图 7-73 中结果二值化图像中可以发现，加工番茄果梗区域也容易被误判为腐烂区域。进一步分析加工番茄果梗特征：第一，加工番茄果梗不存在明显凹陷，该特点使加工番茄质量分级中果梗无论位于图像中的哪个位置均能被检测到；第二，果梗区域颜色为绿色，该颜色与成熟加工番茄表皮色(红色)存在着较大的颜色差异。基于这些特征，通过不同的波段比运算最终推断出 R 分量和 G 分量比图像最有助于果梗的识别且不会受到腐烂区域的干扰。图 7-74 显示了 R 分量和 G 分量比图像、相应图像直方图和果梗分割结果(果梗分割阈值 $T=225$)。图 7-75 为加工番茄腐烂果和正常果识别算法详细流程图。

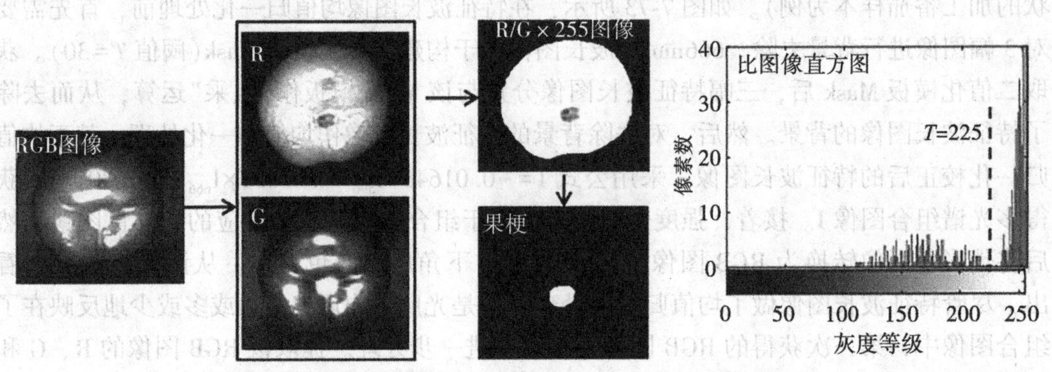

图 7-74　基于 R 分量和 G 分量比图像的果梗分割(王虎挺，2019)

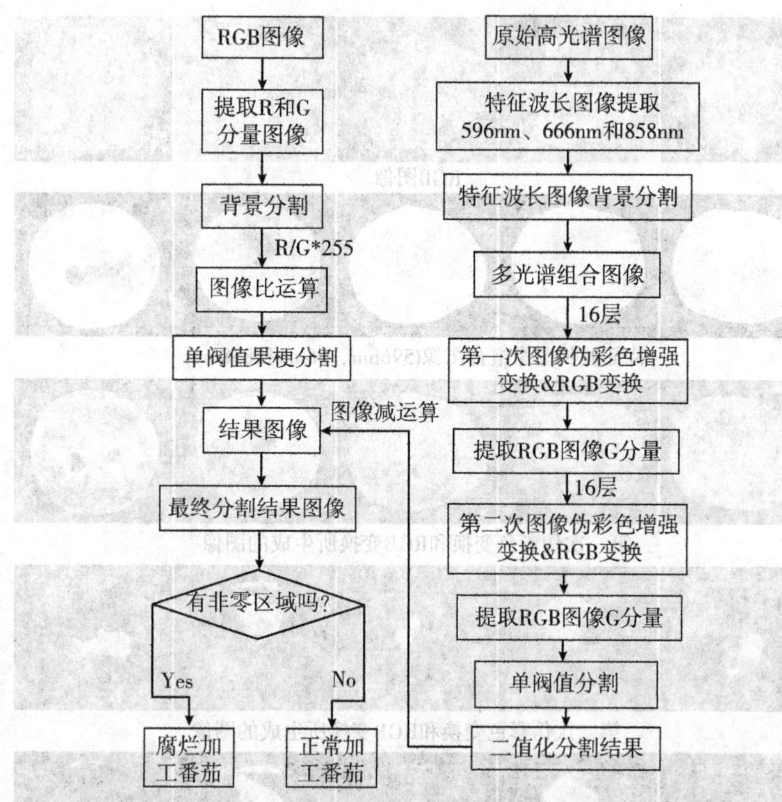

图 7-75　加工番茄腐烂果和正常果识别算法流程图(王虎挺，2019)

该研究中所建议加工番茄腐烂果识别算法用于评估所有 240 个样本，对于训练集样本和验证集样本，正常果检测精度为 97.5%；腐烂加工番茄识别率为 100%。作为示例，图 7-76 给出了典型加工番茄腐烂样本分割结果。图中第一行代表原始 RGB 图像，图中标记出了腐烂区域和果梗区域，从图中可以看出，由于腐烂区域表皮色接近正常加工番茄表皮色，直接肉眼对腐烂番茄检测较为困难。第二行图像是基于 3 幅特征波长图像(596nm、666nm 和 858nm)组合后所获得的图像。可以看出，组合图像表面强度分布更加均匀，加工番茄腐烂区域相对更为清晰。第三行图像表示第一次伪彩色变换和 RGB 变换所生成的图像，从图像中可以看出，由于颜色信息的加入，腐烂区域的视觉效果更好，进一步经过第二次伪彩色变换和 RGB 变换后(第四行图像)，腐烂区域和正常区域已经能够形成清晰的对照。第五行图像为 G 分量图像，通过对第五行图像进行二值化处理和预处理之后获得第六行二值化分割结果图像，第七行图像是利用波段比算法移除果梗后的最终二值化图像。从最终图像中可以看出，某些正常果皮区域(主要是位于水果边缘区域)也被误认为腐烂区域而被分割，如第四幅样本图像。但是，考虑到番茄质量检测时，在检测区域番茄通常会被输送滚轮带动旋转以便尽可能地让相机采集多幅图像从而进行全表面番茄质量检测，因此，在图像处理时，可以适当移除检测对象的部分边缘区域以进一步提升腐烂番茄的识别精度。

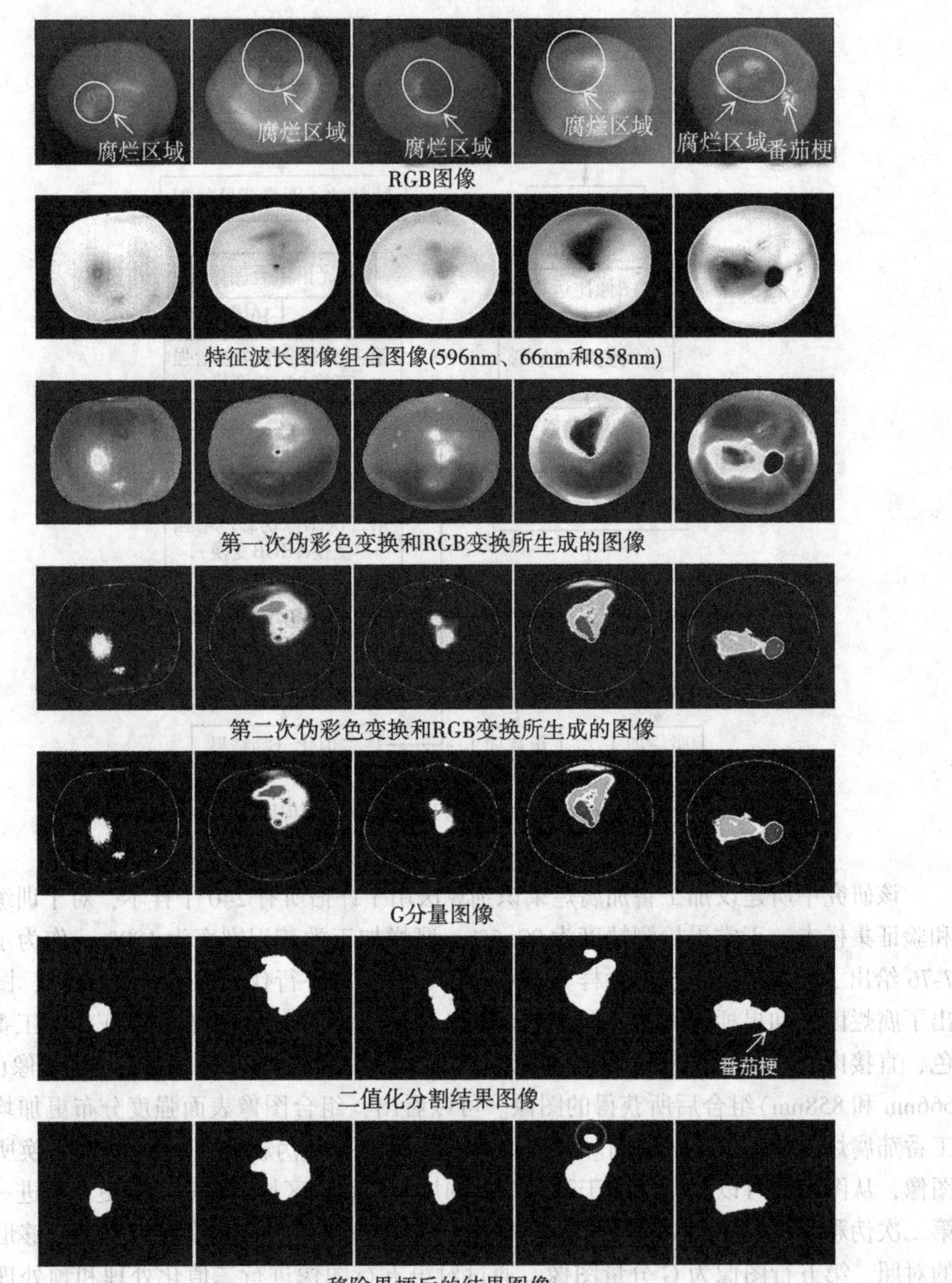

图 7-76　典型加工番茄腐烂样本分割结果(王虎挺，2019)

7.3.3　苹果致腐菌拉曼光谱检测

果蔬采后腐败是由腐败菌引起，腐败菌侵染寄主后能否导致腐败和腐败的程度，取决于腐败菌的致腐能力、寄主自身的防卫反应和环境条件(Prusky 等，2018)。果蔬储藏过程中，腐败菌在储藏前期生长缓慢，但是随着储藏时间的延长，一旦达到对数生长期后，就会快速增殖。腐败菌在侵染果蔬的过程中会促进不利于品质的生理生化变化，腐败菌还会产生毒素，存在影响人类健康的风险，并且某些腐败菌还会改变微环境，有利于腐败菌的生长(Zhang 等，2018)。

苹果是世界上最重要的经济水果作物之一。作为主要的商业化温带水果，为了延长保质期并满足全年供应的需要，苹果通常在冷藏室中长期储存。苹果果实储藏期间，会发生各种生理变化，增加苹果果实对病原菌攻击的敏感性(Zhang 等，2018；Wallace 等，2019)。链格孢、扩展青霉、黑曲霉等都会导致苹果的腐败变质，这些微生物从苹果碰、压、磕、刺伤或病虫害的部位侵入果实，引起苹果腐烂(Moriya 等，2019；da Rocha Neto 等，2019；Žebeljan 等，2019)。而且，苹果在储藏和加工过程中，其果蒂及果梗附着的腐败霉菌很难在清洗过程中完全去除，当苹果的抵抗力下降时，这些没有被除去的腐败菌就会大量繁殖，最终导致苹果果实和制品的腐烂变质。因此，微生物的检测和鉴定对于保障苹果储藏品质是必不可少的。

传统的病原菌检测方法主要包括 PCR、酶联免疫、平板计数法等，这些方法操作复杂，需要专业人员进行，无法快速地检测微生物，因此，迫切需要快速、无损、高效的微生物检测方法以满足果蔬品质安全的控制(Zhao 等，2018)。尽管前两章介绍了可以用于腐烂果蔬检测的高光谱成像技术、荧光成像技术等，但是这些技术仅仅可以进行较为宏观的成像检测，很难从腐败微生物化学成分方面进行更为有效的检测。拉曼光谱技术能够快速读取特定分子信息的分析结果，提供对微生物样品化学成分的检测，在分析化学和生物组分方面受到越来越多的关注(Muhamadali 等，2016；Chen 等，2015；Pahlow 等，2015)。SERS 利用表面等离子体共振(SPR)，采用金银等增强基底，可以显著增强分子的拉曼信号($10^4 \sim 10^6$)，如图 7-77 所示，再结合模式识别方法实现致腐真菌的识别或检测。表面增强拉曼光谱技术已被广泛用于细菌的检测、成像和鉴别(Chen 等，2015；Witkowska 等，2018；Liu 等，2019)。

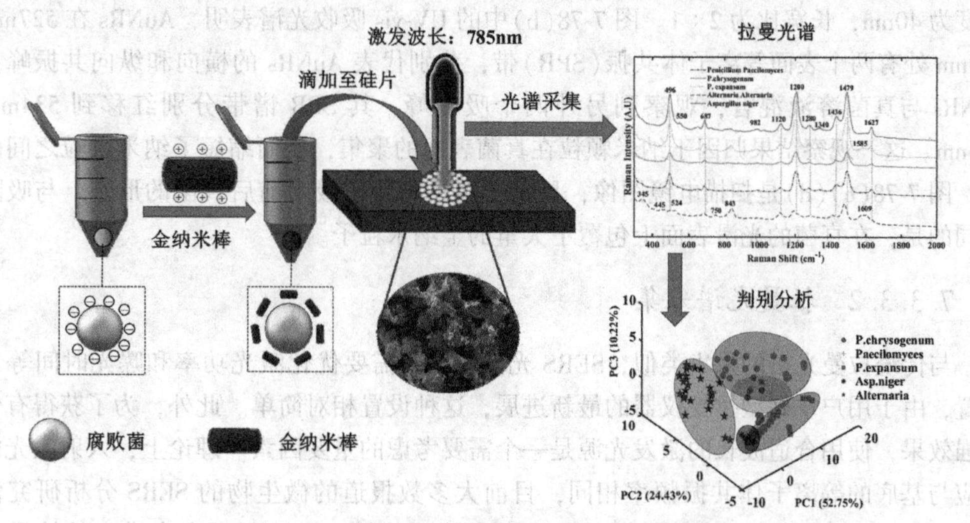

图 7-77　苹果致腐菌拉曼光谱识别过程示意图

郭志明等以金纳米棒为增强基底，采用表面增强拉曼光谱(SERS)技术，对引起苹果腐烂的扩展青霉、产黄青霉、皮落青霉、黑曲霉和链格孢等主要优势菌进行了检测。通过采集霉菌孢子的拉曼光谱，对拉曼指纹峰进行了归属。采用标准正态变量(SNV)对得到的光谱进行预处理，显著提高了光谱的信噪比。之后应用主成分分析(PCA)提取有效的光谱信息，在此基础上，采用线性判别分析(LDA)、K邻近(KNN)、支持向量机(SVM)和反向传播人工神经网络(BPANN)对真菌种类进行了识别。其关键步骤主要包括：拉曼增强基底制备和表征、拉曼光谱采集、拉曼图谱解析和建立判别模型。

7.3.3.1　SERS基底的制备

在SERS应用过程中，SERS基底对于获取稳定的拉曼信号具有关键的作用。SERS基底通常由银和金组成(Li等，2019；González等，2019)。银具有特殊的介电性质，可以对可见光和近红外(NIR)区域的拉曼散射信号产生最强的增强效应；然而，当入射光的波长超过600nm时，金衬底可与银衬底相媲美。由于在生物样品检测中，银纳米粒子往往具有生物毒性，不稳定，易被氧化，金基质通常比银基质更稳定，生物相容性好，并且经常产生更可重复的光谱，因此，金基质更适合被用于食品中微生物的检测。采用湿化学方法制备金属纳米粒子是目前食品科学等应用领域研究人员首选的SERS基底材料，因为它们满足一般实验室环境下制备简单，成本低的要求(Mackey等，2014)。

金和银纳米颗粒主要是用柠檬酸三钠、抗坏血酸或者其它还原剂分别还原氯金酸和硝酸银合成的。在还原的过程中，需要添加十六烷基三甲基溴化铵(CTAB)、十六烷基三甲基氯化铵(CTAC)、Triton X-100和PVP等表面活性剂，用于稳定反应体系，防止纳米粒子发生聚集(Witkowska等，2019)。目前，有大量关于制备Ag，Au，Au@Ag和Ag@Au尺寸和形状可控的纳米颗粒，并将其应用于微生物的检测的文献(Zhang等，2019；Yang等，2016；Bibikova等，2016)。图7-78所示为采用种子生长法合成的AuNRs基底以及基底与检测试样的结合表征图，图7-78(a)显示，AuNRs具有良好的色散状态和形貌，平均长度为40nm，长宽比为2∶1。图7-78(b)中的UV-vis吸收光谱表明，AuNRs在527nm和590nm处有两个表面等离子体共振(SPR)带，分别代表AuNRs的横向和纵向共振峰。将AuNRs与真菌溶液混合，观察到另外两个吸收峰，其SPR谱带分别红移到534nm和602nm。这一观察结果归因于纳米颗粒在真菌表面的聚集，从而缩短了纳米颗粒之间的距离。图7-78(c)(d)是扫描电镜图像，显示了金纳米粒子吸附前后真菌的形态。与吸附前不同的是，在真菌的光滑表面上包覆了大量的金纳米粒子。

7.3.3.2　拉曼光谱采集

与传统拉曼光谱的采集类似，SERS光谱的获取需要优化激光功率和曝光时间等光学设置，由于用户友好型拉曼仪器的最新进展，这种设置相对简单。此外，为了获得有效的增强效果，使用合适波长的激发光源是一个需要考虑的重要因素。理论上，入射激光的频率应与基底的等离子体共振频率相同，目前大多数报道的微生物的SERS分析研究使用780/785nm或更长波长的激发源，减少生物荧光的影响，并取得了令人满意的结果(Qin

等，2019)。制备的金属纳米颗粒胶体作为 SERS 基底需要与病原菌进行孵育，通过静电吸附或者适配体捕捉到分析物，之后在玻璃载玻片或硅片上，干燥后采集拉曼光谱。目前获得可重复的光谱一直是 SERS 分析的一个挑战。基底的微小变化(如表面纳米结构和纳米颗粒之间的距离)可能导致增强效果的巨大差异。即使对于具有良好图案化纳米结构表面的 SERS 基底，分析物分子也可以吸附在基底表面的不同位置(例如凹面与凸面部分)，其相关官能团以不同角度取向，这将影响增强效果。除了仔细控制实验程序外，使用从基底表面多个位置收集的光谱的平均值来获得可重复的 SERS 光谱是一种常见的做法(Huang 等，2020)。

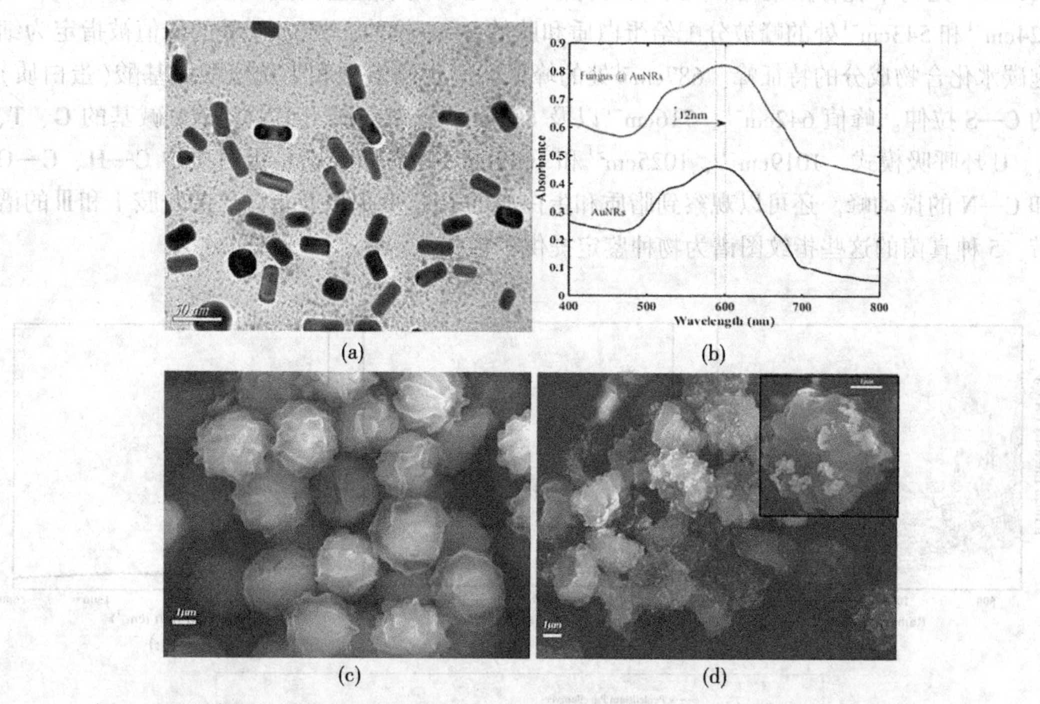

图 7-78　制备的金纳米棒表面增强拉曼基底(a)、紫外可见光谱表征图(b)、真菌透射电镜图(c)和金纳米棒与真菌结合态透射电镜图(d)

7.3.3.3　拉曼光谱图谱解析

采集苹果病原菌的 SERS 光谱后，常规的过程是通过与常规拉曼光谱的比较来识别目标分析物的 SERS 特征峰。SERS 光谱中普遍存在特征峰相对强度和波长位移的变化(Espagnon 等，2014)。将病原体的 SERS 光谱与其常规拉曼光谱进行比较，能够确保采集的 SERS 光谱是否归属于目标分析物。目前大量研究表明，SERS 结合化学计量学，例如偏最小二乘(PLS)，支持向量机(SVM)，反向人工神经网络(BP-ANN)，蚁群算法(ACO)等可以实现光谱数据的变量筛选以及对食品中的病原体进行定量或半定量分析(Saeys 等，2019；Tahir 等，2019；Chawla 等，2019)。

如图 7-79(a)(b)所示为 5 种苹果的优势致腐菌在预处理前后的拉曼光谱图。比较发现，SNV 预处理方法在保留真菌重要光谱信息的同时，大大降低了基线漂移和噪声对光谱的影响。为了验证 AuNRs 是否影响真菌的鉴定，在硅片上滴入 5μL AuNRs 溶液进行 SERS 检测。图 7-79(c)显示了从 AuNRs 收集的 SERS 光谱，没有观察到峰，证实了所采集的拉曼光谱是真菌的拉曼指纹峰。图 7-79(d)显示了 5 种真菌的 SERS 光谱。这些光谱为真菌细胞的鉴别提供了重要的拉曼指纹图谱。由于拉曼散射依赖于原子振动时分子极化率的变化，因此，非极性基团，如 S—S、C═C、S═H 和 N═N 振动在 SERS 中有很强的对应信号，反映了有机化合物的各种结构信息。在所有 SERS 光谱中，496cm^{-1}和 1118cm^{-1}处为半乳甘露聚糖和几丁质的特征峰，是真菌细胞壁的重要组成部分。499cm^{-1}、524cm^{-1}和 543cm^{-1}处的峰被分配给蛋白质和肽的 S—S 拉伸。550cm^{-1}处的峰值被指定为细胞碳水化合物成分的特征峰。687cm^{-1}处的峰值归因于酪氨酸和半胱氨酸氨基酸(蛋白质)的 C—S 拉伸。峰值 642cm^{-1}、716cm^{-1}以及 802cm^{-1}分别归属于 DNA/RNA 碱基的 G、T、A、U 环呼吸模式。1019cm^{-1}、1025cm^{-1}和 1049cm^{-1}处的峰分别是蛋白质中 C—H、C—O 和 C—N 的振动峰。还可以观察到脂质和蛋白质的 CH_2 变形以及蛋白质的酰胺Ⅰ和Ⅲ的谱带。5 种真菌的这些指纹图谱为物种鉴定提供了依据。

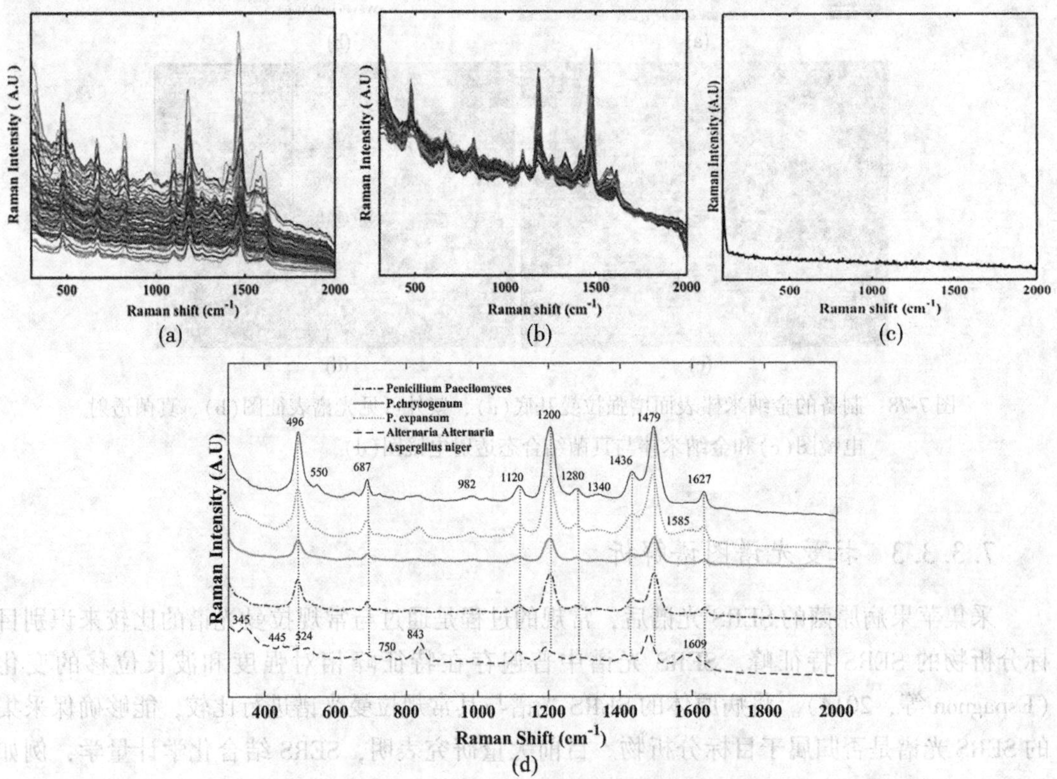

图 7-79　苹果致腐菌原始拉曼光谱图(a)、SNV 变换拉曼光谱图(b)、金纳米棒增强基底拉曼光谱图(c)和 5 种苹果致腐菌拉曼光谱特征图(d)

7.3.3.4 建立判别模型

在建模的过程中，拉曼光谱数据被随机分为校正集和预测集。根据校正集样本建立判别模型，基于预测集样本建立预测模型。在数据分析之前，对收集到的 SERS 光谱进行 SNV 预处理，以消除基线漂移和光谱噪声干扰。采用主成分分析法(PCA)对光谱进行降维，提取主成分。然后利用 LDA、KNN、BPANN 和支持向量机建立分类模型。用正确识别样本与总样本的比值(判别精确度)评价建立模型的性能。所有的统计分析都是使用 MATLAB R2014a(Mathworks Inc.，Natick，MA，USA)进行的。

图 7-80 和图 7-81 显示了基于光谱区间变量和 PCA 筛选的主成分变量的线性判别分析(LDA)、K 近邻(KNN)、反向传播人工神经网络(BPANN)和支持向量机(SVM)四种模式识别方法的建模结果。结果显示，对于光谱区间变量，支持向量机模型在 300~2000cm^{-1} 的光谱范围内获得了 96.61%的识别准确率，对于 PCs 变量，采用 LDA 方法对苹果五种真菌指纹图谱的识别准确率最高，为 98.31%。这些研究发现表明 SERS 技术有潜力应用于苹果腐败菌的无损、快速鉴别分析。

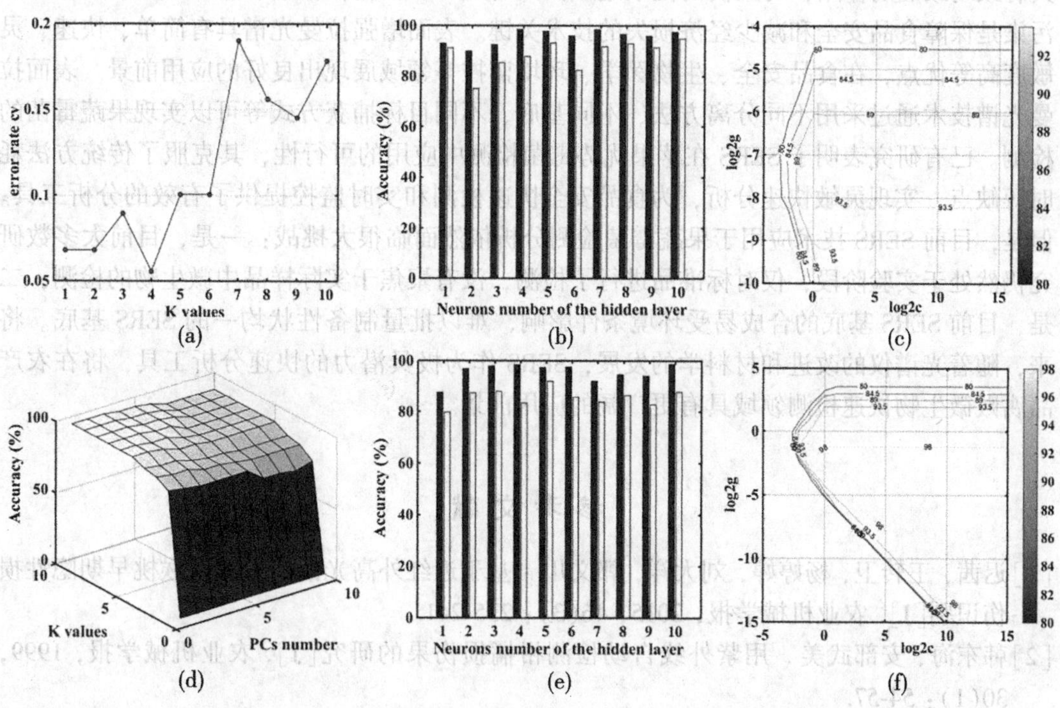

图 7-80　光谱范围 1000~1599cm^{-1}时 K 值的优化(a)，BPANN 隐含层数的优化(b)，光谱范围 300~2000cm^{-1}时惩罚参数 c 和 RBF 核参数 g 的筛选过程(c)，KNN 基于 PCs 变量的 K 值优化(d)，BPANN 基于 PCs 变量的隐含层数优化(e)，基于 PCs 变量的惩罚参数 c 和 RBF 核参数 g 在 300~2000cm^{-1}范围内的筛选过程(f)

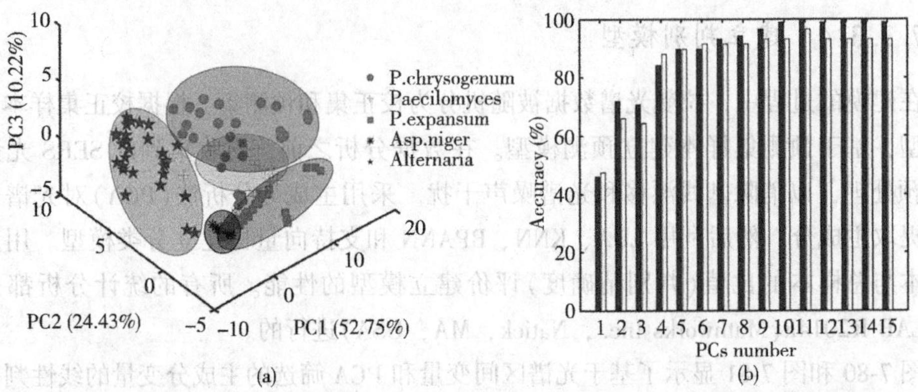

图 7-81　在 300～2000cm^{-1}光谱范围内的 PCA 散射图(a)和在 300～2000cm^{-1}光谱范围内的最佳 PCA-LDA 鉴别结果(b)

目前，表面增强拉曼技术已经广泛应用于食源性致病菌的检测和研究，但是在果蔬腐败微生物的研究和应用较少，主要原因是霉菌只侵染果蔬，导致腐败，不会像食源性致病菌一样引起广泛突发的安全事件，但是目前人们认识到，霉菌在生长过程中会产生毒素，具有致畸致癌的作用，对人们的健康造成极大的威胁。因此，快速、有效地检测果蔬霉菌污染是保障食品安全和减少经济损失的技术关键。表面增强拉曼光谱具有简单、快速、灵敏度高等优点，在食品安全、生物医学、环境监控等领域展现出良好的应用前景。表面拉曼光谱技术通过采用不同分离方法、不同基底、不同目标捕获方式等可以实现果蔬霉菌的检测。已有研究表明了 SERS 在苹果优势霉菌检测中应用的可行性，其克服了传统方法耗时等缺点，实现灵敏快速分析，为食品安全快速检测和实时监控提供了有效的分析工具。但是，目前 SERS 技术应用于果蔬霉菌检测分析依然面临很大挑战：一是，目前大多数研究仍然处于实验阶段，仅对标准品进行了检测，没有聚焦于实际样品中微生物的检测；二是，目前 SERS 基底的合成易受环境条件影响，难以批量制备性状均一的 SERS 基底。将来，随着光谱仪的改进和材料学的发展，SERS 作为极具潜力的快速分析工具，将在农产品腐败微生物快速检测领域具有更广阔的应用前景。

参考文献

[1]迟茜，王转卫，杨婷婷，刘大洋，郭文川．基于近红外高光谱成像的猕猴桃早期隐性损伤识别[J]．农业机械学报，2015，46(3)：235-241.

[2]韩东海，安部武美．用紫外线自动检测柑橘损伤果的研究[J]．农业机械学报，1999，30(1)：54-57.

[3]何秀玲，袁红旭．柑橘溃疡病发生与抗性研究进展[J]．中国农学通报，2007，23(8)：409-412.

[4]胡孟晗，董庆利，刘宝林，屠康，宋晓燕．生物散斑技术在农产品品质分析中的应用[J]．农业工程学报，2013，29(24)：284-292.

[5]黄春霞．果实熟期生理和致病菌对加工番茄果实腐烂影响的研究[D]．石河子大

学，2006.

［6］李江波，彭彦昆，黄文倩，张保华，武继涛．桃子表面缺陷分水岭分割方法研究［J］. 农业机械学报，2014，45（8）：288-293.

［7］李江波，饶秀勤，应义斌，王东亭．基于高光谱成像技术检测脐橙溃疡［J］. 农业工程学报，2010，26（8）：222-228.

［8］李江波．脐橙表面缺陷的快速检测方法研究［D］. 浙江大学，2012.

［9］李静．高光谱遥感影像降维及分类方法研究［D］. 中南大学，2012.

［10］李小昱，徐森森，冯耀泽，黄涛，丁崇毅．基于高光谱图像与果蝇优化算法的马铃薯轻微碰伤检测［J］. 农业机械学报，2016，47（1）：221-226.

［11］刘海彬．梨表面缺陷的激光散斑图像检测方法研究［D］. 浙江大学，2015.

［12］刘子毅．基于图谱特征分析的农业虫害检测方法研究［D］. 浙江大学，2017.

［13］马静，侯军岐．陕西省猕猴桃产业发展研究［J］. 陕西农业科学，2005（1）：50-52.

［14］马艳，张若宇，齐妍杰．加工番茄虫眼及霉变的可见近红外高光谱成像检测［J］. 食品与机械，2017，6：135-138.

［15］孙世鹏，彭俊，李瑞，朱兆龙，Vázquez-Arellano，Manuel，傅隆生．基于近红外高光谱图像的冬枣损伤早期检测［J］. 食品科学，2017，（2）：301-305.

［16］王虎挺．基于高光谱成像技术的加工番茄质量检测研究［D］. 石河子大学，2019.

［17］魏新华，吴姝，范晓冬，黄嘉宝．基于高光谱成像分析的冬枣微观损伤识别［J］. 农业机械学报，2015，3：247-251.

［18］武锦龙，苗荣慧，黄锋华，杨华．高光谱图像与卷积神经网络相结合的油桃轻微损伤检测［J］. 山西农业大学学报，2019，39（2）：85-91.

［19］徐森森．基于高光谱不同层次信息融合的马铃薯轻微损伤检测方法［D］. 华中农业大学．2016.

［20］翟小童，刘娜．猕猴桃冷害近红外无损定性检测研究［J］. 中国食品工业，2012，11：71-74.

［21］张保华，黄文倩，李江波，赵春江，刘成良，黄丹枫．基于高光谱成像技术和 MNF 检测苹果的轻微损伤［J］. 光谱学与光谱分析，2014，34（5）：1367-1372.

［22］张保华．基于机器视觉和光谱成像技术的苹果外部品质检测方法研究［D］. 上海交通大学，2017.

［23］张嫱，潘磊庆，吴林蔚，朱娜，张伟，屠康．利用反射和半透射高光谱图像检测水蜜桃早期冷害［J］. 食品科学，2014，35（4）：71-76.

［24］张小凤，郭雁君，郭丽英，蒋惠，周希琴，胡亚平，吉前华．柑橘贮藏期病害及常用保鲜技术研究进展［J］. 植物学研究，2018，7（2）：130-136.

［25］Angelo J. P.，Chen S. J.，Ochoa M.，Sunar U.，Gioux S.，Intes X. Review of structured light in diffuse optical imaging［J］. Journal of Biomedical Optics，2019，24（7）：071602.

［26］Ariana D. P.，Lu R. Detection of internal defect in pickling cucumbers using hyperspectral transmittance imaging［J］. Transactions of the ASABE，2008，51（2）：705-713.

［27］Ariana D. P.，Lu R.，Guyer D. E. Near-infrared hyperspectral reflectance imaging for detection of bruises on pickling cucumbers[J]. Computers and Electronics in Agriculture, 2006, 53(1): 60-70.

[28] Ariza M. R., Larsen T. O., Duus J. Ø., Barrero A. F. Penicillium digitatum metabolites on synthetic media and citrus fruits[J]. Journal of Agricultural and Food Chemistry, 2002, 50: 6361-6365.

[29] Balasundaram D., Burks T. F., Bulanon D. M., Schubert T., Lee W. S. Spectral reflectance characteristics of citrus canker and other peel conditions of grapefruit [J]. Postharvest Biology and Technology, 2009, 51(2): 220-226.

[30] Bibikova O., Popov A., Bykov A., Fales A., Yuan H., Skovorodkin I., Kinnunen M., Vainio S., Vo-Dinh T., Tuchin V. V., Meglinski I. Plasmon-resonant gold nanostars with variable size as contrast agents for imaging applications[J]. IEEE Journal of Selected Topics in Quantum Electronics, 2016, 22(3): 13-20.

[31] Blasco J., Aleixos N., Molto E. Computer vision detection of peel defects in citrus by means of a region oriented segmentation algorithm[J]. Journal of Food Engineering, 2007, 81(3): 535-43.

[32] Blasco J., Ortiz C., Sabater M. D, Moltó E. Earlydetection of fungi damage in citrus using NIR spectroscopy[J]. Proceedings of SPIE, 2000, 4203: 47-54.

[33] Cen H. Y., Lu R. F., Zhu Q. B., Mendoza F. Nondestructive detection of chilling injury in cucumber fruit using hyperspectral imaging with feature selection and supervised classification[J]. Postharvest Biology and Technology, 2016, 111: 352-361.

[34] Chen L. Y., Mungroo N., Daikuara L., Neethirajan S. Label-free NIR-SERS discrimination and detection of foodborne bacteria by in situ synthesis of Ag colloids [J]. Journal of Nanobiotechnology, 2015, 13: 45.

[35] Cheng X., Chen Y. R., Tao Y., Wang C. Y., Kim M. S., Lefcourt A. M. A novel integrated PCA and FLD method on hyperspectral image feature extraction for cucumber chilling damage inspection[J]. Transactions of the ASAE, 2004, 47(4): 1313.

[36] Cubero S., Aleixos N., Molto E., Gomez-Sanchis J., Blasco J. Advances in machine vision applications for automatic inspection and quality evaluation of fruits and vegetables[J]. Food and Bioprocess Technology, 2011, 4(5): 829-830.

[37] Cuccia D. J., Bevilacqua F., Durkin A. J., Ayers F. R., Tromberg B. J. Quantitation and mapping of tissue optical properties using modulated imaging[J]. Journal of Biomedical Optics, 2009, 14(2): 1-31.

[38] Neto A. C. D., Navarro B. B., Canton L., Maraschin M., Di Piero R. M. Antifungal activity of palmarosa (Cymbopogon martinii), tea tree (Melaleuca alternifolia) and star anise (Illicium verum) essential oils against Penicillium expansum and their mechanisms of action [J]. LWT-Food Science and Technology, 2019, 105: 385-392.

[39] Das A. K. Citrus canker: a review[J]. Journal of Applied Horticulture, 2003, 5(1): 52-60.

[40] Dukare A. S., Paul S., Nambi V. E., Gupta R. K., Singh R., Sharma K., Vishwakarma R. K. Exploitation of microbial antagonists for the control of postharvest diseases of fruits: a review[J]. Critical Reviews in Food Science and Nutrition, 2019, 59: 1498-1513.

[41] Elmasry G, Wang Ning Vigneault C. Hyperspectral imaging for chilling injury detection in red delicious apples. part 1: establishment of a hyperspectral imaging system[J]. New Technology & New Process, 2008, 52: 73-79.

[42] ElMasry G., Wang N., Vigneault C. Hyperspectral imaging for chilling injury detection in red delicious apples. part 2: selection of optimal wavelengths for chilling injury detection [J]. Australasian Journal of Dermatology, 2008, 26(26): 81-88.

[43] ElMasry G., Wang, N., Vigneault C. Detecting chilling injury in Red Delicious apple using hyperspectral imaging and neural networks[J]. Postharvest Biology and Technology, 2009, 52(1): 1-8.

[44] Espagnon I., Ostrovskii D., Mathey R., Dupoy M., Joly P. L., Novelli-Rousseau A., Pinston F., Gal O., Mallard F., Leroux D. F. Direct identification of clinically relevant bacterial and yeast microcolonies and macrocolonies on solid culture media by Raman spectroscopy[J]. Journal of Biomedical Optics, 2014, 19(2): 027004.

[45] Fan S., Li C., Huang W., Chen L. Datafusion of two hyperspectral imaging systems with complementary spectral sensing ranges for blueberry bruising detection[J]. Sensors, 2018, 18(12): 4463.

[46] Fan S., Li C., Huang W., Chen L. Detection of blueberry internal bruising over time using NIR hyperspectral reflectance imaging with optimum wavelengths[J]. Postharvest Biology and Technology, 2017, 134: 55-66.

[47] Gonzalez A., Garces V., Sabio L., Velando F., Lopez-Haro M., Galvez N., Calvino J. J., Dominguez-Vera J. M. Optical and tomography studies of water-soluble gold nanoparticles on bacterial exopolysaccharides[J]. Journal of Applied Physics, 2019, 126, 5: 053101.

[48] Hashim N., Pflanz M., Regen C., Janius R. B., Rahman R. A., Osman A., Shitan M., Zude M. Application of computer vision in the detection of chilling injury in bananas[J]. Pertanika Journal of Science & Technology, 2013, 21(1): 111-118.

[49] Hashim N., Pflanz M., Regen C., Janius R. B., Rahman RA., Osman A., Shitan M., Zude M. An approach for monitoring the chilling injury appearance in bananas by means of backscattering imaging[J]. Journal of Food Engineering, 2013, 116(1): 28-36.

[50] Hernandez-Sanchez N., Barreiro P., Ruiz-Altisent M., Ruiz-Cabello J., Fernandez-Valle M. E. Detection of freeze injury in oranges by magnetic resonance imaging of moving samples [J]. Applied Magnetic Resonance, 2004, 26(3): 431-445.

[51] Huang N. E., Shen S. S. P. Hilbert-Huang Transform and Its Applications [J]. World Scientific, 2014.

[52] Huang N. E., Shen Z., Long S. R., Wu M. C., Shih H. H., Zhang Q., Liu H. H. The empirical mode decomposition and the Hilbert spectrum for nonlinear and non-stationary time

series analysis[J]. Proc. R. Soc. Lond. A, 1998, 454: 909-995.

[53] Huang W., Li J., Wang Q., Chen L. Development of a multispectral imaging system for online detection of bruises on apples[J]. Journal of Food Engineering, 2015, 146: 62-71.

[54] Huang Y. Q., Wang X. H., Lai K. Q., Fan Y. X., Rasco B. A. Trace analysis of organic compounds in foods with surface-enhanced Raman spectroscopy: Methodology, progress, and challenges[J]. Comprehensive Reviews in Food Science and Food Safety, 2020, 19 (2): 622-642.

[55] Keresztes J. C., Goodarzi M., Saeys W. Real-time pixel based early apple bruise detection using short wave infrared hyperspectral imaging in combination with calibration and glare correction techniques[J]. Food Control, 2016, 66: 215-226.

[56] Lee W. H., Kim M. S., Lee H., Delwiche S. R., Bae H., Kim D. Y., Cho B. K. Hyperspectral near-infrared imaging for the detection of physical damages of pear[J]. Journal of Food Engineering, 2014, 130: 1-7.

[57] Li J., Chen L., Huang W. Detection of early bruises on peaches (Amygdalus persica L.) using hyperspectral imaging coupled with improved watershed segmentation algorithm[J]. Postharvest Biology and Technology, 2018, 135: 104-113.

[58] Li J. B., Huang W. Q., Tian X., Wang C. P., Fan S. X., Zhao C. J. Fast detection and visualization of early decay in citrus using Vis-NIR hyperspectral imaging[J]. Computers and Electronics in Agriculture, 2016, 127: 582-592.

[59] Li J. B., Rao X. Q., Ying Y. B. Development of algorithms for detecting citrus canker based on hyperspectral reflectance imaging[J]. Journal of the Science of Food and Agriculture, 2012, 92(1): 125-134.

[60] Li J. B., Zhang R. Y., Li J. B., Wang Z. L., Zhang H. L., Zhan B. S., Jiang Y. L. Detection of early decayed oranges based on multispectral principal component image combining both bi-dimensional empirical mode decomposition and watershed segmentation method[J]. Postharvest Biology and Technology, 2019, 158: 110986.

[61] Li L. L., Si Y. M., He B. S., Li J. S. Au-Ag alloy/porous-SiO2 core/shell nanoparticle-based surface-enhanced Raman scattering nanoprobe for ratiometric imaging analysis of nitric oxide in living cells[J]. Talanta, 2019, 205: 120116.

[62] Li R., Lu Y., Lu R. Structured illumination reflectance imaging for enhanced detection of subsurface tissue bruising in apples[J]. Transactions of the ASABE, 2018, 6(1): 809-819.

[63] Li Z. W., Hou J., Suo J. L., Qiao C., Kong L. J., Dai Q. H. Contrast and resolution enhanced optical sectioning in scattering tissue using line-scanning two-photon structured illumination microscopy[J]. Optics Express, 2017, 25(25): 32010-32020.

[64] Liu S. S., Li H. H., Hassan M. M., Zhu J. J., Wang A. C., Ouyang Q., Zareef M., Chen Q. S. Amplification of Raman spectra by gold nanorods combined with chemometrics for rapid classification of four Pseudomonas[J]. International Journal of Food Microbiology,

2019, 304: 58-67.

[65] Liu Y. L., Chen Y. R., Wang C. Y., Chan D. E., Kim M. S. Development of a simple algorithm for the detection of chilling injury in cucumbers from visible/near-infrared hyperspectral imaging[J]. Applied Spectroscopy, 2005, 59(1): 78-85.

[66] Liu Y., Chen Y. R., Wang C. Y., Chan D. E., Kim M. S. Development of hyperspectral imaging technique for the detection of chilling injury in cucumbers; spectral and image analysis[J]. Applied Engineering in Agriculture, 2006, 22(1): 101-111.

[67] Lorente D., Zude M., Regen C., Palouc L., Gómez-Sanchis J., Blasco J. Early decay detection in citrus fruit using laser-light backscattering imaging[J]. Postharvest Biology and Technology, 2013, 86: 424-430.

[68] Lurie S., Vanoli M., Dagar A., Weksler A., Lovati F., Zerbini P. E., Spinelli L., Torricelli A., Feng J., Rizzolo A. Chilling injury in stored nectarines and its detection by time-resolved reflectance spectroscopy[J]. Postharvest Biology and Technology, 2011, 59(3): 211-218.

[69] Yogesha M., Chawla K., Bankapur A., Acharya M., D'Souza J. S., Chidangil S. A micro-Raman and chemometric study of urinary tract infection-causing bacterial pathogens in mixed cultures[J]. Analytical and Bioanalytical Chemistry, 2019, 411(14): 3165-3177.

[70] Mackey M. A., Ali M. R. K., Austin L. A., Near R. D., El-Sayed M. A. The most effective gold nanorod size for plasmonic photothermal therapy: theory and in vitro experiments[J]. The Journal of Physical Chemistry B, 2014, 118(5): 1319-1326.

[71] Menesatti P, Urbani G, Lanza G. Spectral imaging Vis-NIR system to forecast the chilling injury onset on citrus fruits [C]//V International Postharvest Symposium 682, 2004: 1347-1354.

[72] Momin M. A., Kondo N., Ogawa Y., Ido K., Ninomiya K. Patterns of fluorescence associated with citrus peel defects[J]. Engineering in Agriculture, Environment and Food, 2013, 6(2): 54-60.

[73] Momin M. A., Kuramoto M., Kondo N., Ido K., Ogawa Y., Shiigi T., Ahmad U. Identification of UV-fluorescence components for detecting peel defects of lemon and yuzu using machine vision[J]. Engineering in Agriculture, Environment and Food, 2013, 6(4): 165-171.

[74] Moriya S., Terakami S., Okada K., Shimizu T., Adachi Y., Katayose Y., Fujisawa H., Wu J. Z., Kanamori H., Yamamoto T., Abe K. Identification of candidate genes responsible for the susceptibility of apple (Malus x domestica Borkh.) to Alternaria blotch[J]. BMC Plant Biology, 2019, 19(1): 132.

[75] Muhamadali H., Subaihi A., Mohammadtaheri M., Xu Y., Ellis D. I., Ramanathan, R., Bansal V., Goodacre R. Rapid, accurate, and comparative differentiation of clinically and industrially relevant microorganisms via multiple vibrational spectroscopic fingerprinting[J]. Analyst, 2016, 141(17): 5127-5136.

[76] Nguyen T. B. T., Ketsa S., van Doorn W. G. Effect of modified atmosphere packaging on chilling-induced peel browning in banana[J]. Postharvest Biology and Technology, 2004, 31(3): 313-317.

[77] Obenland D., Margosan D., Smilanick J. L., Mackey B. Ultraviolet fluorescence to identify navel oranges with poor peel quality and decay[J]. HortTechnology, 2010, 20(6): 991-995.

[78] Pahlow S., Meisel S., Cialla-May D., Weber K., Rosch P., Popp J. Isolation and identification of bacteria by means of Raman spectroscopy[J]. Advanced Drug Delivery Reviews, 2015, 89: 105-120.

[79] Pan L. Q., Zhang Q., Zhang W., Sun Y., Hu P. C., Tu K. Detection of cold injury in peaches by hyperspectral reflectance imaging and artificial neural network[J]. Food Chemistry, 2016, 192: 134-141.

[80] Prusky D. B., Wilson R. A. Does increased nutritional carbon availability in fruit and foliar hosts contribute to modulation of pathogen colonization? [J]. Postharvest Biology and Technology, 2018, 145: 27-32.

[81] Qin J. W., Kim M. S., Chao K. L., Dhakal S., Cho B. K., Lohumi S., Mo C. Y., Peng Y. K., Huang M. Advances in Raman spectroscopy and imaging techniques for quality and safety inspection of horticultural products[J]. Postharvest Biology and Technology, 2019, 149: 101-117.

[82] Russakovsky O., Deng J., Su H., Krause J., Satheesh S., Ma S., Huang Z., Karpathy A., Khosla A., Bernstein M., Berg A. C., Fei-Fei L. ImageNet large scale visual recognition challenge[J]. International Journal of Computer Vision, 2015, 115(3): 211-252.

[83] Saeys W., Do Trong N. N., Van Beers R., Nicolai B. M. Multivariate calibration of spectroscopic sensors for postharvest quality evaluation: a review[J]. Postharvest Biology and Technology, 2019, 158: 110981.

[84] Schaad N. W., Postnikova E., Lacy G., Scheler A., Agarkova I., Stromber P. E., Vidaver A. K. Emended classification of xonthomonad pathogens on citrus[J]. Systematic and Applied Microbiology, 2006, 29: 590-695.

[85] Schubert T. S., Rizvi S. A., Sun X. Meeting the challenge of eradicating citrus canker in Florida-Again[J]. Plant Disease, 2001, 85(4): 340-356.

[86] Shelhamer E., Long J., Darrell T. Fully Convolutional Networks for Semantic Segmentation [J]. IEEE Transactions on Pattern Analysis and Machine Intelligence, 2017, 39(4): 640-651.

[87] Slaughter D. C., Obenland D. M., Thompson J. F., Arpaia M. L., Margosan D. A. Non-destructive freeze damage detection in oranges using machine vision and ultraviolet fluorescence[J]. Postharvest Biology and Technology, 2008, 48: 341-346.

[88] Sun Y., Gu X. Z., Sun K., Hu H. J., Xu M., Wang Z. J., Tu K., Pan L. Q. Hyperspectral reflectance imaging combined with chemometrics and successive projections algorithm for

chilling injury classification in peaches[J]. LWT-Food Science and Technology, 2017, 75: 557-564.

[89] Sun J., Miller J. P., Hathi D., Zhou H. Y., Achilefu S., Shokeen M., Akers W. J. Enhancing in vivo tumor boundary delineation with structured illumination fluorescence molecular imaging and spatial gradient mapping[J]. Journal of Biomedical Optics, 2016, 21(8).

[90] Tahir H. E., Zou X. B., Xiao J. B., Mahunu G. K., Shi J. Y., Xu J. L., Sun D. W. Recent progress in rapid analyses of vitamins, phenolic, and volatile compounds in foods using vibrational spectroscopy combined with chemometrics: a review[J]. Food Analytical Methods, 2019, 12(10): 2361-2382.

[91] Usda Aphis. Citrus canker: movement of fruit from quarantined areas[J]. Federal Register: Rules and Regulations, 2009, 74(203): 54431-54445.

[92] Wallace R. L., Hirkala D. L., Nelson L. M. Pseudomonas fluorescens and low doses of chemicals inhibit postharvest decay of apples in commercial storage[J]. Canadian Journal of Plant Pathology, 2019, 41(3): 355-365.

[93] Witkowska E., Korsak D., Kowalska A., Janeczek A., Kaminska A. Strain-level typing and identification of bacteria-a novel approach for SERS active plasmonic nanostructures[J]. Analytical and Bioanalytical Chemistry, 2018, 410(20): 5019-5031.

[94] Witkowska E., Nicinski K., Korsak D., Szymborski T., Kaminska A. Sources of variability in SERS spectra of bacteria: comprehensive analysis of interactions between selected bacteria and plasmonic nanostructures[J]. Analytical and Bioanalytical Chemistry, 2019, 411(10): 2001-2017.

[95] Xia J. A., Yang Y. W., Cao H. X., Han C., Ge D. K., Zhang W. Y. Visible-near infrared spectrum-based classification of apple chilling injury on cloud computing platform[J]. Computers and Electronics in Agriculture, 2018, 145: 27-34.

[96] Yang D. T., Zhou H. B., Haisch C., Niessner R., Ying Y. B. Reproducible E. coli detection based on label-free SERS and mapping[J]. Talanta, 2016, 146: 457-463.

[97] Yu P., Li C., Takeda F., Krewer G. Visual bruise assessment and analysis of mechanical impact measurement in southern highbush blueberries[J]. Applied Engineering in Agriculture, 2014, 30(1): 29-37.

[98] Zebeljan A., Vico I., Duduka N., Ziberna B., Krajnc A. U. Dynamic changes in common metabolites and antioxidants during Penicillium expansum-apple fruit interactions[J]. Physiological and Molecular Plant Pathology, 2019, 106: 166-174.

[99] Zhang B., Huang W., Li J., Zhao C., Fan S., Wu J., Liu C. Principles, developments and applications of computer vision for external quality inspection of fruits and vegetables: a review[J]. Food Research International, 2014, 62: 326-343.

[100] Zhang B. H., Fan S. X., Li J. B., Huang W. Q., Zhao C. J., Qian M., Zheng L. Detection of early rottenness on apples by using hyperspectral imaging combined with

spectral analysis and image processing [J]. Food Analytical Methods, 2015, 8(8): 2075-2086.

[101] Zhang D., Gao B., Zhao C., Liu H. Visualized quantitation of trace nucleic acids based on the coffee-ring effect on colloid-crystal substrates [J]. Langmuir, 2019, 35(1): 248-253.

[102] Zhang M., Jiang Y., Li C., Yang F. Fully convolutional networks for blueberry bruising and calyx segmentation using hyperspectral transmittance imaging [J]. Biosystems Engineering, 2020, 192: 159-175.

[103] Zhang M., Li W., Du Q. Diverse Region-Based CNN for Hyperspectral Image Classification[J]. IEEE Trans Image Process, 2018, 27(6): 2623-2634.

[104] Zhang X. M., Fu M. R. Inhibitory effect of chlorine dioxide (ClO2) fumigation on growth and patulin production and its mechanism in Penicillum expansum[J]. LWT-Food Science and Technology, 2018, 96: 335-343.

[105] Zhao X., Li M., Xu Z. Detection of foodborne pathogens by surface enhanced raman spectroscopy[J]. Front Microbiol, 2018, 9: 1236.

第 8 章　其它典型农产品质量和安全图谱无损评估

本书前几章节侧重介绍了图谱无损检测技术在果蔬质量品质和安全评估中的应用，然而，农产品种类繁多、检测指标多样，图谱无损检测技术在其它农产品检测中也有着广泛的研究和应用。本章主要介绍图谱无损检测技术在其它一些典型农产品(如谷物、烟叶、禽蛋、茶叶、食用菌等)内外部质量品质和安全检测方面的应用研究。

8.1　谷物检测评估

谷物主要包括水稻、小麦、玉米、大豆等，其质量和安全问题关系到我国的粮食安全和国计民生。谷物质量品质和安全无损检测评估技术的应用，对促进我国粮食育种、谷物生产以及谷物加工产业的升级和发展都具有重要意义。

8.1.1　谷物外观品质检测

谷物的外观质量品质主要涉及谷物的大小、颜色、破损等。在种子育种、精量播种以及后期的产品加工等环节，为了保障谷物质量品质，谷物快速无损检测技术的研发非常重要。

8.1.1.1　机器视觉技术

利用机器视觉技术对谷物外观品质进行检测，主要利用谷物图像的颜色、形状、纹理特征等信息。

宋鹏等(2017)针对现有玉米考种装置无法同时实现果穗和籽粒考种，难以满足育种过程大批量育种材料快速考种的需求，设计了一种基于机器视觉和图像处理技术的玉米高通量自动考种装置，如图 8-1 所示。该装置主要包含了基于四摄像头的玉米果穗和籽粒考种参数提取模块，可以实现果穗质量及果穗长、宽、果穗行数等考种参数的测量，对果穗长和宽的平均测量精度分别为 99.13%和 99.25%；同时，该装置通过回旋振动避免脱粒后的籽粒大面积堆积粘连，实现了籽粒数量、籽粒长、宽等参数的测量，对籽粒数量的平均测量精度为 99.39%。连续考种时，处理速度可达 4 穗/分，整体装置实现了单穗玉米从果穗到籽粒考种参数的快速、全面、自动获取。

(a) 考种装置

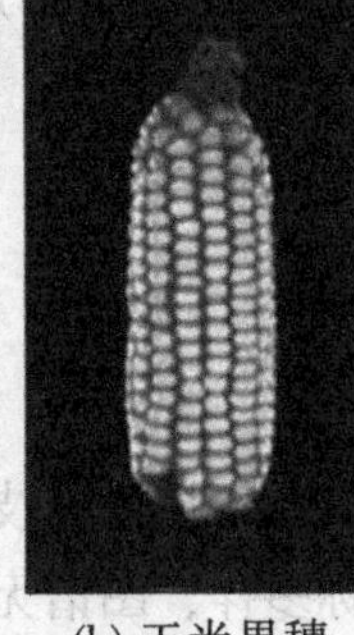
(b) 玉米果穗

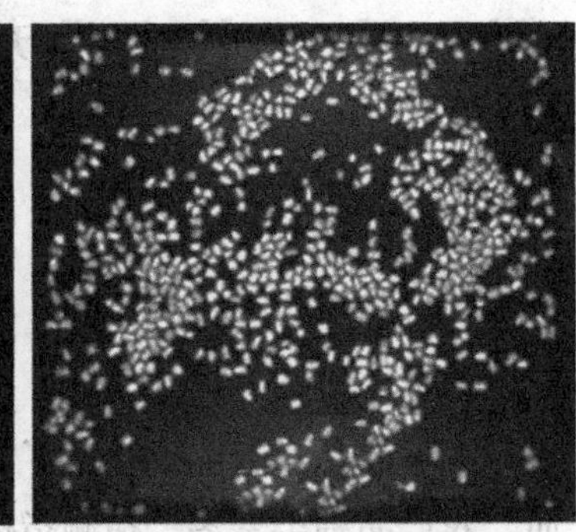
(c) 玉米籽粒

图 8-1　自动化玉米果穗-籽粒考种装置(宋鹏等，2017)

刘长青等(2015)开发了用于玉米种子定向精播的种子精选方法。根据合格种粒和重度霉变种粒表皮亮度差异较大的特点，基于图像饱和度分量对重度霉变种粒进行检测，根据轻度霉变种粒表皮呈块斑的特点，利用种粒的 R、G、B 颜色平均值检测轻度黑色霉变；以种粒黄色区域补洞后对应原种粒(B-R)的值，判断种粒的轻度白色霉变和轻度破损；以种粒的饱和度特征和颜色特征对霉变、破损、虫蚀种粒进行识别，准确率为 92.5%。通过分析种粒区域中白色区域的大小，进行玉米种粒胚芽朝向的判断(图 8-2)，为后续种粒定向包装和定向播种提供了依据。胚芽朝向判断准确率为 97.1%。

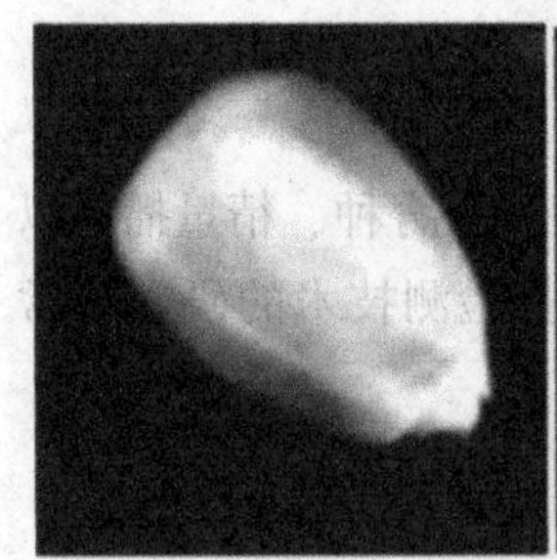
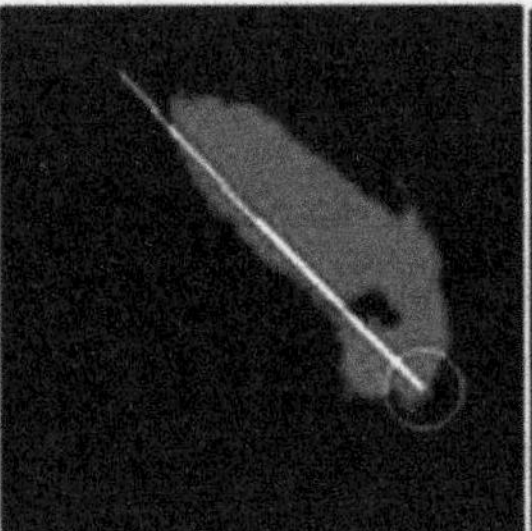
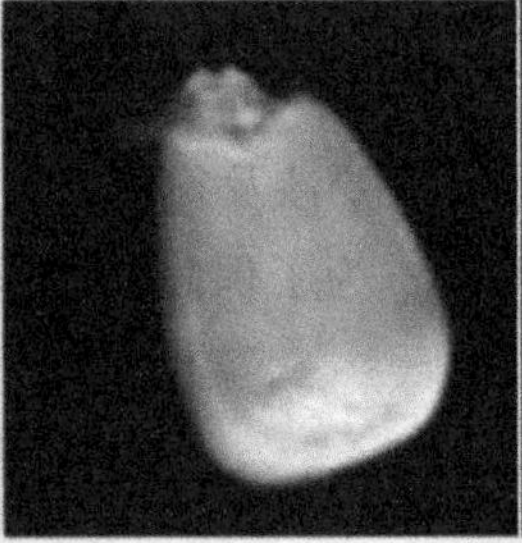
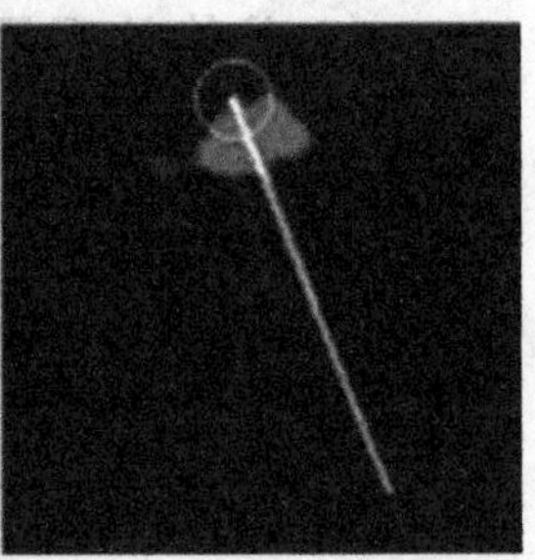

图 8-2　籽粒胚芽朝向检测(刘长青等，2015)

张新伟等(2012)在体视显微检测基础上，提出了基于融合技术的边缘检测方法用于玉米裂纹检测。该方法采用改进的数学形态学方法和传统 Sobel 边缘检测算子对损伤玉米种子图像进行边缘检测，建立了相应的融合规则。将两种方法检测出来的图像边缘进行基于小波变换的融合处理，并从新图像中提取玉米种子内部机械损伤的特征信息。结果表明，该检测方法结合了两种边缘检测方法的优点，有效提高了边缘检测准确性，在准确提取玉米种子内部裂纹特征的同时，也能有效降低噪声，较单一边缘检测算法有更好的效果(图8-3)。

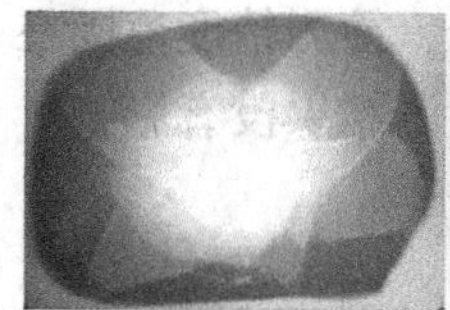
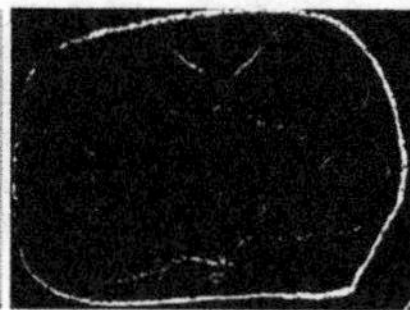
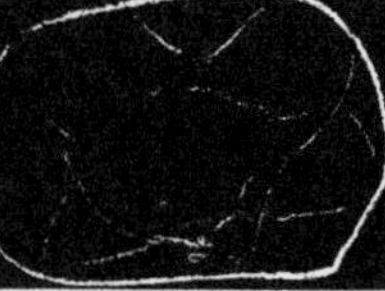
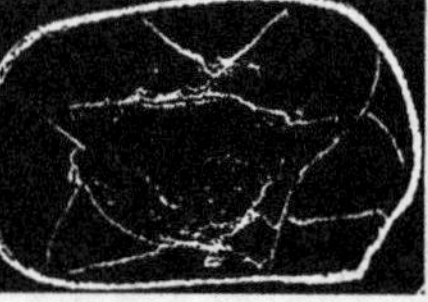
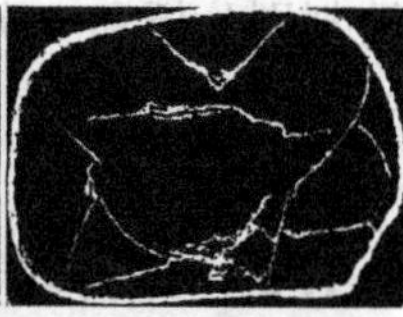

RGB图像　(a)形态学边缘检测 (b)改进形态学边缘检测 (c)Sobel算子检测边缘 (d)融合后图像边缘

图 8-3　玉米机械种子裂纹检测(张新伟等，2012)

Shatadal 和 Tan(2003)利用大豆的 RGB 图像对大豆的 3 种损伤(热损伤、虫蛀损伤和 green-frost-damaged)进行检测。该研究分别将大豆种子的 RGB 图像转换到 YIQ 颜色空间和 HSI 颜色空间。利用 YIQ 空间的 Q 分量进行背景分割，然后提取每个种子的颜色特征，包括 R、G、B 分量的均值和方差，H、S、I 分量的均值，以及 Excess red(2R-G-B)、Excess green(2G-R-B)、Excess blue(2B-R-G)，作为人工神经网络的输入对大豆损伤种子进行检测，对上述 3 种损伤和完好的种子检测精度分别为 95%、50.6%、90%和 99.6%。从分析结果可以看出，借助大豆的颜色信息，可以用于大豆种子的热损伤和 green-frost 损伤检测，但对于虫蛀损伤的检测结果不是十分理想。

8.1.1.2　可见-近红外光谱技术

Agelet 等(2012)探讨了玉米种子的冻伤和热损伤检测。研究采用 Perten DA 7200 光谱仪采集了经过热处理、冷冻处理及未做任何处理的完好玉米种子在 850~1650nm 范围的反射光谱。光谱采集时，将每粒种子放置在用于单粒种子光谱采集的附件中，并将种子的胚芽面朝上放置。随后进一步构建了 PLS-DA、SIMCA、LS-SVM 和 K-NN 判别分析模型用于检测种子的热损伤和冻伤。结果表明，对于经过热处理和未做任何处理的玉米种子，4 类模型对预测集样本的检测正确率分别为 99%、95.1%、95.1%和 82.5%；对于冷冻处理和未做任何处理的玉米种子，基于近红外光谱信息建立的种子冻伤判别模型不是十分理想，4 类模型对预测集样本的检测正确率分别为 68%、60%、60%和 60%。进一步通过分析三类种子的光谱发现，相对于未做任何处理的种子的光谱信息，热损伤种子的光谱有着更低的吸收率，而冻伤后的种子光谱与未做任何处理种子的光谱没有明显区别，这可能是造成模型对冻伤种子检测精度低的主要原因。

8.1.1.3　高光谱成像技术

Singh 等(2009)采用高光谱成像系统检测由米象、谷蠹、赤拟谷盗与锈赤扁谷盗 4 种储粮害虫引起的小麦虫蛀损伤。该检测系统主要由像素为 640×480 的铟镓砷相机、900~1700nm 的液晶可调谐滤波器、C 口镜头和 2 个 300W 的卤素灯构成。首先采用主成分分析(PCA)对小麦种子高光谱图像进行处理，其中 PC1 图像的累积贡献率达 94%。根据 PC1 图像各波长的权重系数大小，优选出 1101.69nm 和 1305.05nm 两个权重系数最大的波长。在所选 2 幅特征波长图像下，提取每个种子的 6 个统计特征(最大值、最小值、平均值、中值、标准差和方差)，通过反射率在 0~1 的 10 个等间隔区间的统计，提取 10 个灰度直方图特征。相对于仅利用统计特征或者直方图特征，将两类特征结合起来建立的线性判别分析和二次判别分析模型可更好地识别完好的与虫蛀的小麦种子，检测精度范围在 85%~100%。另外，研究还发现小麦种子腹沟放置朝上或朝下方向对检测结果没有影响。

8.1.2　谷物内部组分检测

谷物的内部组分主要有水分、淀粉、蛋白质、脂肪等。光谱分析技术是最常用的谷物内部组分无损检测分析技术(Huang 等，2015；朱丽伟等，2015)。

8.1.2.1　可见-近红外光谱技术

可见-近红外光谱在农产品检测上的应用始于对农产品的水分检测。相对于其它内部化学成分，种子的水分预测是最为成功的。Armstrong(2006)搭建了在线检测装置用于玉米和大豆水分的检测。该光谱仪采用 256InGaAs 光电二极管阵列，波段范围为 906~1683nm。光谱采集时，人工放置单粒种子，对于玉米种子，考虑两种放置方式，即尖头朝下和尖头朝上。结果显示，尖头朝上放置时采集的光谱所建立的 PLS 水分预测模型性能更好，其 R^2 为 0.97，交互验证均方根误差(RMSECV)为 0.76%。对于大豆种子不考虑其放置方向。实验结果表明，当利用 MSC 处理后的光谱信息建立的大豆水分预测模型取得了最好的预测结果，RMSECV 和 R^2 分别为 0.32%和 0.99。相对于玉米种子来说，该检测系统对于大豆种子的水分检测效果更好，主要是因为在该实验中大豆种子在沿着管道下降时，其不停翻转，采集到的光谱信息来自种子多个部位，而对于玉米种子，由于其自身结构，在下降过程中尖端或是朝上或是朝下，采集到的光谱信息有限。除玉米和大豆外，可见-近红外光谱技术在小麦(Peiris 等，2011)、水稻单籽粒(Rittiron，2004)水分检测中也得到了较好的应用。

Agelet 等(2012)对比了自行开发的装置和 3 款商业化的光谱仪在大豆种子品质检测上的差异。研究发现，所开发装置在大豆种子的重量、淀粉、含油量的检测上更具有优势，模型交互验证的决定系数 R_{cv}^2 分别为 0.9118、0.9797 和 0.9799，RMSECV 分别为 0.01g、1.10% 和 0.57%。同时，该研究还发现，相对于光谱范围、光谱仪种类、检测方式(反射或透射)，光谱获取时种子的位置差异是影响种子内部品质检测最主要的因素。同时，该研究也表明，对不同的检测指标，相应的最佳光谱预处理方式也不同。

魏良明等(2004)开展了近红外反射光谱测定玉米完整籽粒蛋白质和淀粉含量的研究。实验以 128 份常用普通玉米自交系和杂交种的混合籽粒样品为材料，从每份样品中选取 30~40g 籽粒(约 200 粒)盛于直径 50mm 的旋转样品池，在 12000~4000cm^{-1}(波长为 800~2400nm)谱区范围采集样品的反射光谱，扫描 64 次，分辨率为 8cm^{-1}。为消除样品粒度大小、均匀性不一致等因素对光谱采集的影响，每个样品均重复装样 5 次，取其平均值作为该样品的最终光谱。构建 PLS 回归模型，结果表明，在 10000~4000cm^{-1}范围内，采用一阶导数和多元散射校正预处理的光谱信息建立的蛋白质预测模型效果最好，预测集样本的决定系数和预测均方根误差分别为 0.953 和 0.286%。在 9000~4000cm^{-1}范围内，采用一阶导数和直线扣减预处理的光谱建立的淀粉含量的模型效果最佳，对预测集样本的决定系数和预测均方根误差分别为 0.933 和 0.592%。该研究表明，基于近红外光谱分析方法，快速、准确、无损地测定完整玉米籽粒的蛋白质和淀粉含量是可行的。进一步，朱苏文等(2007)利用近红外光谱技术探讨了玉米直链淀粉含量的检测。玉米直链淀粉以其独特的物理和化学性质广泛应用于轻工业和食品工业(石德权等，2001)。一般玉米籽粒的直链淀粉含量为27%左右，从普通玉米淀粉中分离直链淀粉的成本很高，所以必须培育直链淀粉含量在50%以上的高含量专用品种。该研究获取了玉米样品在850~1050nm的光谱信息，通过内部交叉验证和外部交叉验证对其它的231份自交系、杂交种和高直链淀粉自交系进行预测。研究结果表明，近红外分析技术具有较高的准确度，能代替常规化学分析方法应用于玉米育种的早代材料直链淀粉含量的筛选，可作为高直链淀粉玉米育种的一种简便、快速的无损筛选技术。

类似地，彭建等(2010)探讨了小麦籽粒淀粉和直链淀粉含量的近红外漫反射光谱快速检测。直、支链淀粉是影响淀粉化学特性的重要物质，影响小麦加工产品如面条、馒头的品质、口感等(Guo等，2003)。因此，小麦籽粒的直、支链淀粉含量的快速检测研究非常有意义。实验以91个普通小麦品种和高代稳定品系为材料，采用PLS建模方法，分别建立了淀粉、直链淀粉含量的校正模型。模型的校正决定系数分别为0.894和0.920，交叉验证决定系数分别为0.690和0.827，外部验证决定系数分别为0.815和0.806，各项误差为1.479~1.080。研究表明，利用光谱分析法测定完整小麦籽粒的淀粉和直链淀粉含量是可行的。

种子内一些微量化学成分，因其特有的作用也越来越受到重视，开发快速、灵敏的方法对其含量进行检测具有重要意义。Berardo等(2004)运用近红外漫反射光谱技术检测64种不同基因型玉米种子中类胡萝卜素含量并取得较好的结果。在酶活性的光谱检测研究中，Xing等(2011))比较了高光谱成像技术与传统的傅里叶光谱在α-淀粉酶活性检测上的检测精度，发现前者更具优势。黄亚伟等(2013)利用可见-近红外光谱(570~1098nm)技术，成功检测了小麦种子批的过氧化氢酶活性，预测集中的过氧化氢酶活性的实际测量值与预测值的相关系数达0.97。

8.1.2.2 高光谱成像技术

Cogdill(2004)搭建了高光谱成像系统，用于采集单籽粒玉米透射高光谱图像并对玉米籽粒内部组分进行分析。该系统主要由512×512像素的面阵CCD探测器、液晶可调谐滤波器、卤钨灯(250W/24V)、光纤、载物台等构成。图像采集时，单粒种子置于载物台上，采集单粒种子在750~1090nm光谱范围内的高光谱图像，该过程大概需要90s时间。高光谱图像采集完成后，获取单粒种子对应的水分值和含油量。然后对得到的玉米高光谱图像进行去背景操作，提取每个玉米籽粒的平均透射光谱信息。采用SNV、MSC、去趋势等预处理方法对原始光谱信息进行处理，建立基于不同预处理光谱信息的PLS和PCR模型。同时，利用GA算法，从原始光谱及预处理后的光谱信息中选取与被测指标相关的特征波长变量，建立GA-MLR模型。结果显示，对于玉米种子水分的检测，采用原始光谱建立的PLS模型取得了最好的检测结果，RMSECV和交互验证决定系数分别为1.2%和0.87。而对于含油量的检测结果，经过SNV和去趋势处理后的光谱建立的PLS模型取得了最好的预测结果，RMSECV和交互验证决定系数分别为

1.37%和0.56，该模型不能很好地用于玉米种子含油量的准确检测，其主要原因可能是，相对于种子批化学成分的实际值测量，单粒种子的化学成分值检测误差更大。另外，遗传算法虽然没能提高水分和含油量的预测精度，但可以在一定程度上减少模型构建所需波长数，提高检测速度。

田喜等(2016)应用波长范围为930~2548nm的线扫描近红外高光谱成像系统获取了300粒玉米种子胚芽面的高光谱反射图像，并用于单籽粒种子水分含量的检测。结果发现，相对于从整粒种子表面获取反射光谱，仅从胚部区域提取的光谱信息建立的水分预测模型精度更高。基于玉米籽粒胚结构区域的光谱信息，采用CARS，GA和SPA三种变量选择方法分别从原始光谱信息中选取了用于种子水分含量检测的9个、14个和6个特征波长。对比分析后发现，利用SPA算法筛选的6个特征波长(1322nm、1342nm、1367nm、1949nm、2070nm和2496nm)在保证模型预测精度的条件下，可以更有效地简化模型，其R_p和RMSEP分别为0.9227和0.3366%。图8-4所示为玉米种子胚区域光谱和玉米单籽粒水分含量检测模型预测结果。

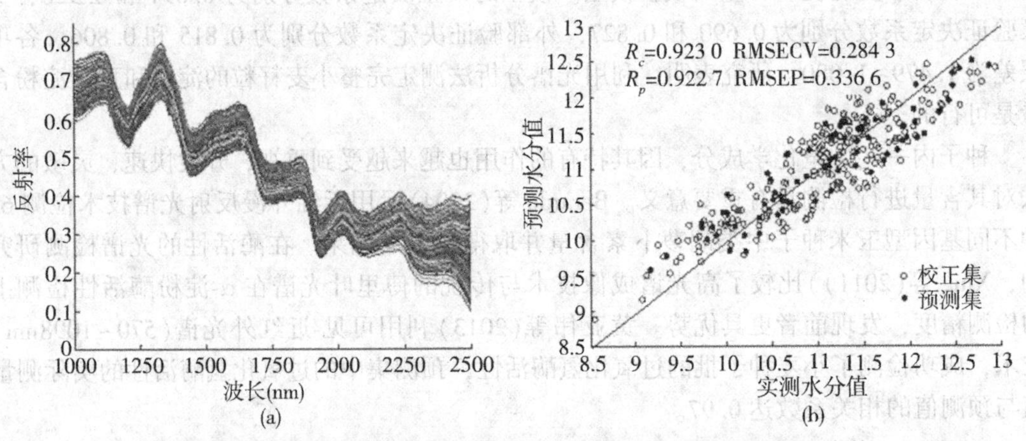

图8-4　玉米种子胚区域光谱和玉米单籽粒水分含量检测模型预测结果(田喜等，2016)

随着研究的不断深入，以单籽粒种子为对象的研究越来越多，如遗传育种的早期筛选工作，均是以单粒种子为单位进行，所以需建立以单籽粒为单位的近红外分析模型。然而，面对大小、形状不一的单粒种子造成的光谱上的差异性也是目前单粒种子分析需要考虑的问题。另外，由于单粒种子对应的化学成分值更难以获取，使用传统化学分析方法对单粒种子的化学成分进行检测时误差较大，这也是目前单粒种子化学成分光谱分析工作所面临的一个难题(Agelet和Hurburgh，2014)。

8.1.3　谷物品种识别

谷物品种真实性和纯度是种子的重要质量指标。种子市场上各种农作物种子品种繁多，新品种随着每年的新增审定而层出不穷，一些不法商贩的套牌行为使种子真假难辨，种子购买者也无法分辨种子的真实性。近年来，相对于近红外光谱分析技术，机器视觉技术和高光谱成像技术在种子品种识别方面应用更加广泛。种子品种检测的传统方法是由专业人员根据种子的形状、大小、长宽比、颜色、光泽、光滑度、种皮皱缩等特征，对比标准样品或样品图片进行，有时还需要放大观察。该方法受专业人员主观影响大且检测效率低下。

8.1.3.1 机器视觉技术

Dubey 等(2006)获取了3类小麦种子共45个形态学特征，建立了人工神经网络模型，对3类小麦种子的分类准确率为88%。Chen 等(2010)采用平板扫描仪获取5个不同玉米品种种子的RGB图像。玉米品种包括1个白玉系玉米品种、3个黄色系玉米品种(农大80、农大108和高油115)和1个混合色品种。该研究提取了种子周长、面积、长度、宽度等17个尺寸特征，圆形度、矩形度、长宽比等13个形状特征，以及从RGB彩色空间、HIS彩色空间、YCbCr空间等提取的28个颜色特征。进一步，首先对3个不同色系的玉米品种进行判别，然后再对3个黄色系的玉米品种进行分类判别。采用逐步判别分析方法，从上述28个颜色特征中优选出18个颜色特征，结合马氏距离判别法，区分了3个不同色系的玉米种子。随后，仍然采用逐步判别分析法，从上述58个尺寸、形状和颜色特征中，优选出10个特征用于3个黄色系玉米品种的分类，建立包含10个输入层、8个隐含层和3个输出层的BP神经网络模型。结果显示，该方法对5类玉米品种的平均分类正确率高于90%。

8.1.3.2 高光谱成像技术

Kong 等(2013)应用高光谱图像研究了水稻种子品种的分类。该研究所采用的系统主要包括波段范围为874~1734nm的成像光谱仪和320×256像素的CCD相机。实验分别从4类水稻种子中选取若干种子放入托盘，将此种子批作为一个样本获取高光谱图像，共获取4个水稻品种225个样本的高光谱图像。从每个样本的高光谱图像中选取感兴趣区域并提取平均光谱(波段范围：1039~1612nm)作为该样本的光谱。比较了SIMCA、KNN、SVM、PLS-DA和Random Forest(RF)等几种分类器的分类效果，并借助PLS-DA的回归系数，选取12个特征波长(1069、1079、1139、1167、1183、1227、1281、1304、1328、1389、1467和1558，单位：nm)用于水稻品种的判别。结果显示，与基于全波段建立的分类模型对比，虽然基于特征波长的模型得到了简化，但分类正确率也有不同程度的下降。利用全波段光谱信息建立的SIMCA、SVM和RF分类模型取得了最好的分类结果，校正集和预测集的分类正确率均达到了100%。

吴翔等(2016)探讨了高光谱成像技术应用于玉米品种分类的可行性。实验采集了4个品种共384个玉米种子样本的高光谱反射图像，提取每粒种子1000~1600nm范围内的光谱信息，通过SPA算法选取7个特征波段(1164、1237、1392、1314、1213、1072和1291，单位：nm)，建立了用于玉米种子分类的偏最小二乘法判别分析(PLS-DA)模型，结果表明，对4类种子的整体分类正确率为78.5%。图8-5所示为利用该模型对混杂种子样本进行可视化鉴别的结果图。

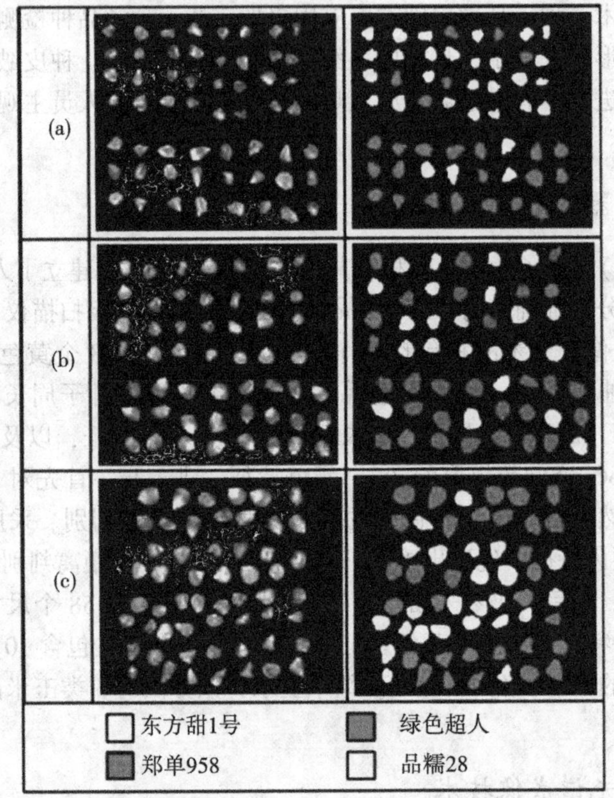

图 8-5　高光谱成像技术对玉米种子品种的可视化鉴别结果(吴翔等，2016)

由于高光谱成像既可采集到种子的光谱信息，也可提供丰富的图像信息。Huang 等(2016)应用线扫描高光谱成像系统获取了 17 个品种玉米种子在 400~1000nm 波长范围的高光谱反射图像。从每个玉米种子提取对应的平均光谱作为该种子的光谱信息，借助 SPA 算法，优选出 11 个特征波长变量。由于 782.6nm 波长下的图像可用于背景分割，因此，基于该波长图像提取了种子的形态学特征，包括种子的面积(area)、圆形度(circularity)、纵横比(aspect ratio)、圆度(roundness)和固性(solidity)。进一步，基于上述选取的 11 个特征波长所对应的特征波长图像，提取了每粒种子的 13 个纹理特征，包括 5 个一阶纹理特征，以及借助灰度共生矩阵得到的 4 个方向(0°、45°、90°和 135°)下的对比度、相关性、能量和均匀度的均值和方差 8 个二阶纹理特征，因此，共 13×11 个纹理特征。结合 5 个形态学特征，共 148 个图像特征。这样，该研究得到每个种子对应的 11 个光谱特征和 148 个图像特征。随后，采用两种方法对上述光谱和图像特征进行融合：第一，将上述所有特征进行标准化(autoscaling)处理后形成一个整体矩阵，对该矩阵建立用于玉米种子分类的 LS-SVM 模型；第二，对上述形成的整体矩阵，分别采用 PCA 和多维尺度分析两种方法对原始矩阵进行降维处理，并分别取前 60 个主成分和多维尺度分析后的新特征用于 LS-SVM 建模分析。结果显示，对比仅通过光谱信息建立的分类模型，上述两种方法建立的玉米品种分类模型的准确率均得到了一定提高。尤其是第二种方法，对 17 个玉米品种的整体分类正确率为 92.65%，优于第一种方法的分类正确率 83.68%。

8.1.4　种子活力检测

种子活力是全面衡量种子质量状况的一个重要指标，直接关系到种子质量安全、种子保存和播种方式等问题（刘建，2018）。“种子活力”的概念由国际种子检验协会代表大会提出。种子活力是决定种子和种子批在发芽和出苗期间的活性强度和种子特性的综合表现。高活力种子不仅生命力旺盛，对病、虫、杂草都具有较强的竞争能力，而且具有较强的抗寒能力，播种后出苗均匀且迅速，保证苗全、苗壮，可明显地增加作物生产的目标产量和质量。此外，高活力种子具有抵抗高温高湿等不良贮藏条件的耐贮性，可作为种质资源长期保存。机械化单粒精播技术在我国不断推广和应用，该技术采用“一穴一粒”播种法，无须进行间苗、剔苗和补苗等工作，大量节约工时，避免了种子和土壤肥力的浪费（杨丽等，2016）。该技术的应用对种子的活力特别是单粒种子的活力提出了更高要求。因此，利用现代化检测分析技术实现种子活力的快速检测，对于实现单粒精播、保证谷物生产的产量和质量、提高种子育种效率、提升种子贮藏期间的科学化管理均具有重要意义。

在种子的光谱及其成像检测的应用中，研究人员大多使用人工老化的方式使种子失去发芽能力，进而将种子分类为能发芽的种子与不能发芽的种子，通过采集这两类种子的光谱或者光谱图像信息，结合判别分类算法，实现两类种子的准确判别。

8.1.4.1　可见-近红外光谱技术

Kusumaningrum 等（2018）采用 42℃下水域加热 9d 的方法对大豆种子处理使其失活，借助如图 8-6 所示装置采集未处理和处理过的单粒大豆种子的漫反射傅里叶变换光谱（1000~2500nm），并且从全波段 1557 个波长变量中优选出 146 个特征波长，建立了基于特征波长的 PLS-DA 模型，对预测集的检测正确率达到了 95.83%。

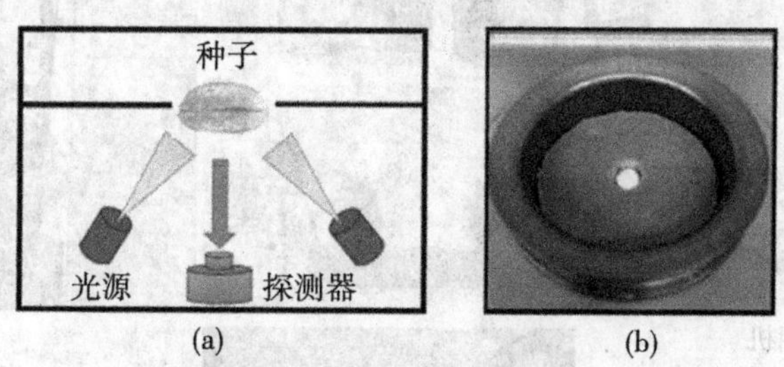

图 8-6　单籽粒玉米种子光谱采集系统（Kusumaningrum 等，2018）

时伟芳等（2016）探讨了单粒小麦种子傅里叶变换近红外光谱（$4000\sim12000cm^{-1}$）在活力检测上的应用。研究发现，小麦种子正反面平均光谱结合波段区间 $7000\sim8000cm^{-1}$ 范围内光谱信息所构建的模型的分类结果最好。同时，该研究还进一步用幼苗鲜重来定量评估单粒种子活力大小，但效果不理想。

8.1.4.2　高光谱成像技术

在单籽粒种子活力的高光谱图像检测方面，研究主要采用反射式的高光谱成像系统。许思等(2016)应用短波近红外高光谱图像技术对水稻种子的活力检测进行了研究。该高光谱成像系统的光谱测量范围为 874~1740nm，分辨率为 5nm。数据采集时，样品速度为 18mm/s，光源选用线光源。实验以不同老化程度的 4 个水稻品种共 960 粒水稻种子为材料，对样本进行 3 个不同时间(0h、36h 和 72h)的人工老化处理，通过发芽验证试验，确定不同水稻品种在每个老化处理时间下的活力指数，对每个品种下的活力指数进行统计分析，获得每个品种种子的活力梯度等级。其中，有两个品种种子的活力分成了两级，另外两个品种种子的活力分成了三级。随后，采用 SPA 算法从全波段中优选出 8~17 个特征波长，用于不同品种种子活力的判定，预测精度达到 93.75%~100%。

Ambrose 等(2016)以白、紫和黄三种颜色的玉米种子为研究对象，利用 1000W 的微波加热种子 40s 使其失活(发芽率为 0)。分别利用可见-近红外(400~1000nm)和短波近红外高光谱(1000~2500nm)成像系统采集玉米种子胚芽面的反射高光谱图像。研究发现，经过处理的种子，其光谱反射率比未处理的种子的光谱反射率高。利用这种差异性，建立了用于种子活力评估的偏最小二乘判别(PLS-DA)模型。对比发现，短波近红外高光谱成像系统对种子的活力判别精度更高，但相对于白色和黄色的玉米种子，紫色玉米种子的活力判定结果不是十分理想。该研究说明，短波近红外高光谱成像可以实现单粒玉米种子的活力判别。进一步，该研究团队对上述方法处理后的 3 种颜色的玉米种子应用如图 8-7 所示的短波近红外高光谱在线检测设备，在 16.1mm/s 运行速度下采集种子的高光谱图像。在检测的过程中，玉米籽粒随机摆放，从一定程度上减小了种子摆放位置对检测结果的不利影响。构建了线性判别分析、偏最小二乘判别、支持向量机模型，模型对 3 种颜色种子的活力判别精度分别达到了 100%、100%和 98%(Wakholi 等，2018)。

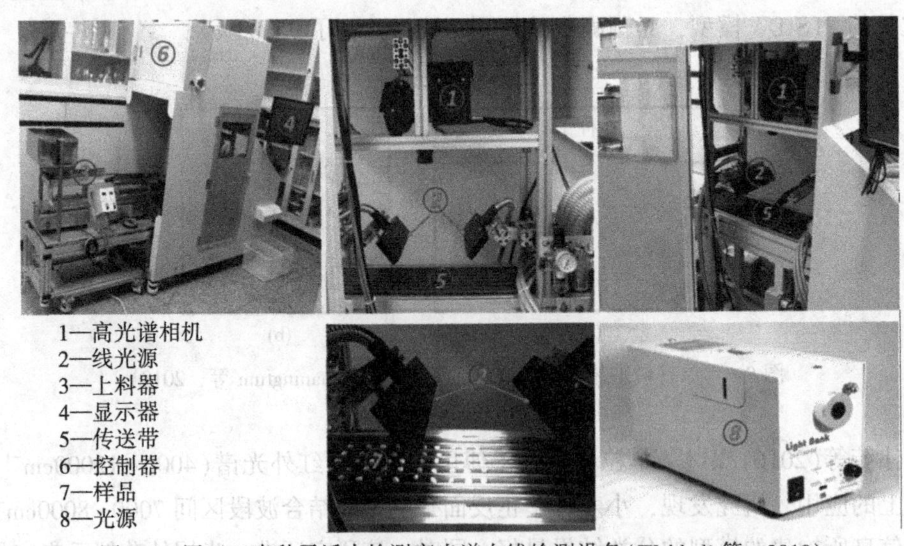

图 8-7　用于玉米种子活力检测高光谱在线检测设备(Wakholi 等，2018)

8.1.5 谷物真菌毒素检测

真菌毒素是丝状真菌如黄曲霉、黑曲霉、镰刀菌、赭曲霉等产生的一类次生代谢产物，可在人和动物体内积累(郭志明等，2020)。中国工程院食品安全重大咨询研究结果显示，我国每年有3100多万吨粮食在生产、储存、运输过程中被真菌毒素污染，约占粮食年总产量的6.2%。目前，按化学结构分，有400多种真菌毒素已被发现，其中对人类健康有害的有300多种(Tao等，2018)。在谷物方面，监管和研究工作主要集中在黄曲霉毒素(AFT)、玉米赤霉烯酮(ZEN)、脱氧雪腐镰刀菌烯醇(DON)、赭曲霉毒素A(OTA)、伏马毒素(FUM)等(Liu等，2009)。这些真菌毒素稳定性高，不易被物理或化学方法破坏，可通过污染谷物制成的饲料传递给牲畜，因此也存在于肉、蛋、奶等动物产品中。如果被人类直接食用或被动物食用，则会存在致癌、致畸、致突变等危害。谷物真菌毒素已成为世界各国高度关注的食品安全热点问题。

在谷物真菌毒素检测中，目前仍然主要采用传统的检测方法如高效液相色谱、薄层色谱、液相色谱-质谱法以及酶联免疫吸附等测定方法(Shanakhat等，2018)，这些方法所需设备复杂、步骤烦琐、检测周期长，很难实现现场快速检测，不适于大量粮食样本的快速筛查测定。近年来食品安全图谱检测技术发展迅速，以其特有的客观、低花费、快速、无需样品预处理等优势(Orina等，2017)，已成为食品、农产品检测领域的研究热点，并朝着高灵敏、高通量、多功能等方向发展，逐渐成为食品、农产品品质安全检测不可或缺的重要技术手段。图谱分技术特别是机器视觉技术、近红外光谱、拉曼光谱和高光谱成像技术等在粮食真菌毒素检测相关领域展现了巨大的潜力和优势。

8.1.5.1 机器视觉技术

潘磊庆等(2017)开展了针对受真菌感染的稻谷的快速检测方法研究。研究以感染5种常见真菌(米曲霉、黑曲霉、构巢曲霉、橘青霉和杂色曲霉)霉变的稻谷为检测对象。稻谷图像采集系统主要由相机(NEX-6，索尼)、LED光源和支架构成。首先对5种真菌进行培养，制成悬浮液，然后将悬浮液接种到稻谷样品中，每种真菌接种120个稻谷样品。对稻谷样品储藏一段时间，以获取不同霉变程度的稻谷样本，并划分为对照组(无霉变)、轻微霉变组和严重霉变组。利用搭建的图像采集系统对3组稻谷样品进行图像采集和图像处理。图8-8显示了不同霉菌感染和霉变程度的稻谷样本。将每幅图像平均分为9个矩形区域，选取中间的区域为感兴趣区域。将感兴趣的彩色图像分别转化为灰度图像、R分量图、G分量图和B分量图4个分量图，对每个分量图进行16个等级的灰度划分，得到相应的归一化直方图，并将16个灰度等级对应的频数作为该分量图像的16个特征。另外，采用灰度共生矩阵提取二阶矩、能量、对比度、熵4个纹理特征值。综合以上分析，从感兴趣区域图像共提取68个稻谷霉变图像特征用于进一步分析。采用支持向量机(SVM)和偏最小二乘判别分析(PLS-DA)构建模型，分别用于无霉变稻谷与霉变稻谷的区分和稻谷霉变程度的区分。为了降低模型复杂度和数据冗余，利用连续投影算法(SPA)消除了原始数据变量间的共线性，优选了特征值。结果表明，利用所有参数构建的SVM模型能够很好地区分对照组与霉变组，其中建模集和验证集总体区分准确率分别为 99. 7%和 98. 4%；SVM 模型对于严重霉变稻谷 5 种不同霉变类型的区分效果要优于轻微霉变稻谷，其中对轻微霉变稻谷建模集和验证集 5 种不同霉变类型总体判别正确率分别为 99. 3%和 92. 0%，对严重霉变稻谷 5 种不同霉变类型的总体判别准确率分别为 100%和 94%，且整体上，SVM 模型的效果要优于 PLS-DA 模型。基于 SPA 优选特征构建的模型分析结果表明，SVM 模型效果优于 PLS-DA 模型，其中，在建模集和验证集中，对无霉变和霉变稻谷总体区分准确率分别为 99. 8%和 99. 5%，对稻谷轻微霉变种类区分总体准确率分别为 99. 8%和 90. 5%，对稻谷严重霉变种类区分总体准确率分别为 100%和 95. 0%。因此，基于计算机视觉对稻谷霉变检测是可行的，而且 SPA 优选特征能够较好地反映稻谷霉变特征，基于优选特征和 SVM 模型能够较好地对稻谷霉变及其霉变程度进行识别和区分。

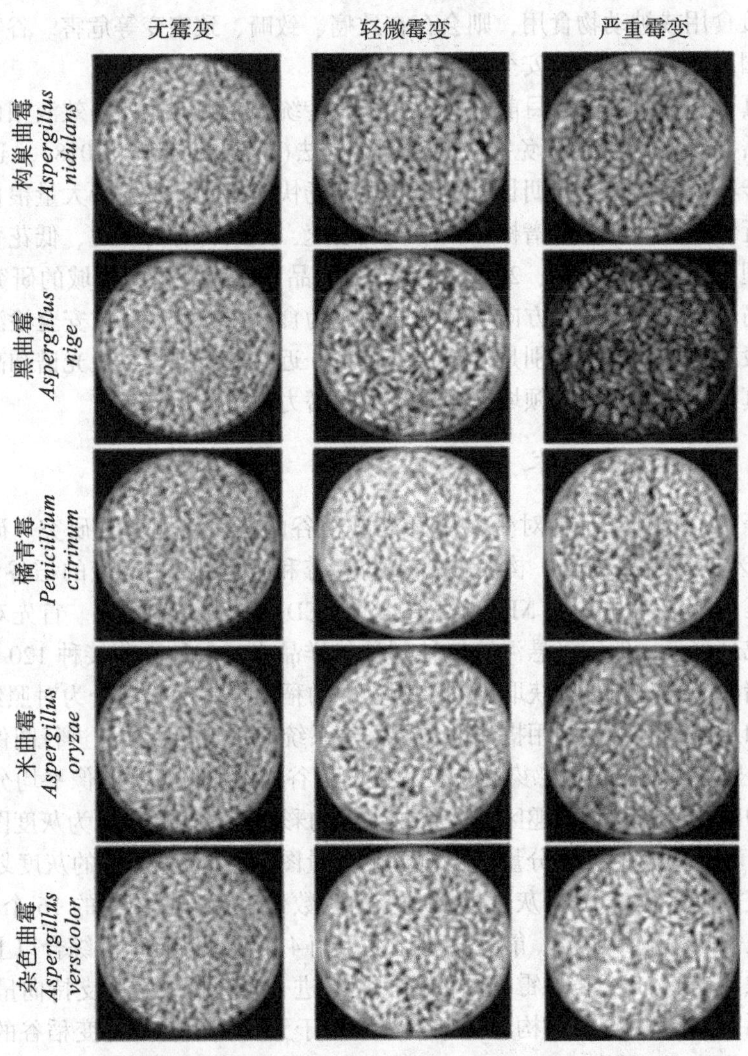

图 8-8　5 种真菌导致的稻谷轻微和严重霉变及对照组图片(潘磊庆等，2017)

8.1.5.2　可见-近红外光谱技术

De Girolamo 等(2019)研究了傅里叶变换近红外光谱(FTNIR)或中红外光谱(FTMIR)及其组合用于快速分析麦麸中脱氧雪腐镰刀菌烯醇(DON)的适用性。实验采集了 94 份天然污染的硬质小麦麸皮样品，人工研磨均匀化，采集光谱数据和进行高效液相色谱分析。图 8-9 为采集的受脱氧雪腐镰刀菌烯醇(DON)污染的 3 种不同麦麸样品的 FTNIR 和 FTMIR 原始光谱。采用标准正态变量(SNV)变换、均值归一化、求导等预处理方法对 FTNIR 和 FTMIR 光谱进行预处理，以减少光谱基线偏移、噪声和光散射的影响，并从数据集中去除变化不显著的变量。之后对预处理的光谱进行主成分分析，采用偏最小二乘判别分析(PLS-DA)和主成分线性判别分析(PC-LDA)作为分类技术，以 400μg/kg DON 作为判别准则。结果显示，FTNIR 和 FTMIR 光谱总识别率分别达到 87%~91%和 86%~87%。采用 PC-LDA 分类模型时，FTNIR 光谱对麦麸样品的总分类率最高，无假阴性样品，18%的假阳性样品。

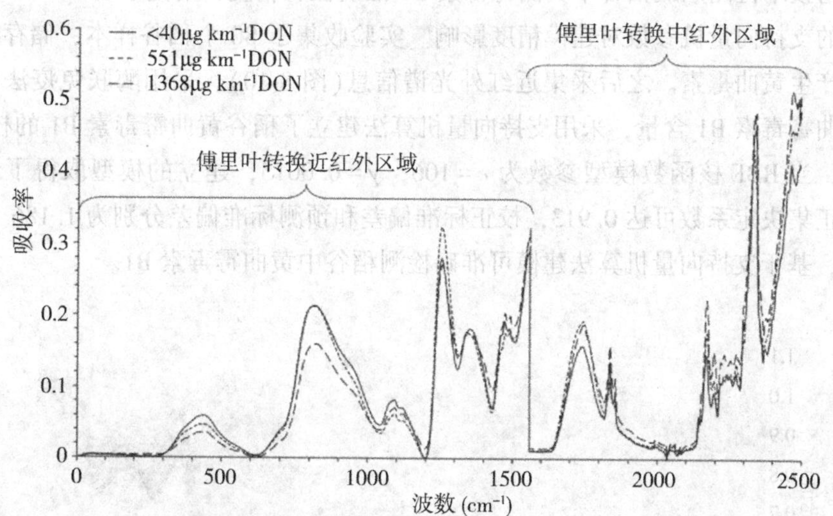

图 8-9　受脱氧雪腐镰刀菌烯醇(DON)污染的三种麦麸样品的 FTNIR 和 FTMIR 原始光谱(De Girolamo 等，2019)

Kaya-Celiker 等(2014)利用傅里叶变换红外光谱结合衰减全反射光谱法(FTIR-ATR)检测花生黄曲霉和寄生曲霉的黄曲霉和非黄曲霉菌株。人工接种四种不同曲霉的花生样本，将高度污染的花生随后按重量与预先消毒的干净花生混合，以制备具有不同菌浓度的校准集样品，研磨制成花生酱。用 FTIR 光谱仪记录受污染花生酱样品的红外光谱，通过酶联免疫吸附试验检测黄曲霉毒素的含量。应用判别分析技术进行分类，将“可接受”(AF 20ppb)与“发霉”(20<AF<1200ppb)和“高度发霉”(>1200ppb)进行分类，其准确率可达 100%。选择阈值为 300ppb 黄曲霉毒素，进一步将“发霉”类样品分为轻度(可用于饲料)

或剧毒(必须丢弃)，其正确分离率为 98.5%。建立偏最小二乘(PLS)回归模型定量检测 AF 的含量，最大决定系数 R^2 可达 99.98%。研究结果显示，FTIR-ATR 可作为一种快速无损检测花生霉菌感染程度的有效方法。

Kos 等(2016)提出了一种红外光谱检测霉菌毒素污染玉米和花生的方法，该方法采用人工感染镰刀菌的玉米和自然感染的 92 份花生作为研究样本，进行红外光谱采集和液相质谱分析。采用 bootstrap 聚合(bagged)决策树方法对光谱数据进行分类，评估光谱的蛋白质和碳水化合物吸收区域，该方法能够在 1750μg/kg 和 500μg/kg 的脱氧雪腐镰刀菌烯醇阈值下对玉米样品进行分类，准确率分别为 79% 和 85%，以及黄曲霉毒素 B1 在 8μg /kg 阈值下的花生样品的分类准确率为 77%，从而证明了该方法在各自监管限值下的分类能力。对于花生中的黄曲霉毒素 B1，首次实现了在这些低浓度水平下的分类。该方法具有最少的样品制备、快速的数据采集和自动数据分析等优点，具有向贸易商快速提供潜在污染信息的潜力。

张强等(2015)采用近红外光谱技术对稻谷的黄曲霉毒素 B1 污染进行了检测。为提高近红外光谱技术检测贮藏稻谷中黄曲霉毒素 B1 准确性和精度，研究了以 RBF 径向基函数为核函数的支持向量机参数对建模精度影响。实验收集了 80 个稻谷样本，储存 10 个月，使其自然产生黄曲霉素。之后采集近红外光谱信息(图 8-10)，采用酶联免疫法测定贮藏稻谷中黄曲霉毒素 B1 含量，采用支持向量机算法建立了稻谷黄曲霉毒素 B1 的校正模型。结果显示，当 RBF 核函数模型参数为 $c=106$，$\gamma=0.0015$，建立的模型取得了最优的结果，其校正集决定系数可达 0.913，校正标准偏差和预测标准偏差分别为 1.186 和 1.267。研究表明，基于支持向量机算法建模可准确检测稻谷中黄曲霉毒素 B1。

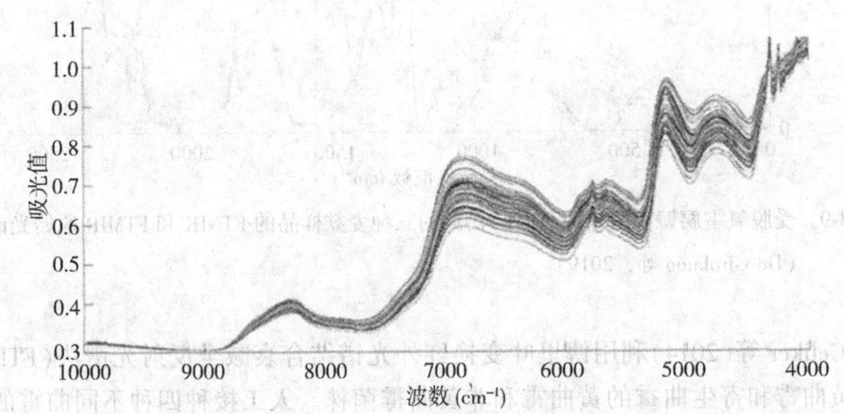

图 8-10　感染黄曲霉毒素 B1 稻谷样品近红外光谱(张强等，2015)

沈飞等(2018)融合可见-近红外光谱和机器视觉分析技术对玉米霉变程度和菌落总数进行了预测。研究样本分别接种了谷物中常见的 5 种有害霉菌，并在温度为 28℃和相对湿度为 85%的环境中储藏 15d 至严重霉变。在样品储藏的第 0d、6d、9d、12d 和 15d，分别在线采集样本光谱和图像信息，随后将提取的样品光谱特征波长和图像颜色特征参数融合成总特征参数，建立了玉米霉变程度定性识别模型和菌落总数定量预测模型。结果表明，基于光谱和图像信息融合的线性判别分析（LDA）模型对不同霉变程度玉米样品的整体识别率达 91.1%，比单独应用光谱和图像信息进行霉变程度识别的正确率分别提高了 4.4%和 8.9%；基于信息融合的玉米菌落总数预测偏最小二乘回归（PLSR）模型结果也同样较优，模型预测决定系数 R^2 为 0.894，RMSEP 为 0.665 log CFU/g。结果表明，融合光谱和图像数据能够提高玉米霉变检测模型的预测精度。

8.1.5.3　拉曼光谱检测技术

拉曼光谱是激发光与样品中分子运动相互作用发生散射效应，且引起频率变化的振动光谱。拉曼光谱在谷物真菌毒素检测中也有着广泛的应用。

Guo 等（2019）采用拉曼技术结合化学计量学方法，建立了玉米真菌毒素的定量检测模型，图 8-11 所示为利用拉曼光谱预测玉米中的玉米赤霉烯酮。采用 85 个自然污染玉米赤霉烯酮的玉米样品进行检测研究，对所有样品进行拉曼光谱采集和高效液相色谱测量。为了消除散射和粒度效应对建模的影响，首先对采集的光谱数据进行预处理，之后将预处理的光谱数据与高效液相测得的理化数据值相关联，采用多种化学计量学方法建立了玉米中真菌毒素的定量检测模型。通过比较 PLS、siPLS、ACO-PLS 和 siPLS-ACO 四种 PLS 预测模型发现 siPLS-ACO 模型的预测效果最好。结果表明，蚁群优化与蒙特卡罗迭代计算相结合是一种有效的变量选择工具，可用于多元校正中消除不相关的光谱变量。此外，使用校准模型对验证样本进行了定量分析。基于最佳模型 siPLS-ACO 的相关系数（R_p）可达 0.9260，RMSEP 为 87.9132μg/kg。该方法将拉曼光谱与智能搜索算法相结合，在真菌毒素定量检测方面具有很大的潜力，可以为玉米等谷物中毒素的定量检测提供一种快速、可靠的工具，有助于保障农产品质量和安全。

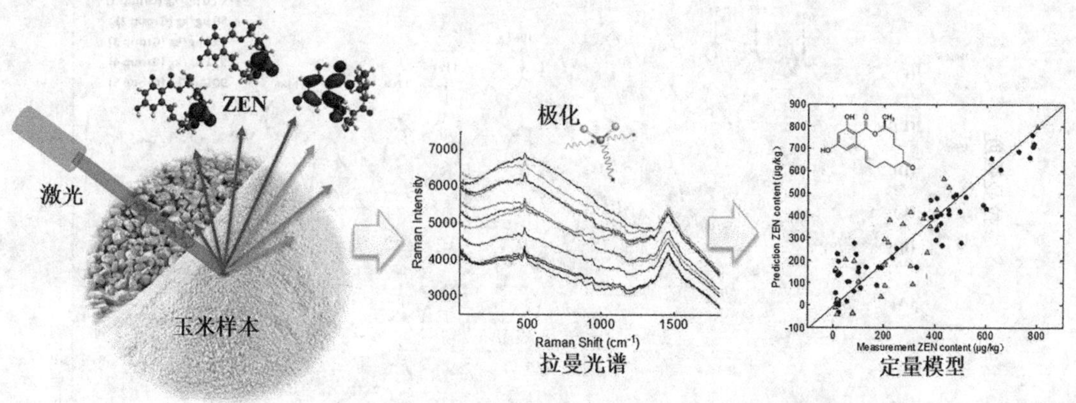

图 8-11　利用拉曼光谱预测玉米中的玉米赤霉烯酮（Guo 等，2019）

Yuan 等（2017）探索了基于便携式拉曼系统的表面增强拉曼散射（SERS）快速检测谷物

中真菌毒素脱氧雪腐镰刀菌烯醇(DON)的可能性。如图 8-12 所示，首先采用柠檬酸钠还原硝酸银的方法合成了具有较强增强效果的 AgNPs 基底。采用密度泛函理论计算了 DON 的指纹峰，制备了不同浓度的 DON 标准溶液，并采集其拉曼光谱，将获取的光谱与 DON 指纹峰进行对比，确定了 DON 的拉曼峰归属。选择 1449cm^{-1}处的 SERS 峰进行定量分析，R^2 可达 0.98692，确定水中的检测限为 10^{-7}M。之后，研究人员采用 SERS 检测体系分别对 DON 污染的玉米、芸豆和燕麦进行了定量检测，其检测限分别达到 10^{-6}M、10^{-6}M 和 10^{-4}M，均低于国家限量标准。研究结果表明，这种低成本、快速的 SERS 检测技术在农产品安全的真菌毒素现场和实时检测方面具有很高的实用价值。

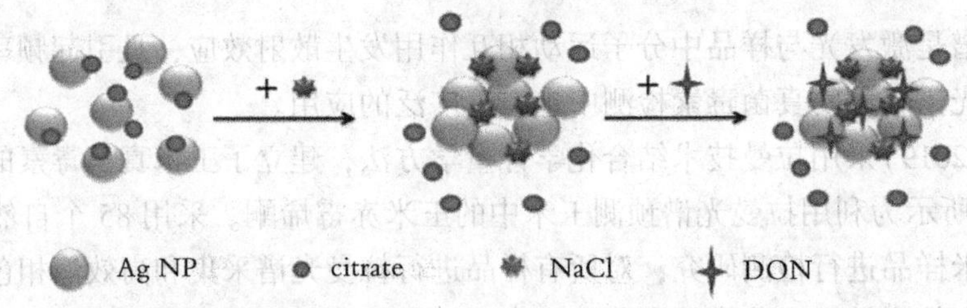

图 8-12　AgNPs 表面增强拉曼光谱测量 DON 的流程图(Yuan 等，2017)

Lee 等(2014)采用表面增强拉曼技术建立了玉米黄曲霉毒素含量在 0~1206μg/kg 范围内的分类和定量模型。研究合成了银纳米球作为 SERS 基底，并选择了 132 份黄曲霉毒素浓度范围为 0~1126μg/kg 的样品进行 HPLC 分析和 SERS 测量，如图 8-13 所示。为减少实验室仪器和环境变化对拉曼信号的影响，采用 Savitzky-Golay 滤波函数对获取的光谱数据进行了背景校正。为了建立化学计量学模型，采用主成分分析(PCA)、偏最小二乘法(PLS)和聚类分析等方法对样本进行分组，将预处理后的光谱数据和测得的理化值随机

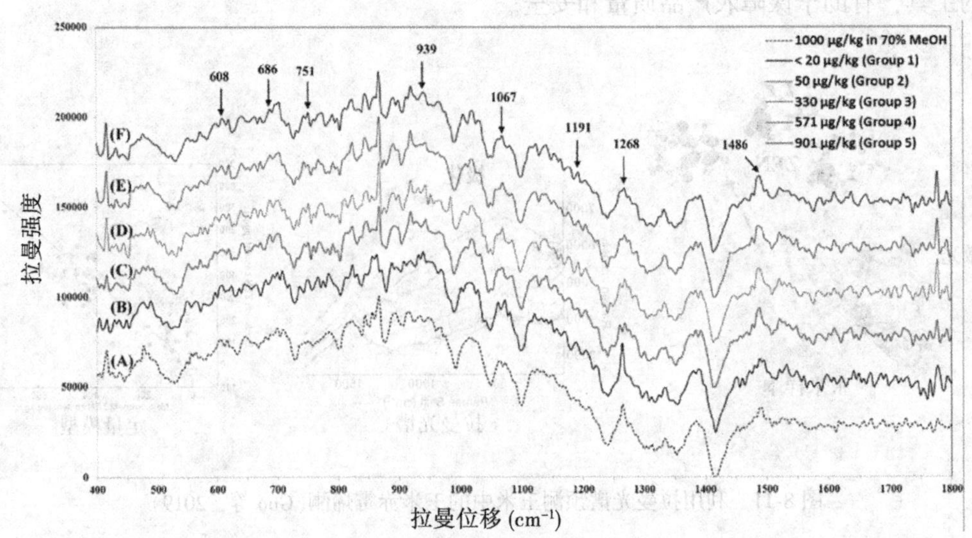

图 8-13　不同浓度黄曲霉毒素的 SERS 光谱(Lee 等，2014)

划分为了校正集(85)和预测集(35)，采用K最邻近(KNN)和线性判别分析两种化学计量学方法建立了样品分类校准模型。研究结果显示，K最近邻(KNN)分类模型具有较高的分类精度和较低的预测误差。与其它定量模型相比，多元线性回归(MLR)模型具有更高的预测精度和相关系数($r=0.939\sim0.967$)，其检测限最低可达13~36μg/kg，可实现44~121μg/kg范围内的定量检测，如图8-14所示。

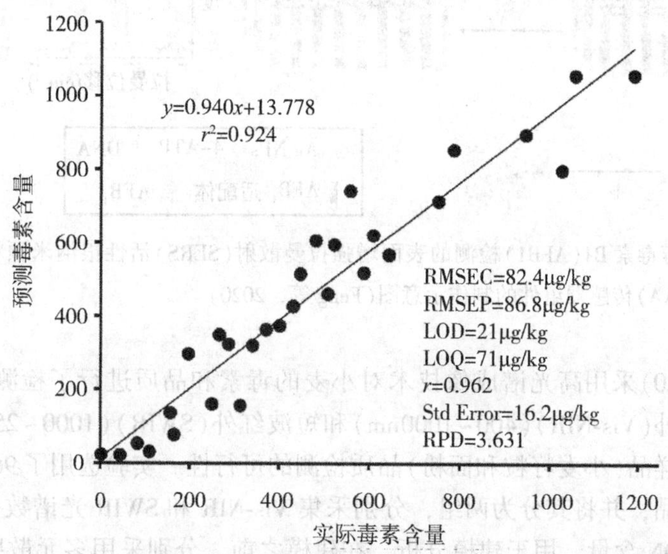

图8-14　定量检测黄曲霉毒素的MLR线性回归图(Lee等，2014)

Feng等(2020)采用多孔阳极氧化铝膜结合表面增强拉曼散射光谱实现了黄曲霉毒素B1的特异性检测。图8-15所示为传感组件的示意图，研究采用柠檬酸盐还原硝酸银合成了AgNPs，通过Ag-S化学键合将拉曼分子4-氨基硫酚(4-ATP)和AFB1互补DNA链与银纳米粒子(AgNPs)表面形成4-ATP-AgNPs-DNA复合物。同样，通过在PAA表面组装银纳米粒子和进行功能化修饰，通过碱基互补配对，在PAA表面修饰4-ATP-AgNPs-DNA，形成具有强拉曼信号的AgNPs-PAA传感器。之后采用该传感器，对核桃仁和标准溶液中的AFB1进行了检测。结果表明，随着AFB1浓度的增加，拉曼强度降低。在0.01~10ng/mL($R^2=0.980$)范围内线性关系良好，实际样品的检出限约为0.009ng/mL。该传感器具有良好的选择性和重复性，可用于AFB1的快速定性和定量检测。

8.1.5.4　高光谱成像技术

高光谱成像技术(HSI)是一种发展迅速的技术，它集成了光谱和成像技术，同时提供被测样品的光谱和空间信息。与传统的光谱技术相比，增加的空间维度可以绘制被测样品中的化学成分(化学成像)，这非常适用于检测不均匀分布的成分，如谷物中的真菌毒素污染和真菌感染。HSI技术可以在反射、透射、散射、荧光和拉曼模式下实现。

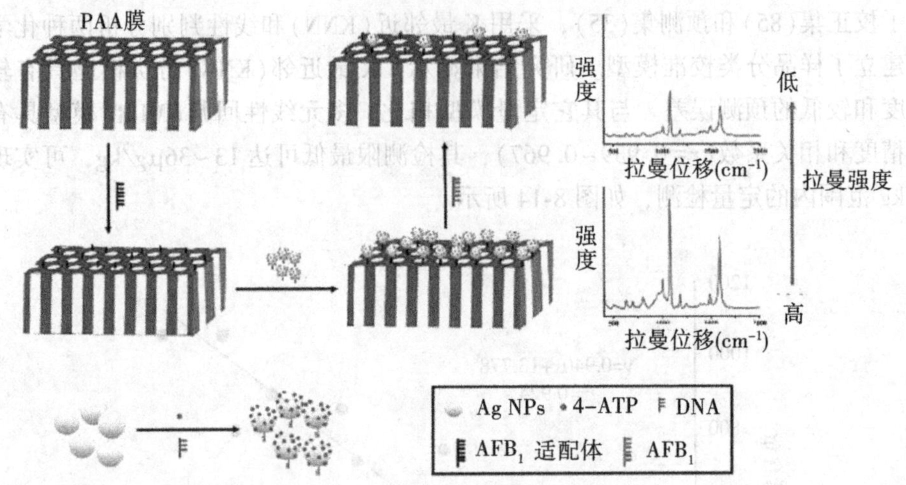

图 8-15　用于黄曲霉毒素 B1(AFB1)检测的表面增强拉曼散射(SERS)活性银纳米颗粒多孔阳极氧化铝(AgNPs-PAA)传感器组件的制作示意图(Feng 等，2020)

Liang 等(2020)采用高光谱成像技术对小麦的毒素和品质进行了检测。研究过程中，对比了可见近红外(Vis-NIR)(400～1000nm)和短波红外(SWIR)(1000～2500nm)两种 HSI 系统对两种不同样品(小麦籽粒和面粉)品质检测的可行性。实验选用了 96 份“燕农 19”小麦籽粒和面粉样品，并将其分为两组，分别采集 Vis-NIR 和 SWIR 光谱数据，之后采用高效液相测定其 DON 含量，用于建模分析。在建模之前，分别采用多元散射校正(MSC)和标准正态变量(SNV)对光谱数据进行预处理。为了减少光谱数据维数和冗余度，利用遗传算法(GA)提取光谱的特征波长，在此基础上，采用支持向量机(SVM)和稀疏自编码(SAE)网络两种分类模型来区分两种样品类型(小麦籽粒样品和小麦面粉样品)中 DON 的含量水平。结果表明，利用可见-近红外光谱检测小麦籽粒样品和利用短波红外数据检测面粉样品是可行的。对于小麦籽粒样本，MSC-GA-SAE 模型对训练集和测试集的精度最高均达到 100%。对于小麦面粉样本，SNV-GA-SAE 模型对训练集和预测集的正确分类可达 100%和 96%。

Wang 等(2015)采用近红外高光谱成像技术对田间人工接种真菌的玉米籽粒黄曲霉毒素 B1 进行了鉴定。研究采用了一种解释性的主成分分析方法来提高光谱数据的信噪比(SNR)、降维和提取有价值的信息，克服了毒素含量低，提取田间感染核中 AFB1 的微量信息困难的问题。研究对试验样品人工接种了黄曲霉菌株，人工培养，使其在生长过程中产生黄曲霉毒素。收获的籽粒经过处理后，进行成像和毒素化学分析。首先采用 5 维可视化技术提取毒素信息，通过对关键 PCs 的理化意义的综合分析，找出对提取微量毒素具有重要意义的主成分变量以及关键波长，通过关键主成分和波长对玉米籽粒的毒素含量和分布进行了评估，如图 8-16 所示。3 个玉米品种籽粒 AFB1 含量高(>100ppb)或低(<10ppb)的籽粒分类准确率分别达到 96.15%、80%和 82.61%。另外，胚芽侧朝下的籽粒分类精度略高于胚芽向上的籽粒。以 30 个玉米品种为例，验证了该方法的重复性，对胚芽朝上和朝下玉米籽粒的分类准确率分别为 83.33%和 88.88%。然而，对于黄曲霉毒素含量较低(10～100ppb)的籽粒，其分

类准确率分别为50%~85.71%。由此可见，利用高光谱成像技术可以准确地识别污染玉米籽粒AFB1水平及其空间分布。另外，该研究还指出，改进样品的制备方法，可以减少残留的谷尖和残留的玉米芯组织附着在籽粒上所引起的误判。

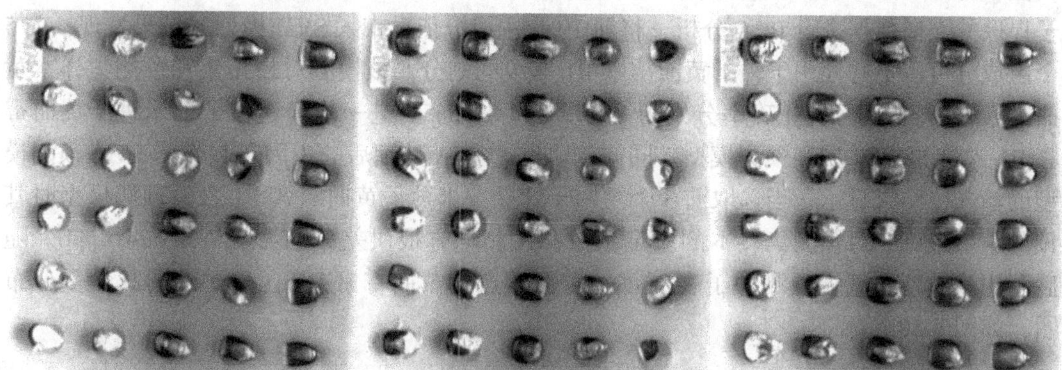

图8-16 由1116nm、1153nm和1488nm 3个特征波长组成的玉米籽粒伪彩色图像(Wang等，2015)

Senthilkumar等(2016)采用近红外(NIR)高光谱成像系统，对储藏小麦中的灰曲霉、青霉菌和赭曲霉毒素A污染进行了检测。首先人工接种真菌感染小麦，并使其产生赭曲霉毒素A。之后采用如图8-17所示的高光谱成像系统对小麦样品进行图像采集，采集结束后，对小麦水分含量、种子发芽率和赭曲霉毒素A进行了定量测定，获取理化指标，将获取的理化指标和光谱数据结合，建立判别和定量检测模型。研究结果显示，利用近红外高光谱成像系统可以很容易地将感染的小麦样品和健康小麦样品区分开来。近红外成像系统还可以区分不同感染阶段的灰葡萄球菌和青霉属感染小麦籽粒。另外，通过成像和主成分分析，赭曲霉毒素A污染样品可与健康样品区分，在污染水平低至72ppb时，分类准确率达98%以上。

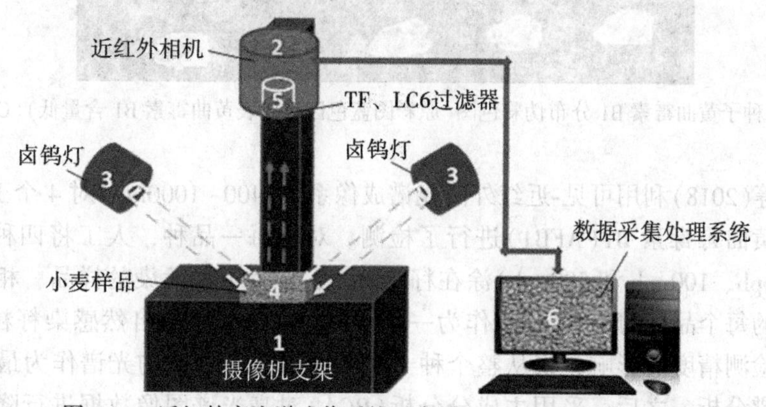

图8-17 近红外高光谱成像系统示意图(Senthilkumar等，2016)

Chu等(2017)基于短波近红外高光谱成像系统对黄曲霉毒素B1感染的玉米种子进行了检测。该系统主要由光谱范围为850~2800nm的成像光谱仪、像素为320×256的相机、

50W 的线光源、位移平台等构成。利用该系统，采集经黄曲霉毒素 B1 感染处理后的 4 个品种共 120 粒玉米种子的高光谱反射图像①，然后，采用 VICAM Afla Test 方法对每粒种子黄曲霉素 B1 的真实含量进行检测。根据种子黄曲霉素 B1 的含量，以 20ppb 和 100ppb 为阈值，将种子分为无症状感染、感染、严重感染三个等级。该研究进一步基于每粒玉米种子提取的光谱数据进行 PCA 分析，将前 10 个主成分依次带入 SVM 模型，结果发现，前 5 个主成分可以更好地用于种子黄曲霉素 B1 等级的划分。该模型对校正集和预测集样本黄曲霉素 B1 等级的分类正确率分别为 83.75%和 82.5%。进一步，建立了玉米种子黄曲霉素 B1 含量的 SVM 回归预测模型，同样选取经过 PCA 处理后的主因子数作为 SVM 预测模型的输入，结果显示，当选取前 3 个主因子建立玉米种子黄曲霉素 B1 含量预测模型时其预测结果最好，对预测集样本的决定系数和预测均方根误差分别为 0.7 和 524.4ppb。随后利用该模型尝试去预测种子表面每一个像素点的黄曲霉素 B1 含量，得到其含量分布图，如图 8-18 所示。

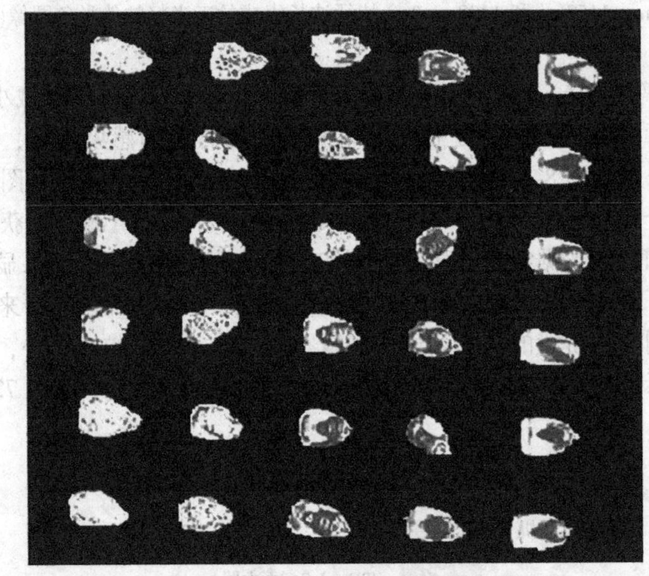

图 8-18　玉米种子黄曲霉素 B1 分布伪彩色图(原彩图蓝色区域代表黄曲霉素 B1 含量低)(Chu 等，2017)

Kimuli 等(2018)利用可见-近红外高光谱成像系统(400~1000nm)对 4 个玉米品种 600 粒籽粒表面黄曲霉毒素 B1(AFB1)进行了检测。对于每一品种，人工将四种 AFB1 溶液(10ppb、20ppb、100ppb 和 500ppb)涂在籽粒表面，作为毒素污染的样品，相应地，用甲醇溶液处理的每个品种的 30 个籽粒作为一个对照组。为了限制自然感染籽粒中 AFB1 分布不均匀对检测精度的影响，将从整个种子胚侧区域提取的平均光谱作为最终的光谱数据，用于光谱分析。之后，采用主成分分析(PCA)对高光谱图像数据进行降维处理，然后对主成分变量进行因子判别分析(FDA)。结果显示，利用可见-近红外高光谱成像技术

① 图像采集时，将玉米种子样本的胚芽面朝上放置。

和 PCA/FDA 统计方法，可以区分未污染和污染的玉米籽粒，并可以对不同 AFB1 水平的污染玉米籽粒进行鉴别。此外，该研究还应用可见-近红外高光谱成像系统，研究了玉米籽粒品种差异对 AFB1 污染分类的影响。结果表明，AFB1 污染的籽粒可以从正常的籽粒中区分出来，也可以根据污染程度分离出籽粒，而不受品种差异的影响，如图 8-19 所示。

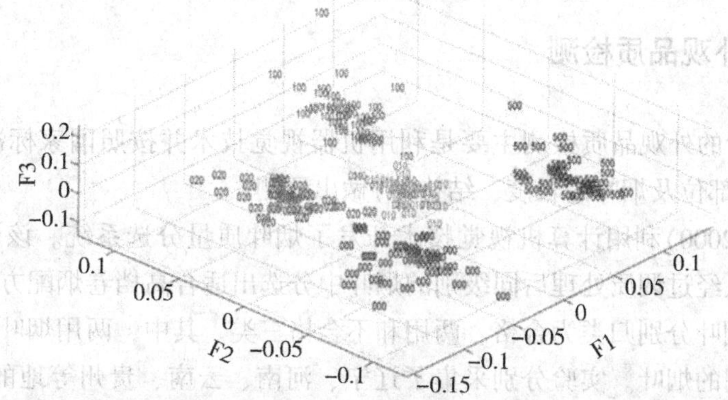

图 8-19 不同 AFB_1 污染程度的玉米籽粒判别效果图(Kimuli 等，2018)

8.2 烟叶质量的图谱检测

我国是烟草种植和烟叶生产大国。烟草是我国重要的经济作物，也一直是国家财政税收的重要支撑，在国民经济中占有重要地位。烟草主要分为晒晾烟、白肋烟、烤烟、香料烟、雪茄烟、黄花烟等 6 类，其中，烤烟是卷烟生产中最主要的原材料，占全世界烟草总量的 40%以上。中国的烤烟生产总量最大，约占全世界烤烟生产国家总量的 80%(丛日兴，2005)。鲜烟叶烘烤后的烟叶称为烤烟。根据我国烤烟分级标准《烤烟》(GB 2635—1992)，烤烟烟叶可以分为 8 个正组、5 个副组。正组烟是指烟叶发育正常，叶面较光滑，杂色较少的烟叶；副组烟是指生长发育不良，采集或烘烤不当以及其它一些因素造成的质量比较低的烟叶。在此分组基础上还可根据烟叶的成熟度、叶片结构、身份、油分、色度、长度和残伤等 7 个外观品质因素将烟叶分为 42 个等级。另外，烟叶中总糖、还原糖、总氮、烟碱、钾、氯等常规化学成分的分析检测同样是烟叶质量评价的重要组成部分，对烟叶、卷烟产品质量控制具有重要的意义。

烟叶质量指标的常规检测方法都存在处理繁杂、检测时间长、费时费力、重复性差等问题，由于缺少快速的检测方法，当前烟叶收购的主要判断标准还是依据上述烟叶的成熟度、厚度、色泽等外观因素进行人工分级，对人工技术要求较高。工人需要进行系统的专业分级培训后才能在分级时对各级别烟叶通过视觉、触觉、嗅觉反应做出综合判断。由于烟叶分级因素较多，分级层次较繁杂，分级人员经验程度不同，导致人工分级稳定性较差，主观性太强。同时，对于烟叶内部化学成分的分析，仅仅通过人工分级很难完成。因此，面对烟叶生产、收购的复杂形势及对烟叶原料资源的整合和深度利用，烟叶质量的综合评价已引起烟草企业的高度重视，急需准确、快速的烟草内外部品质综合检测技术。随着计算机技术和无损检测技术的发展，近红外光谱、机器视觉等技术在烟叶自动化质量检测与分级中得到了更多的应用。

8.2.1　烟叶外观品质检测

当前，烟叶的外观品质检测主要是利用机器视觉技术并按照国家标准对烟叶的外观(如颜色、生长部位及烟叶的长度、结构等)做出评测。

蔡健荣等(2000)利用计算机视觉技术开发了烟叶质量分选系统。该研究的目的是按照企业标准，从经过调质处理后同级别的烟叶中分选出适合高档卷烟配方的合格烟叶。因此，要将一批烟叶分别归类为合格、两用和不合格三类。其中，两用烟叶是根据烟叶货源而确定用或不用的烟叶。实验分别采集了辽宁、河南、云南、贵州等地的 C1L(中部柠檬黄一级)烟叶和 C1F(中部橘黄一级)烟叶。烟叶大小形状特征包括面积、长度、残伤及对烟叶轮廓线展开后的分布特征。该研究采用灰度共生矩阵法，把烟叶纹理从细到粗分别提取，形成从细纹到粗纹总体分布。通过上述分析提取烟叶颜色、形状和纹理共 180 个特征，建立人工神经网络模型用于合格、两用和不合格三个等级的划分。结果显示，经过对高档烟配方所用不同地区烟叶的多次检测分析表明，系统检测性能稳定，与人工评判结果吻合率均在 80%以上，对云南和贵州地区总吻合率在 90%以上。另外，该研究针对烟叶机器视觉的分级检测提出了以下建议：首先，用于训练的烟叶样本必须具有代表性和规律性，检测时才能获得较好的结果；其次，代表每一类型烟叶的训练样本必须全面且应有一定的数量，否则会因找不到匹配样本使检测产生波动，无法获得满意的结果。

Zhang 等(2011)提出了机器视觉系统与模糊集理论相结合的烟叶分级检测方法。该研究首先对采集到的图像进行特征提取，提取烟叶的图像特征，包括 3 个颜色特征，即 R 方差、G 方差和 B 方差三个特征。然后采用高斯拉普拉斯算子对烟叶进行边缘检测得到烟叶的边缘图像，如图 8-20 所示，对边界曲线进行多边形拟合并计算出烟叶的长、宽和面积。接着采用灰度共生矩阵提取 3 个纹理特征，即能量、熵和对比度。由于影响烟叶分级的因素很多，采取二级模糊综合评判的方法和人工神经网络对上述提取到的 9 个特征进行处理用于烟叶等级划分。结果显示，对于未参与上述分析的独立验证集中的 50 幅图像，分类正确率为 72%。研究表明，结合模糊理论和机器视觉可以实现烟叶等级的划分。

韩力群等(2008)提出一种借鉴生物脑信息处理结构的烤烟烟叶智能分级系统。该系统由思维模型、感觉模型和行为模型 3 个子系统构成，如图 8-21 所示，分别模拟分级专家的思维智能、感知智能和行为智能，具有学习与记忆、判断与模糊推理、分级决策等多种思维功能，以及图像自动采集、上下位机通信等协调与控制功能。实验结果表明，应用该系统进行烟叶分级试验的结果与分级专家分级结果的平均一致率可达到 85%，与人工分级水平相当。

图 8-20　烟叶 RGB 图像(a)和采用高斯拉普拉斯算子得到的边缘图像(b)(Zhang 等，2011)

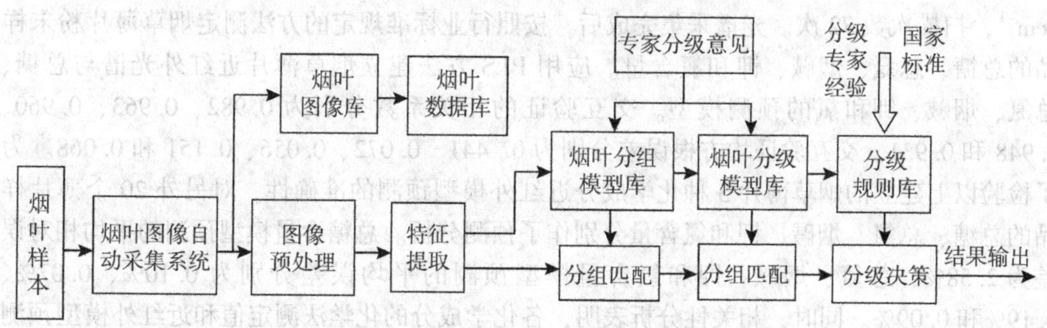

图 8-21　烤烟烟叶智能分级系统(韩力群等，2008)

庄珍珍等(2016)搭建了以工业相机为核心的烟叶图像采集和分组系统。实验以福建三明产区的 K326 烤烟为研究对象，选取除完熟组以外的 7 个主组共 78 片样本并获取对应的烟叶图像。采用中值滤波去除图像噪声，扣除背景后，提取烟叶的长度、宽度和伸缩度 3 个叶形参数，计算叶面积表征叶片大小。在 HSI 颜色空间模型中，选用较稳定的色调 H 和饱和度 S 表征烟叶的色度作为烟叶分组的依据。烟叶分组过程是综合各个分组因素后的一个整体评判过程，将上述提取得到的叶片形状和颜色特征，利用模糊综合评判方法完成烟叶分组。整体评判思路是将由多种因素组成的评判目标看成一个模糊集合(称为因素集 X)，建立影响因素矩阵 X；然后分别计算各单一因素对各个评判等级的隶属度(称为隶属度模糊矩阵 R)；再确定各个因素在评判目标中的权重分配(称为权重模糊矩阵 E)；最后由最大隶属度原则求出评判结果。依据上述分析流程开发了基于机器视觉的烟叶分组软件系统，经验证，分组实验的正确率为 91.3%，已经达到了人工分组水平，该研究为烟叶进一步精准化分级奠定了基础。

8.2.2　烟叶内部品质检测

烟草中常用的理化和烟气指标对烟草制品的配方设计和质量监控有着非常重要的作用。烟草作为天然生长的植物，含有大量对近红外光谱比较敏感的 C—H、O—H、N—H 等基团。因此，近红外光谱技术在烟草化学成分、重要致香成分、物理特性、烟气成分、无机元素等方面的定量检测及对烟草品种、产地的定性判别中均得到了广泛应用(李瑞丽等，2013)。还原糖、总糖、总氮和烟碱通常是衡量烟叶品质的重要指标，烟草企业在完成烟叶切丝工艺时需要对大量烟丝样品进行上述指标的快速定量分析，以保证生产过程中卷烟质量的稳定。

以烟草粉末样品的近红外光谱分析为例，段焰青等(2007)利用近红外光谱技术探讨了烟草薄片中的总糖、总氮、烟碱、钾和氯含量的快速检测。首先将 250 个烟草薄片在 40℃烘箱中干燥 3h，取出后，冷却至室温(20±2℃)，再用旋风磨粉碎，取约 6g 薄片粉末，置于 5cm 石英杯中，用压样器轻轻压平杯中样品后，放到光谱仪旋转台上扫描。所用光谱仪为 Antaris 傅里叶变换光谱仪，扫描范围设置为 4000～10000cm^{-1}，分辨率为 8cm^{-1}，扫描次数 72 次。光谱采集完成后，按照行业标准规定的方法测定烟草薄片粉末样品的总糖、总氮、烟碱、钾和氯含量。应用 PLS 方法建立烟草薄片近红外光谱与总糖、总氮、烟碱、钾和氯的预测模型。交互验证的相关系数分别为 0.982、0.963、0.960、0.948 和 0.931，交互验证均方根误差分别为 0. 441、0.072、0.056、0.151 和 0.068。为了检验以上建立的烟草薄片 5 种化学成分近红外模型预测的准确性，对另外 20 个薄片样品的总糖、总氮、烟碱、钾和氯含量分别作了预测分析。总糖含量模型预测的平均相对误差为 2.58%，总氮、烟碱、钾和氯含量模型预测的平均误差分别为 0.10%、0.07%、0.19%和 0.09%。同时，相关性分析表明，各化学成分的化学法测定值和近红外模型预测值的相关性均达到极显著水平，行业标准规定检测和近红外光谱检测两种方法得到的结果没有显著性差异。以上指标分析结果表明所开发的近红外光谱分析模型对烟草薄片组分含量预测具有良好的性能。

除了上述常规化学成分检测指标外，烟草中的 pH 值、多酚、色素、淀粉、有机酸、石油醚提取物等都可以用近红外光谱分析方法进行快速定量测定。多酚类物质是烟草中重要的香气产生物之一，烟草的色、香、味均受其含量的影响，其中绿原酸和芸香苷是烟草中主要的多酚物质。冷红琼等(2013)开展了烟叶中绿原酸、芸香苷、莨菪亭和总多酚的近红外光谱分析方法研究。采用 Antaris 傅里叶变换近红外光谱仪，选择带 InGaAs 检测器的积分球漫反射分析模块。分辨率设置为 8cm^{-1}，扫描次数 72 次。实验将 200 个烟草样品经旋风磨粉碎，制成不低于 40 目的均匀粉末。将样品均匀填充到石英杯至 3～4mm 处，用压样器轻压至平，当样品放入旋转台上后，设置好样品名称及其采样次数，先进行样品的背景光谱扫描，再采集光谱图，每个样品测定 2 次，取其平均值。图 8-22 所示为样本近红外漫反射光谱图。在全谱范围内，样品在不同的波长处有不同的吸收峰，特别是在 7500～4000cm^{-1}之间，随成分含量变化明显。因此，在建模过程中选择 7500～4000cm^{-1}进行分析。通过比较不同光谱预处理算法，发现一阶导数结合 Norris 导数滤波、二阶导数结合 Norris 平滑滤波预处理效果相对较好。

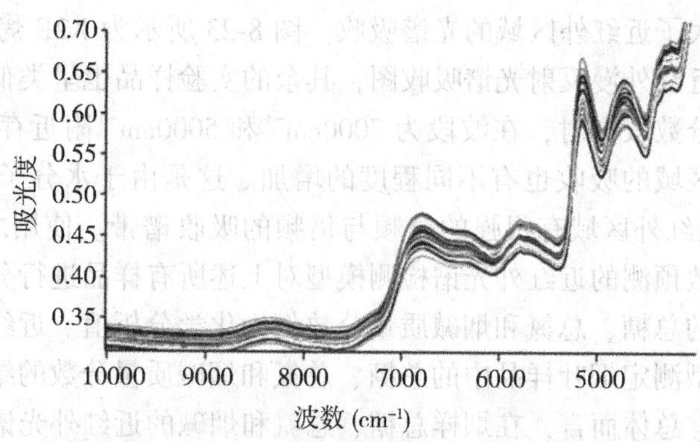

图 8-22　烟叶傅里叶光谱曲线(冷红琼等，2013)

该研究随机抽取 20 个样品作为验证集，其余 180 个样品作为校正集。采用内部交叉验证 PLS 算法，基于 7500～4000cm^{-1}谱段进行建模分析。分析结果显示，对绿原酸、芸香苷、莨菪亭及总多酚预测的交互验证相关系数均大于 0.9，RMSECV 分别为 1.938、1.046、0.047 和 2.745，对于 20 个验证集，其预测相关系数分别为 0.979、0.967、0.884、0.958，对应的预测均方根误差分别为 1.09、0.703、0.033 和 1.92。研究结果表明，近红外光谱分析技术可应用于烟草中的化学成分绿原酸、芸香苷、莨菪亭及总多酚的快速测定，并能满足生产现场质检质控的需求。

总体来说，近红外光谱分析是一种借助数学模型的分析方法，如何在复杂、重叠、变动背景下从光谱数据中提取待测组分的微弱信息，这是近红外光谱分析困难的根源，同时也是烟草企业近红外建模无法成功推广的一个原因(秦玉华，2014)。在烟叶品质检测方面，也有一些研究人员探讨了烟叶样本的粒度、温度等因素对烟叶内部品质近红外光谱检测的影响。

段焰青等(2006)以烟草粉末样品的近红外光谱分析为例，研究了不同样品粒度和不同分辨率下采集的烤烟烟叶样品的傅里叶光谱对建立的烟碱含量预测模型的影响。结果显示，样品粒度对预测模型有较大影响，细粉末烟叶样品所建的模型在各项评价指标上均较粗粉末样品所建模型好，且实际预测准确性高，因此建议烟叶粉末样品先过 0.441mm 以下的筛子后再进行光谱采集。同时，分别以 2、4、8、16、32、64(单位：cm^{-1})分辨率扫描的烟叶粉末样品光谱对预测模型的影响也非常明显，高分辨率扫描样品所建的模型在各评价指标上均比低分辨率扫描所建的模型好，预测准确性高，但综合考虑扫描时间和光谱文件大小等因素，以分辨率为 8cm^{-1}扫描的光谱最能满足实际建模的需要。同时，以 2 个 K326 品种的烤烟烟叶样品(分别为 B1F 和 X2F 等级)和 2 个 TN86 品种的白肋烟烟叶样品(分别为中二和中五等级)为研究对象，探讨了样品的湿度对烟叶内部总糖、总氮和烟碱近红外光谱检测的影响(段焰青等，2005)。所有样品在 40℃下干燥约 3h(至可用手捻碎，此时水分含量为 6%～8%)，取出冷却至室温(20±2℃)，用旋风磨粉碎成烟叶粉末。将所有样品放入 25℃，80%的恒温恒湿箱中平衡 48h，使其充分吸收水分，再将每个样品分成

9 份，每份均放到 40℃烘箱中分别加热干燥 0、0.5、1、1.5、2、2.5、3、3.5、4(单位：h)，形成不同水分质量分数梯度的样品。实验表明，无论是烤烟还是白肋烟，其水分质量分数的增加均增大了近红外区域的光谱吸收。图 8-23 所示为 X2F 烤烟样品在几个不同水分质量分数下的近红外漫反射光谱吸收图，其余的实验样品也呈类似规律。从图上可看出，样品水分质量分数较高时，在波段为 7000cm^{-1} 和 5000cm^{-1} 附近存在有非常明显的吸收峰，且其它波数区域的吸收也有不同程度的增加。这是由于水分子中含有极性很强的 H—O 基，造成在近红外区域有很强的合频与倍频的吸收谱带。使用之前建立好的总糖、总氮和烟碱质量分数预测的近红外光谱检测模型对上述所有样品进行分析，使用连续流动分析仪测定各样品的总糖、总氮和烟碱质量分数作为化学分析值。近红外光谱预测结果显示，应用近红外模型测定烟叶样品中的总糖、总氮和烟碱质量分数的结果明显受到样品水分质量分数的影响。总体而言，在烟样总糖、总氮和烟碱的近红外光谱分析过程中，水分质量分数的变化直接影响后续测定的结果。进一步研究发现，当烟样水分质量分数大于 10% 时，烟样水分质量分数差异所造成的测定误差随样品水分质量分数的降低而减小。当样品水分质量分数小于 10% 时，样品水分的差异所造成的总糖、总氮和烟碱的近红外测定误差很小，可忽略不计。

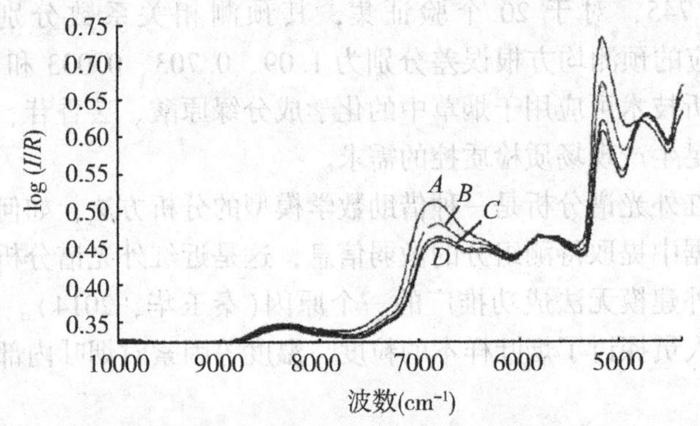

A: $w(H_2O)$ 为26.32%; B: $w(H_2O)$ 为15.69%;
C: $w(H_2O)$ 为8.76%; D: $w(H_2O)$ 为5.09%;

图 8-23　不同水分含量的烟叶对应的近红外光谱曲线(段焰青等，2005)

王冬等(2013)研究了温度对烟草总植物碱近红外定量分析模型的影响。实验将 197 份烤烟样品置于恒温箱内，调至所需温度(分别为 20℃、25℃、30℃、35℃)，恒温 3h。将样品取出后置于直径 5cm 的石英杯中，放入用保温材料做成的近红外光谱仪样品仓中，保持样品温度分别在 20℃、25℃、30℃、35℃下采集近红外光谱。近红外光谱采集采用 Spectrum One NTS 傅里叶变换近红外光谱仪，波数范围设置为 10000～4000cm^{-1}，波数分辨率为 8cm^{-1}，扫描次数 64 次。按浓度梯度选取 40 个样品作为外部验证集；再按浓度梯度从剩余的 157 个样品中选出 39 个样品作为验证集，其它样品作为校正集。采用偏最小二乘算法结合不同预处理算法建立校正模型。为了研究样品温度对近红外定量分析模型的影响，在分别建立 4 个温度模型的基础上，同时探索建立混合温度校正模型，该模型的校正集包含了4个单一温度模型校正集的所有样品。上述分析结果显示，对于低温样品，用低温模型预测样品中的总植物碱的含量会得到较准确的预测结果；对于高温样品，用高温模型预测样品中的总植物碱的含量会得到较准确的预测结果。20℃采集的光谱所建模型的预测稳定性较好，即在较低温度下采集烟草光谱，有利于建立精确度更高的模型。从各模型预测结果看，混合温度校正模型由于包含了各种温度的样品，具有温度校正能力，因此具有较好的适应性。

尼古丁对人体产生毒副作用，最大的危害是吸食它会产生依赖性，以致成瘾，其燃烧后大部分变成去甲烟碱亚硝胺，是一种强烈的致癌物质。在烟草行业中，尼古丁是影响卷烟口感的主要因素之一。郭志明等(2012)为提高近红外光谱快速检测烟草尼古丁含量的精度和稳定性，采用近红外光谱结合遗传算法-最小二乘支持向量回归(GA-LSSVM)建立了预测模型。实验首先获取烟草的傅里叶变换光谱，如图8-24(a)所示，由于光谱参数和尼古丁的化学值存在一定的非线性关系，研究提出基于自适应遗传算法的LSSVR参数优选方法，从而确保LSSVR参数选择的准确性，以提高烟草尼古丁含量模型的预测精度。经遗传训练后，最优的GA-LSSVR模型中，正则化参数γ为69.52，核函数参数σ^2为5.57。烟草尼古丁含量GA-LSSVR模型的预测结果如图8-24(b)所示。训练集样本预测值与实测值之间的决定系数R^2为0.9837，交叉验证的均方根误差RMSECV为0.0821；验证集样本预测值与实测值之间的决定系数R^2为0.9766，预测均方根误差RMSEP为0.1065。

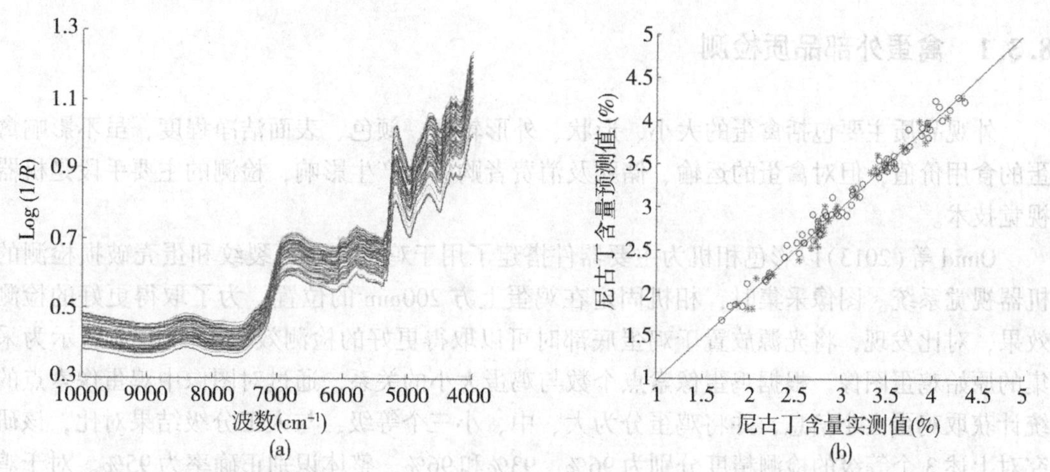

图8-24 烟草傅里叶光谱(a)和尼古丁测量值与预测值散点图(b)(郭志明等，2012)

8.3 禽蛋品质检测

我国是世界第一禽蛋生产大国，禽蛋产业不但在我国农业经济中占有重要地位，而且是关系国计民生和社会稳定的重要产业(李敏等，2017)。禽蛋以其营养高、口味美而受到人们的喜爱，作为一种最常见动物性蛋白食品，它与人们的日常饮食密不可分。近年来，随着蛋品生产的规模化和产业化，人们对优质蛋品和放心蛋品的要求也越来越高。由中华人民共和国商务部发布的中华人民共和国国内贸易行业标准 SB/T 10638—2011 对禽蛋的外部和内部品质做了明确分级要求。具体指标如表 8-1 所示。除了表 8-1 检测指标外，在孵化蛋成活性的检测以及大小的自动分级等方面也有相关报道。

表 8-1　**鲜鸡蛋和鲜鸭蛋的品质分级要求**

项目	指　标		
	AA 级	A 级	B 级
蛋壳	清洁、完整，呈规则卵圆形，具有蛋壳固有的光泽，表面无肉眼可见污物		
蛋白	黏稠、透明，浓蛋白、稀蛋白清晰可辨	较黏稠、透明，浓蛋白、稀蛋白清晰可辨	较黏稠、透明
蛋黄	居中，轮廓清晰，胚胎未发育	居中或稍偏，轮廓清晰，胚胎未发育	居中或稍偏，轮廓较清晰，胚胎未发育
异物	蛋内容物中无血斑、肉斑等异物		
哈夫单位	≥72	≥60	≥55

8.3.1　禽蛋外部品质检测

外观品质主要包括禽蛋的大小、形状、外形轮廓、颜色、表面洁净程度，虽不影响禽蛋的食用价值，但对禽蛋的运输、储藏及消费者购买欲产生影响，检测的主要手段是机器视觉技术。

Omid 等(2013)以彩色相机为主要器件搭建了用于鸡蛋大小、裂纹和蛋壳破损检测的机器视觉系统。图像采集时，相机固定在鸡蛋上方 200mm 的位置，为了取得更好的检测效果，对比发现，将光源放置于鸡蛋底部时可以取得更好的检测效果。图 8-25 所示为采集的原始鸡蛋图像。根据鸡蛋像素点个数与鸡蛋大小的关系，通过对图像中鸡蛋像素点的统计获取鸡蛋大小信息，并将鸡蛋分为大、中、小三个等级，与人工分级结果对比，该研究对上述 3 个等级的检测精度分别为 96%、93%和 96%，整体识别正确率为 95%。对于鸡蛋裂纹检测，该研究首先将鸡蛋原始图像转换成灰度图像，由于蛋壳边缘与蛋壳的裂纹在鸡蛋灰度图像上没有显著差异，该研究进一步通过拉普拉斯高斯算子和阈值对蛋壳边缘进行识别并剔除，进而实现对裂纹的检测。通过对 400 个鸡蛋(完好、轻度裂纹、中度裂纹、重度裂纹各 100 个)进行检测，该算法对上述 4 类样本的识别正确率分别为 98%、92%、97%和 91%。裂纹的整体识别准确率为 94.5%。除裂纹检测，该算法对于鸡蛋外壳破损的识别率更高，达到 98%。

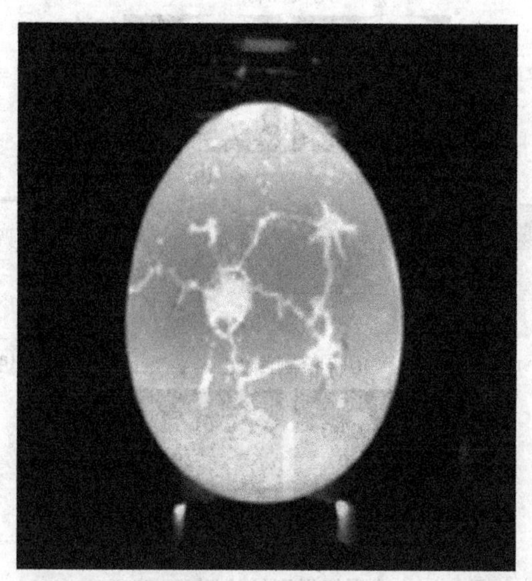

图 8-25 鸡蛋透视图像获取(Omid 等, 2013)

饶秀勤等(2007)尝试以鸡蛋的外形几何特征为基础, 对鸡蛋的重量进行预测。实验采集鸡蛋图像, 并将 HIS 颜色空间的 H 分量用于鸡蛋图像的阈值分割, 然后用拉普拉斯算子提取出鸡蛋边缘, 从鸡蛋边缘分别提取纵径、横径、上横径和下横径等 4 个鸡蛋外形几何特征, 用于建立鸡蛋重量检测的回归模型。结果表明, 该回归模型的相关系数 R 为 0.988。为了测试验证回归模型的可靠性, 20 个鸡蛋样本作为测试集, 测试结果表明, 鸡蛋重量检测的绝对误差均在±3g 以内, 能满足检测精度的要求。

Li 等(2012)利用机器视觉技术对鸡蛋的轻微裂纹进行了检测。该系统主要由成像系统和真空室构成。成像系统由 768×576 像素的 CCD 相机和配套的 35mm 镜头组成。相机放置于鸡蛋上方 40cm 的位置。由于微小的裂纹难以用肉眼直接观察, 该研究将鸡蛋放置于真空环境中, 通过调整真空泵将真空室的压强调整, 经过反复试验, 将真空室压强调整到 18kPa 时可以使存在的微小裂纹增大和破裂。将待测鸡蛋放置于真空室, 采集正常气压条件下的图像, 完成后利用真空泵将真空室气压调至 18kPa, 采集此时的图像, 即同一样本采集两幅不同气压条件下的图像。图 8-26 中标记为(a)的图像为正常气压下采集到的图像, 标记为(b)的图像为同一样本在 18kPa 气压下采集到的图像。首先, 对采集到的鸡蛋灰度图像, 采用大津法(OTSU)获取最佳阈值用于背景图像的分割, 得到二值图像, 并进行开运算与闭运算去除二值图像中的噪声, 得到图中的掩模图像。同时, 采用 Sobel 边界检测算法对采集到的鸡蛋灰度图像的边界进行检测, 得到边缘检测图像。通过该步骤, 微小的裂纹在图像上已经可以清晰辨别。将掩模图像和边缘检测图像进行合并, 并去除边界得到最终的结果图像。但最终的结果图像仍然受到噪声影响, 图像上仍然存在噪点。通过比较分析, 当结果图像(b)中的黑色像素点与对应的图像(a)中的像素点相差大于 30 时, 则认为该蛋为裂纹蛋, 否则为完好的蛋。该检测方法可以不受鸡蛋表面污渍及鸡蛋大小、形状和颜色的干扰。该方法对裂纹检测的正确率为 100%。

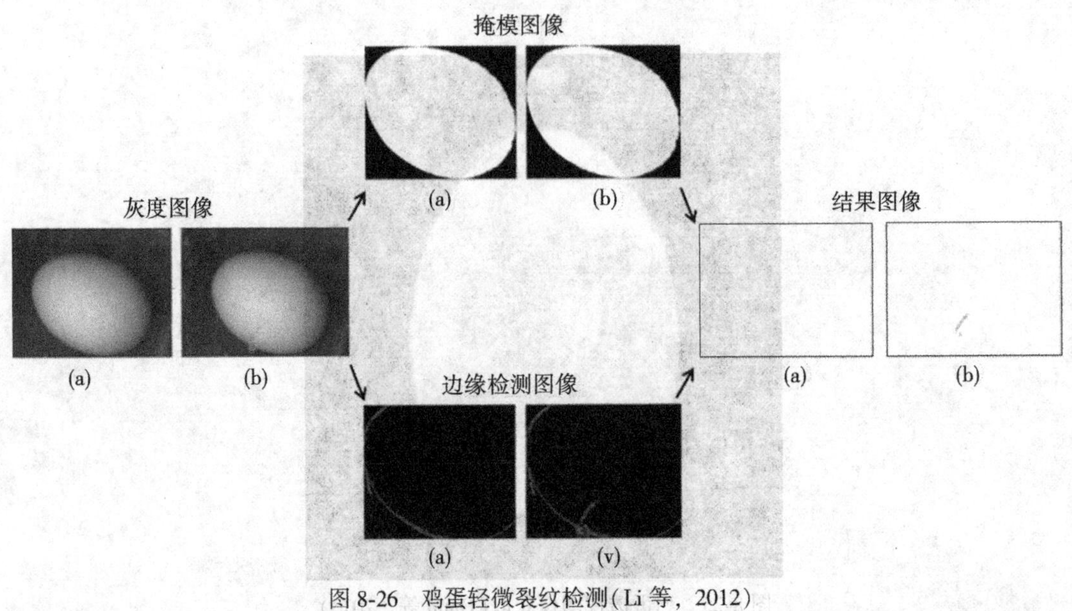

图 8-26　鸡蛋轻微裂纹检测(Li 等，2012)

8.3.2　禽蛋内部品质检测

禽蛋的内部品质检测主要是针对新鲜度的检测。禽蛋新鲜度的主要检测指标包括气室的大小(高度)、蛋黄哈夫值、蛋黄指数、贮藏时间等。由于透射光谱可以透过整个鸡蛋，因此，在鸡蛋内部品质检测中，透射光谱的使用更为广泛。

Coronel-Reyes 等(2018)使用手持式微型光谱仪(SCiO)检测禽蛋的新鲜度，用贮藏天数作为新鲜度的预测指标。实验在鸡蛋大头一方获取 33 个禽蛋连续 22 天 740~1070nm 的光谱信息。因此，共采集 660 条光谱信息。整个试验过程环境温度为 23±1℃，相对湿度为 90± 2%。分析光谱发现，随着时间的推移，鸡蛋的光谱反射率呈现逐渐增大的趋势，且在第 1 天到第 7 天，第 14 天到第 21 天，光谱的变化比较明显。比较了原始光谱、SG 平滑、SNV、MSC、一阶导数、二阶导数等预处理方法，以及 PLS 回归和多层感知机人工神经网络两种建模方法。同时，根据计算每个波长变量与贮藏天数的相关关系，设定阈值来选取与贮藏天数相关性强的波长变量作为特征光谱变量。利用该方法，确定了用于鸡蛋储藏时间预测的 48 个特征波长。通过对建模参数优化，确定了经 SG 平滑处理后的 48 个特征波长建立的具有 10 个隐含层的多层感知机人工神经网络为贮藏天数预测的最优模型。利用独立验证集 66 个样品对该模型进行验证，得到决定系数 R^2 为 0. 873，预测均方根误差 RMSEP 为 1. 97 天。

Zhang 等(2015)应用高光谱成像系统同时对鸡蛋的新鲜度、内部气室损伤、蛋黄等内部品质进行检测。高光谱成像系统主要包括 CCD 相机，成像光谱仪，光源和位移平台。鸡蛋存放在 20℃，相对湿度为 50%的环境中 0d(天)、7d、14d、21d、28d 和 42d。第一组样本用于鸡蛋新鲜度的预测，另外两组样本用于研究内部气泡检测和杂散蛋黄检测。利用高光谱成像系统采集 380~1100nm 波段范围的鸡蛋样本的透射高光谱图像。对于第一组样本，高光谱图像采集完成后，对单个样本的重量(W)进行测量，接着将鸡蛋样本打破用游标卡尺测量浓蛋白(thick albumen)的高度(H)。并根据公式(8-1)，计算该样本的哈夫单位 HU。哈夫单位是用来测量鸡蛋新鲜度的重要标准。

$$\mathrm{HU} = 100 \times \log_{10}(H - 1.7W^{0.37} + 7.6) \tag{8-1}$$

对于第二组和第三组样本，将鸡蛋打破后，观察其气室和蛋黄是否完好。

对于 HU 的预测，在鸡蛋高光谱图像中的赤道部位选取 70×70 像素的感兴趣区域，提取感兴趣区域的平均光谱作为该样本的光谱信息。根据提取的光谱信息，建立用于 HU 预测的 PLS 和 SVM 模型。并借助 SPA 算法，从全波段范围内优选出 15 个特征波长，即 632、654、671、680、684、697、707、712、724、762、780 和 796(单位：nm)①。进一步建立基于特征波长的 HU 预测模型，结果显示，基于 15 个特征波长的 SVM 模型取得了最好的预测结果。对校正集、交互验证集和预测集的相关系数分别为 0.89、0.87 和 0.87，均方根误差分别为 3.50、3.95 和 4.01。并尝试根据 HU 值将鸡蛋样本分为 AA(HU>72)、A(HU 60~72)和 B(HU<60)三个等级，利用 HU 预测值对样本进行划分，预测集样本的整体分类正确率为 84.0%。

对于内部气室损伤检测，将黑白校正后的高光谱图像进行 PCA 处理，选取 PC1 和 PC2 两个主成分图像，利用灰度共生矩阵方法分别从两个主成分图像中提取 4 个方向(0°、45°、90°、135°)的熵、对比度、相关性、均匀性和能量 5 个纹理特征，即在每个方向下共提取 10 个纹理特征。针对每个方向，建立基于所选纹理特征的气室损伤的 SVM 判别模型，结果显示，当方向为 90°时预测集分类正确率最高，达到 90%。该研究进一步提出利用形态学特征方法检测分散的蛋黄，如图 8-27 所示。对经黑白校正的高光谱图像进行 RGB 图像的合成，掩模处理后将 RGB 空间转换到 HSV 空间，采用自适应阈值化函数(adaptive threshold method)对蛋黄进行识别，为了消除鸡蛋大小对检测结果的影响，将蛋黄的像素数与整个鸡蛋像素数的比值作为最后用于检测分散蛋黄的形态学特征。该方法对预测集样本蛋黄是否分散的判别率为 96.3%。

8.3.3 孵化蛋成活性检测

种蛋孵化率的高低是影响养殖业经济效益的一个重要因素，而种蛋受精率的高低在很大程度上决定了孵化率的高低。孵化前识别种蛋中的受精信息，剔除无精蛋是种蛋孵化业亟待解决的难题之一。Islam 等(2017)利用鸡蛋的透射光谱信息对种蛋中的无精蛋和受精蛋进行检测。该检测平台主要包括光源、光谱仪和支撑台，如图 8-28 所示。

① 大部分波长处于 570~750nm 范围以内。

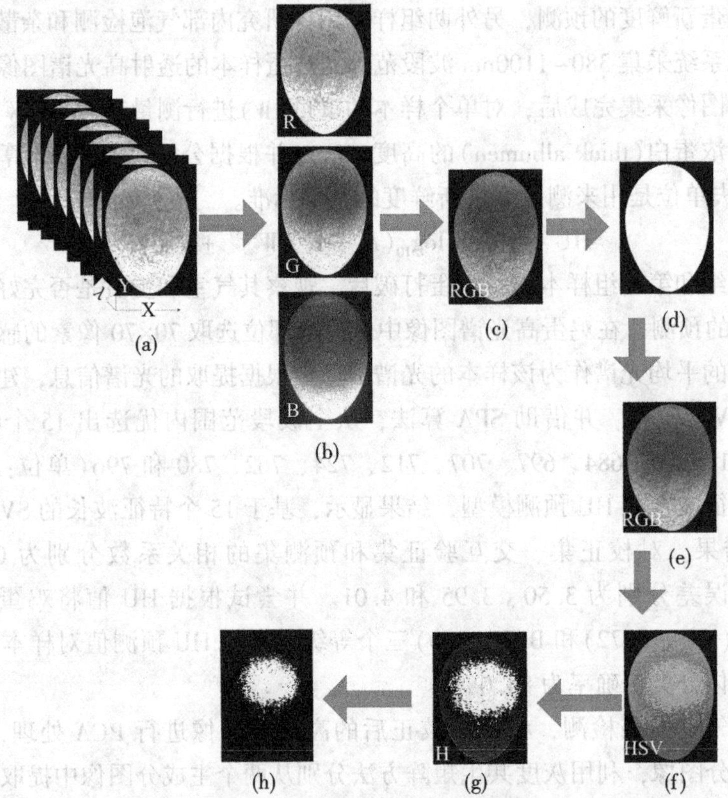

图 8-27　基于高光谱成像技术的分散蛋黄检测(Zhang 等，2015)

图 8-28　鸡蛋透射光谱采集平台(Islam 等，2017)

为了减小鸡蛋表面颜色对检测结果的影响，选用颜色一致的样品进行研究。将种蛋放入孵化器前利用上述透射光谱采集系统采集所有样本的光谱信息。放入孵化器后，每隔一个小时对样品翻转 90°，在孵化器中共 144h 的时间范围内，每隔 24h 采集 1 次光谱信息(500~750nm)。孵化完成后，将鸡蛋破壳观察其是否为受精蛋，如图 8-29 所示。由于鸡蛋在孵化 96h 后即可判断否为受精蛋，且受精蛋和非受精蛋的光谱在 96h 后已经出现差异，因此后续的光谱分析采用了孵化 96h 后采集的透射光谱。采用 K 均值聚类分析、LDA、SVM 三种分类判别方法对上述光谱数据及其对应的类别进行分析。结果显示，三种分类器对受精蛋和非受精蛋的分类正确率分别为 97%、100%和 100%。结果显示，通过种蛋的透射光谱信息，可以较为准确地判别非受精蛋和受精蛋。

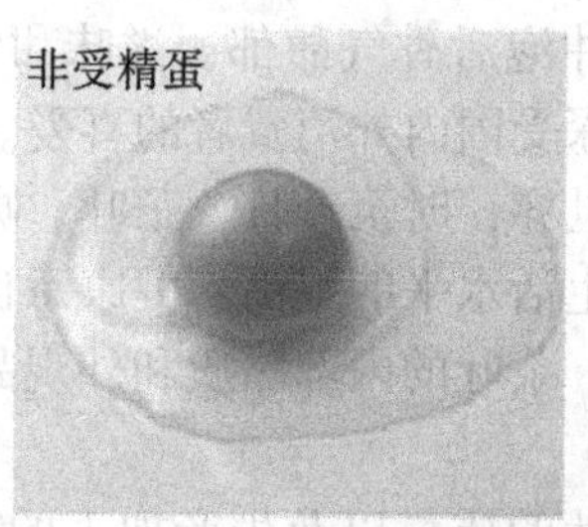

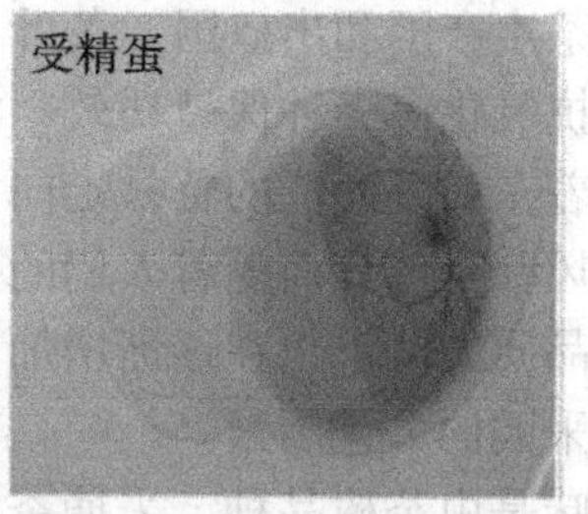

图 8-29　非受精蛋和受精蛋(Islam 等，2017)

祝志慧等(2015)搭建了透射高光谱图像采集系统，用于判定种蛋是否为受精蛋。高光谱图像采集完成后，将其送入温度为 38.5℃，相对湿度为 65%的孵化箱孵化，采取大头朝上的竖放方式放置。孵化 5d 后，用照蛋器人工照蛋判断受精蛋和无精蛋的实际类别。针对该研究，首先是基于图像特征分析，计算种蛋图像的长轴、短轴、宽度和高度，通过统计图像边缘所围区域内像素分别计算整蛋面积 S 和蛋黄面积 $S1$，统计图像边缘轮廓的像素和来计算周长 L。在此基础上提取种蛋图像的长短轴之比、伸长度、圆度、蛋黄面积与整蛋面积之比 4 个特征作为图像特征。基于上述图像特征，建立支持向量机(SVM)和相关向量机(RVM)分类判别模型，判别正确率分别为 84%和 90%。其次是基于光谱特征的分析，从种蛋图像中部选取 100×100 像素区域作为感兴趣区域，计算其平均光谱信息。将范围 400~1000nm 的光谱分为可见光(400~760nm)、近红外(760~1000nm)和全波段(400~1000nm)3 个不同光谱范围，并运用多元散射校正(MSC)、变量标准化(normalize)、标准正态变量变换(SNV)、一阶导数(FD)+MSC，normalize+FD 和 SNV+FD 等不同预处理方法对光谱进行预处理，然后采用 SVM 和 RVM 对孵化前的受精蛋和无精蛋建立定性判别模型。结果发现，经 Normalize 预处理后波段范围为 400~760nm 的可见光波段的建模结果最好。进一步，为了简化模型，提高模型的预测能力及稳健性，采用相关系数法筛选出了有效的光谱变量。相关系数法是根据校正集光谱矩阵中每个波长对应的高光谱透射率与种蛋待测组分目标向量的相关系数选取特征波长的方法，相关系数越大，其对应的波长所含有效信息越多。基于 Normalize 预处理后的光谱，利用相关系数法筛选出 155 个有效波段并构建了 SVM 和 RVM 模型，分类正确率分别为 90%和 91%。为充分发挥高光谱图像图谱合一的优势，将从高光谱图像数据中提取的图像特征变量与光谱特征变量信息进行融合，采用主成分分析方法将融合信息(包括 4 个图像特征与 155 个光谱特征)进行降维处理，取前 6 个主成分分别建立 SVM 和 RVM 模型，分类正确率分别为 93%和 96%，结果表明，融合光谱和图像特征的分类结果优于仅通过光谱信息或图像特征建立的模型，且 RVM 模型的分类结果好于 SVM 模型。

8.4　茶叶质量检测

茶叶在中国农业生产中占有重要地位。当前世界上有 50 多个国家和地区种茶，饮茶风尚遍及全球。我国是世界上乌龙茶、白茶、黄茶、黑茶等特种茶的生产国和出口国，也是世界上最大的绿茶生产国和出口国。茶叶冲泡后香气馥郁、滋味甜鲜，而又具有抗炎、降血脂、防辐射、抗氧化等多种保健功效，深受国内外消费者的喜爱。长久以来，中国的茶和茶文化就伴随着东西方商贾的贸易走向世界，时至今日，茶叶、咖啡、可可成为世界三大无酒精饮料，风靡全球。而随着人们的生活水平的提高、健康意识增强以及茶文化的兴起，人们对茶叶品质的需求也在逐渐增加。茶叶的内部品质和外观品相是直接决定消费者对茶叶是否进行采购的关键因素。

茶叶的天然风味是由茶树品种、采摘茶叶的质量以及生产加工的方式和质量决定的。其中，茶叶的加工过程对于茶叶风味及茶叶品质来讲至关重要。茶叶的加工过程主要包括：杀青、揉捻、干燥、发酵等。茶叶依据发酵程度不同，由浅而深分别为绿茶、白茶、黄茶、乌龙茶(青茶)、红茶、黑茶。不同茶叶的加工工序也不相同，图 8-30 总结了不同茶叶的加工工序。不同的加工工序不仅影响茶叶的颜色、形状、纹理等外观品质，还影响茶叶的内部化学或营养成分，例如氨基酸含量、咖啡因含量、茶多酚含量等。

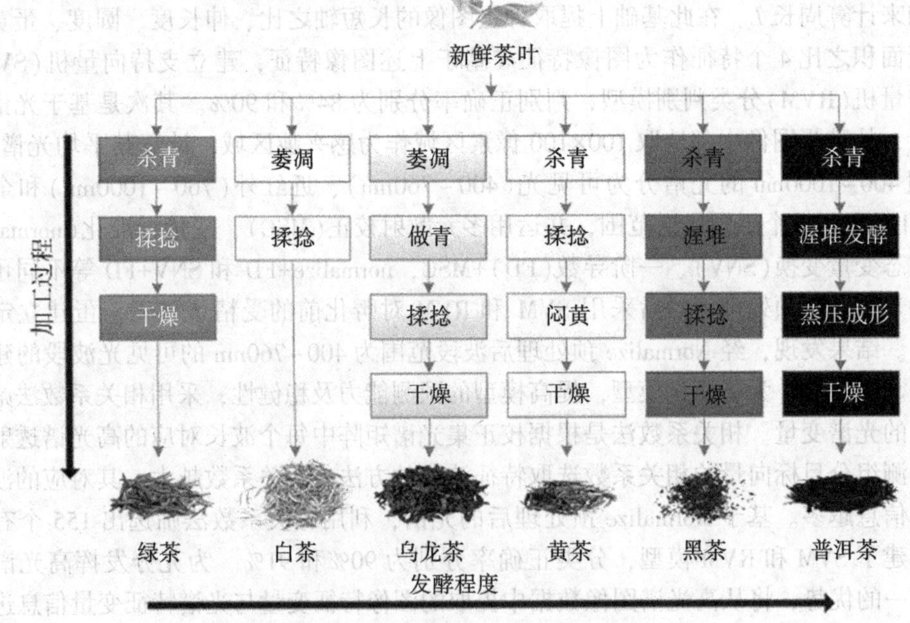

图 8-30　不同茶叶的加工过程

虽然中国是世界上主要茶叶生产国、出口国，但仍然缺乏科学的茶叶品质检测和分级技术。目前，国内普遍采用感官审评定级方法检测茶叶的外部品质(色泽和外形等)和理化分析方法分析茶叶的内部品质指标。感官评判是由训练有素的专业评审人员对茶叶的外观、香味和滋味等感官指标进行逐一评判来鉴别，但人感觉器官的灵敏度因受到经验、性别、精神状态、身体状况甚至地域环境等外界因素的干扰而改变，从而会影响评判结果的准确性(董春旺等，2017)，如人的嗅觉分辨力易受外界异味的干扰，人的味觉敏感度易受其它刺激性食物及温度的影响，人的视觉受到光照条件、视觉生理、视觉心理等诸多因素的影响。理化分析方法是利用化学分析的手段分析茶叶中的水分、灰分、茶多酚、咖啡因和自由氨基酸等多项理化指标来检测茶叶的品质。虽然理化分析方法的结果客观可信，但其步骤烦琐、检测时间长、检测费用高，不利于茶叶流通过程中的快速检测。近年来，无损检测技术在茶叶品质检测和鉴别上的应用得到了越来越多的关注。目前，茶叶的品质检测和分类鉴别所采用的无损检测方法主要有机器视觉技术、近红外光谱分析技术等。

8.4.1 茶叶外观品质检测

外观是茶叶品质最直接的体现，是评价茶叶品质的重要指标。茶叶的外观品质主要包括茶叶的颜色、形态和纹理等。目前，机器视觉和图像处理技术已经广泛应用于茶叶外观品质检测。

8.4.1.1 颜色评估

茶叶的颜色是判断茶叶嫩度及加工优劣的重要指标。不同种类的茶叶有不同的色泽要求，但好茶一般色泽一致、光泽明亮、油润鲜活。为了实现茶叶颜色的快速、客观描述，蔡健荣(2000)选择并改进了 HIS 颜色模型以提高机器视觉技术对茶叶色泽的检测精度。颜色有三种特性，即色调、亮度和饱和度，人眼可以根据这三种特性分辨不同的颜色。其中色调 H 用来描述颜色的特征，亮度 I 用来描述颜色明暗的感受，饱和度 S 用于描述颜色的纯度。使用颜色的理想模型来描述这三种特性的相互关系如图 8-31 所示。

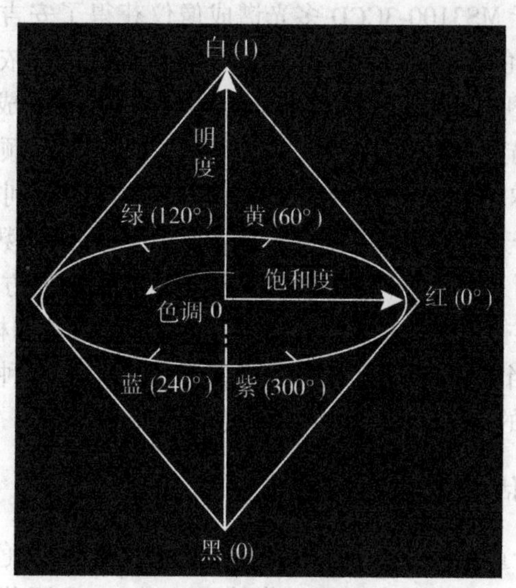

图 8-31 颜色的理想模型(蔡健荣，2000)

HIS 系统和测量值 R、G、B(红、绿、蓝三体)的关系为

$$I = \frac{R + G + B}{225 \times 3} \tag{8-2}$$

$$S = 1 - \frac{3\min(R, G, B)}{R + G + B} \tag{8-3}$$

$$H = \begin{cases} W, & B \leqslant G \\ 2\pi - W, & B > G \end{cases} \tag{8-4}$$

式中，

$$W = \arccos\left(\frac{2R - G - B}{2\sqrt{(R - G)^2 + (R - B)(G - B)}}\right) \tag{8-5}$$

由上式建立的 HIS 颜色系统能基本描述颜色的理想模型，但是也存在着很多缺点。故该研究吸取了其它颜色模型的优点，对颜色系统进行了改进(见式(8-6)和式(8-7))，使其在表达亮度和饱和度方面更加能够符合理想的颜色模型。

$$I = \frac{\max(R, G, B) + \min(R, G, B)}{510} \tag{8-6}$$

$$S = \begin{cases} \dfrac{\max(R, G, B) - \min(R, G, B)}{\max(R, G, B) + \min(R, G, B)}, & I \leqslant 0.5 \\ \dfrac{\max(R, G, B) - \min(R, G, B)}{510 - \max(R, G, B) - \min(R, G, B)}, & I > 0.5 \end{cases} \tag{8-7}$$

经过改进的颜色系统，能够较好地反映出人的视觉特点。为了检验改进颜色模型的客观性和可靠性，该研究进一步利用提出的颜色模型对自然存储条件下不同年份生产的龙井茶的茶叶色泽和汤色开展了定量评估和测量。研究结果表明，茶叶颜色随储藏时间的变化可以通过机器视觉系统进行客观准确地定量描述，且利用改进后的颜色模型描述茶叶色泽变化精确可靠。

陈孝敬等(2008)基于 MS3100-3CCD 多光谱成像仪获得了安吉白茶和金鸡春茗茶两种茶叶的近红外(NIR)、红色(R)和绿色(G)3 个波段的图像，并依据多光谱图像的颜色特征实现了两种近似颜色茶叶的分类。该研究提取了 3CCD 多光谱成像仪和普通数码相机各个波段图像颜色的像素偏方差值和平均值两个特征，并对两个颜色特征参数进行统计分析。由于 NIR 波段的图像对有机物的颜色比可见光更加敏感，利用多光谱图像的 NIR 图像所提供颜色信息能够分辨这两种颜色几乎一样的茶叶，而普通数码相机则无法提供信息进行识别。该研究还利用人工神经网络技术对 NIR 图像像素偏方差值和平均值这两个颜色参数进行建模，其中建模样本 40 个，每种茶叶为 20 个；预测样本 20 个，每种茶叶为 10 个。研究结果表明，当阈值为 0.3 时，BP 人工神经网络对两种茶叶的识别准确率可达到 100%，该研究为茶叶的分类提供了一种快速、无损的新方法。

8.4.1.2　纹理评估

纹理是茶叶中的一个重要特征。纹理能够反映一个区域中颜色随空间分布的属性，可用来描述物体表面的粗糙度和方向性(孙兴华等，2002)。我国茶叶种类繁多，不同品种

的茶叶具有独特的纹理。目前，研究学者已经在茶叶纹理的机器视觉检测方面开展了大量的研究。为了实现绿茶纹理特征的客观、快速、准确检测，李晓丽等(2009)利用3CCD成像系统采集了绿茶样本的红光、绿光和近红外3个通道的图像，结合灰度共生矩阵和纹理滤波的图像处理方法获得茶叶3个通道图像的纹理特征。基于图像的灰度共生矩阵，获取了茶叶的11种纹理特征参数，并基于纹理特征参数，训练了支持向量机分类模型对茶叶样本进行了识别分类。结果表明，该研究提出的方法可以描述不同类别茶叶的纹理参数，支持向量机分类模型具有较高的识别精度和稳定性。

8.4.1.3 形状评估

除颜色外，茶叶的形状也是影响茶叶外观品相的一个重要因素。通过形状参数分析，可以有效区分茶叶间的形状差异(汪建等，2008)。安徽六安瓜片新茶和陈茶颜色差异很小，很难通过人工辨别。新茶一般成长时间比较短，且整体形状小，多为幼芽芽叶；陈茶则采摘时间晚，生长时间长，整体形状比较大。针对这种难以通过颜色特征进行辨别分类的新茶和陈茶，高达睿等(2016)基于FPGA硬件开发了图像处理算法，并结合数学分析，建立了多种关键形状特征参数的数学模型，利用Matlab模拟安徽六安瓜片3种不同等级茶叶的分选过程，识别分选率达90%以上。为了实现4种不同茶叶分类，李晓丽等(2009)利用图像处理技术提取了茶叶多光谱图像的18个外形特征参数，并采用多类逐步分析方法进行特征优化并建立区分模型。研究结果表明，该方法具有较高的分类效果，可以实现不同茶叶的精确分类。

8.4.2 茶叶内部品质检测

8.4.2.1 茶多酚检测

茶多酚是茶叶中的多酚类物质，是指茶叶中能与亚铁离子形成紫蓝色络合物的物质，其主要成分为儿茶素。茶多酚是茶叶中最精华的部分，是形成茶叶色香味的主要成分之一，同时也是茶叶中具有保健功能的主要成分之一(戴永强等，2008)。此外，茶多酚还具有解毒和抗辐射作用，对胃癌、肠癌等多种癌症的预防和辅助治疗均有益处。

为了实现茶叶茶多酚含量的准确测定，基于近红外光谱技术，刘辉军等(2007)研究了茶叶中茶多酚含量与样品在4000~10000cm^{-1}范围的漫反射光谱之间的定量关系，并基于不同的光谱区间组合和非线性偏最小二乘法建立了茶叶茶多酚含量近红外预测模型。研究发现基于波段5000~5960cm^{-1}和6140~7140cm^{-1}范围的组合区间光谱可以建立高精度的茶叶茶多酚含量近红外预测模型，预测模型的相关系数 r 为0.967，均方根误差RMSE为2.008。该研究的思路、方法和结果对近红外光谱技术在茶叶茶多酚含量的快速无损检测研究和应用领域具有较强的参考价值。

林新等(2009)采用NIR Systems 6500和InfraXact Lab型近红外仪分别对158份绿茶未粉碎品和粉碎样品进行光谱扫描，利用正交试验设计，分别采用主成分回归(PCR)、偏最小二乘法(PLS)和改进偏最小二乘法(MPLS)3种回归建模方法在全谱范围对绿茶中茶多酚含量建立定量预测模型。为了消除高频随机噪音、基线漂移和样品不均匀等影响，该研究对原始光谱分别进行了不同的光谱预处理，并建立了绿茶茶多酚近红外光谱定量检测模型。研究同时利用目标函数法评定了模型的预测性能，并验证了最优模型的适用性。研究结果表明，采用正交试验能够综合评估不同校正方法和预处理方法对近红外预测模型的影响，利用近红外光谱分析法能够实现绿茶中茶多酚含量的定量检测，且所建立的最优模型具有很好的预测准确性和适用性。

8.4.2.2　氨基酸检测

氨基酸是形成茶叶风味的重要组成部分，其中，茶氨酸为茶叶中特有的一种氨基酸，其含量直接影响茶叶的风味，通常认为茶氨酸是茶叶的滋味(甜味)成分。因此，茶叶中氨基酸的检测对于优化风味、确保品质非常必要。当前，茶叶中氨基酸含量测定主要采用比色法、氨基酸分析仪和高效液相色谱法(HPLC)(徐茂等，2010)。但这些方法成本高、预处理复杂，无法实现茶叶氨基酸的快速无损检测。

为实现祁门红茶加工过程中氨基酸和儿茶素含量的快速测定，宁井铭等(2015)以鲜叶、萎凋叶、揉捻叶、发酵叶和干燥后毛茶为原料，基于近红外光谱数据建立了红茶氨基酸和儿茶素含量近红外预测模型。该研究比较了一阶导数、标准正态变量变换和 9 点平滑三种光谱预处理方法的预处理效果，同时采用偏最小二乘法建立红茶氨基酸和儿茶素含量的近红外定量预测模型。根据预测结果，研究确定了标准正态变量变换为最佳光谱预处理方法。同时，研究考虑到全光谱数据信息量大，光谱数据存在信息冗余，不仅影响效率，而且影响精度。研究利用变量优选算法对光谱范围进行选取。该研究将全光谱分为若干个光谱区间，并联合多个区间构建氨基酸和儿茶素含量的偏最小二乘回归模型，研究利用相关系数和交互验证均方根误差(RMSECV)作为评价模型的有效指标。其中，RMSECV 值越小说明模型预测精度越高，最小的 RMSECV 值所对应的就是最优联合区间，所选择的联合区间如图 8-32 所示。通过选取光谱范围和最佳联合区间，参与建模的光谱变量数目大幅减少，剔除了不相关光谱区间，在很大程度上优化了预测模型。该研究发现，利用偏最小二乘回归方法建立氨基酸含量的模型，校正集的相关系数 r_{cal} 和校正均方根误差 RMSEC 分别为 0.9558 和 1.768；预测集的相关系数 r_{pre} 和预测均方根误差 RMSEP 分别为 0.9495 和 2.16。

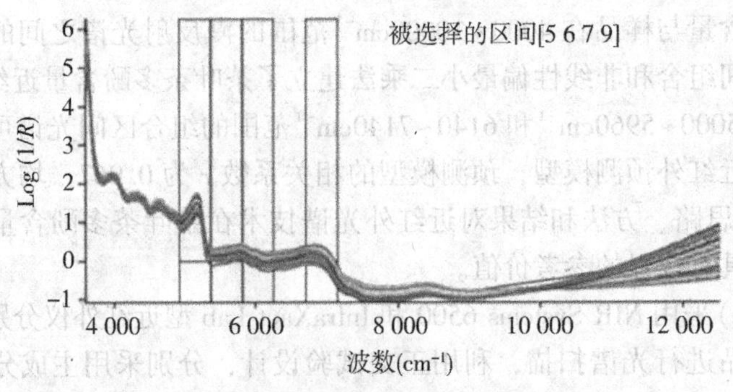

图 8-32　全光谱中选择的最优光谱区间(宁井铭等，2015)

8.4.2.3 咖啡因检测

咖啡因是一种黄嘌呤生物碱化合物，同时也是中枢神经兴奋剂，临床上用于治疗神经衰弱和昏迷复苏，咖啡因是世界上最普遍使用的精神药品(徐明敏等，2008)。小剂量的咖啡因可振奋精神、减少疲劳，但过量摄入咖啡因会导致人体精神紊乱或发生肠痉挛。咖啡因是一种植物生物碱，人类最常使用的含咖啡因的植物包括咖啡、茶和某些可可。茶是咖啡因的一个重要来源，茶叶中咖啡因的含量主要取决于制茶强度，红茶和乌龙茶的咖啡因含量高于其它种类的茶叶，茶的颜色并不能指示咖啡因的含量。因此，研究快速无损检测茶叶中咖啡因含量的方法对于明确茶叶保健功能和确保茶叶品质十分有必要。咖啡因的测量方法有很多，如高效液相色谱(HPLC)、毛细管电泳和气相色谱法等。但上述方法费时、费力，且成本较高，所以相关快速无损检测方法的研究非常有意义。

张雪娟等(2008)利用红外光谱和紫外分光光度法，对四种市售普洱茶中咖啡因的相对含量进行判别分析和测定。4 种普洱熟茶均为云南大叶茶种制品，分别为普洱熟茶(Tea 1)、陈年熟普(Tea 2)、普洱熟沱(Tea 3)和三级熟普(Tea 4)。通过观察图 8-33(左)中 4 种普洱茶叶及咖啡因的二阶导数红外光谱重叠图，可以发现 4 种普洱茶的二阶导数曲线在 610cm^{-1}处的吸收峰强度彼此存在一定差异，根据 610cm^{-1}处红外光特征吸收峰的相对强弱可以判断 4 种茶中咖啡因含量从高到低的顺序为：Tea 4(0.00070A) > Tea 2(0.00062A) > Tea 1(0.00055A) > Tea 3(0.00040A)①，用紫外分光光度法测定结果证明了红外光谱法的判别结果的有效性，结果为：Tea 4(4.31%) > Tea 2(4.13%) > Tea 1(3.75%) > Tea 3(3.22%)②，研究结果表明，两种分析方法对茶中咖啡因含量高低顺序的判别结果一致，同时表明基于红外光谱技术对不同茶叶中咖啡因含量高低进行快速判别是可行的。

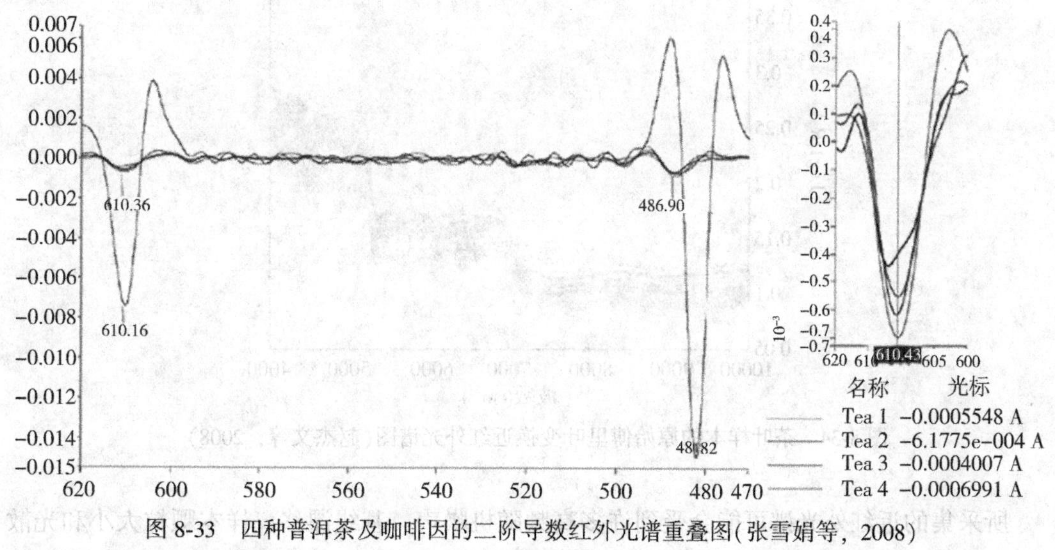

图 8-33 四种普洱茶及咖啡因的二阶导数红外光谱重叠图(张雪娟等，2008)

① A 为吸光度值单位。

② 括号内为咖啡因百分含量。

8.4.2.4　儿茶素检测

儿茶素占茶叶中茶多酚总量的70%~80%，具有抗氧化、抗肿瘤、抗动脉粥样硬化、防辐射、防龋护齿、抗溃疡、抗过敏及抑菌抗病毒等多种功效，已广泛应用于食品、制药、日用化妆品和农业等方面。儿茶素是构成绿茶滋味的物质基础，儿茶素品质指数已成为评判绿茶品质的重要指标。构成绿茶滋味的儿茶素单体主要有表没食子儿茶素(epigallocatechin，EGC)、(+)-儿茶素(catechin，C)、表没食子儿茶素没食子酸酯(epigallocatechin gallate，EGCG)、表儿茶素(epicatechin，EC)和表儿茶素没食子酸酯(epicatechin gallate，ECG)。现行的国际标准规定儿茶素的测定方法为高效液相色谱法，该方法虽精度高，但样本的前处理过程烦琐、时间长、费用高，无法满足茶叶生产加工和贸易过程中对产品质量快速检测和成分含量监控的需要。

为了实现儿茶素的快速无损检测，赵杰文等(2008)利用傅里叶近红外光谱定量分析茶叶中各儿茶素单体。研究首先控制光谱采集在相同的条件下进行，样品的装样厚度、装样的紧密性和颗粒均匀度等都力求一致，以免影响实验结果。图 8-34 所示为校正集样本的原始光谱图，从图中可以看出，在 10000~8500cm^{-1}光谱区间内曲线平滑，吸光度变化不大，在 4500~4000cm^{-1}光谱区间存在较强的末端吸收。纯水的吸收峰在 8197cm^{-1}、6944cm^{-1}和 5155cm^{-1}，从图中可以看出，水分对干茶的近红外光谱影响较大。研究选取各波段进行对比分析，结果显示在 6800~5300cm^{-1}范围内的光谱数据取得了较好的试验结果，并且避开了水分的影响。

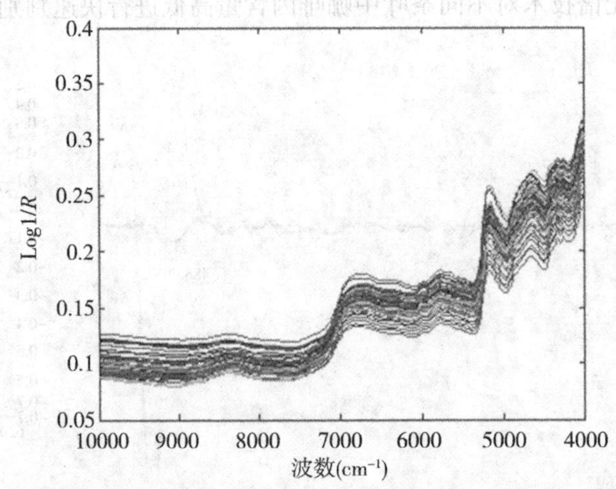

图 8-34　茶叶样本的原始傅里叶变换近红外光谱图(赵杰文等，2008)

所采集的近红外光谱可能会受到许多高频随机噪声、基线漂移、样本颗粒大小和光散射等的影响，进而影响所建立模型的可靠性和稳定性。因此，在对光谱分析时，该研究采用均一化(mean centering，MC)、多元散射校正(MSC)、标准正态变化(SNV)和极小/极大归一(min/max normalization，Min/Max)4 种方法对光谱进行预处理，优选最佳的光谱预处理方法来建立 PLS 模型并进行检验。在建立 PLS 模型的过程中，光谱预处理方法和选择的最佳主成分数对模型有很大影响。试验中以每种预处理方法的 RMSECV 最小来选择各自的最佳主成分数。表 8-2 列出了 EGCG、ECG 和 EGC 分别采用不同预处理方法所建立的 PLS 模型的结果。图 8-35 所示分别表示茶叶中 EGCG、ECG 和 EGCPLS 含量预测 PLS 模型构建过程中交互验证均方根误差与主成分数间的关系图。

表 8-2　**基于不同预处理方法构建 PLS 模型预测茶叶中 EGCG、ECG 和 EGC 含量的结果(赵杰文等，2008)**

种类	预处理方法	主成分数	RMSECV	RMSEP	*R* (train)	*R* (test)
EGCG	MC	12	0.4234	0.4047	0.9727	0.9733
	MSC	11	0.4098	0.3800	0.9744	0.9765
	SNV	12	0.3694	0.3839	0.9793	0.9760
	Min/Max	14	0.3183	0.3509	0.9846	0.9800
ECG	MC	15	0.1183	0.1177	0.9764	0.9764
	MSC	13	0.1937	0.12042	0.9355	0.9753
	SNV	14	0.1106	0.1176	0.9794	0.9763
	Min/Max	15	0.1109	0.11470	0.9793	0.9775
EGC	MC	13	0.1352	0.1365	0.9859	0.9853
	MSC	13	0.1382	0.1444	0.9853	0.9835
	SNV	13	0.1375	0.1424	0.9854	0.9840
	Min/Max	12	0.1462	0.1639	0.9836	0.9787

对 EGCG 含量的预测模型，当采用 Min/Max 预处理方法可以得到最佳的 PLS 模型，模型的最佳主成分数为 14，其模型的校正集相关系数 *R*(train)、预测集相关系数 *R*(test)、RMSECV 和 RMSEP 分别为 0.9846、0.9800、0.3183 和 0.3509。图 8-36(a)所示为经 Min/Max 预处理后光谱构建的 PLS 模型对茶叶中 EGCG 百分含量的预测值与实测值的散点图，EGCG 的预测值与测量值的相关性较高。对 ECG 含量的预测模型，经 SNV 预处理后光谱构建的 PLS 模型最佳，最佳主成分数为 14。SNV 处理可达到消除固体颗粒大小、表面散射及光程变化对 NIR 光谱的影响。PLS 模型对 ECG 含量预测其 *R*(train)、*R*(test)、RMSECV 和 RMSEP 分别为 0.9794、0.9763、0.1106 和 0.1176。图 8-36(b)所示为经 SNV 预处理后光谱构建的 PLS 模型对茶叶中 ECG 百分含量的预测值与实测值的散点图，由图可知，ECG 的预测值与测量值有较高相关性。对 EGC 含量的预测模型，当采用 MC 预处理方法可得到最佳的 PLS 模型，模型的最佳主成分数为 13。归一化处理可消除获取光谱时因测量带来的比例误差。PLS 模型对 EGC 含量预测其 *R*(train)、*R*(test)、RMSECV 和 RMSEP 分别为 0.9859、0.9853、0.1352 和 0.1365。图 8-36(c)所示为经 MC 预处理后光

谱构建的 PLS 模型对茶叶中 EGC 百分含量的预测值与实测值的散点图，可以看出，ECG 的预测值与测量值也有较高的相关性。

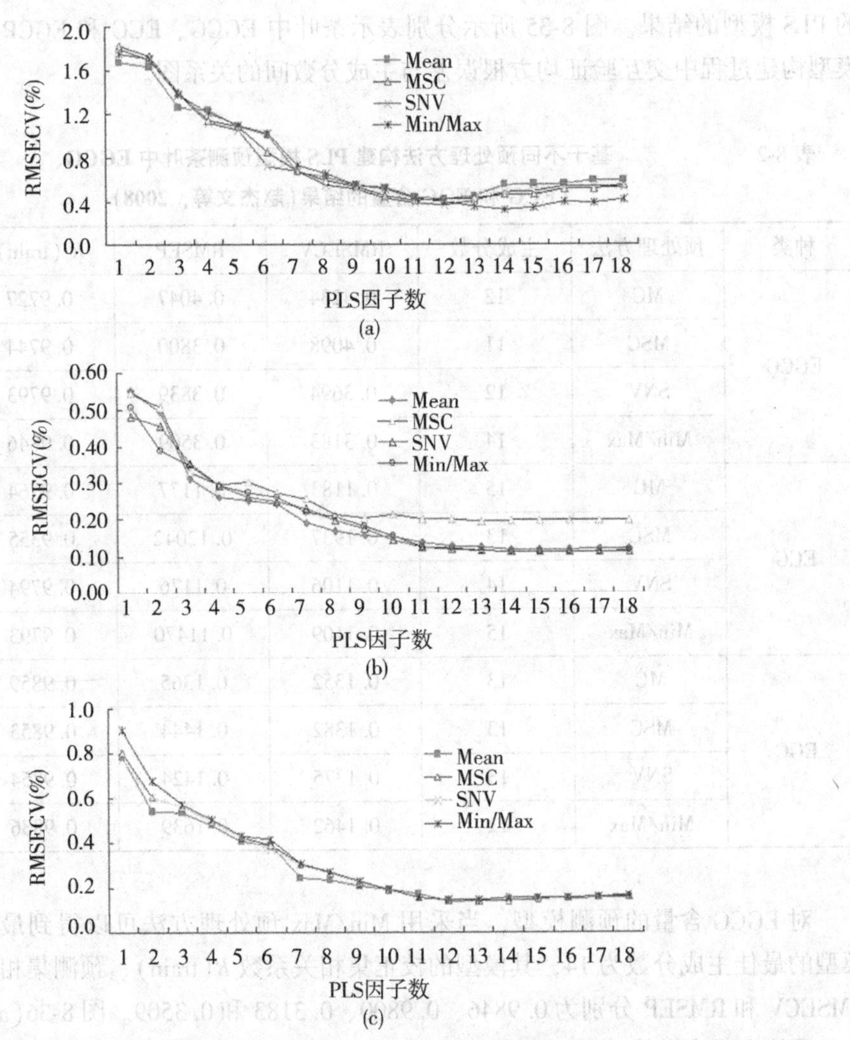

图 8-35　茶叶中 EGCG(a)、ECG(b)和 EGCPLS(c)含量预测 PLS 模型构建过程中交互验证均方根误差与主成分数间的关系图(赵杰文等，2008)

该研究采用偏最小二乘回归法建立了茶叶中 EGCG、ECG 和 EGC 含量定量预测的近红外光谱分析模型。整体研究结果表明，茶叶中 EGCG、ECG 和 EGC 的含量用近红外光谱法和高效液相色谱分析方法检测的结果之间有较好的相关性，校正集相关系数分别达到了 0.9846、0.9794 和 0.9859，训练集相关系数分别达到 0.9800、0.9763 和 0.9853，表明近红外光谱技术可以作为一种可靠、准确、快速的检测方法来预测茶叶中 EGCG、ECG 和 EGC 的含量。

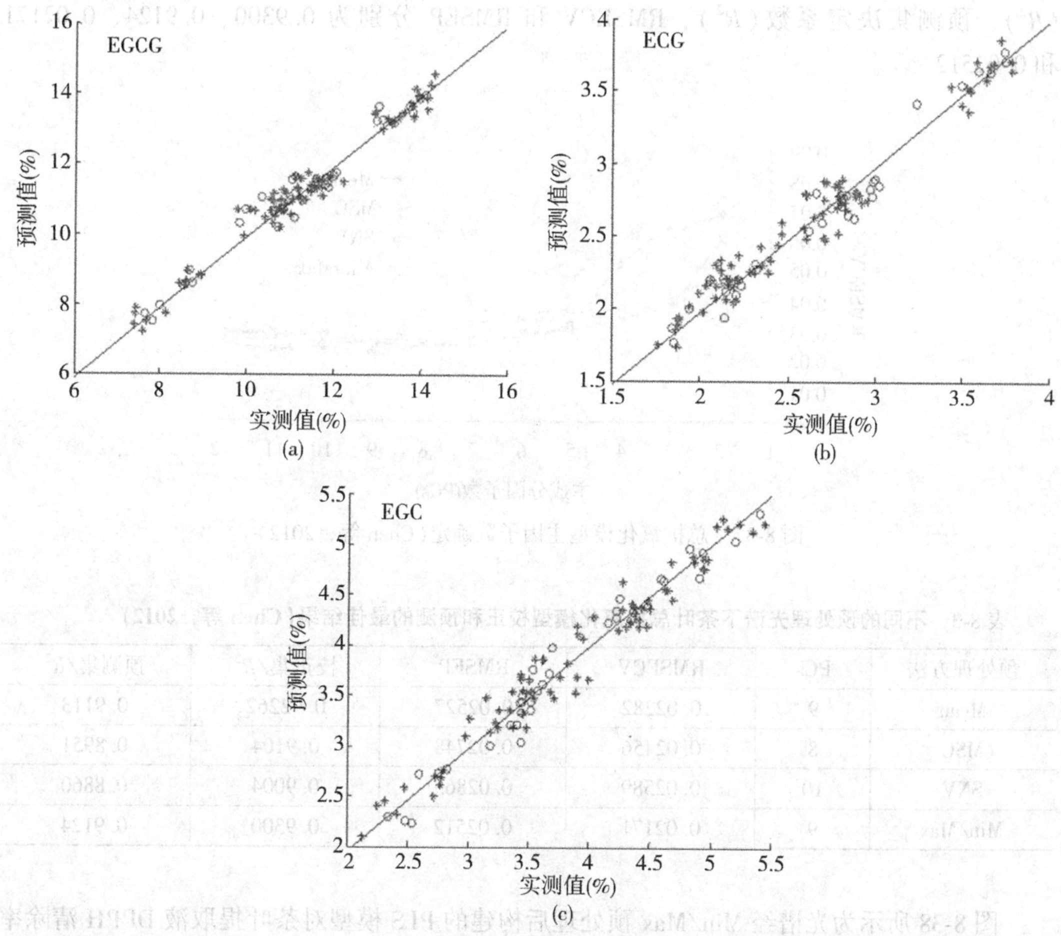

图 8-36 PLS 模型对茶叶中 EGCG、ECG 和 EGC 含量预测值与测定值散点图(赵杰文等，2008)

8.4.2.5 总抗氧化能力测定

茶叶的保健作用主要体现在其抗氧化性能。茶叶总抗氧化性能的评价是为了最高限度地、客观地反映茶叶的抗氧化作用，常用 DPPH(1，1-二苯基-2-苦基肼，1，1-Diphenyl-2-picrylhydrazyl)法测定。Chen 等(2012)应用近红外光谱分析技术结合多元校正分析方法，评价了茶叶的总抗氧化性能。实验将茶叶的总抗氧化能力量化，即以含量为 6mg/mL 的茶叶提取液能清除等体积 0.04mg/mL 的 DPPH 的清除率来表示，清除率越高，则提取液的总抗氧化能力越强。通过 DPPH 法测定茶叶提取液的清除率来表示茶叶的总抗氧化能力。

该研究采用均值化、多元散射校正、正态变量变换和极值标准化等预处理方法对光谱进行了预处理并构建了用于茶叶总抗氧化能力评价的 PLS 模型，PLS 模型的 RMSECV 值随主成分因子数变化情况如图 8-37 所示。

基于不同预处理光谱构建的 PLS 模型最佳结果如表 8-3 所示，从表中可以看出，通过 Min/Max 光谱预处理，用 9 个主成分因子建立的模型最佳，其模型的校正集决定系数

(R^2)、预测集决定系数(R^2)、RMSECV 和 RMSEP 分别为 0.9300、0.9124、0.02171 和 0.02512。

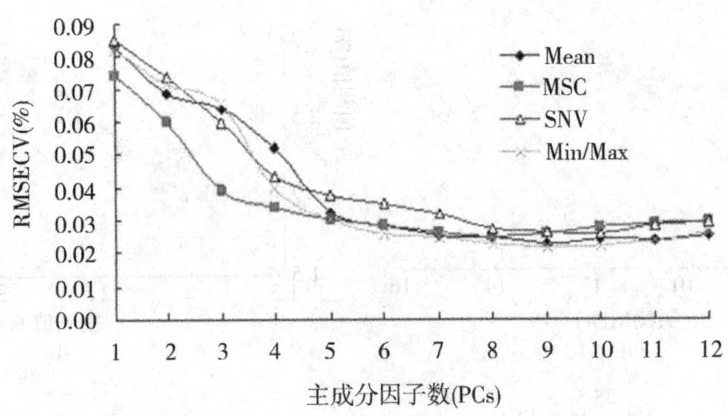

图 8-37　总抗氧化模型主因子数确定(Chen 等，2012)

表 8-3　**不同的预处理光谱下茶叶总抗氧化模型校正和预测的最佳结果(Chen 等，2012)**

预处理方法	PCs	RMSECV	RMSEP	校正集/R^2	预测集/R^2
Mean	9	0.02282	0.02527	0.92262	0.9113
MSC	8	0.02456	0.02748	0.9104	0.8951
SNV	10	0.02589	0.02865	0.9004	0.8860
Min/Max	9	0.02171	0.02512	0.9300	0.9124

图 8-38 所示为光谱经 Min/Max 预处理后构建的 PLS 模型对茶叶提取液 DPPH 清除率的预测值和实测值散点图，茶叶提取液 DPPH 清除率的测量值与预测值之间具有较高的相关性。

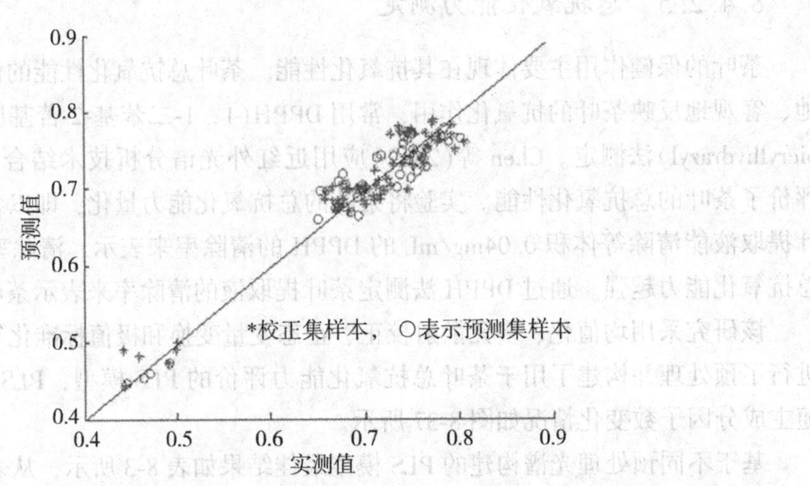

图 8-38　茶叶提取液 DPPH 清除率预测值和实测值散点图(Chen 等，2012)

茶叶的总抗氧化能力是多种抗氧化自由基的整体表现，抗氧化能力与光谱之间可能存在着非线性关系，对此，该研究进一步采用反向传播神经网络、径向基神经网络和支持向量机三种非线性方法建立了茶叶总抗氧化能力的分析模型。

反向神经网络(BP-ANN)模型，采用最小均方差学习方式。这种算法的提出，克服和解决了以前提出的以感知器为基础的网络算法存在的不足和问题，其较强的运算能力能处理许多较为复杂的问题。网络各参数优化后，建立了用于预测茶叶总抗氧化性能的 BP 神经网络模型。用该模型预测茶叶校正集和预测集样本，预测的结果如图 8-39 所示。校正集样本预测值与实测值之间的决定系数(R^2)为 0.9508，交互验证均方根误差 RMSECV 为 0.01885，略优于 PLS 所建的模型；预测集样本预测值与实测值之间的决定系数(R^2)为 0.7994，预测均方根误差 RMSEP 为 0.04069。从校正和预测的过程看，采用 BP 神经网络训练速度较快，对校正集预测能力较好，但是对预测集样本的预测能力较差。

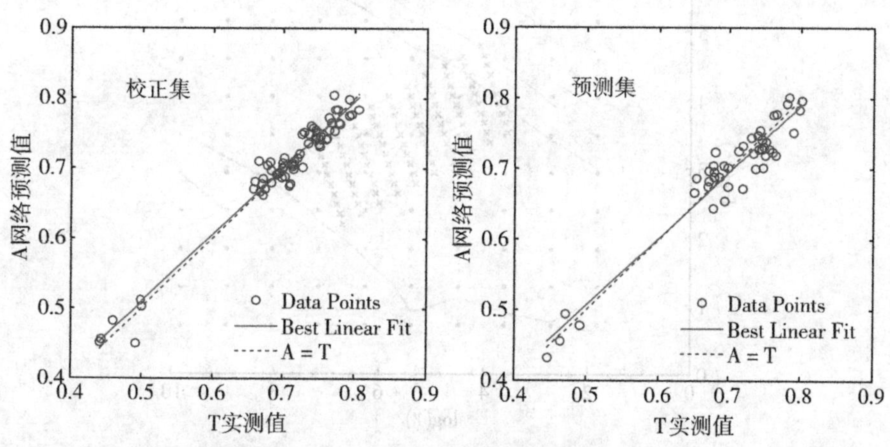

图 8-39 茶叶总抗氧化 RBF 网络模型对校正集和预测集样本预测结果(Chen 等，2012)

径向基函数(radial basis function，RBF)神经网络是以函数逼近理论为基础而构造的一类前向神经网络，它的学习等价于在多维空间中寻找训练数据的最佳拟合平面。具有网络结构自适应确定、输出与初始权值无关等优良特性，能够逼近任意连续的非线性函数，可以处理系统内在难以解析的规律。而 BP 神经网络则是典型的全局逼近网络，即对每一个输入/输出数据对，神经网络的所有参数均要调整。由于二者的构造有本质的不同，径向基函数网络相比 BP 网络，不仅学习速度快，而且神经网络的函数逼近能力与学习速度都优于后者。

茶叶总抗氧化性能测定研究利用 MATLAB 中的 NEWRB 函数训练网络，自适应确定所需隐层单元数，隐层单元激励函数为 RADBAS，加权函数为 DIST，输入函数为 NETPROD，输出层神经元的激励函数为纯线性函数 PURELIN，加权函数为 DOTPROD，输入函数为 NETSUM。研究设置径向基函数的分布密度为 1.0，1.5，2.0，2.5，…，6.0，分别对神经网络进行训练，从中选取预测均方根误差 RMSEP 最小的分布密度值。当分布密度为 3.0 时，评价茶叶总抗氧化性能的预测精度最高。校正集样本预测值与实测值之间的决定系数(R^2)为 0.9590，交互验证均方根误差 RMSECV 为 0.01772；预测集样本预测值与实测值之间的决定系数(R^2)为 0.9235，预测均方根误差 RMSEP 为 0.02367。

最小二乘支持向量机(LS-SVM)通过非线性映射函数建立回归模型，将输入变量映射到高维特征空间，然后将优化问题改成等式约束条件。能够进行线性和非线性的多元建模，是解决多元建模的一种快速方法。为提高茶叶总抗氧化能力建模运算速度，减少运算量，提高预测的精度，该研究采用主成分分析将原始光谱矩阵进行主成分分解，取主成分的累积贡献率达到 99%时的主成分作为 LS-SVM 模型输入的特征子集。在采用 RBF 核函数的 LS-SVM 模型中，参数 γ 和 σ^2 的选择是非常重要的。研究中采用了二步格点搜索法和留一法相结合进行选择，优化过程如图 8-40 所示。

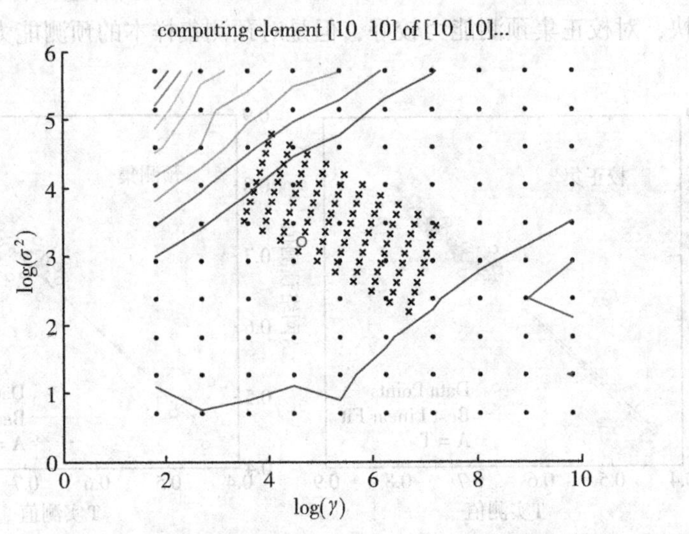

图 8-40　LS-SVM 模型中二步格点搜索法对 γ 和 σ^2 的优化结果(Chen 等，2012)

该研究以决定系数(R^2)、交互验证均方根误差 RMSECV 和预测均方根误差 RMSEP 评价 LS-SVM 模型的鲁棒性和预测性能。茶叶总抗氧化性能的 LS-SVM 评价模型的结果如图 8-41 所示。校正集样本预测值与实测值之间的决定系数(R^2)为 0.9627，交互验证均方根误差 RMSECV 为 0.0172；预测集样本预测值与实测值之间的决定系数(R^2)为 0.9391，预测均方根误差 RMSEP 为 0.02161。

8.4.3　茶叶风险物质检测

茶叶中的风险物质主要来自农药残留、重金属污染和有害微生物污染。茶叶中农药残留是指种植过程使用农药后残留在茶叶中的微量农药和其代谢降解物的总称。茶叶中的重金属来源有三：一是土壤基质中的重金属含量高，由于化肥施用量的增大，使得土壤中的重金属易被茶树根系所吸收；二是茶园周围大气中的重金属浓度增高，例如汽车排放出的尾气中含有大量的铅，构成茶园中茶树的污染；三是茶叶加工机械中含有的重金属在茶叶加工过程中转移到茶叶上。有利微生物会促进茶叶发酵，形成某些品种茶叶的独特品质和口感。而不良的储存环境和包装材料也可能污染茶叶，并容易导致茶叶含水量增加，在高温条件下滋生有害微生物。

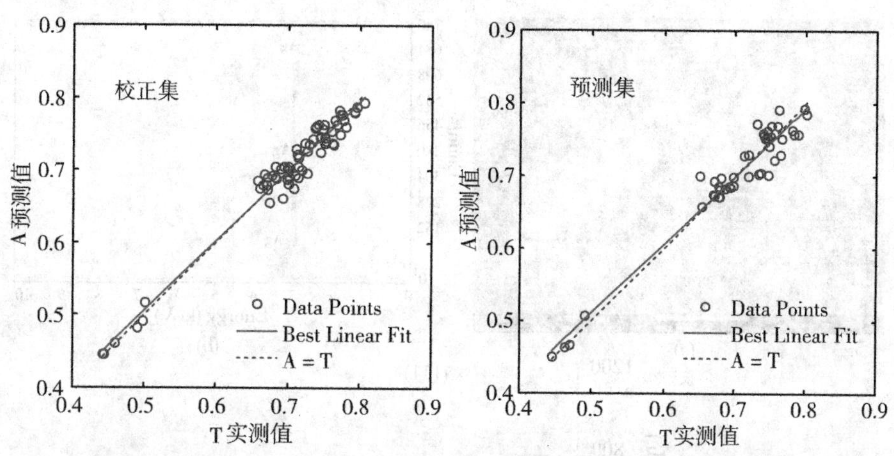

图 8-41　茶叶总抗氧化性能的 LS-SVM 评价模型的结果(Chen 等，2012)

表面增强拉曼光谱(SERS)是一种应用新型纳米衬底增强拉曼信号的分析方法。SERS 增强受吸附分子与等离子体纳米结构表面相互作用的影响。SERS 增强主要基于两种机制：电磁增强和化学增强。当检测到信号分子时，增强水平可达到 10^5 以上。与其它传统技术相比，SERS 更加简单、快速，具有更高的灵敏度和特异性(Lin 和 Sun，2020)。此外，样品预处理过程简单，可以将样品沉积在 SERS 基底表面进行测量。这些优势使得 SERS 成为一种适用于检测痕量分析物分子的技术。

8.4.3.1　茶叶农药残留的拉曼光谱检测

Hassan 等(2019)将 SERS 应用于两种分析物的同时测定，开发了一种同时测定抹茶中残留农药乙草胺(AC)和 2，4-二氯苯氧乙酸(2，4-D)的超灵敏、选择性 SERS 检测平台。由于复杂基质中不同养分和色素的潜在干扰，将带有或不带有 AC 和 2，4-D 的抹茶样品通过固相萃取柱进行渗透。将洗脱液引入 SERS 基底金银核壳(Au@ Ag)纳米结构中，化学计量学建模处理原始 SERS 信号。在优化的实验条件下，遗传算法-偏最小二乘回归(GA-PLS)模型显示 AC 和 2，4-D 的 RPD 值分别为 6.53 和 6.23，R_p 值分别为 0.9943 和 0.9923。t 检验和 f 检验结果表明，该方法在混合加标和单加标条件下均以 95%的置信度和令人满意的回收率成功被验证。RSD 值<4.85%表明该方法具有良好的重现性。

基于 SERS 技术，Chen 等(2019)以高度粗糙的表面银纳米花(Ag-NF)为衬底，结合化学计量学算法，建立了一种快速、高灵敏、低成本的绿茶中吡虫啉残留定量检测技术。该方法的基本原理是吡虫啉在电磁增强的激光激发下吸附在 Ag-NF 上产生表面增强拉曼散射信号，峰强度与浓度在 $1.0\times10^3 \sim 1.0\times10^{-4}$ μg/mL 范围内呈线性关系。在所使用的模型中，遗传算法-偏最小二乘法(GA-PLS)在绿茶中吡虫啉残留量的定量分析中表现出了优越性。该模型在测试集上的相关系数为 0.9702，相对标准偏差为 4.95%，相对标准偏差为 4.50%。因此，该检测体系可用于绿茶中吡虫啉残留量的定量检测，以保障绿茶的品质和人体健康。图 8-42 所示为银纳米花(Ag-NF)的 FE-SEM 图像，Ag-NF 的 EDS 谱和 XRD 谱。

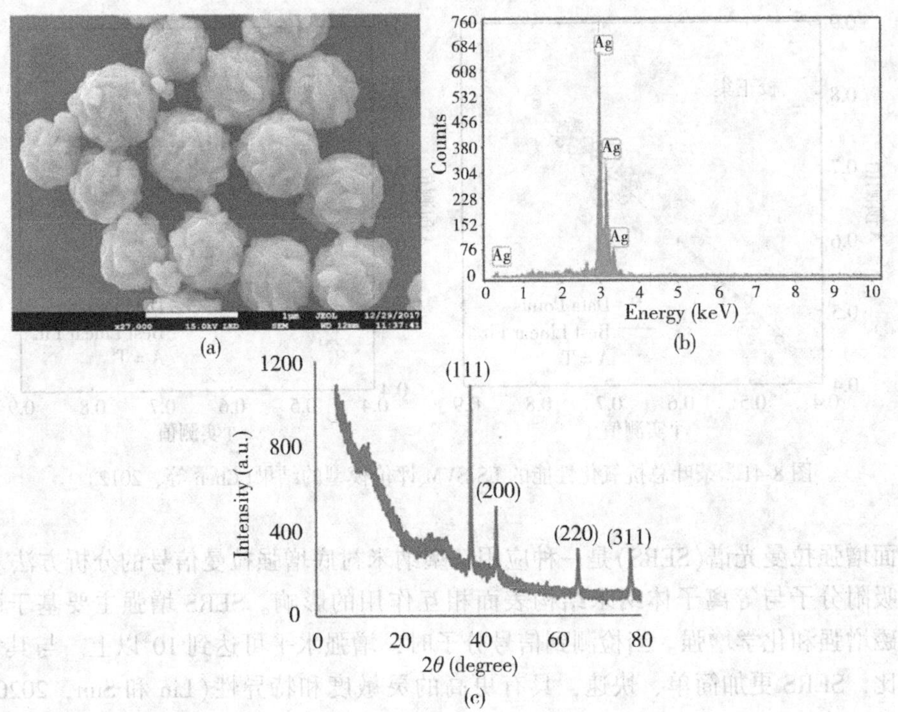

图 8-42　银纳米花(Ag-NF)的 FE-SEM 图像(a)，Ag-NF 的 EDS 谱(b)和 XRD 谱(c)(Chen 等，2019)

种子介导的还原性氧化石墨烯负载的金纳米星纳米复合材料(rGO-NS)对于 SERS 信号的增强具有很高的潜力。种子介导生长法可以在还原氧化石墨烯表面合成可控的金纳米粒子。该检测方法通过 GA-PLS 模型处理后可以高度准确地定量绿茶中的乙草胺(AC)残留(Hassan 等，2019)。另外，GA-PLS 的 AC 校准模型在预测集中得到了良好的相关系数(R_p = 0.9757，RMSEP = 0.479)。研究发现 rGO-NS 纳米传感器产生的 AC 浓度与 SERS 强度之间具有良好的相关性，线性范围为 $1.0\times10^{-4}\sim1.0\times10^{-3}$ μg/mL，最低检测限可达 2.13×10^{-5} μg/mL。因此基于 SERS 的 rGO-NS 纳米复合纳米传感器可作为无标记、简单、灵敏、快速、高效和稳定的平台用于检测绿茶中的农药。

Zhu 等(2018)合成了具有高增强因子的金银核壳(Au@ Ag)纳米粒子，并将其与化学计量学算法相结合用于SERS 测量，建立了一种快速、低成本、灵敏的茶叶中毒死蜱残留定性定量分析方法。结果表明，K 近邻分类模型性能最好，分类正确率为 90.84% ~ 100.00%。对毒死蜱含量应用定量预测模型验证发现，与其它量化模型相比，遗传算法-偏最小二乘模型(GA-PLS)和协同区间偏最小二乘遗传算法模型(siPLS-GA)的预测效果较好，回归质量优良(斜率为 0.98~1.00)，决定系数较高(R^2 = 0.96~0.98)，预测均方根误差较低(RMSEP = 0.29~0.31)。配对样本 t 检验显示，GC-MS 测定的参考值与大多数定量模型的预测值之间没有统计学意义的差异。该方法为茶叶样品中毒死蜱(CPS)的分类检测提供了一种更有效、更有力的工具。

8.4.3.2 茶叶重金属的拉曼光谱检测

Guo 等(2020)利用4-氨基硫酚(4-ATP)的SERS增强特性作为功能化金银复合纳米颗粒(Ag-Au)的信号关断分子，首次在标准溶液和加标的茶叶样品中检测汞离子(Hg^{2+})。采用不同的化学计量学算法对获得的SERS光谱和电感耦合等离子体质谱(ICP-MS)数据进行有效波长和光谱变量的选择，建立了预测Hg^{2+}的模型。结果表明，该SERS检测方法结合蚁群优化偏最小二乘法对Hg^{2+}标准溶液($R_c = 0.984$，$R_p = 0.974$，RMSEC = 0.157μg/mL，RMSEP = 0.211μg/mL)和添加茶叶样品($R_c = 0.979$，$R_p = 0.963$，RMSEC = 0.181μg/g，RMSEP = 0.210μg/g)具有最好关联率和最小误差。该检测方法对Hg2+标准溶液的检出限为4.12×10^{-7}μg/mL，对添加Hg^{2+}的茶叶样品的检出限为2.83×10^{-5}μg/g。图8-43所示为Ag-Au/4-ATP SERS探针的合成过程及用于Hg^{2+}检测机理与校准模型(Guo 等，2020)

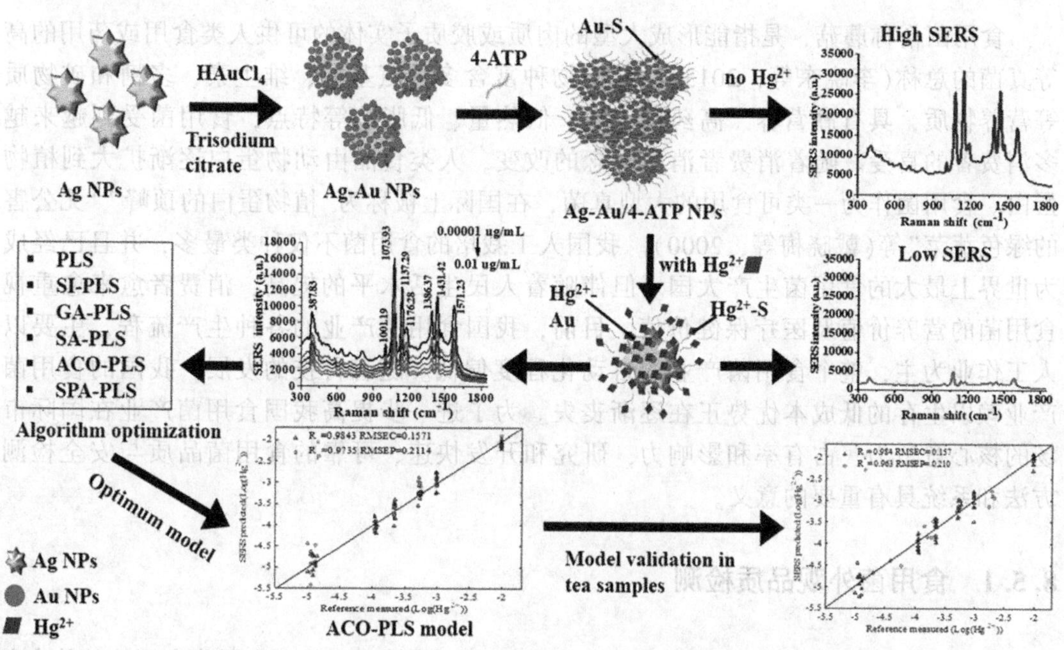

图8-43 Ag-Au/4-ATP SERS探针的合成过程及用于Hg^{2+}检测机理与校准模型(Guo 等，2020)

Li 等(2015)首次采用拉曼光谱对茶叶中的有害物质铅铬绿进行了快速检测，该物质曾被非法添加到茶叶中以改善茶叶颜色。在2804~230cm^{-1}范围内，制备了不同浓度铅铬绿的茶汤样品共160个进行拉曼光谱测量，并用相对强度标准对光谱强度进行了标定。然后采用小波变换从拉曼光谱中提取不同时域和频域的信息，证明低频近似信号(ca4)是建立铅铬绿测量模型的最重要信息，相应的偏最小二乘回归模型获得了较好的预测效果，R_p和RMSEP值分别为0.936和0.803。为了进一步挖掘与铅铬绿密切相关的重要波数，提出了连续投影算法(SPA)。最后得到了 8 个铅铬绿的特征波数，并建立了一个更方便快捷的模型。结果证明，拉曼光谱技术可用于茶叶质量控制中铅铬绿的无损检测。

8.4.3.3　茶叶有害污染物的拉曼光谱检测

Balaji 等(2020)建立了快速测定乌龙茶中化学污染物磷的表面增强拉曼散射(SERS)方法。该研究采用还原法合成了球形和高度单分散银纳米粒子用于 SERS 信号的增强。在甲醇水溶液和实际样品乌龙茶中测定磷，乌龙茶样品的预处理和 SERS 检测时间仅需 25min。建立偏最小二乘回归模型预测了甲醇水溶液中磷的浓度($r = 0.934$，RMSEP = 1.001mg/L)和乌龙茶中磷的浓度($r = 0.927$，RMSEP = 1.157mg/kg)。结果表明，SERS 方法结合银纳米粒子在乌龙茶样品中磷的检测限为 0.1mg/kg，且回收率较高，证明基于银纳米粒子和化学计量学的 SERS 增强效果较好。

8.5　食用菌质量检测

食用菌俗称蘑菇，是指能形成大型的肉质或胶质子实体的可供人类食用或药用的高等真菌的总称(李晓东等，2013)。此类物种富含多种氨基酸、维生素、多糖和矿物质等营养物质，具有高营养、高药用价值、低热量、低脂肪等特点，食用菌受到越来越多消费者的喜爱。随着消费者消费观念的改变，人类食品由动物蛋白逐渐扩大到植物蛋白。食用菌作为一类可食用的大型真菌，在国际上被称为“植物蛋白的顶峰”“无公害的绿色蔬菜”等(戴晓梅等，2000)。我国人工栽培的食用菌不仅种类最多，并且已经成为世界上最大的食用菌生产大国。但伴随着人民生活水平的提高，消费者愈来愈重视食用菌的营养价值及医疗保健价值。目前，我国食用菌产业的各种生产流程，主要以人工作业为主，整个食用菌产业的自动化程度偏低。随着科技的发展，我国的食用菌产业赖以生存的低成本优势正在逐渐丧失。为了进一步提高我国食用菌产业在国际市场的核心竞争力、占有率和影响力，研究和开发快速、可靠的食用菌品质与安全检测方法和系统具有重要的意义。

8.5.1　食用菌外观品质检测

食用菌的外观品质主要包括食用菌的外观颜色、尺寸、形状和食用菌表面的各种病斑和缺陷等。目前，国内外学者已经利用机器视觉技术和光谱成像技术开展了该方面的研究。

8.5.1.1　食用菌颜色检测

菌盖颜色在一定程度上代表了菌菇的成熟度，比如高品质的蘑菇一般被定义为新鲜、白色、无瑕疵，例如秀珍菇菌盖的颜色越深说明成熟度越高，营养价值越高。因此，菌盖的颜色特征是菌菇品质的重要物理属性，往往成为判断食用菌新鲜度、成熟度以及品质优劣等的重要指标。

Vízhányó 等(2000)在英国韦尔斯伯恩园艺研究中心的蘑菇种植室内，对表面具有病斑的蘑菇进行了检测。病斑由已知的蘑菇病原体进行实验诱导，挑选出具有严重的特定病害的蘑菇样本，病害蘑菇的典型样本如图 8-44 所示。该实验的目的是将蘑菇表面病斑从健康表面和机械损伤中分离出来。研究应用亮度归一化和图像变换技术降低了蘑菇表面自然变色对识别的影响，增强了病斑蘑菇彩色图像的颜色差异。结果表明，通过机器视觉技术对蘑菇样品的颜色进行分析，可以有效地识别和区分患病蘑菇和自然生长成熟的蘑菇。

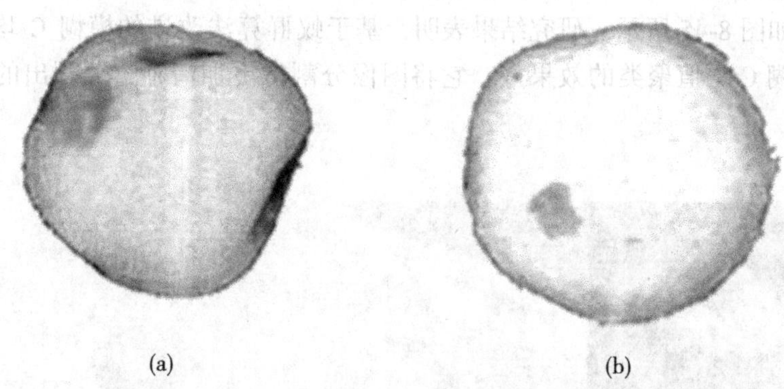

(a) (b)

图 8-44　带有棕色斑点(a)和姜斑(b)的病害蘑菇的典型样本(Vízhányó 等，2000)

黄星奕等(2010)采用机器视觉技术对秀珍菇外观质量进行检测和分选，并在此基础上设计了一套秀珍菇在线分选系统。为实现秀珍菇的在线分选，该研究选用了无级调速的旋转工作台，并在此试验平台的基础上，对光源系统、图像采集装置、计算机等硬件设备进行了设计和选型，在实验室搭建了秀珍菇动态图像实时采集系统。为了提高图像质量，该研究利用背景去除、滤波去噪、图像旋转等图像处理方法，对采集到的秀珍菇图像进行一系列预处理；并通过基于轮廓拐点和基于骨架的分割算法对秀珍菇菌柄和菌盖进行图像分割；然后提取秀珍菇的大小、颜色、形状等相关参数作为秀珍菇的外观特征参数。提取特征参数后，根据分级标准，利用合适的模式识别方法实现了秀珍菇的外观质量分级。根据企业标准，秀珍菇按照菌盖颜色不同可分为两类，一类为深灰色的秀珍菇，一类为浅灰色秀珍菇。该研究选取了 7 个等级共 245 个秀珍菇，总体识别率达到了 85.3%。

8.5.1.2　食用菌形状检测

由于菌菇在生长过程中受到自然或其它复杂因素的影响，使得菌菇的外部形状差异很大，而且形状不规则，很难用统一的外观轮廓曲线来描述。描述菌菇形状的基本几何参数主要有面积、菌盖圆形度、菌盖偏心率、菌柄弯曲度等。

Vooren 等(1991)研究了机器视觉技术和图像处理技术在蘑菇品种检测识别中的应用。

该实验研究了 9 类 460 个蘑菇样品，共提取了 44 个特征，研究统计分析了基于图像复杂形状描述符的长度、宽度和范围，以区分不同的蘑菇品种。研究利用图像分析技术提高了形态特征的测量结果，相对于传统的人工手动评估表现出了显著的优点。经过品种特征参数之间的方差优选出面积、偏心率、菇面形状系数、菇柄形状系数等 4 个蘑菇图像的形态特征用于品种图像识别分类，识别分类准确率达到 80%。

为了实现杏鲍菇形态特征的图像自动获取，王运圣等(2009)提出了一种蚁群算法改进的模糊 C 均值聚类分割算法用于杏鲍菇的分割，该方法克服了传统模糊 C 均值聚类分割算法的缺点，能够对杏鲍菇生产中获取的图像进行有效的分割，从而满足了自动获取杏鲍菇形态特征的需要。为了验证算法的有效性，研究采用杏鲍菇红外图像，图像处理采用 Matlab 实现，如图 8-45 所示。研究结果表明，基于蚁群算法改进的模糊 C 均值聚类算法比单独使用模糊 C 均值聚类的效果好，它将图像分割得更加清晰，分割出的图像也更加平滑。

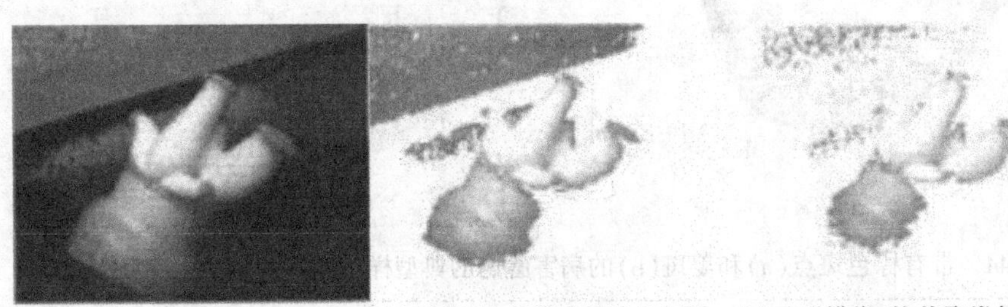

(a)原图　(b)模糊C均值聚类算法分割图　(c)改进模糊C均值聚类算法分割图

图 8-45　杏鲍菇图像分割结果(王运圣等，2009)

李江波等(2010)根据香菇图像特点和分级标准，基于机器视觉技术结合神经网络算法，对香菇进行自动检测与分级。该研究采用掩模去背景、中值滤波、边缘亮度补偿等技术对图像进行处理，并选取香菇菌盖最大直径、菌盖圆形度、色调均值以及缺陷区域与香菇图像总面积的比值作为鲜香菇分级的特征参数，对香菇进行自动检测。研究将掩模去背景和边缘亮度补偿算法应用于 G 分量图像，然后用一个简单的阈值分割理论(阈值为145)分割所有缺陷。结果表明，该算法识别正常菇和缺陷菇准确率分别为 94%和 97.3%，所有样本分类精度达到了 96.5%。

Chen 等(2004)开发了基于机器视觉技术的香菇尺寸自动分级系统，如图 8-46 所示。该研究用相机扫描香菇，然后通过图像处理技术确定各种几何特征和颜色特征。香菇在线分级系统进行检测分选的步骤有：(1)通过图像分析消除颜色异常；(2)通过计算香菇的面积与周长比来检测破损的菌盖；(3)通过底部视图中的像素计数计算尺寸。图像处理和算法操作在计算机上完成，而分级则由可编程逻辑控制器(PLC)执行。PLC 接受 PC 的分级指令，进而控制分级机构完成分选卸料。研究对 250 个干燥的香菇样品进行了验证，实验得到了 97.6%的准确率，研究结果表明，该方法比人工检测分选更有效。

图 8-46 香菇尺寸分级系统(Chen 等, 2004)

8.5.2 食用菌内部品质检测

食用菌富含蛋白质、多糖、水分、维生素、矿物质、膳食纤维等营养物质，其中蛋白质和多糖与食用菌的药用价值密切相关(Villares, 2012)。食用菌内部品质的无损检测评估对食用菌分级和深加工产业都非常有意义。

8.5.2.1 食用菌含水率测量

水分是食用菌的重要组成成分，同时水分也是食用菌体内代谢、营养吸收、排放代谢物以及分泌胞外霉的重要基本溶剂。水分含量也会影响食用菌的味道、质地、重量、外观和保质期。Roy 等(1993)研究了可见-近红外光谱技术检测完整单个新鲜蘑菇水分含量的可行性。实验发现，对流干燥方式适合用于获取蘑菇含水率实际参考值，含水率测量的标准差波动范围为 0.16%~0.42%。该研究利用修正的偏最小二乘回归算法建立了蘑菇含水率的无损检测模型，并评估了不同波段、光散射、数据处理方法对蘑菇水分无损检测的重要性。研究发现，基于 600~2200nm 光谱数据的一阶导数和散射校正光谱建立的含水率检测模型可以获得最优的预测效果，预测结果的标准误差仅为 0.64%。研究同时发现，蘑菇品种差异会影响检测模型的预测精度，通过建立不同品种蘑菇的光谱数据库，增加重要的光谱波段更新含水率预测模型，可以有效保持蘑菇含水率检测精度。

8.5.2.2 食用菌多糖含量测量

多糖是自然界内分布极广的一种生物聚合物，一般由 10 个以上糖苷键连接而成。多糖参与集体生理代谢，具有调节免疫力、抗菌、抗病毒、抑制肿瘤、延缓衰老等生物活性，其独特的药用价值与多糖中单糖的种类、组成比例和所含有的官能团密切相关(金茜等, 2010)。

郭伟良等(2011)在不同的发酵条件下，收集来自不同蛹虫草突变株的菌丝体，并对其进行近红外光谱扫描，采用径向基神经网络建立红外光谱与其腺苷、蛋白质、多糖和虫草酸含量间的相关模型。结果表示，研究所建的模型具有很好的稳定性和预测能力，且近红外光谱检测方法直接、可靠。研究结果表明利用近红外光谱技术同时测定蛹虫草菌丝体中腺苷、蛋白质、多糖和虫草酸含量是可行的。

为了实现灵芝多糖含量的快速无损测量，常静等(2010)基于傅里叶变换红外光谱技术，获取了不同等级贵州灵芝傅里叶变换红外光谱，利用变量优选算法选择最优波段，并建立灵芝多糖含量的红外光谱预测模型。结果显示，在所选定波长处的吸光度与灵芝多糖含量显著相关，灵芝多糖含量的预测模型及其检验结果的拟合度均达到显著水平，研究结果表明红外光谱法预测灵芝多糖含量是可行的。图8-47中，C3、C4、C5是任取的3个不同等级灵芝样品的红外光谱曲线图，从图中可以看出，不同等级灵芝样品的特征吸收谱形状和吸收峰的个数基本相同，但由于它们中各种生物化学成分的含量不同，所以不同等级灵芝样品的红外特征峰的相对吸光度不同，基于此，可以利用红外光谱对灵芝样品的等级进行定性的鉴别。

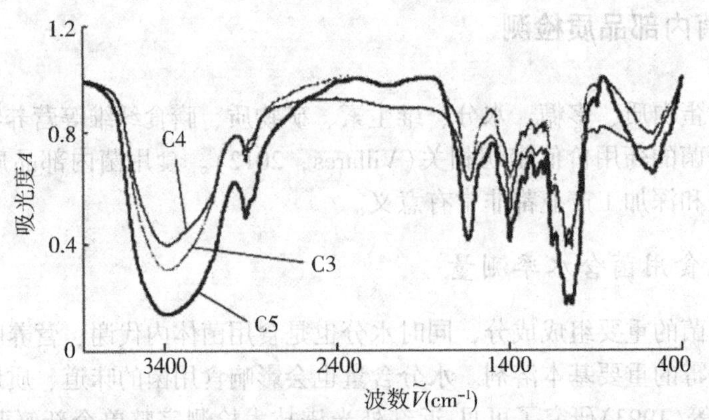

图8-47　不同等级灵芝的红外光谱图(常静等，2010)

8.5.2.3　食用菌硬度测量

硬度是食用菌的重要属性，并直接影响食用菌保质期和消费者接受程度。食用菌硬度是预测食用菌成熟度和收获时间、蘑菇采后品质分级等的重要参考指标。王娟等(2012)通过近红外漫反射光谱结合化学计量学方法，研究了双孢蘑菇在贮藏期间硬度无损检测模型的建立方法。该研究比较了一阶导数、二阶导数、SNV和MSC四种预处理方法结合偏最小二乘法对双孢蘑菇硬度预测的结果。结果表明，在选定的光谱范围内，基于二阶导数预处理光谱所构建的PLS模型有着最好的预测性能，模型校正决定系数为0.9471，验证决定系数为0.8261，研究结果表明，近红外漫反射光谱检测法可用于无损评估双孢蘑菇贮藏期间硬度的变化。

8.6 水产品质量检测

水产品因胆固醇低、营养丰富、味道鲜美而深受人们喜爱。随着人们生活水平的提高，消费者越来越关注水产品的质量品质与安全。因此，研究水产品快速无损检测技术，对于提高水产品附加值、保护消费者合法权益和对水产品优质优价具有现实意义。水产品的质量通常通过人工检测进行分类、分级和新鲜度评价。机器视觉、光谱和光谱成像技术作为最常见的无损检测方法，以其高效、客观、快速的特点，在水产品质量品质和安全检测中有着广泛的应用。

8.6.1 水产品外观质量检测

在食用水产品时，它们的质量可以通过有意识或潜意识地整合感官或感官特征来感知，这些特征可分为外观、气味、口味、质地等。在大多数情况下，消费者通过外观特性评估水产品的品质。外观属性(如大小、形状、颜色、体积、重量和质地)直接影响产品的接受度。

8.6.1.1 水产品颜色检测

颜色是许多农产品外观质量评价重要的标准，包含了与人类视觉相对应的基本信息，与消费者的感知密切相关(Cheng 等，2015)。消费者也通常倾向于把颜色与新鲜、高质量和更好的味道联系起来。颜色主要是用感官感知的，很难转化成可再现的数值。但是，颜色还是可以用仪器来测量，比如说色度计和机器视觉系统。在水产品质量检测方面，主要采用机器视觉对水产品的颜色进行分析。

Hosseinpour 等(2013)开发了一套机器视觉系统用于在线连续地检测虾的颜色特性，包括亮度(L^*)、红度(a^*)、黄度(b^*)、总颜色变化(ΔE)、褐变指数(BI)、色度(CH)、热风干燥后的色相角(HAD)和过热蒸汽干燥后的色相角(SSD)。该研究基于机器视觉系统运用 L^*a^*b 颜色空间图像处理方法连续评估和量化检测虾仁干燥过程中品质的变化率。通过将二值图像的计数器与滤波后的彩色图像重叠，从原始彩色图像的背景中提取样本，随后利用图像分割获取背景分割后的虾仁目标图像。图 8-48 所示为典型的虾仁图像分割过程，图 8-48(a)(b)(c)(d)分别表示原始彩色图像、滤色图像、掩模和背景分割后的虾仁。该研究利用零阶、一阶和 FCM 转换模型在目标图像上描述虾的颜色变化程度，研究结果表明，FCM 转换模型能够更加成功地跟踪实验数据，与颜色参数相吻合。

为了实现淡水鱼品种的识别分类，张志强等(2011)以市场上常见的四种淡水鱼为研究对象，设计了一套机器视觉检测分选系统，如图 8-49 所示。该研究在相同的光照条件下，视觉系统采集淡水鱼样本的图像 240 幅，其中 180 条(每种鱼 45 条)作为校正集，另外 60 条为验证集。基于图像处理技术提取淡水鱼图像的颜色和体型特征，依据淡水鱼图像提取的颜色分量和体型参数，通过设置合适的阈值构建了淡水鱼品种识别分类模型。为了验证模型的分类效果，该研究以验证集中的 60 条样本对图像识别分类模型进行评估，其中鲢鱼的识别率为 100%，鳊鱼的识别率为 100%，鲫鱼的识别率为 92. 31%，鲤鱼的识别率为 93. 7%。研究结果表明，利用机器视觉技术对淡水鱼的品种识别是完全可行的。

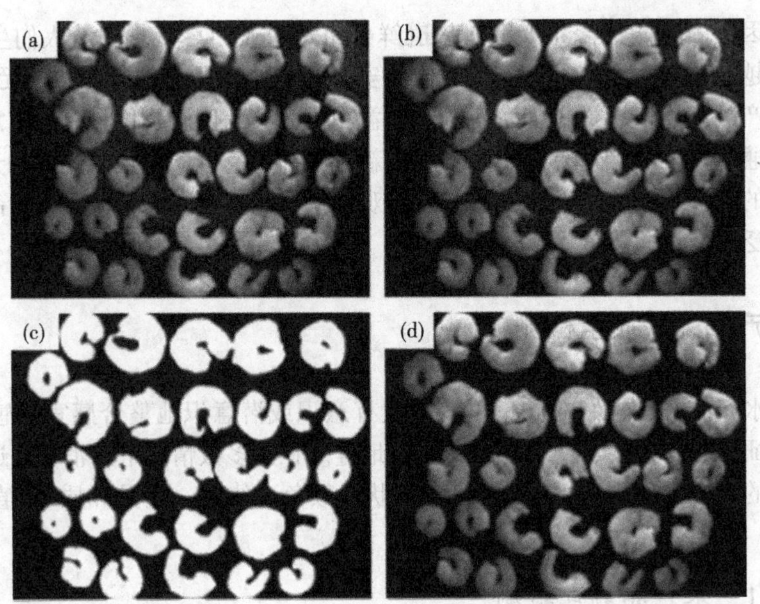

图 8-48　典型的虾仁图像分割过程(Hosseinpour 等，2013)

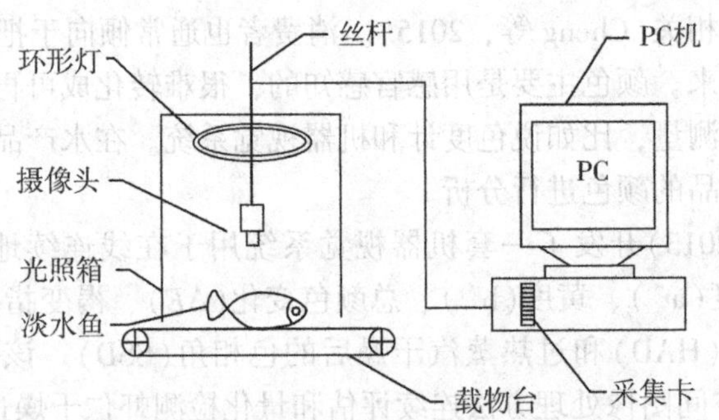

图 8-49　用于淡水鱼品种识别的机器视觉系统结构图(张志强等，2011)

8. 6. 1. 2　水产品尺寸和形状检测

外形大小对于某些水产品的品质也有很大的影响，某些水产品在进入市场之前需要对其按大小和形状进行分级(邓海霞等，2006)。国内外采用机器视觉技术对水产品的大小(即长度、面积、体积、宽度、高度等)和形状的检测研究较多。Beddow 等(1996)利用回归分析的方法，测量了大西洋鲑鱼侧身剖面的各种桁架和常规尺寸，建立了一系列多因素权重-侧向尺寸关系模型。该研究从图 8-50 中所示的鲑鱼的侧面体宽 *A*、*B*、*C*，体长 SL、POL 和眼、鳍等特征点 1—4、3—5、4—5、4—7、5—7、7—8、8—11 之间的距离中选取

2 到 4 个不同组合，由这些组合的长度分别建立了一系列预测鲑鱼质量的多元回归模型。研究共建立了 52 个多元回归模型，模型预测鱼重与真实值相比误差控制在 2%之内，其次对 20 条鲑鱼的重量进行预测，发现最大误差仅为±2. 8%。结果表明，该研究所使用的方法对鱼的重量进行估算的精度远远高于传统商业操作应用的方法对鱼的重量进行估算的±5%的精度。

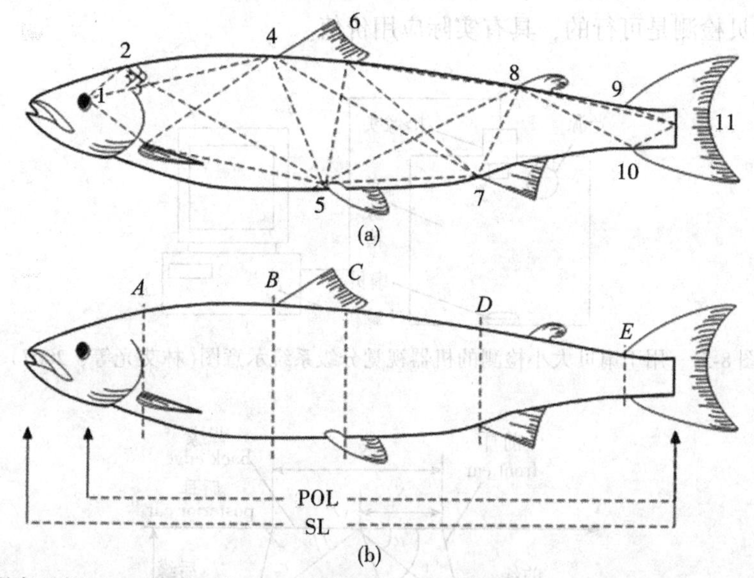

1—眼窝后部；2—脑颅后部；3—胸鳍前端；4—背鳍前端；5—腹鳍前端；6—背鳍末端；7—臀鳍前端；8—脂鳍前端；9—尾鳍前端；10—尾鳍后端；11—中尾线的基部；A—胸鳍前端处体宽；B—背鳍前端处体宽；C—背鳍末端处体宽；D—肛鳍前端处体宽；E—尾梗最小深度；POL—眼后的体长；SL—标准体长

图 8-50　鲑鱼各点示意图(Beddow 等，1996)

林妙玲等(2007)提出了基于机器视觉技术的虾体位姿和虾体轮廓特征点识别算法。该研究可利用图像处理技术较好地识别虾的头部位置，为以后基于机器视觉的虾去头剥壳设备的研究和开发提供了基础。该研究利用图像处理识别虾类外形尺寸(大小、宽度、轮廓)和虾体姿态，为虾的分级和包装处理提供了依据，同时也可以提高产品加工的现代化水平。其中，测量虾的长度时，需要把虾体压直，以虾尾部到虾头尖角的长度作为整虾的长度标准。该研究首先基于图像处理方法提取了对虾的外部轮廓特征信息，并尝试不同滤波次数的小波变换对轮廓进行处理，基于处理后的图像进行水平和垂直的 8 个领域像素链码形式进行成对字母标记，把已标记相邻字母之间的欧式距离作为选取虾体的起始点和终点的标准，所选结果可作为识别虾体腹部和背部的依据。然后，根据虾体边缘轮廓线计算其封闭曲线一周的长度，其次用周长来预测虾体长度，并给出了虾体预测长度和虾体实际长度的拟合曲线、方程以及相关系数。实验结果表明，基于周长的虾体预测长度和虾体实际长度的相关性并不是很大，对于单个虾体长度测量精度不是很高。

林艾光等(2007)开发了一种基于机器视觉的扇贝检测分级系统来检测扇贝的大小，

系统如图 8-51 所示。该视觉检测系统首先对获取的扇贝图像进行分割、膨胀、腐蚀等预处理操作，然后提取扇贝面积等特征值，并建立扇贝面积和弧长之间的几何模型和数学模型。虾夷扇贝的几何模型及各部位名称如图 8-52 所示。根据计算，得到扇贝弧长 L 与面积 A 的关系为：$L=\sqrt{A/0.7766}$。为了评估模型的测量效果，该研究利用 24 个虾夷扇贝样品验证了模型的测量性能。其中，弧长实测值与视觉系统识别值的平均相对误差为 1.12%，其中最小相对误差为 0.02%，最大相对误差为 2.63%。研究结果表明，该视觉检测系统进行扇贝检测是可行的，具有实际应用价值。

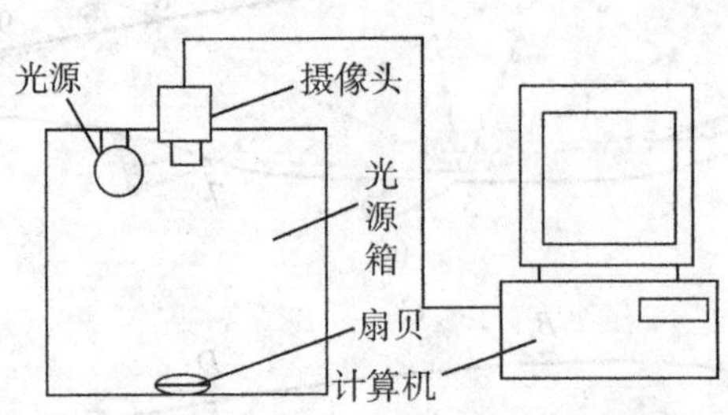

图 8-51　用于扇贝大小检测的机器视觉分级系统示意图(林艾光等，2007)

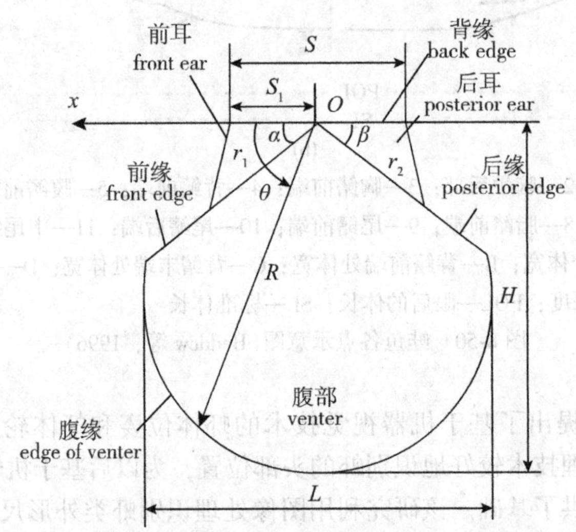

图 8-52　虾夷扇贝几何模型(林艾光等，2007)

8.6.1.3　水产品质地检测

体表纹理是水产品(鱼、虾等)品质的重要衡量指标，质量好的新鲜鱼虾，体表一般富有光泽，纹理清晰、均匀；而质量差的鱼虾，体表光泽较差，纹理模糊。纹理可以用于判断鱼虾等水产品的品质。同时，每一种鱼虾等水产品一般具有比较固定的体表纹理，体表纹理还可以用于鱼虾等水产品的分类识别。

Hu 等(2012)基于淡水鱼的颜色、纹理特征构建了多分类支持向量机(multi-class support vector machine，MSVM)模型实现了淡水鱼种类的识别分类。为了验证模型的分类性能，该研究利用中国市场上常见的6种淡水鱼(草鱼、鲢鱼、鳙鱼、乌鳢、团头鲂和红腹鱼)对分类模型进行了评估测试。图8-53所示为我国6种常见淡水鱼体表纹理图像。该研究提取了不同颜色空间下的统计纹理特征和基于小波变换的纹理特征，并将这些特征输入到LIBSVM中测试最佳分类模型，实验通过留一交互验证进行测试，找到特征选择过程中分类的最佳组合。研究结果表明，基于HSV颜色空间下的小波变换纹理特征的DAGMSVM模型是实现6种淡水鱼分类的最佳模型，该模型对6种淡水鱼的识别准确率分别为：100%(草鱼)、92.22%(鳙鱼)、96.66%(鲢鱼)、100%(乌鳢)、98.88%(团头鲂)和98.88%(红腹鱼)。6种淡水鱼的识别时间分别为：10.1ms(草鱼)、18.5ms(鳙鱼)、15.9ms(鲢鱼)、9.4ms(乌鳢)、12.8ms(团头鲂)和9.5ms(红腹鱼)。

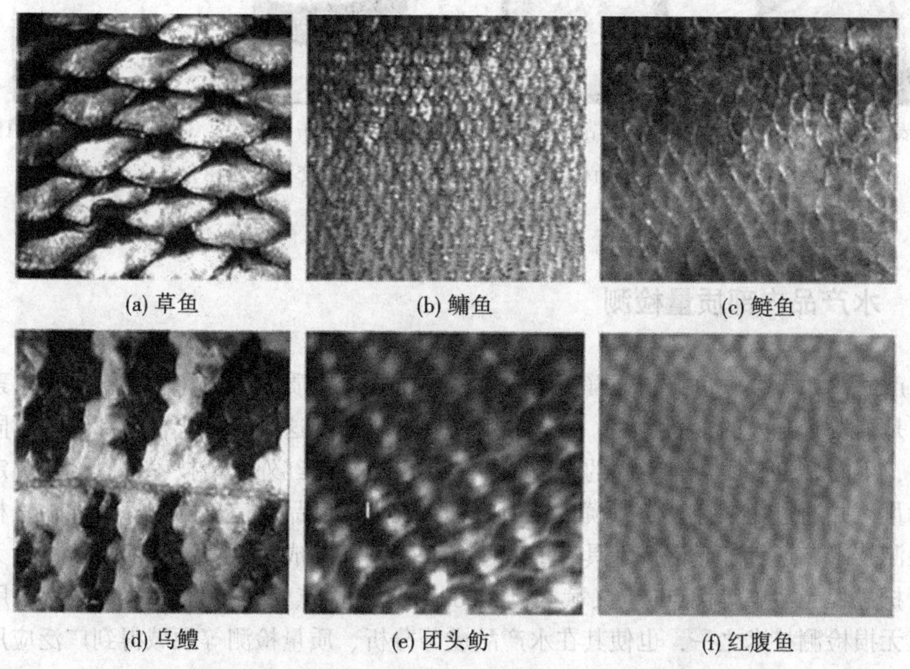

图8-53 常见淡水鱼体表纹理图像(Hu等，2012)

黄星奕等(2013)利用自行设计的图像采集装置采集了4℃恒温条件下储藏不同天数的鲫鱼图像，运用数字图像处理技术从图像中分割提取出鱼眼虹膜、鱼鳃和体表3个感兴趣区域，并进一步提取感兴趣区域的颜色特征信息以及体表纹理特征，同时利用PCA对颜色和纹理特征信息进行降维处理，并将前几个主成分因子作为输入变量建立BP神经网络模型，对鲫鱼的冷藏储藏时间进行预测。研究表明，最佳主成分数为8时，训练集样本的分类正确率可达94%，测试集样本的分类正确率可达85%。为了分析鲫鱼腐败过程中体表纹理的变化，该研究选用基于描述图像灰度级分布的直方图统计矩阵的纹理参数(均值、标准偏差、平滑度、三阶矩、一致性和熵)和描述灰度空间位置信息的灰度共生矩阵的纹理参数(对比度、熵、相关性和能量)共计10个纹理特征变量来分析感兴趣区域的纹理特征。为了消除鱼鳍对体表纹理分析的影响，该研究首先按照比例划取体表矩形区域，如图 8-54(a)所示；其次，利用三角分割区域划取方法把腹部鱼鳍控制在三角形几何区域内，如图 8-54(b)所示；再次，利用迭代阈值分割法和改进的区域增长法实现鱼鳍的分割，如图 8-54(c)所示；最后，利用鱼鳍分割后二值图像(如图 8-54(d)所示)与原灰度图与运算得到用来分析体表纹理的感兴趣区域图像。研究发现，单用鲫鱼体表的 10 个纹理特征变量建立的新鲜度判别模型识别精度并不高，而综合所有的图像信息(包括鱼眼、鱼鳃、体表的颜色及体表纹理特征)并利用 BP 神经网络模型进行储藏天数预测可以达到较高的分类精度。

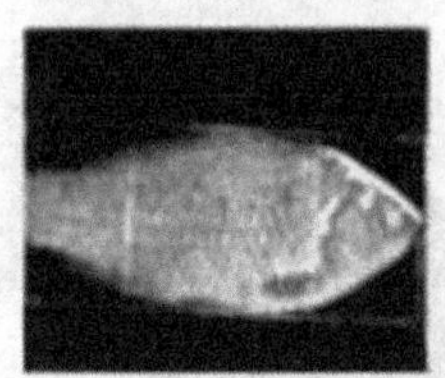
(a) 体表矩形区域划取

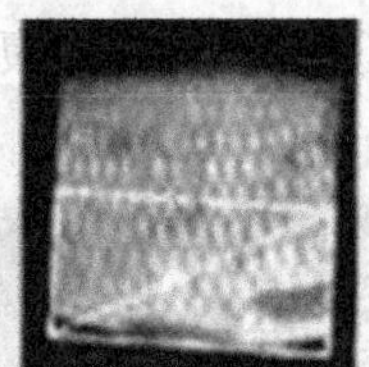
(b) 三角分割区域划取

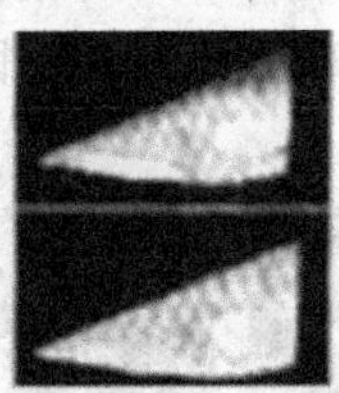
(c) 腹部鱼鳍分割

(d) 鱼鳍分割后二值图像

图 8-54　鲫鱼体表感兴趣区域获取(黄星奕等，2013)

8.6.2　水产品内部质量检测

水产品，如贝类、鱼类、虾蟹类及其制品，富含蛋白质、不饱和脂肪酸、维生素和水分等，是消费者喜爱的食品之一。水产品蛋白质、脂肪等这些有机化合物都含有不同的含氢基团，不同含氢基团具有不同的光谱特性，鉴于此，近红外光谱技术可以无损测定这些成分含量，并通过化学计量学、模式识别方法实现水产品品质信息的测算和评估。相较于其它检测技术，近红外光谱技术具有重现性好、效率高、成本低、测试简单、样品无破坏性和分析过程无污染等优点(应义斌等，2008)。这些优点使得近红外光谱成为应用广泛的快速无损检测技术之一，也使其在水产品成分分析、质量检测等领域得到广泛应用。

8.6.2.1　水产品蛋白质测量

无论从细胞水平还是组织水平，蛋白质是水产品肌肉的基本组成成分，对水产品的口感、风味和营养价值均有较大的影响，蛋白质含量更是水产品品质高低的直接体现(励建荣等，2012)。同时，水产品的腐败变质大多是由蛋白质的降解引起的，故水产品的品质变化与蛋白质存在必然关联。

冷烟熏食品(cold smoked food)是利用冷烟技术处理过的食物。冷熏鲑鱼是最为典型的一种冷烟食品。在对鲑鱼进行冷烟处理前，一般需要把鲑鱼放在盐中进行腌制。Carton 等(2009)采用傅里叶变换红外光谱技术(FT-IR)和光学显微镜研究了腌制和冷烟处理的鲑鱼肌肉中肌原纤维蛋白的变化。图 8-55 所示为甲苯胺蓝染色的鲑鱼肌横切面显微图像，其中 S 表示表皮侧，I 为内部，U 指未加工样品，S8 指腌制 24h，B8 指腌制 8h 后冷烟处理，B24 指腌制 24h 后冷烟处理。从图中可以观察到，未处理的样品呈现出肌纤维黏附良好的结构，表皮侧与内部的微观结构没有差异。而进行腌制处理后，内侧和表皮侧呈现明显差别，细胞内部样品脱附程度越高，细胞间隙随腌制时间增加越大。FT-IR 显微光谱分析表明，腌制时间主要贡献在酰胺 I 区，表明蛋白质的二级结构变化主要受腌制的影响。而酰胺 II 区的主要变化是由冷烟处理引起的。冷烟成分可以与氨基酸侧链反应，并且氨基酸侧链对酰胺 II 区的贡献大于酰胺 I 区，因此认为观察到的差异是由于冷烟的羰基化合物与氨基酸之间的相互作用造成的。

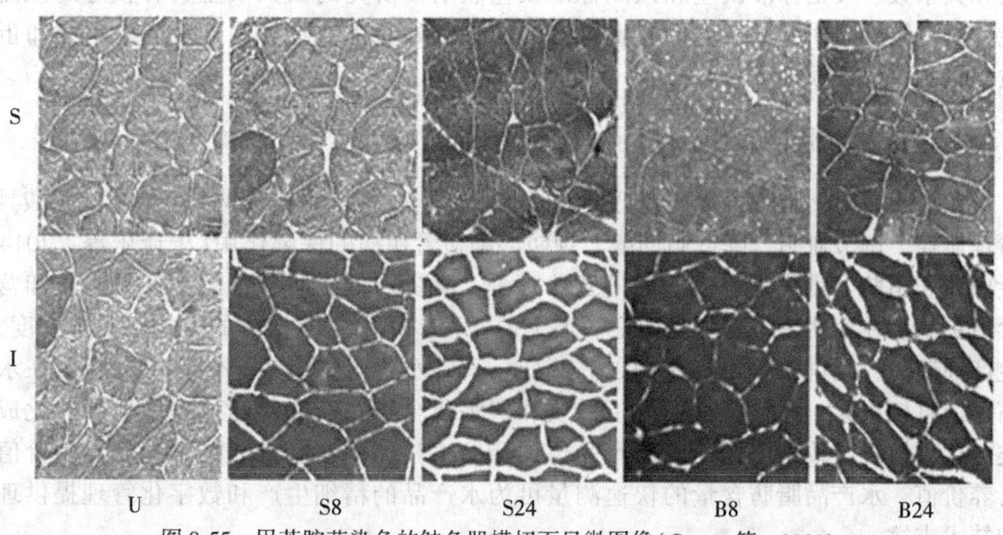

图 8-55 甲苯胺蓝染色的鲑鱼肌横切面显微图像(Carton 等，2009)

Masoum 等(2012)采用偏最小二乘法(PLS)研究了近红外反射光谱技术预测鱼粉中粗蛋白的潜力。校正模型标准误差为 14.03g/kg，决定系数为 0.95，独立验证集的决定系数则高达 0.97。图 8-56 所示为鱼粉样品蛋白质含量的预测值和化学参考实际值的散点图。可以看出，蛋白质含量的预测值比较接近实际值，研究结果表明，近红外光谱技术能够比较准确地预测鱼粉样品中的蛋白质的含量。

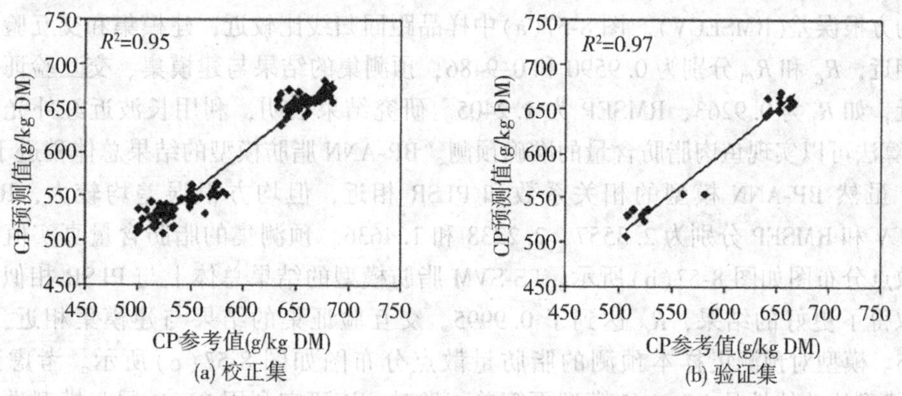

图 8-56 鱼粉样品蛋白质含量的预测值和化学参考实际值的对比图(Masoum 等，2012)

为了实现鱼糜样品中水分和蛋白质含量的快速无损检测，王小燕等(2012)基于支持向量机建立了鱼糜样品中水分和蛋白质含量的近红外光谱检测模型，并利用建立的预测模型对独立样本集的蛋白质含量进行检测。该研究首先利用间隔两点一阶导数(DB1G2)、标准正态变换(SNV)、多元散射校正(MSC)相结合的方法对原始光谱进行了预处理，然后利用偏最小二乘法(PLS)降维处理，选择前 15 个投影变量作为输入变量，利用支持向量机算法进行回归建模，水分和蛋白质预测模型的校正相关系数、预测相关系数、校正标准误差和预测标准误差表明该研究的回归模型具有较好的预测性能。研究结果表明，基于支持向量机算法和近红外光谱技术可用于鱼糜中水分和蛋白质含量的快速无损检测。

8.6.2.2　水产品脂肪测量

在水产品中，脂肪含量比较低，且脂肪多由不饱和脂肪酸组成，不饱和脂肪酸具有清理血栓、调节血脂、降低胆固醇、预防心脑血管疾病的保健作用(朱逢乐等，2014)。蛋白质和脂肪含量代表着水产品的营养水平，高蛋白低脂肪含量的水产品肉质和营养价值更高，在消费者中更为受欢迎。人工饲养大多采用定时投饵的方式，养殖密度大，生产周期短，且饲料是由高蛋白、高脂肪、高碳水化合物组成。饲料中的脂肪在水产品体内直接积累，而且饲料中的蛋白质和碳水化合物在新陈代谢过程中也会转化成脂类，这种情况导致人工饲养的水产品体内脂肪大量囤积，严重影响水产品食用价值和营养价值。水产品脂肪含量的快速测量可为水产品的精细生产和数字化管理提供理论和技术支撑。

朱逢乐(2014)采用长波红外高光谱成像技术，实现了大西洋鲑脂肪含量的快速无损检测和其分布的可视化。该研究基于提取的平均光谱和实测的脂肪含量建立了 PLSR、BP-ANN 和 LS-SVM 校正模型，图 8-57 所示分别为 PLSR、BP-ANN 和 LS-SVM 模型对预测集样本的脂肪含量预测散点分布图，横坐标为真实脂肪含量，纵坐标为预测脂肪含量，样本均分布于回归直线周围。为了避免模型的过拟合，该研究采用了全交互验证检验模型。模型的性能评估标准主要采用模型的预测相关系数 R_P 和预测均方根误差(RMSEP)，同时辅助使用模型的相互系数 R_C 和建模均方根误差(RMSEC)，交互验证相关系数 R_{CV} 和交互验证均方根误差(RMSECV)。图 8-57(a)中样品距回归线比较近，建模集和交互验证集的结果相近，R_C 和 R_{CV} 分别为 0.9590 和 0.9486，预测集的结果与建模集、交互验证集的结果相近，如 R_P 为 0.9263，RMSEP 为 1.2405。研究结果表明，利用长波近红外光谱结合 PLSR 算法可以实现鱼肉脂肪含量的准确预测。BP-ANN 脂肪模型的结果总体稍逊于 PLSR 模型，虽然 BP-ANN 模型的相关系数和 PLSR 相近，但均方根误差均较大，RMSEC、RMSECV 和 RMSEP 分别为 2.3557、2.2238 和 1.4636。预测集的脂肪含量真实值与预测值的散点分布图如图 8-57(b)所示。LS-SVM 脂肪模型的结果总体上与 PLSR 相似，但建模集取得了更好的结果，R_C 达到了 0.9995。交互验证集的结果与建模集相近，R_{CV} 为 0.9555。模型对预测集样本预测的脂肪量散点分布图如图 8-57(c)所示。考虑到线性 PLSR 模型比非线性的 LS-SVM 模型更简单、省时，该研究利用 PLSR 回归模型进行鱼肉脂肪含量分布可视化。

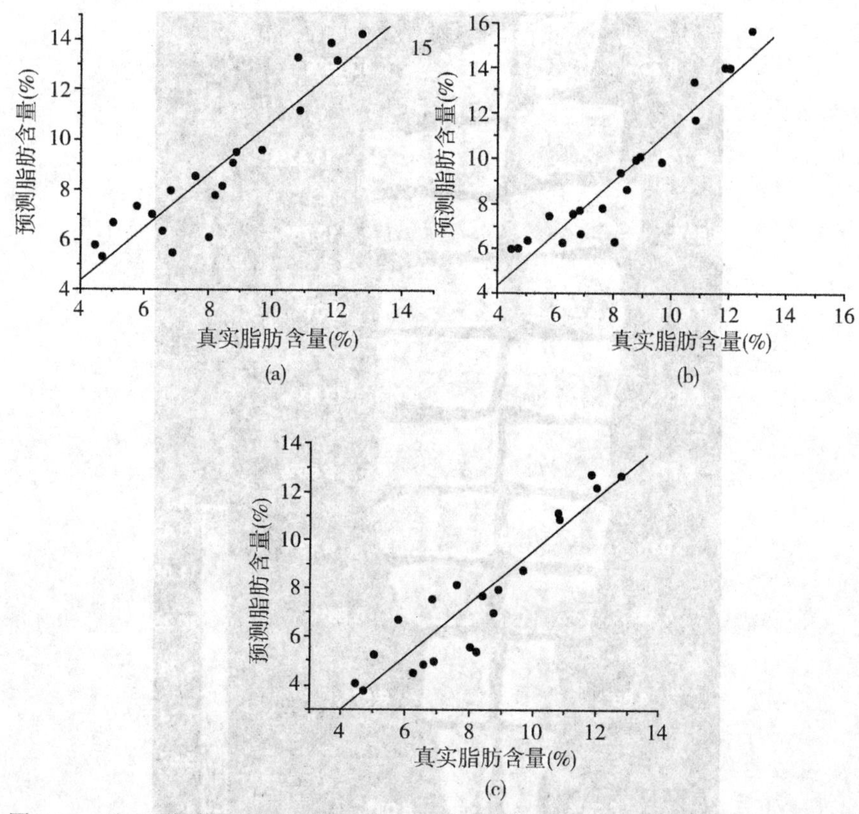

图 8-57 基于不同模型对大西洋鲑脂肪含量预测值和实测值散点图(朱逢乐，2014)

大西洋鲑鱼肉成分的空间分布并非均匀，不同区域的脂肪含量不一致，高光谱图像上每个像素点所包含的光谱信息呈现不同的光谱特性。该研究用构建的 PLSR 模型对整块鱼片细分割的 20 个预测样本图像上所有像素点的脂肪含量进行预测，然后在 IDL 软件中将不同成分含量用不同的颜色表示，得到成分含量的伪彩图，以展示脂肪含量在整鱼片中的空间分布，如图 8-58 所示。图中每个样本旁边的数据代表该样本的脂肪含量真实化学值。不同颜色代表了鱼肉不同的脂肪含量，深蓝色代表最低的脂肪含量，深红色代表最高的脂肪含量，从深蓝到深红的渐变代表脂肪含量的逐渐增大。①

8.6.2.3 水产品水分测量

相比畜、禽的肉，水产品中水分含量较高、肌纤维比较短、肉质细嫩鲜美、更易于消化吸收。水分作为水产品的重要成分，会影响水产品的质地和肌肉，因而水分与水产品品质高低直接相关。针对水分含量的常规检测方法费时、费力、样品消耗量大，无法实现大批量样品的快速检测(王小燕等，2012)。

① 图 8-58 彩色图片请参考朱逢乐博士学位论文。

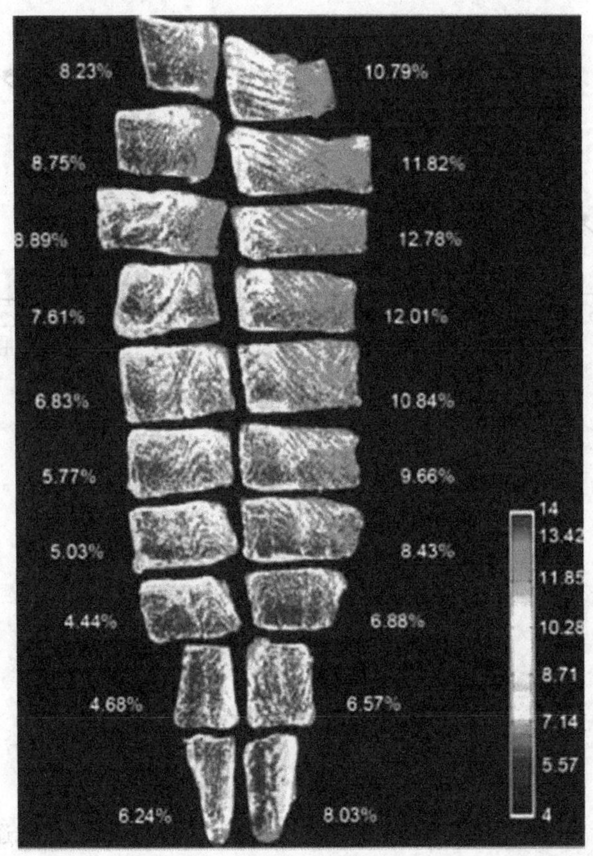

图 8-58　大西洋鲑鱼整块鱼片脂肪含量可视化分布图(朱逢乐，2014)

鳕鱼体内水分分布不均匀，腰部较厚部位水分含量高，而腹部和尾部较薄部位水分含量低。Wold 等(2006)基于近红外多光谱成像系统和反射、接触性透射及非接触性透射 3 种光谱获取方式研究了干腌鳕鱼片水分含量的在线检测方法。图 8-59 所示为不同的近红外光谱采集方法。基于所搭建的多光谱成像系统，该研究获得了 70 条干腌鳕鱼及鳕鱼切块样品的多光谱图像，即“图谱数据立方体”，并提取光谱信息用于构建干腌鳕鱼水分含量定量检测的偏最小二乘回归模型。最佳检测模型的决定系数 R^2 约为 0.92，交互验证均方根误差(RMSECV)为 0.70%。该研究利用所建立的偏最小二乘回归模型对多光谱图像中每一个像素位置的水分含量进行预测，实现了干腌鳕鱼水分含量空间可视化。此外，该研究还对比了反射、接触性透射和非接触性透射三种光谱获取模式对水分预测模型的影响。研究表明，利用接触性透射光谱和非接触性透射光谱所建立的近红外模型预测能力优于利用反射光谱所建立的模型。

石慧等(2013)利用高光谱成像系统采集了不同程度脱水虾仁的高光谱图像，并对虾仁的高光谱图像分别进行了分割，研究比较了基于 Matlab 2009 软件提取图像和基于 ENVI 4.6 软件的感兴趣区域提取功能手动分割光谱图像的效果。对分割后的图像的每个像素点光谱数据进行平均，每个样本得到一条平均光谱曲线，基于提取的高光谱数据建立偏最小二乘支持向量机(LS-SVM)预测模型，实现了虾仁水分含量的无损检测。研究结果表明，基于自动图像分割数据得到的模型预测性能优于手动图像分割数据得到的模型的预测性能，且自动图像分割大量地节省了劳动力，为以后便携式仪器的研究开发提供了理论支持。图 8-60 所示为使用 Matlab 2009 对虾仁图像进行自动分割的流程。

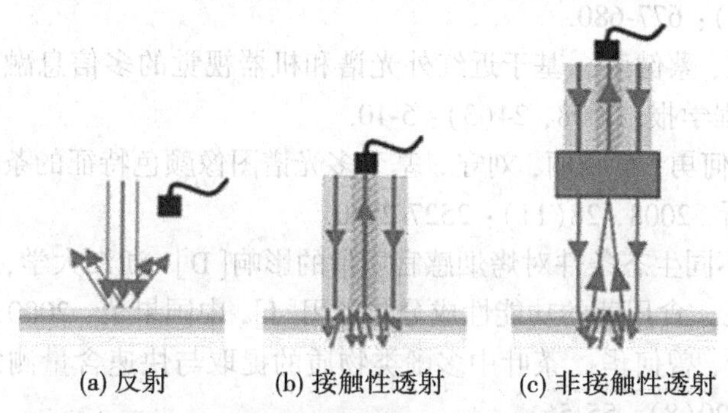

图 8-59　不同的近红外光谱采集方式(Wold 等，2006)

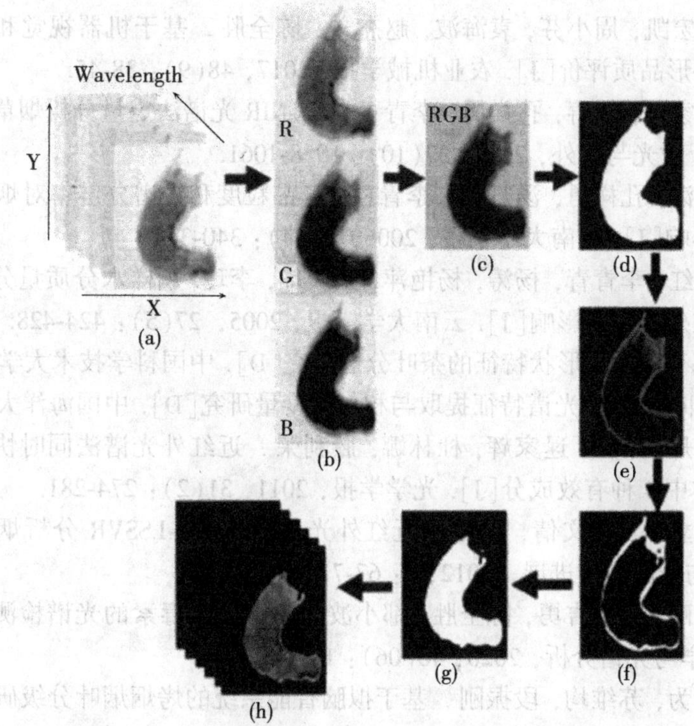

图 8-60　基于自动图像分割的虾仁提取流程(石慧等，2013)

参 考 文 献

[1]蔡健荣，张建平．利用计算机视觉技术的烟叶质量分选系统研究[J]．农业工程学报，2000，16(3)：118-122.

[2]蔡健荣．利用机器视觉定量描述茶叶色泽[J]．农业机械学报，2000，31(4)：67-70.

[3]常静，唐延林，刘子恒，楼佳．灵芝多糖含量的红外光谱预测模型研究[J]．光谱实验室，2010，27(2)：677-680.

[4]陈全胜，赵杰文，蔡健荣．基于近红外光谱和机器视觉的多信息融合技术评判茶叶品质[J]．农业工程学报，2008，24(3)：5-10.

[5]陈孝敬，吴迪，何勇，李晓丽，刘守．基于多光谱图像颜色特征的茶叶分类研究[J]．光谱学与光谱分析，2008，28(11)：2527-2530.

[6]丛日兴．山东不同生态条件对烤烟感官质量的影响[D]．浙江大学，2005.

[7]戴晓梅，李思义．食用菌的功能性成分与利用[J]．中国果菜，2000，5：33-34.

[8]戴永强，赵雨云，曾何华．茶叶中多酚类物质的提取与快速含量测定[J]．湖南科技学院学报，2008，29(8)：55-56.

[9]邓海霞，刘友明，熊利荣．机器视觉技术在农产品尺寸和形状检测方面的应用[J]．湖北农机化，2006(2)：25.

[10]董春旺，朱宏凯，周小芬，袁海波，赵杰文，陈全胜．基于机器视觉和工艺参数的针芽形绿茶外形品质评价[J]．农业机械学报，2017，48(9)：38-45.

[11]段焰青，王家俊，杨涛，孔祥勇，李青青．FT-NIR 光谱法定量分析烟草薄片中 5 种化学成分[J]．激光与红外，2007，37(10)：1058-1061.

[12]段焰青，杨涛，孔祥勇，汤丹瑜，李青青．样品粒度和光谱分辨率对烟草烟碱 NIR 预测模型的影响[J]．云南大学学报，2006，28(4)：340-344.

[13]段焰青，周红，李青青，杨涛，杨艳萍，王庆华，李玲．烟样水分质量分数对其常规化学成分近红外测定的影响[J]．云南大学学报，2005，27(5)：424-428.

[14]高达睿．基于颜色和形状特征的茶叶分选研究[D]．中国科学技术大学，2016.

[15]宫会丽．烟叶近红外光谱特征提取与相似性度量研究[D]．中国海洋大学，2014.

[16]郭伟良，王丹，宋佳，逯家辉，杜林娜，滕利荣．近红外光谱法同时快速定量分析蛹虫草菌丝体中 4 种有效成分[J]．光学学报，2011，31(2)：274-281.

[17]郭志明，陈立平，黄文倩，张驰．近红外光谱结合 GA-LSSVR 分析烟草尼古丁含量[J]．激光与光电子学进展，2012，2：67-71.

[18]郭志明，尹丽梅，石吉勇，陈全胜，邹小波．粮食真菌毒素的光谱检测技术研究进展[J]．光谱学与光谱分析，2020，40(06)：1751-1757.

[19]韩力群，何为，苏维均，段振刚．基于拟脑智能系统的烤烟烟叶分级研究[J]．农业工程学报，2008，24(7)：137-140.

[20]黄星奕，姜爽，陈全胜，赵杰文．基于机器视觉技术的畸形秀珍菇识别[J]．农业工程学报，2010，26(10)：350-354.

[21]黄星奕，吴磊，徐富斌．机器视觉技术在鱼新鲜度检测中的应用研究[J]．计算机工程

与设计，2013，34(10)：3562-3567.

[22]黄亚伟，王春华，王若兰．近红外光谱技术测定小麦过氧化氢酶的研究[J]. 河南工业大学学报，2013，34(2)：1-3.

[23]金茜，朱彬，罗宿星，曾启华，张世仙，魏福伦．食用菌多糖生物活性的研究进展[J]. 遵义师范学院学报，2010，12(4)：75-78.

[24]冷红琼，郭亚东，刘巍，张涛，邓亮，沈志强．FT-NIR 光谱法测定烟草中绿原酸、芸香苷、莨菪亭及总多酚含量[J]. 光谱学与光谱分析，2013，33(7)：1801-1804.

[25]李江波，王靖宇，苏忆楠，饶秀勤．鲜香菇外部品质机器视觉检测与分级研究[J]. 农产品加工，2010，10：4-7.

[26]李军山，彭新华，张博．近红外光谱法快速测定茯苓药材水分[J]. 亚太传统医药，2011，7(8)：36-38.

[27]李敏，李芳环，黄丽．我国禽蛋无损检测的现状及分析[J]. 科技资讯，2017，11：109-110.

[28]李瑞丽，张保林，王建民．近红外光谱检测技术在烟草分析中的应用及发展趋势[J]. 河南农业科学，2013，42(6)：1-6.

[29]李晓东，金乾坤，金明姬，崔泰花，崔承弼．长白山野生食用菌的功能性应用现状[J]. 食品研究与开发，2013，24：265-268.

[30]李晓丽，何勇．基于多光谱图像及组合特征分析的茶叶等级区分[J]. 农业机械学报，2009，40(z1)：113-118.

[31]李晓丽．基于机器视觉及光谱技术的茶叶品质无损检测方法研究[D]. 浙江大学，2009.

[32]励建荣，李婷婷，李学鹏．水产品鲜度品质评价方法研究进展[J]. 中国食品科学技术学会年会，2012.

[33]林艾光，孙宝元，矢田贞美．基于机器视觉的虾夷扇贝分级检测方法研究[J]. 水产学报，2007，30(4)：71-71.

[34]林妙玲．基于机器视觉的虾体位姿和特征点识别[D]. 浙江大学，2007.

[35]林新，牛智有．绿茶茶多酚近红外光谱定量分析模型优化研究[J]. 食品科学，2009，30(10)：144-148.

[36]刘辉军，吕进，张维刚，陈华才．茶叶中茶多酚含量的近红外光谱检测模型研究[J]. 红外技术，2007，29(7)：429-432.

[37]刘建．活力检测在我国种子质量检测体系中的重要性[J]. 中国种业，2018，2：25-28.

[38]刘长青，陈兵旗，张新会，王侨，杨曦．玉米定向精播种粒形态与品质动态检测方法[J]. 农业机械学报，2015，46(9)：47-54.

[39]宁井铭，颜玲，张正竹，韦玲冬，李露青，方骏婷，黄财旺. 祁门红茶加工中氨基酸和儿茶素快速检测模型建立[J]. 光谱学与光谱分析，2015，35(12)：3422-3426.

[40]潘磊庆，王振杰，孙柯，贾晓迪，都立辉，袁建，屠康．基于计算机视觉的稻谷霉变程度检测[J]. 农业工程学报，2017，33(3)：272-280.

[41]彭建，张正茂．小麦籽粒淀粉和直链淀粉含量的近红外漫反射光谱法快速检测[J].

麦类作物学报，2010，30(2)：276-279.
[42]秦玉华．烟叶通用近红外定量模型稳健性研究[D]．中国海洋大学，2014
[43]饶秀勤，岑益科，应义斌．基于外形几何特征的鸡蛋重量检测模型[J]．中国家禽，2007，29(5)：18-20.
[44]沈飞，黄怡，周曰春，刘琴，裴斐，李彭，方勇，刘兴泉．基于光谱和图像信息融合的玉米霉变程度在线检测[J]．食品科学，2019，40(16)：274-280.
[45]石德权，郭庆法．我国玉米品质现状、问题及发展优质食用玉米对策[J]．玉米科学，2001，9(2)：3-7.
[46]石慧．基于高光谱成像技术的对虾品质信息快速检测方法研究[D]．浙江大学，2013.
[47]时伟芳，谢宗铭，杨丽明，王建华，孙群．基于近红外光谱技术的春小麦单粒种子活力鉴定[J]．麦类作物学报，2016，36(2)：200-205.
[48]宋鹏，张晗，王成，罗斌，路文超，侯佩臣．玉米高通量自动考种装置设计与试验[J]．农业工程学报，2017，33(16)：41-47.
[49]孙兴华．基于内容的图像检索研究[D]．南京理工大学，2002.
[50]田喜，黄文倩，李江波，樊书祥，张保华．高光谱图像信息检测玉米籽粒胚水分含量[J]．光谱学与光谱分析，2016，10：3237-3242.
[51]汪建，杜世平．基于颜色和形状的茶叶计算机识别研究[J]．茶叶科学，2008，28(6)：420-424.
[52]王冬，闵顺耕，曹金莉，赵国民，秦小男．温度对烟草总植物碱近红外定量分析模型的影响[J]．中国烟草科学，2013，(4)：103-106.
[53]王娟，张荣芳，王相友．双孢蘑菇硬度的近红外漫反射光谱无损检测[J]．农业机械学报，2012，43(11)：163-168.
[54]王小燕，顾赛麒，刘源，陆烨，王锡昌．近红外光谱法快速检测带鱼肉中的水分和蛋白质含量[J]．食品工业科技，2012，33(5)：317-319.
[55]王小燕，王锡昌，刘源，董若琰．基于 SVM 算法的近红外光谱技术在鱼糜水分和蛋白质检测中的应用[J]．光谱学与光谱分析，2012，32(9)：2418-2421.
[56]王运圣，赵京音，郭倩，杨娟，马超，袁涛，万常照．杏鲍菇形态特征获取的图像分割算法[J]．农业网络信息，2010(1)：15-18.
[57]魏良明，严衍禄，戴景瑞．近红外反射光谱测定玉米完整籽粒蛋白质和淀粉含量的研究[J]．中国农业科学，2004，37(5)：630-633.
[58]吴翔，张卫正，陆江锋，裘正军，何勇．基于高光谱技术的玉米种子可视化鉴别研究[J]．光谱学与光谱分析，2016，36(2)：511-514.
[59]徐茂．绿茶、普洱茶及乌龙茶中茶氨酸的研究[D]．西南大学，2010.
[60]徐明敏，陈波，杨毅华．紫外液相色谱法测定可乐中咖啡因[J]．中国卫生检验杂志，2008，18(11)：2399-2400.
[61]许思，赵光武，邓飞，祁亨年．基于高光谱的水稻种子活力无损分级检测[J]．种子，2016，35(4)：34-40.
[62]杨丽，颜丙新，张东兴，张天亮，王云霞，崔涛．玉米精密播种技术研究进展[J]．农

业机械学报, 2016, 47(11): 38-48.

[63]应义斌, 于海燕. 近红外光谱在农产品品质无损检测中的应用研究进展[J]. 全国分子光谱学学术会议, 2008.

[64]张灵帅, 邢军, 谷运红, 王卫东, 焦浈. 烟草近红外光谱分析结果影响因素综述[J]. 安徽农业科学, 2008, 36(21): 9097-9099.

[65]张帅堂, 王紫烟, 邹修国, 钱燕, 余磊. 基于高光谱图像和遗传优化神经网络的茶叶病斑识别[J]. 农业工程学报, 2017, 33(22): 200-207.

[66]张新伟, 赵学观, 张健东, 焦维鹏, 邵志刚, 高连兴. 基于数据融合的玉米种子内部机械裂纹检测方法[J]. 农业工程学报, 2012, 28(9): 136-141.

[67]张雪娟, 李亮星, 胡栋宝, 高雪春, 伍贤学. 普洱茶中咖啡因含量的红外光谱法快速判别[J]. 玉溪师范学院学报, 2016, 32(12): 27-31.

[68]张志强. 基于机器视觉的淡水鱼品种识别及重量预测研究[D]. 华中农业大学, 2011.

[69]赵杰文, 郭志明, 陈全胜, 吕强. 近红外光谱法快速检测绿茶中儿茶素的含量[J]. 光学学报, 2008, 28(12): 2302-2306.

[70]赵杰文, 郭志明, 陈全胜. 基于OSC/PLS的茶叶中EGCG含量的近红外光谱法测定[J]. 食品与生物技术学报, 2008, 27(4): 12-15.

[71]朱逢乐. 基于光谱和高光谱成像技术的海水鱼品质快速无损检测[D]. 浙江大学, 2014.

[72]朱丽伟, 马文广, 胡晋, 郑昀晔, 田艺心, 关亚静, 胡伟民. 近红外光谱技术检测种子质量的应用研究进展[J]. 光谱学与光谱分析, 2015, 2: 346-349.

[73]朱苏文, 何瑰, 李展. 玉米籽粒直链淀粉含量的近红外透射光谱无损检测[J]. 中国粮油学报, 2007, 22(3): 144-148.

[74]祝志慧, 刘婷, 马美湖. 基于高光谱信息融合和相关向量机的种蛋无损检测[J]. 农业工程学报, 2015, 31(15): 285-292.

[75]庄珍珍, 祝诗平, 孙雪剑, 左英琦. 基于机器视觉的烟叶自动分组方法[J]. 西南师范大学学报, 2016, 41(4): 122-129.

[76]Agelet L. E., Armstrong P. R., Clariana I. R., Hurburgh C. R. Measurement of single soybean seed attributes by near-infrared technologies. A comparative study[J]. Journal of Agricultural & Food Chemistry, 2012a, 60(34): 8314-8322.

[77]Agelet L. E., Ellis D. D., Duvick S., Goggi A. S., Hurburgh C. R., Gardner C. A. Feasibility of near infrared spectroscopy for analyzing corn kernel damage and viability of soybean and corn kernels[J]. Journal of Cereal Science, 2012b, 55(2): 160-165.

[78]Agelet L. E., Hurburgh C. R. Limitations and current applications of near infrared spectroscopy for single seed analysis[J]. Talanta, 2014, 121: 288-299.

[79]Ambrose A., Kandpal L. M., Kim M. S., Lee W. H., Cho B. K. High speed measurement of corn seed viability using hyperspectral imaging[J]. Infrared Physics & Technology, 2016, 75: 173-179.

[80]Armstrong P. R. Rapid Single-Kernel NIRmeasurement of grain and oil-seed attributes[J].

Applied Engineering in Agriculture, 2006, 22(5): 767-772.

[81] Balaji R., Renganathan V., Chen S. M., Singh V. Ingenious design and development of recyclable 2D BiOCl nanotiles attached tri-functional robust strips for high performance selective electrochemical sensing, SERS and heterogenous dip catalysis [J]. Chemical Engineering Journal, 2020, 385: 123974.

[82] Beddow T. A., Ross L. G. Predicting biomass of Atlantic salmon from morphometric lateral measurements[J]. Journal of Fish Biology, 1996, 49(3): 469-482.

[83] Berardo N., Brenna O. V., Amato A., Valoti P., Pisacane V., Motto M. Carotenoids concentration among maize genotypes measured by near infrared reflectance spectroscopy (NIRS)[J]. Innovative Food Science & Emerging Technologies, 2004, 5(3): 393-398.

[84] Carton I., Bocker U., Ofstad R., Sørheim O., Kohler A. Monitoring secondary structural changes in salted and smoked salmon muscle myofiber proteins by FT-IR microspectroscopy [J]. Journal of agricultural and food chemistry, 2009, 57(9): 3563-3570.

[85] Chen H. H., Ting C. H. The development of a machine vision system for shiitake grading [J]. Journal of Food Quality, 2004, 27(5): 352-365.

[86] Chen Q., Guo Z., Zhao J., Ouyang Q. Comparisons of different regressions tools in measurement of antioxidant activity in green tea using near infrared spectroscopy[J]. Journal of Pharmaceutical and Biomedical Analysis, 2012, 60: 92-97.

[87] Chen Q., Hassan M. M., Xu J., Zareef M., Li H., Xu Y., Wang P. Y., Agyekum A. A., Kutsanedzie F. Y. H., Viswadevarayalu A. Fast sensing of imidacloprid residue in tea using surface-enhanced Raman scattering by comparative multivariate calibration [J]. Spectrochimica Acta Part A: Molecular and Biomolecular Spectroscopy, 2019, 211: 86-93.

[88] Chen X., Xun Y., Li W., Zhang J. Combining discriminant analysis and neural networks for corn variety identification[J]. Computers & Electronics in Agriculture, 2010, 71(1): S48-S53.

[89] Cheng J. H., Sun D. W., Zeng X. A., Liu D. Recent advances in methods and techniques for freshness quality determination and evaluation of fish and fish fillets: a review [J]. Critical Reviews in Food Science and Nutrition, 2015, 55(7): 1012-1225.

[90] Chu X., Wang W., Yoon S. C., Ni X., Heitschmidt G. W. Detection of aflatoxin B1 (AFB1) in individual maize kernels using short wave infrared (SWIR) hyperspectral imaging[J]. Biosystems Engineering, 2017, 157: 13-23.

[91] Cogdill R. P. Single-kernel maize analysis by near-infrared hyperspectral imaging [J]. Transactions of the ASAE, 2004, 47(1): 311-320.

[92] Coronel-Reyes J., Ramirez-Morales I., Fernandez-Blanco, E., Rivero D., Pazos A. Determination of egg storage time at room temperature using a low-cost NIR spectrometer and machine learning techniques[J]. Computers & Electronics in Agriculture, 2018, 145: 1-10.

[93] De Girolamo A., Cervellieri S., Cortese M., Porricelli A. C. R., Pascale M., Longobardi F., von Holst C., Ciaccheri L., Lippolis V. Fourier transform near-infrared and mid-

infrared spectroscopy as efficient tools for rapid screening of deoxynivalenol contamination in wheat bran[J]. Journal of the Science of Food and Agriculture, 2019, 99(4): 1946-1953.

[94] Dubey B. P., Bhagwat S. G., Shouche S. P., Sainis J. K. Potential of artificial neural networks in varietal identification using morphometry of wheat grains [J]. Biosystems Engineering, 2006, 95(1): 61-67.

[95] Feng Y. T., He L., Wang L., Mo R. J., Zhou C. X., Hong P. Z., Li C. Y. Detection of aflatoxin B1based on a porous anodized aluminum membrane combined with surface-enhanced raman scattering spectroscopy[J]. Nanomaterials (Basel), 2020, 10(5): 1000.

[96] Guo G., Jackson D. S., Graybosch R. A. Asian salted noodle quality: impact of amylose content adjustments using waxy wheat flour[J]. Cereal Chemistry, 2003, 80(4): 437-445.

[97] Guo Z., Wang M., Wu J., Tao F., Chen Q., Wang Q., Ouyang Q., Shi J., Zou X. Quantitative assessment of zearalenone in maize using multivariate algorithms coupled to Raman spectroscopy[J]. Food Chemistry, 2019, 286: 282-288.

[98] Guo Z., Barimah A. O., Guo C., Agyekum A. A., Annavaram V., El-Seedi H. R. Chemometrics coupled 4-Aminothiophenol labelled AgAu alloy SERS off-signal nanosensor for quantitative detection of mercury in black tea [J]. Spectrochimica Acta Part A: Molecular and Biomolecular Spectroscopy, 2020, 118747.

[99] Hassan M. M., Chen Q., Kutsanedzie F. Y. H., Li H., Zareef M., Xu Y., Yang M. X., Agyekum A. A.. rGO-NS SERS-based coupled chemometric prediction of acetamiprid residue in green tea[J]. Journal of Food and Drug Analysis, 2019, 27(1): 145-53.

[100] Hassan M. M., Li H. H., Ahmad W., Zareef M., Wang J. J., Xie S. C., Wang P. Y., Ouyang Q., Wang S. Y., Chen Q. S. Au@ Ag nanostructure based SERS substrate for simultaneous determination of pesticides residue in tea via solid phase extraction coupled multivariate calibration[J]. LWT-Food Science and Technology, 2019, 105: 290-297.

[101] Hosseinpour S., Rafiee S., Mohtasebi S. S., Aghbashlo M. Application of computer vision technique for on-line monitoring of shrimp color changes during drying[J]. Journal of Food Engineering, 2013, 115(1): 99-114.

[102] Hu J., Li D., Duan Q., Han Y., Chen G., Si X. Fish species classification by color, texture and multi-class support vector machine using computer vision[J]. Computers and electronics in agriculture, 2012, 88: 133-140.

[103] Huang M., Wang Q. G., Zhu Q. B., Qin J. W., Huang G. Review of seed quality and safety tests using optical sensing technologies[J]. Seed Science & Technology, 2015, 43(3), 337-366.

[104] Huang M., He C., Zhu Q., Qin J. Maize seed variety classification using the integration of spectral and image features combined with feature transformation based on hyperspectral imaging[J]. Applied Sciences, 2016, 6(6): 183.

[105] Islam M. H., Kondo N., Ogawa Y., Fujiura T., Suzuki T., Fujitani S. Detection of infertile eggs using visible transmission spectroscopy combined with multivariate analysis

[J]. Engineering in Agriculture, Environment and Food, 2017, 10(2): 115-120.

[106] Kaya-Celiker H., Mallikarjunan P.K., Schmale D., Christie M.E. Discrimination of moldy peanuts with reference to aflatoxin using FTIR-ATR system[J]. Food Control, 2014, 44: 64-71.

[107] Kimuli D., Wang W., Lawrence K.C., Yoon S.C., Ni X.Z., Heitschmidt G.W. Utilisation of visible/near-infrared hyperspectral images to classify aflatoxin B1contaminated maize kernels[J]. Biosystems Engineering, 2018, 166: 150-160.

[108] Kong W., Zhang C., Liu F., Nie P., He Y. Rice seed cultivar identification using near-infrared hyperspectral imaging and multivariate data analysis[J]. Sensors, 2013, 13(7): 8916-8927.

[109] Kos G., Sieger M., McMullin D., Zahradnik C., Sulyok M., Oner T., Mizaikoff B., Krska R. A Novel chemometric classification for FTIR spectra of mycotoxin-contaminated maize and peanuts at regulatory limits[J]. Food Addit Contam Part A Chem Anal Control Expo Risk Assess, 2016, 33(10): 1596-1607.

[110] Kusumaningrum D., Lee H., Lohumi S., Mo C., Kim M.S., Cho B.K. Nondestructive technique for determining the viability of soybean (glycine max) seeds using FT-NIR spectroscopy[J]. Journal of the Science of Food & Agriculture, 2018, 98: 1734-1742.

[111] Lee K.M., Herrman T.J., Bisrat Y., Murray S.C. Feasibility of surface-enhanced Raman spectroscopy for rapid detection of aflatoxins in maize[J]. Journal of Agricultural and Food Chemistry, 2014, 62(19): 4466-4474.

[112] Li Y., Dhakal S., Peng Y. A machine vision system for identification of micro-crack in egg shell[J]. Journal of Food Engineering, 2012, 109(1): 127-134.

[113] Li X.L., Sun C.J., Luo L.B., He Y. Nondestructive detection of lead chrome green in tea by Raman spectroscopy[J]. Scientific Reports, 2015, 5: 15729.

[114] Liang K., Huang J., He R., Wang Q., Chai Y., Shen M. Comparison of Vis-NIR and SWIR hyperspectral imaging for the non-destructive detection of DON levels in Fusarium head blight wheat kernels and wheat flour[J]. Infrared Physics & Technology, 2020, 106: 103281.

[115] Lin X., Sun D.W. Recent developments in vibrational spectroscopic techniques for tea quality and safety analyses[J]. Trends in Food Science & Technology, 2020. 10.1016/j.tifs.2020.06.009.

[116] Liu S., Delwiche R., Dong Y. Feasibility of FT-Raman spectroscopy for rapid screening for DON toxin in ground wheat and barley[J]. Food Additives & Contaminants: Part A, 2009, 26(10): 1396-1401.

[117] Masoum S., Alishahi A.R., Farahmand H., Shekarchi M., Prieto N. Determination of protein and moisture in fishmeal by near-infrared reflectance spectroscopy and multivariate regression based on partial least squares[J]. Iranian Journal of Chemistry and Chemical Engineering (IJCCE), 2012, 31(3): 51-59.

[118] Omid M., Soltani M., Dehrouyeh M. H., Mohtasebi S. S., Ahmadi H. An expert egg grading system based on machine vision and artificial intelligence techniques[J]. Journal of Food Engineering, 2013, 118(1): 70-77.

[119] Orina I., Manley M., Williams P. J. Non-destructive techniques for the detection of fungal infection in cereal grains[J]. Food Research International, 2017, 100: 74-86.

[120] Peiris K. H. S., Dowell F. E. Determining weight and moisture properties of sound and fusarium-damaged single wheat kernels by near-infrared spectroscopy[J]. Cereal Chem, 2011, 88(1): 45-50.

[121] Rittiron R., Saranwong S., Kawano S., Useful tips for constructing a near infrared-based quality sorting system for single brown-rice kernels[J]. J. Near Infrared Spectrosc, 2004, 12(1): 133-139.

[122] Roy S., Anantheswaran R. C., Shenk J. S., Westerhaus M. O., Beelman R. B. Determination of moisture content of mushrooms by Vis-NIR spectroscopy[J]. Journal of the Science of Food and Agriculture, 1993, 63(3): 355-360.

[123] Senthilkumar T., Jayas D. S., White N. D. G., Fields P. G., Gräfenhan T. Detection of fungal infection and Ochratoxin A contamination in stored wheat using near-infrared hyperspectral imaging[J]. Journal of Stored Products Research, 2016, 65: 30-39.

[124] Shatadal P., Tan J. Identifying damaged soybeans by color image analysis[J]. Applied Engineering in Agriculture, 2003, 19(1): 65-69.

[125] Shanakhat H., Sorrentino A., Raiola A., Romano A., Masi P., Cavella S. Current methods for mycotoxins analysis and innovative strategies for their reduction in cereals: an overview[J]. Journal of the Science of Food and Agriculture, 2018, 98(11): 4003-4013.

[126] Singh C. B., Jayas D. S., Paliwal J., White N. D. G. Detection of insect-damaged wheat kernels using near-infrared hyperspectral imaging[J]. Journal of Stored Products Research, 2009, 45(3): 151-158.

[127] Tao F. F., Yao H. B., Hruska Z., Loren W., Burger K. R., Deepak B. Recent development of optical methods in rapid and non-destructive detection of aflatoxin and fungal contamination in agricultural products[J]. Trends in Analytical Chemistry, 2018, 100: 65-81.

[128] Van de Vooren J. G., Polder G., Van der Heijden G. W. A. M. Application of image analysis for variety testing of mushroom[J]. Euphytica, 1991, 57(3): 245-250.

[129] Villares A., Mateo-Vivaracho L., Guillamón E. Structural features and healthy properties of polysaccharides occurring in mushrooms[J]. Agriculture, 2012, 2(4): 452-471.

[130] Vízhányó T., Felföldi J. Enhancing colour differences in images of diseased mushrooms [J]. Computers and Electronics in Agriculture, 2000, 26(2): 187-198.

[131] Wakholi C., Kandpal L. M., Lee H., Bae H., Park E., Kim M. S., Mo C., Lee W. H., Cho B. K. Rapid assessment of corn seed viability using short wave infrared line-scan hyperspectral imaging and chemometrics[J]. Sensors & Actuators B Chemical, 2018,

255: 498-507.

[132] Wang W., Ni X., Lawrence K. C., Yoon S. C., Heitschmidt G. W., Feldner P. Feasibility of detecting Aflatoxin B1 in single maize kernels using hyperspectral imaging[J]. Journal of Food Engineering, 2015, 166: 182-192.

[133] Wold J. P., Johansen I. R., Haugholt K. H., Tschudi J., Thielemann J., Segtnan V. H., Wold E. Non-contact transflectance near infrared imaging for representative on-line sampling of dried salted coalfish (bacalao)[J]. Journal of Near Infrared Spectroscopy, 2006, 14(1): 59-66.

[134] Xing J. A., Symons S., Hatcher D., Shahin M. Comparison of short-wavelength infrared (SWIR) hyperspectral imaging system with an FT-NIR spectrophotometer for predicting alpha-amylase activities in individual Canadian Western Red Spring (CWRS) wheat kernels[J]. Biosystems Engineering, 2011, 108(4): 303-310.

[135] Yuan J., Sun C., Guo X., Yang T., Wang H., Fu S., Li C., Yang H. A rapid Raman detection of deoxynivalenol in agricultural products[J]. Food Chemistry, 2017, 221: 797-802.

[136] Zhang F., Zhang X. Classification and quality evaluation of tobacco leaves based on image processing and fuzzy comprehensive evaluation[J]. Sensors, 2011, 11(3): 2369-2384.

[137] Zhang W., Pan L. Q., Tu S. C., Zhan G., Tu K. Non-destructive internal quality assessment of eggs using a synthesis of hyperspectral imaging and multivariate analysis[J]. Journal of Food Engineering, 2015, 157: 41-48.

[138] Zhu J. J., Agyekum A. A., Kutsanedzie F. Y. H., Li H. H., Chen Q. S., Ouyang Q., Jiang H. Qualitative and quantitative analysis of chlorpyrifos residues in tea by surface-enhanced Raman spectroscopy (SERS) combined with chemometric models[J]. LWT-Food Science and Technology, 2018, 97: 760-769.

第 9 章　农产品图谱无损检测仪器与分级设备

过去 20 年，图像和光谱技术在农产品质量品质和安全无损检测领域有着广泛的研究，针对农产品外部质量评估，以图像技术为主，针对农产品内部质量评估，以光谱技术为主，但研究更多是侧重基础或应用基础理论方面的工作。农产品质量和安全无损检测研究其最终目的是为了解决生产中的实际问题，提高生产效率和农产品质量品质与安全，因此，农产品质量无损检测仪器和分级设备的研发就显得尤为重要。目前，成熟的农产品无损检测设备主要包括基于图像技术的农产品外部质量检测系统和基于光谱技术的农产品内部质量检测系统两大类。近年，随着图谱融合分析技术的发展，快速多光谱成像系统也更多地应用于农产品质量和安全的自动化评估与分级。同时，拉曼光谱及成像技术也被逐渐应用于农产品无损检测领域。本章将主要围绕与机器视觉、近红外光谱、多光谱成像以及拉曼光谱相关的四类农产品质量和安全检测仪器/设备进行介绍，前两类仪器/设备在农产品质量评估中应用较广，有着成熟的商业化设备，因此，本章将侧重介绍一些商用或接近商用的快速无损检测仪器设备；在多光谱成像部分侧重介绍几种典型的多光谱成像分级设备的实现方式和设备类型；在拉曼光谱部分，考虑到该技术目前在农产品质量安全评估中还更多地处于实验室研究阶段，因此对该类仪器设备的介绍侧重拉曼光谱(成像)实验仪器和一些快速便携式分析仪器两类。

9.1　基于图像技术的农产品检测分级设备

成像技术是农产品外观质量快速、在线、自动化分选领域最成熟的技术。当前，农产品外部质量全自动智能分级机均以先进的机器视觉技术为基础，融合了计算机图像处理、信号处理、自动控制、机械设计等多学科知识。通常，设备采用高分辨率 CCD 彩色摄像机对每个农产品对象采集多幅图像，综合所检测农产品对象的大小、颜色、形状、表面缺陷等特征参数进行检测，并实现自动分级，可以有效地减轻工人劳动强度、提高生产率。

外观是评估农产品质量品质最直接的因素，目前，市场上商品化的农产品质量品质光电式自动分选系统更多是用于农产品外观质量的评估①。这些分选系统通常分为机械模

① 内部质量检测系统开发难度大且成本高是市场占有率低的一个主要原因。

块、视觉检测模块、集成电控模块三大模块，各模块之间相互配合，共同完成农产品质量的自动化分选。如图 9-1 所示为由国家农业智能装备工程技术研究中心研发的用于类球形农产品(如橙子、苹果、洋葱等)快速、在线自动化质量检测的分选线。该分选线主要包括自动化滚筒上料、单果化、单果定位、返果、独立果杯输送、实时视觉检测、自动卸果等几个主要的功能段。在对农产品进行分级时，检测对象首先被输送至自动化滚筒上料区域，滚筒在提升输送物料的同时进行自转，以带动物料旋转，在滚筒两侧的工人可以对物料进行初选，将严重残次农产品进行剔除；随后，物料进入单果化单元，该单元通过皮带差速的方式使物料单独排列，单独排列的物料被逐个定位在位于输送链上的独立果杯单元内，未能够有效定位的农产品物料则通过返果装置将物料重新输送至滚筒上料部分，以便被重新单果化和二次定位；独立果杯中的单个物料跟随输送链向前运动，当到达视觉检测工位区域后，果杯滚轮在滚轮支撑导轨的作用下将物料抬起，并带着物料旋转，从而使相机能够拍摄到待测物料的全表面图像，以便对物料表面信息进行全方位检测。如图 9-1 所示的系统，对于每个待检测对象，在物料旋转的过程中会拍摄多幅不同表面信息的图像，检测系统软件根据采集到的图像信息对每个待测物料的不同特征指标(如尺寸大小、着色率、果形以及表面缺陷等)进行在线分析，并根据分析后的结果判断物料所属等级，然后按照与 PLC 控制系统的通信协议，将检测结果编码后发送给 PLC 控制系统，PLC 控制系统对接收到的检测结果解码后，在特定时间对指定位置的卸料电磁阀控制单元发出卸料指令，相应电磁阀将物料自动卸载到其对应等级的料斗中，完成对该物料的实时检测与分选(李江波等，2018；赵春江等，2016，2017)。

图 9-1　四通道水果外部质量在线分级线

图 9-1 所示设备的特点及主要参数如下：

(1)设备集计算机视觉、数字图像处理、信号处理、模式识别和自动控制等多学科技术于一体，充分利用光机电一体化的优势，提高了设备的技术含量；

(2)设备可根据用户要求，与农产品清洗、喷蜡、抛光等辅助设备进行配套使用；

(3)设备能对类球形农产品物料多个指标进行综合分析并分级，如可按照国标要求对水果的大小、果形、颜色、缺陷进行动态检测与分级；

(4)设备分级控制器采用结构化设计，可根据用户的分级需求方便地增加或减少分级出口数量，同时可以方便地设定各个出口对应的物料等级；

(5)分选的农产品对象为类球形，尺寸大小范围为 60~100mm；

(6)设备单通道分级效率为 1.5 万个果，通道数(1、2 或 4)可定制(图 9-1 所示为四通道)；

(7)设备采用多表面图像融合处理的方式对水果实施检测，水果在检测过程中由输送系统实现连续翻转，视觉系统全方位采集水果表面信息，可以实现高精度分选；

(8)计算机分级系统可自动记录各级出口的物料数量；

(9)软件系统功能齐全且人机交互性好，操作简单；

(10)设备与农产品物料接触的部分全部采用符合食品安全的材料，保证物料的质量与安全。

图 9-2 所示为一条基于机器视觉技术的四通道南丰蜜橘大小在线分级线(由国家农业智能装备工程技术研究中心研发)。不同于上述设备，该分选线主要适用于尺寸大小为 35~60mm 的小型水果(如蜜橘、红枣、金橘等)的质量品质检测。设备检测速度单通道为每秒 9~11 个水果，检测区域设置了两个 RGB 彩色相机，每个相机检测两个通道。该分选线最大的特点在于使用了一种简单新颖的托爪式传输单元，如图 9-3 所示。该传输单元能够同时完成在水果输送段的单果输送，在视觉检测段的水果翻转检测，在卸果段的自动卸果，即集输送、翻果和卸果为一体，从而提高了检测效率，避免了各功能段水果过渡碰撞所造成的损伤。另外，在实际应用中，该托爪式传输单元可以在相邻两通道输送链条上进行顺时针和逆时针安装，安装后可以实现两通道向通道中间卸果①，这将大大降低整体分级线的机加工成本，分级线将更加紧凑，占用更少的空间，并且随之相应的视觉检测成本也会大大降低，有助于整套分级装备的应用和推广(黄文倩等，2016)。

图 9-2 四通道南丰蜜橘大小在线分级线

① 该设计有别于目前大部分果蔬分级线只能向单侧卸果。

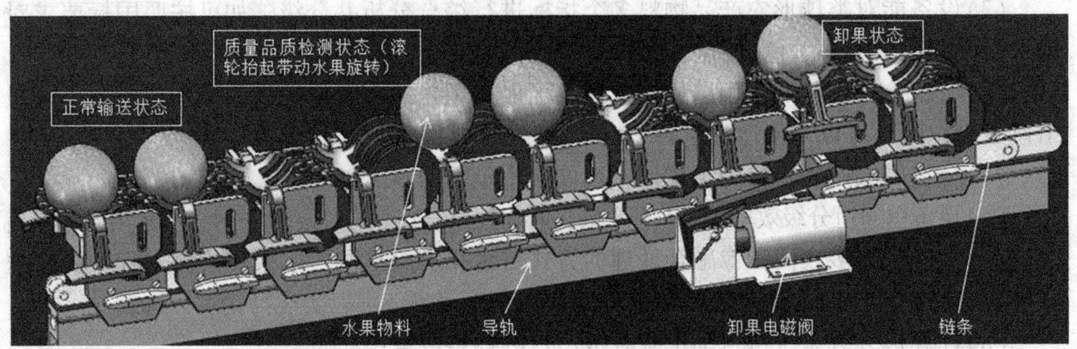

图 9-3 托爪式水果传输单元

图 9-4 所示车载式柑橘品质检测分级线是由国家农业智能装备工程技术研究中心和西南大学柑橘研究所合作研发的用于橙子类水果大小、颜色，形状等指标在线检测分选的设备，分选线为单通道双向卸料，分选速度为单通道每秒 5 个水果。分选时，采摘后的水果从地上通过提升装置将水果提升到分选线上料皮带上，随后水果进入分选线各功能段，最终被分级的水果通过每级卸料口相配合的辅助卸料装置将水果输送至地上的料框中。该类型分选线最大的优点是小型化，移动灵活，成本低，特别适合果园水果的现场采摘分选，降低了水果运输、存储成本。

图 9-4 柑橘品质流动检测分级车

在国内有代表性的果蔬质量检测分级系统制造商，如江西绿萌分选设备有限公司、北京福润美农科技有限公司、山东龙口凯祥有限公司等，都有自己独立研发的可用于不同类型水果外部质量品质在线分级的商品化系统。江西绿萌分选设备有限公司是中国领先的果蔬采后装备制造商，其研发的水果质量分级设备，在水果外观品质检测方面，采用超高分辨率工业级数字摄像头及独特的 LED 光源系统进行全息数据采集，并对果蔬进行综合特征检测和分析，获取高质量大数据图像信息，可对果蔬表面颜色、大小、形状、体积、密度、瑕疵及表皮褶皱(如红枣褶皱分选)、腐烂等指标进行精准分选。分选的水果对象包括橙子、苹果、橘、樱桃、桃、红枣、猕猴桃、柠檬、牛油果、百香果等各类水果。图 9-5 所示为江西绿萌公司多通道水果质量分级生产线。

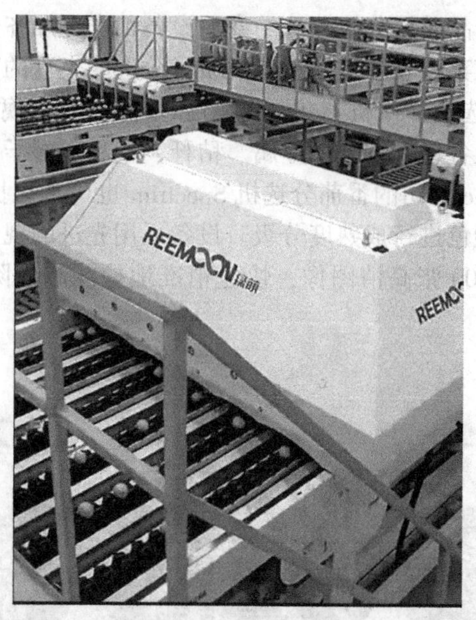

图 9-5　江西绿萌公司多通道水果质量分级生产线

图 9-6 所示为北京福润美农科技有限公司研发的六通道小型果质量品质分选系统(型号：FRSFOS-6)。该分选系统的主要特点包括：适用分选对象类型为南丰蜜橘、砂糖橘、圣女果、大枣、冬枣等水果直径在 20~55mm 之间的多种果蔬；控制系统为工控机和计算机双重独立控制；检测速度为每条通道为每秒 22~25 个水果，六通道设备每小时选果能力达到 475200~540000 个；标准出口为 12 个(可扩充)；标准尺寸为：长 15.8m、宽 1.77m、高 2.2m；系统配有先进的光学系统，光学系统自动感知和判断果杯上双果现象，并自动排除此果杯上的所有水果，降低误检率；系统具有多种分选模式，可按照水果颜色、直径、面积、果形等多种方式对水果进行分选。

图 9-6　福润美农六通道小型果质量光电分选系统(型号：FRSFOS-6)

与国内相比，国外一些农产品质量分级设备制造公司由于其开展相关技术研发较早，目前所提供的可用于农产品质量分级分选的商用设备种类更加齐全，包括适用于土豆、西红柿、胡萝卜、黄瓜、菠菜以及各类果蔬外观质量分选的先进的光电设备。图 9-7 所示为陶朗(TOMRA)西红柿分选机，该机器可以检测和剔除褪色、腐烂、霉变、黄斑、晒伤、过大或过小的西红柿以及各种异物，如金属、秸秆、塑料、石子、玻璃等。除此之外，陶朗旗下新西兰品牌 Compac 公司的番茄分选机 Spectrim 也可以根据西红柿重量和尺寸进行分选，依据西红柿表皮颜色进行成熟度分级。设备采用先进的视觉技术，通过对每个西红柿拍摄生成、处理多达 500 张高清图像，快速精准地检测和剔除擦伤、虫蚀、畸形等瑕疵品。

图 9-7　陶朗西红柿质量分选机

全球大的鲜食农产品采后处理及分选设备制造公司还包括迈夫诺达(MAF Roda)、JBT International、Turatti、Greefa、GP Graders、BBC Technologies、康派(Compac)及 Unitec 等，这些公司都拥有自己非常成熟的商用果蔬质量分选设备，在此不一一进行介绍。基于图像技术的分级设备是最成熟和应用最广的农产品质量分选设备，目前针对农产品质量的分级，已经逐渐由外部品质检测走向内外部同步检测，设备向更快速、多通道、高精度、高稳定性以及多功能的方向发展，仅依靠图像(传统机器视觉技术)将不利于更高端设备的研发，更先进的设备必将集成多种技术，如光谱技术、多光谱成像、荧光技术、X-ray 等，以适应更为复杂的自动化分选任务。

9.2　基于光谱技术的农产品检测仪器和分级设备

目前，基于可见-近红外光谱技术的现场、在线快速分析装置已经成功应用到农产品质量品质特别是内部品质的无损检测中。基于该技术，国内外学者以及商业化公司都开发了诸多用于农产品特别是水果内部品质方面的专用化、通用化的仪器设备，可以实现水果多指标的快速检测分析。

9.2.1　果蔬内部品质便携式检测仪器

便携式近红外光谱检测仪一般由光源、光纤及光纤探头、光谱仪、数据处理模块、电源、显示与输出装置等部分组成(刘燕德等，2010)。检测流程为：将样品放在探头的检测位置，光源照射被检测的样品，从样品中透过的光经光纤探头、光纤传输到数据处理模块。数据处理模块中存有被测样品的化学计量学模型，根据模型对样品的光谱进行分析计算，最后将结果在显示屏上进行输出。下面简单介绍几款用于水果内部品质分析的商业化便携式检测设备。

Sunforest 公司(http：//www.sunforest.kr/index.php? sm_idx=eng)推出的 H-100 系列便携式检测设备，如图 9-8(a)所示，可以用于苹果、梨、桃、脐橙等水果的糖度检测。该仪器内置光谱仪，波段范围为 600~1100nm。使用人员可以开发自己的模型，用于其它指标(如颜色、干物质等)的检测。手枪式的造型也使得该仪器操作性好，重量为 420~450g，方便单手操作使用。对糖度的检测决定系数大于 0.75，均方根误差小于 0.5°Brix。据相关报道，该仪器对几种亚洲梨的糖度检测结果为相关系数 0.90~0.96，均方根误差为 0.29~0.33°Brix(Choi 等，2017)。

由 FELIX 公司(https：//www.felixinstruments.com/)推出的 F-750 内置 Carl Zeiss MMS-1 光谱仪，波段范围为 310~1100nm，如图 9-8(b)所示。含多种检测模型，可以直接用于分析多种水果的内部品质，包括糖度、干物质、可滴定酸、颜色等信息。另外，该仪器还配有 GPS、WIFI 模块，方便多用途使用，仪器重量为 1.05kg。该仪器在鳄梨干物质检测(Subedi 等，2020)等方面得到了应用。

久保田株式会社(https：//www.kubota.co.jp/)生产的便携式水果专用近红外检测仪 K-BA100R 型由测量部分、光学系统、控制计算三部分组成，如图 9-8(c)所示。光学系统由光源、分光器、自动修正机构构成。测量采用漫透射形式，由 1m 长光纤与机体连接。在控制计算部分存有定量计算用的模型。模型可适用于大小不同、温度不同的水果。该设备除了可以直接测量多种水果和番茄等的糖度、酸度以外(Atungulu 等，2003；Kohno 等，2010，2011)，还常常用作一台性能可靠的便携式光谱仪，通过自行建模将模型导入系统进行后续的应用，例如用于李子(Li 等，2017)、梨(Wang 等，2017)、桃(Uwadaira 等，2018)等糖度或硬度检测。该型号产品虽稳定性好，但自身较重(约 5kg)，不适合长期田间使用。另外，该公司还推出了一台 K-SS300 桌面型果蔬内部品质检测设备，如图 9-8(d)所示，上述两款产品可用于常见果蔬如苹果、梨、桃、小型西瓜及西红柿等的糖酸度分析。桌面型的设备同时可以获取待测果蔬的重量信息。

Atago 公司(http：//www.atago.net/)针对不同水果，如苹果、桃、梨、葡萄的糖度检测等，研制了 PAL-HIKARi 系列检测设备。其采用特征波长的 LED 光源作为照明系统，针对不同的水果，选取不同的特征波长。图 9-8(e)所示为专用于苹果糖度检测的 PAL-HIKARi5 无损糖度计。装置尺寸为 6.1cm×4.4cm×11.5cm，重量仅为 120g，测量精度为 ±1°Brix。同时，该设备带有温度自动校正功能。该系列产品的最大优势就是设计小巧，便于携带。

聚光科技公司(http：//www.fpi-inc.com/)也推出了自行开发设计的 SupNIR-1000 系列便携式分析仪，如图 9-8(f)所示，该设备可以根据用户需求选取不同的测量附件实现不同指标的检测。

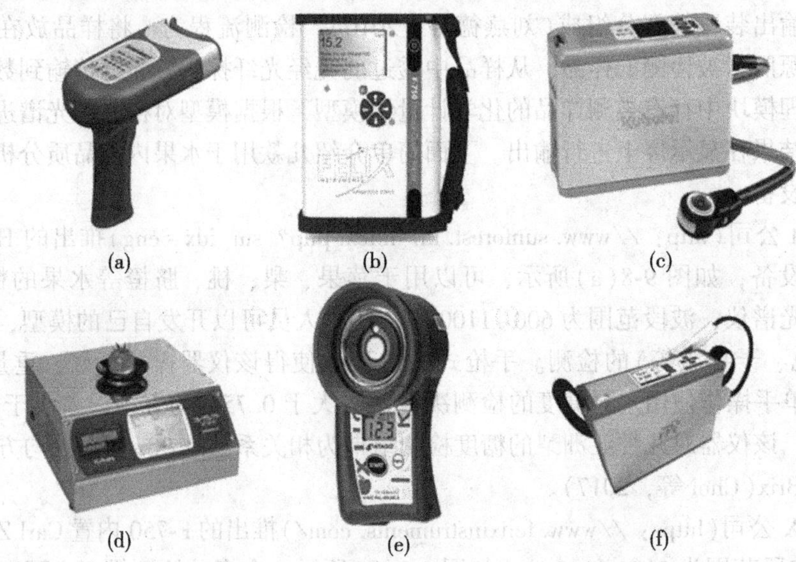

图 9-8　常见的商业化果蔬内部品质便携式检测设备

除上述商品化检测系统外，国内外研究人员还开发了用于水果内部品质的便携式检测设备。主要以微型光谱仪为核心，辅助嵌入式系统、光源、电源、散热器等进行开发、调试。相关产品如：国家农业智能装备工程技术研究中心开发的用于苹果、梨糖度检测的设备(Fan 等，2020)，如图 9-9(a)所示；江苏大学开发的用于番茄糖度检测的设备(郭志明等，2016)，如图 9-9(b)所示；美国麻省理工学院开发的用于水果成熟度检测的设备(Das 等，2016)，如图 9-9(c)所示；西北农林科技大学开发的用于猕猴桃糖度及膨大果判别的设备(Guo 等，2019，2020)，如图 9-9(d)所示，以及霉心病判别的设备(张海辉等，2016)，如图 9-9(e)所示；中国农业大学开发的用于番茄品质检测的设备(王凡等，2017，2018)，如图 9-9(f)所示；华东交通大学开发的用于脐橙糖度检测的设备(翟建龙等，2015)，如图 9-9(g)所示；中国科学院长春光学精密机械与物理研究所开发的用于梨果糖度检测的设备(Yu 等，2016)，如图 9-9(h)所示；这些相关设备的推出不断丰富着可见-近红外光谱技术在实际检测中的应用。

虽然国内外仪器公司开发了适用于果蔬内部品质分析的便携式检测设备，但上述设备在实际使用过程中的检测精度，尤其是在室外田间使用时，缺少相关使用报道，更多的是科研人员在室内利用上述仪器，作为单纯的光谱仪来使用，根据采集的数据，再重新开发相应的模型。

9.2.2 果蔬内部品质在线实时检测设备

当前，对于水果内部品质在线检测分级系统，通常集上料、清洗、检测(内、外部)、分级控制、卸料、包装于一体。本节主要针对分级线上用于水果内部品质检测的模块进行简单介绍。这些模块从采集方式上，大多使用全透射的光谱采集方式，该方式可以更好地获取整个果蔬的内部光谱信息，有利于内部品质的分析。

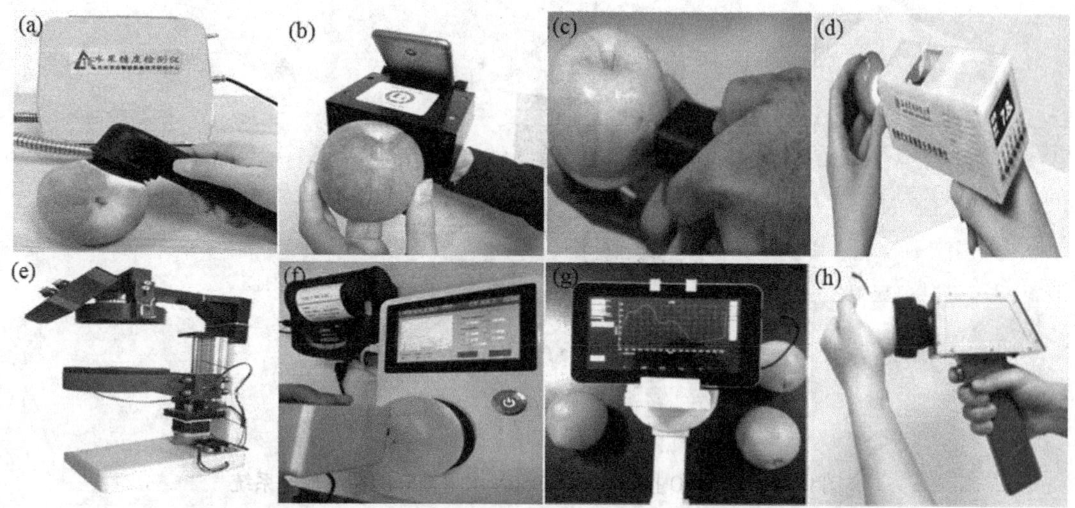

图 9-9 国内外研究人员开发的用于果蔬内部品质检测的典型便携式设备

Shibuya-Seiki 公司(http://www.shibuya-sss.co.jp/)开发的装置，如图 9-10 所示，可以实现梨、苹果、桃、脐橙、猕猴桃等水果的内部品质，如糖度、酸度、成熟度的检测，以及诸如水心、褐变等内部病变的检测。

图 9-10 Shibuya-Seiki 推出的用于水果内部质量检测的分级线

NIRECO 株式会社(http://www.nireco.jp/index.html)推出的 Imes950N 水果糖酸度在线检测装置，如图 9-11 所示，其可以检测的糖度和酸度范围为 8~18 °Brix 和 0.3%~2.0%。对上述两个指标的检测误差分别≤0.45 °Brix 和≤0.2%。根据不同大小的水果，测定速度为 3~10 个/s。

Compac 公司(http://www.compacsort.com/)推出了用于水果糖度、内部病变的近红外光谱检测装置 Inspectra，如图 9-12 所示。同时，该设备还可以判别水果的软硬度。另外，对于猕猴桃及芒果等，还可以检测其内部的颜色，进而判断水果的品质或成熟度。

Aweta 公司(https://www.aweta.com/en/produce)推出的用于水果内部品质检测的快速分析模块，如图 9-13 所示，可以准确识别内部褐变等缺陷果，以及测量每个果实的糖度、成熟度及硬度信息。

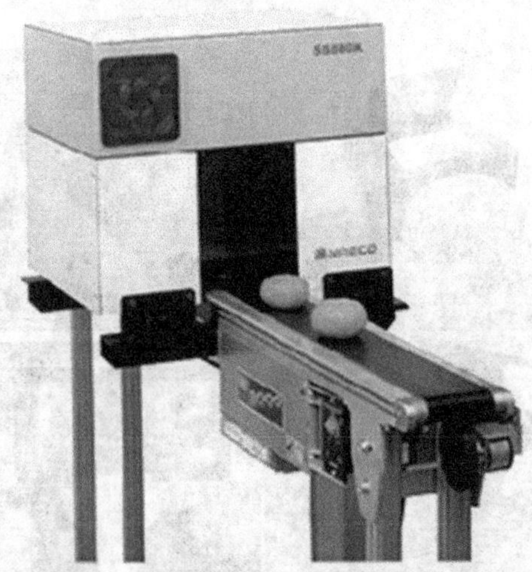

图 9-11　NIRECO 推出的 Imes950N 水果糖酸度在线检测系统

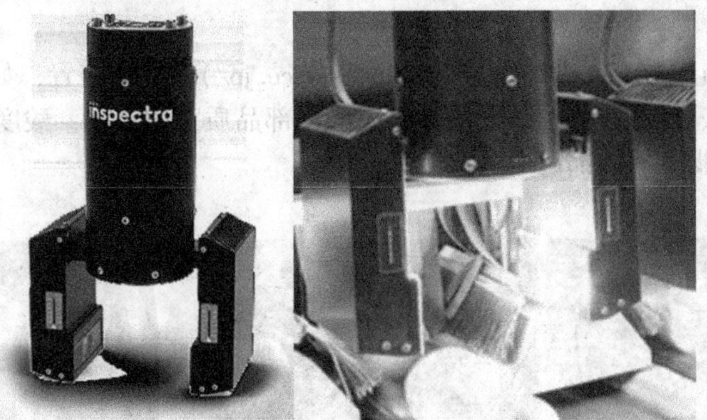

图 9-12　Compac 开发的用于水果内部品质检测的 Inspectra 模块

图 9-13　Aweta 推出的用于水果内部品质检测的分析模块

我国江西绿萌(http://www.reemoon.com.cn/)开发的用于水果内部品质检测的在线分级系统，如图 9-14 所示，可以实现诸如苹果、桃、梨、柑橘、牛油果、山竹等一系列水果内部品质的快速检测。最近，其开发的拥有分离式果托的检测系统，可以减少水果的碰撞，适用于对薄皮易损水果如水蜜桃等的快速分选。

图 9-14 江西绿萌开发的水果内部品质全透射型检测系统

日本三井金属矿业株式会社推出的 QSCOPE 系列检测设备(https://www.mitsui-kinzoku.co.jp/group/mkit/en/business/seika.html)，可用于不同水果内部品质的快速检测。针对苹果、番茄等采用漫反射检测方式，西瓜、菠萝等采用漫透射检测方式以及柑橘、洋葱等采用全透射检测方式。以图 9-15(a)所示检测水果内部品质的光谱采集方式为例，其可以适应梨、桃、苹果、杧果等水果，传送带速度最快可达 36m/min，对糖度检测精度为小于 0.5~0.7°Brix，同时提供果实的成熟指数和判定内部是否存在缺陷，但该种检测方式由于水果的测量方向不同，可能无法检测到水果内部褐变。而对于大桃等水果，该装置还可提供果肉的水浸状态信息。

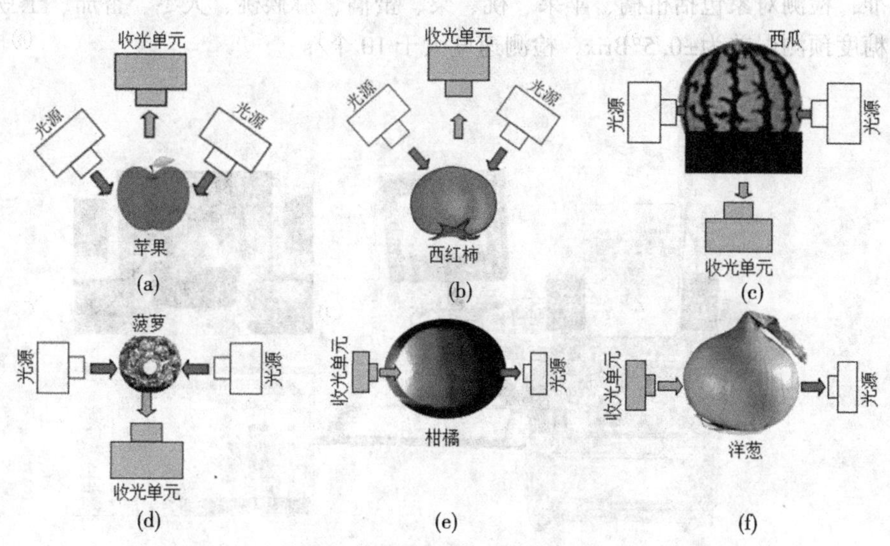

图 9-15 适用于不同水果内部品质的光谱采集方式

NIRMagic6100G 是北京伟创英图科技有限公司(http://www.nirmagic.com/sy)推出的一款水果在线无损检测设备，如图 9-16 所示，可实现果品现场无损、快速定性判别和品质分析，为果品种植管理、采摘分级、病变筛查、储运管理等环节提供了有力的保障。检测指标包括果品的糖度、酸度、水分、水心病、褐变、黑心病等。可检测的水果种类包括苹果、梨、桃、橙子、猕猴桃等。

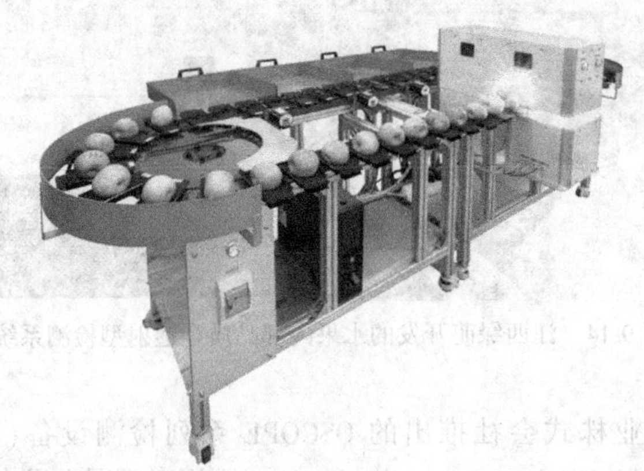

图 9-16　NIRMagic6100G 样机

国家农业智能装备工程技术研究中心(http://www.nercita.org.cn/)开发的用于果蔬内部品质在线无损检测系统 OnlineNIR，如图 9-17 所示，采用先进的近红外传感技术获取果蔬内部组织全透射光谱信号，对果实内部的糖度、酸度、含水率和内部腐烂等指标进行实时预测，该设备可独立使用进行果蔬内部品质检测，也可集成在基于机器视觉技术的水果外部质量检测分级生产线上，实现果蔬内外部多指标同步检测分级。该设备快速、稳定、精准，检测对象包括柑橘、苹果、桃、梨、蜜橘、猕猴桃、大枣、番茄、土豆等多种果蔬。糖度预测误差为±0.5°Brix，检测速度大于 10 个/s。

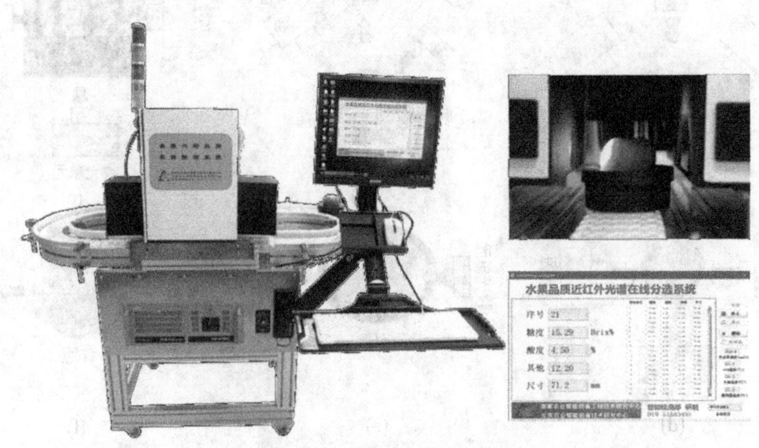

图 9-17　OnlineNIR 样机

浙江德菲洛智能机械制造有限公司拥有 DEKFELLER 系列和 ZDZN 系列两大系列的果蔬分选设备，实现了大部分水果分选的需求(图 9-18)。DEKFELLER系列产品专门针对国内果皮脆弱型水果的分选，与传统的链式输送分选线不同，德菲洛 DEKFELLER 系列产品能有效避免水果在分选过程中产生磕碰伤，每个水果单独在柔性果托上进行分选，水果与果托在传输过程中紧密贴合，不会产生相对运动，从而保证水果在输送过程中不产生损伤，特别适合如梨，桃，苹果等易损水果内部质量品质(如糖度、腐心等)的检测分级，达到真正全程无损伤检测与分选(http://www.ifreshfair.com/Column/content/id/2268.html)。

图 9-18　浙江德菲洛智能机械制造有限公司生产的水果分级设备

9.3　基于多光谱成像技术的农产品检测分级设备

图像可以有效地表征所测农产品对象的二维空间信息，光谱可以对所测农产品对象不同组织/组分信息的吸收和反射特性进行表征，但光谱技术缺乏空间信息的表达能力，图谱融合分析可以将图像和光谱技术对农产品质量和安全的探测能力进行延伸扩展，实现采用单一图像或者光谱技术无法完成的检测任务，以便更好地对农产品质量和安全进行评估。在农产品质量评估领域，典型的图谱融合分析技术，如高光谱成像技术，其原始图像信息由于具有海量的数据，很难利用该技术执行在线快速检测任务。目前成熟的基于图谱融合技术的农产品质量快速检测分级设备非常少，为了实现图谱融合并对农产品质量进行快速分析，采用的主要方式有：基于高光谱成像技术选择特征波长，以构建快速的多光谱成像系统；或直接采用高光谱成像系统，实现快速多光谱图像检测。本节仅对基于这两种方式所研发的农产品快速检测分级设备做简单介绍。

9.3.1 基于高光谱成像技术的多光谱图像检测设备

通常，高光谱成像技术每次采集到的都是全光谱区域的光谱图像，每幅高光谱图像中包含几百甚至上千幅单波长图像，这些波长图像对农产品特定质量的分析并不是全部有用，因此，如果在图像采集过程中仅仅对几幅关键的波长图像进行采集、存储和处理，必然会加快农产品质量评估的速度。黄文倩等(2015)提出了一种基于线扫描高光谱成像的多光谱图像获取方法和系统。系统主要包括 EMCCD 相机(Andor Luca EMCCD DL604M，Andor Technology plc.，N. Ireland)、线扫描高光谱分光仪(ImSpector VNIR-V10E-EMCCD，Spectral Imaging Ltd.，Oulu，Finland)、镜头(OLE23-f/2.4，Spectral Imaging Ltd，Oulu，Finland)、两个150W 卤素灯(3900-ER，Illumination Technologies，Inc.，USA)、输送带和计算机(Dell E6520，Intel Core i5-2520 M@2.5GHz，RAM 8G)。主要原理为：首先，线扫描高光谱分光仪将检测对象一条空间线的信息分光到相机光谱轴上的不同行；随后，计算机从确定的行位置提取行像素信息，随着传送带的运动带动检测对象的运行，可以获取检测对象不同空间线相应行像素的信息；最后，计算机将这些行像素信息分别进行存储和组合后形成不同特征波长下的多光谱图像，用于农产品特定质量品质的分析。下面以苹果早期损伤检测为例，对其实现方法进行详细说明。假设苹果损伤检测特征波长为 820nm 和 970nm。在进行多光谱图像采集之前，需采用氙灯或汞氩灯等波长已知的光源，进行校正，通过线性回归确定相机光谱轴上的行像素坐标(行号)和波长之间的关系式，假设关系式为二次回归的方程 $y_{\text{wavelength}}=ax^2+bx+c$，方程中，$x$ 为相机光谱轴的坐标值，$y_{\text{wavelength}}$ 为对应于光谱轴坐标值的波长。然后，利用该关系式计算出两个特征波长所对应相机光谱轴上的行号，经过计算，这两个特征波长所对应的行数分别为第 660 行和第 860 行。图像采集时，由高光谱分光仪和相机对传送带上的待检测样品进行采集，待检测样品的一条空间线经由镜头进入高光谱分光仪的狭缝，通过高光谱分光仪分光后由相机感知。相机为二维的面阵相机，相机所采集的信息为二维矩阵，二维矩阵的纵坐标 λ 轴为光谱轴，横坐标 X 轴为空间轴。二维矩阵的每一行像素对应于整条空间线在特定波长下的光谱信息；而二维矩阵的每列像素对应于这条空间线上某个点在整个波长范围内的光谱信息。计算机每次从采集得到的一个二维矩阵中提取行号对应的行像素信息，实时存储这些行像素。随着检测对象的水平位移，扫描多条空间线，将每次线扫描获取的行像素分别进行存储和组合，则可以获得检测对象完整的多个特征波长下的多光谱图像。

图 9-19 所示为基于线扫描高光谱成像获取多光谱图像原理图(该高光谱系统为第 2 章图 2-15 所示可见-近红外高光谱成像系统)。如图 9-19 所示，一条空间线 104 经由镜头 107 进入高光谱分光仪 108 的狭缝，通过高光谱分光仪 108 分光后由相机感知。相机所采集的信息为二维矩阵 201，二维矩阵 201 的纵坐标 λ 轴为光谱轴，横坐标 X 轴为空间轴。二维矩阵 201 的每一行像素对应于整条空间线 104 在特定波长下的光谱信息，如 204、205 和 206 的行对应于三个特定波长下的光谱信息。而二维矩阵 201 的每列像素对应于空间线 104 横坐标 X 轴上每个空间点在整个波长范围内的光谱信息。随着检测对象沿 Y 轴方向的位移，连续的空间线形成一系列的二维矩阵，如空间线 105 的信息对应于二维矩阵 202，

空间线 106 的信息对应于二维矩阵 203。假设所检测农产品样品 102 为苹果，且用于检测其表面损伤的多光谱图像特征波长分别为 820nm 和 970nm，那么通过行坐标 x 与波长 $y_{wavelength}$ 之间的关系式可以计算这两个特征波长所对应的行数分别为第 660 行和第 860 行。相机 109 支持 8 个独立的感兴趣区域，因此，一次可同时获取 8 个特定波长的行像素信息。本例中只需要采集 2 个感兴趣区域。采用相机 109 自带的感兴趣区域功能将相机 109 的感兴趣区域 1 设置为第 660 行和第 661 行，即第 660 行和第 661 行的平均值为 820nm 特征波长的信息；感兴趣区域 2 设置为第 860 行和第 861 行，即第 860 行和第 861 行的平均值为 970nm 特征波长的信息；在计算机 110 上编写软件实时采集感兴趣区域 1 和感兴趣区域 2 的行像素信息。将待检测样品 102 放置于传送带 101 上，打开光源 103 照射于检测区域，启动传送带 101。检测开始时，传送带 101 运行时，连续的空间线信息经高光谱分光仪 108 分光后由相机 109 所接收，例如空间线 104 的信息对应于二维矩阵 201、空间线 105 的信息对应于二维矩阵 202、空间线 106 的信息对应于二维矩阵 203。计算机 110 从所有的空间线所对应的二维矩阵的相同行位置 204 和 205 即相机 109 的第 660 行、661 行和第 860 行、861 行提取像素信息并进行存储和组合，获得对应特征波长 820nm 和 970nm 下的图像 301 和图像 302。进一步，在损伤果检测算法中，利用 820nm 的图像 301 进行阈值分割获得掩模图像，对图像 301 和图像 302 进行掩模分割出只包含检测对象的图像 303 和 304，并进行主成分分析，对获取的第二主成分图像进行阈值分割，可分割出损伤区域，实现损伤果的实时检测。

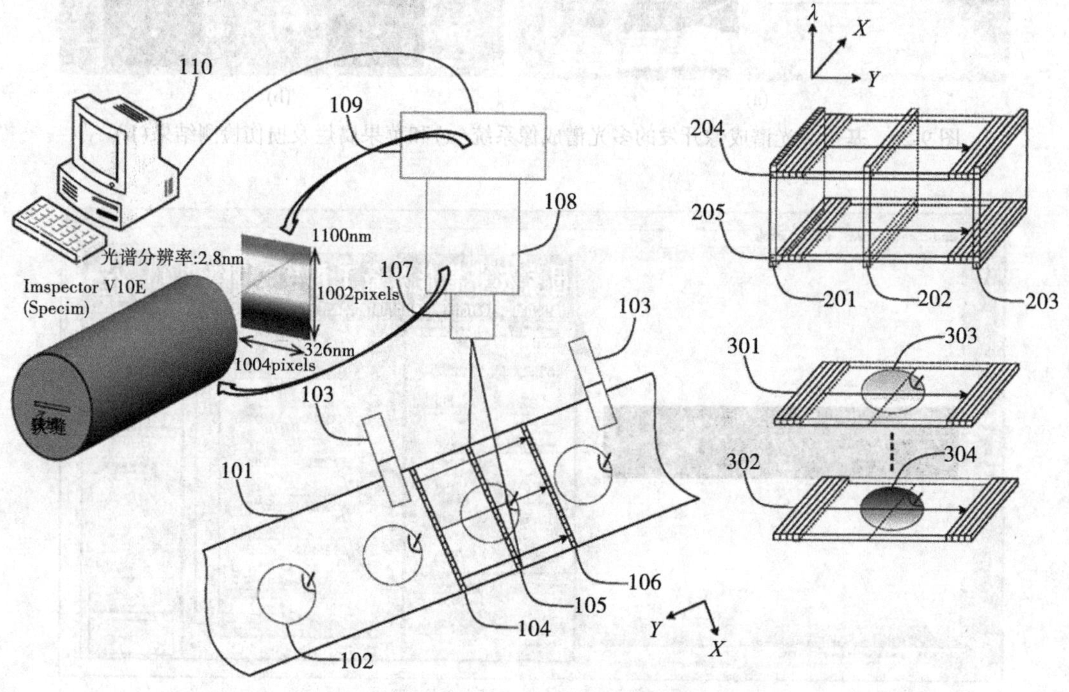

图 9-19 基于线扫描高光谱成像获取多光谱图像原理图(黄文倩等，2015)

上述方法及系统，可实现多光谱图像的灵活采集，并且不同波长的光谱图像可任意组合，具有极大的灵活性。由于每次只提取一个或几个行像素区域的信息，避免了高光谱成像系统中整幅图像的采集，极大地提高了图像采集的速度，可满足实时检测的需要。同时，基于该系统可以实现农产品多指标参数的实时检测(不同指标对应不同的特征波长)。图 9-20 所示为基于线扫描高光谱成像的多光谱图像获取系统图和苹果腐烂及损伤检测结果。试验中，分别采集了带有损伤和腐烂缺陷苹果的 3 个特征波长，然后利用主成分分析和单阈值缺陷分割算法实现了苹果表面损伤和腐烂区域的快速分割，水果在线检测速度为 2~3 个/s。图 9-21 所示为与图 9-20 所示检测系统配套的多光谱图像采集软件，该软件基于 LabVIEW 平台所开发，基于高光谱成像系统可以采集任意 6 个特征波长图像，具有保存、预览、分析等多种功能。

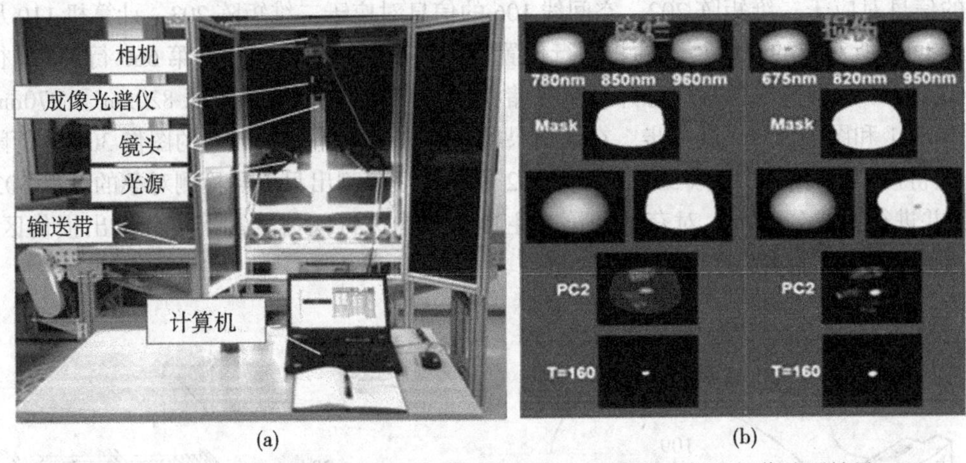

(a)　　　　　　　　　　　　　　　　(b)

图 9-20　基于高光谱成像开发的多光谱成像系统(a)和苹果腐烂及损伤检测结果(b)

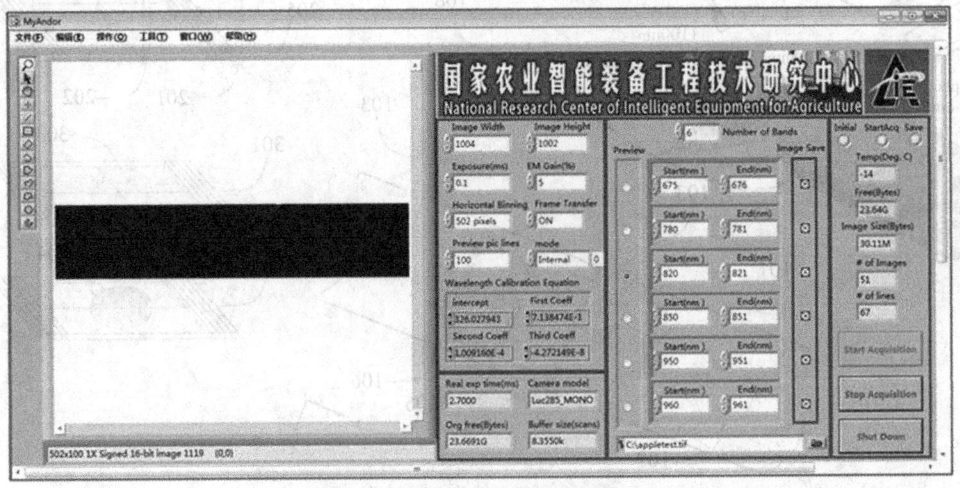

图 9-21　多光谱图像采集软件

基于高光谱成像系统的农产品质量多光谱图像检测方式，由于多光谱图像的获取和原始高光谱图像获取有着相同的硬件系统(尤其是分光系统)，因此，基于高光谱图像获取的特征波长以及基于这些特征波长开发的检测算法能够在多光谱成像系统中得到完美的重现，进而使所开发的多光谱成像系统具有较高的检测精度和稳定度。但是，此种图谱融合的多光谱成像方式由于采用了和高光谱成像系统相同的硬件，因此其系统开发成本非常高。

9.3.2 基于多相机的多光谱图像检测设备

多相机组合成像是一种较为常见的多光谱成像方式。通常，在这类多光谱成像系统中，每台相机的镜头前面需增加窄带滤波片，从而仅仅使特定波长的光进入相机进行成像。特定波长(或特征波长)的选择可以借助高光谱成像技术。黄文倩等(2015)基于3台相机构建了一套用于苹果表面隐性损伤快速检测的多光谱成像系统。在系统构建之前，首先通过高光谱成像技术获得了可以用于损伤检测的3个特征波长图像，即780nm、850nm和960nm。系统开发中，为了使采集到的图像处于同一视场下，采用分光片加滤光片的方式实现图像采集。图9-22所示为所开发的多光谱成像系统的原理图。

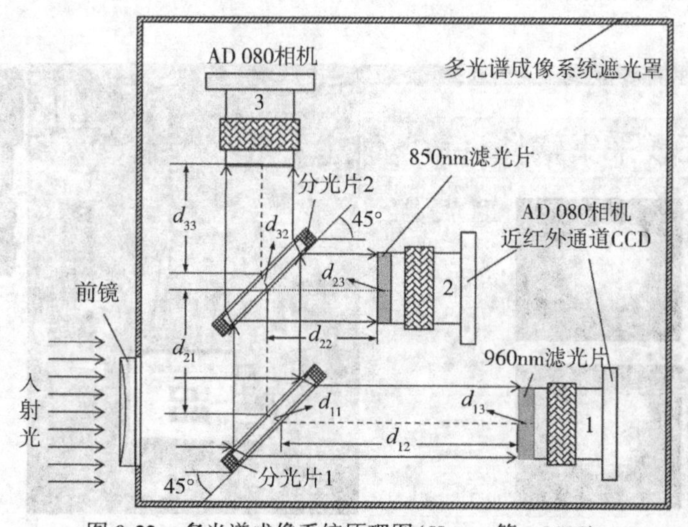

图9-22 多光谱成像系统原理图(Huang等，2015)

为了采集特定波长之下的图像，分光片1选用型号为DMLP900R(Thorlabs Inc.，New Jersey，USA)的二色分光片，该分光片对932~1300nm的光透射效率大于90%，对400~872nm的光反射效率大于90%。经分光片1透射后的光通过960nm的滤光片FL960-10(Thorlabs Inc.，New Jersey，USA)，滤光片用于筛选出峰值波长为960nm、半高宽度为10nm的窄带光，最后光到达1号AD-080 GE相机的近红外通道CCD，形成960nm的图像。经分光片1反射的光的波长为400~872nm，这些光再次通过分光片2，即型号为DMSP805R(Thorlabs Inc.，New Jersey，USA)的二色分光片，该分光片对820~1300nm的光反射效率大于90%，对400~790nm的光透射效率大于90%。经分光片2反射后的光通过850nm的滤光片FL850-10(Thorlabs Inc., New Jersey, USA)，滤光片用于筛选出峰值波长为850nm、半高宽度为10nm的窄带光，最后光到达2号AD-080GE相机的近红外通道CCD，形成850nm的图像。经分光片2透射的光的波长为400~790nm，此时3号AD-080GE相机的可见光通道可以采集到RGB图像，同时，根据AD-080GE相机近红外通道CCD光谱响应曲线，CCD在780nm处的响应超过85%，而在770nm处的响应降至50%左右，这表明3号AD-080GE相机近红外通道CCD接收到的光主要处于770~790nm波段，因此，将3号AD-080GE相机采集到的经DMSP805R分光片透射后的近红外图像代替780nm的图像是可行的。为了扩大图像采集范围，前镜采用型号为GCL-010910石英平凹透镜($f=-38.1$mm，$\phi=25.4$mm，大恒光电，北京，中国)，3个AD-080GE的镜头均采用焦距为12mm的3CCD彩色面阵相机专用镜头(LM12NC3, Kowa Optimed Inc., CA, USA)。图9-23所示为所研发的用于苹果隐性损伤检测的多光谱成像系统图。图9-23(a)为采用LabVIEW开发的水果图像在线采集软件系统，视场中的检测目标可以动态地显示在该窗口中，窗口中可以显示样本RGB原始图像和3台相机采集到的3幅特征波长图像，图9-23(b)为整套系统图，图9-23(c)为对应图9-22的实物图。试验发现，在每秒3个苹果的在线检测速度下，损伤果的正确识别率为74.6%。分光效率低和CCD在特定波长下灵敏度不高是识别率偏低的主要原因。

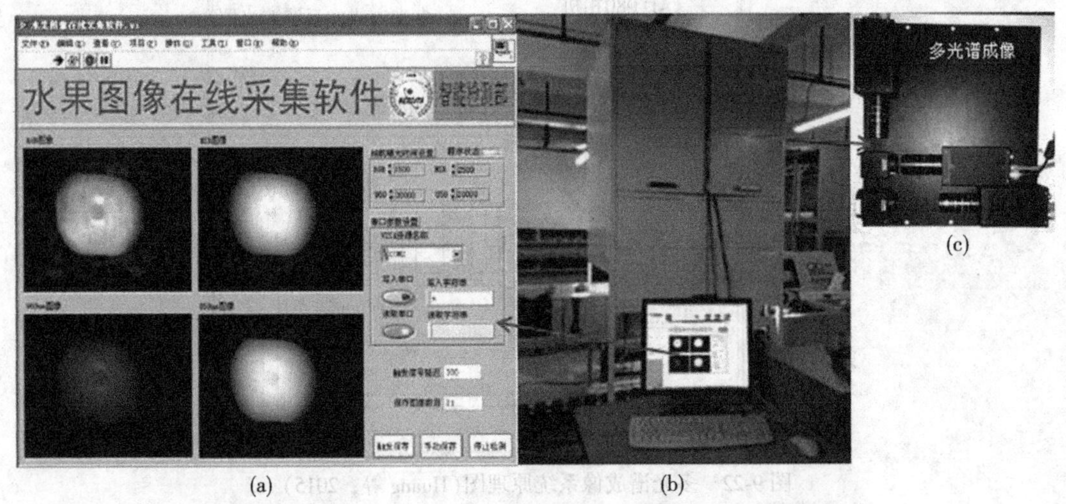

(a) (b) (c)

图9-23 基于多相机开发的用于苹果隐性损伤检测的多光谱成像系统

采用类似的多相机方式，Qin等(2012)设计了一套实时柑橘溃疡病多光谱检测系统，该系统是建立在一条由美国Aweta公司制造的商业化单通道水果分选机上。如图9-24所示，该分选线装有128个水果果杯，分选线在每秒3~11个水果的速度内可调，当水果通过检测系统的时候，在果杯中的待测水果将会被旋转以实现样品的全表面检测。完整的柑橘溃疡病多光谱检测系统示意图如图9-25所示，它主要由照明单元、摄像单元和系统控制单元组成。

图 9-24　用于在线柑橘溃疡检测的 Aweta 分选线(Qin 等，2012)

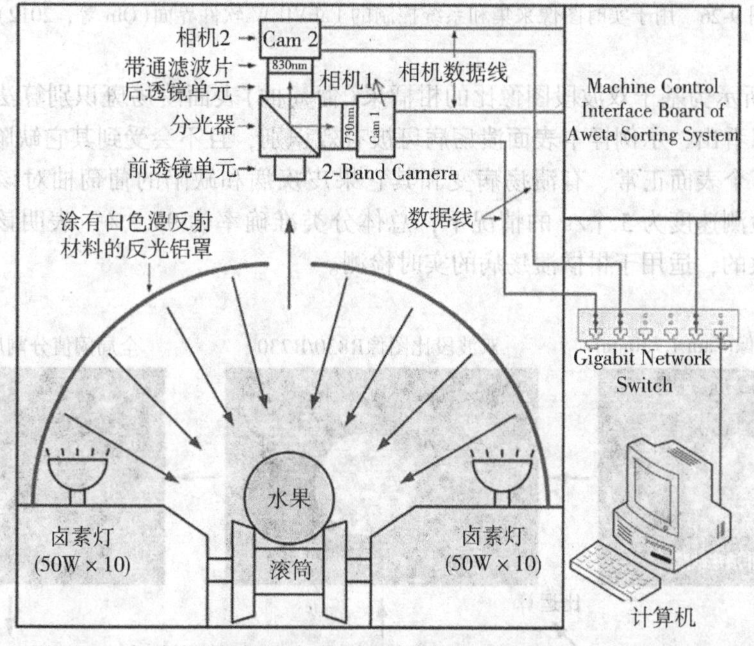

图 9-25　实时检测柑橘溃疡病的两波段光谱成像系统(Qin 等，2012)

光学系统包括两个千兆以太网(GigE)单色相机(GC1290，Prosilica，Burnaby，BC，Canada)、固定焦距的前透镜单元、透射反射比为 50/50 的分光器、两个焦距可调的后透镜单元和两个带通滤波片。这两个滤光片的中心波长分别为 730nm 和 830nm，带宽均为 10nm①，该光谱成像

① 前期 Qin 等(2012)的研究证明这两个波长可以用柑橘溃疡的检测。

系统的空间分辨率为 2.3pixels/mm。图像采集时，样品反射光通过前透镜单元后被分光器分成两部分，然后每部分在经过相应后透镜单元和带通滤波器后，在两台相机机上分别形成两幅窄带图像。该系统图像采集和系统控制软件(图 9-26)是在 LabVIEW 和 Vision 开发模块平台上，使用相机制造商提供的软件开发工具包(SDK)所开发。

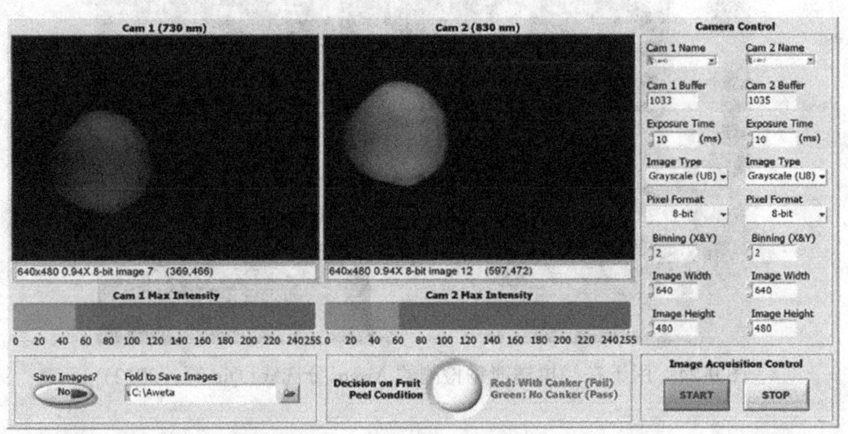

图 9-26　用于实时图像采集和系统控制的 LabVIEW 软件界面(Qin 等，2012)

图 9-27 所示为基于双波段图像比的柑橘果(葡萄柚)表面溃疡斑识别算法流程。从结果图像中可以看出，示例样本表面溃疡病斑被有效识别，且不会受到其它缺陷和果梗的影响。使用 360 个表面正常、有溃疡病变和其它果皮疾病和缺陷的葡萄柚对该系统进行测试，在水果检测速度为 5 个/s 的情况下，总体分类准确率为 95.3%，表明该方法、硬件和软件是有效的，适用于柑橘溃疡病的实时检测。

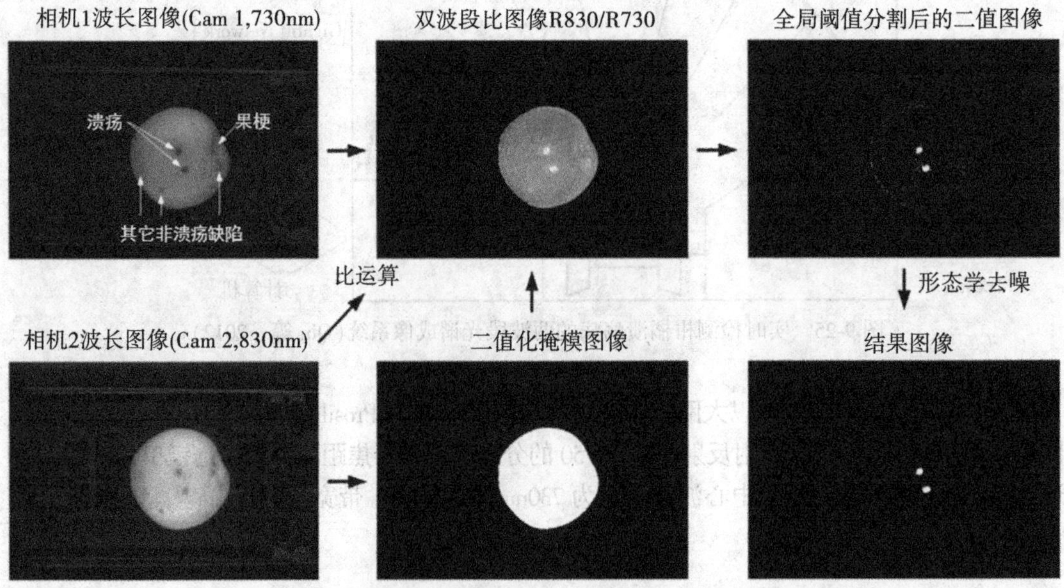

图 9-27　基于双波段图像比算法识别柑橘果皮溃疡斑(Qin 等，2012)

上述仅对个别图谱融合分析方面的典型应用系统案例进行了简单介绍。实际中，多光谱成像系统的构建方式有很多种，并且，目前也有多款常用的快速多光谱相机。但是，光谱信息与图像空间信息深入融合的可用于农产品质量和安全分析的快速检测系统较少见。图谱信息深度融合，如通过对农产品不同组织/组分光谱信息和图像空间信息结合，进而实现对可见或不可见的不同组织/组分进行空间维的可视化分类表达，这样，样本空间信息就实现了可视化，便于更形象、直观地展示出样本信息分布情况，在后续的实际生产中，生产者可以根据不同的需求对样本进行分级、深加工等，如针对动物肉中所含水分、脂肪和蛋白质含量的可视化，为肉类精细化加工奠定了基础。随着各种光传感技术和计算机技术的进步，以及图谱融合快速分析方法的发展，必将会出现一些先进的可用于农产品质量和安全快速、在线评估的图谱融合分析设备服务于农产品质量和安全快检领域。

9.4 基于拉曼光谱的农产品检测系统

拉曼光谱主要是通过拉曼位移来确定物质的分子结构，针对固体、液体、气体、有机物、高分子等样品均可以进行定量、定性分析。目前，根据拉曼光谱仪的应用情况可以分为傅里叶变换拉曼光谱、共聚焦显微拉曼光谱、表面增强激光拉曼光谱等。不同的拉曼光谱仪组成及结构会有些细微的不同，但一般是由激光光源、样品装置、滤光器、单色器(或干涉仪)和检测器等组成。根据使用场所和主要用途，可分为台式拉曼光谱仪、拉曼光谱成像仪、便携式和手持式拉曼光谱仪。

9.4.1 台式拉曼光谱仪

台式拉曼光谱仪操作简便、检测速度快、准确度高、稳定性好，但是体积大、价格昂贵，大部分应用于科研院所、高校等研究机构。目前，台式拉曼光谱仪主要包括显微拉曼光谱仪、傅里叶转换拉曼光谱仪、共聚焦拉曼光谱仪，以及拉曼成像光谱仪、激光后散射拉曼光谱仪等。

由 Thermo Scientific 公司(https://www.thermofisher.com/)研发的 DXR3 智能拉曼光谱仪(图 9-28(a))是一款高度自动化的按钮式操作专用大样品拉曼分析系统，只需简单的样品准备步骤，就可以进行大量样品的快速检测，适用于农产品加工和生产过程中，重金属、农药残留、违规添加剂，毒素等有害物质的检测，以及糖度，叶绿素，胡萝卜素等营养成分的评估。而且，该仪器具有灵活的模块化设计，操作者可以根据需要，使用不同的模块。

由 HORIBA Scientific 公司(https://www.horiba.com/)推出的 T64000 通用拉曼分析平台(图 9-28(b))，集成三级光谱仪，具有较高的光学稳定性。该仪器配备了性能卓越的共焦 LabRam 拉曼显微探针，具有严格稳定的机械耦合设计，较高的光学耦合通光效率。可以应用于薄膜、固体器件、食品农产品等生物化学检测，以及诸如紫外共振拉曼、PL 和光致荧光等技术。

共聚焦显微拉曼光谱仪具有很好的空间分辨率，利用共聚焦显微拉曼光谱仪，不仅可以获取测试样品常规的拉曼光谱数据，而且还可以将光斑聚焦到微米甚至亚微米级，能够实现农产品表面农药残留的微量检测，以及果蔬组织细胞或食源性病原菌的检测。传统的共聚焦拉曼光谱仪激发波长单一，每台仪器仅可以使用一个激发波长的激光器，要想调换不同的激发波长，需要复杂的系统安装和调试工作。为了克服传统共聚焦拉曼光谱的缺点，天瑞公司(https://b2b.baidu.com)推出了 Raman Dual-100-2 双波长共聚焦拉曼光谱仪(图 9-28(c))，该仪器采用双波长激光(532nm/785nm)共焦技术设计的多功能快速物质识别仪，可以支持双波长实时同步测试、比对，无需切换探头或软件，轻松获得测试样品更多的拉曼信息。

由雷尼绍公司(https://www.instrument.com.cn)推出的 inVia 系列激光显微拉曼光谱仪(图 9-28(d))配置灵活、使用简单、自动化程度高，可以实现紫外-可见-近红外宽波段检测，同时装配多个激光光源，可以方便研究人员挑选合适的激发波长，从而获得更好的检测效果。同时，该仪器具有强大的联用增强能力，可以实现 AFM、SEM、CLSM 等多种分析设备的联用。

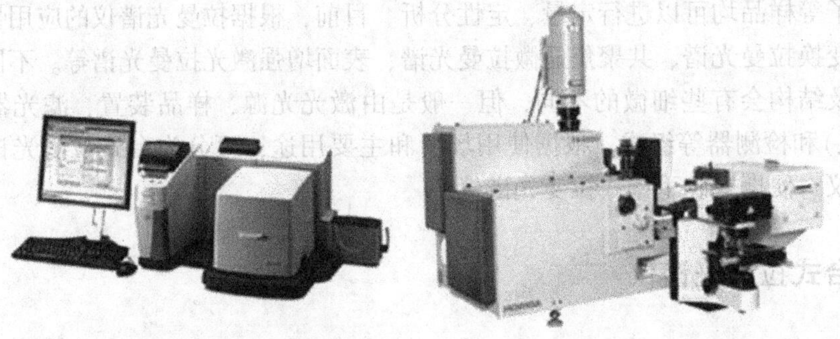

(a) DXR3 智能拉曼光谱仪　(b) T64000 通用拉曼分析平台

(c) Raman Dual-100-2 双波长共聚焦拉曼光谱仪　(d) inVia 系列激光显微拉曼光谱仪

图 9-28　常用台式拉曼光谱仪

9.4.2 拉曼光谱成像仪

由 Thermo Scientific 公司(https://www.thermofisher.com/)推出的新型 Thermo Scientific™ DXR™3 显微拉曼光谱仪(图 9-29)具有单点采集和成像为一体的功能，可以快速获取苹果、梨、番茄、油菜花等农产品组织的光谱和图像，进而了解叶绿素、类胡萝卜素、番茄红素等成分的含量及分布情况；还可以对牛奶、果汁等液体样品中的农药、重金属残留、病原菌污染以及违规添加剂等进行快速微量检测。其具有 455nm、532nm、633nm 和 780nm 等多个选择激发波长，可以根据检测农产品的光学特性，选择合适的激发波长，提高待测成分的响应信号，进而提高检测的精确度和灵敏度。

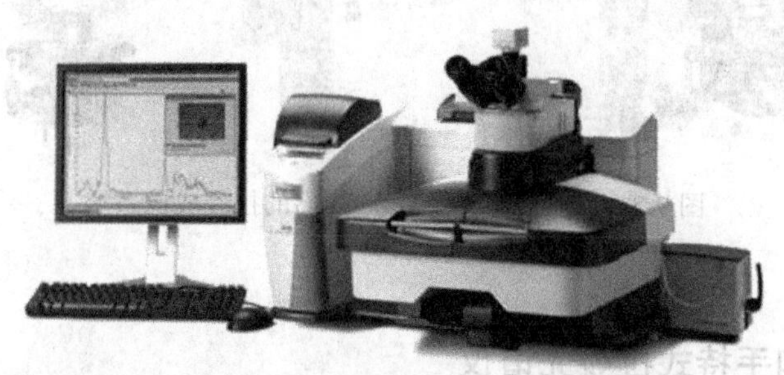

图 9-29 Thermo Scientific 推出的显微拉曼光谱仪

由 HORIBA Scientific 公司(https://www.horiba.com/)推出的显微拉曼成像系统(图 9-30)可以进行无损伤的化学显微分析，并且容易用于自动化高清晰的拉曼成像。具有透射模块，可以实现浑浊果汁、蜂蜜等不透明/混浊的农产品的拉曼分析，以及大块农产品的整体分析。由于其具有先进的模块化和灵活性，可以根据实际检测样品的需要选择不同的模块。

图 9-30 HORIBA Scientific 推出的显微拉曼成像系统

此外，HORIBA Scientific 公司设计的拉曼成像系统(图 9-31)，可以对样品的不同位置逐点扫描并获取拉曼光谱，基于这些光谱生成伪彩图像，显示出样品的结构信息和化学成分分布，可以用来研究农产品，如果蔬组织中的糖类、叶绿素、类胡萝卜素、番茄红素，小麦中的蛋白质、碳水化合物等成分的含量及分布情况，进而对农产品的品质进行评估。另外，该系统采用 SWIFTTM 超快速成像技术，克服了普通的逐点扫描时间长的缺点，其采集每个数据点的积分时间小于 5ms，可以在极短的时间内获得一幅精细的拉曼图像。

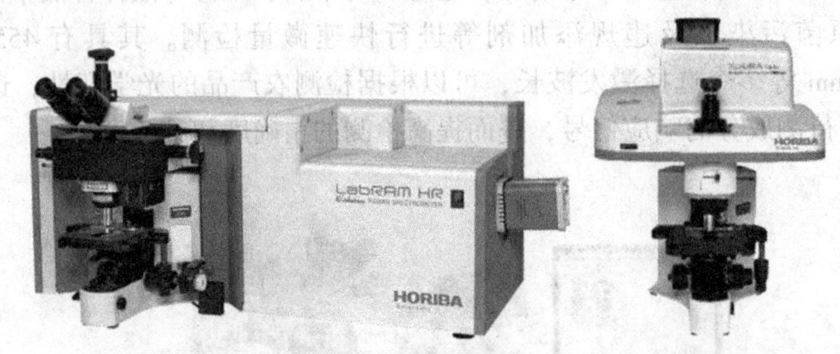

图 9-31 HORIBA Scientific 推出的拉曼成像系统

9.4.3 便携式和手持式拉曼光谱仪

如果说台式拉曼光谱仪是为实验室里的专家而设计的，它们产生的光谱需要解释和进一步的数据处理才能产生结果。那么便携式和手持式仪器则是为该领域的非科学家研发的，如安全管理，农产品种植者和经营者，甚至普通的消费者。这些仪器通常可以直接给出“合格”或“不合格”，以及“理化值”等结果，不需要复杂的数据分析和处理过程。

由日电华国际贸易公司提供的手持式 1064nm 拉曼光谱仪(图 9-32(a))配备有 1064nm 波长的激光器，可以有效地减少荧光背景的干扰，可以用于果蔬如苹果、柑橘、菠菜等生物样品的原位快速检测。

由海洋光学(http://www.oceanoptics.cn/product/1894)推出的科研级拉曼检测仪器 ACCUMAN SR 系列(图 9-32(b))，其谱核心采用科研级光谱仪，集成深度制冷背照式 CCD 探测器，具有灵敏度高、噪声低的优点；激光器使用大功率稳频激光器，稳定的系统可确保数据长期稳定。探头持握方式可以手持或使用支架固定，支持手持端和 PC 端独立操控仪器，可以轻松检测白菜、菠菜、西兰花等复杂形态和性状的农产品。可以通过 USB 或 WiFi 控制和传输数据。支持多种扩展配件和采样支架，可连接显微拉曼附件，组合成像系统等，能够快速应对不同拉曼实验测试要求，便捷精准。仪器能在实验室以外的现场环境中快速采集和分析数据，是一款高性能的跨界产品，满足农产品现场快速检测的需求。

另外，该公司还推出了 HRS-5A 手持式物质识别仪(图 9-32(c))，体积小、重量轻，具有强大的云端开发、管理和计算功能。该设备可以携带到室外使用，如到农田、果园等地对小麦、玉米、柑橘等农产品的品质进行无损检测，操作简单、识别快速准确，且获取的数据可以上传至云端，实现农产品安全品质的溯源。

由卓立汉光仪器公司(http://www.zolix.com)推出的便携式光纤探头 FI-FO 系列拉曼光谱仪(图 9-32(d))是一款适合于便携运输的高性能拉曼光谱分析仪，不仅可以应用于现场快检，而且也适合实验室的基础研究。该系列可供选择 785nm、830nm 和 1064nm 等多种激发波长，搭配低杂散光光谱仪，非常适用于农产品安全品质的研究和检测。

由如海光电公司(http://www.oceanhood.com/)推出的 785nm 手持式拉曼光谱仪(图

9-32(e))可以实现一键采集、快速无损检测，无需直接接触样品，可透过玻璃、塑封袋、饮料瓶等透明、半透明容器检测；结合专用的表面拉曼增强试剂和简易的样品前处理设备，能够用于简单、精准、高效地检测农产品中的非法/滥用添加剂、农药/兽药残留、掺假有害物、有毒化学品等。而且该仪器集自动校准、检测、图谱处理、数据库检索和识别于一体，具有多种测量模式，操作简便快速，易于携带。

由必达泰克光电公司(http://www.bwtek.cn/)推出的 i-Raman Ⓡ EX 便携式拉曼光谱仪(图 9-32(f))配备了激发波长为 1064nm 的 CleanLaze Ⓡ激光器，采用了高灵敏度的 InGaAs 阵列检测器，更低的 TE 致冷温度，从而获得更佳的信噪比和更高的动态范围。有效地避免了荧光干扰，可以检测果蔬组织，病原菌等大量的强荧光农产品及生物样品。而且该仪器具有体积小、重量轻、功耗低的特点，适用于各种环境条件。

(a)手持式 1064nm 拉曼光谱仪

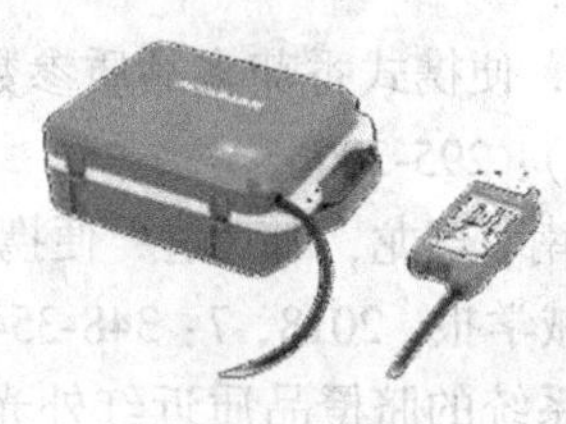
(b)ACCUMAN SR 系列拉曼光谱仪

(c)HRS-5A 手持式物质识别仪

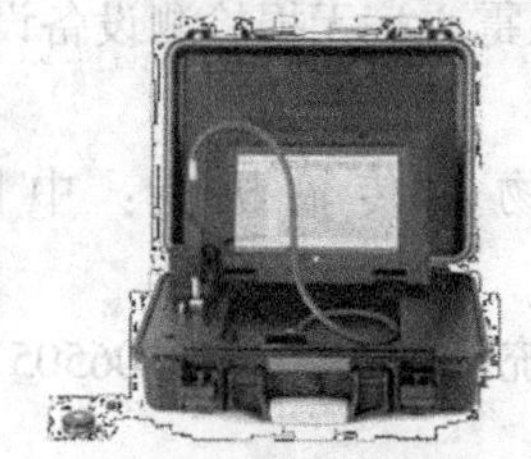
(d)FI-FO 系列拉曼光谱仪

(e)785nm 手持式拉曼光谱仪

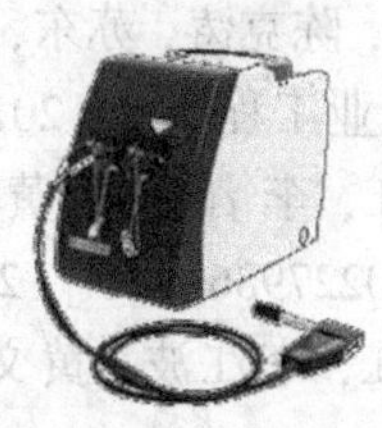
(f)i-Raman Ⓡ EX 便携式拉曼光谱仪

图 9-32　常见的农产品检测便携式拉曼光谱仪

台式拉曼光谱仪具有操作简便、检测速度快、准确度高、稳定性好的优点，但是体积大、价格昂贵，大部分应用于科研院所、高校和大型企业研发中心的科学研究。相比于台式拉曼光谱仪，拉曼成像光谱仪不仅可以获取样品的拉曼光谱数据，而且还可以三维立体的呈现样品中测试成分的分布情况，但其价格也更高。而便携式拉曼光谱具有价格合理、检测方便、检测速度快、设备体积小、移动方便、不受环境条件限制等优点。台式拉曼光谱仪在检测过程中，需要将样品带到实验室，进行分析和检测，而便携式拉曼光谱仪，允许将光谱仪带到需要检测样品的场合，能够在现场快速地得出检测结果，提高了检测效率。随着研究的发展，台式拉曼光谱仪和拉曼成像光谱仪将为科学研究提供更为可靠的研究设备条件和基础，而便携式拉曼光谱仪在实验室研究的基础上，将向现场快速、高灵敏、稳定、多元化检测需求的方向发展。

参考文献

[1]郭志明，陈全胜，张彬，王庆艳，欧阳琴，赵杰文．果蔬品质手持式近红外光谱检测系统设计与试验[J]．农业工程学报，2017，8：253-258.

[2]黄文倩，李江波，武继涛，张驰，郭志明，王庆艳，张保华，樊书祥．用于水果无损检测和称重卸料的果杯机构及水果处理系统：中国，201410150603. X[P]．2016-02-10.

[3]黄文倩，李江波，张弛，王庆艳．一种基于线扫描高光谱成像的多光谱图像获取方法和系统：中国，201310728359. 6[P]．2015-9-30.

[4]李江波，黄文倩，田喜，王庆艳，竹永伟，张驰，刘生根．早期水果腐败果在线检测系统及方法：中国，ZL201610645051. 9[P]．2018-09-11.

[5]刘燕德，高荣杰，孙旭东．便携式水果内部品质近红外检测仪研究进展[J]．光谱学与光谱分析，2010，10：284-288.

[6]王凡，李永玉，彭彦昆，李龙．便携式番茄多品质参数可见/近红外检测装置研发[J]．农业工程学报，2017，033(19)：295-300.

[7]王凡，李永玉，彭彦昆，杨炳南，李龙，刘亚超．便携式马铃薯多品质参数局部透射光谱无损检测装置[J]．农业机械学报，2018，7：348-354.

[8]翟建龙．2015. 基于android系统的脐橙品质近红外光谱无损检测技术[D]．华东交通大学.

[9]张海辉，陈克涛，苏东，胡瑾，张佐经．基于特征光谱的苹果霉心病无损检测设备设计[J]．农业工程学报，2016，32(18)：255-262.

[10]赵春江，李江波，黄文倩，武继涛．一种农产品物料传输机构：中国，201410227986. 6[P]．2017-11-17.

[11]赵春江，李江波，黄文倩．一种水果输送分级装置及系统：中国，2015106505714[P]．2016-02-10.

[12]Atungulu G., Nishiyama Y., Koide S. Use of an electric field to extend the shelf life of apples[J]. Biosystems Engineering, 2003, 85(1): 41-49.

[13]Choi J. H., Chen P. A., Lee B., Yim S. H., Kim M. S., Bae Y. S., Lim D. C., Seo H. J. Portable, non-destructive tester integrating VIS/NIR reflectance spectroscopy for the detection of sugar content in Asian pears[J]. Scientia Horticulturae, 2017, 220: 147-153.

[14]Das A. J., Wahi A., Kothari I., Raskar R. Ultra-portable, wireless smartphone spectrometer for rapid, non-destructive testing of fruit ripeness[J]. Scientific Reports, 2016, 6: 32504.

[15]Guo W., Li W., Yang B., Zhu Z., Liu D., Zhu X. A novel noninvasive and cost-effective handheld detector on soluble solids content of fruits[J]. Journal of Food Engineering, 2019, 257: 1-9.

[16]Guo W., Wang K., Liu Z., Zhang Y., Xie D., Zhu Z. Sensor-based in-situ detector for distinguishing between forchlorfenuron treated and untreated kiwifruit at multi-wavelengths[J]. Biosystems Engineering, 2020, 190: 97-106.

[17] Huang W. Q., Li J. B., Wang Q. Y., Chen L. P. Development of a multispectral imaging system for online detection of bruises on apples[J]. Journal of Food Engineering, 2015, 146: 62-71.

[18] Kohno Y., Kondo N., Iida M., Kurita M., Shiigi T., Ogawa Y., Kaichi T., Okamoto S. Development of a mobile grading machine for citrus fruit[J]. Engineering in Agriculture, Environment and Food, 2011, 4(1): 7-11.

[19] Kohno Y., Ting Y., Kondo N., Iida M., Kurita M., Yamakawa M., Shiigi T., Ogawa Y. Improvement of mobile citrus fruit grading machine[J]. IFAC Proceedings Volumes, 2010, 43(26): 111-115.

[20] Li M., Lv W., Zhao R., Guo H., Liu J., Han D. Non-destructive assessment of quality parameters in "Friar" plums during low temperature storage using visible/near infrared spectroscopy[J]. Food Control, 2017, 73: 1334-1341.

[21] Qin J. W., Burks T. F., Zhao X. H., Niphadkar N., Ritenour M. A. Development of a two-band spectral imaging system for real-time citrus canker detection[J]. Journal of Food Engineering, 2012, 108: 87-93.

[22] Subedi P. P., Walsh K. B. Assessment of avocado fruit dry matter content using portable near infrared spectroscopy: Method and instrumentation optimisation[J]. Postharvest Biology and Technology, 2020, 161: 111078.

[23] Uwadaira Y., Sekiyama Y., Ikehata A. An examination of the principle of non-destructive flesh firmness measurement of peach fruit by using VIS-NIR spectroscopy[J]. Heliyon, 2018, 4(2): e00531.

[24] Wang J., Wang J., Chen Z., Han D. Development of multi-cultivar models for predicting the soluble solid content and firmness of European pear (Pyrus communis L.) using portable vis-NIR spectroscopy[J]. Postharvest Biology and Technology, 2017, 129: 143-151.

[25] Yu X., Lu Q., Gao H., Ding H. Development of a handheld spectrometer based on a linear variable filter and a complementary metal-oxide-semiconductor detector for measuring the internal quality of fruit[J]. Journal of Near Infrared Spectroscopy, 2016, 24(1): 69-76.